高等学校规划教材

污　泥　处　置

金儒霖　主　编
王宗平　任拥政　副主编
康建雄　芦秀清　罗　凡　姜　薇　参　编

中国建筑工业出版社

图书在版编目（CIP）数据

污泥处置/金儒霖主编. —北京：中国建筑工业出版社，2017.2
高等学校规划教材
ISBN 978-7-112-20412-0

Ⅰ.①污… Ⅱ.①金… Ⅲ.①污泥处理-高等学校-教材 Ⅳ.①X703

中国版本图书馆 CIP 数据核字（2017）第 027525 号

本书为《排水工程》（下册）（第五版）在污泥处理、处置方面的补充及姊妹篇。本书分 8 篇，共 33 章，系统详细地介绍了污泥处置的基本理论、基本方法、工艺流程，污泥的浓缩脱水，厌氧消化，好氧消化，污泥稳定，干化干燥，污泥焚烧，污泥与垃圾、煤混烧，污泥与垃圾混合堆肥，资源化利用，回收有用物质以及各项工艺的安全生产，运行管理，规范标准，污染控制，环境监控等。书中还有设计例题、计算方法，典型案例，及常用污泥组分分析测定方法及步骤。

本书可作为高等学校给排水科学与工程、环境工程及相关专业教材，还可以作为工程技术人员参考书。

责任编辑：王美玲　俞辉群
责任校对：李美娜　姜小莲

高等学校规划教材
污　泥　处　置
金儒霖　主　编
王宗平　任拥政　副主编
康建雄　芦秀清　罗　凡　姜　薇　参　编
*
中国建筑工业出版社出版、发行（北京海淀三里河路 9 号）
各地新华书店、建筑书店经销
霸州市顺浩图文科技发展有限公司制版
大厂回族自治县正兴印务有限公司印刷
*
开本：787×1092 毫米　1/16　印张：25¼　字数：616 千字
2017 年 10 月第一版　2017 年 10 月第一次印刷
定价：**48.00** 元
ISBN 978-7-112-20412-0
（29891）

前　言

原版《污泥处置》于1982年由中国建筑工业出版社出版、1988年重印，至今已近30年。在此期间，污泥处置领域在工艺、技术、设备、资源化利用、污染控制、环境保护、规范标准、检测仪表、运行管理等方面发展快速，很多工艺、设备和理念等已经落后和过时，必须被废弃和更新代替。因此，需重新编写以满足教学与社会需求。

华中科技大学环境科学与工程学院博士生导师王宗平教授组织本系部分具有海外留学阅历、长期从事教学科研的中、青年教师（排名以承担编写章节为序）——康建雄、芦秀清、罗凡、任拥政、姜薇等，通力合作，历时一年多，编著了本版《污泥处置》。

本版《污泥处置》有如下特点：

1. 延续并强化介绍了污泥处置领域的基本理论、原理及基本方法与工艺流程；

2. 系统介绍了污泥机械浓缩、脱水一体化新设备、新工艺；

3. 系统介绍了污泥厌氧消化的设计、计算；

4. 系统介绍了污泥好氧消化新工艺、新技术；

5. 系统介绍了污泥稳定的多种技术及稳定后产品的利用；

6. 系统介绍了污泥干化、干燥的新设备、新工艺、新技术；

7. 系统介绍了污泥湿式氧化技术的新设备及实际应用；

8. 系统介绍了污泥与垃圾、与煤、与水泥生产的混烧或掺烧的新工艺、新设备；

9. 系统介绍了污泥堆肥、与垃圾混合堆肥的新工艺、新装置；

10. 系统介绍了污泥资源化利用：土地利用、建材利用、能源与化工利用以及从污泥中提取回收有用物质（如磷、重金属等）的方法、原理与设备；

11. 系统介绍了污泥处置的各项工艺流程的运行管理、规范标准、污染控制及环境监控；

12. 系统介绍了污泥及污泥气的成分分析所用的各类精密仪器和操作规程。

由于本书属污泥处置方面的专著，因此少受篇幅方面的限制，实可作为《排水工程》（下册）（第五版）（张自杰主编，中国建筑工业出版社，2015年）在污泥处理、处置方面的补充及姊妹篇。

本书共分8篇33章。编著者的具体分工：第1、2、3、4、5、12、16、17章及第14章的14.3节、第15章的15.6节由金儒霖负责编写；第6、18、19、20、28、29、31、33章由王宗平负责编写；第7、21、22、23章由康建雄负责编写；第8、9、10章由芦秀清负责编写；第11、13、14、15章由罗凡负责编写；第24、25、26、32章由任拥政负责编写；第27、30章由姜薇负责编写。

在编写期间，各位的初稿都由金儒霖审阅后返回修改；王宗平教授多次组织编者讨论书稿，并邀请中国建筑工业出版社王美玲编辑与会作编写方面的具体指导。

全书最后由金儒霖审核定稿。

市政工程系的谢鹏超老师以及博士生郭一舟、陈铁群，硕士生方知、郭卫鹏、朱民涛、陈金辉、江山、高泉祀、柳健、刘慧敏、许润、姜启悦、郑丰、石稳民、付有为、魏小婷、刘昶志、何光瑞等，在资料搜集、联络、电脑输入等方面大力协助并参加了书稿的讨论会。

由于作者水平所限，有不当与错误之处，敬请业界同仁指出。

金儒霖

2016 年 8 月

目　　录

第1篇　概　　论

第2篇　污泥浓缩

第3篇 污泥稳定

第4篇 污泥脱水

第5篇 污泥深度处理

第6篇 污泥最终处置与资源化利用

第7篇　污泥处置运行管理及保障措施

第8篇　污泥及污泥气组分分析

第1篇　概　　论

第1章　污泥分类与性质指标

1.1　污泥来源

城镇污水与工业废水处理过程中，产生的浮渣与沉淀物，统称为污泥。其数量约占处理水量的0.05%～0.1%（以含率为80%计）。具体数量取决于排水体制、污水水质及处理工艺。

污泥成分非常复杂，包括有害有毒物质如寄生虫卵、病原微生物与细菌等；各种自然有机物及化学合成有机物如苯并芘、有机卤化物、多氯联苯、二噁英等；重金属如铜、锌、镍、铬、镉、汞、钙及砷、硫化物；有用物质如植物营养元素（氮、磷、钾）、有机物和水分。

总之，污泥的主要成分可归纳为三大类：有机物、无机物及微生物与细菌。

1. 按污泥的成分不同划分

污泥——以有机物为主要成分的称污泥。其性质是易于腐化发臭，颗粒较细，相对密度较小（约为1.02～1.006），含水率高且不易脱水，属胶状结构的亲水性物质。初次沉淀池与二次沉淀池的沉淀物及气浮池的浮渣均属污泥。

沉渣——以无机物为主要成分的称沉渣。沉渣的主要性质是呈颗粒状，相对密度较大（约为2左右），含水率较低且易于脱水，流动性差。沉砂池与某些工业废水处理如酸碱中和池、混凝沉淀池等，产生的沉淀物属于沉渣。

栅渣——被格筛、格栅截留的物质称栅渣。主要成分为织物碎片、塑料制品、棉纱毛发、蔬果残屑、植物茎叶、木屑纸张等，多属于有机物质、含水率低、数量较少。

污泥、沉渣、栅渣中，都含有大量细菌、粪大肠菌与寄生虫卵等。

2. 按污泥的来源不同划分

初次沉淀污泥——来自初次沉淀池。

剩余活性污泥——来自活性污泥法后的二次沉淀池。

腐殖污泥——来自生物膜法后的二次沉淀池。

以上三种污泥统称为生污泥或新鲜污泥。

消化污泥——生污泥经厌氧消化或好氧消化处理后，称为消化污泥或熟污泥。

化学污泥——用化学沉淀法处理后产生的沉淀物称化学污泥或化学沉渣。

1.2 污泥的性质指标

1.2.1 物理性质指标

1. 污泥含水率

污泥中所含水分的重量与污泥总重量之比的百分数称为污泥含水率。初次沉淀污泥含水率介于95%～97%，剩余活性污泥达99%以上。因此污泥的体积非常大，对污泥的后续处理造成困难。污泥浓缩的目的是减容。污泥中所含水分大致分为4类：颗粒间的孔隙水，约占总水分的70%；毛细水，即颗粒间毛细管内的水，约占20%；污泥颗粒吸附水和颗粒内部水，约占10%，见图1-1所示。

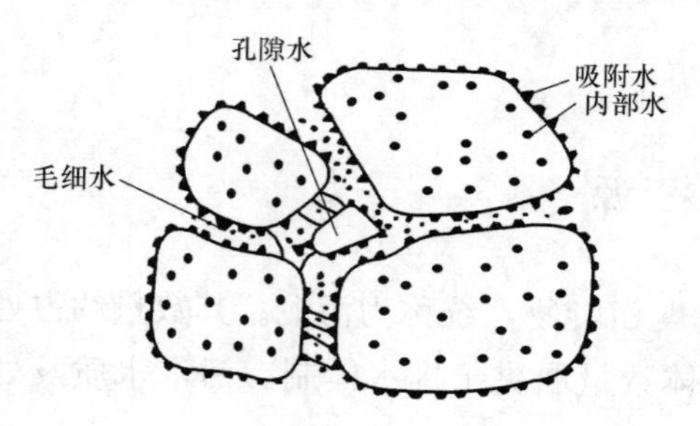

图1-1 污泥水分示意图

降低含水率的方法有：浓缩法，用于降低污泥中的孔隙水，因孔隙水所占比例最大，故浓缩是减容的主要方法；自然干化法和机械脱水法，主要脱除毛细水；干燥与焚烧法，主要脱除吸附水和颗粒内部水。不同脱水方法的脱水效果列于表1-1。

不同脱水方法及脱水效果表 **表1-1**

脱水方法		脱水装置	脱水后含水率(%)	脱水后状态
浓缩法		重力浓缩、气浮浓缩、机械浓缩	95～97	近似糊状
自然干化法		自然干化场、晒砂场	70～80	泥饼状
机械脱水	真空吸滤法	真空转鼓、真空转盘等	60～80	泥饼状
	压滤法	板框压滤机	40～80	泥饼状
	滚压带法	滚压带式压滤机	78～86	泥饼状
	离心法	离心机	80～85	泥饼状
干燥法 焚烧法		各种干燥设备 各种焚烧设备	10～40 0～10	粉状、粒状 灰状

污泥含水率高，体积大，相对密度接近1。污泥的体积、重量与所含固体物浓度之间的关系，可用式（1-1）表示：

$$\frac{V_1}{V_2}=\frac{W_1}{W_2}=\frac{100-p_2}{100-p_1}=\frac{C_2}{C_1} \tag{1-1}$$

式中 p_1，V_1，W_1，C_1——污泥含水率及污泥含水率为p_1时的污泥体积、重量与固体物浓度；

p_2，V_2，W_2，C_2——污泥含水率及污泥含水率为p_2时的污泥体积、重量与固体物浓度。

【例1-1】 污泥含水率从97.5%降低到95%，求污泥体积。

【解】 由式（1-1）：

$$V_2 = V_1 \frac{100-p_1}{100-p_2} = V_1 \frac{100-97.5}{100-95} = \frac{1}{2} V_1$$

污泥含水率从97.5%降低到95%，含水率仅降2.5%，但体积减小一半。

式（1-1）仅适用于含水率大于65%的污泥。因含水率低于65%以后，体积内出现很多气泡，体积与重量不再符合式（1-1）关系。

2. 湿污泥相对密度与干污泥相对密度

湿污泥重量等于污泥所含水分重量与干固体重量之和，湿污泥相对密度等于湿污泥重量与同体积的水重量之比值。由于水的密度为1，所以湿污泥相对密度 γ 可用下式计算：

$$\gamma = \frac{p+(100-p)}{p+\frac{100-p}{\gamma_s}} = \frac{100\gamma_s}{p\gamma_s+(100-p)} \tag{1-2}$$

式中 γ——湿污泥相对密度；

p——湿污泥含水率，%；

γ_s——污泥中干固体物质平均相对密度，即干污泥相对密度。

干固体物质中，有机物（即挥发性固体）所占百分比及其相对密度分别用 p_V、γ_V 表示，无机物（即灰分）的相对密度用 γ_f 表示，干污泥平均相对密度用 γ_s 表示，它们之间的关系可用式（1-3）表示：

$$\frac{100}{\gamma_s} = \frac{p_V}{\gamma_V} + \frac{100+p_V}{\gamma_f} \tag{1-3}$$

则干污泥平均相对密度为：

$$\gamma_s = \frac{100\gamma_f\gamma_V}{100\gamma_V+p_V(\gamma_f-\gamma_V)}\gamma_V \tag{1-4}$$

有机物相对密度一般等于1，无机物相对密度一般约为2.5～2.65，以2.5计，则式（1-4）可简化为：

$$\gamma_s = \frac{250}{100+1.5p_V} \tag{1-5}$$

确定湿污泥相对密度和干污泥相对密度，对于浓缩池的设计、污泥运输及后续处理，都有实用价值。

【例 1-2】 已知初次沉淀池污泥的含水率为95%，有机物含量为65%。求干污泥相对密度和湿污泥相对密度。

【解】 干污泥相对密度用式（1-5）计算：

$$\gamma_s = \frac{250}{100+1.5p_V} = \frac{250}{100+1.5\times 65} = 1.26$$

湿污泥相对密度用式（1-2）计算：

$$\gamma = \frac{100\gamma_s}{p\gamma_s+(100-p)} = \frac{100\times 1.26}{95\times 1.26+(100-95)} = 1.008$$

3. 污泥比阻

污泥比阻是表示污泥脱水难易程度的重要指标。

比阻的定义是：单位过滤面积上，过滤单位质量的干固体所受的阻力，单位为m/kg。其值越大，脱水越困难。比阻的测定与计算见本书第12章第12.1节卡门过滤基本方程式及第12.2节比阻的测定与计算。

1.2.2 化学性质指标

1. 污泥肥分

污泥中含有大量植物生长所必需的肥分（氮、磷、钾）、微量元素及土壤改良剂（有机腐殖质）。我国城镇污水处理厂各种污泥所含肥分见表1-2所列。

我国城镇污水处理厂污泥肥分表（以干污泥计） 表1-2

污泥类别	总氮(TN)(%)	磷(以 P_2O_5 计)(%)	钾(以 K_2O 计)(%)	有机物(%)
初沉污泥	2.2～3.4	1.0～3.0	0.1～0.5	50～60
活性污泥	3.5～7.2	3.3～5.0	0.2～0.4	60～70
消化污泥	1.6～3.4	0.6～0.8		25～30

注：引自《城镇污水处理厂污泥处置技术指南（试行）》2011.3。

2. 污泥重金属离子含量

污泥中重金属离子含量，取决于城镇污水中工业废水所占比例及工业性质。污水经二级处理后，污水中重金属离子约有50%以上转移到污泥中。因此污泥中的重金属离子含量一般都较高，表1-3为我国城镇污水处理厂污泥重金属成分及含量。从表1-3可知，我国城镇污水处理厂污泥重金属离子含量变化幅度很大，视当地的土质、工业结构、污水性质的不同而不同，其上限全都超过农用标准。

当污泥作为肥料使用时，应符合《农用污泥中污染物控制标准》GB 4284—1984（表1-4）的规划定。

我国城镇污水处理厂污泥中重金属成分及含量（mg/kg）（干污泥） 表1-3

名称	Hg总(汞)	Cd总(镉)	Cr总(铬)	Pb总(铅)	As总(砷)	Zn总(锌)	Cu总(铜)	Ni总(镍)
含量范围	0.09～17.5 (2.13)	0.04～2999 (2.01)	2.0～6365 (9311)	3.6～1022 (72.3)	0.78～269 (20.2)	217～30098 (1058)	51～9592 (219)	16.4～6206 (48.7)

注：引自《城镇污水处理厂污泥处置技术指南（试行）》2011.3。

污泥农用时污染物控制标准限值 表1-4

序号	控制项目	最高允许含量(mg/kg干污泥)	
		在酸性土壤上 (pH<6.5)	在中性和碱性土壤上 (pH≥6.5)
1	总镉	5	20
2	总汞	5	15
3	总铅	300	1000
4	总铬	600	1000
5	总砷	75	75
6	总镍	100	200
7	总锌	2000	3000
8	总铜	800	1500
9	硼	150	150
10	石油类	3000	3000
11	苯并(a)芘	3	3

续表

序号	控制项目	最高允许含量(mg/kg 干污泥)	
		在酸性土壤上(pH<6.5)	在中性和碱性土壤上(pH≥6.5)
12	多氯代二苯二噁英/多氯代二苯并呋喃(PCDD/PCDF,单位:ng 毒性单位/kg 干污泥)	100	100
13	可吸附有机卤化物(AOX)(以 Cl 计)	500	500
14	多氯联苯(PCB)	0.2	0.2

3. 挥发性固体（或称灼烧减重）和灰分（或称灼烧残渣）

挥发性固体近似地等于有机物含量；灰分表示无机物含量。一般情况，初次沉淀池污泥的挥发性固体约为 50%～70%，活性污泥为 60%～85%，消化污泥为 30%～50%。

4. 可消化程度

污泥中的有机物，一部分是可被消化降解的（或称可被气化，无机化）；另一部分是难降解或不能被消化降解的，如脂肪、化学合成有机物等。可用消化程度表示污泥中可被消化降解的有机物数量。可消化程度用下式表示：

$$R_d=\left(1-\frac{p_{V2}p_{s1}}{p_{V1}p_{s2}}\right)\times100\% \tag{1-6}$$

式中 R_d——可消化程度，%；

p_{s1}，p_{s2}——生污泥及消化污泥的无机物含量，%；

p_{V1}，p_{V2}——生污泥及消化污泥的有机物含量，%。

5. 污泥的燃烧热值

污泥的燃烧热值取决于污泥来源、有机物的性质与含量。各类污泥的燃烧热值参见表 1-5。

各类污泥的燃烧热值 **表 1-5**

污泥种类	燃烧热平均值(以干污泥计)(mJ/kg)	挥发性固体(干)(%)
初次沉淀池污泥	10.7	60～90
活性污泥	13.30	60～80
初次沉淀池与二次沉淀池的混合污泥	20.43	
消化污泥	9.89	30～60
无烟煤	25～29	

1.2.3 卫生学指标

污泥的卫生学指标包括细菌总数、粪大肠菌群数、寄生虫卵数等致病物质。我国城镇污水处理厂污泥中细菌总数与寄生虫卵均值参见表 1-6。

城镇污水处理厂污泥中细菌总数与寄生虫卵均值 **表 1-6**

污泥种类	细菌总数(10^5个/g)	粪大肠菌群数(10^5个/g)	寄生虫卵(10 个/g)
初沉污泥	471.7	10～200	23.3(活卵率 78.3%)
活性污泥	738.0	80～7000	17.0(活卵率 67.8%)
消化污泥	38.3	1.2	13.9(活卵率 60%)

1.3 污 泥 量

1. 初次沉淀池污泥量

根据污水中悬浮物浓度、污水流量、去除率及污泥含水率进行计算。用式（1-7）按去除率计算：

$$V=\frac{100C_0\eta Q}{10^3(100-p)\rho} \tag{1-7}$$

式中 V——初次沉淀污泥量，m^3/d；

Q——设计日平均污水流量，m^3/d；

η——去除率，%，以80%计；

C_0——进水悬浮物浓度，mg/L；

p——污泥含水率，%；

ρ——沉淀污泥密度，以1000kg/m^3计。

按重量计算：

$$\Delta X_1=aQ(C_0-C_e) \tag{1-8}$$

式中 ΔX_1——污泥产量，kg/m^3；

C_0——进水悬浮物浓度，kg/m^3；

C_e——出水悬浮物浓度，kg/m^3；

Q——设计平均日污水流量，m^3/d；

a——系数，无量纲，初沉池 a=0.8～1.0；化学强化一级处理和深度处理工艺根据投药量：a=1.5～2.0。

式（1-8）适用于初次沉淀池、水解池、AB法A段和化学强化一级处理工艺的污泥质量计算，污泥质量换算成污泥体积，可根据含水率用式（1-1）计算。

2. 剩余活性污泥量

$$\Delta X_2=\frac{(aQL_r-bX_VV)}{f} \tag{1-9}$$

$$L_r=L_a-L_e$$

式中 ΔX_2——剩余活性污泥量，kg/d；

f——MLVSS/MLSS之比值，对于生活污水，通常为0.5～0.75；

L_r——BOD_5降解量，kg/m^3；

L_a——曝气池进水BOD_5浓度，kg/m^3；

L_e——曝气池出水BOD_5浓度，kg/m^3；

V——曝气池容积，m^3；

X_V——混合液挥发性污泥浓度，kg/m^3。

污泥产率系数，kgVSS/kgBOD_5，通常可取0.5～0.65；

污泥自身气化率，kg/d，通常可取0.05～0.1。

3. 消化污泥干重量

消化处理后污泥干重计算公式如下：

$$W_2 = W_1(1-\eta)\left(\frac{f_1}{f_2}\right) \tag{1-10}$$

$$\eta = \frac{q \times k}{0.35(W \times f_1)} \times 100\%$$

式中 W_2——消化污泥干重，kg/d；

W_1——原污泥干重，kg/d；

η——污泥挥发性有机固体降解率，η 计算时的 0.35 是 COD 的甲烷转化系数，通常（$W \times f_1$）大于 COD 浓度，且随污泥的性质不同发生变化；

q——实际沼气产生量，m^3/h；

k——沼气中甲烷含量，%；

W——厌氧消化池进泥量，以干污泥（DSS）计，kg/h；

f_1——原污泥中挥发性有机物含量，%；

f_2——消化污泥中挥发性有机物含量，%。

消化污泥量可用下式计算：

$$V_d = \frac{(100-p_1)V_1}{100-p_d}\left[\left(1-\frac{p_{V1}}{100}\right)+\frac{p_{V1}}{100}\left(1-\frac{R_d}{100}\right)\right] \tag{1-11}$$

式中 V_d——消化污泥体积，m^3/d；

p_d——消化污泥含水率，%，取周平均值；

V_1——生污泥体积，m^3/d，取周平均值；

p_1——生污泥含水率，%，取周平均值；

p_{V1}——生污泥有机物含量，%；

R_d——可消化程度，%，取周平均值。

1.4 污泥处理基本方案

1. 污泥处理的目的

污泥处理的目的是：减量、稳定、无害化及资源化。

减量。因污泥的含水率高、体积大，必须先减量，便于后续处置。基本方法是浓缩、脱水、干化与焚烧。

稳定。因污泥的有机物含量极高，易于腐败发臭，必须作稳定处理，分解部分有机物。基本方法是化学稳定、厌氧消化与好氧消化、堆肥等。

无害化。因污泥含有大量细菌、寄生虫卵、病原微生物，易引发传染病，必须无害化处理，提高卫生学指标。基本方法是厌氧消化、好氧消化、堆肥、消毒等。

资源化。因污泥含有大量植物营养元素、水分及有机物质、无机物质等，可作为肥料与土壤改良剂，生物能源，建筑材料，回收重金属等领域的利用。基本方法是堆肥、厌氧消化制取沼气、裂解制取富氢燃气、混合烧制建筑材料、土地利用等。

2. 污泥处理的基本方案

污泥处理的方案选择，取决于污泥的性质成分、当地的气候、环境保护、经济社会发展水平、工农业结构、土壤性质等因素。

基本方案有：

（1）生污泥—浓缩—消化—干化—土地利用。

（2）生污泥—浓缩—自然干化—堆肥—农业利用。

（3）生污泥—浓缩—消化—机械脱水—最终处置。

（4）生污泥—浓缩—脱水—焚烧—建材利用、土地利用。

（5）生污泥—湿污泥池—农林业利用。

（6）生污泥—浓缩—裂解制燃料—建材利用、土地利用。

（7）生污泥—浓缩—脱水—与垃圾混合填埋—农业利用。

第 2 章　沉渣与污泥排除

本章主要阐述从污水处理构筑物中排除悬浮物、沉淀物的方法。

2.1　格　　栅

2.1.1　功能

格栅由一组平行的金属栅条或筛网制成，安装在污水渠道、泵房集水井的进口处或污水处理厂的端部，用以截留污水中较大的悬浮物或漂浮物，如纤维、碎皮、毛发、木屑、果皮、蔬菜、塑料制品等，以减轻后续处理构筑物的处理负荷，并使之正常运行。被截留的物质称为栅渣。栅渣的含水率约为 70%～80%，栅渣量约为 0.03～0.1$m^3/10^3m^3$，密度约为 750kg/m^3。

2.1.2　格栅分类

(1) 按形状，可分为平面格栅、曲面格栅与阶梯式格栅。

平面格栅由栅条与框架组成。基本形式见图 2-1。图中 A 型是栅条布置在框架的外

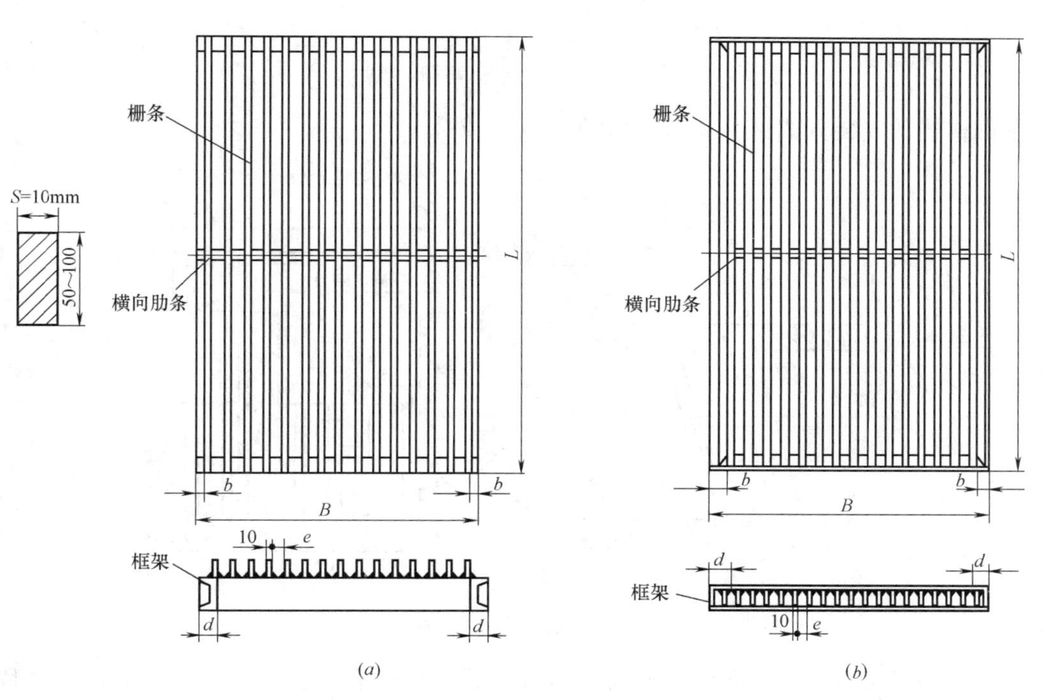

图 2-1　平面格栅

(a) A 型平面栅格；(b) B 型平面栅格

侧，适用于机械清渣或人工清渣；B型是栅条布置在框架的内侧，在格栅的顶部设有起吊架，可将格栅吊起，进行人工清渣。

平面格栅的基本参数与尺寸包括宽度 B、长度 L、间隙净宽 e、栅条至外边框的距离 b。可根据污水渠道、泵房集水井进口管大小选用不同数值。格栅的基本参数与尺寸见表 2-1。

平面格栅的基本参数及尺寸（mm） **表 2-1**

名　　称	数　　值
格栅宽度 B	600,800,1000,1200,1400,1600,1800,2000,2200,2400,2600,2800,3000,3200,3400,3600,3800,4000,用移动除渣机时,$B>4000$
格栅长度 L	600,800,1000,1200,…,以 200 为一级增长,上限值取决于水深
间隙净宽 e	10,15,20,25,30,40,50,60,80,100
栅条至外边框距离 b	b 值按下式计算：$b=\frac{B-10n-(n-1)e}{2}$；$b \leqslant d$ 式中　B——格栅宽度；n——栅条根数；e——间隙净宽；d——框架周边宽度

平面格栅的框架用型钢焊接。当平面格栅的长度 $L>1000$mm 时，框架应增加横向肋条。栅条用 A_3 钢制。机械清除栅渣时，栅条的直线偏差不应超过长度的 1/1000，且不大于 2mm。平面格栅型号表示方法，例如：

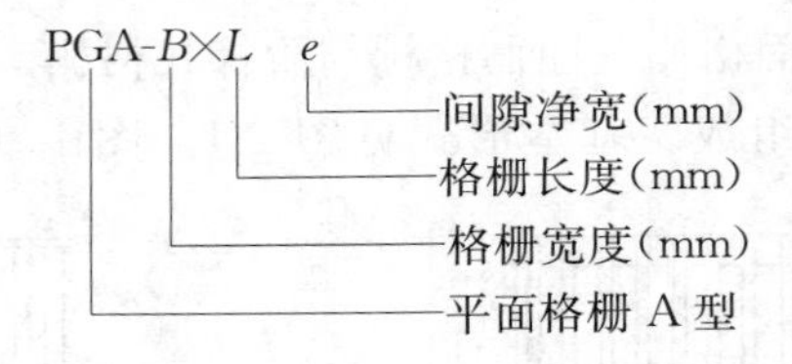

平面格栅的安装方式见图 2-2，安装尺寸见表 2-2。

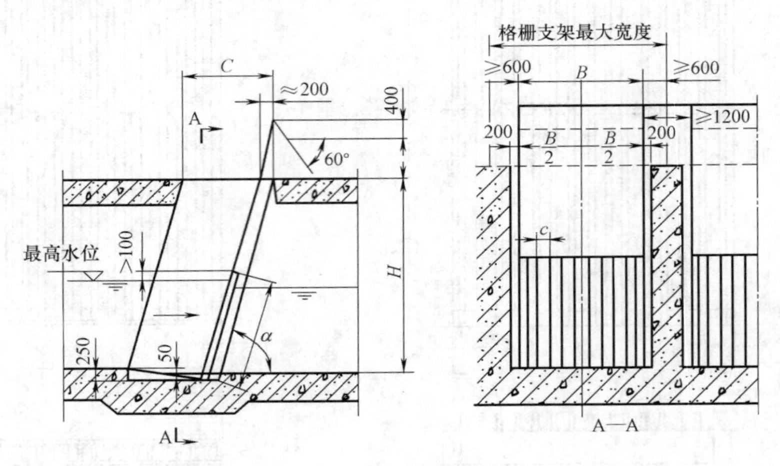

图 2-2　平面格栅安装方式

曲面格栅又可分为固定曲面格栅与旋转鼓筒式格栅两种，见图 2-3，图中（a）为固定曲面格栅，利用渠道水流速度推动除渣浆板；（b）为旋转鼓筒式格栅，污水从鼓筒内向鼓筒外流动，被隔除的栅渣，由冲洗水管冲入渣槽（带网眼）内排出。

A 型平面格栅安装尺寸（mm） 表 2-2

池深 H	800,1000,1200,1400,1600,1800,2000,2400,2800,3200,3600,4000,4400,4800,5200,5600,6000	
格栅倾斜角 α	60°,75°,90°		
清除高度 a	0	800,1000	1200,1600,2000,2400
运输装置	水槽	容器、传送带、运输车	汽车
开口尺寸 c	≥1600		

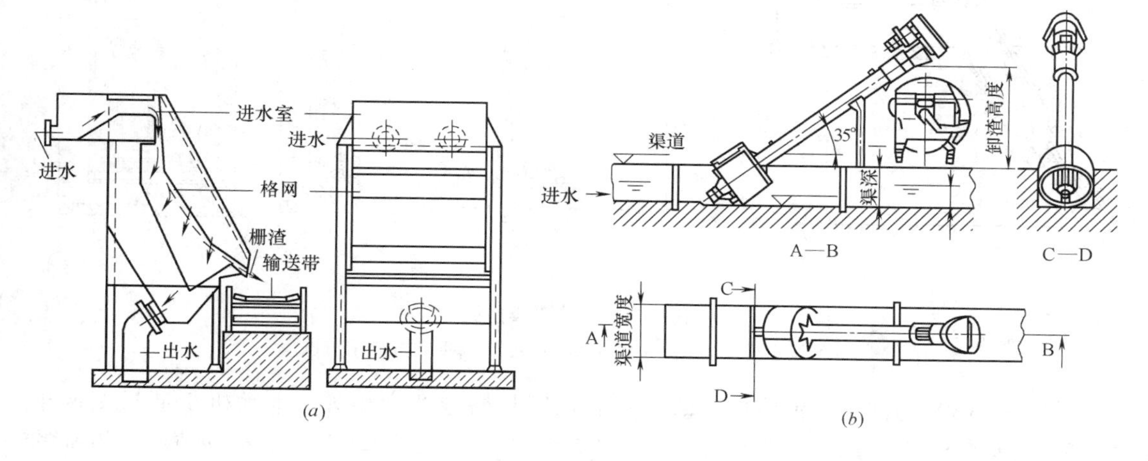

图 2-3　曲面格栅

(a) 固定曲面格栅；(b) 旋转鼓筒式格栅

阶梯式格栅见图 2-4，随着格栅的转动，栅渣被格栅截流后沿着阶梯一级一级地被带上而去除。

(2) 按格栅栅条的净间隙，可分为粗格栅（50～100mm）、中格栅（10～40mm）、细格栅（3～10mm）3 种。上述平板格栅与曲面格栅，都可做成粗、中、细 3 种。由于格栅是物理处理的重要构筑物，故新设计的污水处理厂一般采用粗、细 2 道格栅。

(3) 按清渣方式，可分为人工清渣和机械清渣两种。

人工清渣格栅。适用于小型污水处理厂。为了使工人易于清渣作业，避免清渣过程中的栅渣掉回水中，格栅安装角度 α 以 30°～45°为宜。

机械清渣格栅。当栅渣量大于 0.2m³/d 时，为改善劳动与卫生条件，都应采用机械清渣格栅。常用的清渣机械见图 2-5。

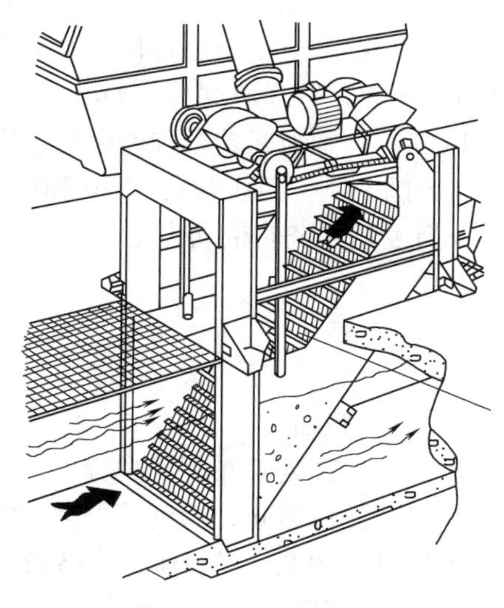

图 2-4　阶梯式格栅

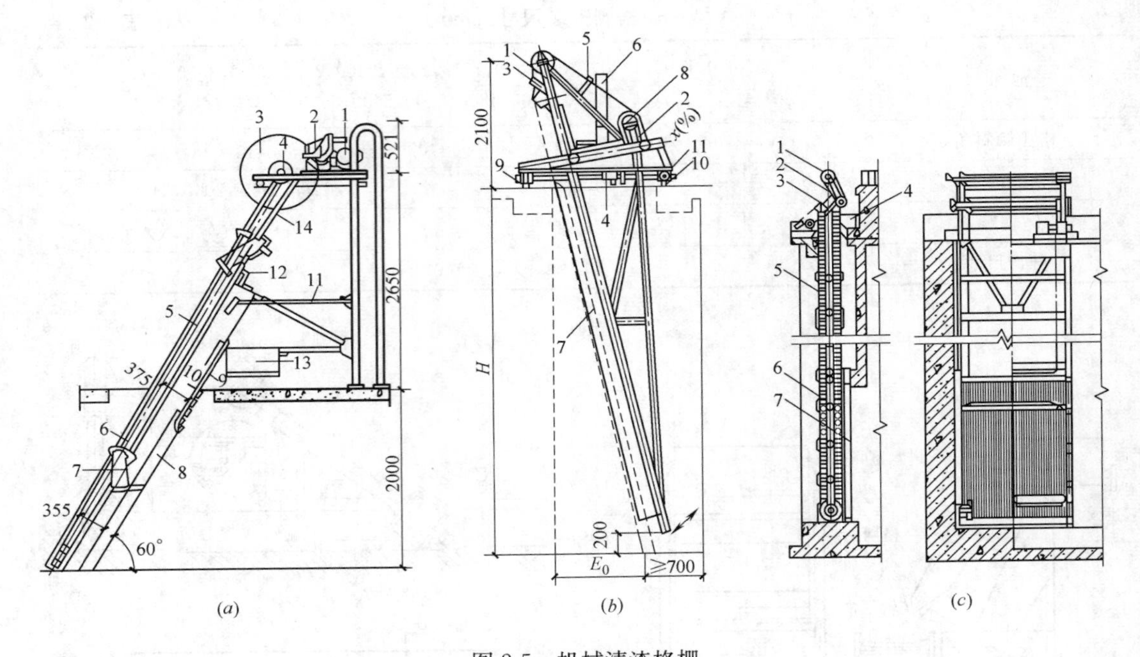

图 2-5　机械清渣格栅

(*a*) 固定式清渣机；(*b*) 活动清渣机；(*c*) 回转耙式清渣机

图 2-5 (*a*) 为固定式清渣机，清渣机的宽度与格栅宽度相等。电动机 1 通过变速箱 2、3，带动轱辘 4，牵动钢丝绳 14、滑块 6 及齿耙 7，使沿导轨 5 上下滑动清渣。被刮的栅渣沿溜板 9，经刮板 11 刮入渣箱 13，用粉碎机破碎后，回落入污水中一起处理，8 为栅条，10 为导板，12 为挡板。

图 2-5 (*b*) 为活动清渣机，当格栅的宽度大，可采用活动清渣机，沿格栅宽度方向左右移动进行清渣。清渣机由平台及桁架 1，行走车架 2，齿耙 3，桁架的移动装置 (4，6，9，10，11)，齿耙升降装置 (3，5，8) 以及格栅 7 组成。在齿耙下降时，桁架会自动转离格栅，齿耙降至格栅底部时，桁架自动靠紧格栅，开始刮渣。齿耙升降装置的功率为 1.1～1.5kW，升降速度为 10cm/s，提升力约 500kg。

图 2-5 (*c*) 为回转耙式清渣机，格栅垂直安装，节省占地面积。图中 1 为主动二次链轮，2 为圆毛刷，可把齿耙上的栅渣刮入栅渣槽 4 内，并用皮带输送机送至打包机或破碎机，3 为主动大链轮带动齿耙 6，5 为链条，7 为格栅。

2.2 破 碎 机

2.2.1 概述

污泥的后续处理与利用过程中，如输送、浓缩、脱水、热交换器加温冷却、回收利用等，需对污泥作破碎、磨细等处理。本节介绍用于破碎污水中悬浮物的常用破碎机。

破碎机见图 2-6 安装在：①格栅后；②污水泵前。

2.2.2 破碎机的构造与安装

破碎机的主要部件是半圆柱形固定滤网与同心的圆柱形转动切割盘。构造与安装见图

2-6、图 2-7。污水流过时，半圆柱形固定滤网截留悬浮固体，然后被不断旋转的圆柱形转动切割盘切碎后，随水流走。

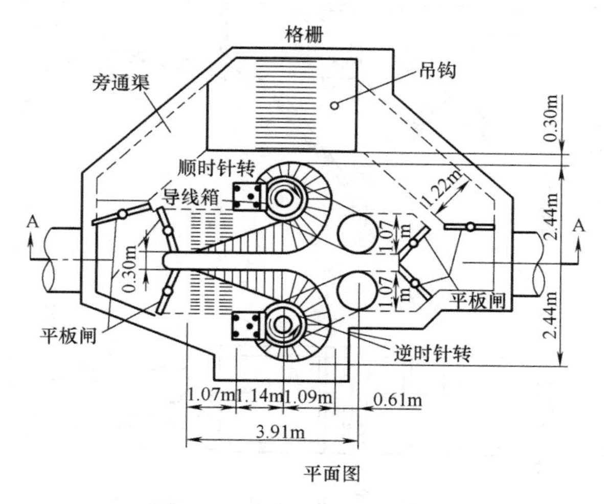

图 2-6　破碎机构造与安装图

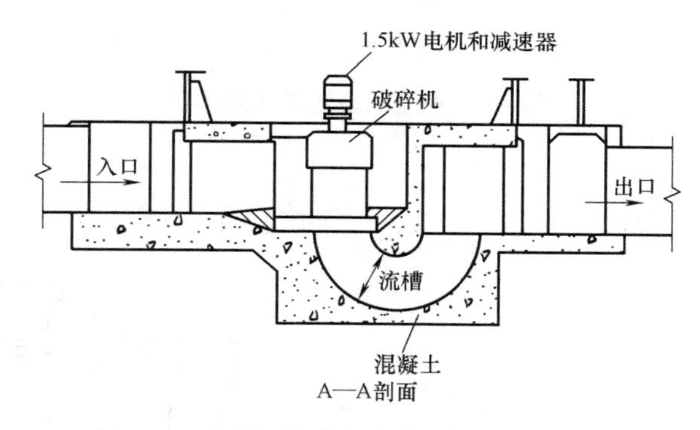

图 2-7　破碎机构造与安装图 A—A 剖面图

为了维修方便，在破碎机前、后的渠道上，安装平板闸门，并设置旁通渠及格栅。在停电、两台破碎机同时发生机械故障或污水流量超负荷时，停止使用破碎机，污水可从旁通渠流入后续处理构筑物。

2.3 沉砂池

2.3.1 平流沉砂池排砂

平流沉砂池的排砂方法有重力排砂与机械排砂两种。

1. 重力排砂法

重力排砂法如图 2-8 所示。

图 2-9 为砂斗加贮砂罐及底阀，进行重力排砂，排砂管直径 200mm。图中 1 为钢制贮砂罐；2、3 为手动或电动蝶阀；4 为旁通水管；将贮砂罐的上清液挤回沉砂池；5 为运砂小车。这种排砂方法的优点是排砂的含水率低、排砂量容易计算，缺点是沉砂池需要高架或挖下沉式小车通道。

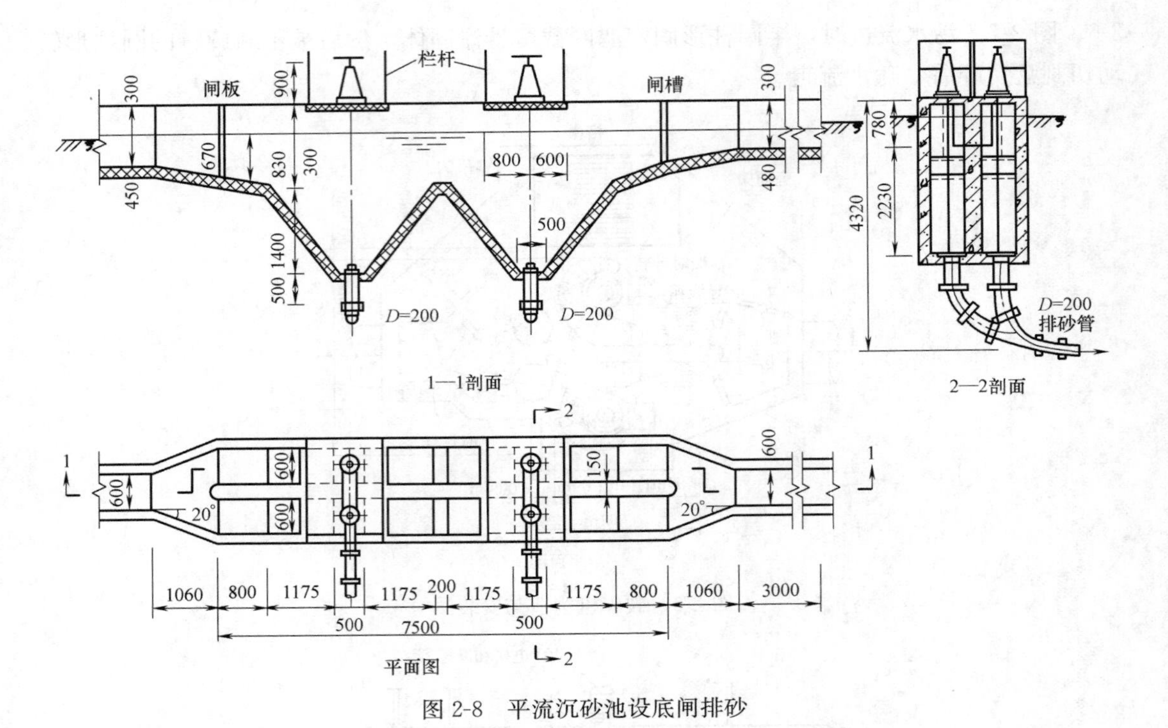

图 2-8 平流沉砂池设底闸排砂

2. 机械排砂法

机械排砂法见图 2-10。

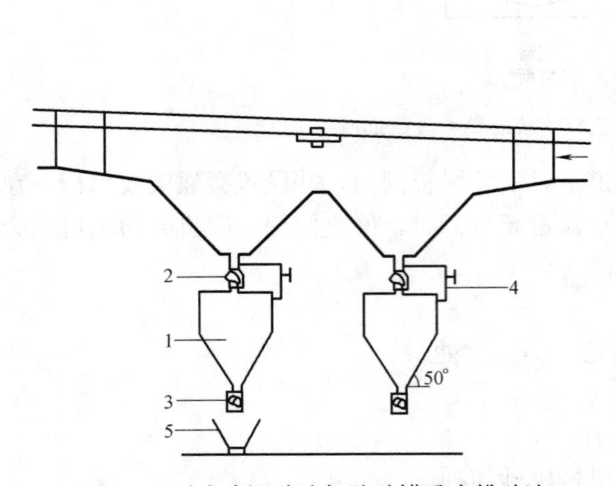

图 2-9 平流式沉砂池加贮砂罐重力排砂法

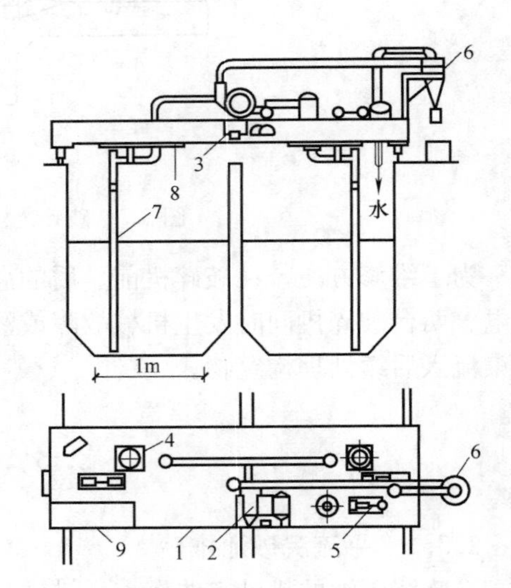

图 2-10 单口泵吸式排砂机

1—桁架；2—砂泵；3—桁架行走装置；
4—回转装置；5—真空泵；6—旋流分离器；
7—吸砂管；8—齿轮；9—操作台

图 2-10 所示为机械排砂法的一种单口泵吸式排砂机。沉砂池为平底，砂泵 2、真空泵 5、吸砂管 7、旋流分离器 6，均安装在行走桁架 1 上。桁架沿池长方向往返行走排砂。经

旋流分离器分离的水分回流到沉砂池，沉砂可用小车、皮带输送器等运至晒砂场或贮砂池。这种排砂方法自动化程度高，排砂含水率低，工作条件好。机械排砂法还有链板排砂法、抓斗排砂法等。中、大型污水处理厂应采用机械排砂法。

2.3.2 曝气沉砂池排砂

平流沉砂池排砂的主要缺点是沉砂中约夹杂有15%的有机物，给沉砂的后续处理增加难度。故常需配洗砂机，排砂经清洗后，有机物含量低于10%，称为清洁砂，再外运。曝气沉砂池由于曝气的旋流摩擦使砂表面附着的有机物被磨除，从而得到清洁砂。

曝气沉砂池呈矩形，池底一侧有 $i=0.1\sim0.5$ 的坡度，坡向另一侧的集砂槽。曝气装置设在集砂槽侧，空气扩散板距池底0.6～0.9m，使池内的水流作旋流运动，无机颗粒之间的互相碰撞与摩擦机会增加，把表面附着的有机物磨去。此外，由于旋流产生的离心力，把相对密度较大的无机颗粒甩向外层并下沉，相对密度较轻的有机物旋至水流的中心部位随水带走，可使沉砂中的有机物含量低于10%。集砂槽中的砂可采用机械刮砂、空气提升器或泵吸式排砂机排除，见图2-11。

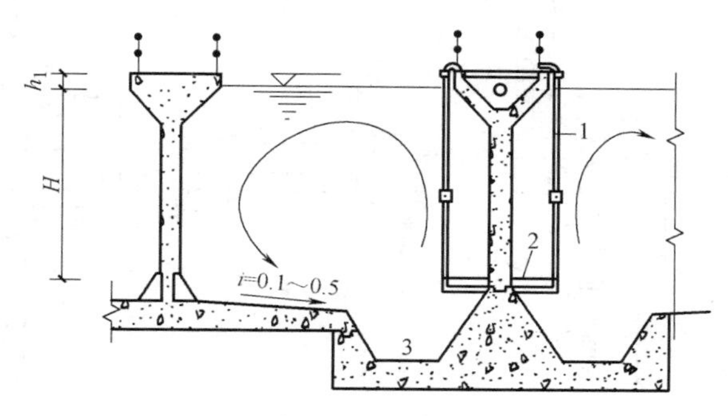

图2-11 曝气沉砂池排砂图

1—压缩空气管；2—空气扩散板；3—集砂槽

2.3.3 多尔沉砂池排砂

多尔沉砂池的排砂见图2-12。

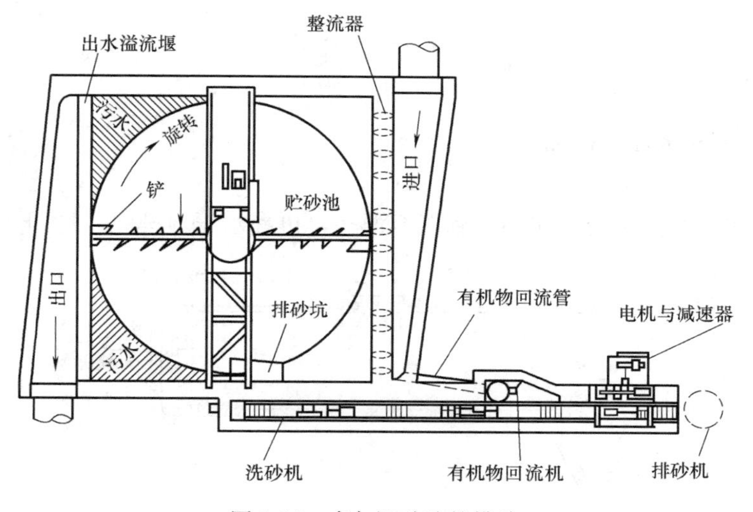

图2-12 多尔沉砂池的排砂

2.3.4 旋流沉砂池排砂

旋流沉砂池有两种：钟式沉砂池与比氏沉砂池。

1. 钟式沉砂池的排砂

钟式沉砂池工艺图见图 2-13。

2. 比氏沉砂池排砂

比氏（Pista）沉砂池由沉砂区与集砂区两部分组成，与钟式沉砂池的差别在于两区之间没有斜坡过渡，见图 2-14，螺旋桨叶片可以上、下调整。正常运转时，自动控制每 3～4h 排砂一次，每次排砂时间为 10～15min。

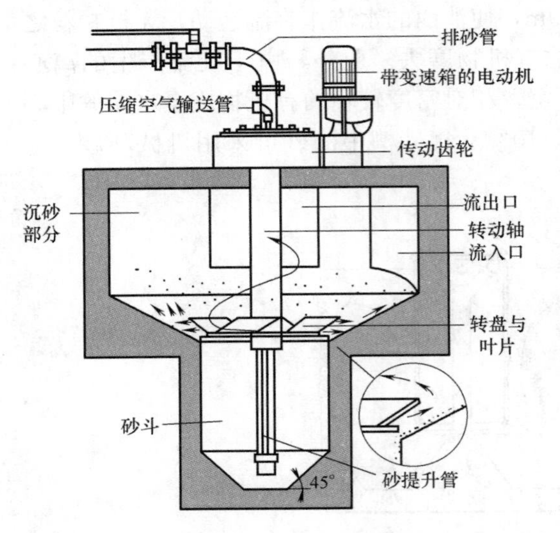

图 2-13　钟式沉砂池排砂

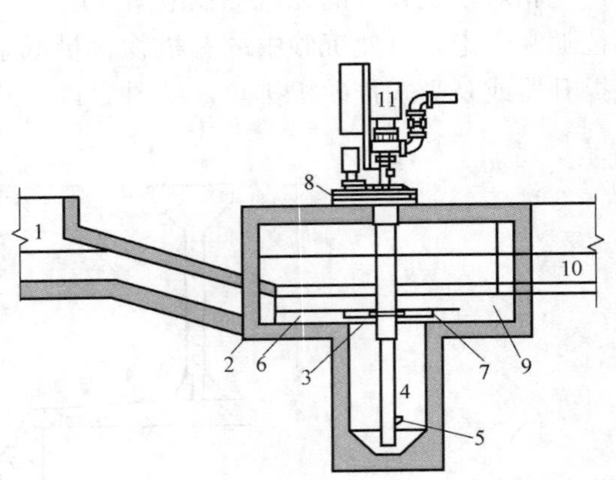

图 2-14　比氏沉砂池排砂

1—进水渠；2—沉砂池壁；3—储砂室；4—砂提升管；5—搅砂叶片；6—刮砂桨叶片；7—旋转叶片；8—减速器；9—沉砂室；10—出水渠；11—提砂泵

2.4 沉　淀　池

2.4.1 平流式沉淀池排泥

1. 静水压力法

平底平流式沉淀池利用刮泥小车刮泥至泥斗，再静水压力排泥，见图 2-15。

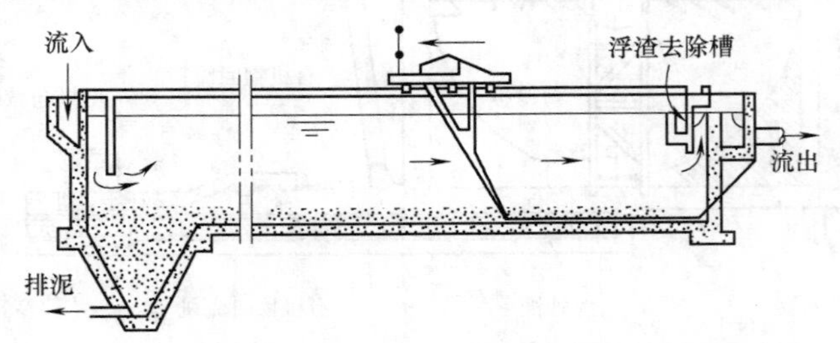

图 2-15　平流式沉淀池刮泥小车加静水压力排泥

优点是池深较浅。池底有坡度，利用重力使沉泥滑入泥斗，再静水压力排泥，见图2-16。图中1为排泥管，直径$d=200$mm，插入污泥斗，上端伸出水面以便清通。静水压力$H=1.5$m（初次沉淀池）、0.9m（活性污泥法后二次沉淀池）、1.2m（生物膜法后二次沉淀池）。为了使池底污泥能滑入污泥斗，池底应有$i=0.01\sim0.02$的坡度。也可采用多斗式平流沉淀池，以减小池深，见图2-17。

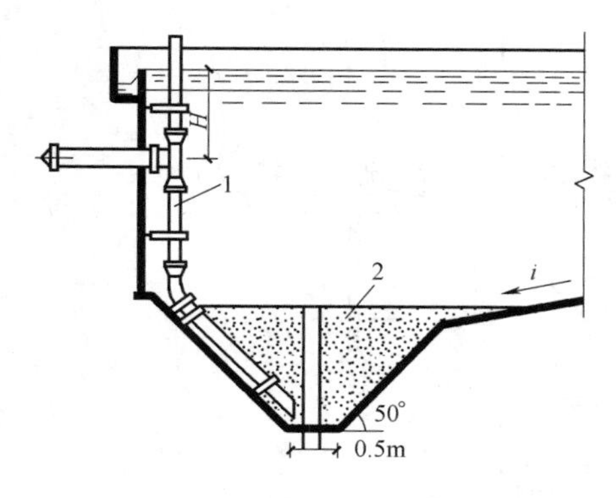

图2-16　沉淀池静水压力排泥

1—排泥管；2—污泥斗

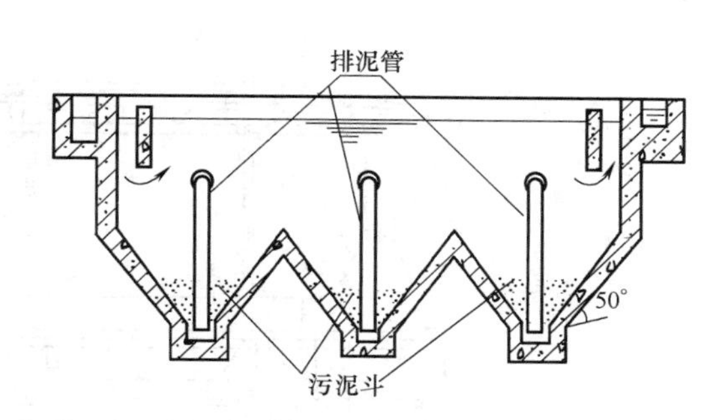

图2-17　多斗式平流沉淀池

2. 机械排泥法

链带式刮泥机见图2-18，链带装有刮板，沿池底缓慢移动，排泥机的行进速度为0.3～1.2m/min，把沉泥缓缓推入污泥斗，当链带刮板转到水面时，又可将浮渣推向流出挡板处的浮渣槽。链带式的缺点是机件长期浸在污水中，易被腐蚀，且难维修，故可用行走小车刮泥机，见图2-15，小车沿池壁顶的导轨往返行走，使刮板将污泥刮入污泥斗，浮渣刮入浮渣槽。由于整套刮泥机都在水面上，故不易腐蚀，易于维修。被刮入污泥斗的沉泥，可用静水压力法或螺旋泵排出池外。此两种机械排泥法，主要适用于初次沉淀池。当平流式沉淀池用作二次沉淀池时，由于活性污泥的密度小，含水率高达99%以上，呈

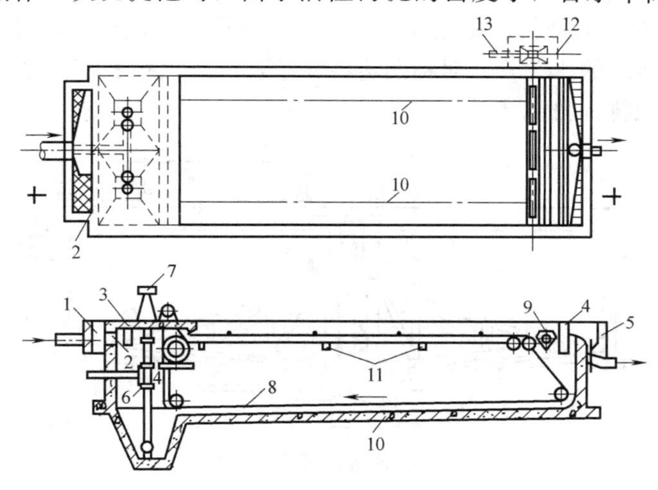

图2-18　设有链带式刮泥机的平流式沉淀池

1—进水槽；2—进水孔；3—进水挡流板；4—出水挡流板；5—出水槽；6—排泥管；7—排泥闸门；8—链带；9—排渣管槽（能够转动）；10—导轨；11—支撑；12—浮渣室；13—浮渣

絮状，不易被刮除，故可采用单口扫描泵吸式，使集泥与排泥同时完成，见图 2-19。图中吸口 1、吸泥泵与吸泥管 2，用猫头吊 8 挂在桁架 7 的工字钢上，并沿工字钢作横向往返移动，吸出的污泥排入安装在桁架上的排泥槽 4，通向污泥后续处理构筑物，因此可保持污泥的高程，便于后续处理。单口扫描泵吸式向流入区移动时吸、排污泥，向流出区移动时不吸泥。吸泥时的耗水量约占处理水量的 0.3%～0.6%。

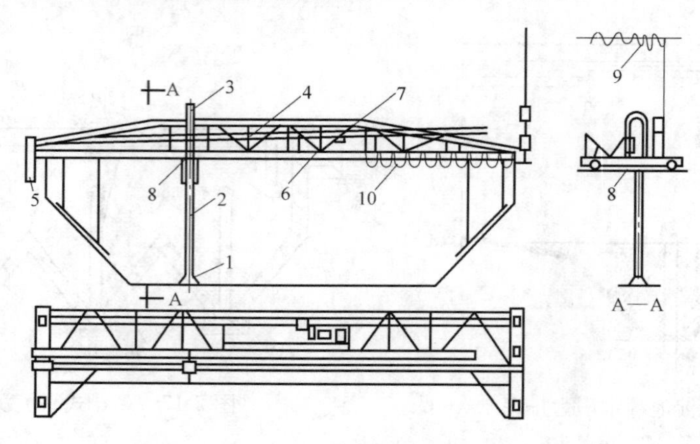

图 2-19 单口扫描泵吸式

1—吸口；2—吸泥泵与吸泥管；3—排泥管；4—排泥槽；5—排泥渠；6—电机与驱动装置；7—桁架；8—小车电机及猫头吊；9—桁架电源引入线；10—小车电机电源引入线

2.4.2 辐流式沉淀池排泥

辐流式沉淀池排泥见图 2-20。刮泥机由桁架及传动装置组成。当池径小于 20m 时，用中心传动；当池径大于 20m 时，由周边传动，周边线速不宜大于 3m/min，旋转速度一般为 1～3r/h，刮泥机将污泥推入污泥斗，然后用静水压力或污泥泵排除。当作为二次沉淀池时，沉淀的活性污泥含水率高达 99%以上，不能被刮板刮除，可采用如图 2-21 所示的静水压力法排泥，图中 1 为穿孔挡板，2 为排泥槽，槽内泥面与沉淀池水面有 h 的落差（h 约 30cm），3 为对称的两排泥槽之间的连接管，连接管通过密封装置将泥从排泥总管排出，4 为沿底缓慢转动的排泥管，对称两边各 4 条，每条负担底部一个环区的排泥，依靠 h 静水压力，将底泥排入排泥槽 2。

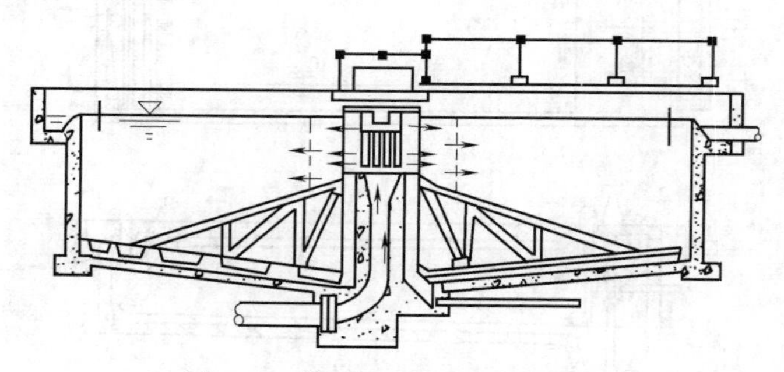

图 2-20 普通辐流式沉淀池排泥图

2.4.3 竖流式沉淀池排泥

竖流式沉淀池可用圆形或正方形。图 2-22 为圆形竖流式沉淀池静水压力排泥。

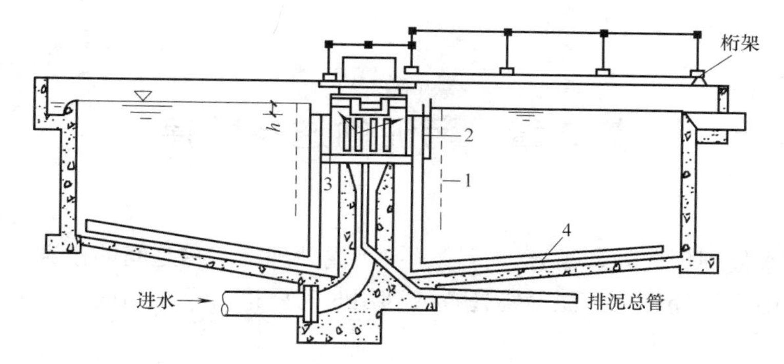

图 2-21　活性污泥二次沉淀池重力排泥示意图

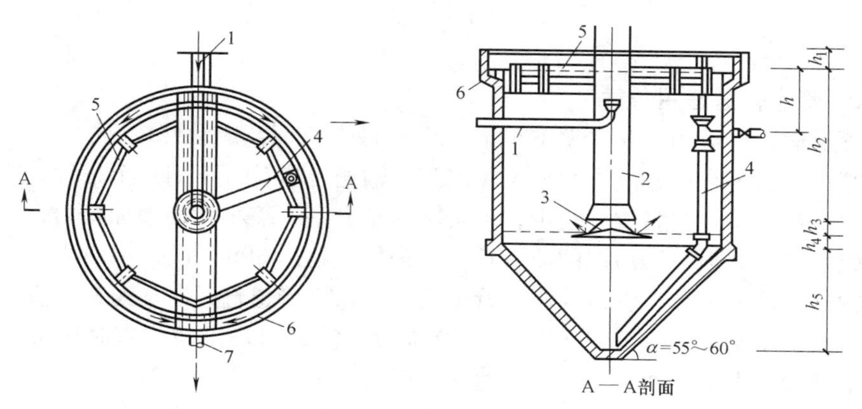

图 2-22　圆形竖流式沉淀池静水压力排泥

1—进水管；2—中心管；3—反射板；4—排泥管；5—挡板；6,7—出水管

2.4.4　斜板（管）沉淀池排泥

各类斜板（管）沉淀池的排泥都采用静水压力排泥，见图 2-23。

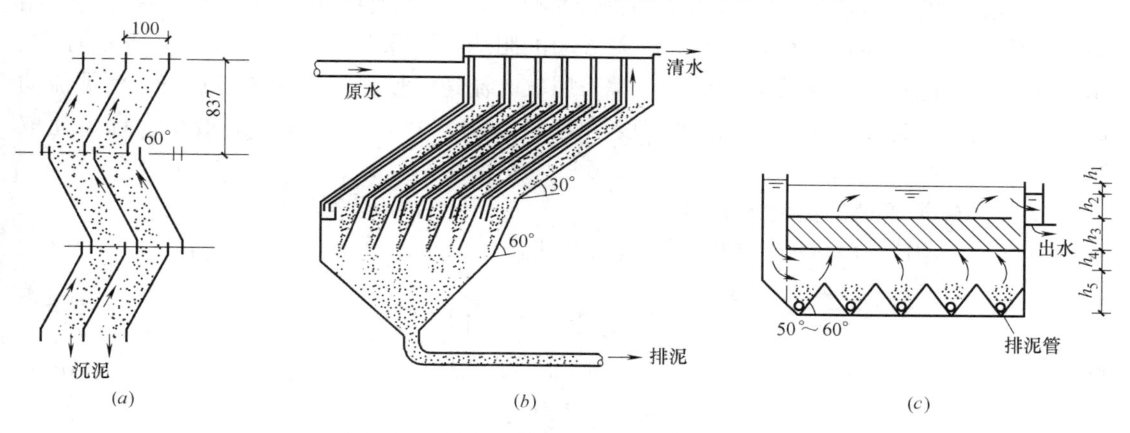

图 2-23　斜板（管）沉淀池静水压力排泥

(*a*) 侧向斜板（管）沉淀池；(*b*) 同向斜板（管）沉淀池；(*c*) 逆向斜板（管）沉淀池

第3章　污泥输送与贮存

污泥在污水处理厂内外，需要进行输送：污泥处理构筑物之间的输送；若干座污水处理厂的污泥集中进行处理；污泥最终处置或利用时需要进行短距离或长距离（数百米至数十千米）的输送。

3.1　污泥管道输送

3.1.1　管道输送适用条件

污泥管道输送，适用于含水率不小于90%的液态污泥，流动性较好。

污泥管道输送是常用方法。污泥长距离管道输送，应符合下列4个条件：①输送的目的地稳定；②污泥所含油脂成分较少，不会粘附于管壁、缩小管径增加阻力；③污泥不会对管材造成腐蚀或磨损；④污泥的流量较大，一般应超过$30m^3/h$。

管道输送，可分为重力管道与压力管道两种。重力管道输送时，距离不宜太长，管坡常用0.01～0.02，管径不小于200mm，中途应设置清扫口，以便堵塞时用机械清通或高压水（污水处理厂出水）冲洗。压力管道输送时，需要进行水力计算。

管道输送卫生条件好，没有气味外溢；操作方便并利于实现自动化控制；运行管理费用低。主要缺点是一次性投资大，一旦建成后，输送的地点固定，较不灵活。

3.1.2　污泥流动水力特性

污泥在含水率较高（高于99%）的状态下，属于牛顿流体，流动的特性接近于水流。随着固体浓度的增高，流动显示出半塑性流体的特性，必须克服初始剪力τ_0后才能开始流动，固体浓度越高，τ_0值也越大。污泥流动的阻力，在层流条件下，由于τ_0值的存在、阻力很大，因此污泥输送管道的设计，常采用较大流速，使泥流处于紊流状态。污泥流动的下临界速度约为1.1m/s，上临界速度约为1.4m/s。污泥压力管道的最小设计流速取1.0～2.0m/s。

1. 压力输泥管道的沿程水头损失

哈森-威廉姆斯（Hazen Willims）紊流公式：

$$h_f=6.82\left(\frac{L}{D^{1.17}}\right)\left(\frac{v}{C_H}\right)^{1.85} \tag{3-1}$$

或

$$v=0.85C_HR^{0.63}i^{0.54} \tag{3-2}$$

$$h_f=iL$$

式中　h_f——输泥管沿程水头损失，m；

L——输泥管长度，m；

D——输泥管管径，m；

v——污泥流速，m/s；

C_H——哈森-威廉姆斯（Hazen Willims）系数，其值取决于污泥浓度，查表 3-1 得；

R——水力半径，m；

i——水力坡度。

污泥浓度与 C_H 系数 **表 3-1**

污泥浓度	C_H系数	污泥浓度	C_H系数
0.0	100	6.0	45
2.0	81	8.5	32
4.0	61	10.1	25

长距离管道输送时，由于污泥可能含有油脂、固体浓度较高，使用时间长后，管壁被油脂粘附以及管底沉积，水头损失增加。为安全考虑，用哈森-威廉姆斯（Hazen Willims）紊流公式计算出的水头损失值，应乘以水头损失系数 K。K 值与污泥类型及污泥浓度有关，见图 3-1。

由图 3-1 可知，污泥浓度在 1%～6%之间时，消化污泥的 K 值变化不大，约为 1.0～1.5；浓度为 10%时，K 值约为 3.5；生污泥及其浓缩污泥的 K 值增加较大，约为 1.0～4.0 之间，浓度＞6%，K 值呈直线上升，10%，K 值达 13。根据乘以 K 值后的水头损失值选泵，则运行更为可靠。

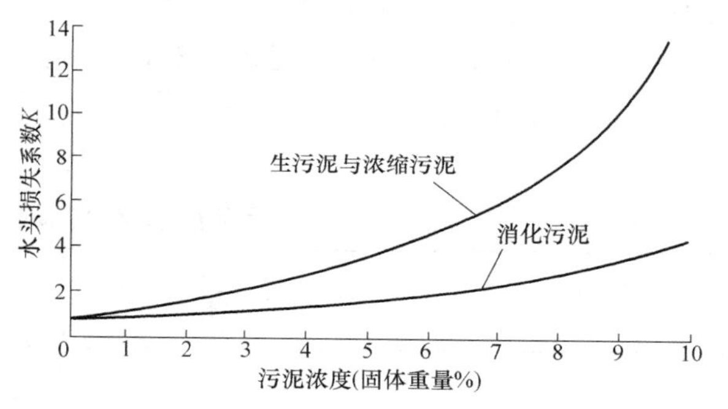

图 3-1　污泥类型及污泥浓度与 K 值图

【例 3-1】 某城市污水处理厂的设计污泥流量为 226.8m³/h（0.063m³/s），含水率为 98%（污泥浓度为 2%）。用管道输送至农场长期利用，管道长度为 5km。求管道输送时的水头损失值。

【解】 因污泥流量为 0.063m³/s，采用紊流状态输送污泥，取流速为 2.0m/s，管径为 200mm。

水头损失值用哈森-威廉姆斯紊流公式式（3-1）计算。

因污泥含水率为 98%，即污泥浓度为 2%，查表 3-1 得系数 C_H＝81，把已知数据代入式（3-1）得：

$$h_f=6.82\left(\frac{L}{D^{1.17}}\right)\left(\frac{v}{C_H}\right)^{1.85}=6.82\left(\frac{5000}{0.2^{1.17}}\right)\left(\frac{2}{81}\right)^{1.85}=238.5\text{m}$$

或用式（3-2）计算：

$$v=0.85C_HR^{0.63}i^{0.54}$$

$$2=0.85\times81\left[\frac{\frac{\pi}{4}\times0.2^2}{\pi\times0.2}\right]^{0.63}i^{0.54}\text{，得 } i=0.047$$

$$\therefore h_f=iL=0.047\times5000=235\text{m}$$

两者误差仅约 1%。

若输送的污泥是消化污泥，根据污泥浓度为 2%，查图 3-1，得 K＝1.03，修正后的水头损失为：

$$h_f = 1.03 \times 238.5 = 245.6\text{m}$$

$$h_f = 1.03 \times 235 = 245.7\text{m}$$

若输送的污泥是生污泥，查图 3-1，得 $K=1.2$，修正后的水头损失值为：

$$h_f = 1.2 \times 238.5 = 286.2\text{m}$$

$$h_f = 1.2 \times 235 = 282\text{m}$$

根据修正后的水头损失值选污泥泵。

2. 压力输泥管道的局部水头损失

长距离输泥管道的水头损失，主要取决于沿程水头损失，局部水头损失所占比重很小，可忽略不计。污水处理厂内部的输泥管道，因输送距离短、局部水头损失所占比重较大，故必须计算。局部水头损失值的计算公式如下：

$$h_i = \zeta \frac{v^2}{2g} \tag{3-3}$$

式中 h_i——局部阻力水头损失，m；

ζ——局部阻力系数，见表 3-2；

v——管内污泥流速，m/s；

g——重力加速度，9.81m/s。

污泥管道输送局部阻力系数 ζ 值　　表 3-2

配件名称		ζ 值	污泥含水率(%)	
			98	96
承插接头		0.4	0.24	0.43
三通		0.8	0.60	0.73
90°弯头		1.46 $\left(\frac{r}{R}=0.9\right)$	0.85 $\left(\frac{r}{R}=0.7\right)$	1.14 $\left(\frac{r}{R}=0.8\right)$
四通		—	2.50	—
闸门	h/d			
	0.8	0.05		0.12
	0.7	0.20		0.32
	0.6	0.70		0.90
	0.5	2.03		2.57
	0.4	5.27		6.30
	0.3	11.42		13.00
	0.2	28.70		27.70

3.1.3 污泥管道输送设备

污泥管道输送所用污泥泵或渣泵，必须具备不易被堵塞与磨损、不易受腐蚀等基本条件。主要有三种类型：转子动力泵、容积泵及气提泵。参见表 3-3。

(1) 隔膜泵

如图 3-2 (a) 所示。隔膜泵没有叶片，工作原理是用活塞推、吸隔膜（橡胶制成）及两个活门，将污泥抽吸与压送。因此不存在叶轮的磨损与堵塞，污泥颗粒的大小取决于活门的口径。缺点是流量脉动不稳定，仅适用于泵送小流量污泥。

污泥泵及其应用略表　　表 3-3

类　型	常用泵名称	主要输送对象
转子动力泵 (Kinefic Pumps)	混流泵	砂浆、焚烧灰、泥浆、未经浓缩的初沉池污泥、剩余活性污泥、消化污泥、离心机分离液、腐殖污泥
	涡动泵	
	旋转螺栓泵	
	螺旋离心泵	
	砂泵	
	PW 型离心泵	
	PWL 型离心泵	
容积泵 (Posifive diplacement Pumps)	多级柱塞泵	剩余活性污泥、浓缩污泥、未浓缩的初沉污泥、污泥脱水设备未经浓缩的二次沉淀污泥
	旋转螺栓泵	
	隔膜泵	
	旋转凸轮泵	
	蠕动泵	
其他	气提泵(空气扬升器)	回流活性污泥
	阿基米德螺旋泵	

(2) 旋转螺栓泵

如图 3-2 (*b*) 所示。旋转螺栓泵由螺栓状的转子（用硬质铬钢制成）与螺栓状的定子（泵的壳体，用硬橡胶制成）组成。转子与定子的螺纹互相吻合，在转子转动时，可形成空腔 V2（吸泥）或吻合 V1（压送），达到抽吸与输送的目的。

抽升高度在 8.5m 以内，启动前可不必灌水，转子转速为 100r/min 时，输泥量可达 1～44L/s，工作压力可达 0.3MPa。在运转时要严格防止空转，以免烧坏定子。

这种泵普遍应用于输送不同种类的污泥，甚至固体浓度高达 20%的污泥。

(3) 阿基米德螺旋泵（即螺旋泵）

如图 3-2 (*c*) 所示。螺旋泵由泵壳、泵轴及螺旋叶片组成。螺旋叶片根据阿基米德螺旋线设计而成。泵的特点是流量大、扬程低、效率稳定、不堵塞。最常用于曝气池回流活性污泥或排水管道系统中途泵站。只有提升作用，而无加压功能，安装角度 30°～40°，转速为 30～110r/min，提升高度取决于泵长，流量取决于螺旋叶片的直径，可达 40～3600m^3/h。

(4) 混流泵

如图 3-2 (*d*) 所示。混流泵的叶轮不设叶片，而是依靠叶轮的转动，使污泥造成旋流而被抽升，可避免阻塞。污泥颗粒的大小，取决于泵的吸泥管与压泥管管径。

(5) 多级柱塞泵

如图 3-2 (*e*) 所示。多级柱塞泵有单缸、双缸和多缸等型号。泵的抽吸高度为 3m 时，启动时不必灌水，抽升能力为 2.5～3L/s，工作压力为 0.25～0.7MPa。柱塞的往复次数为 40～50 次/min。适用于大型污水处理厂，可对不同种类的污泥作长距离输送。

(6) 离心泵

有 PW 型与 PWL 型两种。

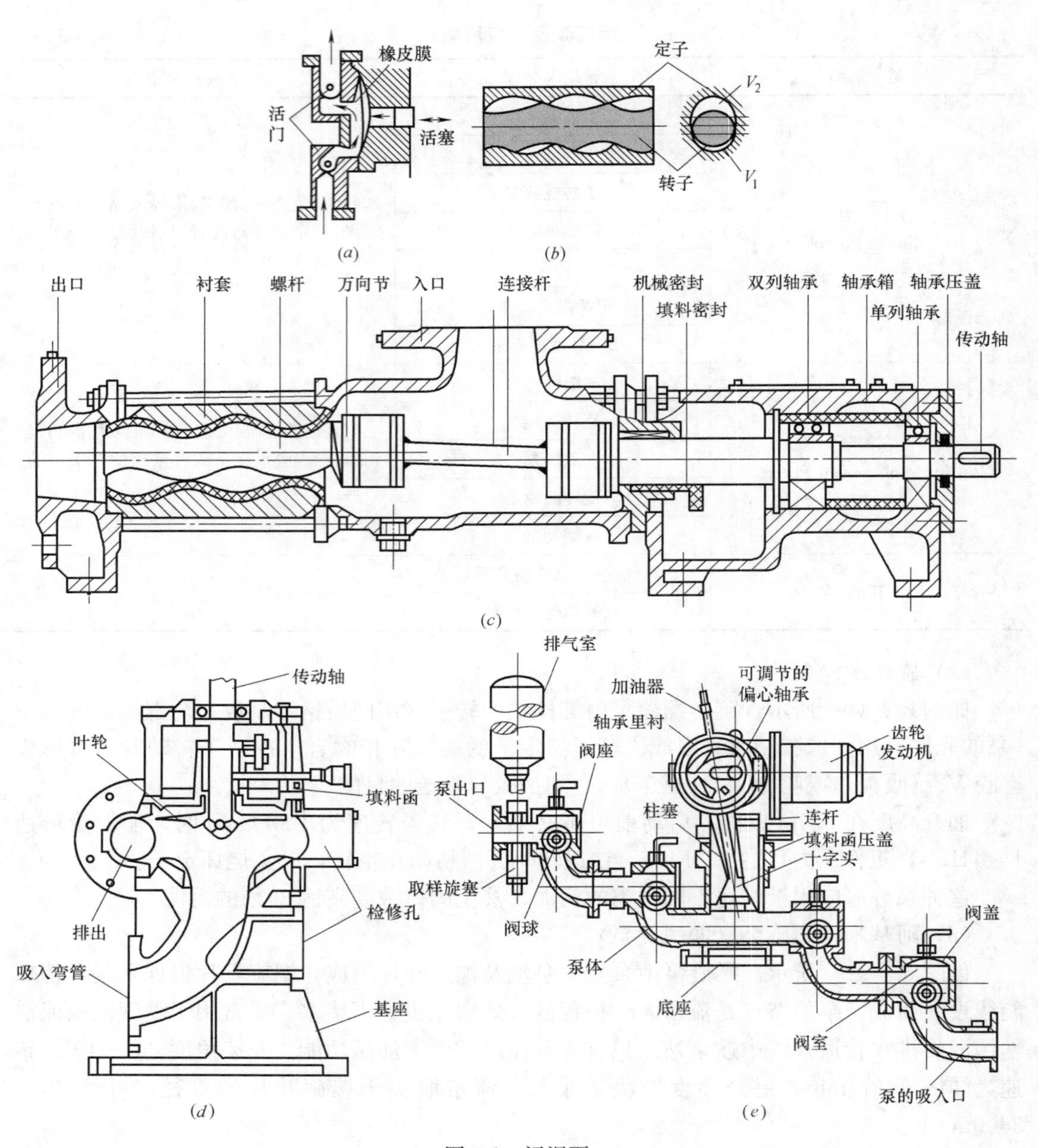

图 3-2　污泥泵

(a) 隔膜泵；(b) 旋转螺栓泵；(c) 螺旋泵；(d) 混流泵；(e) 多级柱塞泵

3.2　污泥输送其他方法

污泥含水率低于 90%，流动性很差；含水率为 80%左右时，流动性丧失，成为泥饼；含水率 65%以下，泥饼呈块状，存在大量气泡；含水率再降低，则成粉末状。这类污泥宜采用螺栓输送器、皮带输送器、卡车、驳船等。

驳船输送适用于不同含水率的污泥。污泥农林业利用等可考虑采用驳船输送。驳船输送具有灵活、运输费用较低的优点。

若以管道输送的建设投资、运行管理费及每输送 1m 距离的成本为“1”单位，对管道、卡车、驳船输送的综合经济比较列于表 3-4，供参考。

管道、卡车、驳船输送综合经济比较表 **表 3-4**

	投资	管理费	输送 1m 的成本
管道输送	1	1	1
驳船装运	0.82～1.30	2.60～4.00	6
卡车输送	2.25～7.00	27.0～34.0	30

3.3 污泥贮存

3.3.1 剩余污泥贮存

由于污水处理厂每天产生的剩余污泥泥量与机械浓缩、脱水设备的进泥量之间是不平衡的，中间必须设置剩余污泥贮存调蓄池进行调蓄，才能保证机械设备正常运行。剩余污泥贮存调蓄池的容量，需通过污泥产量与机械设备进泥量之间的不平衡统计计算决定。

1. 污泥量不平衡统计

污水处理厂污泥量不平衡的统计可根据运行记录，用每日 BOD 负荷值、BOD 负荷与污泥产量的比值（污泥产率系数）折算成污泥量；用每天污泥量记录进行统计。下面以每日 BOD 负荷值进行统计为例。

统计参数：

（1）BOD 日平均负荷值。在统计年限内（如 1 年或数年）的日平均负荷值（kg/d）：

$$日平均负荷值=\frac{统计年限内的\ BOD_5\ 总量(kg)}{统计年限内的总天数(d)} \tag{3-4}$$

（2）连续最高峰平均负荷值。统计年限内，连续 n 天的最高峰负荷及其连续最高峰平均负荷值（kg/d）：

$$连续\ n\ 天最高峰平均负荷值=\frac{连续\ n\ 天最高峰的\ BOD\ 总量(kg)}{n(d)} \tag{3-5}$$

式中 n——1～30，d。

（3）连续最低峰平均负荷值。统计年限内，连续 n 天的最低峰负荷及其连续最低峰平均负荷值（kg/d）：

$$连续\ n\ 天最低峰平均负荷值=\frac{连续\ n\ 天最低峰的\ BOD\ 总量(kg)}{n(d)} \tag{3-6}$$

式中 n——1～30，d。

（4）连续 n 天最高、最低峰平均负荷值与日平均负荷值的比值：

$$\frac{连续\ n\ 天最高峰平均负荷值}{日平均负荷值}=比值>1 \tag{3-7}$$

$$\frac{连续\ n\ 天最低峰平均负荷值}{日平均负荷值}=比值<1 \tag{3-8}$$

2. 连续最高、最低峰平均负荷与日平均负荷比值图

取数座到数十座污水处理厂的运行资料（1 年至数年），分别统计出上述 4 个参数的

数值，用直角纸，在纵坐标上标出各厂的最高峰平均负荷值与日平均负荷值的比值及最低峰平均负荷值与日平均负荷值的比值；以横坐标为连续天数 n。

然后把 n(1～30d) 的上、下限点连接起来，见图 3-3 阴影部分，并用适线法作出各自典型曲线，分别见图 3-3 曲线 2 与曲线 3。

该图虽然是根据 BOD 负荷值作出的比值曲线，但因 BOD 值与污泥量之间有一定的比例关系，故该图具有通用价值，可据此计算污泥贮存调蓄池的容积。

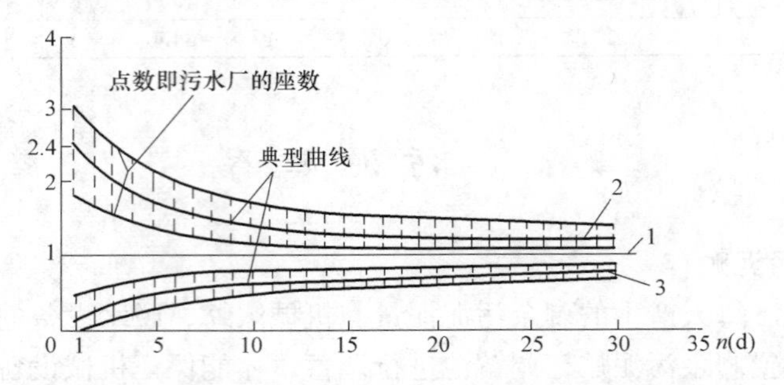

图 3-3　最高峰平均负荷值、最低峰平均负荷值与日平均负荷值的比值图

3. 贮存调蓄池的容积计算

根据比值曲线图 3-3，即可计算污泥贮存调蓄池的容积。用【例 3-2】说明。

【例 3-2】 某城市污水处理厂 1 年的运行资料得日平均污泥量（按重量计）为 12000kg/d（其含水率为 95%，干污泥中有机物含量为 60%），比值曲线见图 3-3。拟用化学调节后，用板框压滤脱水机脱水，工作制度是每周运转 5d，每天 3 班制。求所需处理污泥贮存调蓄池的容积。

【解】 采用板框压滤脱水机，工作制度为每周运转 5d，每天 3 班制。即 7d 的污泥量必须在 5d 内处理完成。14d 的污泥量必须在 10d 内处理完。计算步骤如下：

(1) 计算连续 n 天最高峰平均污泥量与连续 n 天最高峰污泥总量

为了安全起见，应采用连续最高峰污泥量进行设计计算。把计算所得数据列于表 3-5。

连续 n 天最高峰平均污泥量、连续 n 天最高峰污泥总量表　　表 3-5

连续最高峰时间(d)	比值	连续 n 天最高峰平均污泥量(kg/d)	连续 n 天最高峰污泥总量(kg)
(a)	(b)	(c)=(b)×日平均污泥量	(d)=(a)×(c)
1	2.4	2.4×12000=28800	1×28800=28800
2	2.1	2.1×12000=25200	2×25200=50400
3	1.9	1.9×12000=22800	3×23800=68400
4	1.8	1.8×12000=21600	4×21600=86400
5	1.7	1.7×12000=20400	5×20400=102000
7	1.58	1.58×12000=18960	7×18960=132720
10	1.4	1.4×12000=16800	10×16800=168000
14	1.31	1.31×12000=15714	14×15714=219996
15	1.3	1.3×12000=15600	15×15600=234000
365	1.0	1×12000=12000	

几点说明：①表中（a）列是天数，“365d”是平均污泥量为 1 年运行资料的平均值，若为 2 年运行资料的平均污泥量，则应为“730d”；②表中（b）列的“比值”是根据天数查图 3-3 得；③表中（c）列“连续 n 天最高峰平均污泥量”根据式（3-7）计算，即等于

(b)×日平均污泥量；④表中（d）列“连续 n 天最高峰污泥总量”等于（a)×(c）得。

（2）作连续 n 天最高峰污泥总量与时间关系图

根据表 3-5 的（d）列数值，在直角坐标纸上，以纵坐标为连续 n 天最高峰污泥总量，以横坐标为持续时间，作图，见图 3-4 曲线 1，得连续最高峰污泥总量曲线。

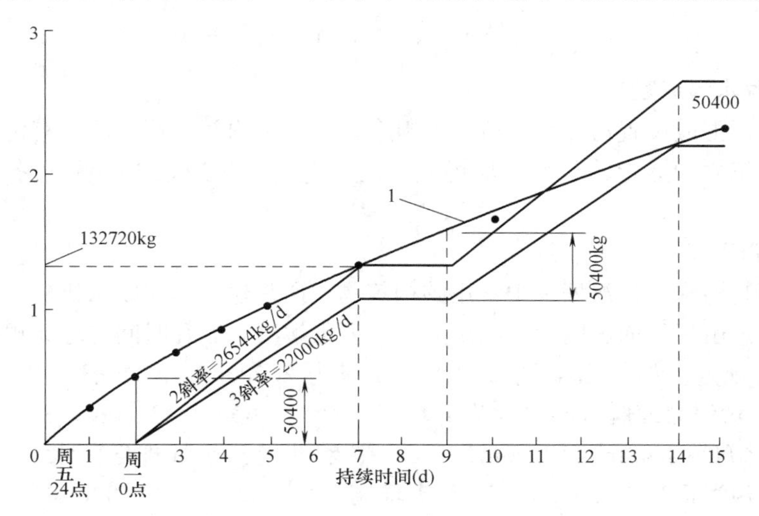

图 3-4　泥贮存调蓄池容积计算图

（3）污泥贮存调蓄池容积的确定

根据板框压滤机的工作制度为每周工作 5d，每天 3 班制。即 7d 的污泥量必须在 5d 内处理完，14d 的污泥量必须在 10d 内处理完。从表 3-5 知，7d 连续最高峰污泥量为 132720kg，必须在 5d 处理完，则每天的处理量应为：

$$\frac{132720}{5}=26544\text{kg/d}$$

设周五 24 点贮存调蓄装置内已无存泥，周六零点起进泥，至次周一零点，板框压滤机从周五 24 点开始连续运行 5d，将 7d 的污泥量处理完，再进行下一周期，循环往复。据此，在图上，设坐标原点为周五的 24 点，2d 后为周一的零点，通过该点，作斜率为 26544kg/d 的直线必与曲线 1 相交于 7d 处。故折线 2 即是 7d 的污泥 5d 处理完的运行折线，然后停运 2d。折线 2 与曲线 1 之间的最大垂直距离发生在 2d 处与第 14d 处（图 3-4），其值为 50400kg。同样步骤可作出 14d 的污泥总量 10d 处理完的运行折线，见图 3-4 折线 3，该折线的起点也在 2d 处，斜率应为 14d 的污泥总量除以 10d：

$$\frac{219996}{10}=21999.6\text{kg/d},\text{取}22000\text{kg/d}$$

折线 3 与曲线 1 之间的最大垂直距离产生在 2d 处与 9d 处，得贮存装置的容积 50400kg。

已知污泥的含水率为 95%，有机物含量为 60%，用式（1-5）与式（1-2）（见本书第 1 章）分别计算出污泥所含干固体密度 γ_s 与污泥密度 γ。然后算出贮存调蓄池的容积。

由式（1-5）得污泥所含干固体的密度：

$$\gamma_s=\frac{250}{100+1.5p_V}=\frac{250}{100+1.5\times60}=1.32$$

根据式（1-2）该污泥的密度为：

$$\gamma=\frac{100\gamma_s}{p\gamma_s+(100-p)}=\frac{100\times1.32}{95\times1.32+(100-95)}=1.012$$

∴贮存调蓄装置的容积为：

$$V=\frac{50400}{1000\times1.012}=49.8\text{m}^3\text{，取 }V=50\text{m}^3$$

3.3.2 脱水污泥贮存

脱水后的污泥应设置污泥堆场或污泥料仓贮存，国内污水厂一般设有污泥堆场或污泥料仓，也有用车立即运走的。污泥堆场或污泥料仓的容量应根据污泥出路和运输条件等确定。

1. 污泥堆棚

污泥堆棚是污水厂污泥处理中常用的构筑物，通常建在污泥脱水机房旁，以便于污泥干化后的贮存。由于目前国内污泥的出路尚未妥善解决，贮存时间等亦无规律性，故堆放容量仅作原则规定。如佛山某城市污水厂水量为 20000m^3/d，每日产生的干污泥量为 2600kgDS/d，污泥浓缩脱水间尺寸为 $L\times B\times H=18.60\text{m}\times12.00\text{m}\times8.40\text{m}$，污泥堆棚尺寸为 $L\times B\times H=5.40\text{m}\times12.00\text{m}\times8.40\text{m}$；瓯北镇污水处理厂污水量为 50000m^3/d，每日产生的干污泥量为 5811kgDS/d，污泥堆棚尺寸为 $L\times B=28.00\text{m}\times13.00\text{m}$；上海市松江西部污水处理厂污泥堆棚按污水处理量 10 万 m^3/d 的规模，储存污泥 4.5d 设计，平面尺寸 $L\times B=18.00\text{m}\times15.00\text{m}$。

2. 污泥料仓

污泥料仓是污水厂污泥处理中常用的设施之一。污泥料仓多为方形碳钢结构，通常由仓体、布料滑架、液压站、液压缸等部件组成，矩形大口径出料口位于底部。其具有以下特点：

（1）现场无异味、无污染。

（2）占地面积小，布置灵活。

（3）移动滑架可防止污泥起拱、板结等现象的发生。

（4）在仓顶设置甲烷浓度检测器，可实现自动报警、智能通风。

（5）在仓顶设有料位检测仪，可自动检测、报警并实时显示料位。

（6）卸料过程可现场操作，并有事故报警和系统紧急停止的功能。

（7）采用的卧式锤形搅拌轴搅拌效果好。

污泥储存料仓的净容量一般设计为储存污水处理厂 1d 或 2d 的产泥量。污泥料仓仓底为平底设计，配备了液压驱动的滑架破拱装置，确保污泥的卸料和防止污泥起拱。在滑架破拱装置下方配备了液压驱动的螺旋卸料器，使污泥能准确而高效地卸料。

杭州七格污水处理厂于 2002 年建成了中国第一套市政污泥的储存及外运系统。该系统采用了 4 座污泥料仓和 2 台干泥输送泵，每个料仓直径 5.5m，高 15m，有效容积 200m^3。料仓底部配有滑架破拱装置、卸料螺旋和闸板阀，料仓顶部装有超声波液位计，对污泥料位进行自动控制。脱水后的污泥由泵输送到料仓顶部，并通过球阀分配到料仓中。储存在料仓中的污泥经液压闸板阀卸料至卡车，卡车将污泥运至污泥处理场。

第 2 篇　污泥浓缩

第 4 章　污泥重力浓缩

初次沉淀污泥含水率介于 95%～97%之间，剩余活性污泥达 99%以上。因此污泥的体积非常大，对污泥的后续处理造成困难。污泥浓缩的目的是减容。由式（1-1）及[例1-1]可知，污泥含水率从 99%降至 96%，污泥体积可减小 3/4。含水率从 97.5%降至 95%，体积可减小 1/2，可大大减小后续处理的负荷。若后续处理是厌氧消化，消化池的容积、加热量、搅拌能耗都可大大降低。如后续处理为机械脱水，调整污泥的混凝剂量、机械脱水设备的容量可大大减小。

重力浓缩构筑物称为重力浓缩池。根据运行方式不同，可分为连续式重力浓缩池、间歇式重力浓缩池两种。

4.1　污泥重力浓缩原理

重力浓缩理论主要有迪克（Dick）理论与柯依-克里维什（Coe-Clevenger）理论。

1. 迪克（Dick）理论

迪克于 1969 年采用静态浓缩试验的方法，分析了连续流重力浓缩池的工况，试验装置见图 4-1。迪克引入浓缩池横断面的固体通量这一概念，即单位时间内，通过单位面积的固体重量叫固体通量，$kg/(m^2 \cdot h)$。当浓缩池运行正常时，池中固体通量处于动平衡状态，如图 4-2 所示。单位时间内进入浓缩池的固体重量，等于排出浓缩池的固体重量。(上清液所含固体重量忽略不计)。通过浓缩池任一断面的固体通量，由两部分组成，一部分是浓缩池底部连续排泥所造成的向下流固体通量；另一部分是污泥自重压密所造成的固体通量。

图 4-2 中，断面 i-i 处的固体浓度为 C_i，通过该断面的向下流固体通量：

$$G_u = uC_i \tag{4-1}$$

式中　G_u——向下流固体通量，$kg/(m^2 \cdot h)$；

u——向下流流速，即由于底部排泥导致界面下降的速度，m/h，若底部排泥量为 Q_u(m^3/h)，浓缩池断面积为 A（m^2），则 $u=\dfrac{Q_u}{A}$，运行资料统计表明，活性污泥浓缩池的 u 一般为 0.25～0.51m/h；

C_i——断面 i-i 处的污泥固体浓度，kg/m^3。

由式（4-1）可见，当 u 为定值时，G_u 与 C_i 成直线关系。见图 4-3（b）中的直线 1。

(1) 自重压密固体通量

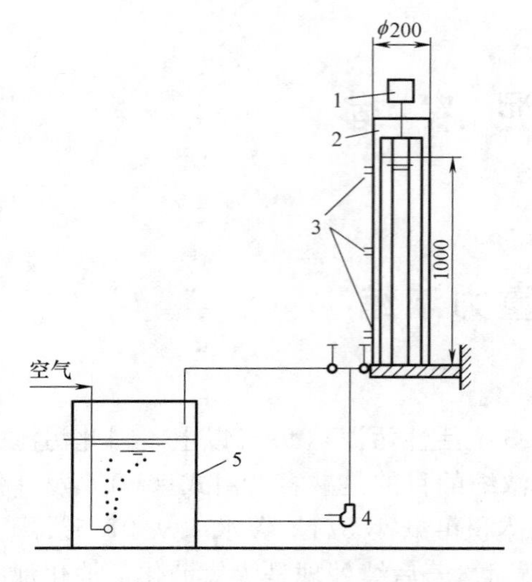

图 4-1　浓缩沉降试验装置

1—电动机；2—圆筒；3—龙头；

4—水泵；5—曝气筒

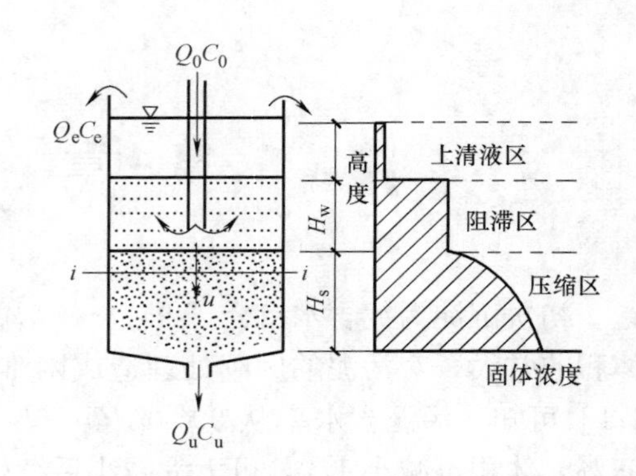

图 4-2　连续式重力浓缩池

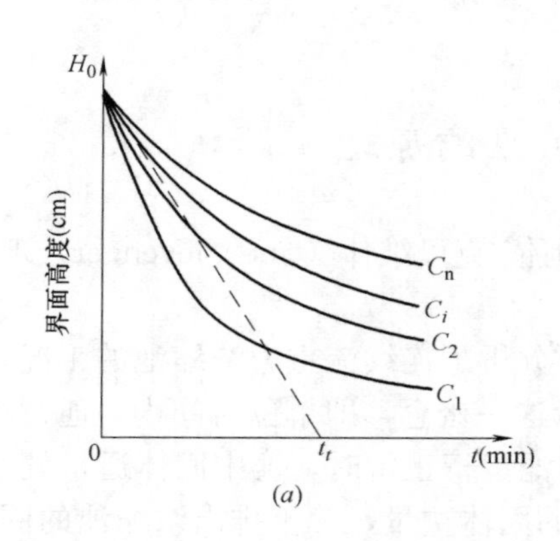

(a)

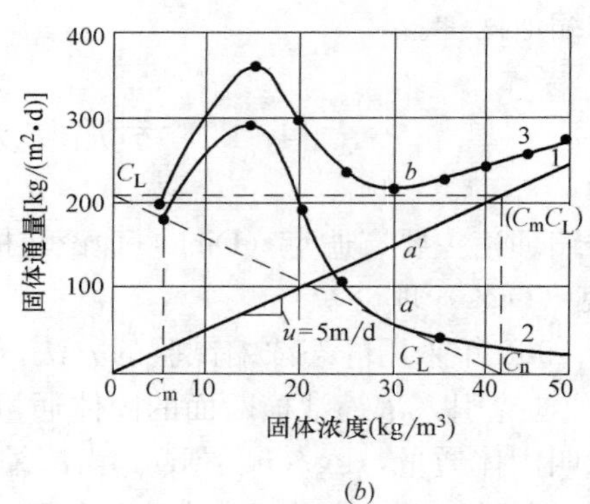

(b)

图 4-3　静态浓缩试验

(a) 不同浓度的界面高度与沉降时间关系图；(b) 固体通量与固体浓度关系图

在图 4-1 装置中，用同一种污泥的不同固体浓度，C_1，C_2，…，C_i，…，C_u分别做静态浓缩试验，作时间与界面高度关系曲线，见图 4-3。然后作每条浓缩曲线的界面沉速，即通过每条浓缩曲线的起点作切线，切线与横坐标相交，得沉降时间，t_1，t_2…，t_i，…，t_n。则该浓度的界面沉速 $v_i=\frac{H_0}{t_i}$ （m/h），得自重压密固体通量为：

$$G_i=v_iC_i \tag{4-2}$$

式中　G_i——自重压密固体通量，kg/(m²·h)；

v_i——污泥固体浓度为C_i时的界面沉速，m/h。

根据式（4-2），可作 G_i-C_i 关系曲线，见图 4-3（b）中的曲线 2。固体浓度低于 500mg/L 时，因不会出现泥水界面，故曲线 2 不能向左延伸。图中 C_m 即等于形成泥水界面的最低浓度。

(2) 总固体通量

浓缩池任一断面的总固体通量等于式（4-1）与式（4-2）之和，即等于图 4-3 中曲线 1 与 2 叠加得到曲线 3。

$$G=G_u+G_i=uG_i+v_iG_i=C_i(u+v_i) \tag{4-3}$$

图 4-3 中的曲线 3 即用静态试验的方法，表征连续式重力浓缩池的工况。经曲线 3 的最低点 b，作切线截纵坐标于 G_L 点，最低点 b 的横坐标为 C_L 称为极限固体浓度，其物理意义是：固体浓度如果大于 C_L，就通不过这个截面。G_L 就是极限固体通量，其物理意义是：在浓缩池的深度方向，必存在着一个控制断面，这个控制断面的固体通量最小，即 G_L，其他断面的固体通量都大于 G_L。因此浓缩池的设计断面面积必须是：

$$A \geqslant \frac{Q_0 C_0}{G_L} \tag{4-4}$$

式中 A——浓缩池设计表面积，m^2；

Q_0——入流污泥量，m^3/h；

C_0——入流污泥固体浓度，kg/m^3；

G_L——极限固体通量，$kg/(m^2 \cdot h)$；

Q_0、C_0 是已知数，G_L 值可通过试验或参考同类性质污水厂的浓缩池运行数据。

2. 柯依-克里维什（Coe-Clevenger）理论

柯依-克里维什于 1916 年也曾用静态试验的方法分析连续式重力浓缩池的工况。当连续式重力浓缩池运行达到平衡时，池中固体浓度为 C_i 的断面位置是稳定的。固体平衡关系式：

$$Q_0 C_0 = Q_u C_u + Q_e C_e \tag{4-5}$$

式中 Q_u，C_u——浓缩污泥即排泥的污泥量，m^3/h 及所含固体物浓度，kg/m^3；

Q_e，C_e——上清液流量，m^3/h，及所含固体物浓度，kg/m^3。

其他符号同前。

经过推导，可写出浓缩时间为 t_i、污泥浓度为 C_i、界面沉速为 v_i 时的固体通量 G_i 与所需断面面积 A_i 为：

$$G_i = \frac{v_i}{\dfrac{1}{C_i} - \dfrac{1}{C_u}} \tag{4-6}$$

$$A_i = \frac{Q_0 C_0}{G_i} = \frac{Q_0 C_0}{v_i}\left(\frac{1}{C_i} - \frac{1}{C_u}\right) \tag{4-7}$$

Q_0、C_0 为已知数，C_u 为设计要求达到的浓缩污泥浓度，v_i 可根据上述试验得到。故根据式（4-6），计算出 v_i-A_i 关系曲线。在直角坐标上，以 A_i 为纵坐标，v_i 为横坐标，作 v_i-A_i 关系图，见图 4-4。图中最大 A 值就是设计表面积，即 $A=894m^2$。

根据入流污泥种类、浓度 C_0、要求达到的底流浓度 C_u，极限固体通量 G_L 值可参考表 4-1 选用。

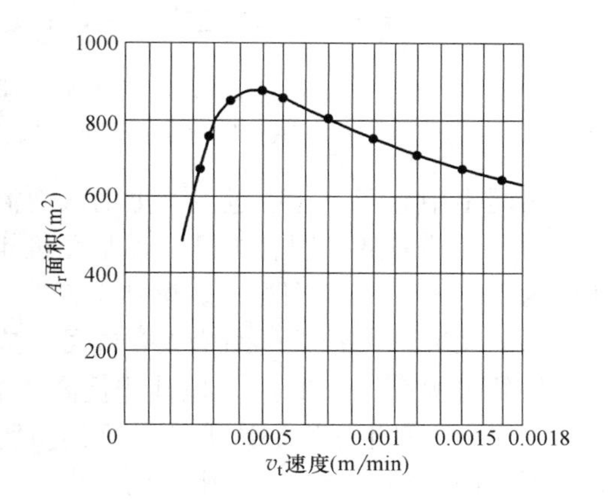

图 4-4 界面沉速与表面面积关系图

重力浓缩池表面积典型设计标准 **表 4-1**

污泥种类		入流污泥浓度 C_0（固体%）	底流污泥浓度 C_u（固体%）	固体通量 G_L [kg/(m²·h)]
初次沉淀污泥(PRT)		2～7	5～10	4～6
腐殖污泥(TF)		1～4	3～6	1.5～2
剩余活性污泥(WAS)	空气曝气(WAS)	0.5～1.5	2～3	0.5～1.5
	纯氧曝气(WAS)	0.5～1.5	2～3	0.5～1.5
	延时曝气(WAS)	0.5～1.0	2～3	1.0～1.5
厌氧消化(PRI)		8	12	5
加热调节后的	PRI	3～6	12～15	8～10.5
	PRI+WAS	3～6	8～15	6～9
	WAS	0.5～1.5	6～10	5～6
PRI+WAS 混合		0.5～1.5	4～6	1～3
		2.5～4.0	4～7	1.5～3.5
PRI+TF		2～6	5～9	2.5～4
WAS+TF		0.5～2.5	2～4	0.5～1.5
厌氧消化(PRI+WAS)		4	8	3

4.2 重力式浓缩池基本构造与形式

1. 重力式浓缩池的基本构造

重力式连续流浓缩池的基本构造见图 4-5。

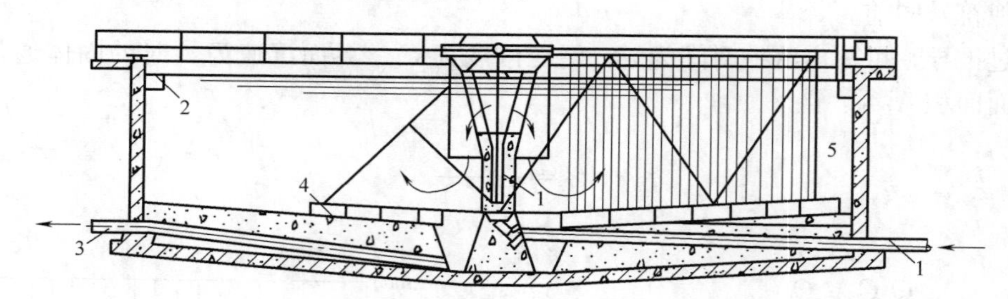

图 4-5 有刮泥机及搅拌栅的重力连续流浓缩池

1—中心进泥管；2—上清液溢流堰；3—排泥管；4—刮泥机；5—搅拌栅

污泥由中心管 1 连续进泥，上清液由溢流堰 2 排出，浓缩污泥用刮泥机 4 缓缓刮至池中心的污泥斗并从排泥管 3 排出，刮泥机 4 上装有垂直搅动栅 5 随着刮泥机转动，周边线速度为 1～2m/min。刮泥机缓慢转动时，在每条栅条后面，可形成微小涡流，有助于颗粒之间的絮凝，使颗粒逐渐变大，并可造成空穴，促使污泥颗粒的孔隙水与气泡逸出，浓缩效果约可提高 20%以上。搅拌栅提高浓缩效果见表 4-2。

图 4-6 是多斗连续流浓缩池。采用重力排泥，污泥斗锥角 55°，故在污泥斗部分，污泥受到三向压缩，有利于压密。污泥由管 1 进入池内，由排泥管从斗底排出，2 为可升降的上清液排出管，可根据上清液的位置随意地升降。

搅拌栅的浓缩效果　　表 4-2

浓缩时间(h)	浓缩污泥固体浓度(%)			
	不投加混凝剂		投加混凝剂	
	不搅拌	搅拌	不搅拌	搅拌
0	2.8	2.94	3.26	3.26
5	6.4	13.3	10.3	15.4
9.5	11.9	18.5	12.3	19.6
20.5	15.0	21.7	14.1	23.8
30.8	16.3	23.5	15.4	25.3
46.3	18.2	25.2	17.2	27.4
59.3	20.0	25.8	18.5	27.4
77.5	21.1	26.3	19.6	27.6

2. 间歇式重力浓缩池

间歇式重力浓缩池的设计原理同连续式。运行时，应先排除浓缩池中的上清液，腾出池容，再投入待浓缩的污泥。为此应在浓缩池深度方向的不同高度设上清液排出管。浓缩时间一般不宜小于 12h。间歇式重力浓缩池见图 4-7。

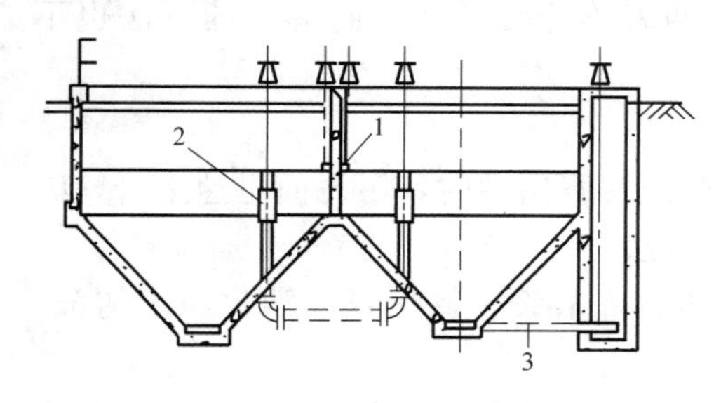

图 4-6　多斗连续式浓缩池

1—进口；2—可升降的上清液排出管；3—排泥管

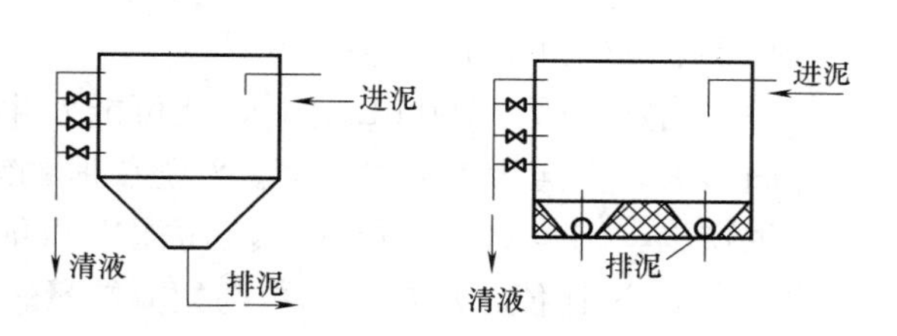

图 4-7　间歇式重力浓缩池

3. 重力浓缩池的适用范围

重力浓缩池适用于活性污泥、活性污泥与初沉污泥的混合污泥。而不适用于：

(1) 不适用于脱氮除磷工艺产生的剩余活性污泥。因为在厌氧条件下，活性污泥是释放磷的，使上清液带着释放出的磷，在污水处理系统内恶性循环与积累。

(2) 腐蚀污泥经长时间浓缩后，比阻值将增加，上清液的 BOD_5 回升，不利于机械脱水。

4.3　重力式连续流浓缩池设计计算

在污泥处置工艺中，重力连续流浓缩池为常见池型，重力浓缩池的设计表面积决定以后，可计算出浓缩池的直径和浓缩池的有效深度。

【例 4-1】　今有初沉污泥与剩余活性污泥混合，$Q_0=3800m^3/d=158m^3/h$，固体浓度 $C_0=10kg/m^3$，求重力浓缩池的表面积与总高度。

【解】 初沉污泥与剩余活性污泥混合，固体浓度 $C_0=10\text{kg/m}^3$（固体浓度 1%），查表 4-1，选用固体通量 $G_L=2\text{kg/(m}^2\cdot\text{h)}$，由式 $A\geqslant\frac{Q_0C_0}{G_L}$ 得：$A=\frac{158\times10}{2}=790\text{m}^2$

取直径 $D=32\text{m}$

浓缩池的有效深度 H 由超高 H_1、上清液厚度 H_2 及污泥层厚度 H_3 组成。

$$H=H_1+H_2+H_3$$

浓缩时间取 $T=12\text{h}$

污泥层厚度 $H_3=\frac{158\times12}{790}=2.4\text{m}$

上清液厚度一般取 $H_2=1.0\text{m}$

超高 H_1 取 0.3m

浓缩池的有效深度 $H=0.3+1.0+2.4=3.7\text{m}$

浓缩池池底坡度采用 2%～5%，取 5%。

4.4 重力浓缩池运行管理

重力浓缩运行过程中，可能会发生污泥膨胀或污泥上浮。污泥膨胀的原因是由于污泥性质的变化；污泥上浮的原因并非性质的变化。两者不能混淆，因此解决的方法也不相同。

1. 污泥膨胀的解决方法

污泥指数 $SVI>300\text{mL/g}$ 时，就可能发生膨胀。膨胀出现时，污泥面迅速上升，泥水界面消失，全池污水混浊不清。污泥膨胀的解决方法有：

生物法。调节 C/N，可在入流污泥中投加尿素、硫酸铵、氯化氨或消化池上清液，以便提高 C/N 比值，增加活菌数与絮凝能量。

化学法。投加化学药剂，抑制丝状菌疯长，但不会损害菌胶团的活性。化学药剂的投加量、加氯量控制在 0.3%～0.6%（以污泥干固体重量%计）；如加 H_2O_2，投加量控制在 20～400mL/L 之间，低于 20mL/L 不起抑制作用，大于 400mL 时污泥会被氧化解体。

物理法。投加惰性固体如黏土、活性炭、石灰、消化污泥、初沉污泥、污泥焚烧灰等，也可投加无机或有机混凝剂。

放空洗池后，再投入运行。

2. 污泥上浮的解决方法

由于污泥在浓缩池内停留时间过长，硝酸盐发生反硝化，分解出的氮气附着于污泥颗粒表面上，挟持上浮：$NO_3^-\rightarrow NH_3+N_2\uparrow$，或由于有机物在池中厌氧消化，产生 CO_2 与 CH_4 释出，挟带污泥一起上浮。解决办法是加大进泥量或加大排泥量。

第 5 章　污泥气浮浓缩

5.1　气浮浓缩原理与工艺流程

在一定的温度下，空气在液体中的溶解度与空气受到的压力成正比，服从亨利定律。当压力恢复到常压后，所溶空气变成微细气泡从液体中释放出，并附着在污泥颗粒的周围，使颗粒密度减少而被强制上浮，达到浓缩的目的。因此，气浮法较适用于污泥颗粒密度接近于 1 的活性污泥。

气浮浓缩的工艺流程可分为 4 种：

(1) 无回流，用全部污泥加压气浮，见图 5-1 (*a*)；

(2) 有回流水，用回流部分澄清液加压气浮，见图 5-1 (*b*)；

(3) 部分入流污泥加压，产生溶气，见图 5-1 (*c*)；

(4) 循环加压部分污泥，产生溶气进行气浮，见图 5-1 (*d*)。

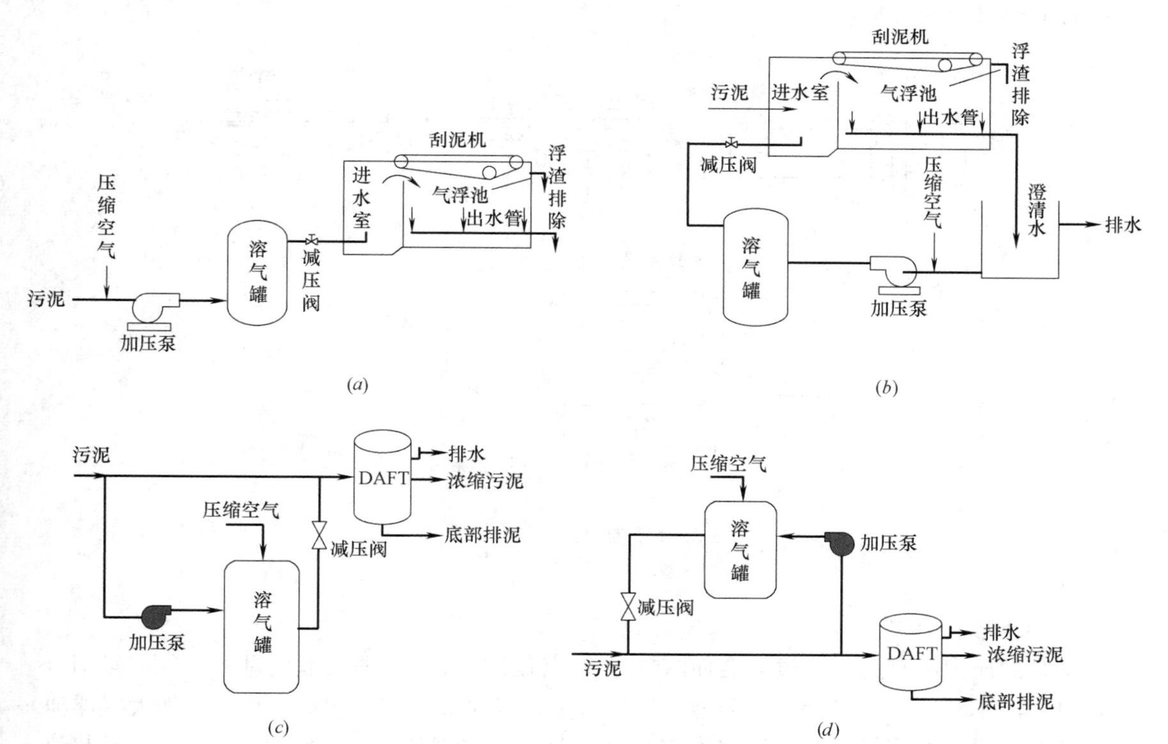

图 5-1　气浮浓缩工艺流程

(*a*) 无回流；(*b*) 回流澄清液；(*c*) 部分污泥加压溶气；(*d*) 部分污泥循环加压溶气

5.2 气浮浓缩设备

气浮浓缩的主要设备有：

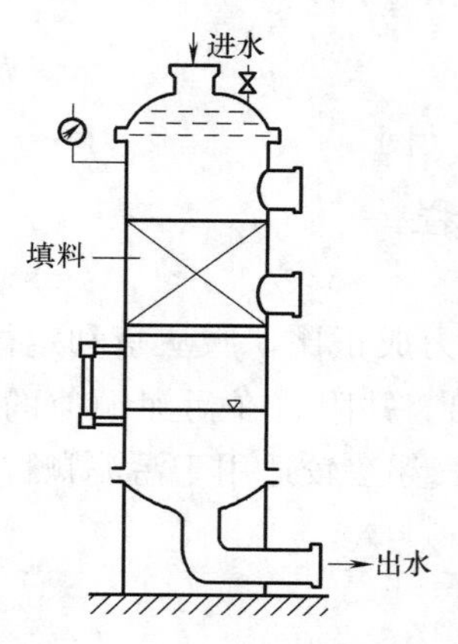

图 5-2 填充式溶气罐

1. 溶气罐

溶气罐的作用是使水和空气在有压的条件下混合接触，加速空气的溶解。常用溶气罐为填充式溶气罐，见图 5-2。填料有阶梯杯、拉西环、波纹片卷等。其中以阶梯杯的溶气效率最高，拉西环、波纹片卷次之，填料厚 0.8m 以上。溶气罐的表面负荷为 300～2500m^3/(m^2·d)。容积为 1～3min 加压水量。

2. 溶气水的减压释放设备

溶气水的减压释放设备作用是将压力溶气水减压，使溶于水中的空气释放出极微小的气泡（平均 20～30μm）。减压释放设备由减压阀与释放器组成。减压阀应尽量靠近气浮池安装，因为减压后的管道若过长，释放出的微气泡可能会合并增大，影响气浮效果。释放器的类型、工作原理见图 5-3。溶气水在释放器内经过收缩、扩散、撞击、返流、挤压、旋涡等流态，能在 0.1s 内，使压力损失 95%左右，从而将溶解的空气迅速释放出。

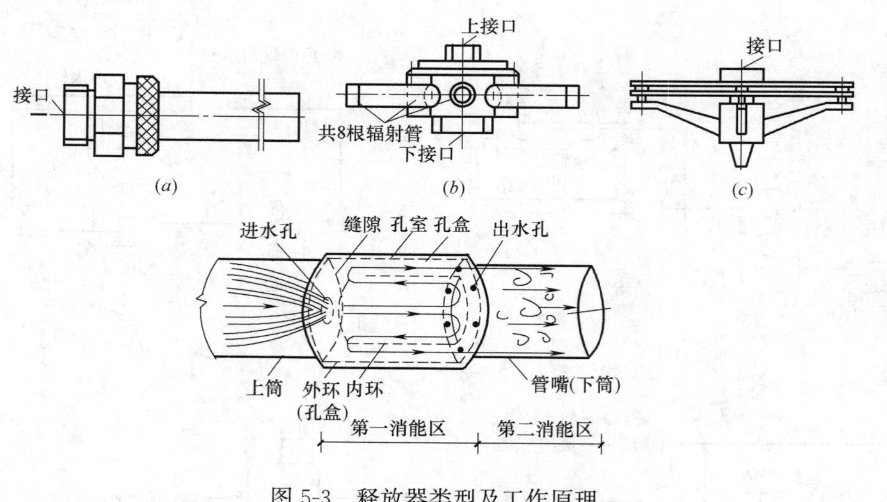

图 5-3 释放器类型及工作原理

(*a*) TS 型；(*b*) TJ 型；(*c*) TV 型

3. 水泵及空压机

水泵的压力不宜过高，过高会使溶气过多，减压后释放出的气泡也过多，气泡互相合并，对气浮不利；压力过低，就需增加溶气水量，以保证所需溶气量，相应需加大气浮池容积。溶气罐内的溶气压力一般宜为 0.3～0.5MPa（绝对压力），水泵的压力应等于此值再加所需水头损失即可。空压机的容量根据计算确定。

4. 刮泥机械

气浮池表面的浮泥，用刮泥机缓慢刮除。经气浮的浮泥，具有不可逆性，即不会由于机械力（如风、刮泥机）而解体。

5.3　气浮浓缩系统设计

气浮浓缩系统的设计内容包括：气浮浓缩池气浮面积、深度、空气量、溶气罐容积及压力、溶气比、回流量等。设计方法有试验研究法与经验参数法两种。

5.3.1　试验研究法

对污泥进行气浮浓缩试验，取得最优设计参数：溶气所需空气量、溶气比、回流比等。试验装置见图 5-4。

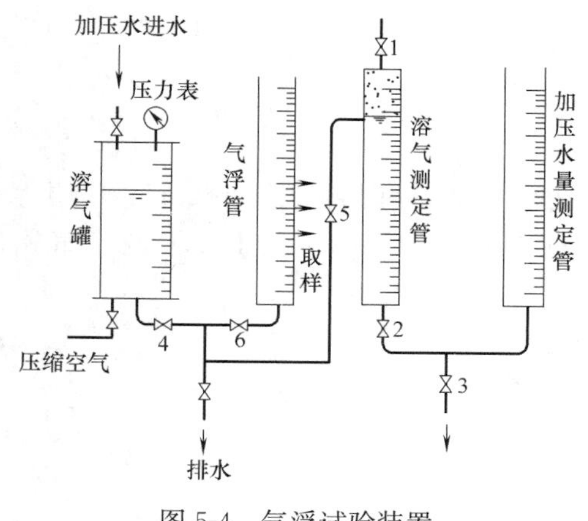

图 5-4　气浮试验装置

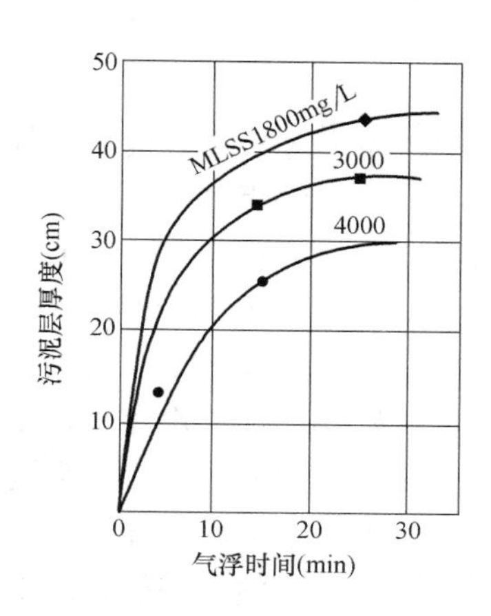

图 5-5　气浮时间与污泥层厚度关系

1. 试验步骤

（1）将加压水（相当于生产运行时的加压回流水）定量地加入溶气罐，并加压缩空气，使溶气罐的压力达到额定压力（如分别为 0.2、0.25、0.3、0.35、0.4、0.5、0.55MPa），稳定溶气 3～5min，待试；

（2）取已知浓度的待试污泥，定量地加入气浮管；

（3）按选定的回流比，打开闸门 4、减压阀 6（图 5-4），把溶气罐内的溶气水放入气浮管，进行气浮，并定时记录时间与浮泥层厚度，作气浮时间与浮泥层厚度的关系曲线图，见图 5-5，曲线的转折点，即曲线趋于水平时的气浮时间，为最佳气浮时间；

（4）定时从取样管取样，取出清液，分析 SS；

（5）测定浮泥层污泥浓度与溶气量，计算$\frac{A_a}{S}$值（A_a——空气量，mg；S——固体量，mg），称为溶气比。其计算见式（5-2）。

2. 溶气量的测定步骤

根据亨利定律：

$$C=KP \tag{5-1}$$

式中　C——空气在水中饱和溶解度，mg/L；

P——溶解达到平衡时，空气所受的压力，mmHg 柱；

K——溶解系数与水温有关，见表 5-1。

（1）先把溶气测定管（图 5-4）装满水后，关闭闸门 1、2；

（2）打开闸门 3，放空加压水量测定管（为敞开式的）后关闭；

（3）打开闸门 4、5，关闭闸门 6，把溶气罐内的溶气水放入溶气测定管，同时打开闸门 2，使溶气测定管中的水流入加压水量测定管，此时溶气测定管的顶部将被释放出的空气占据；

（4）上、下移动加压水量测定管，使其水面与溶气测定管内的水面平齐（即均为 1 大气压），此时，溶气测定管顶部的空气体积即为溶解在加压水量测定管水内的空气量。

3. 试验结果的计算

溶气比的计算公式：

$$\frac{A_a}{S}=\frac{S_a R'(P-1)}{VC_0} \tag{5-2}$$

式中 A_a——气浮有效的空气量，mg；

S——固体量，mg；

S_a——在 0.1MPa（1 大气压）下，空气在水中的饱和溶解度，mg/L，其值等于 0.1MPa 下，空气在水中的溶解度（以容积计，单位为 L/L）与空气密度（mg/L）的乘积，见表 5-1；

R'——加压水体积，L；

P——所加压力，大气压（绝对压力）；

V——加入气浮管的污泥体积，L；

C_0——污泥的初始浓度，mg/L。

试验与计算的结果作图 5-6。

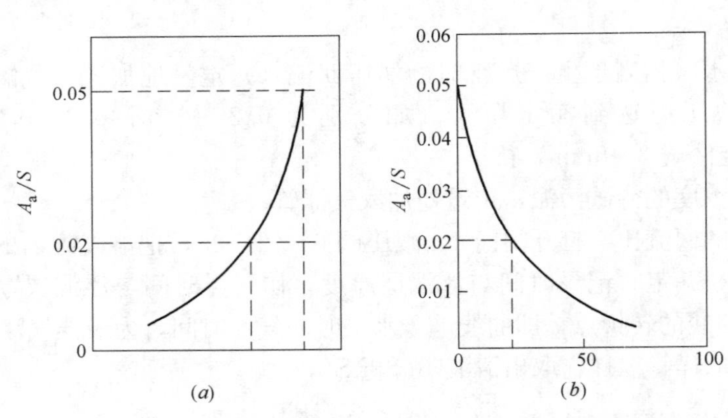

图 5-6 气比试验结果图

（a）浓缩污泥固体浓度；（b）澄清水固体浓度

由图 5-6 曲线，可容易地找出最佳$\frac{A_a}{S}$值，如果继续增加$\frac{A_a}{S}$值，浓缩污泥的浓度增加有限，而处理成本将迅速增加。求得最佳$\frac{A_a}{S}$值及 P 值后，即可由式（5-2）求出 R'，R'就是回流加压水容积，进而可得回流比。

A_a的求定。回流加压水中的溶气浓度为：

$$C=fPS_a \tag{5-3}$$

式中 C——回流加压水中的溶气浓度，mg/L；

f——回流加压水中空气饱和系数，一般为50%～80%；

P、S_a——同前。

所以，气浮的空气总量应为：

$$A_{a1}=(fPS_a)RQ_0+S_aQ_0 \tag{5-4}$$

式中 A_{a1}——气浮的空气总量，mg/h；

Q_0——入流污泥量，m^3/h；

R——回流比。

减压后，水中溶气达到平衡，此时水中平衡溶气量为：

$$A_{a2}=S_a(R+1)Q_0 \tag{5-5}$$

式中 A_{a2}——减压后的水中平衡溶气量，mg/h。

对气浮有效的空气总量A_a是式（5-4）和式（5-5）两式之差值，即：

$$A_a=A_{a1}-A_{a2}=S_aR(fP-1)Q_0 \tag{5-6}$$

入流污泥中固体总量$S=Q_0C_0$，式（5-6）两边除以S，即得有回流时的溶气比计算式：

$$\frac{A_a}{S}=\frac{S_aR(fP-1)}{C_0} \tag{5-7}$$

5.3.2 经验参数设计法

1. 溶气比的确定

无回流时，用全部污泥加压溶气，溶气比为：

$$\frac{A_a}{S}=\frac{S_a(fP-1)}{C_0} \tag{5-8}$$

式中 $\frac{A_a}{S}$——溶气比，一般采用0.005～0.040，常用0.03～0.04；

P——溶气罐压力，一般为0.3～0.5MPa，用式（5-2）、式（5-6）、式（5-7）计算时，用3～5kg/cm²代入；

C_0——入流污泥中固体浓度，mg/L；

Q_0、S_a——同前。

式（5-3）与式（5-6）的意义完全相同，只是实验所用的式（5-1），直接对溶气罐加压，所以$f=1$。

2. 气浮浓缩池表面水力负荷与表面固体负荷

气浮浓缩池的表面水力负荷与表面固体负荷$Q_0C_0=Q_uC_u+Q_eC_e$。

3. 回流比R的确定

溶气比$\frac{A_a}{S}$值确定以后，根据式（5-6）计算R值。无回流不必计算R。

4. 气浮浓缩池的表面积的求定

无回流时：

$$A=\frac{Q_0}{q} \tag{5-9}$$

有回流时：

$$A=\frac{Q_0(R+1)}{q} \tag{5-10}$$

式中 A——气浮浓缩池表面积，m^2；

q——表面水力负荷，参见表 5-2；

Q_0——入流污泥流量，m^3/d 或 m^3/h。

表面积 A 求出后，需用固体负荷校核，如不能满足，则应采用固体负荷求表面积。

气浮浓缩可使原污泥的含水率从 99.5%以上降低到 95%～97%，澄清液悬浮物浓度不超过 0.1%，可回流至污水处理厂处理。

气浮浓缩由于在好氧状态中完成，而且持续时间较短，因此适用于脱氮除磷系统的污泥浓缩。

5.4 设计实例

【例 5-1】 某城市污水处理厂，有剩余活性污泥 $Q_0=800m^3/d$，初始浓度 $C_0=4000mg/L$，水温以 20℃计，采用气浮浓缩，浓缩污泥浓度要求 4%以上。

【解】 分别用无回流与有回流加压气浮两种工艺计算。

1. 无回流系统

（1）确定 $\frac{A_a}{S}$

由于 C_0 值较低，先取 $\frac{A_a}{S}=0.03$

（2）溶气罐所需压力的确定

用式（5-8），当温度为 20℃，查表 5-1 得溶解度为 0.0187L/L，密度为 1164mg/L，已知 $C_0=4000mg/L$：

$\therefore S_a=0.0187\times1164=21.76mg/L$，取 $f=0.8$

$\therefore 0.03=\frac{21.76\ (0.8P-1)}{4000}$，得 $P=8.14kg/cm^2$，太大，不合适

再取 $\frac{A_a}{S}=0.012$

$0.012=\frac{21.76\ (0.8P-1)}{4000}$，得 $P=4kg/cm^2$，合适

（3）气浮浓缩池表面积

取 $q=0.5m^3/h$

根据表 5-2：

$$A=\frac{Q_0}{q}=\frac{800}{24\times0.5}=66.6m^2$$

（4）用表面固体负荷校核

$$\frac{Q_0C_0}{A}=\frac{\frac{800}{24}\times\frac{4000}{1000}}{66.6}=2\text{kg}/(\text{m}^2\cdot\text{h})<2.08\text{kg}/(\text{m}^2\cdot\text{h})$$

基本符合固体负荷要求 2.08kg/(m^2·h)（表 5-2）。

2. 有回流系统

（1）确定$\frac{A_a}{S}$

取$\frac{A_a}{S}=0.03$

（2）确定回流比 R

用式（5-7），求回流比：

$$R=\frac{\frac{A_a}{S}C_0}{S_a(fP-1)}=\frac{0.03\times4000}{21.76(0.8\times4-1)}=2.5$$

（3）气浮池表面积

根据已知条件，查表 5-2，取 $q=1.8\text{m}^3/(\text{m}^2\cdot\text{h})$，即 $43.2\text{m}^3/(\text{m}^2\cdot\text{d})$，代入式（5-10）得：

0.1MPa 下不同温度的溶解度及密度表 **表 5-1**

气温(℃)	溶解度(L/L)	空气密度(mg/L)	K 值	气温(℃)	溶解度(L/L)	空气密度(mg/L)	K 值
0	0.0292	1252	0.038	30	0.0157	1127	0.021
10	0.0228	1206	0.029	40	0.0142	1092	0.018
20	0.0187	1164	0.024				

气浮浓缩池的表面水力负荷与表面固体负荷 **表 5-2**

污泥种类	入流污泥固体浓度(%)	表面水力负荷[m³/(m²·h)]		表面固体负荷[kg/(m²·h)]	气浮污泥固体浓度(%)
		有回流	无回流		
活性污泥混合液	<0.5	1.0～3.6	0.5～1.8	1.06～3.32	3～6
剩余活性污泥	<0.5			2.08～4.17	
纯氧曝气剩余活性污泥	<0.5			2.50～6.25	
初沉污泥与剩余活性污泥的混合污泥	1～3			4.17～8.34	
初次沉淀污泥	2～4			<10.8	

$$A=\frac{Q_0(R+1)}{q}=\frac{800(2.5+1)}{24\times1.8}=64.8\text{m}^2\text{，取}65\text{m}^2$$

（4）用固体负荷校核

$$\frac{Q_0C_0}{A}=\frac{\frac{800}{24}\times\frac{4000}{1000}}{65}=2.04\text{kg}/(\text{m}^2\cdot\text{h})<2.08\text{kg}/(\text{m}^2\cdot\text{h})\text{，合格}$$

（5）池型尺寸

采用矩形池，长：宽＝(3～4)：1，长度用 14.5m，宽度用 4.5m。则表面积 $A=14.5\times4.5=65.25\text{m}^2$。

(6) 气浮池有效水深

气浮池表面积确定以后，深度取决于气浮停留时间。气浮停留时间与气浮污泥浓度有关，可参见图 5-7。

因入气浮池的流量等于污泥量加回流加压水量。

即 $Q_0+2.5Q_0=\frac{800}{24}+2.5\times\frac{800}{24}=116.7\text{m}^3/\text{h}$。参考图 5-7，气浮污泥固体浓度要求达到 4%，气浮停留时间约为 60min，设计气浮时间可采用 60～120min。考虑安全，停留时间采用 90min，即 1.5h，则气浮池有效水深为：

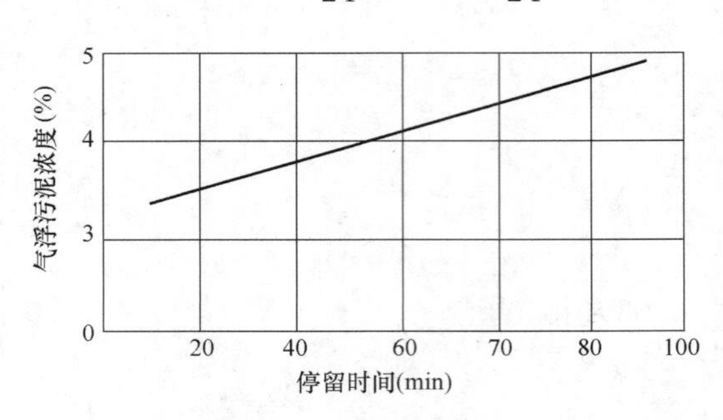

图 5-7　停留时间与气浮污泥浓度的关系

$$116.7\times1.5=65.25H$$

$$\therefore H=2.7\text{m}$$

(7) 气浮池的总高度

超高用 0.3m，并考虑安装刮泥机的高度 0.3m，气浮池的总高度为：

$$H=0.3+0.3+2.7=3.3\text{m}$$

(8) 溶气罐容积

溶气罐的容积取决于停留时间，一般采用 1～3min，若取 3min，因回流水量为 $2.5Q_0=83.3\text{m}^3/\text{h}$，所以溶气罐的容积为：

$$V=\frac{83.3}{60}\times3=4.2\text{m}^3$$

溶气罐的直径：高度常用 1：(2～4)，如直径 1.3m，则高度用 3.15m。

(9) 气浮池的基本构造

气浮池有圆形与矩形两种，见图 5-8。

图 5-8 (*a*) 为圆形气浮池，刮浮泥板与刮沉泥板都安装在中心旋转轴上一起旋转。

图 5-8 (*b*) 为矩形气浮池，刮浮泥板与刮沉泥板由电机驱动链条刮泥。

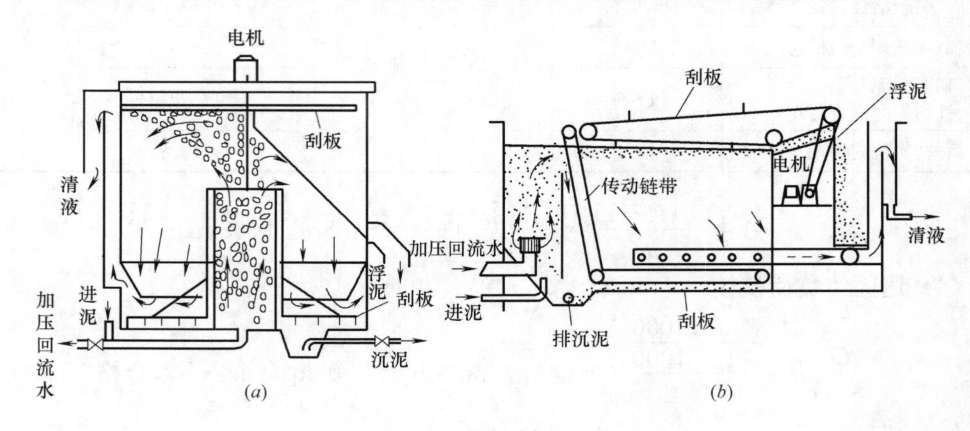

图 5-8　气浮池基本形式

(*a*) 圆形气浮池；(*b*) 矩形气浮池

第 6 章　其他浓缩法

污泥浓缩的方法除重力浓缩法和气浮浓缩法外，还包括离心浓缩法、膜浓缩法、微孔滤机浓缩法、生物浮选浓缩法及涡凹气浮浓缩法等。离心浓缩法在本书第 14 章污泥的离心浓缩、脱水作详细介绍。

6.1　膜浓缩法

膜分离技术具有高效的固液分离能力，可以获得高质量的分离水，已经在水处理领域得到广泛的应用。作为膜分离技术和生物处理技术结合体的膜生物反应器（MBR）具有诸多传统生物处理工艺所无法比拟的优点，其高效的固液分离能力可以用于污泥减量化。

膜分离技术在污泥浓缩中的应用即膜浓缩法，又称膜分离污泥浓缩工艺（MST），主要是指利用膜的固液分离能力将悬浮物进行截留从而实现浓缩的过程。

6.1.1　膜浓缩原理

膜分离技术是利用膜的选择性（孔径大小），以膜两侧存在的能量差作为推动力，溶液中各组分透过膜的迁移率不同而实现分离的一种技术。污泥中的水分透过膜被不断抽走，而污泥颗粒由于直径较大被阻隔在膜外，从而逐渐被浓缩。

膜分离过程如图 6-1 所示。

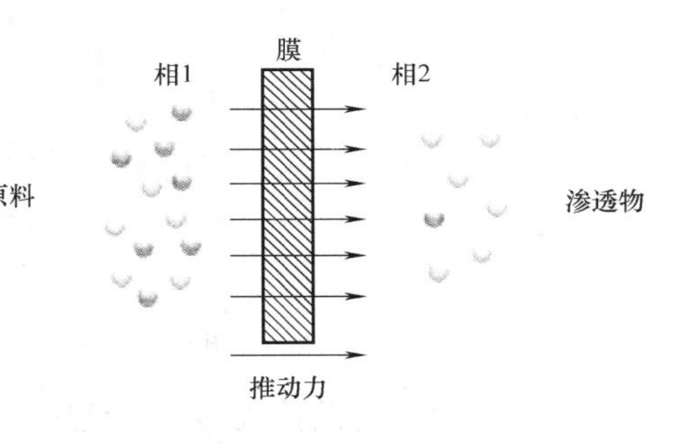

图 6-1　膜分离过程示意图

常用的膜浓缩技术种类及特点见表 6-1 所列。

膜浓缩技术种类及其特点表　　表 6-1

种类	膜的功能	分离驱动力	透过物质	被截流物质
微滤	多孔膜、溶液的微滤、脱微粒子	压力差	水、溶剂和溶解物	悬浮物、细菌类、微粒子、大分子有机物
超滤	脱除溶液中的胶体、各类大分子	压力差	溶剂、离子和小分子	蛋白质、各类酶、细菌、病毒、胶体、微粒子
反渗透和纳滤	脱除溶液中的盐类及低分子物质	压力差	水和溶剂	无机盐、糖类、氨基酸、有机物等
透析	脱除溶液中的盐类及低分子物质	浓度差	离子、低分子物、酸、碱	无机盐、糖类、氨基酸、有机物等
电渗析	脱除溶液中的离子	电位差	离子	无机、有机离子

续表

种类	膜的功能	分离驱动力	透过物质	被截流物质
渗透气化	溶液中的低分子及溶剂间的分离	压力差、浓度差	蒸汽	液体、无机盐、乙醇溶液
气体分离	气体、气体与蒸汽分离	浓度差	易透过气体	不易透过液体

6.1.2 膜浓缩工艺

目前，MBR工艺中使用的膜处理设备主要有两种：一种是中空纤维膜，另一种是平板膜。近年来，随着板式膜的推广应用，对其的研究也越来越多。

1. 平板膜浓缩工艺

平板膜具有良好的固液分离能力，且抗污染能力强，可用于高浓度污泥的浓缩。平板膜污泥浓缩工艺最先由国内学者王新华等提出，利用平板膜的高效截留来实现污泥浓缩和中水回用。

平板膜污泥浓缩工艺如图6-2所示。

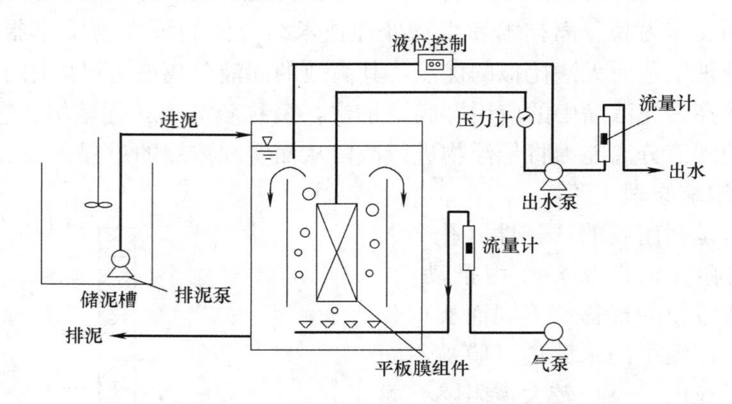

图6-2 平板膜污泥浓缩工艺流程示意图

进料污泥由进泥泵打入污泥浓缩装置，借助平板膜进行泥水分离，膜出水直接被抽吸排放，而污泥则被截留在反应器内得以浓缩。空气由气泵经过反应器底部的穿孔管供给，既可提供降低膜污染所需的错流速率，又能形成好氧环境防止磷释放。当反应器内污泥浓度达到目标值时，进行污泥排放，同时停止进泥和出水。当排空浓缩污泥后，重新投加新鲜的活性污泥，开始下一个周期的运行。

2. 中空纤维膜浓缩工艺

1999年，日本学者Yamamoto采用中空纤维膜分离装置与曝气池相结合的运行方式，在处理污水的同时对反应器中的污泥进行浓缩。

中空纤维膜工艺流程与平板膜类似，只是膜部件不同。中空纤维膜如图6-3所示。

采用中空膜时由于膜的密度大，膜池比平板膜要小很多，但由于运行时进泥的MLSS较平板膜低，故总占地面积与平板膜工艺基本持平。

中空纤维膜浓缩工艺根据膜孔径的大小，一般又分为超滤浓缩法与反渗透浓缩法两种。超滤浓缩法的主要原理是在分子范围内进行筛分，加压后的入流污泥，在超滤膜的表面上流动，水分子可以通过超滤膜，污泥固体颗粒或分子量大的溶质不能通过。膜的孔径一般为20～30埃（Å），超滤与普通过滤的不同在于：超滤法可隔除大分子颗粒与粒径为

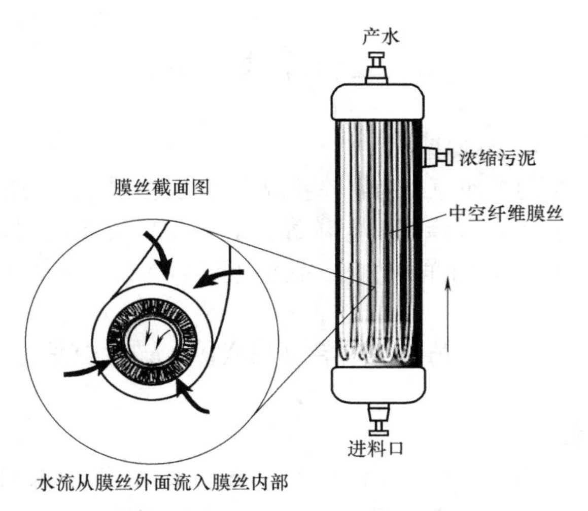

图 6-3　中空纤维膜的示意图

2～5 埃（Å）的颗粒，而普通过滤对粒径在 1μm 以下的颗粒就不能滤除。反渗透的浓缩原理与此相同。

3. 膜浓缩法的发展前景

目前，膜浓缩法用于城市污泥处理尚处于研究阶段，进一步完善现有的强化手段或者开发新的强化手段，使这些手段在污泥浓缩脱水效果好的基础上，满足工程应用，达到运行稳定、成本低、操作维护简单等要求，是今后污泥膜浓缩法的发展趋势。

此外，膜污染问题是膜分离技术在污泥浓缩中应用的最大难题。由于在污泥处理过程中，高浓度污泥导致混合液的黏度上升，使错流速率大幅下降，也使膜污染加重。严重的膜污染造成膜通量的减少，导致污泥负荷的下降，直接影响到工艺的正常运行，污染到一定程度必须进行清洗，频繁的清洗不仅会增加操作维护的难度，还会由于清洗药剂的大量使用造成运行费用的上升。

为了解决膜污染问题，国内外学者的研究已取得一定进展，随着膜分离技术进一步发展以及膜抗污染能力的增强，膜浓缩法将会在污泥浓缩工艺中发挥越来越重要的作用。

6.2　微孔滤机浓缩法

微孔滤机最先使用于自来水的除藻，近来使用于污泥的浓缩脱水。微孔滤机浓缩前，应先对污泥作混凝调节预处理，然后进行微滤浓缩。浓缩后可将含水率 99%的污泥浓缩到约 95%左右。微孔滤机浓缩机如图 6-4 所示。

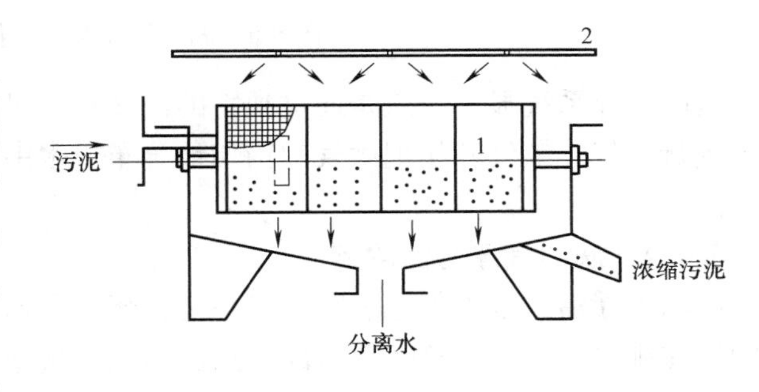

图 6-4　微孔滤机浓缩机

1—微孔转鼓；2—反冲洗系统

微孔滤机所用的滤网可用市售金属丝网、涤纶织物或聚酯纤维品等。

6.3 生物浮选浓缩法

生物浮选浓缩法主要用于处理含油污泥。生物浮选浓缩法的工作原理为：停止对活性污泥曝气后，经过一定时间，污泥产生反硝化，释出氮气和CO_2，将污泥上浮浓缩。对于初次沉淀污泥，如果停放5d以上，保持水温为35℃左右，也会有同样的作用。污泥上浮后，将下部的清液排除。

6.4 涡凹气浮（CAF）浓缩法

6.4.1 涡凹气浮技术

涡凹气浮（又叫空穴气浮，Cavitation Air Loatation，简称CAF）是美国Hydrocal环保公司的专利产品，由美国麦王公司总经销并享有独家许可证。CAF涡凹气浮系统是世界独创的专利水处理设备，也是美国商务部和环保局的出口推荐技术。

1997年3月，由美国麦王公司引进的首台CAF系统在我国昆明第二造纸厂废水处理厂成功投入运行，从而结束了我国废水处理一直沿用压力溶气气浮的历史。CAF涡凹气浮系统是专门为去除工业和城市污水中的油脂、胶状物以及固体悬浮物而设计的系统。CAF涡凹气浮系统的工作原理是污水流经曝气机涡轮，涡轮利用高速旋转产生的离心力，使涡轮轴心产生负压，吸入空气。由于曝气涡轮的特殊结构设计，空气沿涡槽底部不同部位的持续循环作用大大减少了固体沉淀的可能性。污水和循环水不需要通过任何强制的孔或喷嘴，不会产生堵塞，循环不需要任何泵等设备。图6-5是涡凹气浮系统示意图。

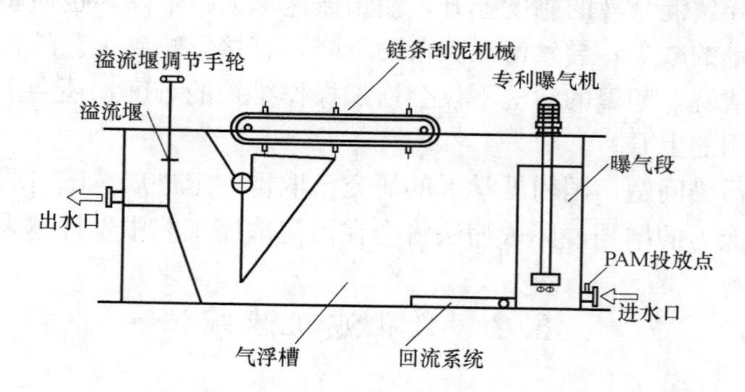

图6-5 涡凹气浮系统工作原理

涡凹气浮系统显著特点是通过独特的涡凹曝气机将“微气泡”直接注入水中，不需要事先进行溶气，散气叶轮把微气泡均匀地分布于水中，通过涡凹曝气机的抽真空作用实现污水回流。

6.4.2 涡凹气浮污泥浓缩

涡凹气浮污泥浓缩是通过曝气机高速旋转，涡轮轴心产生负压，吸入空气，空气沿涡轮的气孔排出，并被涡轮叶片打碎，从而形成大量微小气泡均匀地分布在水中，通过絮凝剂絮凝以及表面活性剂改善了表面性能的污泥絮体与这些微气泡碰撞粘附，可以大幅度地降低污泥絮体的整体密度，并借助气泡上升的速度，强行将其上浮，以此达到固液分离的目的。

涡凹气浮污泥浓缩具有以下特点。

（1）适合于低浓度活性污泥浓缩。涡凹气浮工艺适合于低浓度剩余活性污泥的浓缩，应用于氧化沟工艺，可直接浓缩氧化沟混合液，省却二沉池。

（2）污泥停留时间短，污泥浓缩效果好。涡凹气浮污泥浓缩工艺水力停留时间短，一般为20～25min，重力浓缩工艺污泥停留时间长，一般不小于12h。污泥浓缩效果的好坏主要从浓缩污泥的含固率和污泥回收率（或出水SS）来评价。涡凹气浮浓缩污泥含固率高，一般为4%～7%，污泥回收率高，在90%以上。而重力浓缩污泥含固率仅为2%～3%，压力溶气气浮工艺浓缩污泥含固率为3%～5%，重力浓缩上清液SS含量高达上千或数千毫克每升。

（3）涡凹气浮浓缩污泥脱水性能好。在污泥进入涡凹气浮系统的反应池中投加了絮凝剂（化学调理剂），对污泥的脱水性能有所改善，反应池后投加了表面活性剂，表面活性剂由于能促进污泥表面的蛋白质和DNA的释放，减少污泥絮体中的结合水，也有利于改善浓缩污泥的脱水性能。涡凹气浮浓缩污泥在脱水前不投加污泥调理剂，同样可以达到含水率在78%以下的脱水效果。

（4）设备简单，操作方便，运行费用低。与加压溶气气浮（DAF）污泥浓缩工艺相比，涡凹气浮污泥浓缩工艺无需加压溶气、气体释放系统，因而省却了空气压缩机、溶气罐、气体释放器等动力及机械设备。涡凹气浮污泥浓缩工艺主要由加药系统、曝气系统和刮泥系统三部分组成，加药系统、涡凹气浮曝气系统和刮泥排泥系统的运行均可采用自动控制，整个系统设备简单、操作方便、运行费用低。

（5）涡凹气浮污泥浓缩过程无磷的释放。磷是城市污水处理厂控制的主要指标之一，涡凹气浮浓缩本身包含充氧曝气过程，可以克服污泥中的磷在二沉池、重力浓缩池中释放的缺点。

涡凹气浮法常见于污水处理，主要用于去除废水中的固体悬浮物、油脂及胶状物等杂质。涡凹气浮法在污泥浓缩中的应用在国内尚处于研究阶段。

污泥浓缩的其他方法还有振动筛浓缩法、造粒流化床技术等。

第3篇 污泥稳定

第7章 污泥厌氧消化技术

7.1 污泥厌氧消化原理

7.1.1 污泥厌氧消化机理

污泥厌氧消化是指在无氧条件下，由兼性菌和厌氧细菌将污泥中可生物降解的有机物分解成 CH_4、CO_2 和 H_2O 等，使污泥得到稳定的过程。厌氧消化是由种类繁多的微生物参与的、多阶段的复杂生化过程。人们对厌氧消化的认识从20世纪30年代的两阶段理论逐渐深入，到Bryant提出的三阶段理论和Zeikus等研究得到的四阶段理论，厌氧消化机理的研究取得突破性进展。

本节将对四阶段理论进行介绍。四阶段理论是指微生物通过水解、发酵酸化、产乙酸和产甲烷四个阶段对有机物进行分解。厌氧消化过程见图7-1。

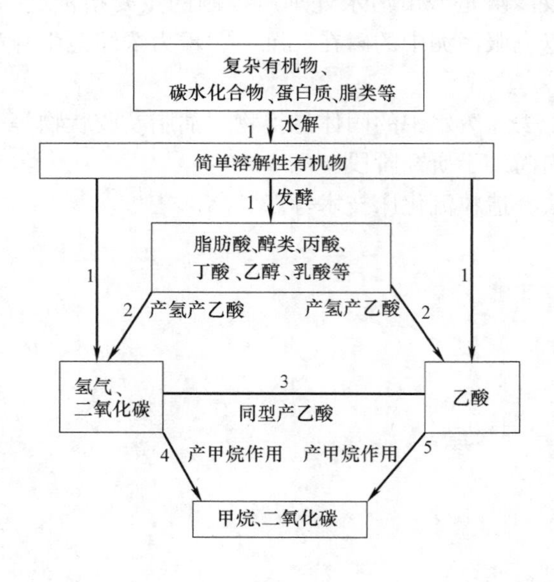

图7-1 四阶段厌氧消化过程图
1—发酵细菌；2—产氢产乙酸细菌；3—同型产乙酸细菌；4—利用 H_2 和 CO_2 的产甲烷菌；5—分解乙酸的甲烷菌

1. 水解阶段

第一阶段为水解阶段，污泥中含有的颗粒性或难溶性多聚体底物不能被细菌吸收，因此厌氧消化的第一步是将这些底物分解转化成产酸菌容易利用的二聚体化合物。这个过程的本质是大分子颗粒在产酸菌分泌出的胞外酶的作用下被降解，转化成能够穿透产酸菌细胞壁的小分子物质并被细菌利用。多聚糖、蛋白质和脂类通过水解酶的作用水解成单糖、氨基酸和长链脂肪酸。因为复杂底物的水解速度和水解过程受多种因素影响，降解速度很慢，所以一般认为水解阶段是复杂底物厌氧消化的限速步骤。其影响因素包括有机物质的组成和颗粒大小、系统的温度和pH、氨氮浓度、有机质的停留时间等。

2. 产酸发酵阶段

第二阶段为产酸发酵阶段，水解阶段产生的单糖、氨基酸和长链脂肪酸通过细菌的细胞膜进入到细胞以后，被转化为更简单的低分子物质，主要有挥发性脂肪酸（VFA）、CO_2、H_2、氨、乙醇等。

产酸发酵阶段中产酸菌的增长速率比产甲烷菌快得多，是产甲烷菌的10～20倍，产率系数和转化率是产甲烷菌的5倍，因此产酸发酵阶段是厌氧消化过程中最快的步骤，该阶段结束时污泥量显著增加。厌氧降解的条件、底物种类和产酸阶段的优势菌群决定了该阶段最终的产物组成。

3. 产乙酸阶段

第三阶段为产乙酸阶段，产乙酸阶段是将产生的挥发性脂肪酸、醇类、乳酸等，转化成乙酸、H_2和CO_2。

该阶段主要作用微生物为产氢产乙酸菌，其主要菌属有梭菌属（*Clostridium*）、互营单胞菌属（*Syntrophomonas*）、暗杆菌属（*Pelobacter*）、互营杆菌属（*Syntrophobacter*）等。这些细菌可以利用各种挥发性脂肪酸，将其降解成乙酸和H_2。如戊酸的转化化学反应，见式（7-1）：

$$CH_3CH_2CH_2CH_2COOH + 2H_2O \longrightarrow CH_3CH_2COOH + CH_3COOH + 2H_2 \qquad (7\text{-}1)$$

丙酸的转化化学反应，见式（7-2）：

$$CH_3CH_2COOH + 2H_2O \longrightarrow CH_3COOH + 3H_2 + CO_2 \qquad (7\text{-}2)$$

乙醇的转化化学反应，见式（7-3）：

$$CH_3CH_2OH + H_2O \longrightarrow CH_3COOH + 2H_2 \qquad (7\text{-}3)$$

产氢产乙酸细菌在厌氧消化中具有极为重要的作用，它在水解与发酵细菌及产甲烷菌之间的共生关系中，起到了联系作用，通过不断地提供大量的H_2作为产甲烷细菌的能源，以及还原CO_2生成CH_4的电子供体。

4. 产甲烷阶段

第四阶段为产甲烷阶段，通过两组生理特性不同的产甲烷菌作用，将H_2和CO_2转化为CH_4或对乙酸脱羧产生CH_4。产甲烷阶段产生的能量绝大部分用于维持细菌生存，只有很少能量用于合成新细菌，故细胞的增殖很少。在厌氧消化过程中，由乙酸形成的CH_4约占总量的2/3，由CO_2还原形成的CH_4约占总量的1/3，如反应式式（7-4）、式（7-5）所示。

$$4H_2 + CO_2 \longrightarrow CH_4 + 2H_2O \qquad (7\text{-}4)$$

$$CH_3COOH \longrightarrow CH_4 + CO_2 \qquad (7\text{-}5)$$

总之，厌氧消化过程中产生CH_4、CO_2与NH_3等的计量化学反应方程式为式（7-6）：

$$C_nH_aO_bN_d + \left[n - \frac{a}{4} - \frac{b}{2} + \frac{3}{4}d\right]H_2O \longrightarrow \left[\frac{n}{2} + \frac{a}{8} - \frac{b}{4} - \frac{3}{8}d\right]CH_4 + d\,NH_3 + \left[\frac{n}{2} - \frac{a}{8} + \frac{b}{4} + \frac{3}{8}d\right]CO_2 + 能量 \qquad (7\text{-}6)$$

当$d=0$时，为不含氮有机物的厌氧反应通式，即伯兹维尔（Buswell）和莫拉（Mueller）通式，见式（7-7）：

$$C_nH_aO_b + \left[n - \frac{a}{4} - \frac{b}{2}\right]H_2O \longrightarrow \left[\frac{n}{2} + \frac{a}{8} - \frac{b}{4}\right]CH_4 + \left[\frac{n}{2} - \frac{a}{8} + \frac{b}{4}\right]CO_2 + 能量 \qquad (7\text{-}7)$$

7.1.2 厌氧消化微生物类群

厌氧消化生态系统中含有多种细菌、原生动物和真菌，群落组成丰富，细菌在该系统中起关键作用。从微生物的作用出发，将厌氧微生物分为两个群落，即不产甲烷的微生物群落和产甲烷的微生物群落。不产甲烷微生物群落将污泥或污水中的蛋白质、糖类、脂肪等水解和发酵作用，大部分转化为脂肪酸。产甲烷菌将脂肪酸等转化为甲烷和二氧化碳。下面就这两个菌落的微生物学特性加以介绍。

1. 不产甲烷菌

(1) 不产甲烷阶段的微生物种群

不产甲烷阶段的微生物种群可分为厌氧性水解菌和挥发酸生成菌两大类，也可称这一类菌为液化产酸菌。

厌氧水解菌作用于消化作用初期，它们往往不是专性厌氧菌，而是兼性厌氧菌，这个阶段污泥中的专性厌氧菌的数量很少，以兼性厌氧菌为主。

消化池中的不产甲烷菌都具有水解和发酵有机物而产生酸的功能，所以不产甲烷菌几乎都参与了消化过程中挥发酸的形成过程。挥发酸生成菌中的兼性厌氧菌所占的比例要高于专性厌氧菌，专性厌氧菌和兼性厌氧菌的数量比例大约为10～100倍。

(2) 不产生甲烷菌群的重要作用

不产生甲烷菌群落的代谢作用的结果是把复杂的有机物降解为简单的小分子有机物，满足自身生长繁殖所需的同时，为产气的甲烷细菌提供生长的必需有机物并产生甲烷和二氧化碳。

为避免与好氧菌或其他细菌相混淆，以下将不产甲烷菌也称为产酸菌。由于产酸菌大多数属于异养型兼性厌氧型菌群，故对pH、有机酸、温度、氧气等环境条件的适应性较强。与产酸菌同时存在于消化池内的产甲烷菌对上述环境条件的要求则很苛刻。一般情况下，只要满足了产甲烷菌的要求，产酸菌即可正常生长。

2. 产甲烷菌

产甲烷菌在严格厌氧的环境中广泛存在，它们对营养物质的要求不高，但是因为其本身的适应性差，产甲烷菌对氧气、温度、pH和毒性物质的要求非常苛刻。适合产甲烷菌生长的最佳pH是7.0～7.6，中温菌的最适宜温度为35±2℃，高温菌最适宜的温度为53±0.5℃。传统上，将形态各异的产甲烷细菌通称为甲烷菌，图7-2所示为产甲烷菌的分类。近二十多年来，随着分子生物学技术和分子生态学的发展，研究者们发现按传统分类学鉴定分类的甲烷菌，其实遗传差异巨大，如从分子水平分类，甲烷菌多达160种以上。

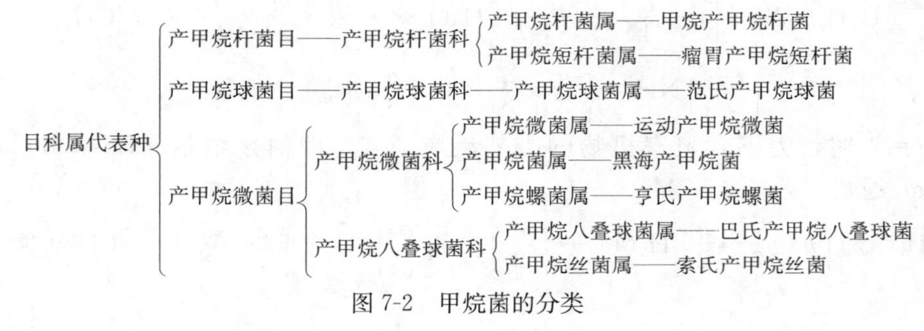

图7-2 甲烷菌的分类

3. 不产甲烷菌和产甲烷菌的关系

厌氧消化系统中，不产甲烷菌（液化产酸菌）和产甲烷菌既有协同作用又相互制约，它们在共同推动大分子有机物向甲烷和CO_2转化的过程中表现出来的实质上是一种接力关系和互惠关系；通过这种活动，达到自身吸取营养进行代谢和繁殖的目的，并使得大分子有机物得以降解、分解；也正是这种关系使得系统能够稳定运行。主要包括以下几点：

（1）液化产酸菌通过对有机物的分解，为产甲烷菌提供其生长所必需的营养物质碳源和氮源。

（2）液化产酸菌为产甲烷菌创造适合甲烷菌生长的电位条件。消化系统中的硝酸盐还原菌、纤维素分解菌等能够适应不同的氧化还原电位，可以消耗进入装置中的氧气，降低消化系统的氧化还原电位，保证甲烷菌生长所必需的严格无氧环境。

（3）液化产酸菌能消除消化系统中的有毒物质，减轻有毒物质对产甲烷菌的抑制和毒性。很多液化产酸菌可以作用于酚类、苯甲酸、长链脂肪酸等，使之发生裂解；其代谢产生的硫化氢能与重金属离子反应生成不溶于水的沉淀，因此，液化产酸菌能够解除长链脂肪酸、酚类和重金属的毒害作用。

（4）产甲烷菌能在厌氧消化过程中为液化产酸菌解除反馈抑制，如果液化产酸菌分解有机物生成的氢和酸大量积累，就会对液化产酸菌本身产生反馈抑制作用，产甲烷菌对乙酸、CO_2、氢的消耗使得系统内不会积累过多的氢和酸，保证液化产酸菌正常的生长代谢。

（5）液化产酸菌和产甲烷菌的共同作用使得厌氧消化系统的pH保持在适宜的范围。

7.2 污泥厌氧消化条件与影响因素

7.2.1 温度

温度是影响污泥厌氧消化的主要因素，通过影响微生物酶的活性，对生物化学反应速率产生影响，从而影响污泥中有机物质的分解速率。温度适宜时，细菌活力高，有机物分解完全，产气量亦大。消化温度的范围按所利用的厌氧菌最适宜的温度，可分为：

低温消化——不控制消化温度；

中温消化——30～37℃；

高温消化——50～56℃。

事实上，在0～56℃的范围内，甲烷细菌并没有特定的温度限制。然而在一定的温度范围内被驯化以后，一旦形成稳定的体系，温度波动如果超过2℃，都可严重影响甲烷消化作用。尤其是高温消化对温度变化，更为敏感。因此运行时，应保持温度不变。

根据微生物生长的最适温度将厌氧微生物分为嗜冷微生物（低温菌）、嗜温微生物（中温菌）和嗜热微生物（高温菌）。各种菌的适宜温度见表7-1所列。

各类厌氧菌的适宜温度范围 **表7-1**

细菌种类	生长的温度范围(℃)	最适宜温度(℃)
低温菌	0～30	10～20
中温菌	30～40	35～37
高温菌	50～60	52～55

消化温度与消化时间及产气量的关系，分别如图 7-3 和表 7-2 所示。

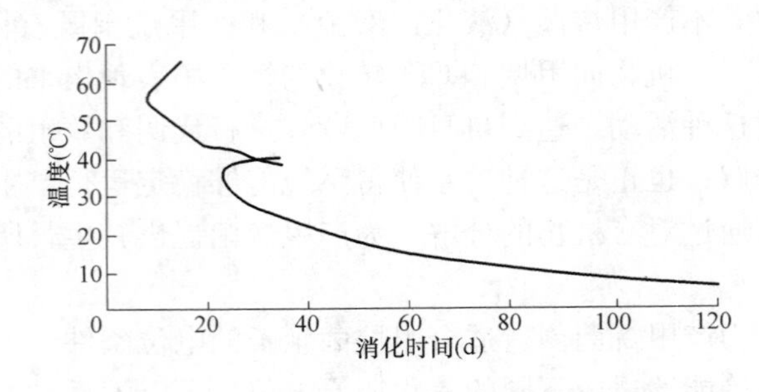

图 7-3　温度与消化天数的关系

温度与产气量的关系：

$$q=8+2.6\sin[25.71(t-30)] \tag{7-8}$$

式中　q——单位体积新鲜污泥产气量，m^3/m^3；

t——消化温度，℃，该公式适用于 30～38℃。

不同消化温度与时间的产气量　　表 7-2

消化温度(℃)	10	15	20	25	30
通常采用的消化时间(d)	90	30	45	30	27
有机物的产气量(mL/g)	450	530	610	710	760

大多数厌氧消化系统设计在中温范围内操作，因为温度在 35℃左右消化，有机物的产气速率比较快、产气量也比较大，而生成的浮渣则较少，并且消化液与污泥分离较容易。但也有少数系统设计在高温范围内操作，高温消化的优点包括：改善污泥脱水性能，增加病原微生物的杀灭率，增加浮渣的消化等。不过至今这些优点并未完全实现，并且由于高温操作费用高，过程稳定性差，对设备结构要求高（因为涉及更高的压力），所以高温消化系统很少见。

虽然选择设计温度是重要的，但维持消化池内稳定的操作温度更为重要。这是因为相关细菌（特别是甲烷菌）对温度变化非常敏感，温度变化大于 1℃/d 就会对消化过程产生严重影响。

7.2.2　酸碱度

污泥中所含的碳水化合物、脂肪和蛋白质在厌氧消化过程中，经过酸性发酵和碱性发酵，产生甲烷和二氧化碳，并转化为新细胞成为消化污泥。酸性发酵和碱性发酵最合适的 pH 各自不同，见表 7-3。正常运行的厌氧消化系统中，水解产酸阶段使 pH 有降低的趋势，产甲烷阶段甲烷菌通过消耗酸、与氢离子结合两种途径，减缓了反应体系 pH 的降低。图 7-4 表示 pH 与甲烷气发生量的关系。由图 7-4 可见，厌氧细菌，特别是甲烷菌，对 pH 非常敏感。酸性发酵最合适的 pH 为 5.8，而甲烷发酵最合适的 pH 为 7.8。产酸菌在低 pH 范围，增殖比较活跃，自身分泌物的影响比较小。而甲烷菌只在弱碱性环境中生长，最合适的 pH 范围在 7.3～8.0。产酸菌和甲烷菌共存时，pH 在 7～7.6 最合适。

消化过程中连续产酸，因此有使 pH 降低的趋势。然而，甲烷化过程产生碱度，主要是二氧化碳和氨形式的碱度。这些物质通过与氢离子结合，缓冲 pH 的变化。消化池中 pH 的降低（如消化池负荷过高，导致产酸量增加）抑制甲烷的形成。由于产酸的连续性，进一步抑制了甲烷的形成和碱度的形成，这可能导致过程失败。合理设计搅拌、加热和进料系统，对于减少这种形式的干扰（不正常操作）是很重要的。实际生产应用中还应当考虑提供外加化学物质（如石灰、碳酸氢钠或碳酸钠）来中和不正常消化中过量的酸。

产酸菌和产甲烷菌的特性　　表 7-3

参　　数	产甲烷菌	产酸菌
pH	最佳 pH：6.8～7.2	最佳 pH：5.5～7.0
氧化还原电位	<−350mV（中温），<−560mV	<−150～200mV

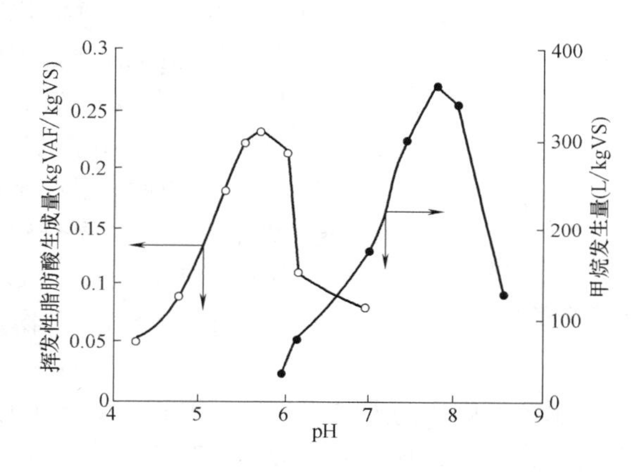

图 7-4　pH 对酸性消化和碱性消化的影响

7.2.3　污泥成分

1. 有机物的成分与产气量

城市污水处理厂的污泥主要由碳水化合物、脂肪和蛋白质等三类有机物组成，不同的污泥产生的沼气量及其中的甲烷含量大不相同。表 7-4、表 7-5 表示污泥成分与气体发生量及组成的关系。

分解 1kg 有机物的沼气产量及其甲烷含量　　表 7-4

有机物质分类	沼气发生量及其组成			甲烷发生量(L)
	体积(L)	CH_4(%)	CO_2(%)	
碳水化合物	790	50	50	390
脂肪	1250	68	32	850
蛋白质	704	71	29	500

由表 7-4 可知，气体发生量按脂肪大于碳水化合物大于蛋白质的顺序由大到小。一般脂肪增多，气体发生量增加，气体的发热量也提高。由表 7-5 可见，德国用污泥中脂肪含量的多少作为气体发生量的指标。与发达国家相比，我国污泥的碳水化合物含量高，脂肪的含量低。

中、日、德三国的污泥成分及沼气产量的比较 **表 7-5**

国别	污泥种类	成分(%)			分解 1kg 有机物的沼气产量(L/kg)
		碳水化合物	脂肪	蛋白质	
德国	含有大量脂肪的污泥	12	50	38	1020
	含有中等数量脂肪的污泥	15	44	41	980
	含有少量脂肪的污泥	24	26	50	880
日本	污泥	35.2	19.9	44.9	
中国	北京高碑店污水厂初沉污泥	45.3	11.1	43.6	
	北京高碑店污水厂剩余污泥	32.6	4.7	62.7	

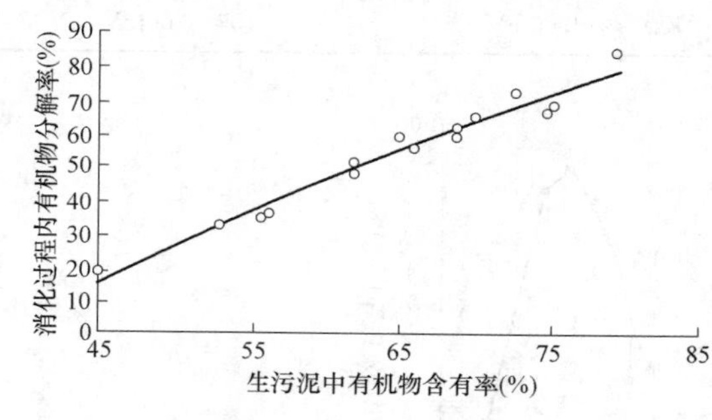

图 7-5　生污泥中有机物含量与分解率的关系

2. 有机物含量与分解率

在污泥厌氧消化过程中常用有机物的分解率作为消化过程的性能和产气量的指标。图 7-5 表示在中温消化过程中污泥的有机物含量和有机物分解率（消化率）的关系。在消化温度、有机物负荷都正常的情况下，有机物分解率受污泥中有机物含量的影响，所以，要增加消化时的产气量，重要的是使用有机物含量高的污泥。

3. 碳氮比（C/N）

碳作为能量供给的来源，氮则作为形成蛋白质的要素，对微生物来说都是非常重要的营养素。厌氧菌的分解活动受被分解物质的成分，尤其是碳氮比的影响很大。用含有葡萄糖和蛋白胨的混合水样所做的消化试验表明，当被分解物质的碳氮比（C/N）大约为12～16这一范围时，厌氧菌最为活跃，单位质量的有机物产气量也最多。碳氮比太高，含氮量不足，消化液缓冲能力低，pH 容易降低。碳氮比太低，含氮量过多，pH 可能上升到 8.0 以上，脂肪酸的铵盐要积累，使有机物分解受到抑制。根据勃别尔（Popel）的研究，各种污泥的 C/N 见表 7-6 所列。

各种污泥生物可降解底物含量和 C/N **表 7-6**

底物名称	污泥种类		
	初沉污泥	活性污泥	混合污泥
碳水化合物(%)	32.0	16.5	26.3
脂肪、脂肪酸(%)	35.0	17.5	28.5
蛋白质(%)	39.0	66.0	45.2
C/N	(9.40～10.35)∶1	(4.60～5.04)∶1	(6.80～7.50)∶1

根据实际观察，蛋白质含量多的污泥与碳水化合物含量多的菜屑、落叶等混合一道消化时，比它们分开单独消化时的产气量显著增加，这可能是因为 C/N 低的污泥与 C/N 高的有机物混合后，使厌氧菌获得了最佳 C/N 的缘故。

生物处理过程中产生的污泥，尤其是剩余活性污泥，如果单独进行消化是非常困难的。这种消化过程通常只能得到初沉污泥一半的产气量。难于消化的原因是这些污泥已经受过一次好氧微生物的分解，其 C/N 大约只有 4.8，这个数值大大低于最佳值。但是，将这些污泥与初沉污泥混合在一起则易于消化，可能是因为 C/N 上升的缘故。

4. 污泥种类

污水处理厂所产生的污泥，有初沉污泥和剩余污泥。初沉污泥浓度通常高达 4%～7%，浓缩性好，C/N 在 10 左右，是一种营养成分丰富，容易被厌氧菌消化的基质，产气量也较大。剩余污泥是好氧细菌菌体为主，作为厌氧菌营养物的 C/N 在 5 左右，所以有机物分解率低，分解速度慢，产气量较少。

5. 有毒物质

在污泥厌氧消化中，所谓"有毒"是相对的，事实上任何一种物质对厌氧消化都有两方面的作用，即有促进和抑制产甲烷菌生长的作用，关键在于它们的毒阈浓度。低于毒阈浓度，对产甲烷菌生长有促进作用；在毒阈浓度范围内，有中等抑制作用，随浓度逐渐增加，产甲烷菌可被驯化；超过毒阈上限，则对微生物生长具有强烈的抑制作用。表 7-7 列出了常见无机物对厌氧消化的抑制浓度，表 7-8 列出了使厌氧消化活性下降 50%的一些有毒有机物浓度。

当污泥中某些重金属含量（如铜、铬、镍等）及有机化合物（如氯仿、酚等）含量超过一定量时，会对污泥厌氧稳定过程产生破坏性的影响。重金属毒性最大的是铅，其次分别为镉、镍、铜和锌，碱金属的毒性按钠、钾、铬、锰的次序增加。

生活污水污泥特殊的有毒物质含量一般不会超过危险限度，但是，由于汽车数量的急剧增加和供暖设备用油等因素，致使一般生活污水中含油量或含油物质增加，消化池中含油分的物质会产生浮渣、泡沫，使运行操作出现问题。通常，流入处理厂污水中的合成洗涤剂约有 10%与污泥一起进入消化池，不仅会产生泡沫，而且还会妨碍污泥的消化反应。

污泥厌氧消化时无机物质的抑制浓度　　表 7-7

基质	中等抑制浓度(mg/L)	强烈抑制浓度(mg/L)	基质	中等抑制浓度(mg/L)	强烈抑制浓度(mg/L)
Na^{+}	3500～5500	8000	Cu^{2+}	—	0.5(可溶),50～70(容量)
K^{+}	2500～4500	12000	Cr^{6+}	—	3.0(可溶),200～250(容量)
Ca^{2+}	2500～4500	8000	Cr^{3+}	—	0.5(可溶),180～420(容量)
Mg^{2+}	1000～1500	3000	Ni^{2+}	—	2.0(可溶),30.0(容量)
氨氮	1500～3000	3000	Zn^{2+}	—	1.0(可溶)
硫化物	200	200		—	

污泥厌氧消化时有机物的抑制浓度　　表 7-8

化合物	50%活性浓度(mmol/L)	化合物	50%活性浓度(mmol/L)
1-氯丙烯	0.1	2-氯丙酸	8
硝基苯	0.1	乙烯基醋酸纤维	8
丙烯醛	0.2	乙醛	10
1-氯丙烷	1.9	乙烷基醋酸纤维	11
甲醛	2.4	丙烯酸	12
月桂酸	2.6	儿茶酚	24
乙苯基	3.2	酚	26
丙烯腈	4	苯胺	26
3-氯-1,2 丙二醇	6	间苯二酚	29
亚巴豆醛	6.5	丙酮	90

7.2.4 CO_2/CH_4 的比值

表 7-9 所列为每千克有机酸分解理论产气量，当污泥性质稳定时，消化正常的情况下，CO_2/CH_4 比值也是稳定的，一般为 0.7 左右。不同性质的污泥，比值略有不同。比值失调，预示出消化存在问题。如有机酸的积累，可与 HCO_3^- 作用，产生 CO_2，使 CO_2/CH_4 比值提高。

每千克有机酸分解理论产气量 **表 7-9**

酸种类	CO_2		CH_4		总产气量	
	(L)	(%)	(L)	(%)	(L)	(%)
丙酸	378	41.7	529	58.3	907	100
丁酸	382	37.9	625	62.1	1007	100
乙酸	374	50.0	374	50.0	728	100
甘油三酸酯	436	39.5	666	60.5	1102	100

正常消化时，有机酸的组成见表 7-10。

不同负荷下有机酸组分 **表 7-10**

有机物负荷($kg/(m^3 \cdot d)$)	丁酸(%)	丙酸(%)	乙酸(%)	甲酸(%)	乳酸(%)
0.78	4.45	23.03	68.90	1.73	1.82
1.10	10.02	25.29	63.01	0.87	0.72
1.60	12.44	29.73	58.88	0.40	0.27
1.72	14.36	29.83	55.39	0.22	0.20
2.10	19.72	32.50	47.82	0.28	0.18

消化池的有机物负荷增加时，有机酸的绝对值也将增加。从表 7-10 可见，有机物负荷增加，则有机酸的主要组成中，乙酸含量降低，丙、丁酸含量上升。因此，如果知道正常消化时的酸度或其中各有机酸的含量，便可作为运行指标。根据酸度或各含量变化，即可知道消化情况。

如前所述，有机酸的积累虽会使 pH 下降，但它又是甲烷细菌的基质，此有机酸的浓度应在 2000mg/L 左右或更高。pH 为 6.5～8.0 之间，甲烷消化速率没有大的变化。但在此 pH 范围以外，则速率迅速降低，见图 7-6。

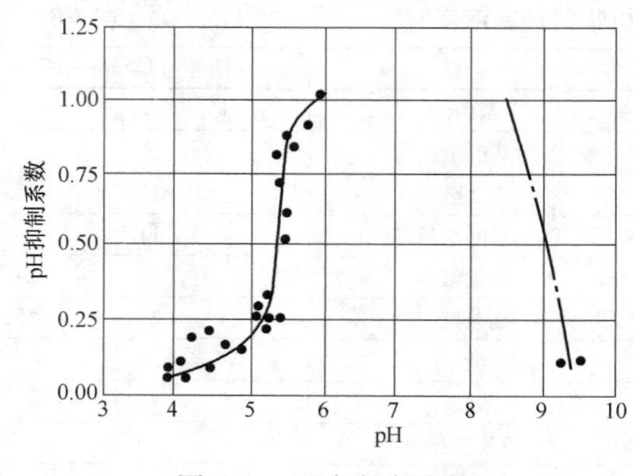

图 7-6 pH 与抑制系数

脂肪与纤维素分解较缓慢。甚至活力最强的微生物在含 1g 脂肪的培养基中经过 30d 后，只有 70mg 脂肪分解。而且在脂肪互相反应形成较大而不溶解的圆球后，增加了分解的困难。纤维素很难分解，需培养大量的活泼纤维菌，才能加速其分解。蛋白质的分解，高温消化较中温消化快，这可能是高温消化产气量高的原因之一。

由于甲烷细菌的代谢速度控制着消化时间，并决定消化池池容量，因此可采用消化污泥回流循环，人为地延长甲烷细菌在系统内的停留时间，使系统内甲烷细菌数量增加，从而细菌加快消化的进度，于是产生了新颖的运行方式如厌气接触消化池等。

厌气消化的适应性：对于工业废水，流量变化大、有机物变化大时，不宜采用厌气消化。季节性变化的食品罐头工厂的污水，也不宜用厌氧消化。含有大量溶解性脂肪的污水，由于脂肪由 β 氧化产生大量的吡啶核苷酸（$NADH^{+}$），核苷酸的再氧化困难，所以脂肪的厌气消化分解相当地缓慢。

7.2.5 污泥浓度

在实施气体发电的欧洲各污水处理厂里，投入消化池的污泥浓度一般为 4%～6%。在日本，多数污泥浓度在 3%左右，特别是污泥中有机物的含量增加以后，污泥浓度下降到 2.5%，与欧洲相比要低，这是产气率小的原因之一。提高污泥浓度使消化池有机负荷保持在适当的范围，有助于产气量的增加。

图 7-7 表示用污水处理厂的剩余污泥进行中温消化时，污泥浓度与产气量的关系。由图可知，消化天数一定时，只要提高投入污泥的浓度，在消化池内污泥充分存在的条件下，产气量有明显的增加。

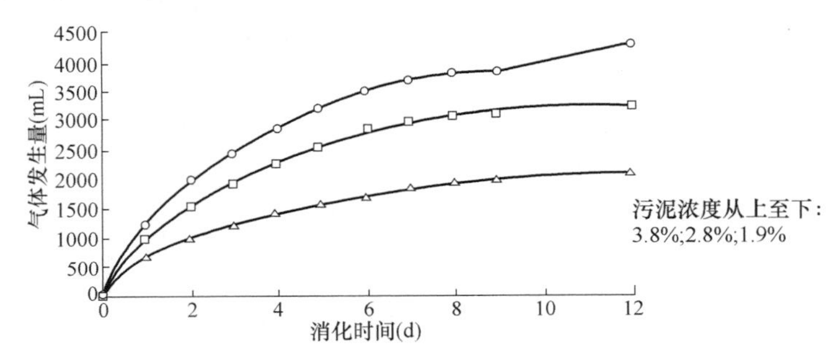

图 7-7　污泥浓度对气体发生量的影响（间歇试验）

从这些结果看出，提高污泥浓度，增加有机物负荷，对消化率的影响是非常小的，消化率均在 45%左右，分解单位有机物的产气量在 760～780mL/g。

但是提高污泥浓度有以下优点：

（1）消化天数一定，投入的污泥浓度提高后，使消化池体积缩小，设备费用降低。

（2）投入消化池的污泥量减少，污泥加热用的能源也可节约。例如，污泥浓度低的时候，加温所需热量为：

$$E=E_1+E_2=0.8E+0.2E=1.0E \tag{7-9}$$

式中　E_1——投入污泥加热到消化温度时所需热量；

E_2——消化池、配管、热交换器表面的热损失。

若污泥浓度增加 1 倍，则加温所需热量为：

$$E'=0.4E+0.2E=0.6E \tag{7-10}$$

由此可见，加温热量节约 40%。

不过，污泥浓度提高后需要注意如下问题：

（1）污泥浓度提高污泥黏度也增加，消化池内的混合变得不充分，所以搅拌装置和消化池形状的选择必须重新考虑。

（2）到目前为止的消化工艺都把第一消化池作为生物反应池，第二消化池作为固—液分离池。在第二消化池固—液分离后，浓的厌氧菌体返回第一消化池，确保第一消化池必需的菌体浓度。污泥浓度过高，第二消化池固—液分离难以进行，发生污泥洗出现象（又称跑泥），将失去第二消化池的作用，从而使第一消化池必需的污泥浓度难以确保，第一消化池的功能急剧降低。

7.2.6　污泥投配率

投配率：每日投入消化池的新鲜污泥体积与消化池体积的比率，以百分数计，以 p 表示。投配率增大，有机物的分解程度减小，产气量下降，但所需消化池的容积小；投配率减小，污泥中有机物分解程度高，产气量增加，但所需要的消化池容积大，基建费用增加。对已建成的消化池，如投配率过大，池内有机酸将会大量积累，pH 和池温降低，甲烷细菌生长受到抑制，可能破坏消化正常进行。中温消化的生污泥投配率以 6%～8%为好。设计时生污泥投配率可在 5%～12%之间选用，要求产气量多，采用下限；如以处理污泥为主，采用上限。西安污水处理厂运转资料及试验表明，投配率对污泥产气量和有机物分解程度都有较大影响（图 7-8 和图 7-9）。

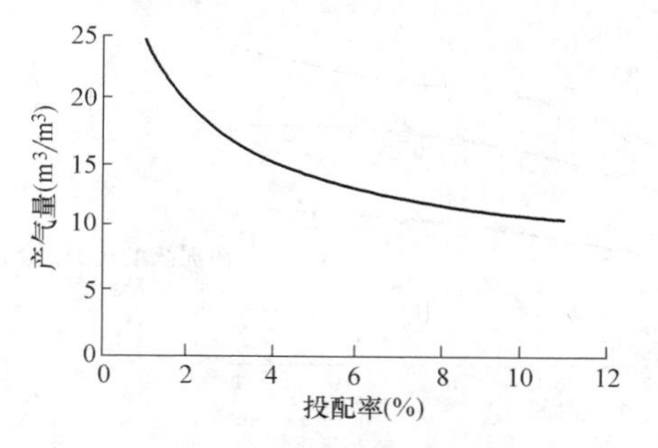

图 7-8　投配率与产气量的关系

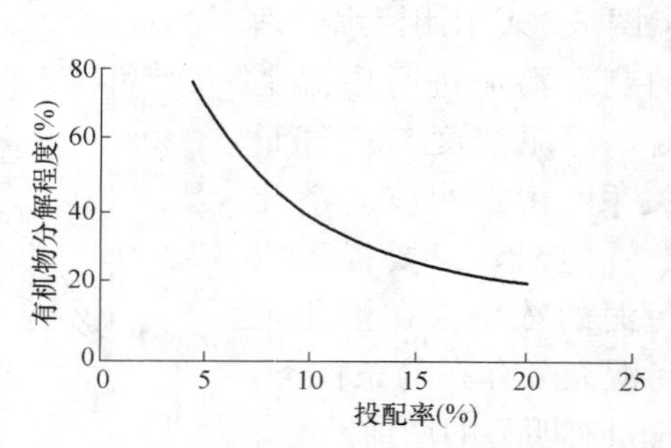

图 7-9　有机物分解程度与投配率的关系

7.2.7　搅拌

厌氧消化的搅拌不仅能使投入的生污泥与熟污泥均匀接触，加速热传导，把生化反应产生的甲烷和硫化氢等阻碍厌氧菌活性的气体赶出来，也起到粉碎污泥块和消化池液面上的浮渣层的作用。充分均匀的搅拌是污泥消化池稳定运行的关键因素之一。通过搅拌与混合，产气量可增加 30%。

实际采用的搅拌方法有机械搅拌、泵循环和沼气搅拌。早期的消化池以机械搅拌为主，现已逐步被沼气搅拌所代替。与机械搅拌相比，沼气搅拌的主要优点是：机械性磨损低，池内设备少，结构简单，施工维修简便；搅拌效果好，效率高；即使池内污泥面波动变化，也能保持稳定的混合效果，运转费用低。不仅如此，沼气搅拌还能为甲烷菌提供氢源。由于上述优点，沼气搅拌已经发展成为主流，为大多数国家所采用，如美国、日本、英国、法国、瑞士等发达国家都是用沼气再循环来进行气体搅拌。

7.3　厌氧消化工艺设计计算

7.3.1　厌氧消化池的设计

1. 工艺设计

确定消化池大小的关键参数是固体停留时间（*SRT*），对于无循环的消化系统，*SRT* 和 *HRT*（水力停留时间）无任何差别。也常用有机物负荷率，它与 *SRT* 或 *HRT* 直接相关，但 *SRT* 被认为是最基本的设计参数。消化池尺寸的设计还应兼顾污泥产率变化和浮渣、粗砂积累等影响。

(1) 污泥停留时间

污泥停留时间的选择一般还是根据经验确定，典型值是低负荷消化池 30～60d，高负荷消化池 10～20d。设计者在确定合适的污泥停留时间时必须考虑到污泥生产过程的变化范围。

帕金（Parkin）和欧文（Owen）提出了更合理的确定 *SRT* 设计值的方法，但该方法应用时所需的数据还非常有限。实际上，这一方法就是依据安全系数 *SF* 来修正 *SRT* 的最小值，确定 *SRT*的设计值。假设消化池内的流动接近完全混合，那么在给定的消化效率下所需 *SRT* 的最小值可用式（7-11）估算，即：

$$SRT_{min}=\{[YKS_{eff}/K_c+S_{eff}]-b\}^{-1} \tag{7-11}$$

$$S_{eff}=S_0\cdot e$$

式中 SRT_{min}——消化池运行要求的修正 *SRT*；

Y——厌氧微生物产率系数，gVSS/gCOD；

K——最大基质比利用速率，gCOD/(gVSS·d)；

S_{eff}——消化池内消化污泥中可生化降解基质的浓度，gCOD/L；

S_0——进料污泥中可生化降解基质浓度，gCOD/L；

e——消化效率，部分降解；

K_c——进料污泥中可生化降解基质的半饱和程度；

b——内源衰减系数，d^{-1}。

针对污水处理厂的初沉污泥，在温度 25～35℃时，式（7-11）中的常数建议值可以参照：

$$K=6.67COD/(gVSS\cdot d)\ (1.035^{T-35})$$

$$K_c=1.8gCOD/(1.112^{T-35})$$

$$b=0.03d^{-1}(1.035^{T-35})$$

$$Y=0.04gVSS/gCOD$$

消化池运行使用修正 *SRT* 来计算，厌氧消化过程的 *SF* 可按式（7-12）计算：

$$SF=SRT_i/SRT_{min} \tag{7-12}$$

式中 *SF*——安全系数；

SRT_i——消化池设计 *SRT* 值。

表 7-11 概括了美国水污染控制协会对全美厌氧消化设备调查所得的 *SRT* 数值，如表 7-11 所示，对所调查的设备而言，平均 *SRT* 为 20d。若进入消化池可生物降解COD(S_0)为 19.6g/L、消化效率（*e*）为 90%、操作温度 35℃，得出最小 *SRT* 为 9.2d。在这种情况下，若采用 *SRT* 设计值为 20d，那么安全系数（*SF*）为 2.2。这表示短期的负荷增加会减少实际消化池的 *SRT*，*SRT* 减少到设计值 20d 的 50%以下就有可能导致消化效率的显著下降。

对含有大量不可降解有机物（特别是脂质）的污泥，上面推荐的常数不适用。在这种情况下，保证挥发性固体的分解率是很重要的，采用比表 7-11 列出的更高的 *SRT* 设计值可能更合适。对易降解的污泥（如初沉污泥），采用比表 7-11 略低的 *SRT* 值是可以接受的。

为避免对消化效率产生严重影响，可以根据污泥负荷最高期（如污泥负荷最大的月）来选择 *SRT* 的设计值。

不同厌氧污泥消化停留时间与污水处理厂数量（个）　　表 7-11

SRT(d)	每一范围设施百分比(%)	
	仅有初沉污泥	初沉污泥＋剩余污泥
0～5	0	9
6～10	0	15
11～15	0	9
16～20	11	12
21～25	45	25
26～30	44	3
31～35	44	15
36～40	0	6
41～45	0	0
46～50	22	0
＞50	0	6
污水处理厂数量	12	132

（2）有机物负荷

负荷标准一般基于连续投料情况下。为避免短时间的过高负荷，通常设计连续投料的高峰有机物负荷率为 1.9～2.5kg/(m^3・d)，有机物负荷率的上限一般由有毒物质积累速率、氨或甲烷形成的冲击负荷来决定，3.2kgVS/(m^3・d) 是常用的上限。

过低的有机物负荷率会造成建设和运行费用较高。建设费用高是由较大的池容积造成的，运行费用高是由于产气量不足以供给维持消化池温度所必需的能量。

（3）污泥产率

在高峰负荷下保持最低 SRT 对消化池的运行成功有一定的风险。为识别临界高峰负荷，设计者必须考虑到高峰月、高峰周的最大污泥产量、季节的变化，以及估计到短期的污泥产量对 SRT 的影响。

高峰污泥负荷的估算要包括进厂污水中 BOD 和 TSS 变化，并以此为基础计算污泥量，还必须预见高峰负荷时期浓缩不理想的情况造成污泥量增加。

（4）有机物去除率

污泥的有机物量可按 40%～60%估算或根据有机物量与停留时间的关系估算。对于一般负荷的消化系统，可按式（7-13）计算：

$$V_d = 30 + t/2 \tag{7-13}$$

式中　V_d——有机物去除率，%；

t——消化时间，d。

对于高负荷消化系统：

$$V_d = 13.7\ln(\theta_d^m) + 18.94 \tag{7-14}$$

式中　θ_d^m——临界污泥龄，d。

如果是两相消化系统，进入二级消化池的污泥 TS^*，可按式（7-15）估算：

$$TS^* = TS - (A \times TS \times V_d) \tag{7-15}$$

式中　TS^{*}——进入二级消化池的污泥量；

TS——进入消化池的总污泥量，kg/d；

A——有机物含量，%；

V_{d}——一级消化池去除的有机物，%。

式（7-13）、式（7-14）可用于污泥进入二相消化池时确定两相消化池的尺寸，确定污泥浓缩的百分比和最终处置要求的贮存周期。在很多情况下二级消化池容积设计与一级消化池相同。

2. 消化池池型和构造

（1）消化池的数目

考虑到检修等因素，消化池的数量不应少于2座。消化池的有效容积按照每天加入污泥量及污泥投配率进行计算，即：

$$V=\frac{V'}{p}\times 100\% \quad (7\text{-}16)$$

每座消化池的有效容积：

$$V_{0}=V/N \quad (7\text{-}17)$$

式中　V_{0}——每座消化池的容积，m^3；

N——消化池数量，m^3/d。

p——污泥投配率，%；

V'——每天投入的污泥量，m^3/d。

消化池为圆柱形时，其直径一般为6～35m。当直径大于25m时，在结构上采用绕丝法的预应力钢筋混凝土结构比较困难，往往要采用无粘结预应力钢筋混凝土结构，施工难度有所增加。消化池柱体部分的高应约为直径的1/2，总高与直径之比约为0.8～1.0，池底坡度一般采用8%。

（2）池顶

消化池池顶常用固定盖池顶，为圆形拱或锥形拱。池顶部为集气罩，通过管道与沼气贮气柜直接连通，应防止产生负压。为防止固定盖因超高不够而受内压，避免池顶遭到破坏，池顶下沿应装有溢流管。

（3）管道布置

一般消化池的进泥管布置在泥位上层，其进泥点及进泥管的形式应有利于搅拌均匀，破碎浮渣层。小型池一般应为1根进泥管，大型池需要2根以上的进泥管。出泥管布置在池底中央或在池底分散数处，大型池在池底以上不同高度再设1～2处出泥管。排空管可与出泥管合并使用，也可单独设立。当用泵循环搅拌污泥，或进行池外加热时，进泥管及出泥管的位置应考虑有利于混合均匀。污泥管的最小直径为150mm。为了能在最适当的高度除去上清液，可在池子的不同高度设置若干个排出口，最小直径为75mm。溢流管的溢流高度，必须考虑是在池内受压状态下工作。在非溢流工作状态时或池内泥位下降时，溢流管仍需保持泥封状态，避免消化池气室与大气连通。溢流管最小管径为200mm。取样管一般设置在池中部，最少为2个，其中1个在池子中部伸入中心，1个在池中部边缘。取样管的长度最少应伸入最低泥位以下0.5m，最小管径为100mm。

一般应备有清洗水入口或蒸汽的进口，以及清理污泥管道的设备。

排出的上清液及溢流出泥，应重新导入初次沉淀池进行处理。设计沉淀池时，应计入此项污染物。

（4）消化池的清扫

为了维持消化池的设计容积，设计中应包括定期清扫砂子的设备，可随时将沉砂以上的污泥抽送到另一座消化池或其他贮存设备中，采用高压水冲洗池底的砂子，用泵抽空处理。冲洗水的压力应大于 6.76×10^5 Pa。

消化池池顶中心工作孔最小直径为 1.5m，侧墙和池底的交接处设置直径 0.6～1.0m 的工作孔（人孔），必要时也可利用以上两处工作孔清除积砂。井盖宜用铸铁制成，用耐腐蚀的螺栓固定。

（5）消化池池体

消化池的池体要求不渗水，小型池一般采用钢筋混凝土结构，池体较大时常采用预应力钢筋混凝土结构。气室部分应不漏气，池内设耐腐蚀的材料或衬里，其下沿应深入最低泥位 0.5m 以下。为了减少池子的热损耗，池子的周壁及池盖需采取保温措施，如有条件，消化池池体可采用覆土保温方法，降低工程造价，但占地较大。消化池池底应位于地下水位以上，以减少热损耗；当位于地下水位以下时，池底以外宜采用隔水层。

3. 设计参数

消化池的形式：消化池有圆柱形、龟甲形和倒卵形，中、小型消化池常采用圆柱形，大型消化池多采用倒卵形。池顶盖有浮动式或固定式，多采用固定式顶盖。

分级消化：两级消化总池容比单级消化小，上清液含固量少、总热耗量较少。一级消化池中加热、搅拌、集气；二级池中集气、排放上清液，不再加热。

温度和时间：消化温度 35±1℃，消化时间一般为 25～30d。两级消化停留时间比值可采用 2∶1 或 3∶2，一般采用 2∶1。

污泥浓度和有机物分解率：污泥含固量采用 3%～4%，最大为 10%～12%。有机物分解率 40%～50%。两级消化后污泥含水率约为 92%。

消化池尺寸：消化池直径一般为 6～35m。总高与直径之比取 0.8～1.0，内径与圆柱高之比取 2∶1，底坡取 $i=8\%$。池顶部距污泥面的高度大于 1.5m。顶部的集气罩直径取 2m，高度为 1～2m。池内泥位必须保证一级消化池污泥能自流入一级消化池，池底宜高于地下水位。

消化池构造：消化池采用抗腐蚀良好的钢筋混凝土结构。设进泥管、出泥管、上清液排出管（可在不同高程处设几个，最小直径 75mm）、溢流管（最小直径 200mm）、循环搅拌管、沼气出气管、排空管（可与出泥管合并）、取样管（至少池中和池边各设取样管 1 根，伸入最低泥位下 0.5m，最小管径 100mm）、人孔（2 个，直径 0.6～1.0m）测压管、测温管等。

4. 搅拌系统

（1）搅拌方式

卵形消化池搅拌系统有三种基本形式：气体搅拌、机械搅拌和水泵搅拌，如图 7-10 所示。大多数卵形消化池在池底的锥形部分备有气体和水力冲洗装置，便于冲洗积存在底部的砂粒。尽管气体搅拌和机械搅拌极少可能同时使用，但一个消化池内可能有多种搅拌系统，并且在任何一天都能操作。卵形消化池由钢筋混凝土制成，外表面用氧化铝作绝热层，起到保护或绝热的作用。常用搅拌方式比较，见表 7-12。

常用搅拌方式的比较 表 7-12

搅拌方式	优 点	缺 点	适用范围
沼气循环	①无搅拌装置，能耗省，搅拌效果好，3～6 次/d，5～10min/次 ②促进厌氧分解，缩短消化周期	需特制压缩机，保证绝不吸入空气	各种消化池
污泥泵循环	①设备简单、能耗省，搅拌效果好 ②运行可靠，3～6 次/d，5～10min/次	需专门设计射流器	小型消化池
机械搅拌	①效率低，能耗较大 ②设备易附着浮渣及纤维	机械传动部分易磨损，轴承气密性难解决	各种消化池

气提泵式搅拌，见图 7-10，这种搅拌装置按气体提升泵设计，其中，压缩气体出口的浸没深度一般应大于提升高度。压缩机的气量按导流筒内提升污泥量的 2～3 倍设计。为了同时进行污泥循环加热，导流筒壁有时设计为双层夹套式换热器，夹套之间流动热水。有时将加热与沼气搅拌装置置于池外，以方便检修，见图 7-11。

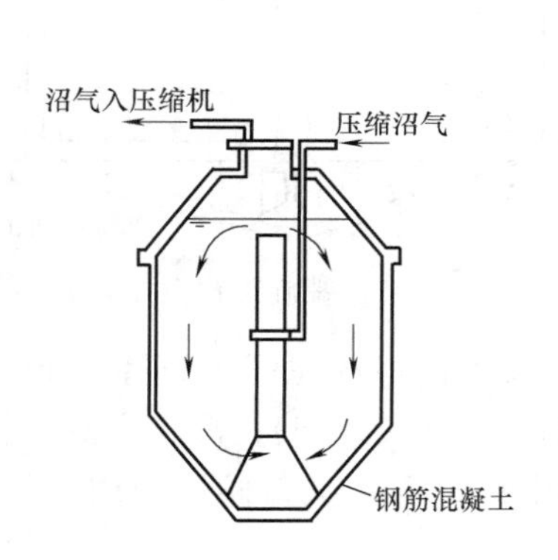

图 7-10 气体提升泵式搅拌

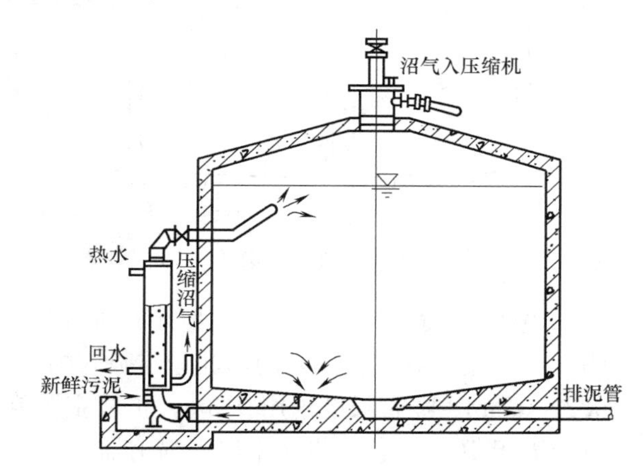

图 7-11 混合式沼气搅拌（池外加热）

多路曝气管式（气通式）搅拌，见图 7-12。压缩的沼气通过配气总管到达各根曝气立管，每根立管按通过的气体流速为 7～15m/s 进行设计，单位用气量通常取 5～7L/(m^3 · min)。管口延伸到距池底 1～2m 的同一平面上，或在池壁与池底连接面上。

也可以将压缩沼气通过配气选择器通向各根曝气管，按预先选定的时间间隔，依次接通各根曝气管，进行逐点搅拌，见图 7-13。

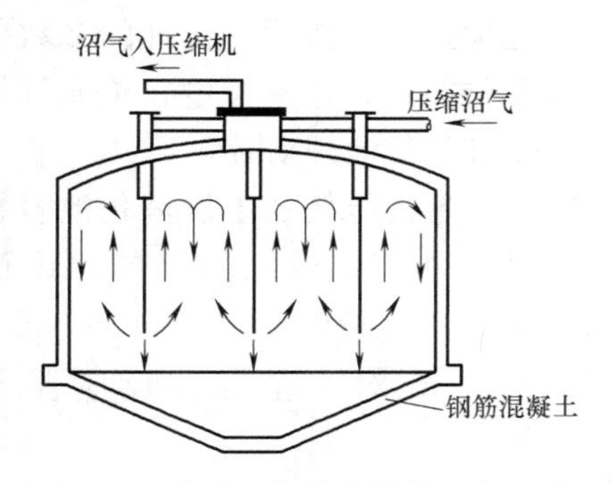

图 7-12 多路曝气管式搅拌（气通式）

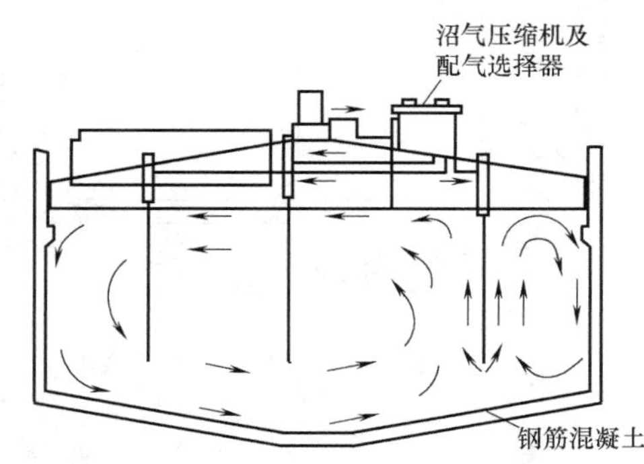

图 7-13 多路曝气管式搅拌（气通式带配气选择器）

气体扩散式搅拌，见图 7-14，供气量按平均 0.8m^3/(m^2・h) 或 10～20m^3/(m 圆周长・h) 计算。

沼气搅拌用的压缩机功率，可按 5～8W/m^3池或按速度梯度 50～80s^{-1}计算。

泵搅拌，即用泵将消化池底的污泥抽出，加压后送至浮渣表面或池中不同部位，进行循环搅拌。泵搅拌常与投加新鲜污泥、污泥池外加热合并进行，适用于小型消化池或作为其他搅拌方式的补充方法。

机械搅拌，通常在导流筒中安装螺旋桨式搅拌机，见图 7-15。当桨旋转时，能不断将管内污泥提升到泥面，形成污泥循环。

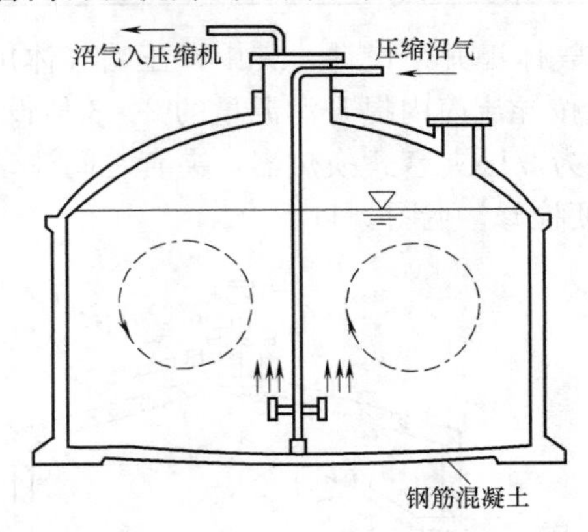

图 7-14　气体扩散式

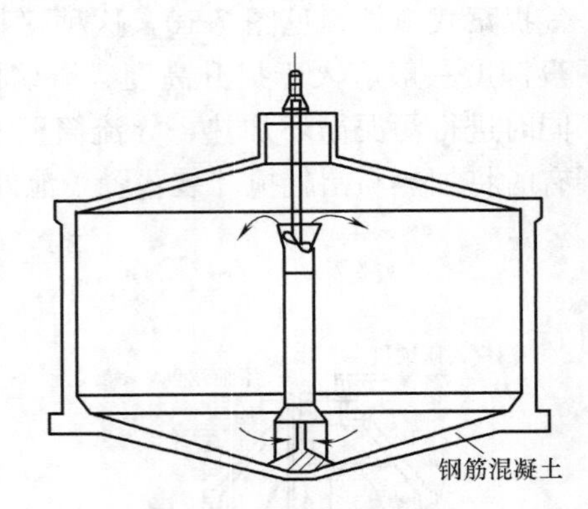

图 7-15　螺旋桨式搅拌机

喷射泵式搅拌，如图 7-16 所示。在 15～20m 水头下，将污泥压入直径 50mm 的喷嘴，产生负压吸泥。压入的污泥量与吸入的污泥量之比为 1：(3～5)；混合室浸入泥面下 0.2～0.3m。喉管长度采用 0.3m，扩散室圆锥角采用 8°～15°，喷口倾角采用 20°。当池直径大于 10m 时，应设 2 个以上喷射器。

联合搅拌，即将上述各种方法配合使用，互为备用或补充。

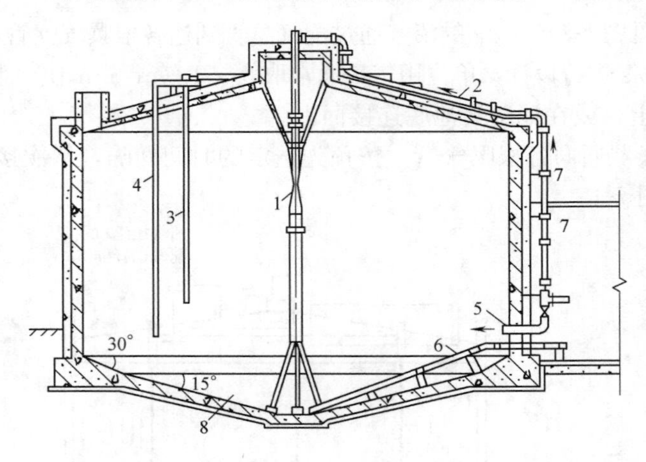

图 7-16　喷射泵式搅拌机

1—水射器；2—生污泥进泥管；3—蒸汽管；4—污泥气管；5—中位管；6—熟污泥排泥管；7—水平支架；8—消化池

(2) 设计计算

不同的搅拌方式有着不同的优缺点。搅拌方式选择的主要依据是成本、维护要求、构筑物形式、进料的粗砂和浮渣含量等。确定消化池搅拌系统规模，设计的参数包括单位能耗、速率梯度、单元气体流量和消化池翻动时间等。

单位能耗是单位消化池容积的动力功率，单位能耗的建议值为 5.2 ～ 40W/m^3。经过试验，40W/m^3对完全混合反应器是足够的。

坎伯（Camp）和史泰因

(Stein) 发表了以速度梯度为指标衡量混合程度，如式 (7-18)、式 (7-19) 所示：

$$G=(W/\mu)^{1/2} \tag{7-18}$$

式中 G——速度梯度的平方根，s^{-1}；

W——单位池容消耗的能量，Pa · s；

μ——绝对黏度，Pa · s（水 35℃时为 720Pa · s）。

$$W=E/V \tag{7-19}$$

式中 E——能量；

V——池容积，m^3。

$$E=2.40P_1Q\ln P_2/P_1 \tag{7-20}$$

式中 Q——气体流量，m^3/s；

P_1——液体表面绝对压力，Pa；

P_2——气体注入深度绝对压力，Pa。

这些公式可以计算必要的能量需求、压缩机气流流量和注气系统的动力度、污泥浓度、有机物浓度的函数。温度升高，黏度下降；污泥浓度增加，VS 增加 3%以上，黏度才会增加。速度梯度平方根的典型值为 $50\sim80s^{-1}$。

单位气体流量 f 与速度梯度平方根 G 之间的关系可用式 (7-21) 表示：

$$\frac{Q}{V}=\frac{\mu G^2}{P_1}\times\ln\left(\frac{P_2}{P_1}\right) \tag{7-21}$$

对免提升系统气流量池容积的建议值是 $76\sim83mL/m^3$，吸管式系统的建议值是 $80\sim120mL/m^3$。

翻动时间是消化池容积除以气管内气体流速。这一概念一般仅用于通气管气体和机械泵送循环系统。典型的消化池翻动周期为 20～30min。

机械搅拌经常采用的有螺旋桨式搅拌机和喷射泵式搅拌机。

螺旋桨式搅拌机设备的计算公式见表 7-13。

螺旋桨式搅拌机计算公式 **表 7-13**

名　称	公　式	符号说明
螺旋桨搅拌的污泥量	$q=\frac{mV_0}{3600t}(m^3/s)$	V_0——每座消化池的有效容积，m^3； m——设备安全系数，1～3； t——搅拌一次所需时间，一般取 2～5h
污泥流经螺旋桨的速度	$v_0=q/F_0(m/s)$ $F_0=F(1-\eta^2)(m^2)$ $F=\pi d^2/4(m^2)$	F——螺旋桨有效面积，m^2； d——螺旋桨直径，m，通常 $d=D-0.1$，D 为中心管直径，m； η^2——螺旋桨叶片所占断面积系数，一般采用 0.25
螺旋桨转速	$n=\frac{v_0\times60}{h\times\cos^2\varphi}(r/min)$ $h=\pi d\tan\varphi(m)$	h——螺旋桨的螺距，m； φ——螺旋桨叶片的倾斜角，一般采用 8°15′
螺旋桨所需功率	$N=\frac{qH}{102\eta}(kW)$	H——螺旋桨扬程克服惯性力与水力阻抗所需水头，m，可采用 1.0m； η——搅拌机效率，取 0.8
中心管的计算	$D=\sqrt{4q/\pi c}(m)$	c——中心管流速，m/s，一般取 0.3～0.4m/s

注：当计算所得螺旋浆直径>1000mm 时，可以考虑用多个螺旋桨。

5. 加热与保温系统

(1) 加热方式

为使污泥的厌氧生物处理系统经常维持设定温度，以保证消化的过程，必须对消化池进行加热。加热方式分池内加热和池外加热两类。

池内加热系统是热量直接通入消化池内，对污泥进行加热，有热水循环和蒸汽直接加热两种方法，见图 7-17。前一种方法的缺点是热效率较低，循环热水管外侧易结泥壳，使热传递效率进一步降低；后一种方法热传递效率较高，但能使污泥的含水率升高，增大污泥量。两种方法一般均需保持良好的混合搅拌。

池外加热系统是指将污泥在池外进行加热，有生污泥预热和循环加热两种方法，见图 7-18。前者系用泵将生污泥循环至水浴加热换热器，在预热池内首先加热到所设定的温度，再进入消化池；通过泵送热水进出预热池可以提高换热效率，外部热交换器使用循环泵，使物料在进入消化池之前被加热，但这种加热并不充分。后者系将池内污泥抽出，加热至要求的温度后再打回池内。

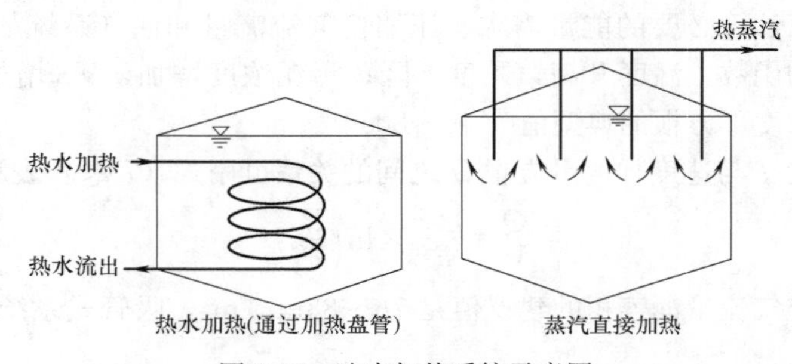

图 7-17 池内加热系统示意图

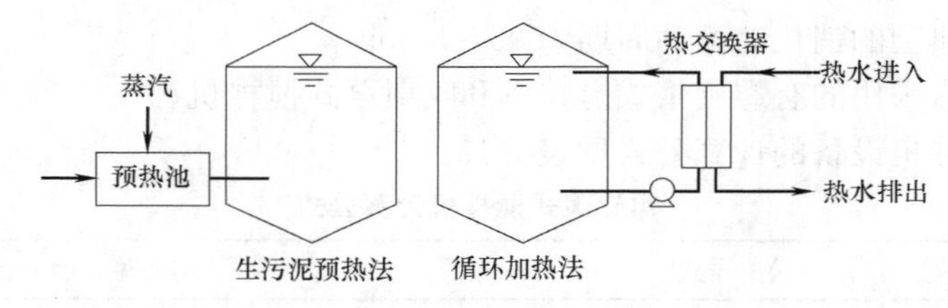

图 7-18 池外加热系统示意图

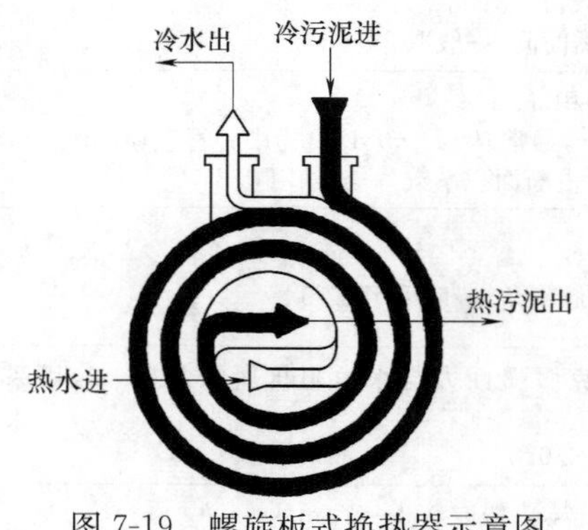

图 7-19 螺旋板式换热器示意图

循环加热方法采用的热交换器有三种：套管式、管壳式、螺旋板式。前两种为常见的形式，套管式换热器由两根同心管组成，一条为生物污泥，另一条为热水，两层流体逆向流动，但因有 360°转弯，易堵塞；螺旋板式系近年来出现的新型热交换器，由两根长条形板相互包裹形成两个同轴通道，螺旋板式换热器的流程也是逆向流，内层板最大可能地易于清洗和防止堵塞，尤其适于污泥处理，其结构形式见图 7-19。为防止结块，水温应保持在 68℃以下。

因水蒸发为蒸汽也消耗热量，所以在工程上可不考虑。

(2) 提高新鲜污泥温度的耗热量

为把消化池的新鲜污泥全日连续加热到所需的温度，每小时的耗热量为：

$$Q_1=\frac{V'}{24}(T_D-T_s)\times 1163 \tag{7-22}$$

式中 Q_1——新鲜污泥的温度升高到消化温度的耗热量，W；

V'——每日投入消化池的新鲜污泥量，m^3/d；

T_D——消化温度,℃；

T_s——新鲜污泥原有温度,℃。

当 T_s采用全年平均污水温度时，计算所得 Q_1为全年平均耗热量。

当 T_s采用日平均最低的污水温度时，计算所得 Q_1为最大的耗热量。

(3) 池体的耗热量

消化池散失的耗热量，取决于消化池结构材料和池型。不同的结构材料有不同的传热系数。从减少散热损失考虑，最经济的消化池形式，是直径与深度相等的圆柱形池体。

消化池池体散热损失的耗热量，表示为：

$$Q_2=\sum(FK)(T_D-T_A)\times 1.4 \tag{7-23}$$

式中 Q_2——池子向外界散发的热量，即池体耗热量，W；

F——池盖、池壁及池底的散热面积，m^2；

K——池盖、池壁、池底的传热系数，$W/(m^2\cdot ℃)$；

T_A——池外介质温度（空气或土壤),℃。

当池外介质为大气时，计算全年平均耗热量，需按全年平均气温计算。

当计算最大耗热量时，可参考《工业建筑供暖通风与空气调节设计规范》GB 50019—2015 按历年平均每年不保证 5d 的日平均温度作为冬季室外计算温度。

K 值按式 (7-24) 计算：

$$K=\frac{1}{\frac{1}{\alpha_1}+\sum\frac{\delta}{\lambda}+\frac{1}{\alpha_2}} \tag{7-24}$$

式中 α_1——内表面热转移系数，污泥传到钢筋混凝土池壁为 $350W/(m^2\cdot ℃)$，气体传到钢筋混凝土池壁为 $8.7W/(m^2\cdot ℃)$；

α_2——外表面热转移系数，即池壁至介质的热转移系数，介质为空气时，$\alpha_2=3.5\sim 9.3W/(m^2\cdot ℃)$，介质为土壤时，$\alpha_2=0.6\sim 1.7W/(m^2\cdot ℃)$；

δ——池体各部结构层、保温层厚度，m；

λ——池体各部结构层、保温层导热系数，混凝土或钢筋混凝土池壁的 λ 值为 $1.55W/(m^2\cdot ℃)$。其他类型的保温层 λ 值详见《给排水设计手册》(第 5 册)。

(4) 加热管、热交换器等散发的热量

加热管、热交换器等散发的耗热量计算如下：

$$Q_3=\sum(FK)(T_m-T_A)\times 1.4 \tag{7-25}$$

式中 Q_3——加热管、蒸汽管、热交换器等向外界散发的热量，W；

K——加热管、蒸汽管、热交换器等的传热系数，$W/(m^2\cdot ℃)$；

F——加热管、蒸汽管、热交换器等表面积，m^2；

T_m——锅炉出口和入口的热水温度平均值，或锅炉出口和池子入口蒸汽温度的平均值，℃。

当计算消化池加热管的全长、热交换器套管的全长及蒸汽吹入量时，其最大耗热量按下列条件考虑：

$$Q_{max}=Q_{1max}+Q_{2max}+\cdots\cdots \tag{7-26}$$

（5）污泥加热方法的计算

1）池外加热法

池外加热时，一般采用热交换器补充热量。通过实际应用，对于套管式泥水热交换、螺旋板换热器，一般内管采用不锈钢管，外管采用铸铁管。污泥在内管流动，流速一般采用1.5～2.0m/s。热水在内外两层套管中与内管污泥向相反的方向流动，热水流速一般采用1.1～1.5m/s。这种方法设备费用较高，但因污泥与热水都是强制循环，传热系数较高。由于设备置于池外，清扫和修理比较容易。

套管的长度计算如下：

$$L=\frac{Q_{max}}{\pi DK\Delta T_m}\times 1.4 \tag{7-27}$$

式中 L——套管的总长，m；

Q_{max}——污泥消化池最大的耗热量，W；

D——内管的外径，m；

K——传热系数，约698W/(m^2·℃)。

ΔT_m——平均温差的对数，℃。

K值也可以按下式计算：

$$K=\frac{1}{\frac{1}{\alpha_1}+\frac{1}{\alpha_2}+\frac{\delta_1}{\lambda_1}+\frac{\delta_2}{\lambda_2}} \tag{7-28}$$

式中 α_1——加热体至管壁的热转移系数，一般可选用3373W/(m^2·℃)；

α_2——管壁至被加热体的热转移系数，一般可选用5466W/(m^2·℃)；

δ_1——管壁厚度，m；

δ_2——水垢厚度，m；

λ_1——管子的导热系数，W/(m^2·℃)，钢管为45～58 W/(m^2·℃)；一般选用平均值；

λ_2——水垢的导热系数，W/(m^2·℃)，一般选用2.3～3.5W/(m^2·℃)；当计算新换热器时，δ_2/λ_2可不计，而对该式乘以0.6，进行修正。

ΔT_m可由下式计算：

$$T_m=\frac{\Delta T_1-\Delta T_2}{\ln\frac{\Delta T_1}{\Delta T_2}} \tag{7-29}$$

式中 ΔT_1——热交换器入口的污泥温度（T_s）和出口的热水温度（T'_w）之差，℃；

ΔT_2——热交换器出口的污泥温度（T'_s）和入口的热水温度（T_w）之差，℃。

如果污泥循环量为Q_S（m^3/h），热水循环量为Q_w（m^3/h），T'_s和T'_w可按式（7-30）、

式（7-31）计算。

$$T'_s = T_s + \frac{Q_{max}}{Q_s \times 1000} \tag{7-30}$$

$$T'_w = T_w + \frac{Q_{max}}{Q_w \times 1000} \tag{7-31}$$

式中　T_w——一般采用60～90℃。

所需热水量Q_w为全日供热时，可按式（7-32）计算：

$$Q_w = \frac{Q_{max}}{(T_w - T'_w) \times 1000} \tag{7-32}$$

式中　Q_w——所需热水量，m^3/h；

$(T_w - T'_w)$——一般采用10℃左右。

2）直接注入蒸汽的方法

直接往污泥中注入高温蒸汽的方法，设备投资省、操作简单。由于能够充分利用汽化热和冷凝水的热量，所以热效率较高。局部污泥虽有过热现象，会使厌气菌暂时受到抑制，但以后繁殖很快，能立即恢复代谢作用，尚未发现危害。由于增加了冷凝水，消化池的容积一般需增加5%～7%。蒸汽锅炉的用水需随时补充软化水。

注入的蒸汽量按式（7-33）计算：

$$G = \frac{Q_{max}}{I - I_D} \tag{7-33}$$

式中　G——蒸汽量，kg/h；

Q_{max}——污泥消化池最大耗热量，kJ/h；

I——饱和蒸汽的含热量，kJ/kg，见表7-14；

I_D——消化温度的污泥含热量，kJ/kg，其数值可与污泥温度相同。

饱和蒸汽的含热量　　**表7-14**

温度（℃）	绝对压力（kPa）	含热量（kJ/kg）
100	103.3	2674.7
110	146.1	2690.2
120	202.5	2705.2
130	275.4	2719.5
140	368.5	2733.3
150	485.4	2745.8
160	630.2	2757.6
170	807.6	2763.8
180	1022.4	2777.7
190	1279.9	2786.0
200	1585.6	2792.7

注：1cal=4.18J。

用蒸汽直接加热时，其蒸汽管道在伸入污泥前应设止回阀，防止污泥倒流入蒸汽管道内。

（6）锅炉供热设备的选用及热量输送

1）当选用热水锅炉时，锅炉的加热面积按式（7-34）计算：

$$F=(1.28\sim1.40)\frac{Q_{max}}{E} \tag{7-34}$$

式中 F——锅炉的加热面积，m^2；

Q_{max}——最大耗热量，包括提高新鲜污泥温度的耗热量，池体的耗热量，加热管、热交换器等散发的热量等，W；

E——锅炉加热面的发热强度，W/m^2，根据锅炉样本采用；

1.28～1.40——热水供应系统的热损失系数，对于下行式系统，配水和回水干管敷设在管沟内时，采用1.28；敷设在不供暖的地下室时，采用1.40。对于上行式系统，回水干管敷设在管沟内时，采用1.34；敷设在不供暖的地下室时，采用1.40。

当实际设计时，往往可以根据制备热量，再乘以热水供应系统的热损失系数，通过计算，直接从样本中选用锅炉，而不必计算出 F 值。

2）当选用蒸汽锅炉时，锅炉容量可按式（7-35）计算：

$$G_1=\frac{G(I-I_1)}{l} \tag{7-35}$$

式中 G_1——锅炉容量（即蒸发量），kg/h；

I——饱和蒸汽的含热量，kJ/kg；

I_1——锅炉给水的含热量，kJ/kg，其数值可与给水的温度相同；

l——常压时100℃的水汽化热，2256J/kg；

G——实际蒸发量，kg/h。

G 可按式（7-36）计算：

$$G=\frac{Q_{max}}{I_2}\times(1.4\sim1.5) \tag{7-36}$$

式中 Q_{max}——热量，W/h；

I_2——常压时锅炉产生蒸汽的含热量，kJ/kg。

锅炉台数宜在2台以上，以免发生故障或定期检查时完全停止供热。

锅炉的燃烧、温度、给水等操作，有条件时最好能自动控制。

锅炉房的工艺布置、结构要求，应按有关技术规定设计，并应尽量设在消化池附近。但必须保持防火、防爆距离。

锅炉用水，应根据水质情况，设置软化装置。

在蒸汽管道中，为了不使分离出的冷凝水倒流，蒸汽管道应按与蒸汽流动方向相同的坡度安装。管内的压力也可用来输送冷凝水，沿管道应设排除冷凝水的措施。

加热管由于温度升高，发生热膨胀，引起管道收缩或偏心，应设置伸缩管。

当锅炉停止工作时，蒸汽管内出现负压，污泥会倒流入管内，应设置真空破坏阀。

（7）保温措施

为了减少消化池、热交换器及热力管道外表面的热损失，一般均应敷设保温结构。

消化池的池盖、池壁、池底的主体结构，一般均为钢筋混凝土，热交换器等为钢板制品。保温层一般均设在主体结构层的外侧，保温层外设有保护层，组成保温结构。

凡是导热系数小、密度较小、吸水性小并具有一定机械强度和耐热能力的材料，一般均可作为保温材料，常用的有泡沫混凝土、膨胀珍珠岩等。最近采用聚苯乙烯泡沫塑料、聚氨酯泡沫塑料等保温材料。

消化池保温结构，采用两种以上的保温材料时，其传热系数应按之前列出的公式计算。

保温结构的总厚度，应使热损失不超过允许数值。$K \leqslant 1.16\mathrm{W/(m^2 \cdot ℃)}$，说明保温良好。

6. 药剂投配系统

碱度、pH、硫化物以及重金属浓度的变化需投药进行调节，投加的药剂有碳酸氢钠、氯化铁、硫酸铁、石灰和明矾等。尽管加药泵和其他加药设备在开始阶段可以不安装，但需预留管嘴和空法兰等接口。

消化池加药系统，理想的做法是整个污水处理厂加药系统的设备放置在一起。这便于设备安装的优化组合，因为消化池加药系统不需要每天使用。

配备加药有两种主要原因：pH/碱度控制和抑制物/毒性物质控制。碳酸氢钠、碳酸钠、石灰是常用的碱。氯化铁、硫酸铁和铝盐可用于抑制物质的沉淀或共聚物以及控制消化气中的硫化氢含量。

化学加药设施包括交通工具、卸载和贮存设备、溶解和稀释设备、计量和传输设备。卸载设备可用磅秤、水龙带、大漏斗、斜槽、空气压缩或真空泵、卸料泵等。溶解和稀释成使用浓度是由流量调节设备来完成的。该设备能保持按操作人员给定的化学药剂与用水量的比例进行调配。化学计量是最易实现的操作，使用计量泵将贮存的药剂以恒定速度输送实现计量。依据预期的沉淀反应动力学和消化池设备的效率，为高效使用化学药剂，必要时需附加搅拌。

7.3.2 沼气系统设计

1. 集气罩

消化池顶罩用以收集气体，减少臭气，保持内部恒温，维持厌氧条件。还可支撑搅拌设备，深入水池内部。传统有固定罩和浮动罩两种顶盖。

消化池固定罩及其附属物如图 7-20 所示。它们由钢筋混凝土或钢制成扁平状或穹顶状。钢筋混凝土顶罩一般内衬 PVC 或钢板便于贮存气体。固定罩的问题是引入空气会形成爆炸性气体，或在池内形成正压或负压。

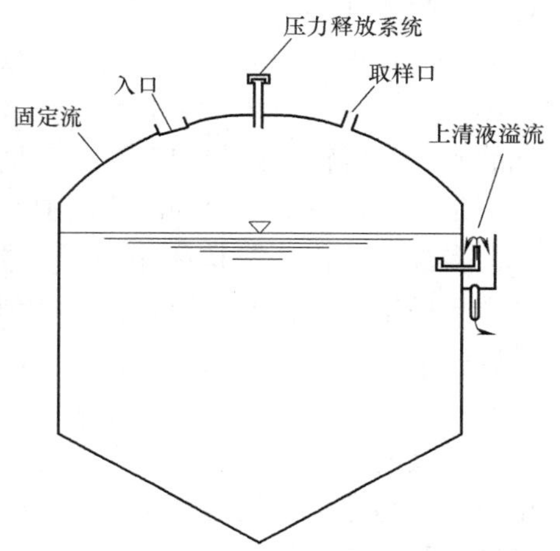

图 7-20 固定式消化池顶盖

浮动罩可以分成两类：停留于液体表面和停留于壁边缘浮于气体之上的。套式浮动罩如图 7-21所示，在液相表面占用较大的面积便于气体收集。浮力作用于罩子外边缘使之成为一个浮筒。下降式浮动罩通过增加罩与液相表面的接触从而减少液相上方的占用空间。附加的重物用于增加顶罩的浮力抵消气压或平衡罩子上安装设备造成的荷载。浮动罩普遍使用在一级消化池，它使进料和排放操作分开，将浮渣压入液相，使之控制方便。浮动罩的缺点是泡沫严重时会产生倾斜。

集气罩式顶盖能增加气体贮存空间，气体贮存空间允许产气量和污水处理厂使用负荷的变化。集气罩式顶盖是经改进的浮动罩，它浮于气相而不是液相。改进措施增加边缘有利于贮存沼气，增加特别的导引系统使罩子稳定地浮于气相上。这种式样的顶盖在设计时须考虑侧面风荷载和由此导致的侧向力。

近来发展的集气罩式顶盖是膜式盖。这种盖由中央小型集气穹顶支撑结构和弹性气膜组成。鼓气系统通过给两膜之间空隙打入空气来改变贮气空隙的体积。随着产气体积的增加，通过空气释放使空气体积减小；随着产气量的减少，通过鼓风机向空隙补充空气。

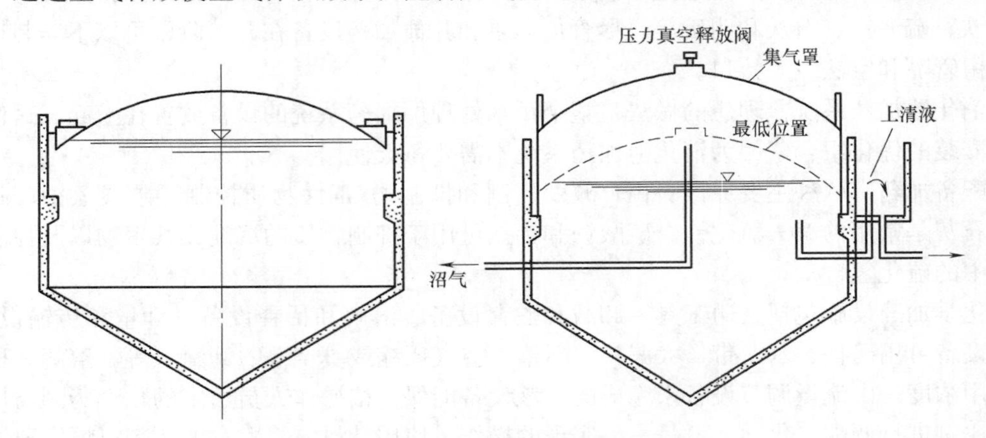

图 7-21　套式浮动罩消化池顶盖

2. 产气收集输送系统

污泥厌氧消化产生的沼气既可以用来使用，也可以用来燃烧以避免产生气味。由于沼气通过污泥产生，因此气体是在消化反应器液面上方得到收集，并且释放的。沼气可以由管道输送即刻进行设备的供电或加热，也可以由储气装置储存以备后用，或直接通入废气燃烧炉作为废气燃烧掉。

沼气的收集和传输系统必须维持在正压条件下，以防止由于不小心混入周围的空气而发生爆炸。当空气与消化气的混合气含有 5%～20%的甲烷浓度时即会有爆炸的可能性。沼气的储存、运输及阀门的布置应满足下面的设计要求：即当消化污泥的体积改变时，沼气（不是空气）应被抽回到消化池中而不是被其他气体所替代。

大多数的消化系统是在小于 3.5kPa 的压力下运行的，同时压力应以毫米水柱来表示。由于操作压力较低，沿程损失，泄压阀装置的设计及控制设备易于维护都应受到重视。这些都是确保系统正常运转应注意的设计要点。

(1) 气体管线系统

由厌氧消化反应器出来的集气总管的直径一般最小为 65mm，而消化气进口处应高于消化池上部污泥浮渣层最高液面高度至少 1.2m。考虑到减少固体颗粒及泡沫进入集气管路，这段距离应适当放大。对于较大的沼气收集系统，集气管的直径应为 200mm 或更大。消化池应按总产气量来确定排气管的大小，这是因为当气体混合系统启动时，总气量为设计最高月产气量与循环气量之和。

集气管的坡降为20mm/m且输送浓缩气体的管道坡降不得小于10mm/m。消化池管路中气体的最大流速限制在3.4～3.5m/s左右，保持这么低的流速是为了使管路压力损失适当，防止携带存水弯处产生的湿气对仪表、阀门、压缩机、电动机和其他设备产生腐蚀作用。为防止由于不恰当的安装、内部压力及地震所造成的破坏作用，应确保有足够的管路支撑设施。管路与设备之间应有柔性接头。

（2）气体储存

厌氧消化过程的产气量是波动的。因此，当沼气用作污水处理厂运行的燃料时，为满足气体供需平衡，气体储存装置是必备的。储存设施的容量是可调的，这样可以为使用气体的设备提供恒定的气压。

储气的能力应为至少25%～33%的日产气量，混合气体利用系统的储存容量应更大。

通常使用的储气池形式有两种：重力式和压力式。

重力式储气池为低压，集气罩为浮动式。集气罩完全浮在所产生的气体上，这种为可变容积、恒压的池子。导轨及正向挡板与顶盖和集气罩成为一体，目的是使阻力尽可能小，以及保证罩子向上运动时的限位。

压力式储气池通常为球形，内部气压一般在140～700kN/m^{2}之间，平均压力在140～350kN/m^{2}之间。气体可由一台靠消化气体运转的压缩机打入压力储气池。

由于气体管道及设备容易在地震中受损，设计时需考虑为每一个储气池提供一个地震震动关闭阀。这些阀门在预定的侧向加速作用下自动关闭，并必须由人工重新开启（在检查完集气系统之后）。

7.4　污泥厌氧消化案例

7.4.1　厌氧消化池池型

污泥厌氧消化池按筒体形式分为坡底圆柱形、锥底圆柱形、卵形等。

兰州市七里河、安宁污水处理厂工程污泥消化采用卵形单级厌氧中温消化工艺，污泥温度为33～35℃。

7.4.2　卵形厌氧消化池设计

1. 消化时间和挥发性固体容积负荷（L_{VS}）

厌氧消化池的有效容积应根据消化时间和挥发性固体容积负荷（L_{VS}）确定。

消化时间宜采用20～30d。消化池挥发性固体容积负荷（L_{VS}）一单位时间内对单位消化池容积供给的生污泥挥发性干固体重量［kgVSS/(m^3·d)］。即：

$$L_{VS}=\frac{\text{每日投入的生污泥中挥发性干固体的重量(kgVSS/d)}}{\text{消化池总有效容积(m}^3\text{)}} \tag{7-37}$$

生污泥含水率P=96%～97%时，挥发性固体容积负荷宜为0.6～1.5kgVSS/(m^3·d)；

生污泥含水率P=94%～95%时，挥发性固体容积负荷不大于2.3kgVSS/(m^3·d)。

采用浓缩池浓缩后的污泥，其含水率在96%～97%之间。当消化时间在20～30d时，消化池的挥发性固体容积负荷L_{VS}=0.6～1.5kgVSS/(m^3·d)。

本工程卵形消化池内污泥消化温度35℃，消化时间18d，污泥投配率5.6%，挥发性固体容积负荷2.3kgVSS/(m^3·d)。单个消化池有效容积8000m^3，总容积16000m^3。

2. 消化池搅拌

消化污泥搅拌采用池内机械搅拌。搅拌可以连续，也可以间歇运行，每日将全池污泥搅拌（循环）的次数不宜少于3次。间歇搅拌时，每次搅拌的时间不宜大于循环周期的一半（或三分之一）。

即： $$T \leqslant 24/n(n \geqslant 3) \tag{7-38}$$

连续搅拌时： $$Q \geqslant V/T \tag{7-39}$$

间歇搅拌时： $$Q \geqslant V/(0.5 \times T) \tag{7-40}$$

式中 n——每日搅拌（循环）的次数；

T——搅拌（循环）周期，h；

V——每座消化池容积，m^3；

Q——每座消化池搅拌（循环）流量，m^3/h。

本工程卵形污泥消化池内设机械搅拌机，搅拌容量3600m^3/h，搅拌一次2.2h，搅拌功率23kW。

3. 甲烷产量

厌氧消化的最终产物是沼气（甲烷和二氧化碳）。消化产生的沼气可用于沼气锅炉、沼气发电、沼气鼓风机等。

甲烷产量计算公式：

$$V = 0.35[1000(S_0 - S)Q - 1.42P_x] \tag{7-41}$$

式中 V——在标准条件下（0℃和1atm）产生的甲烷体积，$m^3 \cdot d$；

0.35——在0℃时，转化1kgBOD产生的甲烷量（m^3）的理论换算系数（在35℃时换算系数为0.40）；

Q——流量，m^3/d；

S_0——进入的BOD，mg/L；

S——流出的BOD，mg/L；

P_x——每日产生的净细胞组织质量，kg/d。

本工程产气量0.9m^3/kgVSS·d。

7.4.3 卵形消化池及消化控制室设计参数

1. 卵形消化池

本工程污泥机械浓缩后湿污泥量891m^3/d，污泥含水率94.5%，污泥干固体49000kg/d，其中挥发性干固体36750kgVSS/d，消化污泥有机物分解率40%，消化污泥挥发性干固体22050kgVSS/d，池内挥发性固体容积负荷2.3kgVSS/(m^3·d)。卵形消化池为钢制，16MnR制作，共2座，单座最大直径23m，高度35.2m，有效容积8000m^3。池内设机械搅拌机（斯特林），型号为MFS6，搅拌容量3600m^3/h，搅拌功率23kW。导流筒直径700mm，高度28m。

2. 卵形消化池进泥、排泥系统

卵形消化池进泥由污泥设施间浓缩污泥泵提升至池顶，浓缩污泥泵（NETZSCH）共设置3台，型号为XLB-1，单台流量70m^3/h，压力0.6MPa，N=7.5kW，工作时间6.4h。进泥管池顶进泥，管径为DN200。

为防止池内排泥引起液位变化以致沼气泄漏、压力变化太大形成负压，在池顶设有中部消化污泥套筒阀和底部消化污泥套筒阀，消化污泥由顶部溢流排泥。套筒阀管径为 *DN*200。

3. 卵形消化池污泥搅拌系统

卵形消化池内设导流管式机械搅拌机（斯特林），型号为 MFS6，搅拌容量 $3600m^3/h$，搅拌一次 2.2h，搅拌功率 23kW。导流筒直径 700mm，高度 28m。

4. 卵形消化池污泥循环系统

当卵形消化池污泥温度低于设定温度，分别由卵形消化池中部和底部抽出污泥进行加热循环：循环污泥泵将污泥送至污泥热交换器加热，然后从卵形消化池顶部进入池内。循环污泥管管径为 *DN*200。

循环污泥泵（NETZSCH）设置 4 台，型号为 XLB-4，单台流量 $210m^3/h$，扬程 30m，N=7.5kW，工作时间 6.4h。

为避免污泥固结，循环污泥泵进泥前设管道式污泥切碎机（NETZSCH）2 台，型号为 Inliner6000，N=3.0kW。

5. 卵形消化池污泥加热系统

污泥热交换器 2 台，型号为 KSH-1HK，传热面积 $50m^2$。

6. 卵形消化池浮渣排出系统

浮渣排出为溢流排渣，上清液排出也为套筒阀溢流排出，管径 *DN*200，排渣管径为 *DN*250。

7. 卵形消化池消泡系统

卵形消化池开始运行后，液面将积聚大量泡沫，泡沫的消除方法有两种：一是顶部环向设穿孔管用压力水消泡；二是当泡沫较多使用消泡剂消泡。

8. 卵形消化池沼气收集及安全系统

由于沼气泄漏容易引起爆炸，出于安全考虑，为防止用气设备回火引起着火爆炸，沼气收集管上设阻火器及安全阀。

9. 消化控制室

消化控制室设置污泥管道式切碎机、循环污泥泵、污泥热交换器等设备。管道式污泥切碎机（NETZSCH）2 台，型号为 Inliner 6000，N = 3.0kW。循环污泥泵（NETZSCH）设置 4 台，型号为 XLB-4，单台流量 $210m^3/h$，扬程 30m，N=7.4kW，工作时间 6.4h。

7.4.4 厌氧消化的影响因素

污泥厌氧消化过程选择时最重要的因素是固体停留时间、水力停留时间、温度。温度是消化过程中一个极其重要的参数。不同微生物的特定生长速率与温度有关，最小污泥停留时间与特定生长速率有关，所以最小污泥停留时间也会受温度的影响。

甲烷菌对温度的适应性很差，根据其生存的适宜温度范围，甲烷菌可分为两类，即中温甲烷菌（适宜温度 30～36℃）和高温甲烷菌（适宜温度 50～53℃）。当温度超出适宜温度范围时，厌氧消化反应速率则急剧下降。

对消化工艺中嗜温菌来说，最佳的温度范围为 30～36℃，通常认为 35℃是最佳温度。温度的变化对消化罐内不同微生物的影响不同，很小的温度变化可以明显地降低产甲烷菌的活性，而对产酸菌的影响不明显。如果产酸菌的产酸速率比产甲烷菌转化挥发酸的速率快，就会发生工艺紊乱。

虽然选择设计运行温度是重要的，但保持稳定的运行温度更为重要，建议温度控制在35±1℃。因为细菌，特别是产生甲烷的细菌，对温度变化是敏感的，通常温度变化大于1℃/d就影响过程效能。

7.4.5 污泥消化过程控制参数

控制厌氧消化过程的主要因素是碱度，其次是搅拌和混合状况。

1. pH和碱度

pH对水解、产酸和产甲烷反应速率具有较大的影响。产甲烷细菌对pH的适应性很差，pH在6.8～7.2时，产甲烷反应速率最大。当pH低于6.8或高于7.2时，产甲烷反应速率下降，而pH低于6.6或高于7.6时，速率下降更快。产酸反应对pH的下降不如产甲烷反应敏感，会以原来的速率继续产酸，由此，挥发酸的浓度将会上升，pH会再度下降，产甲烷反应会进一步受到抑制。随着pH的持续下降，这种抑制将导致反应进一步不平衡。

当消化反应顺利进行时，碱度通常保持在2000～5000mg/L，挥发酸浓度通常在50～250mg/L（以乙酸计）。挥发酸（用乙酸表示）和碱度（以$CaCO_3$计）的比率通常用来反映消化罐内酸浓度和缓冲量之间的关系。如果比率为0.4或更低，消化罐内则有充足的缓冲能力中和存在的酸；高于0.4说明反应不平衡，应该增加碱度，应投加碳酸氢钠（$NaHCO_3$）、氧化钙（CaO）、碳酸钠（Na_2CO_3）、氢氧化钠（NaOH）和氨（NH_3），石灰、苛性钠和氨、消化罐内的二氧化碳反应生成碳酸氢盐也可以使碱度增加。

在消化池中消耗碱度的是二氧化碳，而不是通常认为的挥发性脂肪酸。二氧化碳产生于消化过程的发酵和产甲烷阶段。由于消化池内的气体分压使二氧化碳液化，形成碳酸而消耗碱度。因此消化池气体中二氧化碳的浓度反映碱度需要量。补充碱度的办法是可以投加碳酸氢钠、石灰或碳酸钠。

2. 搅拌和混合状况

厌氧消化过程是通过细菌体的内酶和外酶与有机底物的接触反应完成的，因此为保证厌氧消化过程的顺利进行，必须采用一定的措施使两者充分混合接触。混合均匀可以防止形成浮渣层、防止砂粒沉积、防止水流短路，保持罐内温度一致以及配料的均匀。

7.4.6 控制污泥消化过程参数

1. 挥发性固体削减到所需量和所需要的时间

虽达到产甲烷反应和充分的水解反应所需的最小停留时间，但不能确保生化反应进行到所需要的程度。较高的挥发性固体负荷可能需要更多的时间被充分地消化。因为没有固体循环，污泥停留时间等于水解停留时间。因此，消化罐内污泥实际泥位必须保持高于最低泥位，进料污泥浓度必须保持高于污泥停留时间所需的最小浓度。

2. 挥发性固体负荷

剩余活性污泥中的挥发性固体是细菌生长的食物来源。规律性地以小水量进料或者以小流量连续进料，可以保持厌氧消化罐内的微生物具有很高的活性。如果在一个较短的时间段内向消化罐投加过多的污泥，产酸反应将变为主要反应，挥发酸增加，下降，造成不利于产甲烷反应的环境，将导致消化工艺紊乱，消化不完全。由于投加过多的污泥，被降解的有机物的量增加，氨浓度也会上升。为了防止升高到致毒氨浓度，必须限定挥发性有机负荷。

3. 营养与碳氮比（C/N）

在厌氧消化过程中，细菌生长所需的营养由污泥提供。厌氧消化所需的碳源担负着双重任务，其一是作为反应过程的能源，其二是合成新细胞。合成细胞所需的 C/N 约为 5∶1，此外还要考虑作为能源的碳，因此适宜的 C/N 应为（10～20）∶1。如 C/N 太高，合成细胞的氮量不足，消化液的缓冲能力低，pH 降低，抑制消化过程；如 C/N 太低，氮量过多，pH 升高，铵盐容易积累，也会抑制消化过程。

4. 挥发性固体

挥发性固体的削减取决于被消化物质的特性。初沉污泥既含有易生物降解的有机物，也含有难降解的有机物；二沉池污泥较难降解，缘于二级处理中污泥具有稳定性。当二级处理系统中的稳定程度增加（也就是较长的污泥龄、较低的污泥负荷和较低的呼吸速率），消化罐内多余的挥发性固体被削减的潜力则降低。典型的市政污水厌氧消化可以削减 40％的剩余活性污泥和 60％的初沉污泥。对于初沉和二沉池污泥的混合污泥，消化罐的削减量是 50％ 。

5. 气体的产生

沼气产量通常在 0.75～1.10m^3/kg，理想的沼气产量为 0.93m^3/kg。如果污泥停留时间大于最小的水解和产甲烷反应的污泥停留时间，通常产气率不决定污泥停留时间。沼气的成分也因物料性质的不同而不同。典型的甲烷体积含量为 65％～75％，二氧化碳体积含量为 25％～35％，H_2 和 H_2S 的体积含量为 0～2％ 。沼气的发热量因甲烷含量不同而不同，一般为 19kJ/m^3。

第8章 污泥好氧消化技术

污泥好氧消化是指污泥在好氧条件下，微生物有机体通过内源代谢氧化分解。其目的是降低污泥中有机质含量、除臭、杀灭或减少病原菌与抑制蚊蝇滋生，污泥得到稳定，同时污泥量减少。污泥好氧消化通常用于处理能力小于 $2\times10^4 m^3/d$ 的污水处理厂。污泥好氧消化由于操作简单、基建费用相对较低等优点在20世纪60年代及70年代初非常盛行。70年代中期，由于能源价格迅速上涨以及好氧消化对病原菌的去除效果不及厌氧消化，应用逐渐减少。随着自热式高温好氧消化工艺的开发，其具有较好的杀灭病原菌效果，使消化后污泥可直接用作土壤肥料，解决了污泥的最终出路，污泥好氧消化又逐渐受到重视并应用于实践。

8.1 污泥好氧消化原理

8.1.1 污泥好氧消化原理

污泥好氧消化基于微生物的内源呼吸原理，即污泥系统中的外部基质（有机物）耗尽时，好氧微生物依靠内源代谢，利用自身细胞内贮存的糖原、多羟基烷酸酯、聚羟基脂肪酸酯（PHA）等基质的氧化，以获取维持自身生命活动的能量。此时，合成的原生质不足以补充内源呼吸所消耗的原生质，微生物的死亡率增高、细胞消散、总量下降。可看作是内源环境下活性污泥处理工艺的延伸，通过好氧消化，污泥中的微生物细胞组织最终被氧化或分解成二氧化碳、水、氨氮、硝态氮等小分子产物。

污泥的好氧消化过程包括两个步骤：可生物降解有机物氧化合成为微生物细胞物质（包括有机物氧化及细胞合成）和微生物细胞物质的进一步氧化。可以用下列方程式表示：

有机物氧化

$$C_xH_yO_z+\left(x+\frac{y}{4}-\frac{z}{2}\right)O_2\rightarrow x\,CO_2+\frac{y}{2}H_2O-\Delta H \tag{8-1}$$

细胞合成

$$nC_xH_yO_z+n\left(x+\frac{y}{4}-\frac{z}{2}-5\right)O_2+nNH_3$$

$$\rightarrow(C_5H_7O_2N)_n+n(x-5)CO_2+\left(\frac{n}{2}\right)(y-4)H_2O-\Delta H \tag{8-2}$$

细胞质的氧化

$$(C_5H_7O_2N)_n+5n\,O_2\rightarrow5n\,CO_2+2nH_2O+nNH_3-\Delta H \tag{8-3}$$

$$(C_5H_7O_2N)_n+7n\,O_2\rightarrow5n\,CO_2+3n\,H_2O+n\,NO_3^-+nH^+-\Delta H \tag{8-4}$$

式中 x，y，z——随有机物组成不同而异；

ΔH——反应热；

$(C_5H_7O_2N)_n$——细胞质。

由于污泥的好氧消化需要将反应维持在内源呼吸阶段，因此该工艺适用于剩余污泥的稳定。初沉池污泥所含细胞质较少，当将初沉污泥与剩余污泥混合一起处理时，初沉池污泥中的有机物和颗粒物质可先作为活性污泥中微生物生长的食源，因此工艺需要采用相对较长的停留时间，使首先进行代谢和细胞生长反应，然后再进入内源呼吸阶段。

式（8-3）表示好氧消化工艺系统设计为抑制硝化的工艺形式，氮以氨态存在，这种情形存在于高温好氧消化过程，这是由于在高温条件下，硝化细菌生长会受到抑制。式（8-4）表示好氧消化工艺系统设计为包括硝化反应，氮以硝态氮的形式存在。当除好氧反应单元以外增加缺氧反应单元或采用间歇反硝化时，硝态氮将被反硝化细菌转化为氮气。由式（8-4），好氧消化过程中的硝化反应会产生H^+，当污泥的缓冲能力不足时，pH将会降低。如果pH下降显著，可以通过间歇反硝化的方式来控制或者投加石灰。理论上讲，反硝化可以补充约50%的由于硝化反应而消耗的碱度。

理论上，在非硝化系统中，每千克的微生物活细胞需要消耗约1.5kg的氧气，在硝化系统中，每千克的微生物活细胞需要消耗约2kg的氧气，实际运行中的需氧量还受到其他因素的影响，如操作温度、污泥来源、污泥性质、污泥停留时间（SRT）等。

常温消化系统一般将温度控制在20～30℃。好氧氧化分解过程是一个放热反应，因此在工艺运行中会产生并释放出热量，这使得自动升温高温好氧消化工艺得以实现。

决定好氧消化系统设计的因素包括：VSS、设计去除率、污泥量、污泥性质、操作温度、pH、氧传质和混合要求、池体积、停留时间、运行方式等，必要时考虑病原菌灭活和抑制蚊蝇滋生。

通过好氧消化可以将VSS去除35%～50%，具体情况随污泥的特性而异。当污泥主要由内源残余物和惰性固体组成时，在环境温度下，即使好氧消化时间长达50d，好氧消化工艺中VSS降解率最多达到30%。

8.1.2 污泥好氧消化动力学

在污泥好氧消化过程中，微生物处于内源呼吸阶段，反应速度与生物量遵循一级反应模式。该模型假定如式（8-5）所示：

$$-\frac{dX}{dt}=k_d X \tag{8-5}$$

式中 $-\frac{dX}{dt}$——微生物内源代谢速率，即单位时间内可生物降解VSS分解速率，kgVSS/(m³·d)；

X——t时刻残留的可生物降解VSS浓度，kgVSS/m³；

k_d——微生物自身氧化速率常数（以VSS计），d^{-1}，与温度有关。

对于连续搅拌的好氧消化池，假定池内污泥完全混合，则单位时间内进入池内的VSS减去单位时间内出池的VSS等于池内VSS的去除量（稳态），且消化池内可降解VSS浓度近似等于消化后污泥浓度，即：

$$\frac{QX_0-QX_e}{V}=-\frac{dX}{dt}=k_d X_e \tag{8-6}$$

式中 Q——进入消化池的平均污泥流量，m³/d；

V——好氧消化池有效容积，m³；

X_0——进泥中可生物降解 VSS 浓度，kgVSS/m^3；

X_e——消化后污泥中可生物降解 VSS 浓度，kgVSS/m^3。

整理式（8-6）可得：

$$t=V/Q=\frac{(X_0-X_e)}{k_d X_e} \tag{8-7}$$

式中　t——水力停留时间，即好氧消化时间，d。

在无回流时，$t=\theta_c$，θ_c为污泥停留时间（d）。

如果消化后污泥 VSS 中存在不可生物降解成分 n，则：

$$t=\frac{(X_0-X_e)}{k_d(X_e-X_n)} \tag{8-8}$$

式（8-7）、式（8-8）适用于好氧消化进泥仅为剩余活性污泥时，当初沉污泥和剩余污泥作为混合污泥进行好氧消化时，初沉污泥中的有机物和颗粒物质首先作为微生物营养源，好氧消化时间更长。如果同时考虑 VSS 中的一部分为不可生物降解部分，且不可挥发性固体中一部分是由污泥中微生物细胞的溶解转化而来，式（8-7）可以修正为式（8-9）：

$$t=\frac{(X_0)_m+Y_t S_m-(X_e)_m}{k_d[0.77D(X_{0a})_m(X_0)_m]} \tag{8-9}$$

$$(X_0)_m=\frac{Q_p(X_0)_p+Q_a(X_0)_a}{Q_p+Q_a} \tag{8-10}$$

$$S_m=\frac{Q_p}{Q_p+Q_a}S_p \tag{8-11}$$

$$(x_{0a})_m=\frac{(X_0)_a}{(X_0)_m}(x_{0a})_a \tag{8-12}$$

式中　$(X_0)_m$——混合污泥（进泥）中的 TSS 浓度，mg/L；

Q_p，Q_a——初沉污泥和剩余污泥平均流量，m^3/d；

$(X_0)_p$——初沉污泥中的 TSS 浓度，mg/L；

$(X_0)_a$——剩余活性污泥中的 TSS 浓度，mg/L；

$(X_e)_m$——混合污泥经好氧消化后污泥（出泥）中的 TSS 浓度，mg/L；

Y_t——初沉污泥中的微生物产率系数，一般为 0.5；

S_m——混合污泥中的底物浓度，以 BOD 计，mg/L；

S_p——初沉污泥中的底物浓度，以 BOD 计，mg/L；

$(X_{0a})_m$——混合污泥 TSS 中，可生物降解 VSS 所占分数，%；

$(X_{0a})_a$——剩余污泥 TSS 中，可生物降解 VSS 所占分数，%，与曝气时间有关，可用脱氢酶活性污泥呼吸强度等方法测定；

0.77——经好氧消化，77%的微生物可经内源呼吸被降解；

D——混合污泥中的可生物降解 VSS 被好氧消化污泥带走的分数，一般为 0.1～0.3；

k_d——活性污泥微生物中内源呼吸速率常数（以 VSS 计），d^{-1}。

8.2 污泥好氧消化影响因素

8.2.1 温度

温度对污泥好氧消化的影响较大。温度不适宜，微生物的生理活动降低、减弱，甚至影响微生物的形态和生理特性，导致微生物死亡。研究显示，当温度超过65℃时，微生物失活导致系统崩溃。当温度不会导致微生物变性时，温度升高，微生物代谢能力增强，消化效果越好，达到要求的有机物（VSS）去除率所需的SRT缩短；反之，污泥达到稳定化所需SRT延长。但SRT增加到某一特定值时，即使SRT继续增加，有机物的去除率也不会显著提高。这个特定值与进泥的性质及其所含的可生物降解有机物的含量有关。Mavinic和Koers（1979年）在研究低温条件下（5℃、10℃、20℃）污泥好氧消化动力学时，提出温度与SRT的乘积和VSS去除率有一定曲线关系；Kelly（1990年）在研究高温好氧消化时也发现了相似的关系曲线。美国EPA将上述发现结合起来提出了污泥好氧消化的设计曲线，当好氧消化的温度（℃）与SRT（d）的乘积（为横坐标）为400～500时，即可获得较理想的VSS去除率。

实践表明，温度为20℃时，达到50%VSS去除率约需两周的时间，而温度为30℃时约需一周的时间，温度为40℃时则约需3d的时间。在一定的初始污泥浓度条件下，温度每增加10℃时，达到一定消化效率所需的时间将成倍缩短。

污泥好氧消化反应速率常数随着温度的升高而增加，其温度变化关系可借鉴式(8-13)经验公式：

$$(K_d)_T=(K_d)_{20}\theta^{(T-20)} \tag{8-13}$$

式中 $(K_d)_T$——温度为T℃时的反应速率常数；

$(K_d)_{20}$——温度为20℃时的反应速率常数；

θ——温度常数，(根据报道，$\theta=1.02\sim1.10$，平均为1.05)；

T——温度，℃。

8.2.2 pH

在污泥好氧消化过程中，pH会影响微生物的正常生理活动。最佳的污泥好氧消化适宜pH为6.5～8.5。有机氮的氨化作用使反应器pH上升，而氨态氮的硝化作用会消耗碱度，导致pH下降。若发生反硝化则可以补充由于硝化反应而消耗的一部分碱度。当不能保持在适宜pH时，可投加石灰等碱性物质使pH维持在适宜范围。

8.2.3 污泥特性

污泥的成分（即污泥中可生物降解的组分和不可生物降解的组分的比例）不同，会影响污泥的稳定速率。对于二级处理的活性污泥系统，当污水处理运行过程中采用较长的SRT会导致污泥中可生物降解组分比例下降，污泥消化时污泥的VSS去除率不高。另外，活性污泥系统的进水性质也会影响污泥的可生物降解性，当进水是生活污水则污泥的可生物降解性高，当进水是工业废水则污泥的可生物降解性低。污泥来源不同，可生物降解组分的性质也会不同，通常，城市污水的二沉污泥比初沉污泥好氧消化效果好，这主要是因为二沉污泥中含可溶性有机物和微生物，微生物可直接进入内源呼吸阶段。

此外，对于某些污水处理工艺中预沉淀产生的初沉污泥，含有较高的重金属或其他有毒有害物质时，对微生物产生毒害作用，影响污泥的好氧消化。

进泥浓度对好氧消化设计和操作影响较大。初始污泥浓度较高时，单位体积污泥含有较多的活性细菌，提高消化反应速率，单位容积消化池的处理能力增强，消化池容积利用率提高，某种意义上可降低处理构筑物的投资。但是较高的初始污泥浓度会影响氧的传递效率，从而在一定程度上影响污泥中微生物体的内源呼吸速率；同时较高的初始污泥浓度使单位体积所需的氧气量增加，所以必须加强充氧量或采用机械搅拌等强化措施。则投资费用和运转费用明显提高。此外，有机物氧化属放热反应，较高的污泥浓度有利于提高反应器温度，提高处理效果。

8.2.4 供氧、传质与混合

污泥好氧消化工艺中的生物反应需要提供充足的溶解氧以维持微生物的内源呼吸作用，当有初沉污泥混入时还要考虑将有机物转化为胞内物质的需氧量。同时还要考虑物料的混合，以保证微生物、有机物和氧气的充分接触。一般情况，供氧的同时也提供了混合的能量。对于仅处理剩余污泥的消化系统，控制因素主要是混合，而对于混合污泥，控制因素往往是供氧。一般单位容积需要供给的混合能量为 10～100W/m^3，但这一数值将随着工艺、池型、混合设备类型而变化。

理论上每千克微生物细胞物质的氧化需要 1.5～2.0kg 的氧气供给，随着硝化作用是否受到抑制而变化。用于生物稳定的最小设计值宜为 2.0。当有初沉污泥混入时，单位 VSS 转化为细胞物质并内源呼吸达到稳定需要再额外供给 1.6～1.9 单位的氧气。对剩余活性污泥而言，污泥好氧消化系统的需氧量相当于空气流量为 0.25～0.33L/(m^3·s)，当有初沉污泥混入时，空气流量为 0.4～0.5L/(m^3·s)。传统污泥好氧消化池中的 DO 维持在 2.0mg/L 以上，高温污泥好氧消化池 DO 可适当降低到 0.5～1mg/L 左右。对混合需求值和氧传质需求值应分别计算，考虑最不利情况。为了优化设计，当混合需求值远远大于供氧需求时，宜增加辅助机械混合设施，对于因此而增加的能耗、投资可作相应的平衡分析。

8.2.5 停留时间

根据要求达到的 VSS 分解率所需停留时间可以确定污泥好氧消化池容积。通常在温度 20℃左右时，去除 40%～45%VSS 需要 10～12d 的停留时间。当延长水力停留时间，VSS 继续分解，但分解速率会显著降低。

8.3 污泥好氧消化设计计算

污泥好氧消化设施主要由消化池和浓缩池组成，好氧消化池设计包括池型选择、容积与尺寸的确定、需氧量计算与供氧设备选择等方面。针对不同污泥，池容计算可采用不同的方法。

8.3.1 剩余活性污泥好氧消化池容积

根据动力学原理，来自二沉池的剩余活性污泥，其好氧消化池计算可根据式（8-7）变形后得到式（8-14）。

$$V=Q\cdot t=\frac{Q(X_0-X_e)}{k_d X_e} \tag{8-14}$$

《城镇污水处理厂污染物排放标准》GB 18918—2002 规定，污泥经消化后有机物降解率应大于 40%。按生污泥挥发分 70%计，消化后污泥挥发分应低于 42%。

8.3.2 混合污泥好氧消化池容积

如果初沉污泥与剩余活性污泥混合进行好氧消化，计算公式可根据式（8-7）、式（8-9）得到式（8-15）。

$$V=(Q_p+Q_a)\cdot t=(Q_p+Q_a)\frac{(X_0)_m+Y_tS_m-(X_e)_m}{k_d[0.77D(X_{0a})_m(X_0)_m]} \tag{8-15}$$

8.3.3 有机负荷法计算

$$V=\frac{Q\cdot X_0}{S} \tag{8-16}$$

式中 S——有机负荷，kgVSS/(m^3 · d)。

当无试验资料时，好氧消化池的设计参数可参考表 8-1 所列举的数据。

污泥好氧消化池设计参数　　表 8-1

设计参数		数值
有机负荷[kg · VSS/(m^3 · d)](混合污泥宜用下限)		0.38～2.24
水力停留时间(d)	活性污泥	10～15
	初沉污泥与活性污泥的混合污泥	15～20
需气量[m^3/(m^2 · min)]	活性污泥	0.02～0.04
	初沉污泥与活性污泥的混合污泥	>0.06
机械曝气所需功率(kW/m^3池)		0.02～0.04
最低溶解氧(mg/L)		2
消化温度(℃)		>15
挥发性固体去除率(VSS 去除率)(%)		50 左右

8.3.4 需氧量计算

好氧消化池需氧量可参考表 8-1 所列需气量进行计算。在基础资料齐全情况下，也可按式（8-17）、式（8-18）计算需气量。

（1）碳化需氧量

$$O_{2c}=(1.42\times 0.77Q\eta(X_{0a})_m(X_0)_m+Q_pS_p)\times 10^{-3} \tag{8-17}$$

式中 O_{2c}——碳化需氧量，kg/d；

1.42——去除 1mg BOD 需氧 1.42mg；

0.77——经好氧消化，77%的微生物可经内源呼吸被降解；

Q——入流污泥量，m^3/d，如果剩余活性污泥好氧消化，则 $Q=Q_a$，如果是初沉污泥与剩余污泥的混合污泥，则 $Q=Q_a+Q_p$；

η——好氧消化可降解的活性微生物体去除率，%，一般可达 90%。

（2）硝化需氧量

硝化需氧量包括活性污泥中的氨氮和细胞质中有机氮的硝化，以及初沉污泥中有机氮的硝化。需氧量计算公式为：

$$O_{2N}=4.57\{Q_a[NH_3\text{-}N]+0.122\times 0.77Q\eta(X_{0a})_m(X_0)_m+Q_p[TKN]_p\}\times 10^{-3} \tag{8-18}$$

式中 [NH_3-N]——剩余活性污泥中NH_3-N的浓度（以N计），mg/L；

[TKN]$_p$——初沉污泥中总凯式氮浓度（以N计），mg/L。

8.4 污泥好氧消化工艺

污泥好氧消化工艺与污泥厌氧消化工艺相比，具有如下优点：

（1）对悬浮固体的去除率与厌氧消化法基本一致，但污泥处理后上清液中BOD浓度相对较低（100 mg/L以下）。

（2）消化程度高，生物稳定性好，处理后的产物没有臭味、与腐殖质相似，具有较高的肥效。

（3）消化速度快，停留时间相对缩短，处理设施占地面积减小，投资降低。

（4）运行较安全、管理较方便、处理不易失败。

同时具有如下缺点：

（1）由于需要供氧，能耗的需求大，因此运行费用相对较高。

（2）无法回收能源（沼气）。

（3）经高温好氧消化处理后的污泥机械脱水性能较差。

（4）常温好氧消化病原菌的去除效果不及厌氧消化。

针对污泥好氧消化存在的缺点，污泥好氧消化的工艺被不断进行改进，先后开发了缺氧/好氧消化工艺、自动升温高温好氧消化工艺、两段高温好氧/中温厌氧消化工艺以及深井曝气高温好氧消化工艺等。

8.4.1 传统污泥好氧消化工艺

传统污泥好氧消化工艺（Conventional Aerobic Digestion，CAD）简单，构造及设备类似于传统活性污泥法。常用的运行工艺根据进泥方式不同分为两种：连续式和间歇式，见图8-1。

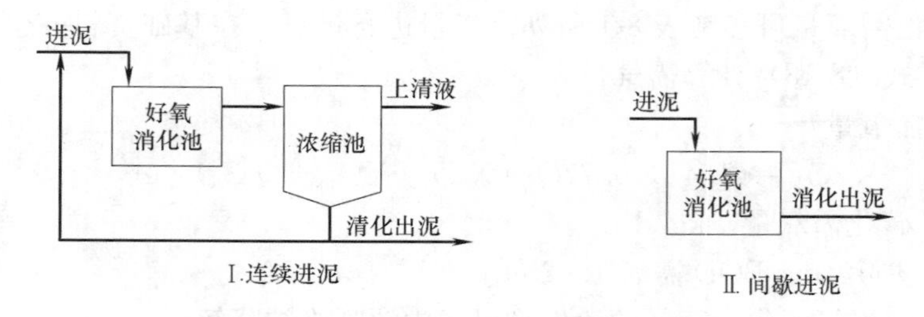

图8-1 传统好氧消化工艺流程图

连续进泥的方式多用于大、中型污水处理厂的污泥好氧消化池，其运行方式与活性污泥法的曝气池相似。消化池后设置浓缩池，浓缩污泥一部分回流到消化池中，另一部分进一步进行污泥处置，上清液被送回至污水处理厂进水口与原污水一同处理。间歇进泥方式多被小型污水处理厂所采用，在运行中需定期进泥和排泥。

CAD中需为微生物提供充足的氧源，同时使污泥处于悬浮状态满足搅拌混合需要。通常，消化池中DO浓度保持在2mg/L以上，曝气方式采用射流曝气、鼓风曝气和机械曝气。

CAD 池的 SRT 与污泥浓度、污泥来源及反应温度有关。其中，温度对好氧消化的影响较大，温度高时微生物代谢能力强，即比衰减速率大，达到要求的有机物（VSS）去除率所需的 SRT 短。当温度降低时，为达到污泥稳定化则要延长 SRT。通常 VSS 的去除率随 SRT 的增大而提高，但处理后的污泥中惰性成分也随之不断增加，当 SRT 增加到某一特定值时，即使 SRT 再增加也不会显著提高 VSS 去除率。这个特定值与污泥的性质及其所含的可生物降解有机物的含量有关。因此，在一定温度下选择合适的 SRT，既保证 VSS 的去除率，又避免 SRT 过长造成基建费用提高。在温度为 20℃时，如果消化池进泥为剩余污泥，则污泥浓度为（1.25～1.75）$\times 10^4$mg/L，SRT 为 12～15d；如果进泥为初沉污泥和剩余污泥的混合污泥，则污泥浓度为（1.5～2.5）$\times 10^4$mg/L，SRT 为 18～22d；如果仅是初沉污泥，则污泥浓度（3～4）$\times 10^4$mg/L，SRT 需适当延长。

CAD 工艺中微生物代谢释放出的NH_3-N，在较长的污泥停留时间和好氧条件下有利于硝化菌的生长，导致硝化反应消耗了碱度而使 pH 下降，从而微生物的新陈代谢受到抑制，影响 VSS 去除率。这时必须投加石灰等碱性物质以使 pH 维持在中性。

8.4.2 缺氧/好氧消化工艺

由于大部分的 CAD 工艺中都要添加化学药剂来调节 pH，硝化作用也需要消耗氧气，致使动力费与运行费用提高。因此提出了缺氧/好氧消化工艺（Anoxic/Aerobic Digestion，A/AD）。

A/AD 工艺分连续式和间歇式进泥两种方式。连续式 A/AD 工艺流程如图 8-2 所示。即在 CAD 工艺的前端加一段单独的缺氧区，混合液从好氧区内循环至缺氧区，利用污泥在缺氧区发生反硝化反应产生的碱度来补偿好氧区硝化反应中所消耗的碱度，所以不必另行投碱就可使 pH 保持在 7 左右。

间歇式 A/AD 可在间歇式 CAD 消化池的基础上进行改造，曝气装置间歇性地开启和关闭，使消化池交替形成好氧阶段和缺氧阶段，达到硝化、反硝化目的，而无需单独增设缺氧池。同时缺氧运行中可采用搅拌器保持污泥呈悬浮状态促进污泥反硝化。

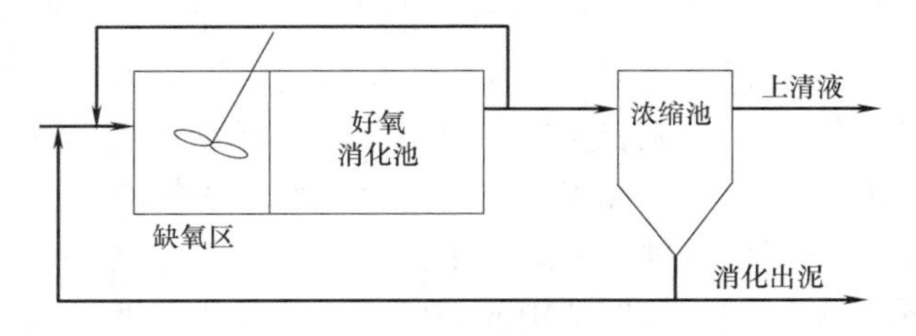

图 8-2　A/AD 工艺流程图

A/AD 消化池内污泥停留时间、污泥浓度、对 VSS 的去除率等都与 CAD 工艺类似，但 TN 去除率远高于传统的好氧消化，可降低回流至污水处理单元的氮负荷。由于 A/AD 工艺在缺氧段是以 NO_3^--N 替代 O_2 作为最终电子受体，需氧量比 CAD 工艺要少，可节省氧源达 18%左右。同时可缩短好氧消化池的停留时间，节省能耗。A/AD 运行中可以将 ORP、pH 等作为好氧与厌氧交替的控制参数，以优化 A/AD 工艺。

8.4.3 自动升温高温好氧消化工艺

CAD 和 A/AD 工艺与厌氧消化相比，停留时间虽有所缩短，但仍然较长，约需 25～30d；同时，反应器受气温影响较大，由于反应器露天设置，因此在秋、冬季节运行效果差；此外其最大的缺点是对病原菌的灭活能力低，消化后的污泥还含有相当数量的病原菌、病毒、寄生虫卵，在温度20℃时，即使 *SRT* 达 42d 仍不能保证对病原菌的去除达到相关要求，使得消化后污泥不能安全地土地利用而限制了污泥的出路。

自升温好氧消化或自热式高温好氧消化（Autoheated/Autothermal Thermophizie Aerobic Digestion，ATAD）又被称为液态堆肥，是利用污泥好氧生物降解过程中产生的热量，使反应器温度升高同时进行保温处理以维持好氧反应所需的高温（45～60℃），整个过程不需外加热源。有机物去除率达到50%；由于温度升高使 ATAD 工艺对有机物的降解速率与 CAD、A/AD、厌氧工艺相比大大升高，消化时间大大缩短（SRT＝6～14d），处理设施占地面积减小，投资降低；此外由于高温运行，ATAD 可以达到杀灭病原菌的目的。

在 ATAD 工艺中，曝气与混合是工艺设计的关键。曝气量过大会导致热损失过多使反应器温度降低，曝气量太小又会降低处理效率，因此采用高效的氧转移设备以减少蒸发过程中的热损失显得尤为重要。实践证明，氧转移效率要至少达到10%以上，甚至达到15%以上。ATAD 反应器内污泥同时需要适当的混合以保持污泥处于悬浮状态，若混合不够易造成污泥沉淀，使反应器的有效容积利用率降低，同时沉淀的污泥内部会形成厌氧状态，EPA 推荐 ATAD 需要的混合能量约为 85～105kW/1000m^3。因此有效的曝气设备既包括供给污泥内源代谢足够的氧也包括促进污泥有效的混合。最初 ATAD 设计中为达到较高的氧转移效率以提升反应器温度，采用纯氧曝气，之后实验室研究发现有效的曝气仍然可以实现较好的反应效果。图 8-3 即为 Fuchs 公司 ATAD 反应器的曝气装置。除中央设置的机械曝气装置以外，在反应器两侧各安装一个螺旋曝气器，并以一定的倾斜角度浸没于污泥中促进垂直向下混合。螺旋曝气器上的推进器产生环流至池子底部，空气经空心转轴被吸入，由于高度的湍流作用，微泡曝气效果明显，充氧效率高。ATAD 也可采用射流曝气，因射流曝气器可使反应器内的空气循环，在保证曝气量达到运行要求的前提下，减少空气逸散而引起的热量损失，同时达到较好的搅拌效果。典型的射流曝气器构造原理如图 8-4 所示，其主要由喷嘴、吸气室、混合管、扩散管四部分组成，不含运动部件。具有一定压力的污泥可通过喷嘴高速喷出，使压力能转化为速度能，在喷嘴出口区域形成真空，从而将空气吸入，污泥和空气在混合管内进行混合并能量交换。独特的混合气室设计，强劲的射流作用，使泥气搅拌均匀、完全、产生的气泡多而细腻，促使氧传递效率提高。射流曝气器的类型根据供气方式的不同，可分为压力供气和自吸供气；按工作压力分类可分为高压型和低压型；根据结构分类可分为单级和多级，单级包括单喷嘴和多喷嘴两种形式。图 8-5 即为 ATAD 反应器底部安装的射流曝气装置。ATAD 反应器可通过 ORP 控制实际供氧量，反应器内保持完全好氧状态较为困难，通常保持反应器 DO 浓度在 0.5～1mg/L 左右。高温时氧的溶解度降低会对氧的转移起到负面作用，但高温时污泥黏性下降，从而改善氧总转移系数。在相同温度下污泥的氧总转移速率与水的氧总转移速率差异不大。

为保证污泥在降解过程中提供足够的热量达到升温的目的，进入 ATAD 的污泥需要预浓缩，使 MLSS 达到 4×10^4～6×10^4mg/L。此外，当污泥中不易生物降解组分所占比例过大，放热率有限，也会使反应器不足以升高到预定温度。通常污泥的 VSS 至少为 2.5×10^4mg/L。

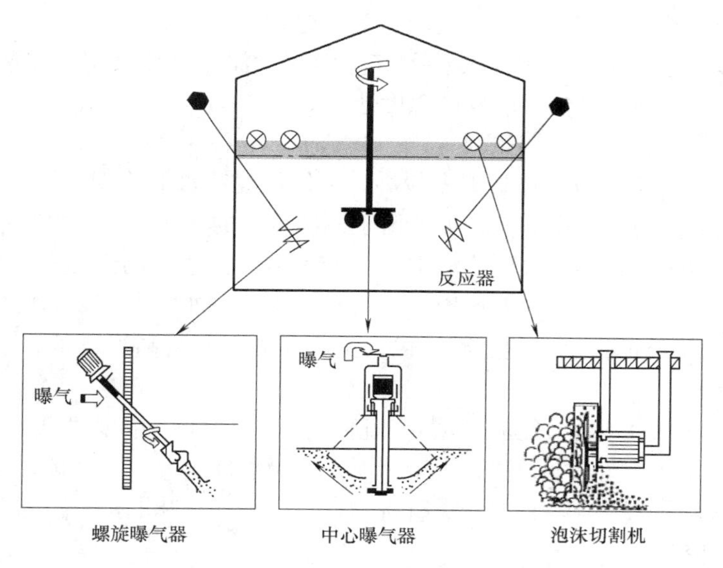

图 8-3　螺旋曝气器和泡沫控制措施

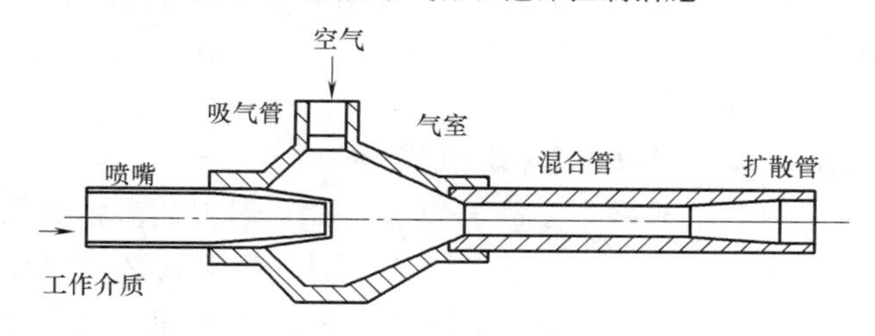

图 8-4　单级单喷嘴射流曝气器原理图

ATAD反应器采用高效率的曝气系统，高浓度的入流污泥以及良好的操作条件时，可使反应器温度达到 45～60℃，甚至在冬季仍可保持较高温度。反应器采用密封式，并在外壁采取绝热措施减少热损失；ATAD装置也可设置热交换器利用排出的热污泥预热入流污泥以维持反应器处于较高温度，热交换器有水—水、泥—水和泥—泥螺旋式双管交换器等。

图 8-5　射流曝气装置图

ATAD反应器具有以下优点：

（1）可以保持较高温度。其一，可以抑制硝化反应的发生，使硝化菌生长受到抑制，因此其 pH 可保持在 7.2～8.0。同 CAD 工艺相比，既节省了化学药剂费又可节省 30%的需氧量；其二，有机物的代谢速率较快，去除率一般可达 45%，甚至达 70%；其三，污泥停留时间可以缩短，一般为 6～14d；其四，对病原菌灭活效果好。研究结果表明，ATAD 工艺可将粪便大肠杆菌、沙门氏菌、蛔虫卵降低到“未检出”水平，将粪链球菌降到较低水平。

(2) ATAD工艺运行稳定、操作简单、易于管理。

(3) ATAD工艺启动快，不需要接种其他消化污泥。研究表明，即使周围环境温度为-15℃，也只需12d就可使反应器内温度达到55℃。

但是ATAD工艺也存在以下缺点：

(1) 泡沫问题。ATAD反应器温度较高，致使污泥和水的物理—化学性质发生改变，高温降低水的表面张力，过剩的气量加上由于搅拌带来的剪切力，所以有泡沫产生。此外由于细胞破裂使得胞内物质释放到溶液中也会产生泡沫。适当的泡沫可提高氧的利用率，还可防止表面热量散失，起到保温作用，但太多会使污泥外冒，所以运行中可保留0.5~1.0m的泡沫层。泡沫的控制可通过减少供气量、喷洒、安装刮渣设备和破泡沫设备来实现，如图8-3所示。

(2) 臭味问题。国外运行经验表明，当曝气量不足（DO浓度过低）、搅拌不完全或有机负荷过高时会有臭气产生，这是由于污泥发生厌氧反应释放氨、硫化氢等气体。另外由于污泥本身还有含硫化合物、羧酸类有机物，也会增加臭味的散发。通常可在排气口安装臭气过滤器来控制臭味。

(3) ATAD工艺对曝气装置要求较高，需采用高效氧转移设备以减少气流带走蒸发热，有时甚至采用纯氧曝气。

(4) 需要对污泥进行预浓缩处理。

(5) 设备需要保温，因此基建成本相应提高。

ATAD消化池一般由2个或多个反应器组成，其基本工艺流程如图8-6所示。

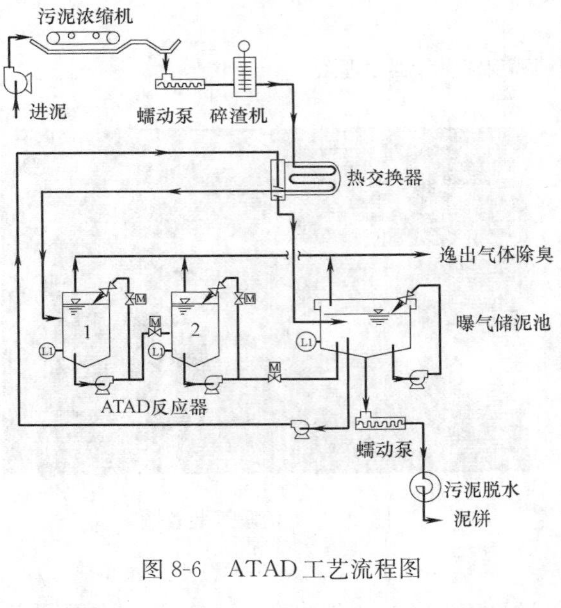

图8-6 ATAD工艺流程图

污泥首先进入预浓缩池，当污泥含块状污泥以及含有毛发等大颗粒物时，增设粉碎机对污泥粉碎处理，以便对后续的管道、泵等设施不造成堵塞。浓缩、粉碎后的污泥进入ATAD反应器，ATAD运行方式有间歇式、半间歇式、连续式和半连续式。间歇式是交替将两个反应器一次性充满，运行完一个HRT的周期后，交替进行全部的换泥；半间歇运行指每天进行一次进泥、出泥，进泥（出泥）量由SRT决定；连续式是连续地、不间断地进泥和出泥；半连续式是将第二个反应器内的泥排出一部分，然后第一个反应器的污泥进入第二个反应器至装满，最后浓缩池向第一个反应池进泥，是瞬间充满、部分排放的操作方式。连续式和半连续式的操作简单，而间歇式和半间歇式的操作要相对复杂些，但半间歇式运用最广，而且通过操作上的控制可以实现与其他工况之间的转换。间歇式的ATAD系统由于其污泥的存储量大，故而适合于小型的污水处理厂。消化和升温主要发生在第一个反应器内，温度通常控制在45℃左右，一般不超过 55℃，pH≥7.2；第二反应器温度通常控制在 55～60℃，一般不超过 65℃，pH≈8.0。经 ATAD 反应器处理后的污泥经热交换器预热入流污泥后，用泵输送到污泥贮池中以冷却及进一步机械脱水前的调蓄贮存。一般 ATAD 消化后污泥较难脱水，混凝剂的投加量需要适当增加，这也是在工艺选择中需要重点考虑的问题之一。

ATAD 反应器系统组件主要有隔热保温反应器、搅拌设备（包括回流泵）、曝气设施、泡沫控制设施（喷射法或机械法）、气体排放设备（尾气处理设施）、臭味控制设施、温度和液位的监测器、自动阀门（小型的 ATAD 可以采用手动阀门）。另外，可以应用 PLC 加以计算机系统实现自动控制。

图 8-7 为爱尔兰 Killarney 水厂采用的 ATAD 工艺流程示意图。

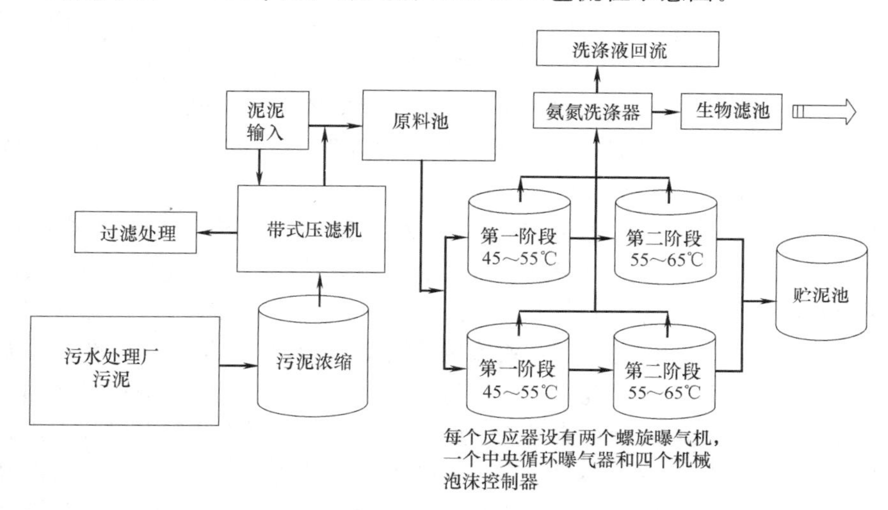

图 8-7　Killarney 水厂 ATAD 工艺流程示意图

该水厂设计流量为 20000～51000 人口当量，处理污泥量为 24（冬季和春季）～36m³/d（夏季和秋季），水力停留时间 5～9d，年平均固体产量约 500t。ATAD 工艺共分两组反应池，每组设置两个反应器。反应器采用 Fuchs 曝气装置。即每个反应器设有两个螺旋曝气机和一个中央循环曝气器（4kW），其中两个螺旋曝气机相向由反应器一侧到中心采用一定的角度安装。每个反应器保证充分混合和曝气。在第一阶段，螺旋曝气器功率为 5.5kW，第二阶段的螺旋曝气器功率为 4.5kW。第一阶段曝气功率大是因为混合污泥的加入（5.5%TS）导致更大的曝气需求和混合需求。第一阶段反应器温度控制在 45～55℃，第二阶段反应器温度控制在 55～65℃。污泥经处理后可用于农业土地。

8.4.4　两段高温好氧/中温厌氧消化工艺

两段高温好氧/中温厌氧消化（AerTAnM）工艺，是以 ATAD 作为中温厌氧消化的预处理工艺，AerTAnM 工艺最大特点是结合了两种消化工艺的优点，在提高污泥消化能力及对病原菌去除能力的同时还可达到回收生物能的目的。

ATAD 段的 *SRT* 比较短，为 24h，有时采用纯氧曝气，DO 维持在 1.0±0.2mg/L，温度达到 50～60℃，后续厌氧中温消化温度为 37±1℃。

ATAD 中的高温可以迅速灭活病原体，使污泥完成巴氏灭菌。同时，ATAD 反应器在微氧和碳源充足的条件下可以产生大量的短链的挥发性脂肪酸（VFA），大量的 VFA

可以提高后续的中温厌氧消化的产甲烷速率。在ATAD中消化过后，由于蛋白质脱氨反应导致污泥碱度大大提高（1.6上升到3.0，以$CaCO_3$，g/L计），这样产出的污泥具有低"VFA/碱度"的性质，使得后续的中温厌氧消化反应器运行更加稳定。该工艺的特点是将快速产酸反应阶段和较慢的产甲烷反应阶段分离在两个不同反应器内进行，有效地提高了两段的反应速率。同时，可利用好氧高温消化产生的热量维持中温厌氧消化的温度，进一步减少了能源费用。另外，该工艺还具有提高VSS的去除率、出泥脱水性能较好、病原体杀灭效果好的优点。但是，该工艺污泥消化停留时间较长，对一定的污泥消化处理而言，依然难以摆脱占地较大的缺点。

8.4.5 深井曝气污泥好氧消化工艺

深井曝气污泥好氧消化工艺又称VERTAD™（VD）工艺，由NORAM工程与建筑公司（温哥华，BC）开发。该技术也是一种自热式高温好氧污泥消化技术，工艺的核心是深埋于地下的井式高压反应器，如图8-8所示。反应器深度达到110m，井的直径一般为0.5～3m，占地面积相比CAD工艺大大减少。初沉污泥及剩余活性污泥经VD工艺处理后，可达到EPA规定的A级标准。

VD反应器包括反应区、中间混合区和下层推流区（二级反应区）。反应区在反应器的上部，中间设置一同心导流筒。紧接反应区的下部是混合区，曝气装置设于该区域，为反应区提供充足的氧气，同时为污泥循环提供动力。下部推流区设于反应器底部，减少短流并维持高温状态下一定停留时间以杀死致病菌满足EPA的A类污泥标准。污泥由混合区进入，与部分回流的消化污泥混合，同时与空气扩散装置释放的气泡接触，随空气由导流筒外环上升，并在导流筒内部形成降流，产生污泥循环。压力和深度可大大提高氧转移速率，从而保证混合区内的混合溶液中含有较高的溶解氧量，提高反应区内污泥好氧消化速率。循环污泥沿着井筒的竖壁到达上段时，微生物呼吸作用产生的气态产物被释放到大气中，可以避免产生的废气重新回到系统内影响空气动力效率。循环污泥中一小部分从混合区进入下部推流区。这个区域内溶解氧含量极高，停留时间较长，所以，污泥中剩余的有机物在此被高度氧化。此过程最重要的特点是随着有机物的氧化，污泥温度不断升高，并利用周围良好的保温环境使反应器的温度得到稳定，从而确保灭活病原菌。消化后污泥通过中心管由反应器底部迅速排至污泥储存池。由于快速的减压可以使污泥中的固体物质从液体中分离并悬浮于表面，分离出来的高浓度污泥可以资源化利用，废液循环至二级处理以便于达标排放。

VD工艺的氧传质效率可以达到50%左右；经VD工艺处理后，挥发性固体至少可以降低40%；经离心脱水可得到含水率小于70%的A级生物固体；去除每1kg挥发性固体耗电小于1.4kW·h，对城市污水而言，相当于每$1m^3$水耗电0.06kW·h；占地面积仅为传统污泥消化工艺的10%～20%。

位于华盛顿兰顿南方处理厂采用了VD工艺，其工艺流程如图8-9所示。

该工程污泥负荷为2500～7500人口当量，设施主体部分是一个直径50cm、深107m的地下立式反应器。反应器管通过双气缸旋转钻钻井方法的常规钻井技术安装。

立式反应器分为三个独立的处理区。反应器的上层区域（地表到44m深）包含一个中心同心导流筒用于循环。浅层曝气头设在导流管下方，释放的压缩空气可以促使污泥在环形空间流动起来并且向下导流，从而使压缩污泥进入到中间完全混合区。这个区域由导

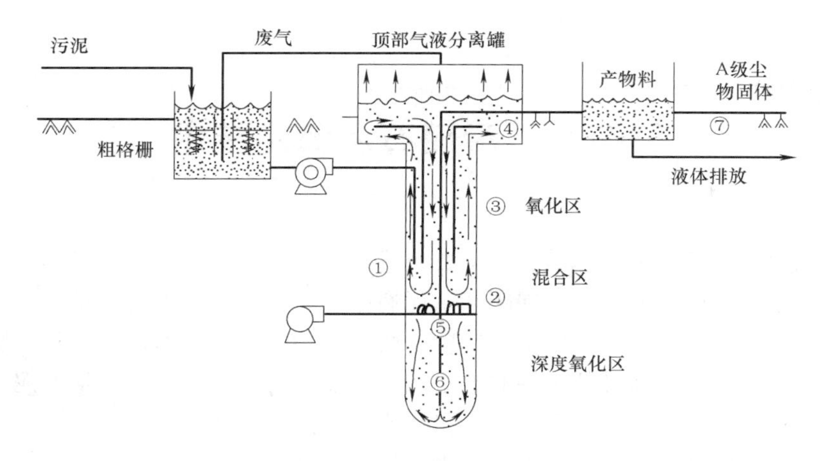

图 8-8　VD 工艺构造简图

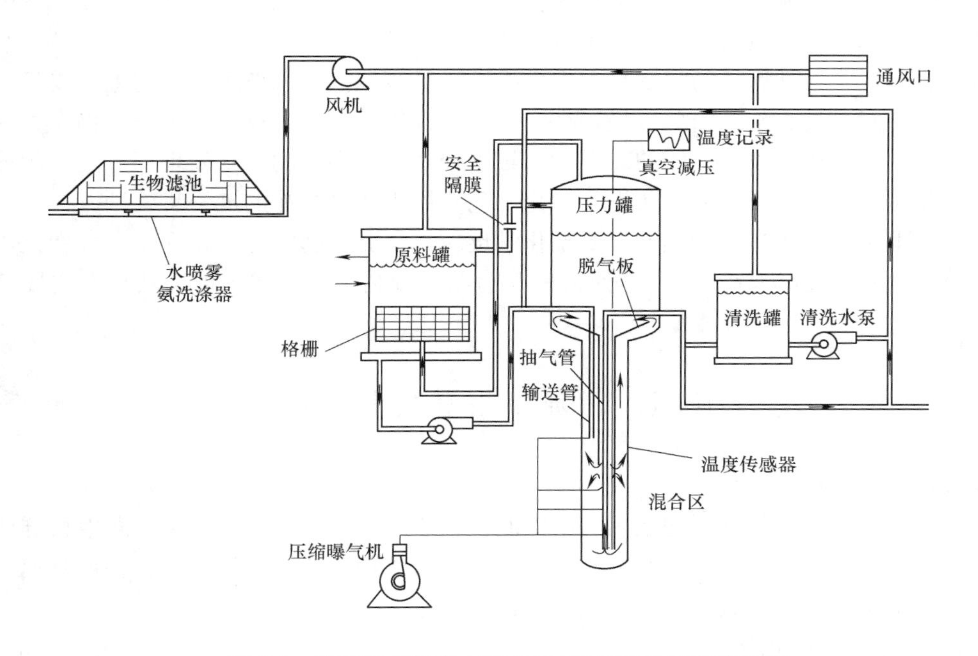

图 8-9　华盛顿兰顿南方处理厂 VERTAD 工艺流程图

流管下方延伸到深层曝气头（44～96m 深）。该区域可保持 5～10 个大气压，大大提高了氧转移速率。上部区域和该区域逐渐完全混合大概需要经历数小时。推流区由深层曝气头到反应器的底部（96～107m 深），该区域不曝气，从水力学角度独立于上部曝气区域（由示踪实验证实）。最终消化产物由空气提升管排出，并严格遵守 A 类污泥灭活病原菌停留时间要求，保证足够的间隔时间序批排放。空气提升管直径 7.6cm，末端设于距反应器底部 0.5m 以内。

除反应器以外，装置还包括污泥供给管路、进料储罐、变频进料泵、冲洗系统、空气压缩机、热交换系统、可编程逻辑控制器（PLC）以及一个用于废气处理的生物滤池。污泥的排出和进泥周期（连续或间歇）由 PLC 控制。

第9章　污泥石灰稳定技术

污泥石灰稳定处理技术又称碱法（生石灰或水合石灰、镁盐、粉煤灰等）污泥稳定技术，其主要作用是解决污泥的臭气问题和杀死病原菌。通常是将生石灰投加于污泥中，造成强碱性的环境条件，使参与产生臭气反应的微生物活动受到强烈抑制，甚至被杀死。同样，病原菌也由于高温、强碱性条件而失去活动的能力或死亡，从而满足污泥储存、运输及再利用的卫生学指标。一般用于稳定未消化或未完全消化的污泥。

此外，在污泥处理与处置过程中也可以投加石灰（或水泥、碳酸钙、粉煤灰等）使污泥含水率降低达到污泥固化效果来满足污泥填埋或再利用（酸性土壤的改良、建筑材料、路基基材、园林土、垃圾填埋场覆盖土等）的工艺要求。

由于石灰稳定处理后的污泥满足卫生学指标，且该工艺还可被用作卫生填埋或建材利用的预处理，同时具有工艺简单、投资小、能耗低等优点，在欧洲、北美至今仍作为污泥处理处置的一个常用手段。我国的北京方庄污水处理厂、小红门污水处理厂等均采用石灰稳定与干化相结合工艺（污泥石灰稳定干化工艺）用于脱水污泥的进一步处理。

但是，由于生石灰参与发生的主要是化学反应，从而引起污泥理化性质发生变化，且石灰稳定处理后污泥具有高 pH，这使得后续污泥处置利用的方向、可行性和安全性存在争议。

9.1　污泥石灰稳定机理

9.1.1　碱性灭活作用

石灰稳定污泥需要保证污泥在足够的时间内处于较高 pH 水平。污泥中微生物群体在强碱环境下失去活性，使臭味和细菌污染源产生的微生物反应受到抑制或大幅度延迟；同时，病毒、细菌等在强碱条件下也会失去活性或死亡。

9.1.2　水合放热作用

首先，生石灰同水发生反应形成 $Ca(OH)_2$ 并放热。

$$1kgCaO + 0.32kg\ H_2O \rightarrow 1.32kgCa(OH)_2 + 1168kJ \tag{9-1}$$

其次，上述反应生成的 $Ca(OH)_2$ 与空气中的 CO_2 发生反应，该反应也是放热反应。

$$1.32kgCa(OH)_2 + 0.78kgCO_2 \rightarrow 1.78kgCaCO_3 + 0.32kgH_2O + 2212kJ \tag{9-2}$$

一定的石灰投加剂量所放出的热量足以使反应系统温度迅速升高，其一，可以起到灭菌作用；其二，可以促进有机物水解；其三，可以蒸发大量水分，达到干燥脱水的目的。

9.1.3　对有机物的螯合作用

污泥中含有大量的有机物，主要由污泥细胞物质及胞外聚合物（EPS）构成。这些物质主要为蛋白质、糖类和脂类。投加石灰并不能直接降解此类有机物，但试验研究发现石灰稳定后的污泥有机物含量有不同程度的降低。通常认为是由于石灰稳定过程中的高温、高碱度条件促进部分有机物分解，如蛋白质在高温、高 pH 条件下会发生变性，同时高 pH 条件下发生水解反应生成氨基酸；氨基酸及脂类水解产物在 80℃左右能与系统中存在的 Ca^{2+} 发生一系列的螯合、络合反应生成有机螯合物、有机络合物等，如谷氨酸与 $Ca(OH)_2$ 反应生成谷氨酸钙。

9.1.4 对重金属的钝化作用

污泥中存在少量游离的 Mg^{2+}、Al^{3+}、Zn^{2+}、Cu^{2+} 等，在高温、高 pH 条件下可与污泥中的氨基酸、蛋白质和糖类物质发生螯合、络合反应形成稳定的化合物。

综上所述，污泥经石灰稳定处理后可以达到以下目的：

（1）杀菌。温度的提高和 pH 的升高可有效杀灭污泥中含有的细菌、病毒等。

（2）脱水。污泥的含水率从 80％左右可以降低到 20％～60％左右（依生石灰投加量而定）。

（3）重金属钝化。碱性条件下，污泥中的部分金属离子可转为稳定的化合物。

（4）颗粒化。选择适宜的混合条件可有效改变污泥的性质，由致密、黏稠变得疏松、稳定并保持均匀颗粒状，便于储存和运输，避免二次飞灰、渗滤液产生等问题。

9.2 污泥石灰稳定工艺条件与影响因素

9.2.1 pH、接触时间和石灰投加量

pH、接触时间和石灰的投加量是污泥石灰稳定的重要影响因素。为了维持足够的碱度并保证病原菌被杀死，一般要求反应装置内 pH 保持在 12 以上 2h，且保证 pH 可在 11 这个水平上维持几天，使得污泥即使不能立即最终处置和利用，也不至于再次发生腐败现象。

为了达到以上要求，关键是石灰的投加剂量。通常投加石灰需要过量。如果石灰不足，随着反应的发生，pH 下降。此外，当污泥中微生物活性未得到有效抑制，微生物代谢将产生 CO_2 和有机酸等，也会使装置内 pH 下降，从而影响污泥的稳定。

9.2.2 反应速度

脱水污泥浓度、特性、药剂的品质及投加量、温度、混合强度、停留时间等均影响污泥石灰稳定的反应速度。一般可通过检测投加石灰后系统温度升高的速度来间接反映反应速度。1978 年，Gehrke 将定量的高活性氧化钙分别加入蒸馏水和污泥滤液中，在相同搅拌条件下发现溶液温度升至最高时分别需要 12min 和 18min，溶液温度从 20℃升至 60℃的时间相差约 10min。这表明污泥水中的浊度明显延缓了反应速度。1979 年，Fries 将高活性氧化钙（纯度为 88％）与脱水污泥混合，考察了氧化钙投加量分别为 10％ 和 15％后温度增加值的变化。试验结果表明，脱水污泥温度不断上升，持续 80min 后才开始变缓或下降。与 Gehrke 的试验结果相比，由于污泥的存在，污泥中的水与氧化钙粉末或粉末团之间的传质速度远低于搅拌条件下氧化钙粉末与污泥滤液的反应速度。因此，加大固体粉料氧化钙在污泥中的分散度可以提高工艺的反应效率。

9.2.3 温度

石灰稳定工艺过程中氧化钙与水反应释放大量热量从而使污泥温度升高，通常可以根据氧化钙与水的反应放热并考虑污泥中固体物和水的比热容来计算反应后污泥温度的理论

升高值。

污泥的比热容计算式如式（9-3）所示：

$$C=\left(C_{dry}\cdot\frac{1}{1+m}+C_{CaO}\cdot\frac{m}{1+m}\right)(1-p)+p\cdot C_{H_2O} \tag{9-3}$$

式中 C——湿污泥与石灰的混合比热容，J/(kg·k)；

C_{dry}——污泥中干污泥的比热容，0.90×10^3J/(kg·K)；

C_{CaO}——CaO平均比热容，0.895×10^3J/(kg·K)；

C_{H_2O}——水的比热容，4.2×10^3J/(kg·K)；

m——石灰与污泥的质量比，%；

p——污泥含水率，%。

假设污泥与石灰反应过程中无热量散失，即放出的所有热量都用来使污泥的温度升高，则污泥温升的理论值计算式如式（9-4）所示：

$$\Delta T=\frac{Q\cdot m_{CaO}}{C\cdot m_{mix}}=\frac{Q\cdot m_{CaO}}{C(m_{sludge}+m_{CaO})}=\frac{Q\cdot m\cdot m_{dry}}{C\cdot\left[m_{dry}\cdot\left(\frac{1}{1-p_0}+m\right)\right]}=\frac{Q\cdot m}{C\cdot\left(\frac{1}{1-p_0}+m\right)} \tag{9-4}$$

式中 ΔT——污泥理论升温值，K；

Q——CaO固体标准生成热，1.168×10^3kJ/kg；

m_{CaO}——投加的CaO质量，kg；

m_{mix}——污泥与石灰的总质量，kg；

m_{sludge}——反应前湿污泥质量，kg；

m_{dry}——干污泥质量，kg；

p_0——反应前污泥含水率，%。

将式（9-3）代入式（9-4），简化得：

$$\Delta T=\frac{1168m\cdot(1+m)\cdot(1-p_0)}{(0.9+0.895m+3.3p+3.305m\cdot p)(1+m-m\cdot p_0)} \tag{9-5}$$

对于初始污泥含水率$p_0=63\%$时，当CaO/TS的比值分别为0.1、0.2、0.3和0.4时，温升理论值分别为14.5K、29.58K、45.06K、60.72K。

但是由于污泥成分复杂，除了主反应外，还有其他反应同时进行，会在一定程度上影响体系的温度。此外，理论升高值并没有考虑系统散热和水分蒸发吸热而带来的温度降低，特别是当石灰投加量较大（反应放热量较高）时，污泥的实际温度会明显低于计算温度。

9.3 污泥石灰稳定后产品特性与利用

9.3.1 污泥产品含水率和固体物含量

污泥石灰稳定干化反应过程中，污泥含水量的减少包括三个方面：

干石灰与湿污泥混合时吸收的水量，该部分水量未参加反应，忽略不计。

生石灰与湿污泥中的水发生水合作用会消耗污泥中一部分水量w_1(kg)；根据式（9-1）可知：1kg CaO参与反应会消耗0.32kg的H_2O，由此得到式（9-6）：

$$w_1=0.32m_{CaO}=0.32m\cdot m_{dry} \tag{9-6}$$

反应放出的热量用于蒸发污泥中的水分而消耗的水量w_2（kg）；根据式（9-1）可知：1kg CaO 参与反应会释放 1168kJ 的热量，假设反应热全部用于蒸发，没有热损失，则蒸发使污泥中水分减少的量为：

$$w_2=\frac{Q}{h_2-h_1}\cdot m\cdot m_{dry} \tag{9-7}$$

式中 h_2——常压下，60℃水蒸气的焓值，2357.9kJ/kg；

h_1——常压下，20℃水的焓值，84.47kJ/kg。

污泥经石灰处理后，污泥产品的含水量 w（kg）为：

$$w=m_{sludge}\cdot p_0-w_1-w_2 \tag{9-8}$$

处理后的污泥与石灰总量m_s（kg）为：

$$m_s=m_{sludge}+m_{CaO}-w_2 \tag{9-9}$$

则污泥石灰稳定处理后产品的理论含水率（p'）为：

$$p'=\frac{w}{m_s}=\frac{m_{sludge}\cdot p_0-w_1-w_2}{m_{sludge}+m_{CaO}-w_2}=\frac{p_0-0.834m\cdot(1-p_0)}{1+0.486m\cdot(1-p_0)} \tag{9-10}$$

对于初始污泥含水率$p_0=63\%$时，当 CaO/TS 的比值分别为 0.1、0.2、0.3 和 0.4 时，污泥石灰稳定后产品的含水率分别为 58.9%、54.86%、51.16%、47.3%。

由式（9-8）、式（9-9），污泥石灰稳定处理后产品的固体含量由于石灰的投加而有所增加。虽然反应中会由于蒸发损失一部分水量，但一般不足以抵消石灰的投加而带来的固体物的增加量。此外，原始污泥的 pH 以及所含磷酸根对处理后固体物含量也会产生影响。

9.3.2 污泥产品强度

石灰稳定处理后污泥产品的强度随着石灰投加剂量的增加而增大。由于污泥成分复杂，难以通过计算公式对污泥强度的增加进行推测，通常处理后满足填埋承压要求的污泥含固率为 35%～40%。

原始污泥的 pH 以及所含磷酸根除了对处理后固体物含量有影响外，对污泥强度的增加也有明显影响。实际中，对于采取化学除磷措施的污水处理厂，在相同的投加石灰剂量下其污泥产品的强度高于其他污泥。

9.3.3 污泥产品处置与利用

通常，污泥石灰稳定产物含水率相对较低，重金属得到钝化，并呈现颗粒状，且含有大量的钙化合物，因此后续处置利用可以考虑为建材利用，如烧制水泥、制砖、混凝土等。同时，经石灰稳定处理后的固体物可替代石灰石用于道路施工、工程回填土以减少施工成本。此外，污泥石灰稳定处理物含水率、卫生学、重金属、强度等指标已完全符合生活垃圾填埋标准，因此可直接进入垃圾填埋场进行卫生填埋；或用作填埋场覆盖土层。

一旦确定污泥的最终处置方式，可以考虑向污泥中混入多种物料，例如污泥建材利用时，可以向污泥中添加飞灰和少量水泥，以达到节省氧化钙和增加强度的效果。

对于重金属含量较低的污泥，在石灰稳定过程中可混入一定量的结构性物质，如秸秆、稻草、木屑等，改善污泥特性，同时利用石灰稳定处理后污泥仍呈一定的碱性、具有杀菌和平衡酸碱性等性质，最终将其应用于农业、绿化、林业或土地修复。这一方法西欧、北美有较多应用。有研究表明，采用石灰处理的生活污水污泥可有效改善土壤酸性，增强小麦对土壤中磷和钾的吸收，大幅提高产量。

由于石灰稳定处理物性质稳定，在对污泥 pH 有效监控下，可以有选择性地、科学地对废矿坑、凹地等进行回填，达到环境修复的目的。此外，污泥焚烧前进行加钙处理，可以使污泥含水率降到 60%以下，节约焚烧与运输成本。同时，由于污泥中含碱性钙，有益于烟气的脱硫处理。

9.4 污泥石灰稳定典型工艺

石灰稳定工艺可针对剩余污泥，通常设于浓缩池后、机械脱水之前，即直接将石灰（石灰粉或石灰乳液）投加到污泥浓缩池，进行混合搅拌反应以起到杀菌除臭作用，同时改善污泥脱水性能。

但更为典型、应用更为广泛的是石灰稳定干化工艺，工艺流程如图 9-1 所示。其主要包括给料系统；石灰计量投加系统；混合反应系统；处理后污泥出料输送系统；气体收集排放净化系统（主要是针对加钙量较高的应用场合）和成品污泥堆置系统等。

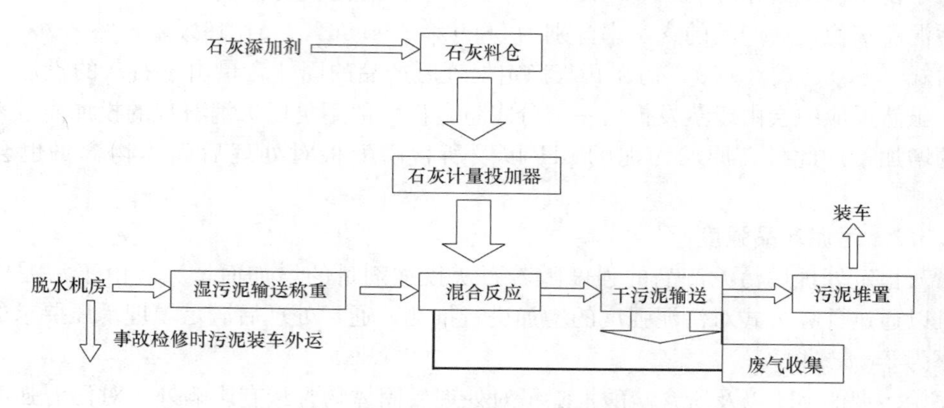

图 9-1 污泥石灰稳定工艺流程图

脱水污泥计量给料系统主要由污泥料仓、进泥输送机、称重装置组成。石灰计量投加系统主要有石灰料仓、石灰输送机和精密投加装置。混合反应器主要对污泥和石灰进行充分、均匀的机械混合，混合后含水蒸气的热空气从顶部排出，反应后的物料从底部排出。由于污泥与石灰有一个后续的反应过程，因此稳定后的污泥可以通过输送设备送至堆置棚进行进一步的堆置，以利于后续反应的进行，达到进一步脱水和稳定的目的。为防止稳定过程中产生的粉尘和臭气等带来的二次污染，利用除尘装置对尾气进行处理。

我国北京小红门污水处理厂即采用该工艺处理脱水后的泥饼，处理量大约 400t/d，其实际日处理脱水泥饼可高达 600～800t/d（脱水泥饼含水率平均 85%），石灰投加率不超过 30%。处理后出泥含固率不低于 40%，并实现钝化重金属离子和杀菌无害化的目的。其流程如图 9-2 所示。

当前，还有许多成套石灰干化工艺得到推广应用，比如：BIO*FIX 工艺、N-Viro Soil 工艺、RDP En-Vessel 巴氏杀菌工艺、Chenfix（Chenpost）工艺。

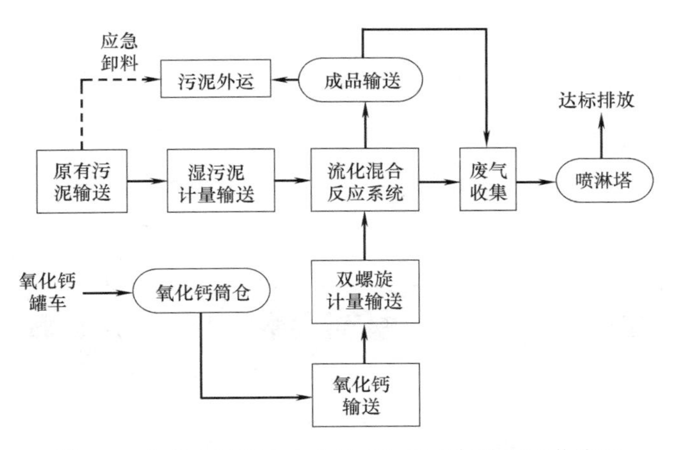

图 9-2 北京小红门污水处理厂污泥石灰处理工艺流程

9.4.1 BIO*FIX 工艺

BIO*FIX 工艺是由 Wheelabrator 净水公司 BIOGRO 分公司开发的专利石灰稳定工艺。如图 9-3 所示。该工艺是将生石灰（以及其他物料）以合适的比率与污泥混合在一起，生产符合美国 EPA A 类（PFAP）或 B 类（PSAP）标准的污泥产品。可在同一装置内生产多用途产品，有效控制挥发物和臭味，固定重金属并降低其浓度。处理后污泥资源化利用，可大部分用于垃圾填埋场的覆盖土层。

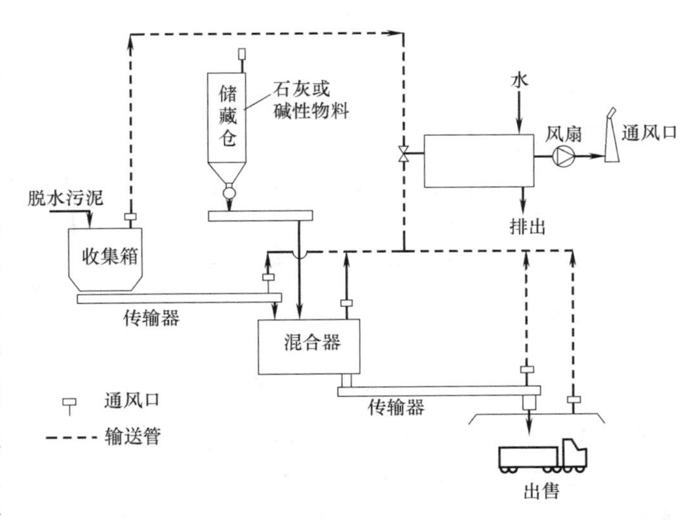

图 9-3 BIO * FIX 工艺流程

9.4.2 N-Viro Soil 工艺

N-Viro Soil 工艺是 20 世纪 80 年代后期由美国俄亥俄州 N-Viro 能源公司开发，采用相对低温、高 pH 和干燥化联合处理来达到美国 EPA A 类污泥标准要求。其最终产品干燥、无臭且颗粒化，可作为石灰化药剂、垃圾填埋场覆盖土层或土壤补充剂。工艺流程如图 9-4 所示。

9.4.3 RDP En-Vessel 巴氏杀菌工艺

RDP En-Vessel 巴氏杀菌工艺由美国 RDP 公司开发研制。该工艺包括生石灰与脱水污泥的混合和辅助加热（通常电加热）两部分。该系统有脱水污泥进料器、双轴热混合器、带有变速石灰进料的石灰存储仓和巴氏低温杀菌容器。热混合器把石灰与污泥混合起来，并加热混合物至大约 70℃，用电加热污泥进料器和混合器，并绝缘隔离巴氏低温杀菌容器，加热的混合物在容器内在 70℃以上保存 30min 以上。

工艺流程如图 9-5 所示。

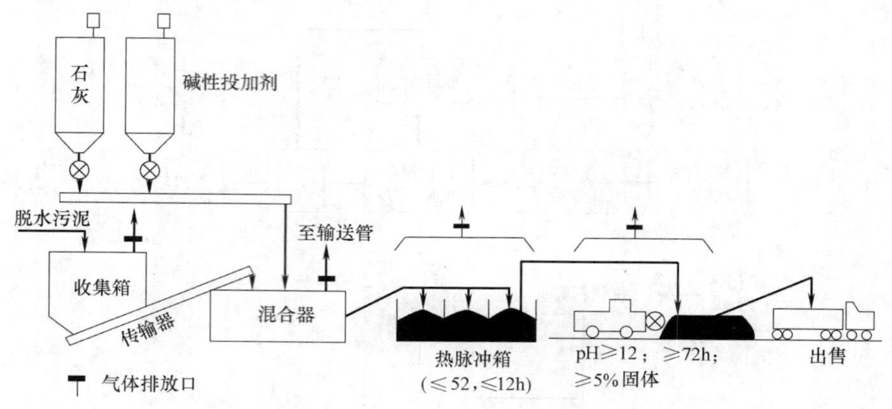

图 9-4 N-Viro Soil 工艺流程

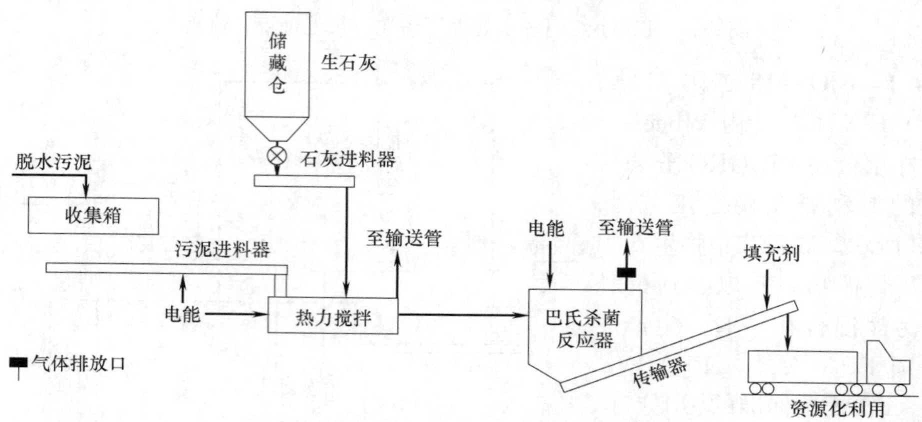

图 9-5 RDP En-Vessel 巴氏杀菌工艺流程

9.4.4 Chenfix 工艺（Chenpost 工艺）

Chenfix 工艺是 20 世纪 70 年代开发出来的，主要使用石灰、波特兰（Portland）水泥和硅酸钠凝硬性化合物来处理污泥。20 世纪 90 年代早期，该工艺经过改进成为 Chenpost 工艺。图 9-6 为 Chenpost 典型工艺流程。

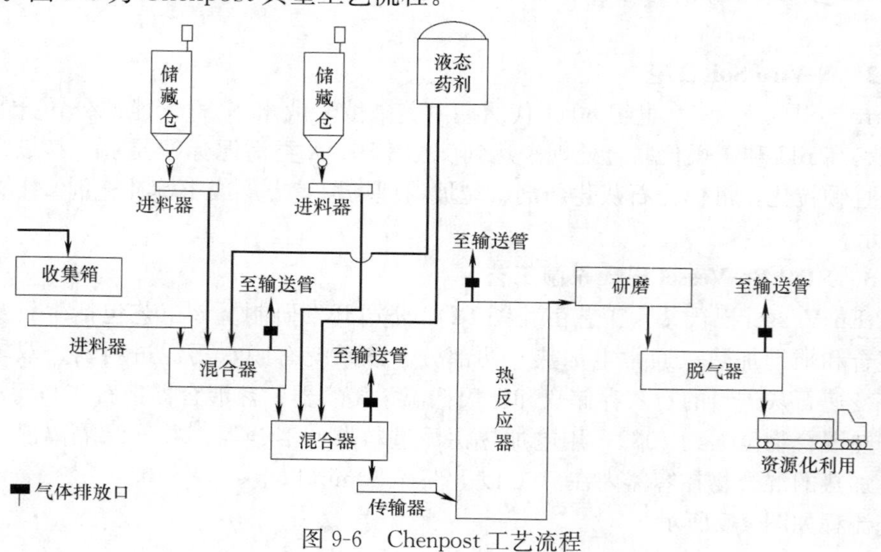

图 9-6 Chenpost 工艺流程

9.5 污泥石灰稳定工艺设计

9.5.1 设计原则

石灰与污泥反应历时时间较长，但从微观上看，石灰一旦与污泥接触就开始进行反应，所以工程设计与实施中应遵循以下原则：

(1) 对污泥-水-氧化钙这一体系，要在尽量短的时间内使氧化钙粉末均匀地与污泥混合，尽快实现接触表面的最大化。

(2) 由于污泥的触变性以及污泥-水-氧化钙体系的传质是反应速度的控制步骤，因此处理过程中要尽量避免“挤压”，以维持污泥较松散结构，利于粉料与污泥的混合与扩散。

(3) 由于整个反应进行得较慢，污泥在后续的输送过程及堆积过程中仍存在进一步的反应，设计中应优化工艺条件以利于污泥的后续反应。

9.5.2 设计要点

(1) 污泥装卸及投配设备

脱水泥饼的装卸设备主要包括带式及螺旋式输送机或泵。带式输送机一般水平安装或稍有倾角安装，会存在小范围漏溅、打滑及轴承连接件需经常性维护等缺陷。螺旋输送机在输送过程中会将泥饼滚成球状。泵能够将脱水泥饼压实成长条状。因此需要在混合阶段进行破碎。

传输系统及其他活动部件需经常维护，当传输系统采用多级序列，为防止过多停机应设置超越管线。

污泥和生石灰需按一定的配合比通过给料系统输送至混合反应器内，经机械脱水后的污泥最好能较快地进入混合反应设备，脱水污泥由于数量较为稳定，采用污泥泵投料时，可不必在线计量，可将污泥泵的运行工况信号作为污泥进料的计量信号。若采用皮带输送或螺旋输送则采用带称重装置的设备。

(2) 碱性物料的贮存及投配

碱法稳定工艺需要特殊的化学药剂贮存及投配设备，传统碱式化学药剂通常存储容量应至少为 7 天耗药量，最好采用 2～3 周的供应容量。氢氧化钙可以存储达 1 年以上。生石灰由于其变质较快，贮存期一般不超过 3～6 个月。绝对最小贮存容量取决于化学药剂供应商与处理厂之间的运输距离，一般为 200%的化学药剂一批装运的体积。

碱料应存储于钢制的筒仓中，筒仓带有料斗，其斜边的坡度至少为 60°。若采用堆状存储筒仓或药品日贮箱，需设置除尘装置及活底料箱，料斗搅拌装置或空气衬热用以协助卸料及降低阻塞或分流。

生石灰应以堆状或粒状贮存，并要减少贮存期间与湿气发生反应。尤其当碱料贮存期高达 6 个月时更应防止地区潮湿引起的化学反应。但无论使用哪种药剂都存在着潜在的问题。在存储过程中，石灰可以与空气中的二氧化碳反应生成碳酸钙覆盖于石灰颗粒表面，使石灰活性降低。生石灰与其他碱料容易与空气中的湿气反应，会形成块状阻碍进料及消解。因此，石灰应贮存于干燥设施中防止发生潮解。由于潮解过程是放热反应，因此生石灰的贮存不能靠近易燃材料。

若药剂贮存筒仓与药剂投配点之间的距离很短，干燥的碱料既可由螺旋输送机运输，也可通过气动传输，既可在有压状态下，也可在真空状态下。每一种气动传输方式都各有优点，如在真空状态下传输可以降低飞灰问题，而压力状态下传输系统可以传输大块体积的物料。气动传输用的压缩空气应预先干燥以降低水合作用及其他与潮湿相关的问题。

化学药剂投加设备有许多种，包括容积式螺旋进料器、旋转式气锁进料器及重力式计量进料器。容积式进料器是以恒定体积投加碱料而不考虑物料的密度，重力式进料器是以恒定质量投加碱料。重力式进料器相对来说控制更加准确，但价格约为容积式进料器的两倍。实际应用时需根据特定的用途对二者做出评估。进料设备应通过一个滑动门或类似装置与储料筒分隔开，目的是当计量设备发生堵塞问题时可以方便解决。

大多数的药剂投配系统会产生粉尘问题。粉尘的主要来源是由于滑动门安装不良及进料装置的泄漏。可以通过降低或封闭位于进料装置及混介器之间的垂直距离来减少粉尘的产生。

(3) 液态石灰药剂装卸及混合要求

投至湿污泥中的石灰一般用石灰乳。干石灰粉容易结块不能有效地投加。在混入泥浆后，氢氧化钙和水化生石灰在溶解后化学成分是一样的，故可以使用相同的投配工艺。石灰乳的制备可以间歇也可以连续。

石灰乳贮存池的搅拌可以用压缩空气、水射器或机械搅拌机等方式，然后按需要输送至混合池中，传输过程是整个工艺中产生问题最多的操作之一。石灰乳与制备用水中的碳酸氢根反应并与大气中的CO_2结合生成碳酸钙沉淀会造成管线的堵塞。堵塞程度随着输送距离的增加及与石灰乳接触的碳酸氢根或CO_2的量的增加而变得严重。因此，石灰乳贮存池应尽量靠近混合池。

采用生石灰或是氢氧化钙进行湿污泥稳定的根本区别是生石灰需采用消解设备。消解反应可以间歇或连续地发生，间歇方法更适用于小规模处理厂。消解反应包括溶解生石灰产生石灰膏或石灰乳。当水∶生石灰为2∶1或石灰乳∶生石灰为4∶1时会产生石灰膏。制备石灰膏需停留约5min以保证水解反应在消解池内进行完全。若为石灰乳应停留30min。水解反应属于放热反应，因此升高温度有助于反应的发生，但会导致沸腾及飞溅等潜在的危险。消解完成后，石灰膏被投加至稀释池中稀释至所需浓度，同时去除颗粒物。

用于连续消解反应的设备取决于石灰与水的比例，合适的比例也取决于石灰的类型及使用的设备。因此，设计消解系统时应结合考虑。

稳定池位于消解池的下游以确保氢氧化钙与水中的溶解固体反应完全。消解池中的石灰乳应尽量直接排放至稳定池，稳定池的停留时间至少为15min。这时需要充分的搅拌以保证颗粒处于悬浮状态并防止短流的发生。对于圆柱形池高度与直径之比为1∶1，相应的最小的功率要求如表9-1所示。

湿污泥与石灰乳混合的最小功率要求 **表9-1**

乳液浓度(lb /gal) ①	最小功率(hp/1000 gal)②
1	0.25
2	0.50
3	1.00

注：① 1b/gal×0.1198=1kg/m³。

② 1hp/1000gal×19.3=1W/m³。

在选择搅拌设备时要设置防止旋涡产生的挡板，应根据池型设计防止造成死角固体堆积。应设置采用稀释的盐酸来清除泵及管道中碳酸钙沉积的清洗系统，同时由于采用盐酸的缘故，泵及管道的材质必须耐酸和碱的腐蚀。

（4）干式石灰稳定工艺脱水泥饼与化学药剂的混合

干式石灰稳定系统最关键的环节是使脱水泥饼与化学药剂充分搅拌混合。搅拌的目标是将泥饼与药剂完全混合，泥-药混合物的 pH 一致，否则会导致不完全稳定，产生臭味和粉尘问题。

混合过程一般采用机械搅拌机，如叶片式混料机、犁形混料机、桨式搅拌机、带式混合器、螺旋输送机或类似设备。脱水泥饼与药剂一起加入至搅拌机的前端。搅拌机的工作可以是间歇的也可以是连续的。

脱水泥饼的混合特性随着污泥浓度、脱水前用来调质的聚合物、化学药剂的种类及投加量、温度、混合强度、接触泥饼每单位体积需要搅拌设备的表面积及混合停留时间的不同而不同。当选择搅拌设备时，还应考虑最大及最小的泥饼产量、运行时间及其他操作条件等。为适应上述不同的混合特性及条件，可以在搅拌设备上配备变速电动机、可调式桨叶、堰板及其他可以调节混合强度及停留时间的装置。

石灰稳定处理物的物理特性也会受到混合反应中搅拌参数的影响。稳定后产品污泥的物理稠度可以是黏滞的也可以是颗粒状的。混合反应阶段的目的必须考虑产品特性与最终用途或下一步处理过程相适应。

此外，污泥产品的特性在后续的输送过程及堆积过程中还会有所变化，这是由于仍在进行的化学反应、温度及其他因素所造成的。设计中应充分考虑污泥的后续反应以及后期处置以优化工艺条件。

同时，装置内安装在线监测仪表以检测物料的反应温度，监视系统的工况，并对污泥、石灰的混合比以及反应效果进行反馈控制。

（5）污泥稳定干化产品的输送与堆置

由于石灰与污泥的反应还有一个持续的过程，确定合理的后续堆置反应时间，设计足够的混合物料堆置设施（一般为 5～10d 混合物料的堆置空间），为其进一步的反应提供有利条件是必要的。通常将稳定干化产品由输送机输送至污泥储存区，并要考虑粉尘及有毒有害气体的控制。

混合设施的设计标准与好氧消化中的混合标准相类似。当采用空气扩散系统混合时，扩散器的形式应为大气泡式的。扩散器一般安装于沿池体的一侧池壁上，形成螺旋状的流态。曝气速率一般为 0.3～0.5L/(m^3 · s)，对于浓缩的进料污泥需加大空气量。

第10章　污泥其他稳定技术

污泥主要由颗粒有机物（微生物）组成，通常对生污泥采用厌氧消化工艺稳定处理。然而污泥厌氧反应速率低，生物固体停留时间长且消化污泥仍然含50%有机固体。因此提高污泥消化效率，尽量减少污泥体积及其中有机物质是当前污泥稳定工艺的发展方向。热处理、微波处理、超声波处理等技术或组合技术均能在杀灭病原菌、破解污泥、促进有机物分解方面发挥重要作用。除此之外，机械破解技术、臭氧氧化技术、氯化技术、酶制剂技术或以上联合技术等等也可实现污泥的破解，促进污泥消化和稳定。

以上技术在污泥的减量化技术中又称为污泥溶胞技术，通常是利用物理、化学或生物强化手段破坏污泥絮体中微生物的细胞结构和较难生物降解的细胞壁，使微生物细胞死亡，溶出胞内物质，增加液相中的可溶性易水解的有机物，同时改变污泥絮体结构，释放胞外聚合物（EPS），并被胞外酶快速水解为小分子的有机化合物。这些有机物作为自产底物可以被微生物摄取、利用和消化，实现微生物的隐形生长。

经过溶胞技术处理过的污泥进入到后续生物处理单元，可以提高污泥消化的效率，进而实现污泥的减量和稳定。研究结果表明，对污泥进行破胞处理加速了EPS的溶出，促进了污泥细胞内大分子有机物质水解，从而缩短了污泥水解时间，改善了污泥后续消化的性能。污泥溶胞消化技术就是基于溶胞破壁技术和污泥消化技术的一种联合技术。

此外，通过溶胞破壁技术处理后的污泥脱水性能也大大改善。

10.1　热处理技术

10.1.1　热处理技术在污泥处理中的作用

污泥的热处理是指在一定压力下，将污泥加热至中等温度（小于100℃）或220℃或以上的高温，并持续数分钟或数小时，以使污泥达到以下目的：

（1）稳定化和无害化。通过加热杀灭致病菌等微生物，起到消毒和除臭的作用，同时使污泥中的一部分有机物质发生化学反应，促进有机物降解（中温热处理有机物的矿化率较低）。

（2）减量化。通过加热破坏细胞结构，使污泥中的内部水释放出来并被蒸发带走实现减量化，以及通过有机物的分解矿化达到固体物的最大限度的减量化。

（3）对后续处理工艺起到促进作用。首先可促进污泥中颗粒有机物的水解，促进污泥的厌氧消化。由于污泥中大部分有机物为微生物细胞物质，被细胞壁所包裹，厌氧消化时细胞壁破碎和溶解缓慢，因此，水解酸化阶段被认为是污泥厌氧消化的限速阶段。通过热处理可使污泥中的部分微生物细胞受热膨胀而破裂，释放出蛋白质、矿物质以及细胞碎片。且随温度的升高，污泥的水解速率加快、水解程度增大，低分子有机物和有机酸浓度增加。从而提高污泥溶解性，改善污泥可生化性，缩短后续厌氧消化时间，减小消化池体积，并提高沼气产量，强化和改善消化效率。其次，热处理会导致污泥絮体结构和细胞结构破碎、氢键断裂，使污泥中的吸附水、毛细虹吸水、结合水等成为游离水，显著地改变污泥的黏度，从而改善污泥的脱水性能。另外，由于灭菌和除臭效果，可满足后期处置资源化的卫生学指标。

（4）资源化。对于高温热处理可以将有机物转化为可燃的油、气等燃料实现资源化。

10.1.2 污泥热处理技术分类

（1）根据氧化还原环境不同，可分为三种，即有氧、缺氧、无氧。污泥焚烧、湿式氧化为有氧热化学处理；气化为缺氧热化学处理；热解、直接液化等为无氧热化学处理。

（2）根据反应相介质不同，污泥热化学处理工艺分为：气相、液相和超临界溶剂三大类，其中液相又可分为水和有机溶剂两种。污泥的气相热化学处理工艺有：焚烧、热解和气化；液相热化学处理工艺有：湿式氧化和直接热化学液化（包括水和有机溶剂两种）；超临界溶剂相工艺主要是超临界湿式氧化污泥处理工艺。

（3）根据反应压力，污泥热化学处理工艺分为：常压（小于0.7MPa）与有压（大于0.7MPa）两类。常压热化学处理工艺包括：焚烧、热解、气化和某些有机溶剂直接液化工艺；有压热化学处理包括：湿式氧化、水相直接热化学液化和超临界湿式氧化。一般地，气相热化学处理多为常压，液相热化学处理以有压为主。

（4）根据温度的高低，污泥热化学处理工艺分为：高温和低温，通常以600℃进行概念性区分。污泥高温热化学处理工艺主要有：焚烧和高温热解；低温处理工艺包括：低温热解（热化学转化）、湿式氧化（含超临界溶剂）和直接热化学液化。

（5）根据污泥的运动状态，污泥热化学处理工艺分为：堆积态运动、流态化悬浮和流态化流动。

对于各污泥热处理工艺来说，不同工艺所能达到的目标有所不同。一类是将热处理工艺作为最终的处置手段。如污泥焚烧（完全燃烧）是将脱水污泥加温干燥，再用高温氧化污泥中的有机物，使污泥完全矿化。经焚烧后的污泥水分和有机质全部去除，杀灭一切病原体，并能最大限度地降低污泥体积。污泥的高温热解是利用污泥中有机物的热不稳定性，在无氧条件下对其加热，使有机物产生热裂解，有机物根据其碳氢比例被裂解，形成利用价值较高的气相（热解气）和固相（固体残渣）。污泥熔融技术是对污泥进行1300～1500℃的高温处理，燃尽其有机成分，并使灰分在融化状态流出炉外，并自然冷却固化成炉渣。超临界水氧化技术是指在温度和压力高于水的临界温度（374.3℃）和压力（22.1MPa）之上的反应条件下，以超临界水为反应介质，以空气或氧气为氧化剂，将水中有机污染物彻底氧化成CO_2和H_2O的过程。通过污泥焚烧、污泥热裂解、污泥熔融、超临界水氧化这类技术，对污泥处理得比较彻底，无需进一步处理。

另一类污泥热处理工艺主要利用热处理的溶胞作用，其有助于提高有机物去除效果，减少污泥固体量，强化污泥稳定。如120℃左右的热水解、湿式氧化等。这类技术能够使污泥胞内物质被释放出来，促进水解的进行，从而改善污泥消化性能。例如，经湿式氧化后的污泥虽有部分可溶性有机物被氧化成CO_2和H_2O，但仍有一部分溶解性有机物以乙酸的形式存在。在湿式氧化阶段这类物质很难再被进一步氧化，但在厌氧和好氧生物处理过程中其十分容易被降解，因此可以将湿式氧化作为厌氧或好氧消化工艺的预处理工艺。这类技术也可置于机械脱水前用于污泥的调理，改善污泥的脱水性能。当污泥经高温（大于100℃）热处理后，其中的微生物基本被杀灭，处理后的污泥可土地利用。

10.1.3 热处理破解污泥的过程

本节主要讨论具有溶胞作用的污泥热处理过程。

污泥热处理的温度通常为40～180℃，也有采用更高的温度150～250℃。热水解是一种特殊的热处理工艺。传统意义的污泥热处理只是对污泥进行升温，破坏污泥的絮体结构，而不关心细胞是否破碎、细胞物质是否水解。而污泥热水解则更强调升温条件使污泥中的一部分细胞物质水解，从大分子转化为小分子物质。因此，污泥热水解所要求的热处理条件（如处理温度、压力和时间）均比普通的热处理更严格，通常热水解的温度范围为150～200℃，压力为600～2500kPa。

污泥热处理大致包括两个过程：固体物质的溶解及絮体的破碎过程和有机物的水解过程。这与热处理温度有关，通常温度较高时，两个过程同时存在；而温度较低时，可能只有固体物质的溶解过程。详细来讲，污泥的热处理又可以细分为以下4个过程：污泥絮体结构的解体、污泥细胞破碎和有机物的释放、有机物的水解和有机物发生美拉德反应。

(1) 污泥絮体结构解体。当污泥受热时，污泥絮体内部及表面的胞外聚合物（EPS）在热处理过程中首先溶解，然后转移到液相中，同时，絮体结构中的氢键被破坏，导致污泥的絮体结构发生解体，其中的间隙水会被释放出来成为游离水。

(2) 污泥细胞破碎和有机物释放。随着热处理的进行和温度的升高，污泥微生物的细胞结构（包括细胞壁和细胞膜）受到破坏，将胞内的有机化合物释放出来，并转化为溶解性物质，这些有机物包括蛋白质、碳水化合物和脂类等。Hamers等（1994）研究认为，在污泥热处理时，45～65℃时细胞膜破裂，rRNA被破坏；50～70℃时，DNA被破坏；65～90℃时，细胞壁破坏；70～95℃时，蛋白质变性。

(3) 有机物水解。从污泥絮体中和细胞内溶解出来的有机物，在热处理过程中发生水解，生成溶解性中间产物（如高级脂肪酸和氨基酸等），并可能进一步转化为分子量更小的其他化合物，如挥发性脂肪酸（VFA）。蛋白质可水解成多肽、二肽和氨基酸，氨基酸进一步水解成低分子有机酸、氨和二氧化碳；碳水化合物水解成小分子的多糖，甚至单糖；脂类水解成甘油和脂肪酸；核酸发生脱氨、脱嘌呤或降解。

(4) 美拉德反应（Maillard Reaction）。水解出来还原糖的醛基和氨基酸中的氨基会发生美拉德反应，生成一种难降解的褐色多聚氮。这种反应在污泥的低温处理时也能发生，但在高温处理下（200℃以上）发生最快。通常来说，污泥絮体结构的解体、污泥细胞破碎和美拉德反应所要求温度较低，而有机物的水解则要求较高的温度。

4个过程可同时发生，也可能只发生其中的几个过程，主要取决于热处理温度。

10.1.4 污泥热处理效果的影响因素

影响污泥热处理效果的因素主要可以分为两类：一是热处理条件，二是污泥性质。另外，如在热处理过程中加入适量的氧气，可以氧化处理过程中产生的水解产物，提高可生物降解性。

1. 热处理条件

(1) 加热方式。传统的加热方式有直接蒸汽注入法和间接热交换法。蒸汽注入法可使污泥颗粒直接与热能接触，提高加热效率，但大量蒸汽冷凝成水后会增加污泥的体积；间接热交换法是利用回收其他设备的废热经热交换器进行间接加热。后者较为简单且环保。

如果加热温度比污泥沸点还高，就会发生沸腾，需采用高压釜，通过加压来升高温度。

（2）热处理温度和时间。升高温度和延长热处理时间在一定范围内，均能促进污泥有机物的溶解并提高可溶性COD，还会减少污泥的干重，改变污泥的pH。但均存在一个最佳值，超过该值，对上述指标均不会产生影响或影响很小。

升高热处理温度能够增加可溶性COD，如150℃时比120℃时的COD可增溶约15%～20%；在200℃时，可达到30%。但是当热处理温度在200℃以上时，热处理污泥的厌氧消化性能反而会下降。其原因是在高温条件下污泥中有机物（糖类和蛋白质）发生美拉德反应，生成多聚氮类等难生物降解的物质。通常认为污泥热处理的最佳温度为170～175℃。Bouguier等发现热处理温度会影响污泥的pH。对某种剩余活性污泥而言，当温度从130℃升高到160℃时，热处理污泥的pH会从7.15升高到7.80，如再升温至170℃，污泥的pH反会下降到7.10。热处理温度还会影响污泥上清液的色度，当温度从165℃降低到140℃时，污泥上清液的色度会从12677mg/L降到3837mg/L（以PtCo计）。

热处理时间的延长可在一定程度上弥补温度不同所造成的影响。但热处理时间只对低温下的热处理有影响，对200℃及其以上的热处理几乎没有影响。例如，采用160℃热处理时，当处理时间从15min延长到50min时，COD的增溶率从23.8%提高到26.10%，而延长处理时间对温度在200℃以上的热处理几乎没有影响。

2. 污泥性质

（1）污泥种类与来源。来自不同行业的污泥，最佳热处理温度不一样，相同条件下，处理效果也不一样。例如，对于市政污水处理厂的污泥，最佳热处理温度为165～180℃；而对于处理工业废水（如造纸工业）的剩余活性污泥，最佳温度为150～165℃。引起这些差异的原因可能是后者的生物质比前者单一。热处理时，挥发性有机酸产生量与污泥的VSS含量有关。初沉污泥的VFA最大产生量为3000mg/L（以COD计），二沉污泥为4000mg/L，而混合污泥为3200mg/L。另外，溶出的SCOD也与污泥性质有关，初沉污泥和混合污泥均为6500mg/L，而二沉污泥为7500mg/L。

（2）污泥浓度。研究发现，经121℃热处理30min后，污泥的SCOD、溶解性蛋白质和碳水化合物（糖类）等均随着污泥浓度的升高而增加，但污泥浓度对单位污泥溶出的有机物影响不大。

10.1.5 污泥热处理技术特点

（1）优点。①杀菌、消毒，实现污泥的无害化；②可促进污泥中颗粒有机物的水解；③减少污泥的体积；④提高污泥的脱水性能；⑤促进污泥的厌氧消化等。

（2）缺点。①污泥热处理尤其是高温热处理时，会产生难降解的多聚氮，导致污泥的可生物降解性降低，降低污泥厌氧消化的效率；②污泥热处理需要特殊设备，尤其是高温热处理时；③能耗较高。

10.2 微波技术

微波加热能大大缩短反应时间和能量需求（传热过程热损失较少）并达到破解污泥的目的，促进污泥的厌氧消化和脱水性能兼具杀菌功能，故微波加热代替传统热处理越来越受到关注。

10.2.1 微波破解污泥原理

微波是指频率为 $3\times10^2\sim3\times10^5$MHz 的电磁波，电磁波可以改变介质离子的迁移和偶极子的转动情况，使介质分子热运动加剧，相邻分子间产生摩擦作用，从而使分子获得能量，达到使受热物体升温的效果。微波加热具有瞬时性、均匀性、穿透性、灵敏性、选择性、高效性并易于控制的特点。基于微波的这些特点可将其应用于污泥的破解。

破解污泥的原理主要概括为以下三个理论：

（1）选择性吸收破解理论。微波加热具有很好的选择性。细胞内不同部位的物质，对微波能的吸收能力存在显著差别，从而导致微波场中的细胞局部受热。富含自由水分子的部位，比如液胞，在微波场的作用下迅速升温，水分汽化，胞内压力骤增，细胞壁和细胞膜不能承受如此大的内压，故细胞出现缺口而破碎。

（2）热效应理论。由于微波具有高频穿透特性，使微波场中极性分子或偶极子（水、蛋白质、核酸等）受到交换频率高达数量级的交变电场的作用而剧烈振荡、相互摩擦产生“内热”，从而导致温度瞬间升高，污泥微生物细胞壁中的蛋白质及细胞质膜中含的脂类受热易分解溶于水，进而产生孔隙，甚至完全破坏导致胞内物质流出。

（3）非热效应理论。污泥微生物细胞被微波辐射时所处物理环境为电磁场，微生物细胞在电磁场中能出现电性质的强烈反应。微生物细胞内水分子作为电极性分子，在交变磁场中出现随电磁场频率变化的电极性振荡，电容性结构的细胞膜则被电击而破裂，同时，细胞壁也会受到某种机械性破坏而破裂，细胞结构遭到破坏，细胞的核酸和蛋白质等渗漏体外。

10.2.2 微波技术在污泥处理中的作用

1. 微波促进后续的厌氧消化

微波破解污泥后，大量被挟裹在菌胶团的胞内有机物释放到胞外，从而易于为微生物利用，提高污泥的可生化性，便于污泥的后续水解酸化，增加了污泥液相中 SCOD 浓度，缩短了厌氧消化停留时间，提高了污泥厌氧消化性能及生物产气量。

2. 微波去除挥发性有机物

当用微波辐照时，水分子会吸收微波能后升温蒸发，将一部分易挥发有机污染物从污泥中带出。这与污泥的含水量有关，含水量高有利于形成蒸馏，并将有机污染物大部分蒸馏除去。这一过程所需温度一般低于 100℃，蒸馏进入气相的有机物不会被分解或形成其他副产物。对于那些半挥发性化合物，可采用多级蒸馏法，即重复加水、重复利用微波辐射作用，可将这些半挥发性化合物除去。

3. 微波杀菌

微波可以有效杀灭厌氧消化过程中无法杀死的有害菌，实现污泥处理的无害化。主要是由于微波能在微生物体内转化为热能，使其本身温度升高，使体内蛋白质发生热变性凝固致死；此外，细菌、病毒等生物细胞都是由水、蛋白质、碳水化合物、脂肪和无机物等复杂化合物构成的一种凝聚态介质，其中水是生物细胞的主要成分，含量为 75%～85%，细菌的各种生理活动都必须有水参加才能运行，如细菌的生长、繁殖过程等，对各种营养物质的吸收要通过细胞质的扩散、渗透及吸附来完成，都需以水为介质才能运行。在一定强度微波场的作用下，菌体会因自身水分极化而同时吸收微波能升温。由于菌体内的物质是凝聚态介质，分子间的强作用力加强了微波能向热能的转化，使细菌体内蛋白质同时受到无极性热运动和极性转变两方面的作用，空间结构变化或破坏导致变性。蛋白质变性后，其溶解度、黏度、膨胀性、渗透性、稳定性都会发生明显变化，使细胞失去活性。

4. 微波辐射改变污泥的结构及性质，提高污泥的脱水性能

适宜的微波辐射通过高频电磁场作用引起带负电的污泥颗粒加速运动，相互碰撞，促使污泥结构脱稳，同时污泥中含有大量极性水分子，其对微波的吸收能力远大于污泥EPS（胞外聚合物），短时间微波辐射引起污泥中的温度梯度，破坏了结合水与EPS之间的结合力。此外，污泥结构的破坏，也促使菌胶团内部包含的水释放成可以比较容易去除的自由水。因此，适宜的微波辐射促进了污泥脱水性能的改善。但是，高强度或过长时间的微波预处理会完全破坏菌胶团结构，使得污泥胞内物质大量溢出，黏度增大，使污泥的脱水性能变差。

10.2.3 微波处理污泥的影响因素

1. 热处理条件

（1）加热方式。加热方式有常压开放系统和高压密闭系统两种。当加热温度小于100℃时，两种装置对污泥的处理效果相同；当加热温度大于100℃时，则高压密闭系统加热方式更有利于污泥水解。

（2）温度与处理时间。微波加热可根据温度高低分为低温处理（处理温度≤70℃）、中温处理（70℃<处理温度≤100℃）和高温处理（处理温度>100℃）3种。通常处理效果随着加热温度的增加而提高。在污泥减量化效果方面，加热温度越高，减量化效果越好。但对后续污泥厌氧消化影响方面，温度过高，难生物降解有机物的生成量会随温度的升高而增加，而产生不利影响。此外，对加热时间而言，在相同的加热温度下，微波处理污泥效果随着时间的延长而提高，但若加热时间超过30min，或超过200℃时，处理效果不会再明显提高。

（3）微波功率。对质量相同、初始温度相同、加热后终温也相同的污泥而言，一定条件下微波功率减少更有利于污泥处理效果。因为，随微波功率减少，污泥的升温速率随之减小，相应处理时间延长。由于微波处理污泥的本质是由于微波能被污泥吸收而产生各种效应，即处理效果应该与吸收的微波能量呈正比，当时间延长可更充分地吸收微波能量，在一定程度上提高处理效果。

2. 污泥性质

（1）污泥种类。污泥种类是影响污泥微波处理的重要因素，通常污水厂污泥包括初沉污泥、剩余污泥及混合污泥（初沉污泥＋剩余污泥）。研究表明，微波对剩余污泥的处理效果优于对初沉污泥和混合污泥的处理效果。

（2）污泥浓度。通常，微波能量的有效利用效率随污泥浓度增加而增加。但当污泥浓度太高时，会给混合搅拌等带来不利影响且很难获得上清液。因此，污泥最大TS浓度不宜超过9%。

10.2.4 污泥微波处理技术特点

（1）优点。①杀菌、除臭、实现污泥的无害化；②连续破壁、快速分解污泥，提高污泥的稳定性；③改善污泥特性，利于污泥脱水和减量化处理；④高效、节能、易于控制且安全环保。

（2）缺点。①对微波装置要求高；②微波处理后产生的反应物具有不安全性，还有待进一步确定。

此外，微波也可与其他方法联用破解污泥，如在碱性条件下微波热水解污泥、硫化钠及磷酸钠协同微波作用稳定污泥等。

10.3 超声波技术

10.3.1 超声波破解污泥原理

超声波对污泥的破解作用，是基于 20kHz～10MHz 之间超声频率对污泥的超声空穴效应。即当液相压力低于大气压时，污泥中会产生大量的空化气泡，这些气泡在声场作用下不断振动，当声压超过某个阈值时，空化气泡剧烈压缩、膨胀并瞬间破灭。由于气泡的瞬间破灭，会产生液体紊流和强烈的剪切力（高速射流，110m/s），并伴有瞬间局部高温(5000K)、气液界面局部高压（5.00×10^4kPa）。这些特性使超声波这种能量形式有别于机械搅拌等形式。

其对污泥的破解具体表现在以下几方面：

（1）空穴产生的机械作用。超声空化气泡瞬间破灭时，对气泡周围的液体介质产生强大的水力剪切力，破坏污泥絮体结构及污泥细胞。

（2）由自由基引发的声化学作用。超声空化气泡瞬间破裂产生高温热解形成 OH·等高活性自由基及 H_2O_2 等强氧化性物质作用于污泥絮体，破坏污泥结构。

（3）超声过程污泥温度升高产生的热效应。污泥温度升高，污泥细胞质膜中的受热易分解的脂类溶解，使膜产生小孔，细胞内含物流出，导致污泥破解。

10.3.2 超声波技术在污泥处理中的作用

1. 超声波有助于改善污泥可生化性，提高污泥活性，促进后续厌氧消化

超声波预处理破坏菌胶团强度结构后，菌胶团的胞内有机物释放到胞外，易于被微生物利用，提高污泥的可生化性，便于污泥的后续水解酸化。由于厌氧消化的关键步骤是水解，将不溶性的有机物转变为溶解性有机物的过程十分缓慢，致使厌氧处理周期长。而超声波预处理可以相当程度地取代水解过程，使后续厌氧消化时间大大缩短。

除了对污泥结构的破坏外，超声波还能改变微生物的活性。一定强度的超声波可以促进酶的活性，加快微生物生长，提高其对有机物的分解吸收能力。线性超声波处理酵母菌可以使酵母细胞生长对数期提前，细胞数提高近一倍，细胞干重也有较大提高。其原因是超声波产生的微冲击流改进了细胞内外的传质作用，进而加快有机质进入细胞和被代谢物排出细胞的进程。

超声波还可以加快细胞膜的传递，在提高可溶性有机物含量和增加细胞活性的共同作用下，超声波预处理大大地加快了厌氧消化的速率，这种促进效应在超声波停止后数小时内依然存在，从而大大缩短厌氧消化时间，提高处理效率。

研究发现特定条件下，30～120min 的超声波处理可使厌氧消化时间从 22d 降到 8d，挥发性有机物的去除率从 45.8%提高到 50.3%。

此外，超声波空化效应使水中形成自由基以及 H_2O_2 等强氧化性物质，无需外界加温情况下完成一些需要极端条件的化学反应，在不添加化学药剂、酶以及其他微粒的情况

下，使难降解的有机物得以分解。

因此超声波处理可作为厌氧消化的预处理技术，促进厌氧消化，提高沼气产量。其典型工艺流程为：

剩余污泥→浓缩→接触反应池→厌氧消化→机械脱水→外运

↑

超声波发生器

2. 超声波可改善污泥沉降性能和脱水性能

超声波能对污泥产生一种海绵效应，使水分更易从波面传播产生的通道通过，从而使污泥颗粒团聚、粒径增大，当粒径增大到一定程度时，就会做热运动，相互碰撞、粘结，最终沉淀。又由于超声波对污泥产生的局部发热、界面破稳、扰动等作用，会加速固液分离过程，改善污泥的脱水性能。

此外，污泥菌胶团内部包含的水约占污泥总水量的27%，且菌胶团结构稳定，难以被机械作用（压滤、离心）破坏，造成污泥脱水困难。但超声波能有效地破坏菌胶团结构，将其内部包含的水释放成可以比较容易去除的自由水。同时可以保持较大的污泥颗粒，有助于提高污泥的沉降性能。

将超声波作为机械脱水前的预处理技术的典型工艺流程为：

剩余污泥→重力破碎→超声波处理→机械脱水→外运

10.3.3 超声波处理污泥的影响因素

1. 超声波频率

大量试验结果表明，超声波的频率增加，污泥液体介质中的空化气泡减少，空化作用强度下降，超声化学效应也相对下降。因此，低频更有助于污泥破解。

2. 超声波强度与作用时间

当超声波频率一定时，超声波强度增加，超声化学效应增强，超声降解反应的速率也相应增加。随着超声波强度的继续增加，空化趋于饱和，此时再增加超声波强度则会产生大量无用气泡，从而增加了散射衰减，降低了空化强度。

通常一定强度的超声波作用于污泥的时间不宜过长。因为高强度、长时间的超声波预处理会完全破坏菌胶团结构，使得污泥颗粒尺寸过小，沉降性能变差，甚至比未经超声波处理的原污泥更难脱水。所以较高强度、短时间的超声波作用可提供较好的处理效果。

3. 温度

污泥介质温度升高会导致气体溶解度减小、表面张力降低和饱和蒸汽压增大，降低空化强度，影响反应速率。一般声化学效率随温度的升高呈指数下降，因此为了更有效地利用超声波，保持较低温度（小于20℃）较为有利。这与通常的化学反应有显著不同，通常在没有超声波条件下的化学反应，升高温度有利于提高化学反应速率。

4. 空化气体

空化气体是指为提高空化效应而溶解于污泥介质溶液中的气体。溶液中是否含有气体、含什么类型的气体以及所含气体的量均对空化作用及超声化学产生影响。一般来说，体系中气体越多，越容易产生空化气泡。

5. 污泥介质性质

污泥介质溶液的性质如溶液黏度、表面张力、pH以及盐效应都会影响污泥的超声空化效果。

介质溶液的黏度对空化效应的影响主要表现在两个方面：一方面它能影响空化阈值；另一方面它能吸收声能。当介质溶液黏度增加时，声能在溶液中的黏滞损耗和声能衰减加剧，辐射入溶液中的有效能减少，致使空化阈值显著提高，溶液发生空化现象变得困难，空化强度减弱，因此黏度太高不利于超声降解。

随着表面张力的增加，空化核生成困难，但它爆炸时产生的极限温度和压力升高，有利于超声降解。当介质溶液中有少量的表面活性剂存在时，其表面张力会迅速下降，在超声波作用下有大量泡沫产生，但气泡爆破时产生的威力很小，因此不利于超声降解。

pH 对介质溶液的物化性质有较大影响，进而会影响超声降解的速率。研究发现，超声降解速率随介质溶液的 pH 增大而减小。

在溶液中加入盐，能改变有机物的活度性质，改变有机物在气-液界面相与本体液相之间浓度的分配，从而影响超声降解速率。

当液相具有较高的含固率时，可产生较多的空穴点，进而可以增加固体之间的空化气泡爆炸频率。然而，当含固率过高时，可能会导致局部温度过高、声电极严重腐蚀，导致系统崩溃。因此，超声处理污泥，其固体浓度有最大限制，需综合考虑反应器尺寸、传感器类型、污泥黏度、污泥温度等。

6. 超声波反应器结构

声的传播和产生空化效应的强弱与反应器的结构密切相关，故良好的反应器设计是降低处理成本的一个有效途径。反应器设计的目的就是在恒定输出功率条件下尽可能地提高混响场强度，以增加污泥的空化效果。反应器可以是间歇的或连续的工作方式，超声波发生元件可以置于反应器的内部或外部，可以是相同频率的或不同频率的组合。一般地，双频超声比单频超声的空化效果要好，平行比垂直的效果要好。图 10-1 为连续超声波反应器示意图。

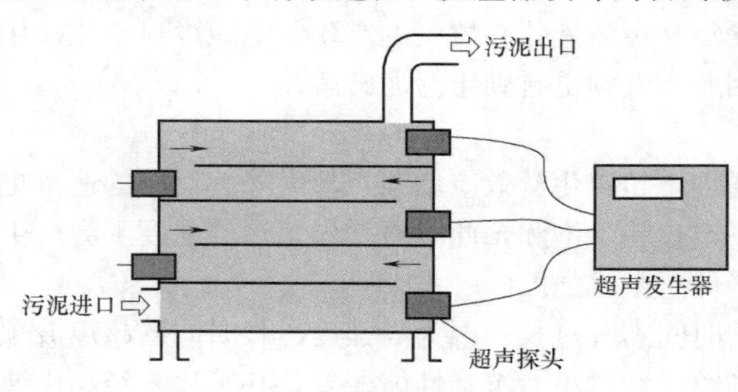

图 10-1 连续超声波反应器示意图

10.3.4 超声波工业化装置

超声波常见的工业化装置有两种：探头式反应器和槽式反应器，如图 10-2、图 10-3 所示。探头式反应器声强高，反应容器

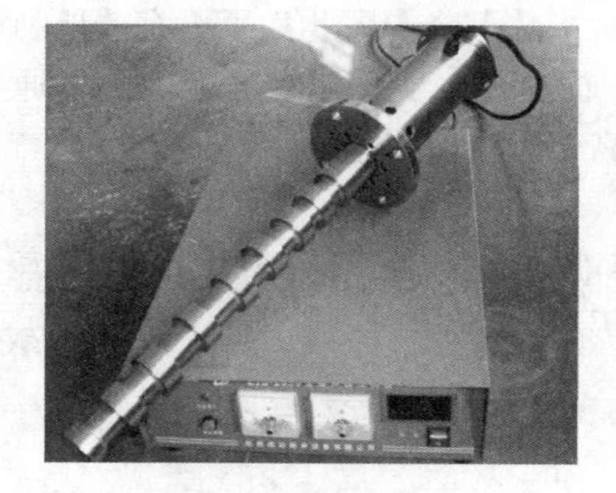
图 10-2 探头式反应器

图 10-3 槽式反应器

可以做成多种形状，但作用体积较小，适合于小规模操作；而槽式反应器适用于大规模生产。

10.3.5 污泥超声波处理技术特点

（1）优点。①杀菌、除臭、提高污泥稳定性；②可快速分解污泥，使污泥颗粒变细，更利于对污泥进行脱水和减量化处理；③促进污泥中 N、P 含量的增加，污泥资源化效果明显；④安装简单、管理方便、配置紧凑。

（2）缺点。①超声波破解需要较高能量；②由于空穴作用会造成腐蚀；③声化学反应物难以鉴定；④适用性较低、处理量小、投资大，难以普遍应用。

此外，超声波技术也可与其他技术联用，如超声—光催化联用技术、超声—臭氧氧化联用技术、超声—电化学联用技术等。

10.4 其他技术

10.4.1 机械破解技术

机械破解法是利用一些机械压力所产生的高能量将微生物细胞壁打破，污泥特性发生改变。主要体现在以下几方面：①微生物细胞损伤，损伤的微生物经过快速溶解，胞内物质释放水解；②絮体尺寸减小，黏性降低，污泥的一部分间隙水得以释放；③絮体内可溶性有机物被释放至液相中，促进厌氧消化；④污泥沉淀与脱水性能发生改变。

机械破解的优点是接触时间短、可有效减少污泥膨胀；较高的破解度能促进厌氧消化沼气产气量且提高污泥脱水效率。缺点是设备损耗快，低能量时只能使污泥絮体解体，污泥沉降性能容易恶化。

10.4.2 臭氧、加氯或过氧化氢等氧化技术

臭氧是一种特别活泼的氧化剂，它与污泥中成分能发生直接或间接的反应。在反应中，臭氧能够破坏微生物的细胞壁而使胞内有机物质流出，而释放出的蛋白质又能继续与臭氧发生氧化反应而被分解。臭氧技术具有氧化能力强、产物中无有毒有害副产物、溶胞效率高等特点，经过臭氧处理的污泥，在沉降性能方面也能得到一定改善。但臭氧氧化也存在一些弊端：经过处理的污泥易产生大量絮状体，这些小颗粒难以沉降，会悬浮在液体中，增加上清液的浊度，增大污泥的过滤难度。同时，经过臭氧处理后，氮、磷的去除效果不佳。

氯氧化和臭氧氧化原理相似，即利用氯气的氧化性破坏细胞，使胞内物质流出，达到溶胞效果。两者工艺也较为类似。和臭氧处理相比较，操作相对简单，成本也较低，氯氧化的运行成本只占到前者的 1/10。但由于氯的氧化性弱，投加量大约是臭氧的 7～13 倍。但污泥的沉降性能变差、同时在反应过程中产生泡沫，而且氯气会与污泥中的含碳物质反应生成三氯甲烷（THMS）等具有致癌性质的二次污染物，限制了该法的广泛应用。

使用次氯酸钠等氯氧化剂对污泥中微生物细胞的破解也有明显效果。细胞膜的主要成分为磷脂分子，次氯酸钠破坏了细胞膜和细胞壁，使磷脂分子层溶解，释放出脂肪、多聚糖、蛋白质、核酸等。

过氧化反应也是一种重要的氧化反应，其中过氧化氢需要通过加热来提高其处理效率。过氧化氢在反应中具有使部分病原菌失活、改善污泥脱水性能的优点。

芬顿试剂是通过亚铁离子加速活性羟基自由基的形成，发生氧化来破坏有机化合物，进而使污泥溶解，提高其生物降解能力，同时提高污泥的絮凝作用和脱水能力。

10.4.3 生物溶胞技术

生物溶胞技术是借助生物进行溶胞，其处理污泥具有经济、方便、无污染的特点，获得广泛关注。

生物溶胞技术方法大致分为两种：一是直接投加有溶胞作用的生物酶制剂或者抗生素对细菌进行溶胞，二是添加有分泌溶胞作用的胞外酶的细菌来溶胞，这类细菌可从消化池中、溶菌酶、噬菌体及真菌中筛选。溶菌酶不仅能够溶解细胞，还可以将难以进行生物降解的大分子有机物水解为小分子物质。

水解酶通过反应分解 EPS 的过程如下：首先，水解酶吸附污泥基质，破解污泥的聚合物形成酶—底物混合物，松散地粘附在表面的小分子聚合物发生水解，经胞溶作用后，细胞物质进入介质中；然后，污泥固体开始溶解，微生物通过新陈代谢作用代谢最终产物。酶处理过程中的主要机制为污泥溶解、细胞溶解和隐性生长。由于剩余污泥成分中含有高浓度的蛋白质、碳水化合物和脂类，故常常通过添加蛋白酶、脂肪酶、纤维素酶和淀粉酶来实现。当温度接近 50℃时，水解酶具有更大的活性，酶溶解污泥的作用更为强烈。

10.4.4 电离辐射技术

污泥电离辐射稳定技术是利用电磁场加速带电粒子或电子快速碰撞污泥，使污泥内部的细菌病毒、寄生虫卵即使在室温下也可被灭除，满足污泥储存、运输及再利用的卫生学指标，使污泥得到稳定，具体表现在以下几方面：

（1）电离辐射对细菌的影响。经过电离辐射的污泥，由于重带电离子或射线可杀死厌氧菌、好氧菌及兼性菌，导致厌氧菌很难恢复和繁殖。照射剂量越高，杀死厌氧菌的效果越好，采用高剂量照射可彻底杀死污泥中全部厌氧菌。照射剂量越大，杀菌越彻底。

（2）电离辐射对藻类的影响。电离辐射可杀死污泥中的藻类，防止其繁殖生长。试验表明，只要达到一定剂量，就可以彻底杀死污泥中的所有藻类物质。

（3）污泥电离辐射的除臭效果。电离辐射除臭的主要原因是，它能够破坏和分解一些产生臭味的物质，杀死污泥中的各种细菌和藻类，从而消除产生臭味的根源，故即使放置较长时间，污泥也很稳定。

电离辐射除达到污泥稳定目标外，还能破坏胶体，使污泥的比阻降低，大大改善污泥的过滤能力，改善污泥的脱水性能。

污泥电离辐射的处理是在常温常压下进行的，所以对设备的腐蚀性较小。但该方法能耗较高，目前研究不多。

第 4 篇　污泥脱水

第 11 章　机械脱水前预处理

11.1　预处理目的

一般认为，进行机械脱水的污泥，比阻值在（0.1～0.4）$\times 10^9 s^2/g$ 之间较为经济。但各种污泥的比阻值均大于此值。各种污泥的一般比阻值见表 11-1。

各种污泥的一般比阻值表　　　　**表 11-1**

污泥种类	比阻值	
	(s^2/g)	(m/kg)①
初次沉淀污泥	$(4.7 \sim 6.2) \times 10^9$	$(46.1 \sim 60.8) \times 10^{12}$
消化污泥	$(12.6 \sim 14.2) \times 10^9$	$(123.6 \sim 139.3) \times 10^{12}$
活性污泥	$(16.8 \sim 28.8) \times 10^9$	$(164.8 \sim 282.5) \times 10^{12}$
腐殖污泥	$(6.4 \sim 8.30) \times 10^9$	$(59.8 \sim 81.4) \times 10^{12}$

注：① $1s^2/g \times 9.81 \times 10^3 = 1m/kg$。

因此在机械脱水前，都应进行预处理，其目的在于改善污泥脱水性能，提高机械脱水设备的效率。

污泥中水分通常分为自由水、间隙水、吸附水和结合水四种形态，但各类水的含量无法准确测定。因此，在污泥脱水研究中常简单将污泥中的水分划分为自由水和束缚水，将可通过浓缩或机械脱水、易于从污泥中分离出来的水称为自由水，而将被束缚在污泥内及污泥絮体之间、难以通过机械力去除的水称为束缚水。预处理的目的在于：提高束缚水的去除，而束缚水的存在与污泥中的胞外聚合物（Extracellular Polymeric Substances, EPS）有着密切的联系。

EPS 是由微生物分泌于体外的一些高分子聚合物，包括荚膜、黏液层等，其主要成分是多糖、蛋白质及核酸等。EPS 为被包裹其内的细胞创造了一个适宜的微环境，既可将环境中的营养成分富集，通过胞外酶降解成小分子后吸收到细胞内，又可以抵御外界对细胞的危害。有机污泥（包括初次沉淀污泥、腐殖污泥、活性污泥及消化污泥）中含有大量 EPS，特别是活性污泥中总有机物的 50%～90%是以 EPS 形式分布在污泥颗粒的表面和污泥颗粒之间，使污泥絮体颗粒呈胶状结构且具有高度亲水性，易与水分子以不同的形式结合，使得污泥中水分难以脱除。

因此，在污泥机械脱水之前，需要采用物理、化学及生物预处理技术来破坏污泥中的胶体结构，实现污泥的高效脱水。预处理技术主要有化学调节法、热处理法与冷冻法等等。

11.2　化学调节法

化学调节法是目前污泥脱水过程中常用的预处理技术，是在污泥中加入助凝剂、混凝剂之类的化学药剂，使污泥胶体颗粒絮凝，改善其脱水性能。

11.2.1　助凝剂与混凝剂的种类

1. 助凝剂

助凝剂本身，一般不起混凝作用，而在于调节污泥的 pH，供给污泥以多孔状格网的骨骼，改变污泥颗粒结构，破坏胶体的稳定性，提高混凝剂的混凝效果。调节污泥的 pH，一般采用石灰；增强絮体强度的助凝剂主要有硅藻土、珠光体、酸性白土、锯屑、污泥焚烧灰、电厂粉尘及石灰等惰性物质。

石灰是较常用的助凝剂，可以提供碱度，以中和使用某些混凝剂所造成的酸性，也可以改良滤饼从过滤介质上剥离的性能。但投加石灰，需增加设备，泥量也增加。而且投加石灰后，不利于进一步处理与利用。

如需焚烧处置：由于 $Ca(OH)_2 \xrightarrow{\Delta} CaO + H_2O - 178.2kJ/mol$ 是吸热反应，则泥饼的燃烧热值将降低。

如需堆肥：由于加入石灰后，污泥碱度升高，会对微生物的活性产生明显的抑制作用，造成堆体温度低、堆肥效果差的问题。

因此在污泥脱水时，石灰的使用及投量应慎重对待。

2. 混凝剂

常用的混凝剂包括无机混凝剂、高分子混凝剂两类。

（1）无机混凝剂

无机混凝剂是一种电解质化合物，铝盐（硫酸铝 $Al_2(SO_4)_3 \cdot 18H_2O$，明矾$Al_2(SO_4)_3 \cdot K_2SO_4 \cdot 7H_2O$，及三氯化铝 $AlCl_3$ 等）和铁盐（三氯化铁 $FeCl_3$，氯化硫酸亚铁 $FeClSO_4$，绿矾 $FeSO_4 \cdot 7H_2O$，硫酸铁 $Fe_2(SO_4)_3$等）

（2）高分子混凝剂

高分子混凝剂包括无机高分子混凝剂及有机合成高分子混凝剂两种。

无机高分子混凝剂是在无机混凝剂的基础上合成出的聚合物絮凝剂，分子结构中存在多羟基络离子，分子量高达上万。无机高分子聚合物混凝剂能提供大量络合离子，通过电性中和、粘附、架桥和交联作用，促使颗粒凝聚。常见的无机高分子混凝剂有聚合氯化铝（PAC）、聚合硫酸铝（PAS）、聚合硫酸铁（PFS）、聚合氯化铁（PFC）等等。

聚合氯化铝（Polyaluminium Chloride，简称 PAC）是一种广泛使用的无机高分子混凝剂，PAC 一般表示为 $[Al_2(OH)_nCl_{6-n}]_m$，其中 n 可取 1～5 中间的任何整数，m 则为不大于 10 的整数。

PAC 具有极易溶于水、絮体形成快、吸附性能高、泥渣过滤脱水性能好等特点，处理效果比明矾、聚合硫酸铁、三氧化铁效果好。其中对于低温低浊度水的净化处理效果特别明显，可取得不加碱性助剂和其他混凝剂无法比拟的效果。

PAC 主要用于污、废水的混凝沉淀处理，也可以用于污泥脱水。

有机合成高分子聚合电解质种类见表 11-2。

有机合成高分子聚合电解质种类 **表 11-2**

分类		物质名称
聚合度	离子型	
低、中聚合度 （分子量 1000～数万）	阴离子 阳离子 非离子	羧甲基纤维素（CMC），苯胺树脂盐酸盐，阳离子化氨基树脂，淀粉，水胶，尿素树脂
高聚合度 （分子量数十万～数百万）	阴离子 阳离子 非离子	聚丙烯酸钠，聚丙烯胺基部分水解物，聚酰胺，聚丙烯胺基阳离子变性物，聚乙烯吡啶盐酸盐，聚乙烯亚胺，聚丙烯胺基，环氧乙烷聚合物，聚乙烯醇

国内目前常用的污泥脱水混凝剂为聚丙烯酰胺（Poly acrylamide，简称 PAM），PAM 多用于絮凝、增稠、粘结、成膜等方面，被广泛应用于造纸、石油开采以及生物医学材料的行业，在水处理中常作为助凝剂、絮凝剂、污泥脱水剂来使用，又称为三号混凝剂。

PAM 由丙烯酰胺单体（分子量 71.07）人工聚合而成，是线性水溶性高分子聚合物，分子量高达数百万至上千万，其单体和聚合物分子式如图 11-1 所示。

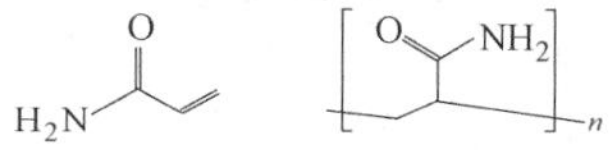

图 11-1 聚丙烯酰胺单体及聚合物分子式

PAM 按离子特性分可分为非离子、阴离子、阳离子和两性型四种类型，其固体为白色粉末或者小颗粒状物，密度为 1.32g/cm^3（23℃），溶于水，不溶于大多数有机溶剂，具有良好的絮凝性，本身无毒，无腐蚀性，但单体有毒。自溶性差，在外力作用下（机械力或水力），能够较快溶于水，呈胶体状。

PAM 固体有吸湿性，应密封存放在阴凉干燥处，温度要低于 35℃，一般以不含盐的中性水配置成 0.1%浓度（含固量）的溶液使用，当溶解液长时间放置，其性能将会视水质的情况而逐渐降低，因此应现用现配。PAM 在强酸、强碱、高温（高于 100℃）、光辐射、长时间机械应力（强烈搅拌）及铁容器的作用下，会使得高聚合度降解，分子量减少，混凝效果降低，应注意避免这类情况的发生。

（3）新型混凝剂的开发

微生物混凝剂：是通过细菌、真菌等微生物发酵、提取、精制而得的，主要由具有两性多聚电解质特性的糖蛋白、蛋白质、多糖、纤维素和 DNA 等生物高分子化合物组成，分子中含有多种官能团，相对分子质量能达到 10^5 以上。微生物混凝剂与传统混凝剂相比具有混凝效果好、可生物降解性、无二次污染的优点，但也存在培养基成本高、产率低以及使用条件苛刻等缺点。目前，微生物混凝剂运用于污泥脱水还处于研究阶段。

复配混凝剂：指两种或两种以上的混凝剂复合在一起而得到的混凝剂，有简单将不同混凝剂混合使用，发挥各混凝剂的优点，弥补其不足，从而达到拓宽最佳混凝范围、提高混凝效率的目的；也有混合后经过复合而成的，如将铁盐、铝盐甚至是硅酸盐经过羟基化聚合，形成复合型无机高分子混凝剂，可以有效改变其混凝特性，如聚合氯化铝铁（PACF）、聚合硅酸铝（PASi）。

11.2.2 污泥化学调节的混凝原理

1. 污泥颗粒间的静电斥力

分散的污泥颗粒表面上带有负电荷，在水中吸引周围的反号离子，这些反号离子在两相界面呈扩散状态分布而形成扩散双电层。根据 Stern 双电层理论可将双电层分为两部分，即紧密层（Stern 层）和扩散层。Stern 层定义为吸附在电极表面的一层离子，电荷中心组成的平面层相对远离界面的流体中的某点的电位称为 Stern 电位。扩散层内包含了电泳时固—液相的滑动面，如果微粒发生移动，滑移面以内的颗粒和离子作为一个整体运动，滑动面对远离界面的流体中的某点的电位称为 Zeta 电位或电动电位（ζ-电位），污泥颗粒表面上的电荷关系见图 11-2。

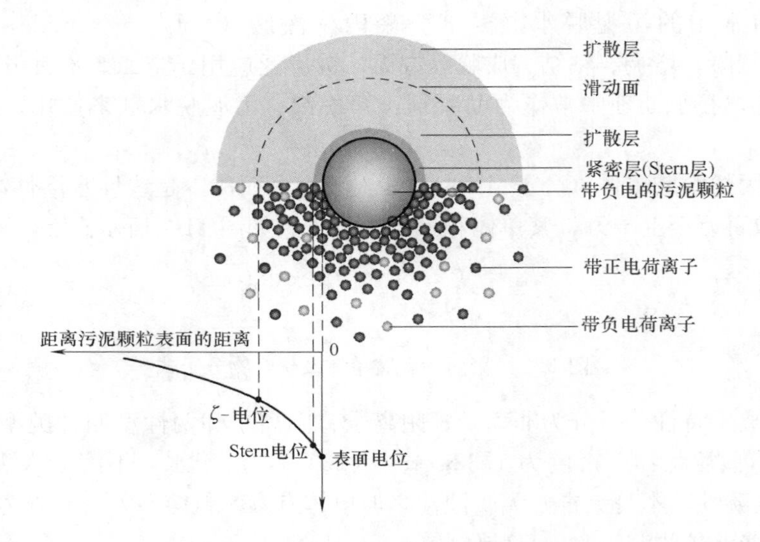

图 11-2 污泥颗粒表面的电荷关系

ζ-电位是对颗粒之间相互排斥或吸引力的强度的度量。具有较高 ζ-电位的同电荷号的颗粒，将互相排斥，意味着分散系有较高稳定性，即抗凝聚性。ζ-电位越高，体系越稳定；反之，分散系越容易发生凝聚而被破坏。因此 ζ-电位是反映污泥颗粒稳定性的一个重要参数，其数值与分散体系稳定性之间的关系如表 11-3 所示。

ζ-电位数值与分散体系稳定性之间的关系　　表 11-3

ζ-电位(mV)	0～±5	±10～±30	±30～±40	±40～±60	>±60
系统稳定性	快速凝聚	开始不稳定	一般	稳定性	极好

ζ-电位的测量方法主要有电泳法、电渗法、流动电位法以及超声波法，电泳法应用最广。该方法通过测量颗粒在某一特定电场中的泳动速度，利用 Helmholtz 公式计算出 ζ-电位，见式（11-1）。

$$\zeta = \frac{4\pi\eta u}{\varepsilon E} = K_{t}\frac{u}{E} \tag{11-1}$$

式中 ζ——电位，mV；

η——分散介质黏度，Pa·s；

u——电泳速度，μm/s；

ε——分散介质的介电常数；

E——电位梯度，V/cm；

u/E——电泳淌度；

K_t——与温度有关的常数。

活性污泥的 ζ-电位一般在－20～－30mV 之间，絮凝性不佳，沉降性不好。要使污泥颗粒能够迅速互相凝聚，可以通过中和污泥颗粒表面电荷量及压缩双电层厚度达到。

由图 11-2 可知，带正电荷离子的浓度在污泥表面处最大，沿直径方向递减，最终与溶液中离子浓度相等。向污泥溶液中投加混凝剂，会有效降低污泥颗粒的 ζ-电位。一方面，混凝剂的加入会使溶液中离子浓度增高，从而减小污泥颗粒扩散层的厚度，ζ-电位相应降低。另一方面，污泥表面对异号离子、异号胶粒、链状离子或分子带异号电荷的部位有强烈的吸附作用，由于这种吸附作用中和了负电荷离子所带电荷，也可降低 ζ-电位。同时由于扩散层变薄，相撞时颗粒之间的距离也会减少，因此相互间的范德华力变大。当吸引力大于排斥力时，污泥颗粒将发生凝聚。

所用的混凝剂离子价越高，即所带的电荷越多，对中和胶体电荷量及压缩双电层厚度也越有利。所以铝盐、铁盐或聚合度高的混凝剂的混凝效果较好。

混凝剂过量投加后，会发生污泥颗粒吸附了过多的相反电荷的离子，可以使 ζ-电位转变符号，即会使原来带负电荷的胶粒转变成带正电荷，形成新的双电层，引起对混凝的新的干扰，从而使分散系重新稳定，凝聚效果反而会下降。如城市污水活性污泥机械脱水时，$FeCl_3$过量投加（超过污泥干固体重量的 17%）时，混凝效果显著降低。若继续加大剂量，ζ-电位又可被压缩到零，再次出现混凝效果。但这种做法显然是不经济的。

2. 无机混凝剂的混凝原理

无机混凝剂主要为铝盐和铁盐，其混凝原理如下：

（1）铝盐混凝剂

铝盐溶于水后，立即离解成铝离子，通常是以 $[Al(H_2O)_6]^{3+}$ 存在。$[Al(H_2O)_6]^{3+}$ 在水中会发生下列水解和缩聚。

水解过程：

$$[Al(H_2O)_6]^{3+} \longrightarrow [Al(OH)(H_2O)_5]^{2+} + H^+$$

$$[Al(OH)(H_2O)_5]^{2+} \longrightarrow [Al(OH)_2(H_2O)_4]^{+} + H^+$$

$$[Al(OH)_2(H_2O)_4]^{+} \longrightarrow Al(OH)_3(H_2O)_3 + H^+$$

水解过程生成单核络合物，电荷价数逐渐降低，pH 降低，水解最终生成 $Al(OH)_3(H_2O)_3$沉淀。

缩聚过程：

由羟基发生架桥，生成高价聚合离子，单核络合物通过羟基缩聚成单羟基络合物：

$$[Al(H_2O)_6]^{3+} + [Al(OH)(H_2O)_5]^{2+} \rightleftharpoons [Al_2(OH)(H_2O)_{10}]^{5+} + H_2O$$

两个单羟基络合物可缩合成双羟基双核络合物：

$$2[Al(OH)(H_2O)_6]^{2+} = [(H_2O)_4Al\langle^{OH}_{OH}\rangle Al(H_2O)_4]^{4+} + 2H_2O$$

这些络合物还可进一步缩合成多核羟基络合物，而缩合产物也会发生水解反应。水解与缩聚两种反应共同作用，会生成高聚合度的中性氢氧化铝，当浓度超过其溶解度时会析出氢氧化铝沉淀。

（2）铁盐混凝剂的混凝原理

铁盐加入污泥后，与铝盐类似也会发生水解缩聚反应，生成单核羟基、多核羟基等多种成分的络合离子，以及氢氧化铁沉淀。铁盐要求的 pH 以 5～7 为佳，可以迅速形成 $Fe(OH)_3$ 絮体。

亚铁盐加入污泥中后，只能水解成较简单的单核络离子及溶解度较大的 $Fe(OH)_2$，需要在碱性的条件下，进一步氧化成溶解度低的 $Fe(OH)_3$ 沉淀，才能有较好的混凝效果。所以，亚铁盐作为混凝剂时，最适宜的 pH 是 8.1～9.6。消耗的 OH^- 如不足，可投加石灰等碱性物质补充。

3. 高分子混凝剂的混凝原理

高分子混凝剂的中和污泥胶体颗粒的电荷及压缩双电层这两个作用与无机电解质混凝剂相同。高分子混凝剂的混凝特点在于：由于它们的分子长度长（如果完全展开要比普通的分子或是离子的长数万倍以上），可构成污泥颗粒之间的“架桥”作用，形成网状结构，提高脱水性能。特别是变性后的高分子混凝剂，架桥作用更强。因非离子型的链是卷曲的，变性后，极性基团被拉长展开，增强了架桥与吸附能力，混凝效果可提高 6～0 倍。此外，高分子混凝剂能迅速吸附污泥颗粒，絮体比无机混凝剂更牢固，结合力大。吸附能力增强的原因在于：①静电效应：离子型高分子聚合电解质能够牢固地吸附在带相反电荷的污泥颗粒上；②氢键吸附：如 PAM 分子中的-$CONH_2$或-COO-与污泥颗粒表面发生的氢键吸附；③二价的相反离子的夹杂结合：如具有羟基的有机高分子混凝剂通过铜离子，吸附于硅酸盐上；④络合物、螯合物的形成及疏水化作用等。不过，高分子聚合电解质的吸附作用是不可逆的，絮体一旦被破坏就不能再恢复到原来的大小。此点在操作时，务必注意。因此投加、混合的过程中，应做到连续定量投加，并使其与污泥迅速混合。投加量有一极限值，不足或过量，都会降低混凝效果。高分子聚合电解质制配的浓度越低，混凝效果越好。一般把 PAM 配制成浓度为 0.1%（以 PAM 固体物重量计），如配制成 0.005%～0.01%浓度，效果将更好。

因污泥颗粒带负电荷，所以使用阳离子型混凝效果要好。但值得指出的是，部分水解体阴离子型 PAM，也能混凝带负电荷的污泥颗粒，这是一种很有趣的现象。原因在于：一方面 PAM 分子的酰胺基团与羧基电离时，羧基属于阴离子，与污泥颗粒之间的斥力将增加；另一方面由于水解时，依靠静电效应与分子力的作用，伸展了 PAM 的主链，使酰胺基团得到了相当充分的暴露，从而增强了吸附架桥能力，使与污泥颗粒的亲和力大大提高。对比之下，亲和力的提高，远大于羧基与污泥颗粒之间的斥力的增加。

11.2.3 混凝剂的选择及影响因素

1. 混凝剂的选择

无机混凝剂中，铁盐所形成的絮体密度较大，需要的药剂量较少，特别是对于活性污泥的调节，其混凝效果相当于高分子聚合电解质。但腐蚀性较强，贮藏与运输困难。当投加量较大时，需用石灰作为助凝剂调节 pH，会进一步增加污泥量，减小污泥热值，对污泥的进一步处置不利。

铝盐混凝剂形成的絮体密度较轻，药剂使用量较多，但腐蚀性弱，贮藏与运输方便。

高分子混凝剂，最常用的有 PAM 及其变性物和无机聚合铝。优点是药剂消耗量大大低于无机混凝剂，如 PAC 的投加量一般在 3%左右（占污泥干固体重%，下同），PAM 的投加量一般在 1%以下，而无机混凝剂的投加量一般为 7%～20%。因此，使用有机高分子混凝剂时，贮运量少且方便，无腐蚀性，投加方法与设备也简单，不会过多增加泥饼重量，也不会降低燃烧热值，缺点是价格较贵。根据 2016 年中国化工产品网提供的信息，PAM 价格 8000～3000 元/t 左右，而 PAC 仅为 1000 元/t。

2. 影响混凝效果的因素

（1）污泥种类、性质及混凝剂品种。

污泥的 pH、水温对混凝效果的影响前已述及。

污泥脱水难度按活性污泥、消化污泥和初沉污泥逐渐降低。将活性污泥与其他污泥混合，脱水性能可改善，如活性污泥与初次沉淀污泥混合；石油化工活性污泥与隔油池沉渣、浮选池浮油混合等。

高分子絮凝剂的混凝效果一般优于无机混凝剂，复配混凝剂要好于单一混凝剂。

当多种混凝剂联合使用，投加次序对效果也有影响。如铁盐和石灰联合使用，先加铁盐再加石灰，过滤速度快，药剂省，反之则不行；高分子混凝剂与无机混凝剂联合使用，先加无机混凝剂可压缩双电层，为高分子混凝剂吸附污泥颗粒创造条件，之后再投加有机混凝剂，脱水效果较好。

（2）与采用的脱水机械有关。

真空过滤机用于活性污泥脱水时，使用高分子混凝剂的效果，一般来说与无机混凝剂相差不多。压滤脱水的适应性较强，利用各种聚合度的混凝剂，对各种污泥都有效。离心脱水要求使用高分子混凝剂，而不宜使用无机混凝剂。

（3）混凝前的泵抽与搅拌。

泵抽与搅拌对污泥的混凝效果影响很大，过度搅拌将增加脱水的困难。泵抽吸前后，污泥比阻的变化见表 11-4。表中①为水力提升。

脱水前泵抽对比阻的影响　　　　表 11-4

污泥种类	比阻(s^2/g)	
	泵抽前	泵抽后
初次沉淀污泥	6.2×10^9	13.4×10^9
腐殖污泥	8.3×10^9	16.2×10^9
活性污泥①	12.8×10^9	25.4×10^9

由表可知，经过泵抽以后，污泥的比阻增加约 2 倍。

(4) 污泥的贮放时间，对无机混凝剂的影响较大，但对高分子混凝剂的影响不大。

11.3 冷冻处理技术

冷冻处理能改变污泥结构的原理，可以从图 11-3 污泥的冷冻处理原理说明。

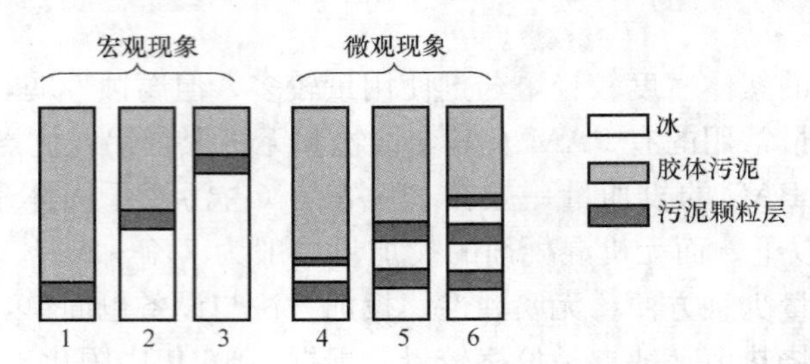

图 11-3 污泥的冷冻处理原理

1—冷冻开始；2—冷冻过程；3—冷冻完成；4—固体夹层；5—冷冻过程；6—冷冻面的飞跃

图 11-3 中 1 是胶体性原污泥开始冷冻的情况，随着冷冻层的发展，污泥颗粒逐渐向上压缩浓集，而污泥中的水分向冷冻界面移动，见图中 2、3。这是污泥中水分与污泥颗粒移动的宏观现象。此外，在污泥颗粒的浓集与水分移动的总趋势中，还存在着冷冻的微观现象。在冷冻的过程中，由于冷冻层迅速形成，有一部分污泥颗粒层妨碍了水的流动，因而在新的冷冻界面开始重新冷冻，使浓集后的污泥颗粒被关闭在冷冻层中间，见图中 4～6。浓集污泥固体颗粒层中的水分由于毛细管引力而脱水。这种微观现象的发展，使污泥胶体颗粒的结构破坏。

冷冻融解后，胶体性质完全被破坏，颗粒迅速凝聚沉降。上层即为上清液，沉降速度与过滤速度可比冷冻前提高几十倍。因此可自然过滤脱水，不必用混凝剂。冷冻、融解凝聚是不可逆的，即使使用机械搅拌也不能重新再成为胶体。

污泥经过冷冻、融解以后，其胶体结构显著改变，见图 11-4。

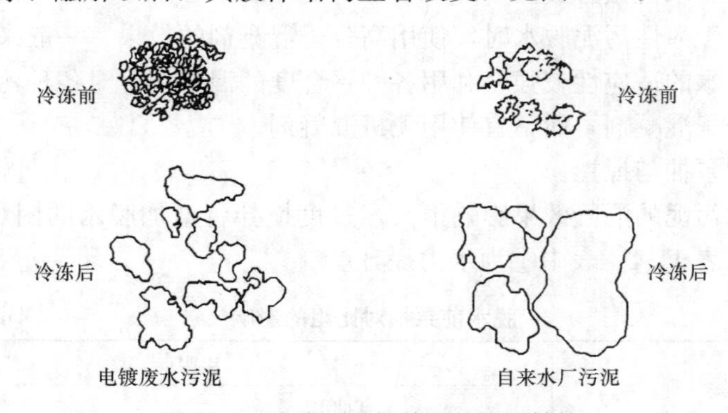

图 11-4 冷冻、融解前后的污泥结构

冷冻前，污泥颗粒的结构分散，细小。冷冻融解以后，颗粒变大没有毛细状态。

冷冻处理后，污泥的沉降速度显著提高，图 11-5 为自来水厂污泥冻融前后的沉降速度曲线。

经冷冻融解后，沉降速度是冷冻前的数倍，冷冻处理对提高污泥过滤产率的影响甚至更

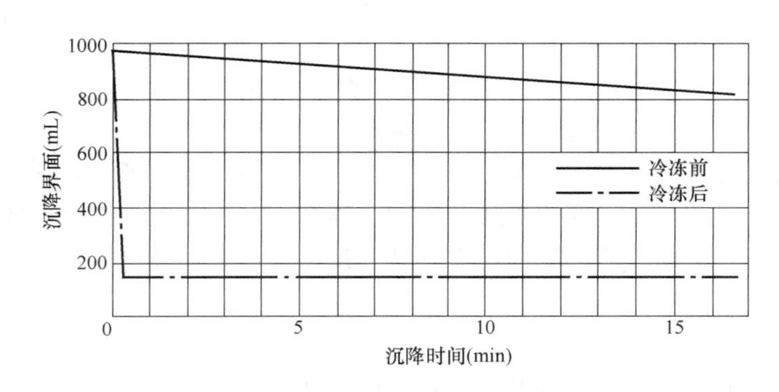

图 11-5　污泥冷冻前、后沉降速度的变化

大。自来水厂污泥的过滤产率一般为 5～10kg/(m^2 · h)。若投加混凝剂作化学预处理时，过滤产率约可提高数倍。而经冷冻融解预处理，过滤产率可以提高到 200kg/(m^2 · h) 以上。

污泥冷冻融解后，再经真空过滤脱水，可得含水率为 50%～70%的泥饼。而用化学调节—真空过滤脱水，泥饼含水率为 70%～85%。不同种类的污泥，分别采用冷冻融解与化学调节法作为预处理，脱水效果见表 11-5。从表可知冷冻融解后进行真空过滤的泥饼含水率远低于化学调节后进行真空过滤的泥饼的含水率。

冷冻融解与化学调节法脱水效果比较表　　表 11-5

污泥种类	原污泥含水率(%)	真空过滤泥饼含水率(%)	
		冷冻融解后	化学调节后
电镀污水污泥	92.5～93.2	51.6～69.3	78.7～87.4
酸洗污泥	97.5	47.0	78.3
炼铁污泥	67.2	55.2	85.1
自来水厂污泥	89.8～95.1	47.7～56.2	72.1～83.5
造纸污水污泥	95.1～96.2	52.9～65.4	73.8～79.4

由于冷冻处理后，不必加混凝剂，所以泥性质不会发生改变，饼量也不会增加。

在冷冻温度相同的条件下，浓度越高，所需冷冻的时间也越长。冷冻融解后，脱水性能与所用的冷冻温度及污泥干固体浓度无关。污泥干固体浓度、冷冻温度、冷冻时间及脱水性能的关系见表 11-6。

污泥干固体浓度、冷冻温度与冷冻时间和脱水性能　　表 11-6

污泥固体浓度(%)	−8℃		−18℃		−25℃	
	冷冻时间(min)	滤饼含水率(%)	冷冻时间(min)	滤饼含水率(%)	冷冻时间(min)	滤饼含水率(%)
1.2	157	56.3	105	51.7	—	—
7.9	180	51.9	102	48.7	—	—
11.0	260	55.2	126	54.2	57	93.5
15.2	—	—	114	53.6	—	—

11.4 热 处 理

热处理是通过加热使污泥中的部分微生物细胞体受热膨胀而破裂，释放出蛋白质、矿物质以及细胞膜碎片。热处理完全破坏污泥的胶体结构，污泥脱水性能有较大提高。该方法是目前研究较多、应用较广的一项污泥预处理技术，可分为高温加压处理法与低温加压处理法两种。

11.4.1 高温加压处理法

研究表明，随着热水解温度的升高和热水解时间的延长，污泥固体的溶解率增大，在210℃、75min的热水解条件下，挥发性悬浮固体（VSS）和蛋白质的溶解率分别达到60.02%和47.21%。溶解后的有机物进一步水解生成低分子物质，其中挥发性有机酸（VFA）占SCOD的30%～40%，醋酸占VFA的50%以上。

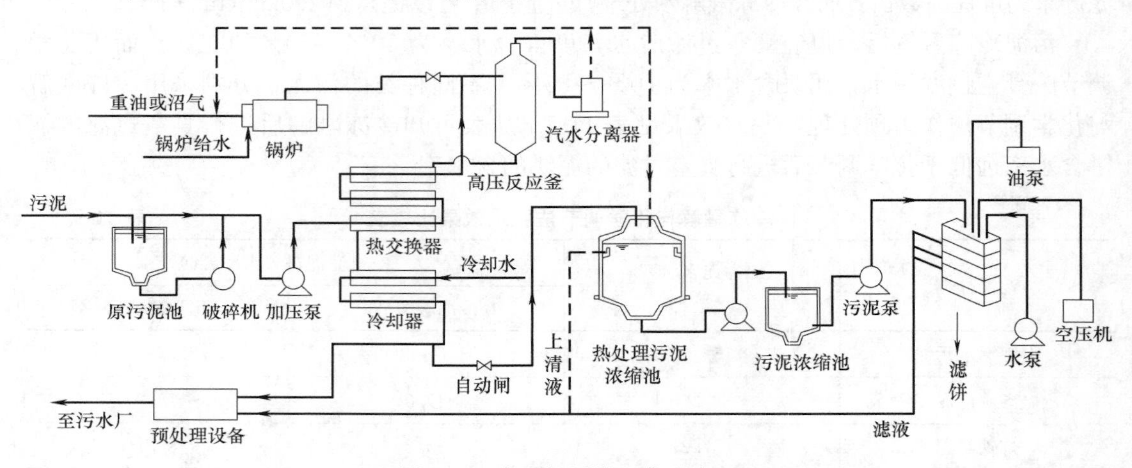

图 11-6 高温加压处理典型流程

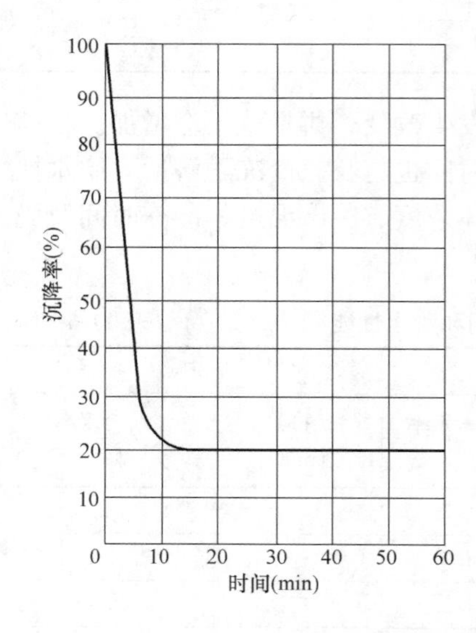

图 11-7 热处理污泥沉降曲线

高温加压处理法是把污泥加温到170～200℃，压力为98.1～47.15N/cm²（10～5kg/cm²），反应时间1～2h。热处理后的污泥，经浓缩即可使含水率降低到80%～87%，比阻降低到1.0×10³ s²/g。再经机械脱水，泥饼含水率可降低到30%～45%。高温加压处理的典型流程见图11-6。

热处理污泥的脱水性能显著改善，其沉降曲线见图11-7。污泥沉降率在头10min以内可达到20%。

热处理后，污泥分离液与原污泥的性质比较见表11-7。经机械脱水（板框压滤）后，泥饼含水率为32%～40%。

但分离液需回流与污水一起处理，混合比采用(0.2～0.3)：100（体积比），使处理构筑物BOD负荷增加10%～12%。

分离液与原污泥的性质比较（平均值） **表 11-7**

项目	蒸发残渣（mg/L）	灼烧减重（mg/L）	悬浮物浓度（mg/L）	溶解性物质（mg/L）	COD（mg/L）	BOD（mg/L）	总 N（mg/L）
原污泥	39997	18283	35044	2943	7410	6311	1340
分离液	5648	4862	816	5332	4656	2725	674

11.4.2 低温加压处理法

经验证明，反应温度在 175℃以上时，能耗高，而且设备容易产生结垢而降低热交换效率。此外，从表 11-7 可见，高温加压处理后，分离液中的溶解性物质，甚至比原污泥高约 2 倍，使分离液的处理困难。这些是高温加压法的缺点。而低温加压处理法，反应温度低（在 150℃以下），有机物的水解受到控制，与高温加压法比较，分离液的 BOD 浓度约低 40%～50%，锅炉容积可减少 30%～40%，臭气也比较淡。因此，低温加压法得到了发展。

低温加压处理法的设备、运行管理与高温加压处理法大同小异，处理流程见图 11-8。

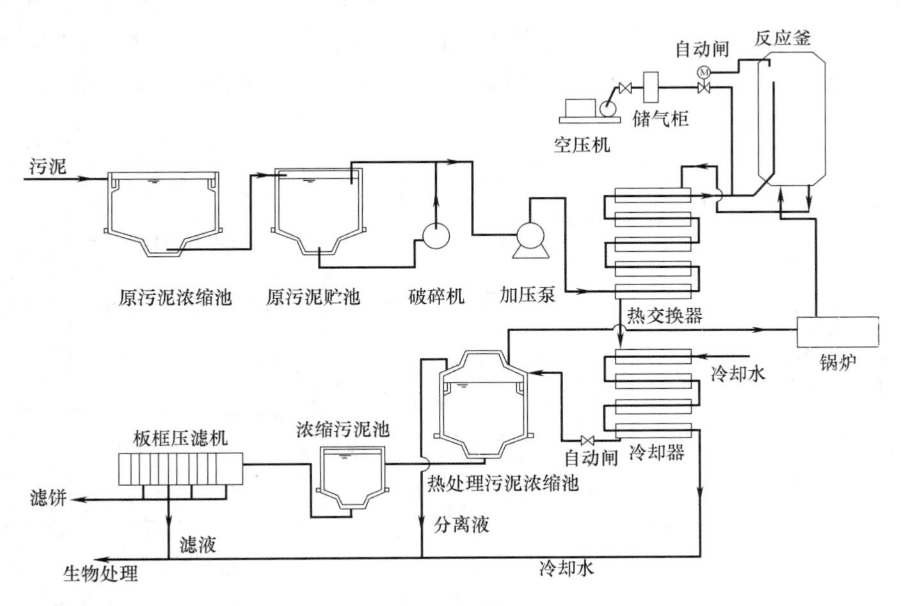

图 11-8 低温加压热处理流程

11.4.3 热处理法的优缺点

污泥热处理法的优点：可以很好地改善污泥的脱水性能；热处理污泥经机械脱水后，泥饼含水率可降至 30%～45%；泥饼体积是浓缩—机械脱水法泥饼的 1/4 以下，便于进一步的处置；污泥中的致病微生物与寄生虫卵可以完全被杀灭；适用于初次沉淀污泥、消化污泥、活性污泥、腐殖污泥及它们的混合污泥。

污泥热处理法的主要缺点：污泥分离液的 BOD、COD 都很高，回流处理时要增加水处理构筑物的负荷，有臭气，设备易腐蚀，建设费用高，运行成本高。

11.5 预处理其他技术

11.5.1 强氧化剂预处理技术

通过投加强氧化剂，污泥中的微生物、细菌进行反应，破坏其细胞壁，释放出细胞内的细胞质，并将构成 EPS 的大分子有机物降解为小分子，破坏污泥的胶体结构，提高污泥的脱水性能。常用的强氧化剂有臭氧、Fenton 试剂等等。

利用臭氧对城市污水处理厂污泥进行调质研究中，通过扫描电镜观察，投加臭氧后，污泥原有的包覆膜被破坏，结构发生了变化。污泥的 SV30、比阻和泥饼的含水率等污泥脱水性能指标随臭氧投加量的增加，均有不同程度的降低，在臭氧和 PAM 联用时，在最佳试验条件下，污泥比阻为 $0.107\times10^{9}s^{2}/g$，小于单独投加 PAM 时的 $0.239\times10^{9}s^{2}/g$。臭氧投量继续增加会出现污泥减量化效果明显，污泥脱水性能越来越差的现象。

采用 Fenton（芬顿）试剂配合以赤泥助凝剂，对城市污水处理厂初沉池和二沉池混合污泥进行调质时，能够有效降低污泥比阻，如图 11-9 所示。

11.5.2 碱解预处理技术

碱处理中主要起作用的是 OH^{-}。OH^{-}除了能破坏污泥的絮体结构外，还可以在一定的温度下，水解、皂化细胞壁和细胞膜上的蛋白质和脂多糖，破坏微生物细胞结构，使胞内物质向浓度较低的胞外环境释放，使得污泥 SCOD 上升，如图 11-10 所示。

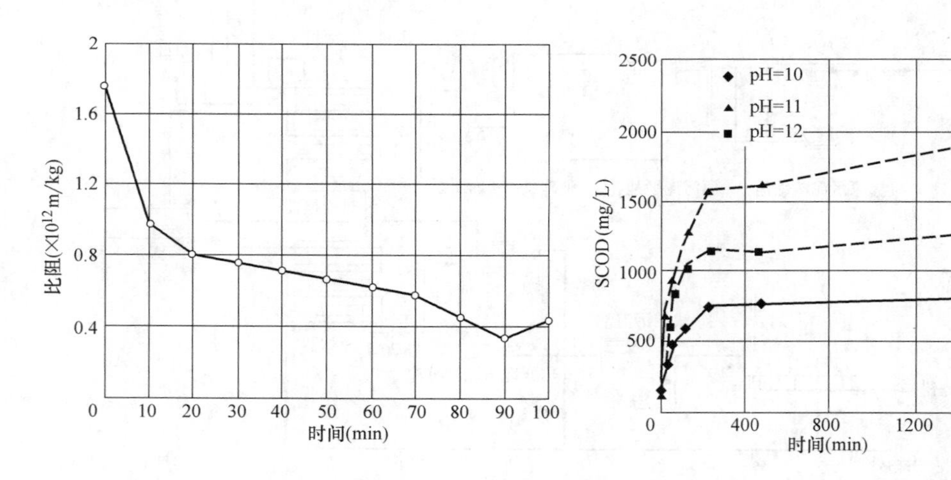

图 11-9 Fenton 试剂对污泥比阻的影响　　图 11-10 不同 pH 条件下污泥 SCOD 的变化

有研究表明：在 25℃，pH＝10 时，利用 $Ca(OH)_2$对污水处理厂污泥进行调质时，可将污泥的 ζ-电位由－15mV 提高至－10mV 左右，提高了污泥的脱水性能。碱解过程中大分子有机物的水解有利于实现污泥减量，但应适当控制水解过程，因为溶出的蛋白和多糖过多会使污泥的脱水性能变差。同时碱处理会增加盐离子浓度以及后续处理的难度，并容易对仪器设备造成腐蚀，成本较高。

11.5.3 微波预处理技术

微波加热是一种高效加热技术，微波预处理实质为热处理。在微波辐射作用下，加热对象通过不同的离子高速迁移和极性分子（如水分子）的高速旋转产生热效应。与传统的加热方式不同，微波加热是对物体内外进行整体加热，具有加热速度快、热量损失小、操作方便的优点。

利用不同功率的微波给 500mL 活性污泥加热的升温效果如表 11-8 所示。

微波加热升温效果 **表 11-8**

时间(min)	100W			400W			700W		
	1	5	10	1	5	10	1	5	10
污泥温度(℃)	23.8	30	37.5	29	50.5	69	38	70.5	80

如图 11-11，用微波处理污水厂沉淀池污泥，随着处理时间的增加，污泥温度的升高会使其比阻下降，有利于污泥的脱水。

微波预处理技术有很好的融胞效果。在一定范围内，随着微波水解时间延长和水解温度升高，水解程度增大。同时污泥浓度影响微波预处理效率，当污泥浓度增加到 13%，则水解效率降低。

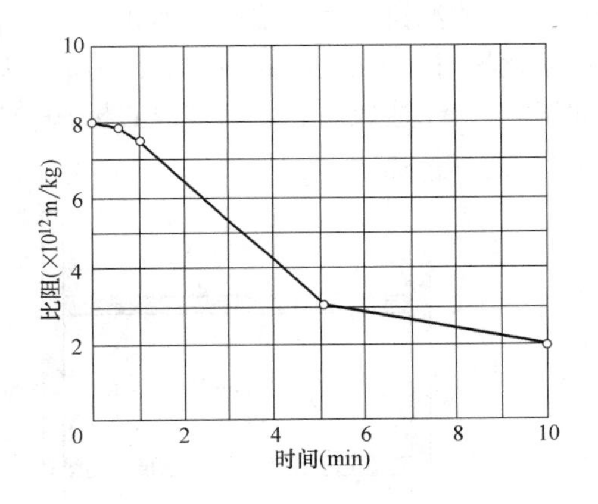

图 11-11　微波处理对污泥比阻的影响

11.5.4　超声波预处理技术

超声波是指频率为 $20\sim10^6$kHz 的声波，当一定强度的低频和中频超声波作用于液体，交替压缩和扩张的极端的力学条件变化可以将污泥内微生物的细胞壁击碎，释放胞内物质，使得污泥粒径分布、菌胶团结构等物理特征发生明显变化；当加载的超声波能量小于 4400kJ/kgTS 时，能够增加污泥的脱水性能，但加载能量过大时则迅速恶化污泥的脱水性能。

11.4 节与 11.5 节的内容是主要从污泥预处理（污泥调理）功能方面进行论述的，相同内容在本书污泥其他稳定技术中，对其在污泥稳定处理功能等方面有更为详细的介绍。

第 12 章　机械浓缩、脱水原理

12.1　卡门（Caman）过滤基本方程式

污泥机械浓缩脱水方法有离心法、压滤法和真空吸滤法等。基本原理相同，是以离心力或过滤介质两面的压力差为推动力，使污泥水分被强制通过过滤介质，固体颗粒被介质截留，形成滤饼，达到浓缩脱水的目的。推动力有 4 种：①依靠污泥本身厚度的静压力（如干化场）；②在过滤介质的一面造成负压（如真空吸滤）；③加压污泥把水分压过介质（如压滤）；④造成离心力（如离心机）。过滤基本过程见图 12-1。

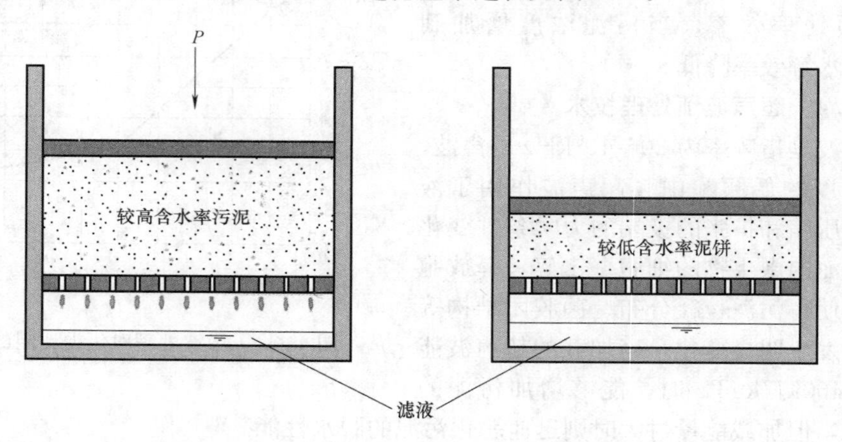

图 12-1　过滤的基本过程

过滤开始时，滤液仅需克服过滤介质的阻力。当滤饼逐渐形成后，还必须克服滤饼本身的阻力。经分析得出著名的卡门（Caman）过滤基本方程式（详细推导可参阅《污泥处置》，中国建筑工业出版社，1982 年版、1988 年再版）：

$$\frac{t}{V}=\frac{\mu\omega r}{2PA^2}V+\frac{\mu R_f}{PA}=bV+2bV_e=\frac{V}{K}+\frac{2V_e}{K} \tag{12-1}$$

式中　V——滤液体积，m^3；

t——过滤时间，s；

P——过滤压力，kg/m^3；

A——过滤面积，m^2；

μ——滤液的动力黏滞度，$kg \cdot s/m^2$；

K——b 的倒数；

V_e——过滤介质的当量滤饼厚度时的滤液体积，m^3，试验常数通过试验求得；

w——滤过单位体积的滤液在介质上截留的干固体重量，kg/m^3；

r——比阻，m/kg，或 s^2/g，1s^2/g×10^3=1m/kg，单位过滤面积上，单位干重的滤饼所具有的阻力称比阻；

R_f——过滤介质的阻抗，1/m^2。

12.2 比阻的测定与计算、固体回收率及过滤产率

12.2.1 比阻的测定与计算

根据卡门（Caman）基本方程式知，在压力一定的条件下过滤时，$\frac{t}{V}$ 与 V 成直线关系，直线的斜率与截距是：

$$b=\frac{\mu w r}{2PA^2}\ a=\frac{\mu R_f}{PA} \tag{12-2}$$

移项得比阻计算公式：

$$r=\frac{2PA^2}{\mu}\cdot\frac{b}{w} \tag{12-3}$$

比阻与过滤压力、斜率 b 及过滤面积的平方成正比，与滤液的动力黏滞度 μ 及 w 成反比。为求得污泥比阻值，需先计算出 b 及 w 值。

b 值可通过如图（12-2）（b）装置测得。测定时先在古氏漏斗中放置滤纸，用蒸馏水喷湿，再开动水射器，把量筒中抽成负压，使滤纸紧贴漏斗，然后关闭水射器，把 100mL 化学调节好的泥样倒入漏斗，再开启水射器，进行污泥脱水试验。记录过滤时间与对应的滤液量。当滤纸上面的泥饼出现龟裂或滤液达到 80mL 时停止。试验结果见表 12-1。

试验测定记录表 **表 12-1**

t(s)	V(cm^3)	t/V(s/cm^3)	t(s)	V(cm^3)	t/V(s/cm^3)
0	0	0	135	65	2.080
15	24	0.625	150	68	2.210
30	33	0.910	165	70	2.360
45	40	1.120	180	72	2.500
60	46	1.310	195	73	2.680
75	50	1.500	210	75	2.800
90	55	1.640	225	77	2.920
105	59	1.780	240	78	3.070
120	62	2.000	285	81	3.520

在直角坐标纸上，以滤液体积 V 为横坐标、$\frac{t}{V}$ 为纵坐标作直线，直线的斜率 b 值，截距即 a 值，见图 12-2（a）。

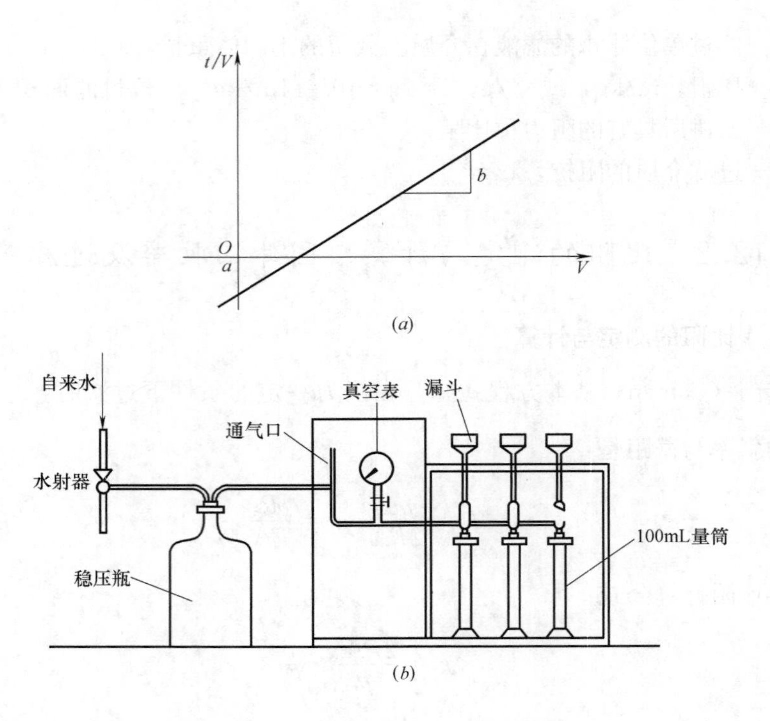

图 12-2　比阻测定装置及 $\frac{t}{V}-V$ 直线图

由 w 的定义可写出下式：

$$w=\frac{(Q_0-Q_1)C_k}{Q_1} \tag{12-4}$$

式中　Q_0——原污泥量，mL；

Q_1——滤液量，mL；

C_k——浓缩污泥或滤饼中固体物质浓度，mg/L。

根据液体平衡关系可写出：

$$Q_0=Q_f+Q_k \tag{12-5}$$

根据固体物质平衡关系可写出：

$$Q_0C_0=Q_fC_f+Q_kC_k \tag{12-6}$$

式中　C_0——原污泥中固体物质浓度，mg/L；

C_f——滤液中固体物质浓度，mg/L；

C_k—滤饼中干物质浓度，mg/L。

将式（12-5）代入式（12-6），整理得：

$$Q_f=\frac{Q_0(C_0-C_k)}{C_f-C_k}\quad 或\quad Q_k=\frac{Q_0(C_0-C_f)}{C_k-C_f} \tag{12-7}$$

将式（12-4）代入式（12-7），并设 $C_f=0$ 可得：

$$w=\frac{C_k \cdot C_0}{100(C_k-C_0)} \tag{12-8}$$

将所得之 b、w 值代入式（12-3）可求出比阻值 r。在工程单位制中，比阻的量纲为 m/kg 或 cm/g，在 CGS 制中比阻的量纲为 s^2/g。

【例 12-1】 活性污泥干固体浓度 $C_0=2\%$（含水率 $p=98\%$），比阻试验后，滤饼干固体浓度 $C_k=17.1\%$（含水率 $p_k=82.9\%$），过滤压力为 259.5mmHg($352g/cm^2$)。过滤面积 $A=67.8cm^2$，液体温度 20℃，$\mu=0.001N \cdot s/m^2$（即 0.01P）。试验结果记录于表 12-1。

【解】 用式（12-8）计算 w 值：

$$w=\frac{C_k \cdot C_0}{100(C_k-C_0)}=\frac{17.1\times 2}{100(17.1-2)}=0.0226g/cm^3$$

由试验结果见图 12-2（a），$b=0.033$，$a=-0.18$

由式（12-3）得比阻：

$$r=\frac{2PA^2}{\mu}\cdot\frac{b}{w}=\frac{2\times 352\times 67.8^2\times 0.033}{0.001\times 0.0226\times 10}=4.73\times 10^8 s^2/g$$

比阻单位用 m/kg 时：

$$P=352\times 9.81\times 10=3.45\times 10^4 N/m^2$$

$$\mu=0.001N\cdot s/m^2$$

$$w=0.0226\times 1.0\times 10^3=22.6kg/m^2$$

$$A=67.8\times 10^{-4}=0.00678m^2$$

$$b=0.033\times 100^6=33\times 10^9 s/m^6$$

$$\therefore r=\frac{2\times 3.45\times 10^4\times(0.00678)^2\times 33\times 10^9}{0.001\times 22.6}=46.4\times 10^{11}\ m/kg$$

12.2.2 固体回收率及计算

机械浓缩脱水的效果既要求过滤产率高，也要求固体回收率高。固体回收率等于脱水污泥或滤饼中的固体重量与原污泥中固体重量之比值，用%表示。

$$R=\frac{Q_k C_k}{Q_0 C_0}\times 100 \tag{12-9}$$

将式（12-7）代入上式得：

$$R'=\frac{C_k(C_0-C_f)}{Q_0(C_k-C_f)}\times 100 \tag{12-10}$$

12.2.3 过滤产率及计算

过滤产率的定义：单位时间在单位过滤面积上产生的滤饼干重量，单位为 kg/($m^2\cdot s$) 或 kg/($m^2\cdot h$)。过滤产率取决于污泥性质、压滤动力、预处理方法、过滤阻力及过滤面积。可用卡门基本方程式（12-1）计算。

即由式（12-1），若忽略过滤介质的阻抗，即 $R_f=0$，可写成：

$$\frac{t}{V}=\frac{\mu w r}{2PA^2}\quad 或\quad \left(\frac{V}{A}\right)^2=\left(\frac{滤液体积}{过滤面积}\right)^2=\frac{2Pt}{\mu w r}$$

设滤饼干重为W，则$W=wV$，$V=\frac{W}{w}$代入上式得：

$$\left(\frac{W}{wA}\right)^2=\frac{2Pt}{\mu wr},\left(\frac{W}{A}\right)^2=\frac{2Ptw}{\mu r}$$

$$\therefore \frac{W}{A}=\frac{\text{滤饼干重}}{\text{过滤面积}}=\left(\frac{2Ptw}{\mu r}\right)^{\frac{1}{2}} \tag{12-11}$$

由于式中t为过滤时间，设过滤周期为t_c(包括准备时间，过滤时间t及卸滤饼时间)，过滤时间与过滤周期之比$m=\frac{t}{t_c}$，根据过滤产率的定义代入式（12-11），可得过滤产率计算式：

$$L=\frac{W}{At_c}=\left(\frac{2Ptw}{\mu rt_c^2}\right)^{1/2}=\left(\frac{2Ptwm^2}{\mu rt^2}\right)^{1/2}=\left(\frac{2Pwm^2}{\mu rt}\right)^{1/2}=\left(\frac{2Pwm}{\mu rt_c}\right)^{1/2} \tag{12-12}$$

式中 L——过滤产率，kg/(m^2 · s)；

w——单位体积滤液产生的滤饼干重，kg/m^3；

P——过滤压力，N/m^2；

μ——滤液动力黏滞度，kg · s/m^2；

r——比阻，m/kg；

t_c——过滤周期，s。

式（12-1）即卡门基本方程式，以及由此推演出的式（12-3）、式（12-7）、式(12-8)、式（12-12），通用于各类机械脱水设备的相关设计计算。

【例 12-2】 活性污泥干固体浓度$C_0=2\%$（含水率$p=98\%$），过滤面积$A=67.8$cm^2（0.0067m^2），过滤压力为$P=3.45\times10^4$ N/m^2，滤饼干固体浓度$C_k=17.1\%$（含水率$p_k=82.9\%$）。液体温度 20℃，$\mu=0.001$N · s/m^2，比阻试验结果$r=46.4\times10^{11}$ m/kg，过滤周期$t_c=120$s，过滤时间$t=36$s，计算过滤产率。

【解】 用卡门基本方程式计算。因已知$C_k=17.1\%=0.171$g/mL，$C_0=0.02$g/mL，代入式（12-8）得：

$$w=\frac{0.171\times0.02}{0.171-0.02}=0.0226\text{g/mL}=22.6\text{g/L}$$

已知$P=3.45\times10^4$ N/m^2，$m=\frac{t}{t_c}=\frac{36}{120}=0.3$，$\mu=0.001$N · s/m^2，$r=46.4\times10^{11}$m/kg，代入式（12-12），得：

$$L=\left(\frac{2Pwm}{\mu rt_c}\right)^{1/2}=\left(\frac{2\times3.45\times10^4\times22.6\times0.3}{0.001\times46.4\times10^{11}\times120}\right)^{1/2}=0.00092\text{kg/(m}^2\cdot\text{s)}$$

第 13 章　污泥真空过滤脱水

真空过滤是一种机械脱水方法，由真空度提供过滤动力，能够连续自动操作，但真空度提供的过滤动力较小，成本较高，目前在污泥脱水中应用正逐步减少。用于污泥脱水的真空过滤脱水装置主要为转鼓真空过滤机。

13.1　转鼓真空过滤机

13.1.1　系统组成

转鼓真空过滤机由空心转鼓、污泥贮槽、真空系统、压缩空气机等组成，见图 13-1。

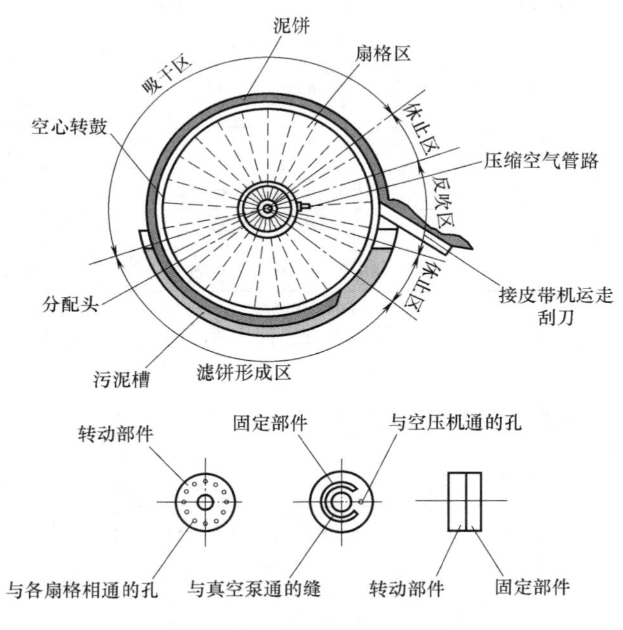

图 13-1　转鼓真空过滤机

13.1.2　工作原理

图 13-1 中空心转鼓的表面覆盖有过滤介质，部分浸在污泥槽内，浸没深度根据污泥的干化程度进行调节，一般为 1/3 转鼓直径。转鼓用径向隔板分割成许多扇形间格，每个间格都有单独连通管与分配头相接。分配头由转动部件和固定部件紧靠在一起组成。固定部件有一条与真空管路相通的缝，还有一个与压缩空气管路相通的孔，转动部件有许多与各扇形间格相连的孔。转鼓旋转时，由于真空的作用，将污泥吸附在过滤介质上，液体通过过滤介质沿真空管路离开转鼓真空过滤机进入气水分离罐。若旋转的扇形间格处于与真空泵相通的缝的范围内，则处于真空区。当扇格在污泥槽中时，混合液中的污泥被吸附到

转鼓上形成滤饼，该区域为滤饼形成区。当扇格转出污泥槽后，滤饼通过真空泵的抽吸继续被吸干水分，该区域为吸干区。当转动部件上与各扇格相通的孔与固定部件上和空压机相通的孔连接时，压缩空气进入扇格，透过过滤介质将滤饼反吹松动，便于刮刀剥落，剥落的滤饼用皮带输送器运走，该区域为反吹区。在反吹区与吸干区之间，以及反吹区与滤饼形成区之间是休止区，主要在正压与负压转换时起缓冲作用。

可见转鼓每旋转一周，依次经过滤饼形成区、吸干区、休止区、反吹区及休止区。

每一周期时间包括：

滤饼形成区时间——在整个周期中，是形成滤饼和过滤作用的重要区域。

吸干区时间——是滤饼形成完毕到滤饼吸干区结束的时间。

反吹、休止区时间——是过滤周期中滤饼被反吹卸除，即与压缩空气管连接部分的时间。常见转鼓真空过滤机规格见表 13-1。

转鼓真空过滤机规格 **表 13-1**

型号	过滤面积（m^2）	转鼓直径（m）	主机功率（kW）	转速（r/min）	浸入角（°）	外形尺寸（m）	重量（kg）
G2/1.0	2	1.0	0.37	0.13～2	120	1.6×1.8×1.5	1520
G5/1.6	5	1.6	0.55	0.13～2	120	2.2×2.6×2.1	2500
G10/2.0	10	2.0	1.5	0.13～0.79	140	3.38.×3.0×2.17	4160
G20/2.5	20	2.5	1.5	0.13～0.79	140	4.46×3.1×2.75	6320
G30/3.0	30	3.0	2.0	0.13～0.79	90～140	5.1×4.372×3.57	8210
G45/3.0	45	3.0	2.2	0.13～0.79	90～140	6.6×4.372×3.57	12100
G70/3.5	70	3.5	2.2	0.13～0.79	90～140	8.6×4.573×4.07	18600

型号中 G 表示转鼓真空过滤机，第一个数字表示转鼓过滤面积，第二个数字表示转鼓直径。

转鼓真空过滤机脱水的工艺流程见图 13-2。

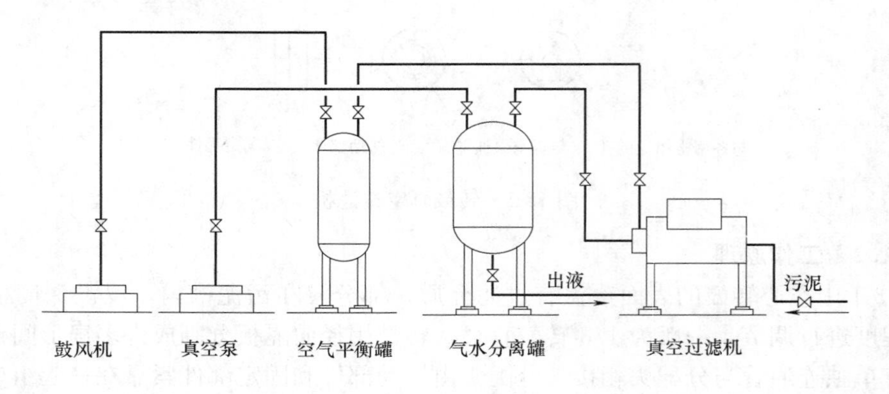

图 13-2 转鼓真空过滤机脱水的工艺流程

转鼓真空过滤机的主要缺点是过滤介质紧包在转鼓上，洗涤再生不彻底，容易堵塞，影响过滤产率。链带式转鼓真空过滤机可避免这些问题，见图 13-3。

这种过滤机的特点是用几个辊轴，把过滤介质引离转鼓，以便进行充分的洗刷再生，保证过滤产率。链带式转鼓真空过滤机的作用原理与转鼓真空过滤机完全一样，但过滤介质再生充分，所以更适用于黏滞度大的污泥的脱水。

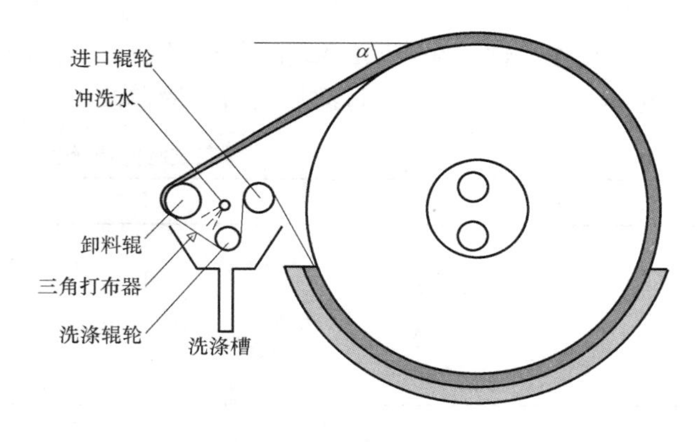

图 13-3 链带式转鼓真空过滤机

从转鼓上引出的过滤介质与水平线所成的夹角 α 称拉出角，见图 13-3。拉出角 α 越大越好。在洗涤槽能合理布置的情况下，一般取用 $\alpha=60°$，以便增大吸干区的有效面积并易于卸除滤饼，减少或避免刚拉出的过滤介质立即被卷入转鼓。

过滤介质引出后，可用 2～3 道喷射水洗装置。对于黏滞度较大的污泥，若喷射水洗还不足以再生过滤介质，可考虑增加一道转刷或一道断面呈正三角形的打布器，见图 13-3。但这样会影响过滤介质的使用寿命，因此过滤介质的再生效果与使用寿命必须兼顾考虑。

刚洗涤再生后的过滤介质，经进口辊轴转入转鼓后，在滤饼形成区的始端，将会吸入一些微细的固体物质，因此滤液的悬浮物浓度较高。这个问题可在分配头的开孔口作适当调配，使滤饼形成区的起始阶段的通道减少，让真空度由低转高，在真空度较低处，迅速形成滤饼过滤层，随着真空度的提高，滤饼逐渐增厚，保证过滤效果。

13.1.3 真空过滤的优缺点

1. 优点

(1) 能连续生产，操作平稳。

(2) 能耗较低。

(3) 适应于各种污泥的脱水。

2. 缺点

(1) 提供的过滤动力较低。

(2) 附属设备较多，工序较复杂。

(3) 运行费用也较高。

(4) 一般为敞开式，环境卫生条件差，特别是当泥温较高（如热处理污泥）或气温较高时更为严重，需要有防臭通风设备。

13.2 真空过滤脱水影响因素

真空过滤的主要影响因素包括工艺因素与机械因素两方面，见表 13-2。

13.2.1 工艺因素

1. 污泥种类与干固体浓度的影响

污泥种类和干固体浓度对过滤性能影响最大。消化污泥真空脱水时，滤饼含水率约

60%～80%。单纯的活性污泥真空过滤脱水时，过滤产率比较低。但如与初次沉淀污泥混合（石油化工活性污泥可与二渣相混合）脱水，可提高过滤产率。纯氧曝气的活性污泥，在经过 $FeCl_3$ 调节后，真空过滤后滤饼干固体浓度可达 14%左右。

真空过滤的影响因素 **表 13-2**

工艺因素	机械因素
污泥种类	真空度
污泥贮存时间	转鼓深度
温度	转鼓转速
	过滤介质性质

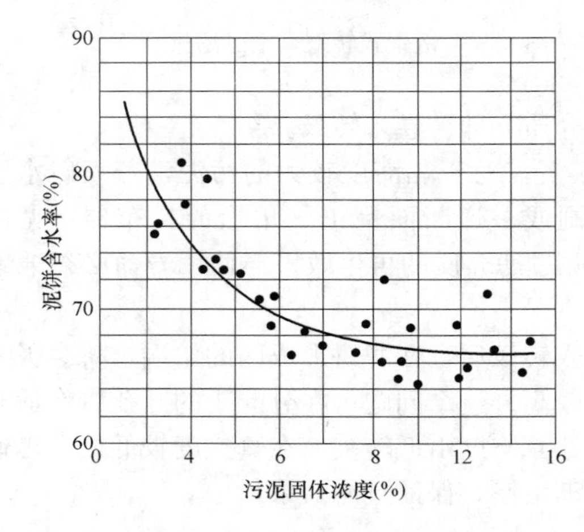

图 13-4 污泥固体浓度与泥饼含水率关系

原污泥的干固体浓度高，过滤产率也高，两者成直线关系。另外，污泥干固体浓度与泥饼含水率的关系见图 13-4。

污泥干固体浓度越高，脱水效果越好，泥饼含水率越低。但最好不超过 8%～10%，否则流动性差，输送困难。

2. 污泥贮存时间的影响

贮存时间越长，脱水性能也越差。两者之间的关系，可通过不同贮存时间后，比阻或毛细吸水时间（Capillary Suction Time，简称 *CST*）的变化来反映。从表 13-3 可知，不论是用氯化铁或是用聚合物调节后的污泥，贮存 21h 后，*CST* 值都增加了 4 倍左右。因此，污泥在真空过滤前的预处理及存放时间，应该尽量短。

贮存时间与 *CST* 值的关系 **表 13-3**

调节	贮存时间(h)	*CST* 值
氯化铁	0	37
	0.5	46
	21	133
聚合物	0	82
	0.5	173
	21	354

3. 温度

污泥黏滞度，随着污泥温度的降低而增加。以清水为例，40℃时动力黏滞度为6.6×10^{-4} Pa·s，5℃时为 15.2×10^{-4} Pa·s，黏滞度增加 2.3 倍。因此消化污泥，从消化池排出后，应尽量减少输送存储过程中的热损失，立即进行调节与脱水比较有利。

4. 其他因素

真空过滤过程中，污泥最好是重力流入污泥槽，避免泵抽，以免打碎化学预处理后形成的絮体。

13.2.2 机械因素

1. 真空度的影响

真空度是真空过滤的推动力，直接关系到过滤产率及运行费用，影响比较复杂。一般情况下，真空度越高，滤饼厚度越大，含水率越低。但由于滤饼加厚，过滤阻力增加，又不利于过滤脱水。真空度提高到一定值后，过滤速度的提高并不显著，特别是对可压缩污泥更是如此。此外，真空度过高，过滤介质容易被堵塞与损坏，动力消耗与运行费增加。根据污泥的性质，真空度一般在 400～600mmHg 之间比较合适。其中滤饼形成区约 400～600mmHg，吸干区约为 500～600mmHg。

2. 转鼓浸没深度的影响

浸得深，滤饼形成区的范围广，滤饼形成区时间在整个过滤周期中占的比例大，过滤产率高，但吸干区范围较小，滤饼含水率高；浸得浅，转鼓与污泥槽内的污泥接触时间短，产率低，含水率较低。

3. 转鼓转速的影响

转速快，周期短，滤饼含水率高，过滤产率也高，过滤介质磨损加剧；转速慢，滤饼含水率低，产率也低。人造纤维厂化学污泥的真空过滤脱水，转鼓转速对滤饼含水率及过滤产率的关系见图 13-5。

其他污泥也有如图 13-5 形状的关系曲线。由图可知，转鼓转速太慢不好。图中转速低于 0.5r/min 时，产率低，且由于滤饼的厚度增加，过滤阻力增加，泥饼的含水率较高。随着转速的提高，产率逐渐提高，泥饼含水率随滤饼厚度的下降而下降。但当转速进一步上升时，虽然产率会继续增加，但是由于吸干时间减少，导致泥饼含水率再次上升。一般转速在 0.7～0.5r/min 较好，转速主要取决于污泥性质、脱水要求及转鼓直径。

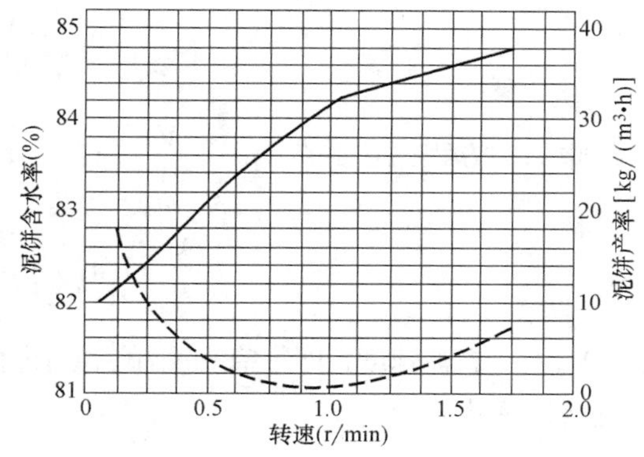

图 13-5 真空过滤机转速对滤饼含水率及过滤产率的影响

4. 过滤介质性能的影响

在真空过滤与压滤中所用的过滤介质为滤布。滤布的孔口大小取决于污泥颗粒的大小及性质。网眼太小，阻力大，容易堵塞，固体回收率高，产率低；网眼过大，阻力小，固体回收率低，滤液浑浊。滤布阻力的大小还与其编织方法、材料、孔眼形状、水泡后的膨胀率及破损比等因素有关。

13.3 真空过滤机设计

真空过滤机主要是根据污泥量、过滤机的过滤产率决定过滤面积，来设计的。

13.3.1 根据卡门基本方程式设计法

若转鼓转数为 n(r/s)，过滤周期为 $T=\frac{1}{n}$(s)，滤饼形成区时间 $t=\frac{m}{n}$(s)，浸液比 $m=\frac{t}{n}$。

根据卡门基本方程式（12-1）(见第12章、第12.1节)：

$$V^2+2VV_e=Kt$$

如以单位周期中的滤液表示，即滤液 V 乘以过滤周期 $T=\frac{1}{n}$，则：

$$\left(\frac{V}{n}\right)^2+2\frac{VV_e}{n}=Kt$$

上式两边同时除以 A^2，则：

$$\left(\frac{V}{An}\right)^2+2\frac{VV_e}{A^2n}=\frac{K}{A^2}t$$

设 $C=\frac{V_e}{A}$，$K'=\frac{K}{A^2}$，并将 $t=\frac{m}{n}$ 代入：

$$\frac{1}{n}\left(\frac{V}{A}\right)^2+2C\frac{V}{A}-K'm=0$$

解此二次方程式，并令 $V_u=\frac{V}{A}$，得：

$$V_u=\frac{V}{A}=n\left(\sqrt{C^2+\frac{1}{n}K'm}-C\right) \tag{13-1}$$

式中 V_u——过滤速度，即每单位时间单位过滤面积的滤液量，$cm^3/(cm^2\cdot s)$ 或 $m^3/(m^2\cdot h)$。

过滤产率为：

$$L=\frac{V_u}{k} \tag{13-2}$$

式中 k——单位滤饼干重所产生的滤液体积，m^3/kg。

过滤机面积：

$$A=\frac{W'af}{L} \tag{13-3}$$

式中 L——过滤产率，$cm^3/(cm^2\cdot s)$ 或 $m^3/(m^2\cdot h)$；

A——过滤机面积，cm^2 或 m^2；

a——安全系数，考虑污泥不均匀与滤布阻塞，常采用 $a=1.15$；

f——助凝剂与混凝剂投加量系数；

W'——原污泥重量，以固体重量计，g/s 或 kg/h。

原污泥重量：

$$W' = (1 - p_0)Q_0 \times 10^3 \tag{13-4}$$

式中　p_0——原污泥含水率（用小数值表示）；

　　Q_0——原污泥体积，m^3。

【例 13-1】 根据实测资料知 $K=30.3\text{cm}^6/\text{s}$，$V_e=-2.73\text{cm}^3/\text{cm}^2$，$k=44.2\text{cm}^3/\text{g}$，$A=67.8\text{m}^2$，过滤机转数 $n=\dfrac{1}{120}$ r/s，过滤周期 $T=120\text{s}$，浸液比 $m=0.3$。需要处理的活性污泥质量为 500kg/h(干)。预处理时投加石灰 10%（占干固体质量），铁盐 5%（占干固体质量）。设计转鼓真空过滤机。

【解】 由已知条件，$K=30.3\text{cm}^6/\text{s}$，$V_e=-2.73\text{cm}^3/\text{cm}^2$，$k=44.2\text{cm}^3/\text{g}$，$K'=\dfrac{K}{A^2}=\dfrac{30.3}{67.8^2}=6.6\times10^{-3}\ \text{cm}^2/\text{s}$。$C=\dfrac{V_e}{A}=\dfrac{2.73}{67.8}=0.04$，将已知值代入式（13-1）：

$$V_u=\frac{1}{120}\left(\sqrt{(0.04)^2+120\times0.3\times6.6\times10^{-3}}-0.04\right)$$

$$=\frac{1}{120}(0.49-0.04)$$

$$=4\times10^{-3}\ \text{cm}^3/(\text{cm}^2\cdot\text{s})$$

过滤产率用式（13-2）计算：

$$L=\frac{V_u}{k}=\frac{4\times10^{-3}}{44.2}=0.9\times10^{-4}\ \text{g}/(\text{cm}^2\cdot\text{s})=3.3\text{kg}/(\text{m}^2\cdot\text{h})$$

过滤面积用式（13-3）计算：

$$A=\frac{W'af}{L}=\frac{500\times1.15\times1.15}{3.3}=200\text{m}^2$$

真空泵的容量，一般按 1m^2 过滤面积为 $0.5\sim1.0\text{m}^2/\text{min}$ 配备。空压机容量，按 1m^2 过滤面积为 $0.05\sim0.1\text{m}^2/\text{min}$ 配备。

13.3.2 叶片过滤试验法

利用实验室的模型静态试验，模拟大型真空过滤的三个阶段：滤饼形成、吸干和反吹剥离，来确定过滤产率、最佳滤布种类及过滤机的运行参数。

1. 叶片过滤试验装置

叶片过滤试验装置如图 13-6 所示。过滤叶片的直径为 10cm，在底面蒙上滤布，真空系统经过缓冲量筒与过滤叶片连接，并作为存贮分离滤液用。参考真空过滤机的运行参数（真空度、滤饼形成时间及吸干时间）进行操作试验。典型的叶片过滤试验，采用周期为 120s，滤饼形成时间为 30s，吸干时间为 60s，休止时间（卸滤饼）为 30s。

2. 试验步骤

（1）测定原污泥的干固体浓度。

（2）制配各种拟采用的混凝剂溶液。

（3）量取 2L 污泥倒入烧杯中，投加适量混凝剂，用电磁搅拌器搅匀。

（4）将拟采用的滤布置于过滤叶片下面，接通真空源，观察滤布的阻力。

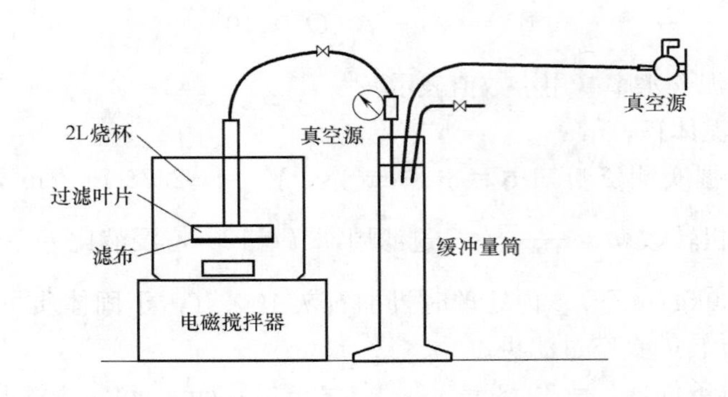

图 13-6　叶片过滤试验装置

（5）将过滤叶片浸入污泥中，开动真空源，当真空度达到测定值时，作为零点开始计时。吸滤 30s。

（6）慢慢地提出过滤叶片并保持垂直，在大气中持续 60s，吸干滤饼。

（7）关闭真空源，剥离全部滤饼，测定其干固体浓度及滤饼总质量，同时测定滤液量及其悬浮物浓度。

（8）同样的污泥，同样滤布重复三次。

（9）更换滤布重新试验。

（10）计算各次试验的过滤产率。

$$L=\frac{3600W}{TA} \tag{13-5}$$

式中　L——过滤产率，$kg/(m^2 \cdot h)$；

W——滤饼干重，kg；

T——过滤周期，s；

A——过滤叶片面积，m^2。

【例 13-2】 原污泥干固体浓度为 $C_0=4\%(4\times10^4 mg/L)$，叶片过滤后，滤饼干固体浓度 $20\%(2\times10^5 mg/L)$，叶片面积为 $0.00929m^2$，滤饼干重 0.0127kg，过滤周期 120s，滤液中悬浮物浓度为 0.05%（500mg/L）。计算过滤产率与固体回收率。

【解】 由式（13-5）：

$$L=\frac{3600W}{TA}=\frac{3600\times0.0127}{120\times0.000929}=41.0kg/(m^2 \cdot h)$$

固体回收率用式（12-10）（此式见第 12 章第 12.2 节）计算：

$$R'=\frac{2\times10^5\ (40000-500)}{40000\times\ (2\times10^5-500)}\times100=98.9\%$$

可见，通过叶片试验，可以很方便地得出与实际生产相接近的过滤产率，并可选择最适宜的滤布。在实际生产中，滤布是经洗涤后重复使用的，因此在做叶片过滤试验时，也应模拟生产性过滤机的洗涤方法，洗涤后重复试验。试验证明，用聚合电解质调节的污泥，滤布多次重复过滤试验后，容易堵塞。而用三氯化铁和石灰作混凝剂调节的污泥，滤布堵塞不严重，过滤产率影响较小。

13.3.3 根据生产运行经验

如果已有同类的污泥进行真空过滤脱水的运行资料时，可以参考使用。现将国内外的一些真空过滤产率列于表13-4，以供参考。

由于污泥的性质复杂，因此设计真空过滤机时，最好配合做叶片试验，以选择最佳滤布、混凝剂及其剂量、运行参数和过滤产率。

真空过滤产率 **表13-4**

污泥种类	调节与否	过滤产率[kg/(m^2·h)]
初次沉淀污泥	需调节	30～50
初次沉淀污泥经消化	需调节	25～40
腐殖污泥	需调节	11～39
腐殖污泥经消化	需调节	31.2
活性污泥	需调节	2.5～20
初次沉淀污泥与活性污泥	需调节	15～25
初次沉淀污泥与活性污泥经消化	需调节	10～25
初次沉淀污泥与腐殖污泥	需调节	30～40
初次沉淀污泥与腐殖污泥经消化	需调节	25～35

第14章　污泥离心浓缩、脱水

污泥浓缩脱水是依靠污泥颗粒的重力，作为脱水的推动力，推动的对象是污泥的固相。真空过滤或压滤脱水，脱水的推动力是外加的真空度或压力，推动的对象是液相。外加力（真空度或压力）对液相的推动力，远较重力对固相的推动力为大，因此脱水的效果也好。离心脱水，脱水的推动力是离心力，推动的对象是固相，离心力的大小可控制，比重力、真空、压力要大几百倍甚至几万倍，用于污泥脱水时分离效率高，设备小，可连续生产，因此被广泛使用。

14.1　离心浓缩与脱水

14.1.1　离心浓缩

离心力产生的推动力远大于重力，因此离心脱水的效果优于重力浓缩。

1. 离心浓缩原理

设污泥颗粒质量为 m，在重力场作用下，所受到的重力为：

$$G=mg \tag{14-1}$$

在离心力场的作用下，所受到的离心力为：

$$C=m\omega^2 r=\frac{\omega^2 r}{g}G \tag{14-2}$$

式中　G——重力，N；

m——质量，$N \cdot s^2/m$；

g——重力加速度，$9.81m/s^2$；

$\omega^2 r=\varepsilon$——离心加速度，m/s^2；

ω——旋转角速度，r/s，$\omega=\frac{2\pi n}{60}$；

r——旋转半径，m；

n—转数，r/min；

C——离心力，N。

离心力与重力的比值称为分离因素，用 α 表示，则：

$$\alpha=\frac{C}{G}=\frac{\omega^2 r}{g}=\left(\frac{2\pi n}{60}\right)^2\frac{r}{g}=\frac{n^2 r}{900} \tag{14-3}$$

加速 n 或加大 r 都可获得更大的离心力。由于离心力远大于重力，故固液分离效果好，设备小，可封闭连续运行，是污泥浓缩与脱水的主要设备。

2. 离心机的基本构造、分类与主要参数

（1）按分离因数α的大小，可分为高速离心机（$\alpha>3000$）、中速离心机（$\alpha=1500\sim3000$）、低速离心机（$\alpha=1000\sim1500$）。

（2）按几何形状不同可分为转筒式离心机（包括圆锥形、圆筒形、锥筒形3种）、盘式离心机、板式离心机等。

（3）按进泥与出泥相对方向可分为顺流式（图14-1）和逆流式（图14-2）两种。当进泥方向与污泥固体的输送方向相同，即进泥口和出泥口分别在转鼓的两端时，为顺流式；当进泥口和排泥口在转鼓的同一端时，为逆流式。逆流式离心机的加料腔在螺旋中部，位于转鼓筒段和锥段的边界附近，以保证分离液有足够的沉降距离，但污泥仅能停留其通过圆锥部位所需的时间；污泥进入转鼓内会引起已沉降的污泥颗粒因扰动再度浮起，影响分离效果。顺流式离心机由于进料口在转鼓端部，使机内流体的流动状态得到改善，避免了逆流式对沉降污泥颗粒的扰动，但进泥与分离液会存在一定干扰，分离液含固率较高。

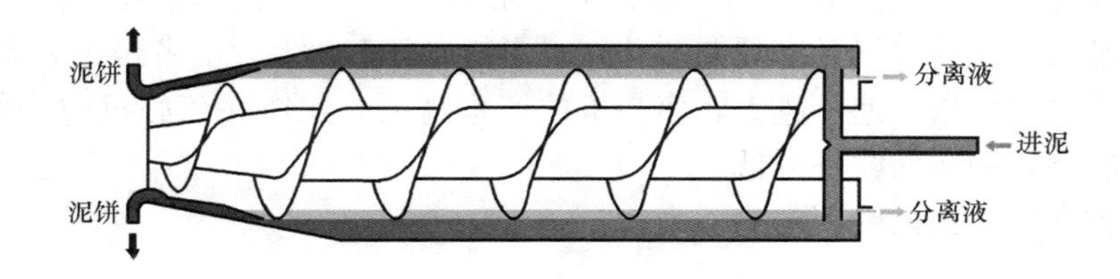

图14-1　顺流式锥筒离心脱水机

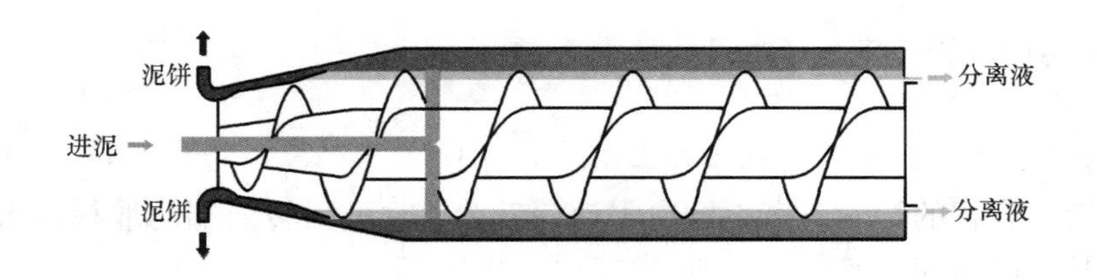

图14-2　逆流式锥筒离心脱水机

锥筒形离心机，又称为卧螺离心机，构造见图14-3。

污泥浓缩脱水常用的是低、中速锥筒式离心机，其计算图见图14-4。

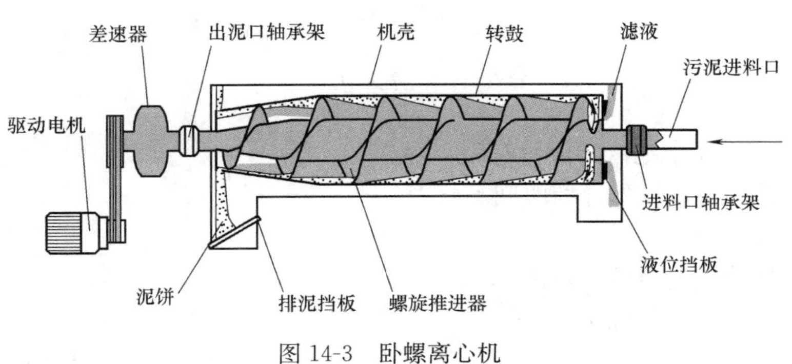

图14-3　卧螺离心机

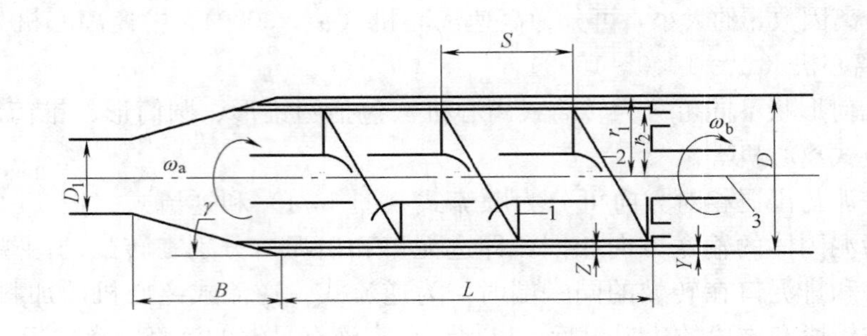

图 14-4　锥筒式离心机计算图

L—转筒长度；B—锥长（也称岸区长）；Z—水池深度；S—螺距；γ—锥角；
ω_b—转筒旋转速度；ω_a—螺旋输送器旋转角速度；Y—泥饼厚度；D—转筒直径；
r_2—水池表面半径；r_1—转筒半径；D_1—锥口直径

主要组成部件为螺旋推进器 1，锥筒 2，空心转轴 3。螺旋输送器固定在空心转轴上。空心转轴与锥筒由驱动装置分别同向转动，但两者之间有速差，前者稍慢后者稍快。依靠速差将泥饼从锥口推出。速差越大，离心机的产率越大，泥饼在离心机中停留时间越短，泥饼含水率越高，固体回收率越低。

污泥颗粒在离心机内受到的离心力为：

$$C=\frac{\omega_b^2}{g}\left(\frac{r_1+r_2}{2}\right)G \tag{14-4}$$

式中　C——离心力，N；

ω_b——转筒旋转速度，r/s；

G——重力，N；

r_1，r_2——转筒半径，水池表面半径，m，见图 14-4。

水池深度与容积的影响。离心机内水池深度为 Z，可用转筒端的堰板调节，Z 增加，离心时间延长，固体回收率高。水池区的停留时间计算公式：

$$t_{池}=\frac{水池容积(m^3)}{污泥投配率(m^3/s)} \tag{14-5}$$

泥饼沿岸区（锥体部分）的停留时间：

$$t_{岸}=\frac{B}{C_s} \tag{14-6}$$

$$C_s=4.27\times10^{-3}\frac{ns}{\beta} \tag{14-7}$$

式中　$t_{池}$——污泥在水池区的停留时间，s；

$t_{岸}$——泥饼在岸区的停留时间，s；

B——岸区长，m；

C_s——螺旋输送器转速，m/s；

s——螺旋输送器螺距，m；

β——齿比；

n——转筒转数，r/min。

岸锥角 γ 与岸区长度 B。锥角越大，含水率较高的颗粒不易涌上岸，泥饼的浓度可提高，但固体回收率降低。泥饼颗粒涌上岸后，在离心力的作用下，形成两个分力：一个力垂直于锥壁，一个力向下滑移，称为滑移力 f。

$$f=C\sin\gamma \tag{14-8}$$

式中 f——滑移力，N；

C——离心力，N；

γ——锥角，°。

低速离心机是20世纪70年代开发的，专用于污泥脱水。因污泥絮体较轻且疏松，如采用高速离心机容易被甩碎。低、高速离心机在构造上的主要差别示于图14-5。低速离心机属顺流，高速离心机属逆流。由于中、低速离心机转速较低，所以动力消耗、机械磨损、噪声等都较低，构造简单，浓缩脱水效果好。低速离心机是在筒端进泥、锥端出泥饼，随着泥饼的向前推进不断被离心机压密而不会受到进泥的扰动。此外，水池深、容积大，停留时间较长，有利于提高水力负荷与固体负荷，节省混凝剂量。

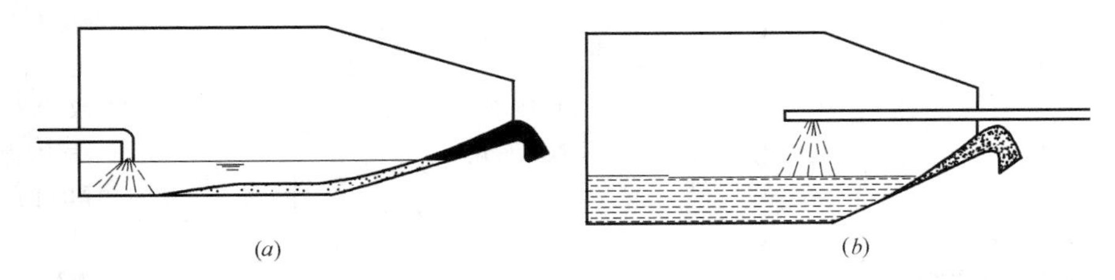

(a)　　(b)

图14-5　低、高速离心机工作原理比较

(a) 低速离心机；(b) 高速离心机

3. 离心浓缩机型选择与设计计算

(1) 机型选择

离心浓缩宜采用中、低速锥筒式离心机。国内锥筒式离心浓缩机的参考规格见表14-1。

国产锥筒式离心浓缩机参考规格性能表　　表14-1

转筒直径 (mm)	直径比(L/D)	锥筒转速 (r/min)	分离因素 (α)	速差 (r/min)	进泥量 (m^3/h)	主、辅电机功率 (kW)	整机重量 (kg)
520	4.1	2500	1820	1～25	10～48	45/11	5000
600	3.6	2400	2000	1～50	15～35	55/15	7500
620	2.7	2200	2000	1～50	10～35	55/15	7500
720	3.7	2200	1950	1～65	30～50	110	7500
750	3.7	2200	2033	1～25	50～80	132	10000

美国锥筒式离心浓缩机参考规格性能见表14-2。

(2) 影响因素与设计计算

影响污泥离心浓缩效果的因素有3个：离心机的设计参数、调节与运行参数、污泥的固体物质性质，列于表14-3。调节、控制表列因素，可使离心、脱水获得良好效果。

美国锥筒式离心浓缩机参考规格性能　　表 14-2

转筒直径(mm)	总长(m)	锥长(mm)	锥角(°)	筒长(m)	容积(m^3)	排泥管径(mm)	有用筒体容积(m^3)	转速(r/min)	角速度(r/s)	分离因素(α)
740	3.05	450	20	2.6	1.1	410	0.8	2500	262	2600
690	2.92	470	15	2.5	0.9	430	0.5	2600	272	2600
740	3.1	490	20	2.6	1.1	380	0.8	2300	240.5	2200
760	3.07	380	20	2.8	1.3	480	0.8	2200	230	2100

污泥离心浓缩效果的影响因素　　表 14-3

离心机设计参数	调节与运行参数	固体性质
流态	转筒转速	颗粒和絮体尺寸
逆向流	转筒和输送器速差	颗粒密度
顺向流	水池深度与容积	稠度
内部缓冲板	泥量	黏滞度
转筒/运送器	水力负荷	温度
直径	固体负荷	污泥指数 SVI
长度	混凝剂应用	挥发性固体
锥角		固体停留时间
投料强度与导向		腐败性
水池最大深度		絮体退化
固体物与絮体供给点		
最大运行速度		

剩余活性污泥用离心机浓缩时，入流污泥浓度 C_0 为 1.5%～0.3%，浓缩污泥浓度 C_e 可达 3%～10%，固体回收率 R 为 47%～96%；投加有机聚合混凝剂的浓缩效果，优于不投加；入流污泥浓度高时（如 C_0＝10000～15000mg/L），可不用有机聚合混凝剂，浓缩污泥浓度 C_e 可达 6%，回收率可达 90%～92%；纯氧曝气法的剩余活性污泥，离心浓缩所需有机聚合混凝剂剂量较大，浓缩效果虽好，但固体回收率 R 偏低；污泥浓缩宜采用低、中离心机。

4. 离心浓缩设计计算

转筒离心浓缩机的设计计算，用例题说明。

【例 14-1】 剩余活性污泥干固体重量为 10883kg/d，有机物含量 65%，干固体浓度 C_0＝0.5%（即含水率 99.5%），要求浓缩后，浓度 C_e≥4.5%。

【解】 根据污泥干固体重量、有机物含量及含水率计算出污泥体积。

污泥体积等于所含干固体体积与水分体积之和，即：

$$V=V_{水}+V_{干}$$

干固体密度用下式（见第 1 章式 1-5）计算：

$$\gamma_s=\frac{250}{100+1.5p_V}=\frac{250}{100+1.5\times65}=1.26$$

即干固体密度为 $1.26t/m^3=1260kg/m^3$

所占体积 $V_{干}=\frac{10883}{1260}=8m^3$

含水率 99.5%，即水的体积占 99.5%，干固体体积占 0.5%，

$$\therefore\frac{8}{0.5\%}=\frac{V_{水}}{99.5\%}$$

$$\therefore V_{水}=\frac{99.5\%\times8}{0.5\%}=1592m^3/d$$

$$\therefore V=V_{水}+V_{干}=1592+8=1600m^3/d$$

选用离心浓缩机，3 用 1 备，每台每天连续运行 8h，则：

每台固体负荷 $S=\frac{10883}{3\times8}=454kg/h$

每台水力负荷 $q=\frac{1600}{3\times8}=66m^3/h=1100L/min=1.1m^3/min$（即入流污泥量）

已知原污泥浓度 $C_0=0.5\%$即 5000mg/L，对照表 14-1、表 14-2、表 14-3，可选用洛杉矶污水厂离心机 $D\times L=1100mm\times4190mm$，筒体转速 $n=1600rpm$，分离因素 $\alpha=1564$。

转筒角速度 $\omega=\frac{2\pi n}{60}=\frac{2\pi\times1600}{60}=167.5r/s$

离心加速度 $\varepsilon=\omega^2r=167.5^2\times0.55=15431m/s^2$

计算该机的分离因素：

$\alpha=\frac{n^2r}{900}=\frac{1600^2\times0.55}{900}=1564$，属低速离心机

由图 14-4 离心机内水池深度，可用澄清水出水堰高度调节。

取 $\gamma_2=0.25m$，则水池容积为：

$$V=\pi\ (r_1^2-r_2^2)\ L=\pi\ (0.55^2-0.25^2)\ \times4.19=3.158m^3$$

污泥在离心力场内的停留时间为：

$\frac{3.158}{1.1}=2.87min$，远远低于重力浓缩与气浮浓缩所需的停留时间，其浓缩效率、经济价值可想而知，并可实现全自动控制，封闭连续生产。

14.1.2 离心脱水

离心脱水机的机型、脱水原理、预处理方法等均与离心浓缩相同，主要差别是入流污泥浓度与出流污泥浓度不同。

离心浓缩的入流污泥浓度 C_0 宜为 0.5%～2%（含水率 99.5%～98%），浓缩污泥浓度 C_e 约为 3%～6%（含水率 97%～94%），一般与离心脱水连体。

1. 影响因素

(1) 转鼓转速：根据式 (14-3)，离心力、分离因数与转动速度的平方成正比，转筒

转速 ω_b 越快，固体颗粒受到的离心力越大，分离因素越高，分离效果越好，所以转速是离心分离的最重要因素。但转数较高后，增加转速，固体的回收率上升、泥饼的含水率下降均有限（图 14-6），能耗却会上升。因此，一般污泥脱水选用转速不宜过高。

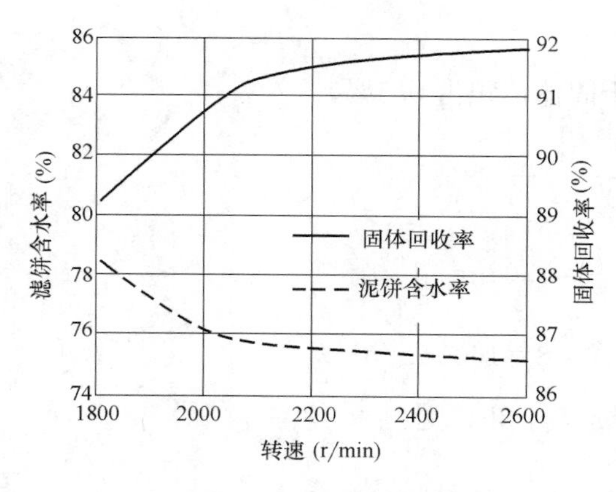

图 14-6 转速对脱水效果的影响

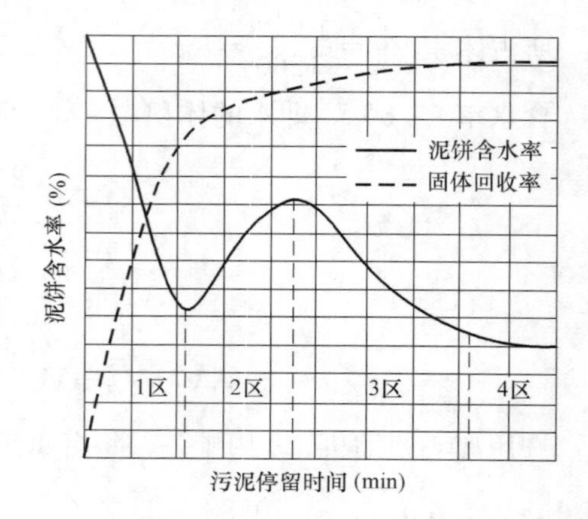

图 14-7 污泥停留时间对离心脱水效果的影响

（2）污泥投配率与停留时间：当混凝剂投加量一定时，污泥的投配率会影响污泥离心脱水的停留时间，投配率越小，污泥的停留时间越长，图 14-7 为污泥停留时间对离心脱水泥饼含水率及固体回收率的影响。

图中 1 区当污泥投配率极大时，污泥在离心脱水机内停留时间极短，此时虽然产率很高，但固体回收率很低，泥饼含水率很高。随着停留时间的增加，固体回收率会逐步提高，而污泥含水率会迅速下降，这主要是因为此时停留时间较短，分离出来的多属密度较大、易脱水的颗粒，所以泥饼含水率较低。图中 2 区的范围内，随着污泥投配率逐渐减小时，离心脱水产率下降，但污泥停留时间增加，固体回收率上升，但由于密度较小、不易脱水的污泥颗粒进入污泥层，泥饼含水率有所升高。在图中 3 区的范围内，如进一步减小投配率，停留时间增加，固体回收率继续上升，分离液含固率很小，同时由于持续离心，污泥层的含水率又有所下降。图中 4 区，当固体回收率接近于 100％时，此时再降低污泥投配率，延长停留时间，可压密泥饼，使含水率下降，但固体回收率的上升和含水率的下降有限。因此，在运行时，应兼顾泥饼产率、固体回收率和泥饼含水率之间的关系，选择合适的污泥投配率和停留时间。

当离心条件一定，保证固体回收率为 96％时，污泥处理量对混凝剂投加量的影响如图 14-8 所示。

图中数据表明：较高的污泥投配率需要投加的混凝剂的量大大高于较低投配率的情况。图中曲线同时也表明选择离心机处理能力十分重要，配合合适的污泥投配率可有效减少絮凝剂的用量，选择时应考虑一定富余，能在实际进泥量发生波动时，仍能保证在较经济的混凝剂投药量范围内。

（3）转速差：转鼓与螺旋输送器之间的速差，使得两者间产生相对运动，将附着在转鼓壁上的污泥层向泥饼出口输送。降低差速度，污泥在转鼓中的停留时间增大，会加大转鼓上泥层的厚度，脱水后泥饼含水率降低，同时螺旋对澄清区物料的扰动小，滤液含固率也会下降，但会增大螺旋推料的负荷，甚至可能发生由于泥饼排出不及时而堵塞转鼓的情

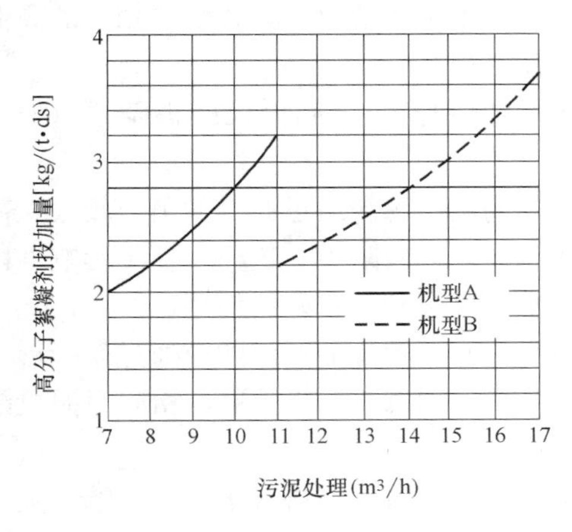

图 14-8 污泥处理量对混凝剂投加量的影响

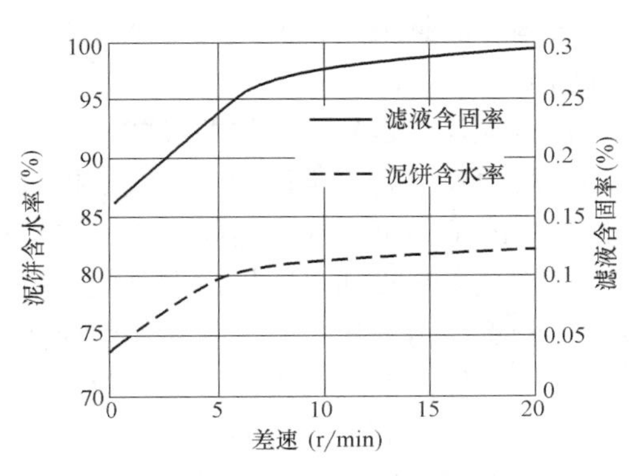

图 14-9 转速差对脱水效果的影响

况；提高转速差，泥饼输出快，有利于提高生产能力，但泥饼含水率升高，分离液含固率也会上升。转速差对分离效果的影响，如图 14-9 所示。

转速差与污泥颗粒的特性有关。当污泥颗粒结构较松散时，应使用较小的速差。当污泥颗粒结构紧密，可采用较高的速差。因此，在要求达到一定泥饼含水率时，转速差下降，可节省絮凝剂投加量。

转速差直接影响脱水处理能力、泥饼含水率和滤液含固率，是离心式污泥脱水机运行中需要根据运行情况进行调节的重要参数之一。现在一些机型可以根据脱水机运行情况，如扭矩的变化对转速差自动进行调整。

(4) 液相层厚度 Z：液相层厚度直接影响离心机的有效沉降容积，由式（14-5）可知，污泥在机器内的停留时间也会改变，因此，污泥脱水的处理效果也会受到影响。如图 14-10 所示，当进泥量一定时，如果液相层厚度较小，污泥在离心机内的停留时间短，脱水后的泥饼含水率较高；液相层厚度增加，污泥在机内停留时间增加，分离液含固率下降，但由于液位升高，转鼓锥端的岸区长度会缩短，会造成分离液随脱水后的污泥从污泥出口溢出，导致泥饼含水率重新上升。

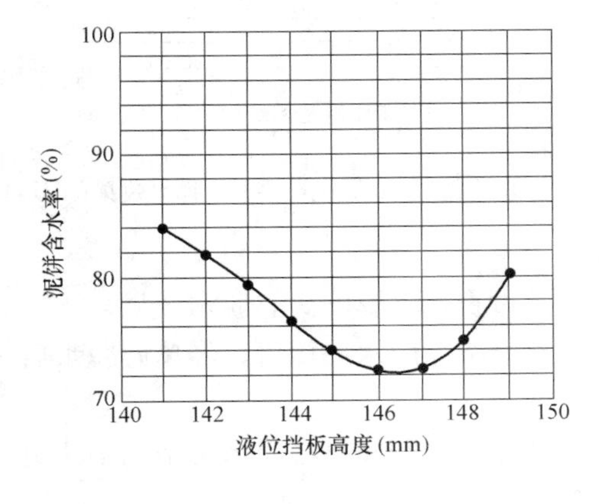

图 14-10 液位挡板高度对离心脱水的影响

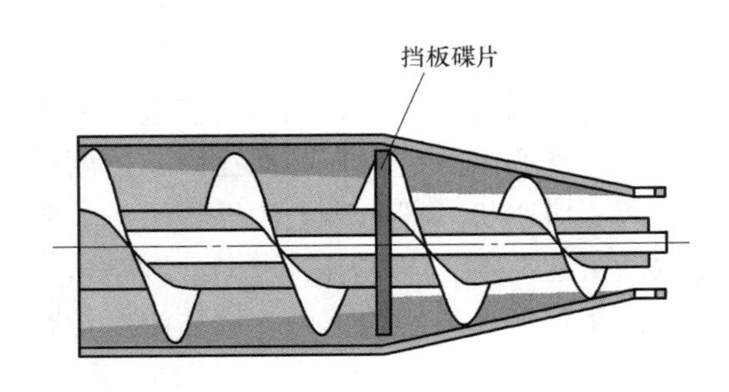

图 14-11 挡板碟片的作用

部分品牌的产品可以实现液相层厚度的自动调节，手工调节时，如各液位挡板的高低不一致，会导致离心机因偏心而发生的剧烈振动，甚至损坏。

某国外品牌采用逆流式离心脱水机，在转鼓的锥段和筒段之间增设挡板碟片，如图14-11所示。

挡板碟片与转鼓壁之间的缝隙，小于泥饼出口的高度，污泥通过此处的阻力较大，需要转筒段中液位高于锥段的泥面线以提供多余的水压力以克服阻力。这样，在不影响锥段水深的情况下，可以提高筒段水深，对提高污泥脱水效果起到了较好的作用。

（5）混凝剂投加量：投加混凝剂，可将粒径较小、密度较小的污泥颗粒通过絮凝形成较大、较重的污泥颗粒，增加污泥颗粒离心脱水的效果。如图14-12所示，相同污泥投配率情况下，提高混凝剂投加量能有效提高固体回收率。

混凝剂除了混凝作用外，还能加强固体物结构。混凝剂对于泥饼含水率的影响，随污泥颗粒的性质而异：若颗粒属疏水性物质，则泥饼含水率较低；如为亲水性物质，则泥饼含水率高。离心脱水应采用高分子聚合电解质，一般无机混凝剂不易达到离心脱水的要求。

（6）待脱水污泥含水率：离心机的水力负荷一般是固定的，因此固体负荷是原污泥固体浓度的函数。原污泥函数率越低，固体浓度越高，固体回收率也高，产率也高。其关系如图14-13所示。

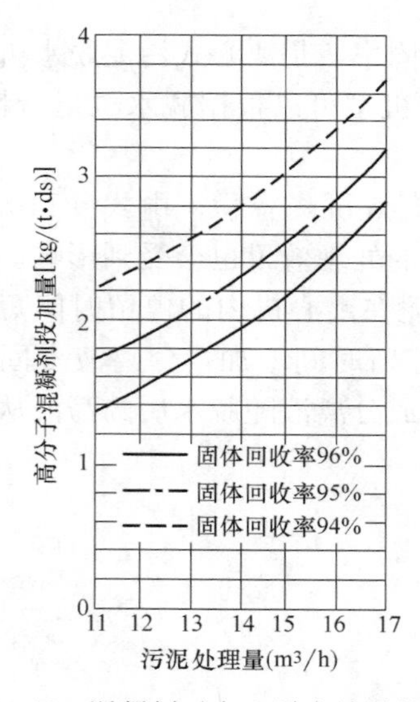

图14-12　混凝剂对离心脱水效果的影响

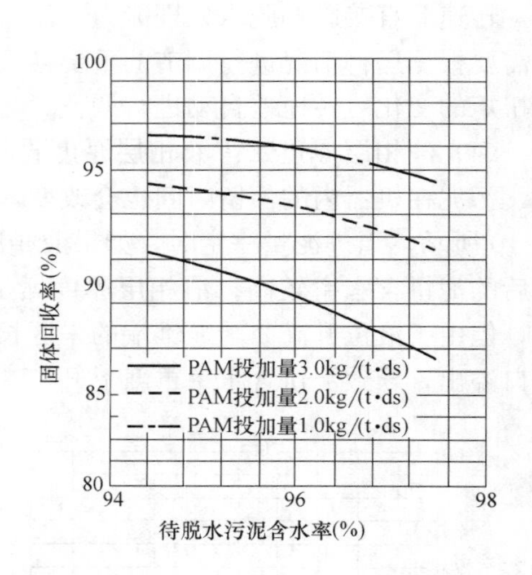

图14-13　待脱水污泥含水率对脱水效果的影响

因此，活性污泥离心脱水前应进行浓缩，降低含水率。

（7）离心前的搅拌与污泥泥龄：过度搅拌与泥龄过长都将影响离心脱水效果。

离心脱水机一般与离心浓缩机联动，制成污泥离心浓缩脱水一体机，经离心脱水后污泥浓度可达20%（即含水率80%）左右，成泥饼状。

由于污泥经离心浓缩后，固体浓度与颗粒紧密度提高，因此离心脱水可采用中速离心机，分离因素α=1500～3000，或高速离心机，分离因素α>3000。

转筒离心浓缩机的浓缩效果，见表14-4。

转筒离心浓缩机的浓缩效果表 **表 14-4**

污水厂所在地	剩余活性污泥类型	入流固体浓度(mg/L)	SVI(%,VSS)	入流流量(L/min)	浓缩污泥固体浓度(%)	固体回收率(%)	有机混凝剂剂量(g/kg)	离心机尺寸 $D\times L$(mm)	转筒转速(r/min)	分离系数 α	流态
大西洋城(Atlantic)	空气曝气	3000	100	1230	10	95	2.5	740×2340	2677	2779	逆流
洛杉矶(Los Angeles)	空气曝气	4800～6000	110～190	2300～3000	3.75～5.7 3.6～6.0	88～91 77～96	— 0.2～2.2	1100×4190 1100×4190	1600 1600	1564 1564	顺流 顺流
		4800～6000	110～190	2300～3000	1.0～7.9 1.7～8.2	47～89 57～97	— 0.4～1.4	1100×3600 1100×3600	1995 1995	2432 2432	
奥克兰(Oakland)	纯氧曝气	5000	250～400	4200	7	66	6	1100×3600	1995	2215	逆流
那不勒斯(Naples)	空气曝气	10000～15000	70～80	380	6	90～92	无	740×3050	2000	1644	逆流
密尔沃基(Milwaukee)	空气曝气	6000～8000	80～150	1100～1900	3～5.5	92～93	—	—	1000		顺流
利特尔顿(Lyttleton)	空气曝气	6000～8000	100～300	570～1100	6～9	88～95	3～3.5	740×2340	2300	2174	逆流
	空气曝气	7500	80～120	840	4～7	77	—	740×2340	2300	2174	逆流
湖景(Lakeview 加拿大安大略省)	空气曝气	7120	80～120	1350	1～6	65	—	740×3050	2600	2779	逆流

14.2 离心脱水试验与计算

离心脱水机的选用与运行参数，需经过试验与调试取得。离心脱水的试验方法有：经验设计法、实验室Σ理论模拟试验法与β理论模拟试验法等，前两种方法为常用。

14.2.1 Σ理论模拟试验法

假定颗粒在离心机中的沉淀速度符合斯笃克定律，即假定：颗粒一开始就获得终极沉淀速度；颗粒在离心机中是层流状态，属于自由沉降。应用斯笃克公式：

$$v=\frac{g(\rho_s-\rho_w)d^2}{18\mu} \tag{14-9}$$

式中 v——颗粒沉降速度，m/s；

ρ_s——污泥颗粒密度，kg/m³；

ρ_w——液体的密度，kg/m³；

d——污泥颗粒的直径，m；

μ——液体的动力黏滞度，kg/(m·s)；

g——重力加速度，9.81m/s²。

由于颗粒在离心机中，是处于离心加速度$\omega^2 r$的作用下，因此斯笃克公式中的重力加速度g，应由离心加速度$\omega^2 r$代替。上式应改写成：

$$v=\frac{\omega^2 r(\rho_s-\rho_w)d^2}{18\mu} \tag{14-10}$$

当经过dt时间，颗粒的沉降距离为dr，则：

$$\mathrm{d}r=v\mathrm{d}t=\frac{\omega^2 r(\rho_s-\rho_w)d^2}{18\mu}\mathrm{d}t$$

从r_1积分到r_2见式（14-11）：

$$\int_{r_1}^{r_2}\frac{\mathrm{d}r}{r}=\frac{\omega^2(\rho_s-\rho_w)}{18\mu}\int_0^t\mathrm{d}t$$

$$\therefore(\ln r_2-\ln r_1)=\frac{\omega^2(\rho_s-\rho_w)}{18\mu}t$$

得：

$$t=\frac{18\mu}{\omega^2(\rho_s-\rho_w)}\ln\frac{r_2}{r_1} \tag{14-11}$$

颗粒沉降所需的总时间应为：$t=\dfrac{V}{Q}=\dfrac{\text{水池体积}}{\text{污泥投配率}}$

由于 $$V=2\pi\left(\frac{r_1+r_2}{2}\right)(r_2-r_1)L=\pi r_2^2L-\pi r_1^2L$$

或 $$V=\pi DLZ \tag{14-12}$$

式中 L——转筒长度，cm；

Z——液相层厚度，cm。

再根据式（14-11）分子分母各乘重力加速度g整理得：

$$t=\frac{V}{Q}\left(\frac{g}{\omega^2}\ln\frac{r_2}{r_1}\right)\left[\frac{18\mu}{g(\rho_s-\rho_w)d^2}\right]$$

$$Q=\left(\frac{\omega^2}{g\ln\frac{r_2}{r_1}}\right)\left[\frac{g(\rho_s-\rho_w)d^2}{18\mu}\right]V \tag{14-13}$$

因 $$Q=Av$$

式中 A——离心机的沉降分离面积，m^2；

v——颗粒沉降速度，m/s，见式（14-9）。

代入式（14-13）中：

$$A=\frac{\omega^2 V}{g\ln\frac{r_2}{r_1}}=\frac{\omega^2\pi L(r_2^2-r_1^2)}{g\ln\frac{r_2}{r_1}}=\frac{4\pi^2 n^2\pi L(r_2^2-r_1^2)}{g\ln\frac{r_2}{r_1}}=\frac{n^2 L(d_2^2-d_1^2)}{0.316\ln\frac{r_2}{r_1}} \tag{14-14}$$

式中 n——转筒转数，r/min；

d_1——水池表面的直径，m；

d_2——转筒内径，m；

g——重力加速度，9.81m/s^2。

由式（14-13），右边第一项代表离心机的机械因素，第二项反映了污泥的特性。令第一项为Σ，即：

$$\Sigma=\frac{\omega^2 V}{g\ln\frac{r_2}{r_1}} \tag{14-15}$$

则 $$Q=\Sigma vV$$

对于相同的污泥，在两种几何相似的离心机中分离，应有下列关系：

$$\frac{Q_1}{Q_2}=\frac{\Sigma_1}{\Sigma_2} \tag{14-16}$$

【例 14-2】 应用Σ理论，选择离心脱水机。已知模型离心机的运行参数，选择原型离心机的运行参数。模型与原型离心机的机械因素见表 14-5。

【解】 根据离心机计算图 14-4 及模型机、原型机机械因素表 14-5，计算模型机与原型机的水池体积。

模型机与原型机机械因素表 **表 14-5**

	模型离心机	原型离心机
转筒直径(cm)	20	74
水池深度(cm)	2	10
转筒转数 n(r/min)	4000	2000
转筒长度 L(cm)	30	305
分离因素 α	1800	1644

模型机的水池体积 V_1：

$$V_1=2\pi\left(\frac{8+10}{2}\right)(10-8)\times 30=3400\text{cm}^3$$

原型机的水池体积 V_2：

$$V_2=2\pi\left(\frac{37+27}{2}\right)(37-27)\times 305=613000\text{cm}^3$$

模型机与原型机的 ω 值：

模型机的旋转角速度 ω_1

$$\omega_1=\frac{2\pi n}{60}=\frac{2\pi\times4000}{60}=420\text{r/s}$$

原型机的旋转角速度 ω_2

$$\omega_2=\frac{2\pi\times2000}{60}=209\text{r/s}$$

由式（14-15）计算模型机与原型机的$\sum$值：

模型机$\sum_1$

$$\Sigma_1=\frac{420^2}{980}\times\frac{3400}{\ln\frac{10}{8}}=2.74\times10^6$$

原型机$\sum_2$

$$\Sigma_2=\frac{209^2}{980}\times\frac{613000}{\ln\frac{37}{17}}=86.72\times10^6$$

由式（14-16）可计算出原型机的污泥最佳投配率为：

$$Q_2=\frac{\Sigma_2}{\Sigma_1}Q_1=\frac{86.72\times10^6}{2.74\times10^6}\times0.5=15.8\text{m}^3/\text{h}$$

$\sum$理论应用于污泥离心机脱水时，存在一些主要问题：

(1) 斯笃克公式适用于自由沉降，但离心机中，污泥颗粒是拥挤沉降。

(2) 离心机中水池的部分深度是被泥饼占据，并且泥饼是受到压缩的，这一点在$\sum$理论中未考虑。

(3) 假定颗粒一开始就获得终极沉速，全部颗粒的旋转速度都相等，但事实上可能有的颗粒从未获得这个速度，而有的颗粒却连续地被加速。

(4) 仅考虑到固液分离，而没有考虑到离心机的泥饼输送能力，即仅考虑水力负荷，而未考虑到离心机的固体负荷。

用$\sum$理论计算出来的原型离心机的污泥投配率往往偏大。如果按该计算值进行运行，离心机将无法工作。因此，出现了 β 理论。

14.2.2 β 理论模拟设计法

β 理论是从固体负荷出发进行分析的。

对于两台相似的转筒离心机，输送固体泥饼的能力与离心机的水池中被固体泥饼所占据的体积成正比例。液相层的体积：

$$V=\pi r_2^2L-\pi r_1^2L=\pi(r_1+r_2)(r_1-r_2)L\approx\pi DLZ$$

同理，被污泥层占的体积：

$$V_s\approx\pi DLY$$

固体泥饼体积与液相层体积之比为：

$$\frac{V_s}{V}=\frac{\pi DLZ}{\pi DLY}=\frac{Y}{Z}\tag{14-17}$$

如果不考虑污泥颗粒的滑移量，则颗粒在转筒中的运行时间为：

$$T=\frac{L}{\Delta\omega SN} \tag{14-18}$$

式中 T——颗粒在转筒中的运行时间，s；

L——转筒长度，cm；

$\Delta\omega$——转筒和输送器之间的转速差，1/s；

S——螺旋输送器螺距，cm；

N——螺旋输送器导程数。

离心机中，固体物排出量近似于$\frac{Q_s}{\gamma_c}$，其中，Q_s为固体物排出量，即固体负荷（kg/h）；γ_c为湿污泥的密度（kg/L）。

因此，被固体泥饼占据的体积也可写成：

$$V_s=\left(\frac{Q_s}{\gamma_c}\right)T=\left(\frac{Q_s}{\gamma_c}\right)\frac{L}{\Delta\omega SN} \tag{14-19}$$

式中 V_s——被固体泥饼占据的体积，cm^3。

因转筒内壁的全面积为：

$$A=\pi DL$$

则：

$$Y=\frac{V_s}{A}=\frac{\left(\frac{Q_s}{\gamma_c}\right)\frac{L}{\Delta\omega SN}}{\pi DL}=\frac{Q_s}{\gamma_c}\frac{1}{\Delta\omega SN\pi D}$$

将上式代入式（14-19）得：

$$\frac{V_s}{V}=\frac{Y}{Z}=\frac{Q_s}{\gamma_c}\frac{1}{\Delta\omega SN\pi DZ} \tag{14-20}$$

由式（14-20）可知，分母完全反映机械因素，可用β代表，即：

$$\beta=\Delta\omega SN\pi DZ \tag{14-21}$$

因此，任何两种类似的离心机之间有如下的关系：

$$\frac{\left(\frac{Q_{s1}}{\gamma_{c1}}\right)}{\beta_1}=\frac{\left(\frac{Q_{s2}}{\gamma_{c2}}\right)}{\beta_2}$$

假设同样的污泥，在两个离心机中脱水，由于污泥的γ_c值是相等的，则可得：

$$\frac{Q_{s1}}{\beta_1}=\frac{Q_{s2}}{\beta_2} \tag{14-22}$$

【例 14-3】 模型机及原型机尺寸同【例 14-2】，其他已知条件见表 14-6 所列。

离心脱水模拟试验数据 **表 14-6**

	模型离心机	原型离心机
螺旋输送器转数（r/min）	3950	3150
螺距 S（cm）	4	8
导程 N	1	1

由试验结果知，模型机的最佳污泥投配率（按固体负荷计）为 60kg（干）/h，要求计算原型离心机的最佳投配率。

【解】 由式（14-22）

$$Q_{s2}=\frac{\beta_2}{\beta_1}Q_{s1}=\frac{(\Delta\omega SN\pi DZ)_2}{(\Delta\omega SN\pi DZ)_1}Q_{s1}$$

$$=\frac{(2000-1950)\times 8\times 1\times 3.14\times 74\times 10}{(3200-3150)\times 4\times 1\times 3.14\times 20\times 2}\times 60=2220\text{kg/h}$$

β理论中假定同一污泥在两个离心机中离心，泥饼的γ_c是相等的。这有一定的局限性。对于化学污泥、活性污泥等，当两离心机转数接近时，相同条件下，γ_c值并没有多大的不同，对于差别很大的污泥，应通过试验确定。

另外，β理论中将转筒的滑移量忽略不计，这与实际情况有所出入，特别是当螺旋角大（输送器螺距大）或多导程时，滑移量的影响可能更大。从式（14-20）、式（14-21）可见，如果N值增加一倍，固体物容量也可增加一倍，这显然是不能实现的。增加螺旋角与导程数，固体物的输送能力是能够增加的，但输送器桨片的磨损将加剧（特别在含砂后高的情况下），输送器所受的水平转矩也将增大，从而增加了输送器材料的选用与制造的困难。

14.2.3 Σ理论与β理论的相互关系

由于固体负荷与水力负荷是互相影响的，例如固体负荷保持不变，而投配污泥的固体浓度变化时，水力负荷变化很大。因此Σ理论与β理论也是互相关联的。表14-7可说明Σ理论与β理论两者的相互关系。

离心机按Σ、β理论放大与实际运行比较 **表14-7**

污泥类型	离心机编号	固体回收率(%)	泥饼干固体浓度(%)	按Σ值放大		实际Q值(m^3/h)	按β值放大		实际Q值(kg/h)
				Σ值	Q(m^3/h)		β值	Q(kg/h)	
碳酸钙污泥	模型机	89	74	1.0	5.4	1.75	1.0	575	658
	原型机	92	73	3.11		2.06	0.38		639
活性污泥	模型机	83	5.8	1.0	16.1	5.9	1.0	116	35.4
	1号原型机	83	5.2	2.74		16	3.3		114
	2号原型机	78	5.8	2.52	15	16	8.11	300	139

从表14-7可以看出：

（1）对于化学污泥（碳酸钙污泥）：基本上属于不可压缩性污泥，离心脱水的效果是很好的，固体回收率较高。按模型机的试验结果，模拟计算原型机的生产能力，用Σ理论：原型机的模拟水力负荷值为$Q=5.4m^3/h$，但实际生产值为$Q=2.06m^3/h$，模拟计算值为实际生产值的2.6倍；用β理论：原型机的试验固体负荷值为$Q_s=575$kg/h，原型机的实际固体负荷为$Q_s=630$kg/h，两者较为接近。

（2）对于活性污泥：属于可压缩性污泥，离心脱水比较困难，固体回收率也较低。若按Σ理论进行模拟计算：1号原型机的模拟水力负荷$Q_s=16.1m^3/h$，实际水力负荷为$16m^3/h$，2号原型机的模拟水力负荷$Q_s=15m^3/h$，实际水力负荷为$Q=16m^3/h$，模拟值与实际值极为接近。如用β理论进行模拟计算：1号原型机的模拟固体负荷$Q_s=116$kg/h，实际固体负荷$Q_s=114$kg/h，较为接近；但2号原型机的模拟固体负荷$Q_s=300$kg/h，而实际固体负荷为$Q_s=139$kg/h，计算值为实际值的2.1倍。

因此在按比例模拟时，对于不可压缩性污泥，采用β理论的式（14-21）、式（14-22）

进行模拟计算结果较为接近，对可压缩污泥采用Σ理论的式（14-19）、式（14-20）进行模拟较为接近。

表 14-8 为几种污泥离心脱水机技术参数，以供参考。

几种离心脱水机技术参数 **表 14-8**

参数	国内品牌			国外品牌		
直径(mm)	300	400	500	300	340	391
转鼓长(mm)	1350	1800	2250	1200	1260	1650
最高转速(r/min)	4200	3650	3000	4400	4000	2700
最大分离因素	2940	2960	2500	3200	3020	1950
差速(r/min)	2～30	2～30	2～30	1～11	1～15	1—15
水力负荷(m^3/h)	1～5	1～10	5～45	4～8	4～8	3～8
重量(kg)	1400	2500	4000	2100	1800	2100
长(mm)	2760	2990	4330	2500	3023	3375
宽(mm)	800	960	1140	600	970	1000
高(mm)	1080	1205	1470	1240	1290	1400
主电机功率(kW)	11	15	37	15	22	15

14.3 离心浓缩脱水一体机

1. 国产污泥离心浓缩脱水一体机的参考规格

国产污泥离心浓缩脱水一体机的参考规格见表 14-9。

国产离心浓缩脱水一体机的参考规格表 **表 14-9**

转鼓参数				机电功率(kW)	外形尺寸 $L\times B\times H$ (mm)	入流污泥量(m^3/h)	脱水泥饼含水率(%)	固体回收率(%)	分离液SS(%)
直径(mm)	长度(mm)	转速(r/min)	分离因素(α)						
350	1520	3200	3200	18.5/22	3300×860×1100	15～30	75～80	≥88	≤0.1
450	1990	3200	2580	30/37	4463×1020×1345	30～50	75～80	≥88	≤0.1
520	2250	2800	2280	45/55	4809×1200×1595	50～80	75～80	≥88	≤0.1
650	2800	3000	3280	75/55	5250×1465×1775	50～100	75～80	≥88	≤0.1
720	2160	2500	2520	110/132	4560×3250×1450	100～150	75～80	≥88	≤0.1

2. 污泥离心浓缩脱水一体机工艺流程

污泥离心浓缩脱水一体机工艺流程见图 14-14。

3. 离心浓缩脱水一体机应用实例

中山市污水处理厂，规模 12 万 m^3/d，A^2O 法，剩余活性污泥含水率 99.5%～99.7%，经污泥破碎机、投加聚丙烯酰胺，剂量为 0.3%，采用离心浓缩脱水一体机，浓缩与脱水离心机总长度 4500mm，筒径 450mm，锥端直径 258mm，最大转速 3250r/min，分离因素 α=2640，每天处理污泥 30～40m^3，脱水泥饼含水率 81%～82%用于配制复合肥料。

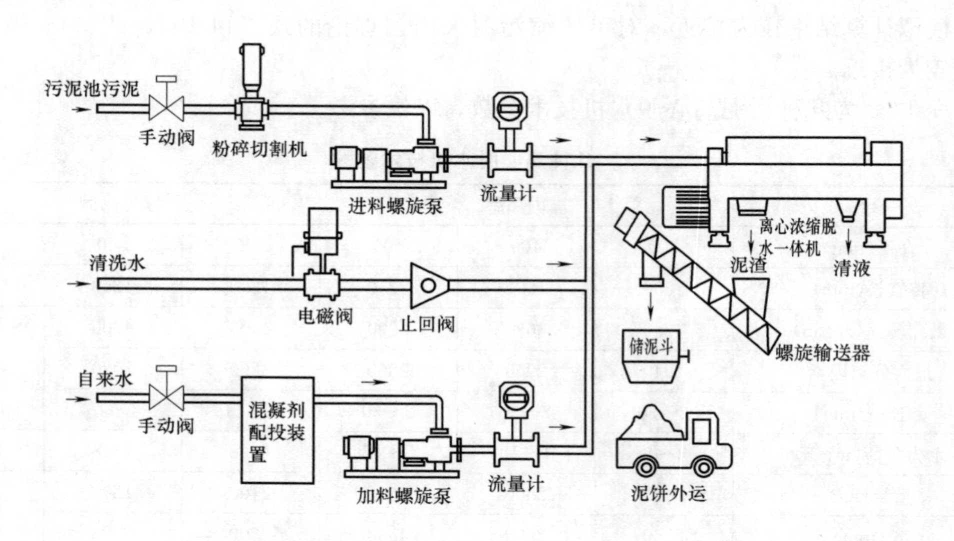

图 14-14 污泥离心浓缩脱水一体机工艺流程

第15章 污泥压滤脱水

15.1 压滤脱水原理

压滤的基本原理见第12章图12-1所示。将高含水率的污泥放置在由多孔过滤介质构成的腔体中，在污泥一侧施加压力从而在介质两侧形成压力差，利用多孔过滤介质的机械拦截作用实现固液分离过程。大部分水和部分粒径较小的固形物质通过介质孔隙离开腔体成为滤液，而粒径较大的固形物质则被截留在腔体中形成含水率较低的泥饼。

压滤法与真空过滤法的基本理论是一样的，只是推动力不同。真空过滤法为负压过滤，提供的压力差约为0.05～0.07MPa；压滤法为正压过滤，因此推动力可达到真空过滤的10倍以上，脱水效果好，被广泛用于污泥脱水领域。

常用于污泥脱水的压滤机械按过滤方式可分为带式压滤机、板框式（厢式）压滤机和螺旋式压滤机。

15.2 带式压滤脱水

15.2.1 系统组成

带式压滤机主要由机架、滤带、传动系统、压滤辊系统、进料布料系统、卸料系统、冲洗系统、滤液收集系统、滤带张紧系统、滤带纠偏系统和气压系统组成。

（1）机架：主要用来支撑及固定压滤辊系统及其他各部件。

（2）滤带：是带式压滤机的主要组成部分，污泥的固相与液相的分离过程均以上、下滤带为过滤介质，在上、下滤带张紧力作用下绕过压滤辊而获得去除物料水分所需压滤力。

（3）传动系统：由电机、减速机、齿轮传动机构等组成，它是滤带行走的动力来源，并能够通过调节减速机转速，满足工艺上不同带速的要求。

（4）压滤辊系统：由直径从大到小顺序排列的辊筒组成。污泥被上、下滤带夹持，依次经过压滤辊时，在滤带张力作用下形成由小到大的压力梯度，使污泥在脱水过程中所受的压滤力不断增高，污泥中水分逐渐脱除。

（5）进料布料系统：由布料斗、挡板及梳泥犁耙等组成，作用是将待脱水的污泥均匀地铺在滤带上。

（6）卸料系统：由刮刀板、刀架、卸料辊等组成，其作用是将脱水后的滤饼与滤带剥离，达到卸料的目的。

（7）冲洗系统：由喷淋器、清洗水接液盒和清洗罩等组成。当滤带行走时，连续经过清洗装置，受喷淋器喷出的压力水冲击，残留在滤布中的污泥颗粒在压力水作用下与滤带脱离，避免滤布堵塞。

（8）滤液收集系统：由集水槽及其托架组成，主要用来收集、排除滤液。

（9）滤带张紧装置：由张紧缸、张紧辊及同步机构组成，其作用是将滤带张紧，并为压滤脱水所需压滤力的产生提供必要的张力条件，其张力大小的调节可通过调节气压系统的张紧缸的气压来实现。

（10）滤带纠偏系统：由气缸、调偏辊和信号反馈系统组成。其作用是调整由于滤带张力不均、辊筒安装误差、加料不均等多种原因所造成的滤带跑偏，从而保证带式压滤过滤机的连续性和稳定性。

（11）气压系统：该系统主要是由储气罐、电机、气泵、气缸及气压控制元件等组成。通过气压控制元件控制空气压力、流量及方向，是完成滤带张紧、调整操作的动力来源。

15.2.2 工作原理

带式压滤机的脱水可以分为重力脱水、楔形压滤和高压压滤三个步骤，如图 15-1 所示。

首先，经化学调节的污泥进入重力脱水区，絮凝成较大颗粒的污泥被截留在滤带之上，而大量水在重力作用下通过滤带孔隙被分离，含水率的下降使污泥流动性能降低，不致在压滤时被挤出滤布带；然后，污泥进入由两条滤带组成的楔形压滤区，两条滤带对污泥实施缓慢加压，污泥受到递增的挤压力逐渐增稠，流动性进一步降低，形成初步的滤饼；最后，重叠的滤布夹着污泥进入高压压滤区，沿着辊筒作连续S形行进，使得滤带两面都受到多次挤压，同时两条滤带上下位置交替变化还会产生剪切力的变化，进一步榨去污泥中的水分，滤带间的污泥成为含水率较低的片状滤饼。

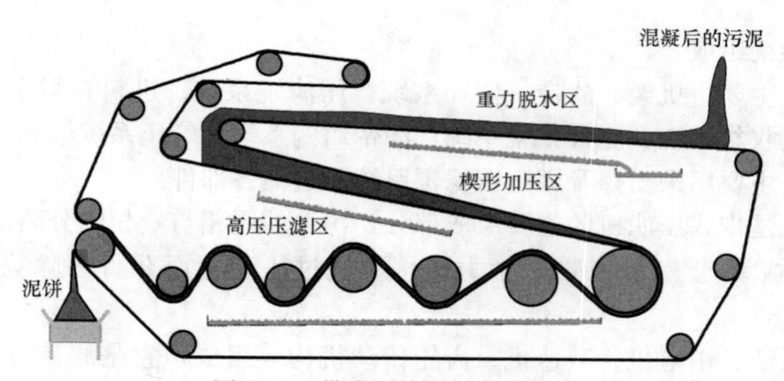

图 15-1 带式压滤机工作原理图

完成泥水分离后，上、下滤带经卸料辊分离，凭借滤带曲率的变化及刮刀清理，实现滤饼脱落。而上、下滤带经高压水冲洗后重新使用，进行下一周期的压滤。

15.2.3 带式压滤机脱水效果及影响因素

带式压滤机处理不同污泥的脱水效果见表 15-1。

带式压滤机处理不同污泥的脱水效果的影响因素较多：

1. 预处理

预处理是压滤脱水的关键。目前带式压滤脱水的预处理多采用高分子混凝剂进行化学调节，污泥经过充分絮凝，形成较大粒径的颗粒。经过预处理后的污泥，压滤与滤饼剥离都比较容易。化学调节选用的混凝剂种类和投加剂量需根据待脱水污泥的性质确定。

带式压滤机脱水效果 **表 15-1**

污泥类型	输入污泥含水率(%)	泥饼含水率(%)
消化污泥	94～96	62～75
浓缩后活性污泥	96～98	75～82
初沉污泥	95～97	65～76
造纸厂生物污泥	96～97.5	76～82
给水厂污泥	92～97	50～70
啤酒厂污泥	95.5～98.5	75～82
肉类加工厂污泥	97～98.5	74～80
蔬菜、水果、酒类加工厂污泥	95～97	75～88

2. 压滤的方式

压滤的方式有水平压滤式与相对压滤式两种，见图 15-2 所示。

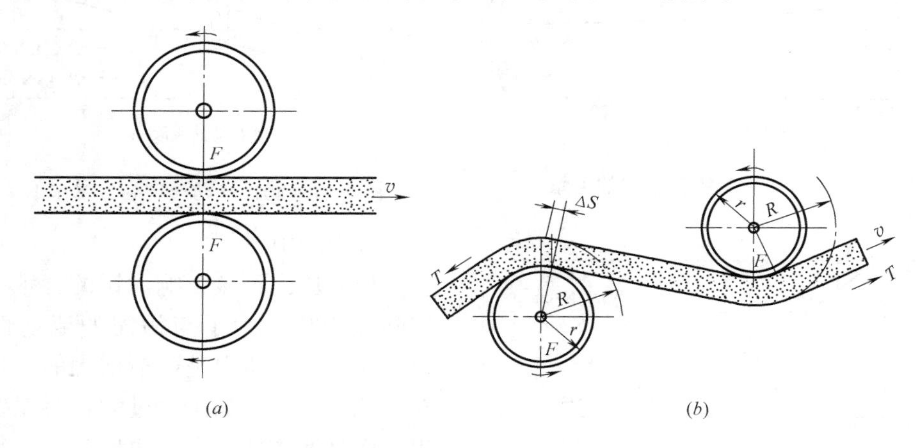

图 15-2 滚压压滤方式

(a) 相对压滤式；(b) 水平压滤式

水平压滤式的滚压轴施加压力为 F，对滤布造成张力 T，起压滤作用，压滤力较小，接触面积大，压滤时间长。但在滚压的过程中，由于滚压轴对两滤布的旋转半径不同，如图 15-2 (*b*) 所示，内侧为 r，外侧为 R，滚压时产生一个位差 ΔS，对污泥造成剪切，促进了滤饼的脱水。相对压滤式的滚压轴处于上下垂直的位置。压滤的时间几乎是瞬时，接触时间短，压力等于 $2F$，所以压滤的压力比水平压滤式要大。城市污水处理厂污泥和某些化工污泥受压性差，容易发生跑泥现象，一般采用水平压滤式较多。

3. 压滤时间

压滤时间取决于滤布移动速度 v，滚压轴转数 n 及滤布与滚轴的组合方式。压滤时间与滤饼含水率的关系见图 15-3。

如图所示，压滤开始时，滤饼含水率迅速降低，但此后滤饼含水率下降速率变缓。长时间压滤，滤饼含水率仍会下降，但降低有限，而过长的压滤时间，会导致带式压滤机整体尺寸过大，既不经济，又增加了占地面积。由于大部分水在重力脱水区被去除，通过增加重力脱水区停留时间可以有效提高带式压滤机的处理量。一般可通过增加重力脱水区滤带长度的方法来实现，但滤带过长容易出现滤带跑偏现象。在机械结构允许的条件下，重力脱水区设计停留时间在 1～2min 为宜，污泥的含水率可由 96%～98%下降到 85～90%。

4. 滤布的移动速度

当压滤机尺寸已定时，滤布移动速度快，则压滤时间变短，泥饼含水率也高。相对压滤时，滤饼含水率与移动速度的关系见图 15-4。从图可见滤带移动速度与滤饼含水率成正比增加，但滤带移动速度加快 2 倍，滤饼含水率仅上升 1%～2%。在保证泥饼含水率的情况下，提高滤布移动速度，可使过滤产率大幅度地增加。但移动速度太快，滤饼的厚度太薄，剥离困难。对城市污水厂污泥，一般控制在 3～6m/min 的范围内。

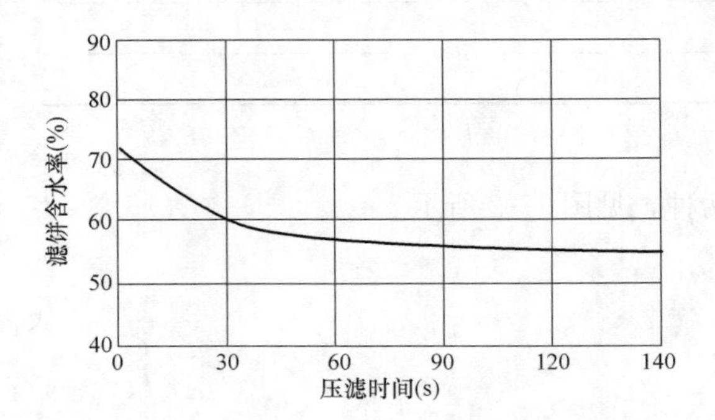

图 15-3　压滤时间与滤饼含水率的关系

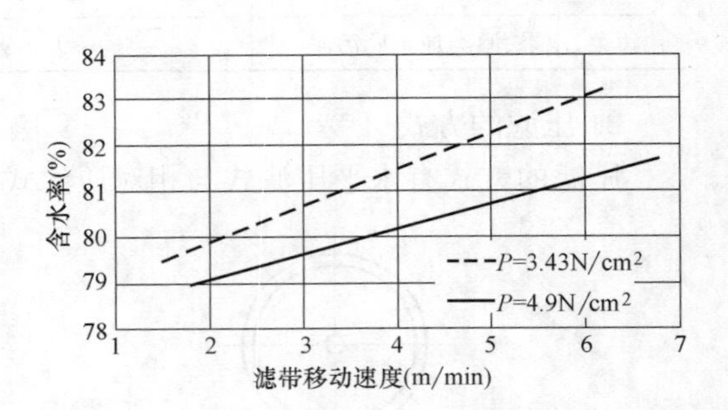

图 15-4　滤带移动速度与含水率的关系

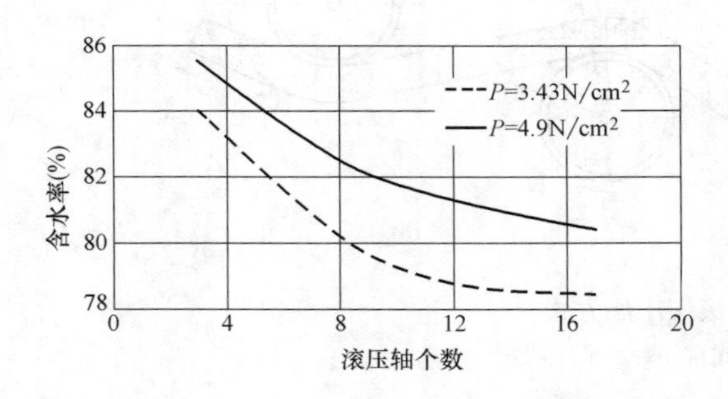

图 15-5　滚压轴个数与滤饼含水率关系

5. 压滤压力

压滤压力直接影响滤饼的含水率。在实际操作中，为了与污泥的流动性相适应，压滤段的压力是逐渐增大的。特别是在压滤开始时，如压力过大，污泥要被挤出。而且滤饼薄，剥离也困难。一般用于城市污水处理厂污泥脱水的带式压滤机滤带张力可在 0.3～0.7MPa 之间调整。

6. 滚压轴个数

采用相对压滤时，滚压轴对数越多，滤饼含水率也越低。两者的关系见图 15-5。压力一定时，最佳的滚压轴个数是一定的，个数太多也无助于滤饼含水率的降低，通常为 5～12 个。

7. 滚筒的直径

如宽度为 B 的滤带以包角 α 安装在辊筒上，拉力为 Q，产生的压力差为 ΔP，如图 15-6 所示。

由 $2Q\cos(90-\alpha)=\int_0^B\int_{-\alpha}^{\alpha}\Delta PR\cos\theta\,\mathrm{d}\theta\,\mathrm{d}B$ 可推导出：$\Delta P=\dfrac{Q}{BR}$

即压力差与滤带的拉力 Q 成正比，而与脱水辊的半径 R 成反比。因此，带式压滤机的脱水辊直径大多从大到小排列，使污泥所受到的压力逐渐增加。

8. 滤带透气量

通常采用透气量来反映滤布过滤速度的大小。滤带透气量过大，易造成滤液浑浊，滤液中含固率增加；透气量过小，会使重力脱水区效率低，处理能力下降，易出现跑泥现象。实际应用中，应根据待脱水污泥的性质来选择合适的滤带透气量。

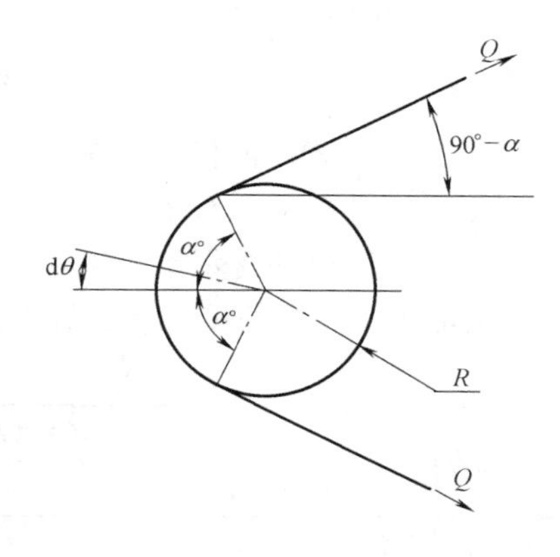

图 15-6　滤带安装示意图

9. 重力脱水区脱水效果

由于重力脱水区的脱水效果决定了带式压滤机的处理能力，故应尽量提高重力脱水区的脱水效率。重力脱水区滤带一般被设计成沿污泥前进方向3°～5°上倾，充分利用重力作用脱除水分，减少楔形压滤区的负荷，以提高处理能力和脱水效果。在重力脱水区起始端设置梳泥犁耙，对滤带上的污泥进行梳整，将其分散、平整。通过增大被重力分离的水的过滤面积，将分离出的水分尽快过滤。也有厂家在重力脱水段前增加预脱水转筒等设备，可加快重力脱水过程，能够有效增加设备的处理能力。

10. 冲洗

滤带在一次压滤周期结束后应进行冲洗，将进入滤布内部的污泥颗粒冲洗出来。如冲洗不彻底，将会导致滤布堵塞，减小过滤面积，影响脱水效果，严重时还会发生污泥从重力脱水区、楔形脱水区两侧漏出。为保证冲洗效果，控制冲洗压力为0.3～0.5MPa，冲洗水量一般为25～35t/t干污泥。由于冲洗水量很大，但对水质要求不高，为了节省冲洗水量可采用较为澄清的滤液或再生水作为冲洗水水源。

15.2.4　带式压滤机优缺点

1. 优点

电耗较低，处理能力大；操作管理简便，易于维护；自动化程度高，能够连续生产；噪声较低，使用寿命较长；不必设高压泵或空压机，机械设备较简单，经济可靠，应用范围广。

2. 缺点

滤饼含水率较高；脱水机房卫生条件较差；设备维护工作量大；冲洗水消耗大。

15.2.5　设计计算

带式压滤机的设计计算可以根据污泥性质和脱水要求初步选择合适的产品类型，并根据厂家提供的产品参数，利用式（15-1）、式（15-2）计算出单台带式压滤机的进泥量，再根据设计污泥处理量确定带式压滤机台数。

$$W_2=K\cdot b\cdot B\cdot m\cdot v\cdot \gamma\cdot \beta \tag{15-1}$$

式中　W_2——带式压滤机泥饼产率，t/h；

K——滤带的有效宽度系数，一般其值取0.85；

b——单位换算系数，为60；

B——滤带的宽度，m；

m——滤饼的厚度，m，一般为0.006～0.01m；

v——滤带的速度，m/min，一般取3～6m/min；

γ——滤饼的湿密度，t/m³，无资料时可取1.03t/m³；

β——固相回收率，≥95%。

$$W_1=\frac{(1-p_2)}{(1-p_1)}W_2 \tag{15-2}$$

式中　W_1——带式压滤机进泥量，t/h；

p_1——进泥的含水率，%；

p_2——滤饼的含水率，%。

常见带式压滤机的设备参数见表 15-2。

带式压滤机参数　　表 15-2

设备参数		某国产品牌			某国外品牌		
		DYQ-1000	DYQ-1500	DYQ-2000	11.4	16.4	22.4
功率(kW)	主机	1.1	1.5	2.2	1.1	1.5	2.2
	成套	11	13	17	9.75	10.15	12.95
滤带宽度(m)		1000	1500	2000	1100	1600	2200
处理能力(m^3/h)		6～11	8～16	12～23	8～12	14～20	25～40
长(mm)		4250	4250	4250	4900	4900	5300
宽(mm)		1880	2380	2920	2000	2500	3100
高(mm)		2100	2100	2100	2730	2730	2730
重量(kg)		3500	4500	5500	3500	5000	7000

15.2.6　滚压浓缩、脱水一体机

滚压浓缩、脱水一体机是将浓缩与脱水过程合并在一起，依靠滚压轴施于滤布的张力压滤污泥，达到浓缩与脱水的目的，整机更紧凑、节能，自动化程度高，密封性好，臭气不易外泄。

滚压浓缩、脱水一体机浓缩与脱水过程见图 15-7。

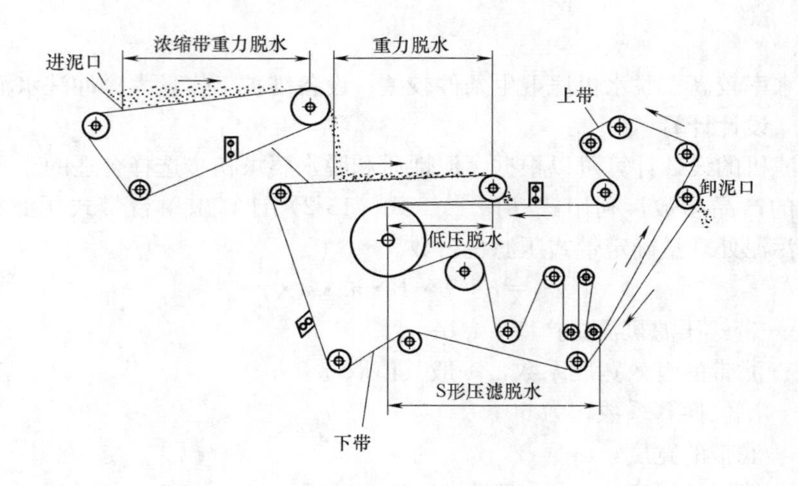

图 15-7　滚压浓缩、脱水一体机

国产滚压浓缩、脱水一体机基本工艺参数见表 15-3。

国产滚压浓缩脱水一体机基本工艺参数表　　表 15-3

工艺参数	滤带宽度(mm)					
	500	1000	1500	2000	2500	3000
污泥处理量(m^3/h)	6～8	12～15	17～22	23～28	34～40	45～55
滤饼含水率(%)	≤80					
固体回收率(%)	≥95					
滤带张力(kN/m)	0～5					
浓缩带线速(m/min)	2.9～14.5					
脱水带线速(m/min)	1.3～6.6					
冲洗水耗量(m^3)	<6	<11	<16	<21	<26	<30
冲洗水压(MPa)	≥0.4					
浓缩带功率(kW)	0.55	0.55	0.75			
脱水带功率(kW)	0.75	0.75	1.5			
混凝剂制配(kW)	0.75	0.75	1.1			
外形尺寸(mm)	4150×1250×2800	4150×1750×2800	4150×2250×2800	4150×1750×2800	4150×2750×2800	4150×3750×2800

15.3 板框式（厢式）压滤机

板框式（厢式）压滤机为间歇式运行的脱水机械，适合的悬浮液固体颗粒浓度一般为10%以下，其特点是提供压力高，操作压力根据污泥性质不同，一般为 0.3～1.6MPa，特殊物料的处理更可达 3.0MPa 或更高。处理量可通过滤板数量灵活调整，一般适用于中小规模的污泥处理场所。

15.3.1 分类

按滤板安放方式分为立式和卧式。立式压滤机滤板水平安放、上下挤压，且只有一张滤布，来回穿梭在每块滤板之间，如图 15-8 所示。卧式压滤机滤板竖直放置，水平挤压，如图 15-9、图 15-10 所示。立式占地面积较小，但生产量较卧式偏小，维护较麻烦，污水处理过程中一般采用卧式。

按横梁设置位置的不同可以分为悬梁式（图 15-9）和侧杠式（图 15-10），悬梁式和侧杠式对比详见表 15-4。

按挤压推动力的方向不同又可以分为推式和拉式，如图 15-11 所示，推式能够提供的压力更大。

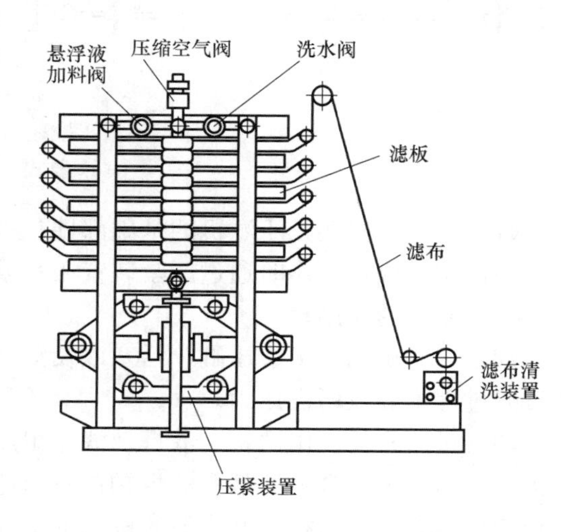

图 15-8　立式板框压滤机

15.3.2 系统组成

板框式压滤机主要由机架、压紧机构和过滤机构组成，如图 15-12 所示。

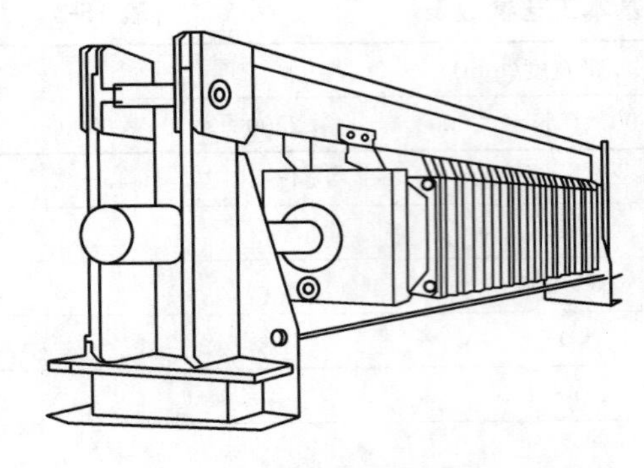

图 15-9　悬梁式板框脱水机

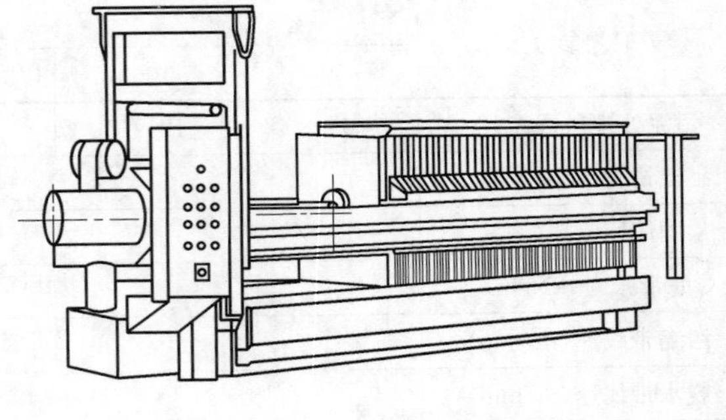

图 15-10　侧杠式板框脱水机

悬梁式和侧杠式板框压滤机特点对比　　表 15-4

内容	悬梁式压滤机	侧杠式压滤机
结构	结构复杂但坚固	结构简单
应用工况	适应环境苛刻，污泥量大，循环时间短，工作负荷高和腐蚀性条件下应用	污泥有腐蚀性时对横梁有影响
占地面积	大	小
滤板拆卸	不便	方便
价格	较贵	较便宜
拆换滤布	较方便	较难

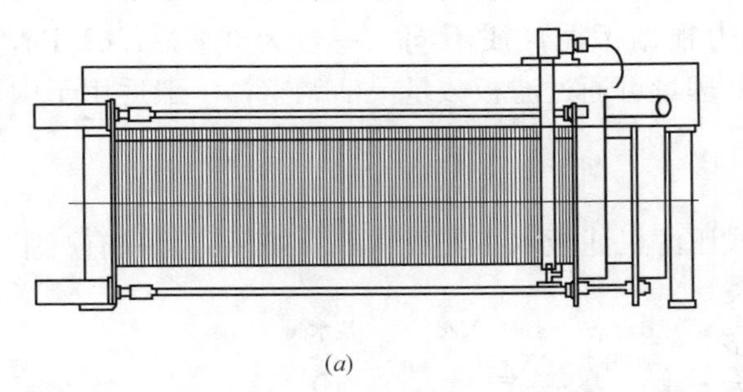

(*a*)

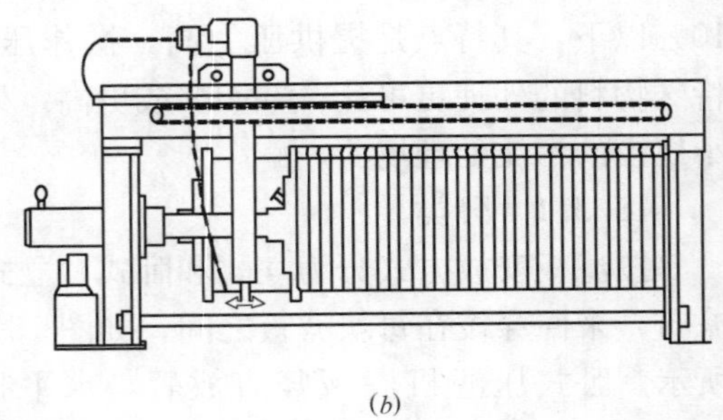

(*b*)

图 15-11　推式与拉式板框压滤机

(*a*) 推式　(*b*) 拉式

（1）机架：机架是压滤机的基础部件，水平横梁的两端是止推板和压紧板，止推板是固定的，压紧板在工作时通过压紧装置压紧或拉开。横梁将二者连接起来，并起到固定支撑滤板、滤框的作用。

（2）压紧机构：由液压缸、活塞以及活塞杆组成。主要作用是压紧滤板、滤框，为压力过滤过程中提供所需压力。

（3）过滤机构：由滤板、滤框及滤布组成。滤板、滤框表面有沟槽，其凸出部位用以支撑滤布。交替排列的滤板和滤框构成一组滤室，滤板的两面覆有滤布。用压紧装置把一组板与框压紧，板与框之间由滤布围成的空间即构成过滤容积，称滤腔或滤室。滤框和滤板的边角上有通孔，压紧以后，各孔连接构成完整的通道，能通过待脱水污泥和滤液。

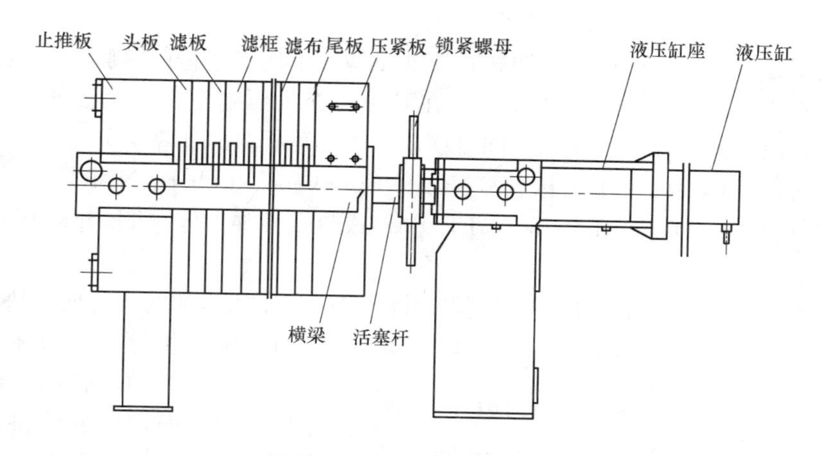

图 15-12　板框压滤机组成

15.3.3　工作原理

板框压滤机的操作步骤可分为：压紧、进泥和卸料三步，如图 15-13 所示。

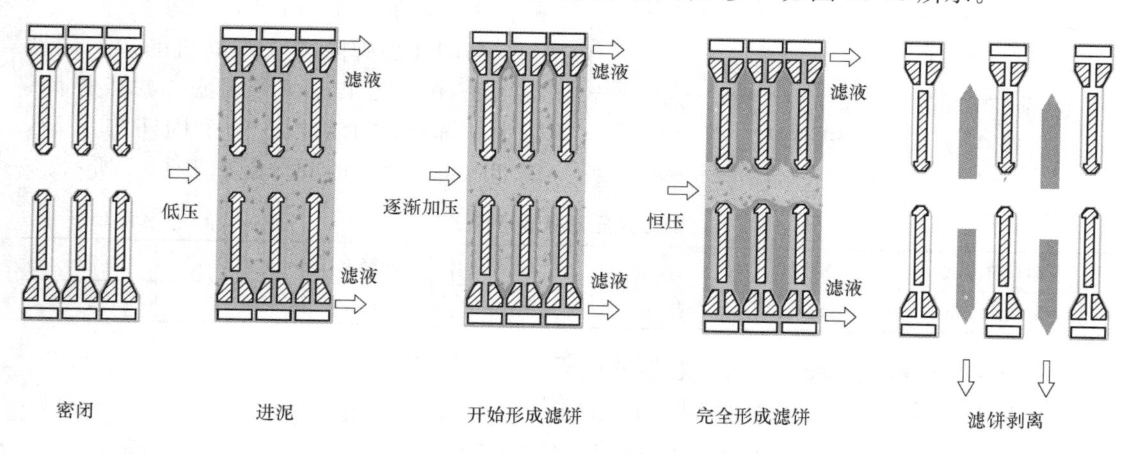

图 15-13　隔膜式压滤机工作原理

首先，利用液压油缸中活塞运动将活动压紧板压紧，从而使滤框与相邻的滤板间形成封闭的滤室；压紧后由污泥泵将待脱水污泥从止推板上的进料孔压入滤室内，污泥颗粒因其粒径大于过滤介质（滤布）的孔径被截留在滤室里，滤液穿过滤布，经由滤板的表面沟槽构造收集，从排液孔流出。这期间进料阻力小，待脱水污泥很快就充满整个滤室。进料泵持续进料，滤布上形成一薄层滤饼后，进料阻力增大，滤室内压力持续升高，直到压力达到指定压力。然后，在指定压力下进行恒压过滤，此阶段滤室内污泥含固量不断增大，新形成的滤饼阻力不断增大，滤液需要穿过滤饼、过滤介质才能到达滤液腔排除，过滤速率逐渐降低，但滤饼的含水率也逐渐下降。最后，当滤饼含水率下降达到脱水要求后，过滤结束。利用液压油缸中活塞杆带动活动压紧板退回，滤板分开，由人工或自动进行滤饼的卸料，清洁滤室。重新压紧板、框，准备进行下一周期的压滤脱水过程。

厢式压滤机的结构和工作原理与板框压滤机类似，不同之处在于滤板两侧凹进，每两块滤板组合成一个厢形滤室，省去滤框。厢式压滤机不易造成各滤室偏压，从而滤板不易被损坏。

隔膜是压滤机在普通板框式（厢式）压滤机滤板上增加了橡胶隔膜，外边再包覆着滤布。隔膜是不渗透的，完成过滤工序后，在其中可充入压缩空气或高压水，其压力可达1～2MPa，对泥饼进一步压滤脱水。同时摆动隔膜，可提高卸饼率。

隔膜材料包括聚丙烯、丁腈橡胶（Nitrile Butadiene Rubber，NBR）、三元乙丙橡胶（Ethylene Propylene Diene Monomer，EPDM）或热塑性弹性体（Thermo Plastic Elastomer，TPE）。

其工作周期增加了隔膜压滤这一步骤，由于隔膜膨胀所施加的压力使泥饼内部骤然产生一个和外压力相等的水力压力，它均匀地分布在整个泥饼内，破坏了由于单一施加流体静压力，而造成的滤饼颗粒中的拱桥结构，重新排列泥饼颗粒布序状态，改变了泥饼的孔隙率，挤出粒间的水分。由于隔膜作用，可有效降低压滤时间和泥饼的含水率，如图15-14所示。

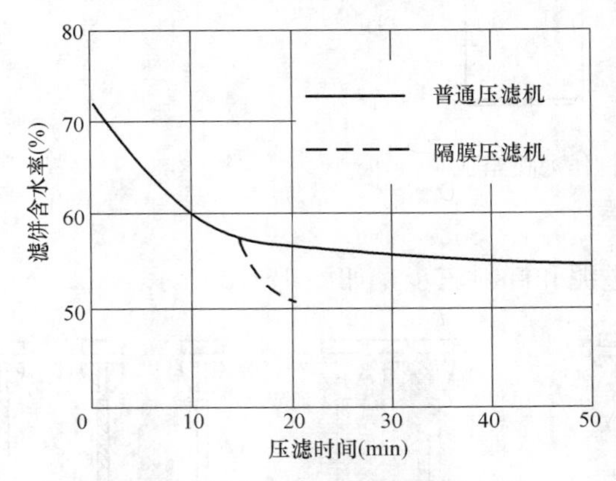

图15-14　隔膜式压滤机的脱水效果

某国外品牌隔膜式压滤机的运行周期包括密闭、进泥、高压压滤、滤板撤除、吹干和卸料六个阶段。每个周期约1.5h，周期内每阶段的时间分配如表15-5所示。

隔膜式压滤机运行模式　　**表15-5**

运行阶段	密闭	进泥	高压压滤	滤板撤除	吹干	卸料
运行时间(min)	1	40	20	5	1	20

15.3.4　板框式（厢式）压滤机脱水效果及影响因素

板框式（厢式）压滤机处理不同污泥的脱水效果见表15-6。

板框式（厢式）压滤机脱水效果　　**表15-6**

污泥类型	进料压力(MPa)	输入污泥含水率(%)	泥饼含水率(%)
印染废水污泥混合污泥	0.6	98～98.5	60～80
钢厂转炉污泥	1.0	95～99	50～60
消化污泥(多次压滤)	1.8	92.5	56～60
浓缩后活性污泥	0.6	97～98	70～80
浓缩后活性污泥	1.2	96.4～98.5	60～65
浓缩后自来水厂污泥	0.75	95～98	60～65
造纸厂浓缩污泥	1.6	90～95	50

影响板框式（厢式）压滤脱水机脱水的因素有：

1. 过滤压力

由卡门过滤基本方程式（12-1）过滤介质的阻抗 $R_f=0$，可写成：

$$\left(\frac{V}{A}\right)^2=\frac{2Pt}{\mu wr}=k't,k'=\frac{2P}{\mu wr} \tag{15-3}$$

式中 t 实际上是压滤时间 t_f，即：

$$\left(\frac{V}{A}\right)^2=k't_f \tag{15-4}$$

但压滤脱水的全过程时间包括压滤时间 t_f 及辅助时间 t_d（含反吹、滤饼剥离、滤布清洗及板框组装时间），因此平均过滤速度——单位时间单位过滤面积的滤液量应为：

$$\frac{\frac{V}{A}}{t_f+t_d}=\frac{\frac{V}{A}}{\frac{1}{k'}\left(\frac{V}{A}\right)^2+t_d} \tag{15-5}$$

式中 V——滤液体积，m^3；

A——过滤面积，m^2；

t_f——压滤时间，min 或 h；

t_d——辅助时间，min 或 h。

可见，相同的压滤时间，恒压过滤的过滤速度与过滤压力的平方根成正比，即过滤压力越高，过滤速度越快，整个过滤的效率越高，滤饼含水率越低。但随着压力的增长，过滤速度的增长变慢，含水率的下降也将变缓。图 15-15 为对含水率 95%的污水厂浓缩污泥脱水时，过滤压力对泥饼含水率的影响。

从图中可看出，压力增大，泥饼含水率下降，但过滤压力超过 1MPa 以后，含水率下降趋缓，脱水效率增长有限，而单位体积污泥脱水能耗迅速升高。而且过高的压力对滤板、滤布的承压要求高，损坏大；当污泥絮凝不好时，还容易发生跑泥现象。因此，实际操作中应根据污泥特性，确定合理的过滤压力。

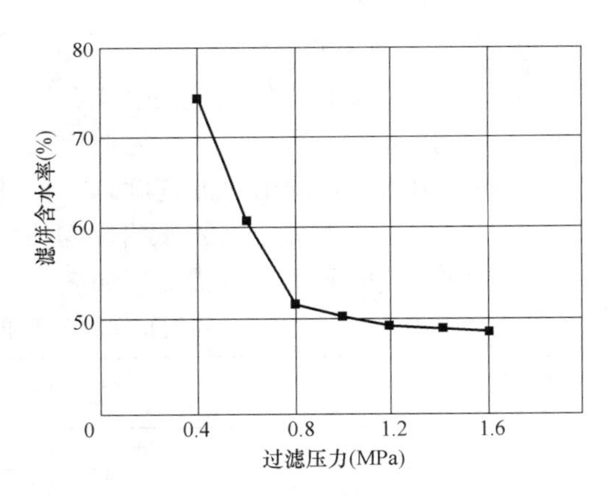

图 15-15　过滤压力对泥饼含水率的影响

2. 过滤时间与平均过滤速度

在压滤机进行过滤过程中，其压紧压滤装置拆卸、整理与重装所占的时间是固定的，与产量无关。而根据式（15-3），在压力相同的情况下，过滤速度与过滤时间的平方根成正比，过滤时间越长，过滤速度越大，脱水效果好。一般一个压滤周期中过滤时间在 0.5～4h（视污泥性质、种类及滤室厚度、进料压力、滤板排水性而定），若一个操作循环中过滤时间短，则所形成的滤饼薄，压滤的平均速率变大，但其他操作时间所占的比例大，将大幅度减小处理量，使生产效率降低。反之，压滤时间加长，则滤饼厚，压滤的平均速率小，导致洗涤时间加长，生产能力较小，而且耗能较大，但其他时间所占比例相对变小。因此，一个工作循环中压滤时间存在一个最佳值，使生产能力以单位时间的滤液体积或滤渣体积计最大。

为求出最大过滤增长速度时对应的过滤时间，将式（15-5）微分并令其等于 0，可得：

$$\frac{\frac{1}{A}\left[\frac{1}{k'}\left(\frac{V}{A}\right)^2+t_{\mathrm{d}}-\frac{2}{k'}\left(\frac{V}{A}\right)^2\right]}{t_{\mathrm{d}}+\frac{1}{k'}\left(\frac{V}{A}\right)^2}=0 \tag{15-6}$$

可推导出：

$$t_{\mathrm{d}}=\frac{1}{k'}\left(\frac{V}{A}\right)^2 \tag{15-7}$$

由式（15-4）、式（15-7）可知，当 $t_{\mathrm{d}}=t_{\mathrm{f}}$ 时，平均过滤速度最大，可作为最佳值。

3. 污泥含固率

首先，污泥含固率高，每周期需排除的水分少，污泥所需压滤脱水的时间减少，处理能力提高。其次，在入料阶段，污泥含固率高，污泥颗粒接近或到达过滤介质的孔眼时，由于颗粒较多，相互干扰，绝大部分颗粒不能进入孔眼而在其上成拱架桥，能够较快地形成滤饼层，使滤孔可在较长时间内不被严重堵塞，泥饼含固率也高；当污泥含固率低时，细小颗粒极易直接进入滤布孔眼中穿过、堵塞或覆盖在上面，使过滤介质孔眼很快被堵塞。这种效应随着污泥含固率的减小逐渐增强，所以，污泥含固率越低，滤饼水分越高，当低于1%，脱水极为困难，会使生产成本提高。因此板框式（厢式）压滤脱水之前，污泥需要进行浓缩，提高含固率。

4. 滤室厚度的影响

滤室厚度小，滤室体积就小，生成泥饼速度快，但泥饼薄，单位过滤周期生成的泥饼量低。滤室厚度大，泥饼太厚，容易造成泥饼内外含水率不一致，靠近滤布的泥饼含水率低，导致滤饼阻力高，降低过滤速度，延长过滤时间，影响过滤。因此，滤室厚度存在最佳值。对含水率为95%的污水厂浓缩污泥脱水，当要求脱水后泥饼含水率达到60%时，模拟不同滤室厚度的脱水工作情况，如表15-7所示。

不同滤室厚度下单位时间滤饼产率 **表 15-7**

滤室厚度（mm）	过滤时间（s）	辅助时间（s）	总时间（s）	滤饼含水率（%）	单位时间滤饼产率（mm/s）
6	700	1200	1900	60	1.27×10^3
8	850	1200	2050	60	1.56×10^3
10	1050	1200	2250	60	1.77×10^3
12	1200	1200	2400	60	2.00×10^3
14	2100	1200	3300	60	1.69×10^3
16	3200	1200	4400	60	1.45×10^3

由表中数据可知：当滤室厚度为12mm时，滤饼产率高。实际工程中，可根据厂家提供的技术参数、压滤机小试试验结果合理选择滤室厚度。

5. 滤布材质

滤布是板框压滤机的主要过滤介质，滤布的选用和使用，对过滤效果有决定性的作用。选用时应根据污泥的pH、是否有腐蚀性、固体粒径分布等因素选用合适的滤布材质和孔径，以保证低的脱水成本和较高的脱水效率。

6. 滤板、滤框

滤板、滤框作为承压部件，要求有较高的耐压性能，不变形，防止发生压力过高破裂、泥浆泄漏的问题。滤板、滤框可由金属、工程塑料和橡胶等制成，目前增强聚丙烯塑料是广泛采用的材料。其优点是：重量轻，制造成本较低，耐腐蚀性好，弹性大，板框压滤机滤板即使在受到压力作用滤面变形时，卸载后仍可恢复原状，不易损坏。

15.3.5 板框式（厢式）压滤机优缺点

1. 优点

结构简单，操作容易，运行稳定；通过改变板框数量增减过滤面积，生产能力调整灵活；过滤推动力大，所得滤饼含水率低；对不同性质污泥的适应能力强，应用范围广；维护简单；单位过滤面积占地较少。

2. 缺点

不能连续运行，处理量较小；处理污水厂污泥，压力较大时容易跑泥；滤布清洗、更换困难；脱水机房环境卫生较差；如为人工卸料，工人劳动强度大；滤布消耗大。

15.3.6 设计计算

板框式压滤机的设计主要要求其过滤面积，可按式（15-8）计算：

$$A=1000(1-p)\frac{Q}{L} \tag{15-8}$$

式中 A——过滤面积，m^2；

Q——污泥量，t/h；

L——过滤产率，kg 干污泥/m^2 · h；

p——污泥含水率，%。

其中，过滤产率 L 随污泥性质、泥饼厚度、过滤时间、滤布种类等因素而不同，一般应通过小试试验确定，也可按类似经验确定，用压滤机处理城市污泥时，过滤产率一般为 2～10kg 干污泥/(m^2 · h)。

当采用试验方法确定过滤产率时，如实际的板框压滤机的滤室与试验时采用的尺寸不同时，应对试验结果进行修正。

设试验装置的滤室厚度为 d'（即滤饼厚度）、过滤面积为 A'、过滤时间为 t_f'、滤液体积为 V'，实际的板框压滤机的相应值分别为 d、A、t_f、V，则下式成立：

$$V=V'\left(\frac{d}{d'}\right) \qquad t_f=t_f'\left(\frac{d}{d'}\right)^2 \tag{15-9}$$

因此实际使用板框压滤机的单位面积平均过滤速度公式为：

$$\frac{\frac{V}{A}}{t_f+t_d}=\frac{\left(\frac{V'}{A}\right)\left(\frac{d}{d'}\right)}{\left(\frac{d}{d'}\right)^2 t_f'+t_d} \tag{15-10}$$

如实际的板框压滤机的滤室与试验时采用的压力不同时，也需要进行修正。

由于压滤过程中泥饼阻力远大于滤布阻力，可忽略滤布阻抗，由卡门公式：

$$\frac{dV}{dt}=\frac{PA^2}{\mu(wVr+R_fA)} \tag{15-11}$$

式中符号说明详见式（12-1）。如忽略滤布比阻，则：

$$\frac{dV}{dt}=\frac{PA^2}{\mu wVr} \tag{15-12}$$

对于可压缩性滤饼，随着滤饼的压缩，比阻不断增大，比阻与压力成函数关系。这种函数关系的理论分析尚欠缺，根据经验有：

$$r=r'Ps \tag{15-13}$$

式中 r'——当压力 $P=1$ 单位时的比阻；

s——滤饼压缩系数，对不可压缩污泥 $s=0$。

将式（15-13）代入式（15-12）有：

$$\frac{\mathrm{d}V}{\mathrm{d}t}=\frac{PA^2}{r'P^s\mu wV}=\frac{A^2P^{(1-s)}}{r'\mu wV} \tag{15-14}$$

积分上式得：

$$\frac{V^2}{2}=\frac{A^2P^{(1-s)}}{r'\mu w}t_f \tag{15-15}$$

设 $k'=\frac{2}{r'\mu w}$，则：

$$\left(\frac{V}{A}\right)^2=k'P^{(1-s)}t_f \tag{15-16}$$

当压力由 P' 变为 P 时，过滤时间由 t_f' 变为 t_f，因工程中 $\frac{V}{A}$ 是常数，因此：

$$k'P^{(1-s)}t_f=k'P'^{(1-s)}t_f' \tag{15-17}$$

推出：

$$f_f=\left(\frac{P'}{P}\right)^{(1-s)}t_f' \tag{15-18}$$

则压力调整后，实验板框压滤机平均过滤速度为：

$$\frac{\frac{V}{A}}{t_f+t_d}=\frac{\frac{V}{A}}{\left(\frac{P'}{P}\right)^{(1-s)}t_f'+t_d} \tag{15-19}$$

【例 15-1】 某污水处理厂，现状污泥脱水工艺为重力浓缩后带式脱水，含水率为95%，脱水后污泥含水率约为80%。为使得出厂污泥含水率达到60%，对现有污泥脱水环节进行改造。设计污泥经过重力浓缩，采用板框压滤机脱水，为确定合适的设计参数，采用试验装置对污泥进行压滤试验，试验采用小型压滤机，滤室厚 20mm，操作压力为0.4MPa，试验压滤时间为20min，辅助时间为20min，收集到滤液的体积为2890cm^3，过滤面积400cm^2。污泥脱水设备厂家提供的板框压滤机的滤室厚30mm，正常过滤压力为1.0MPa，污泥压缩系数为 $s=0.7$。目前，污水处理厂每日浓缩污泥量为300t，如压滤机每天运行6h，求所需过滤面积为多少。

【解】 由式（15-9），可计算出实际压滤机压滤时间：

$$t_f=t_f'\left(\frac{d}{d'}\right)^2=\left(\frac{30}{20}\right)^2\times 20=45\text{min}$$

试验压滤机的过滤速度为：

$$\frac{\frac{V}{A}}{T}=\frac{\frac{V}{A}}{t_f+t_d}=\frac{\frac{2890}{400}}{45+20}=0.11\text{cm}^3/(\text{cm}^2\cdot\text{min})$$

当过滤压力为1.0MPa时，过滤时间 t_f 用式（15-18）进行修正：

$$t_f=\left(\frac{P'}{P}\right)^{1-s}t_f'=\left(\frac{0.4}{1.0}\right)^{1-0.7}\times 45=34.2\text{min}$$

过滤速度为：

$$\frac{\frac{2890}{400}}{34.2+20}=0.13\text{cm}^3/(\text{cm}^2\cdot\text{min})$$

由式（12-8），将 C_0 用%表法，滤饼的湿重量与其中干固体重量的比以 φ 表示，则：

$$w=\frac{\rho C}{1-\varphi C_0}$$

将已知数据代入：

$$\varphi=\frac{1}{1-p_k}=\frac{1}{1-0.6}=2.5$$

$$\therefore \quad W=\frac{1\times(1-0.95)}{1-2.5\times(1-0.95)}=0.057\text{g/cm}^2$$

由式（12-12）可得过滤产率：

$$L=\frac{W}{At}=\frac{Vw}{At}=\frac{\frac{V}{A}\cdot w}{t}=\frac{\frac{V}{A}}{T}\cdot w=\frac{0.133\times60\times0.057\times10000}{1000}=4.55\text{kg}^2/(\text{m}^2\cdot\text{h})$$

所需压滤机的压滤面积：

$$A=1000(1-p)\frac{Q}{L}=1000\times(1-97\%)\times\frac{\frac{300}{6}}{4.55}=329\text{m}^2$$

考虑20%安全率，则过滤面积为：

$$A=329\times1.2=395\text{m}^2$$

几种不同的板框式（厢式）压滤机的设备参数如表15-8所示。

板框式（厢式）压滤机参数 **表15-8**

压滤机类型	板框式	厢式	隔膜式	隔膜式	隔膜式
功率(kW)	2.2	5.5	4.0	5.5	7.5
过滤面积(m^2)	40	250	120	70	560
滤板尺寸(mm)	800×800	1250×1250	1000×1000	ϕ800	2000×2000
滤板数量	46	91	67	86	80
滤饼厚度(mm)	25	30	30	25	35
过滤压力(MPa)	0.6	0.8	0.8	2.0	1.0
长(mm)	3550	8480	6460	6500	10582
宽(mm)	1380	1770	1400	1100	2620
高(mm)	1300	1600	1450	1200	2420
重量(kg)	3400	4570	12840	11210	35000

15.4 滤　　布

滤布是压力过滤脱水的介质，是压滤机的重要构件。污泥压滤脱水过程中，滤布需承受反复挤压，实现泥水分离，既要能使水尽可能快的分离，又不能使污泥颗粒过多进入滤液。因此，滤布需要具有高强度、耐腐蚀的特点，还需要具有合适的孔径，伸缩性小，不易发生堵塞，泥饼剥离容易。

15.4.1 滤布种类

常见滤布按材质分类，可分为丙纶滤布、涤纶滤布、锦纶滤布和维纶滤布。

(1) 丙纶滤布

丙纶是聚丙烯（Polypropylene，PP）纤维制成，原料来源丰富，生产工艺简单，产品价格相对比其他合成纤维低廉。丙纶具有较好的耐化学腐蚀性，对于酸、碱及许多有机溶剂（除了芳香族和氯化烃类外）都有较好的耐蚀性。强度高，耐磨性好，丙纶的湿强基本等于干强，在进泥后压滤过程中，丙纶滤布强度基本保持不变。丙纶重量轻，只有棉纤维的 3/5，成本低，表面极为光滑便于滤饼的剥离。但丙纶滤布的耐光性较差，易老化。

(2) 涤纶滤布

涤纶是聚对苯二甲酸乙二醇酯（Polyethylene Terephthalate，PET）纤维制成，又称聚酯纤维（Polyester Fibre）。强度高，耐磨性好，弹性好，耐光性好，可耐漂白剂、氧化剂、烃类、酮类、石油产品及无机酸，耐稀碱，不怕霉，但热碱可使其分解。由于涤纶的伸缩性强，因而织物细密，对污泥颗粒的隔滤性能良好。

(3) 锦纶滤布

锦纶是聚酰胺（Polyamide，PA）纤维制成，又称尼龙（Nylon）。锦纶强度高，弹性好，耐磨性居多种纤维之首，比棉纤维高 10 倍。使用温度可达 121℃，耐碱而不耐酸，能抵抗氧化剂及有机溶剂，能溶解于 90%的甲酸、苯酚中。由于表面极为光滑，因此滤饼容易剥离。由于具有挠曲弹性好这一独特的优点，所以用于全自动板框压滤机或滚压带式压滤机上，更为优越。但锦纶不耐光，容易变色发脆，因此锦纶织物不宜长期在日光下暴晒。

(4) 维纶滤布

维纶是聚乙烯醇缩甲醛（Polyvinyl Formal，PVFM 或 PVFO）纤维制成，它的强度和耐磨性较好，韧性好，湿强度高，不怕霉蛀，能经受强碱的作用，但不耐强酸，弹性较差。

以上几种滤布的性能详见表 15-9。

几种滤布的性能指标 **表 15-9**

性能	丙纶	涤纶	锦纶	维纶
耐酸性	良好	强	较差	不耐酸
耐碱性	强	耐弱碱	良好	耐强碱
回复性	很好	很好	较好	较差
耐磨性	好	很好	很好	较好

滤布材料可以根据处理污泥的性质进行选择。涤纶滤布具有耐高、低温，透气性好，滤饼易剥离，定型稳定，不变形，不跑偏，不打褶，抗拉强度大，耐酸碱性强的优点，是污水处理厂污泥脱水常用滤布材料。表 15-10 为几种污泥脱水用涤纶滤布参数。

15.4.2 滤布纤维种类

滤布所用纤维可分为长丝纤维和短丝纤维。长丝是化学纤维加工得到的连续丝条，未经过切断工序。短纤是化学纤维在纺丝后加工中由丝束经切断而成的各种长度规格的短纤维。

污泥脱水用涤纶滤布参数　　表 15-10

直径(mm)		密度(根/cm)		径向断裂强度(N/cm)	厚度(mm)	透气度[$m^3/(m^2 \cdot h)$]
经线	纬线	经线	纬线			
0.8	0.9	17	5	2700	2.3	6420
0.7	0.9	16.3	5.8	2600	2.1	5550
0.5	0.7	28	8.5	2200	2.0	4896
0.7	0.9	16.3	6	2600	2.1	3968

短纤维结构短而毛，织出的滤布密实，透水性差，易堵塞，泥饼剥离难。

长丝又分为单丝和复丝，单丝是化学纤维生产中用单孔喷丝头所制得的单根长丝。复丝是由多孔喷丝板纺出的细丝并合而成的有捻或无捻丝束。

由单丝织成的滤布具有表面光滑、孔隙均匀、比阻小、透水快、不易堵塞、易清洗和污泥剥离性能好等优点。但它捕集粒子直径较大，滤液的含固率较高。

用复丝织成滤布，抗拉强度好，具有绒毛状纤维，对颗粒的截留性能较好，密封性也佳，但孔隙易堵塞，清洗和污泥剥离性能较差。不同纱线类型的滤布性能见表 15-11。

纱线类型与滤布类型的关系　　表 15-11

	流动阻力	抗阻塞能力	卸泥饼难度	滤液浓度
单丝	小	大	易	高
复丝	中	中	中	中
短纤	大	小	难	低

15.4.3 滤布的编织形式

滤布的编织形式对其脱水性能有很大影响，其编织方式有平纹、缎纹和斜纹三种，如图 15-16 所示。

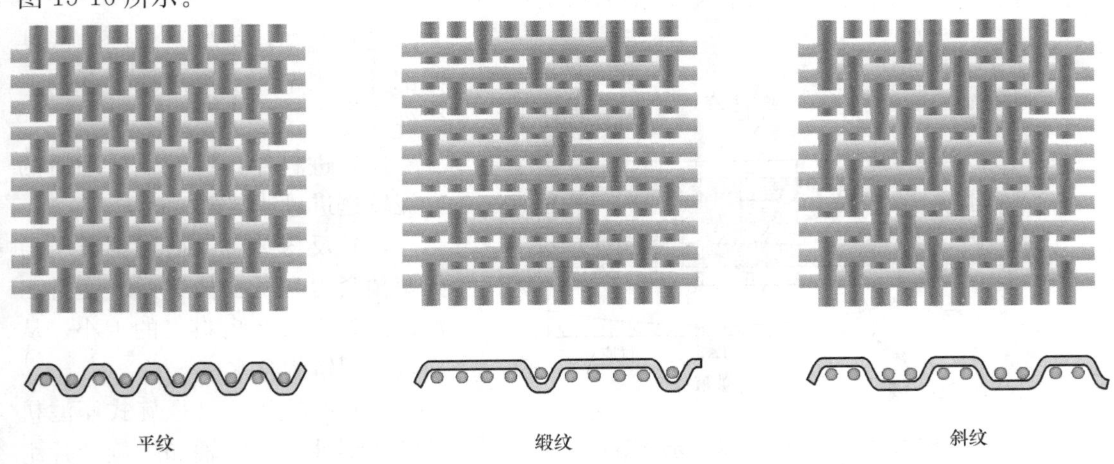

图 15-16　滤布编织方式

平纹滤布是由经纬纱一上一下交错编织而成。由于交织点很近，经纬线互相压紧，织成的滤布致密，受力时不易产生变形和伸长。其孔隙小，故颗粒截留性好，滤液澄清度高，使用寿命长，价格也较便宜。但阻力大，易堵塞，泥饼剥离性能差。

缎纹滤布是由一根纬线与五根以上经线交织而成，有多种变化形式，经线（或纬线）浮线较长，交织点较少，它们虽形成斜线，但不是连续的，相互间隔距离有规律而均匀。缎纹滤布织纹平坦，织线具有很好的迁移性，弹性较好，孔隙大。其阻力小，不易堵，污泥剥离性能好。但强度低，颗粒截留能力低，滤液较为浑浊，回收率较低。

斜纹滤布是由两根以上经纬交织而成。织布中的经纬线具有较大的迁移性，弹性大，机械强度略低于平纹织布，受力后比较容易错位。斜纹滤布的各项性能介于平纹与缎纹之间，但其抗摩擦能力很强，过滤速度也大，滤布不易堵塞，斜纹布表面不光滑、耐磨性好，寿命长，因而被广泛应用。

各种编织方法滤布的性能比较如表 15-12。

不同编织方法的滤布性能　　表 15-12

	平纹	缎纹	斜纹
一支纬线对应的经线数	2	3—4	>5
流动阻力	高	中	低
堵塞趋势	高	中	低
交织点	多	中	少
孔隙率	小	中	大
强度	大	中	小

15.5　螺旋压滤式脱水

15.5.1　系统组成

（1）螺旋式压滤机示意图如图 15-17 所示，其主要由机架、进料斗、反压装置、螺旋轴、滤鼓、传动装置、滤液槽和泥饼出口等部件组成。

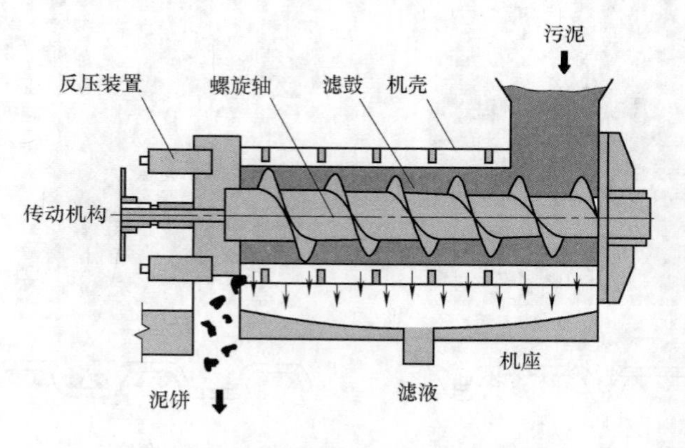

图 15-17　螺旋式压滤机示意图

（2）机架：机架是压滤机的基础部件，固定、支撑压滤机各功能组件。

（3）进料斗：将经预处理后的污泥输送进过滤转鼓。

（4）反压装置：通过调节压力弹簧预紧力和所在位置而改变排出泥饼的阻力以及出料口的大小，从而调节泥饼的含水率。

（5）螺旋轴：是螺旋式压滤机的核心部件，是由轴和螺旋叶片组成，其轴径不断增大，螺旋叶片间距不断减小。当螺旋轴转动时，推动污泥前进，并通过轴直径和叶片间距的改变，提供污泥脱水的动力。

（6）滤鼓：与螺旋一起构成过滤腔体，滤鼓上开有滤孔，成为污泥脱水的过滤介质。

滤筒与螺旋叶片之间的间距根据物料的不同被设计成不同大小，使得螺旋叶片和滤筒之间有一定的自净作用，清理滤筒内表面，获得较好的分离效果。

（7）传动装置：传动装置与螺旋连接，为其转动提供动力。

（8）滤液槽：收集并排放滤液。

（9）泥饼出口：排除泥饼。

15.5.2 工作原理

螺压脱水大致可以分为三个阶段：重力过滤阶段、主压阶段以及终压阶段。

污泥经由进料斗进入螺旋压滤机后，由于该进口阶段轴径较小、螺旋间隙较大，物料压滤空隙很大，物料在此阶段不可能很快受到挤压作用，而是在缓慢旋转的螺旋带动下不断被向前运输，逐步推进由螺旋轴、叶片及滤鼓构成的过滤腔体。同时，大量自由水经过重力分离，从滤筒孔中流出。故此阶段为重力过滤阶段，经过该阶段，污泥由液体状态变为半固体状态，为污泥的压力过滤做好准备。

接着，污泥在被螺旋叶片不断推动前进过程中，由于螺旋轴径的增大和螺旋叶片间距的不断减小，使得污泥的脱水腔体逐渐变小，污泥受到越来越强的径向和轴向机械挤压作用而逐渐脱水。大量水分从污泥中分离出来，通过滤鼓上的滤孔，被收集到滤液槽排出，该阶段即为主压滤阶段。

随着污泥逐渐前进，来到滤鼓末端，此处轴径最大而螺旋间隙最小，污泥的脱水腔体最小，因此污泥此时受到的挤压作用最强，污泥经由此阶段后便成为泥饼排出机体外，即为终压滤阶段，此阶段也最终确定了泥饼的含水率。

15.5.3 螺旋式压滤机脱水效果

螺旋式压滤机处理不同污泥的脱水效果见表15-13。

螺旋式（厢式）压滤机脱水效果 **表15-13**

污泥类型	输入污泥含水率(%)	泥饼含水率(%)	备注
化工生化污泥	95～98	78～87	
焦化酚氰废水处理污泥	96～98	78～85	
城市污水处理厂剩余污泥	—	80	叠螺式
炼油厂浓缩后混合污泥	97.58～98.19	80～85	叠螺式
城市污水处理厂消化污泥	97.9	70.3	
城市污水处理厂剩余污泥	99.7	82.3	
城市污水厂混合污泥	94.68～95.23	82.1～82.6	
橡胶生产废水浓缩后剩余污泥	97.2～98.4	83～84	叠螺式
石化废水生化处理剩余污泥	99.5～99.8	90	
气田污水处理含醇污泥	96	60	

15.5.4 影响螺旋式压滤机脱水的因素

1. 螺旋转速

螺旋转速是一个重要的控制参数。一般大直径的螺旋的转速较低，小直径的螺旋的转速较高，传统螺旋压滤机转速为10～50r/min，叠螺式压滤机转速仅0.25～5r/min。螺旋转速主要通过影响螺旋式压滤机的进泥流量来影响脱水，螺旋式压滤机的进泥流量可用式

(15-14) 进行计算。

$$Q=60\pi D_{\text{cp1}}A\frac{n\gamma\varphi c}{\cos\beta}$$

$$D_{\text{cp1}}=\frac{D_1+d_1}{2}$$

$$A=(t\cos\beta-b)\frac{D_1-d_1}{2} \tag{15-20}$$

式中 Q——螺旋式压滤机进泥量，kg 干污泥/h；

D_{cp1}——第一节螺旋平均直径，m；

D_1——螺旋轴外径；

d_1——螺旋轴根径；

A——第一节螺旋的法向截面积，m^2；

t——第一节螺旋的螺距；

β——第一节螺旋平均直径处的螺旋角；

b——第一节螺旋的叶片厚度；

n——转速，r/min；

c——污泥含固率，%；

γ——干污泥密度，kg/m^3；

φ——进浆填充系数，一般取 0.4～0.6。

由式 (15-14) 可知，当螺旋式压滤机几何尺寸、处理污泥的性质确定时，转速是决定螺旋式压滤机处理效果的重要因素。采用叠螺式压滤机对城市污水处理厂消化污泥和剩余污泥的试验如图 15-18 所示。

试验结果表明：较低的转速会减少螺旋式压滤机处理能力，但可以获得较低的泥饼含水率；较高的转速虽然会提高处理能力，但泥饼含水率较高。而且随螺杆转速的升高，滤液中含固率会升高。

2. 反压装置

螺旋式压滤机的末端装有反压装置，可通过调节其预紧力和所在位置，达到改变泥饼所受压力、调节滤饼含水率的作用。在对橡胶生产废水处理系统的剩余活性污泥的压滤过程中，调整反压板缝隙对泥饼含水率的影响如图 15-19 所示。

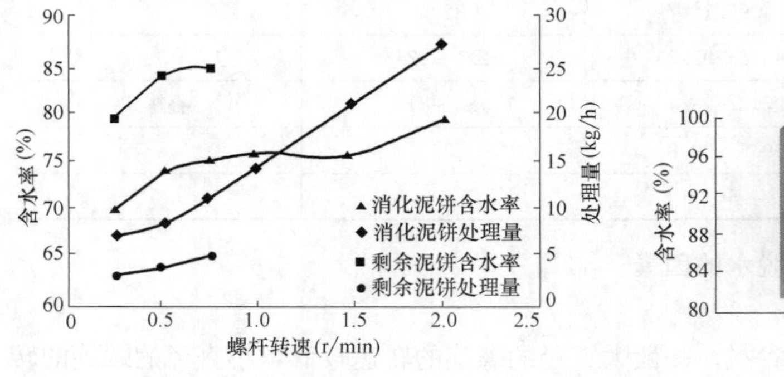

图 15-18 螺旋转速对污泥处理量和泥饼含水率的影响

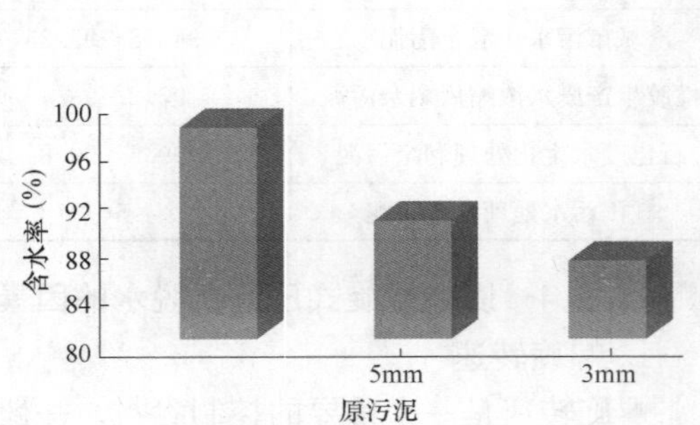

图 15-19 反压板缝隙对泥饼含水率的影响

可以看出，反压板的缝隙由5mm调整至3mm，使压出的泥饼变薄，泥饼含水率由89.7%降至86.4%。但如果空隙太小，压力增大后，虽然泥饼含水率下降，但滤液中含固率会升高，而且随着压力的提高，动力消耗也会加大。

3. 压缩比

压缩比 ε 是压缩段第一个螺旋槽的容积 V_1 和最后一个螺旋槽容积 V_n 之比。

$$\varepsilon=\frac{V_1}{V_n} \tag{15-21}$$

各螺旋槽容积可用下式求得：

$$V=\frac{\pi t}{4}(D^2-d^2)-bh\sqrt{(\pi D_{cp})^2+t^2}$$

$$h=\frac{(D-d)}{2}$$

$$D_{cp}=\frac{D+d}{2} \tag{15-22}$$

式中 D——螺旋轴的外径，m；

d——螺旋轴根径，m；

t——该节螺距，m；

b——该节螺旋叶片平均厚度，m；

h——该节螺旋叶片高度，m；

D_{cp}——螺旋平均直径，m。

有研究认为，物料在螺旋式压滤机中受到的单位压力与压缩比有关，计算公式为：

$$P=\frac{25.2\xi\varepsilon^{5.5}}{e^{0.022w}} \tag{15-23}$$

即压缩比越大，污泥受到的单位压力 P 越大，脱水效果越明显。压缩比一般由浆料性质和进出泥浓度而定，污泥种类不同所要求的压缩比也不同，一般在2∶1～4∶1之间。

4. 滤孔

为排出脱水滤液，滤鼓上设有圆孔、锥形孔或滤缝，叠螺式压滤机则利用固定环和游动环之间的缝隙排出滤液。开孔或开缝的面积应与压滤过程中的脱水量相适应。孔径的大小应根据脱水污泥的情况进行选择。由于滤鼓各部分的滤水情况和受力情况不同，一般进口端滤鼓的孔径较大，孔距较小；出口端滤鼓的孔径较小，孔距较大。

5. 螺距及其数目

对于一定直径的螺旋来说，螺旋轴的螺距就确定了螺旋升角的大小。螺距较小则螺旋升角较小，污泥受到的轴向分力增加，周向分力减小，有利于浆料的推进，但动力消耗有所增加（螺旋总长不变时）。一般进泥端的第一个螺距约取（0.65～0.75）D，最后一个螺距取（0.3～0.5）D。易脱水污泥，螺距及螺旋槽深度可大些，难脱水的则短些。

在螺旋轴直径和压缩比一定的条件下，螺距数越多，压缩段越长，会增加污泥在压缩段内的停留时间，使污泥被逐步压缩和逐渐排出滤液。同时，对污泥量波动的缓冲能力增加。但是，压缩段太长会使内摩擦力增加，引起末端阻力增大，使电耗增加。因此，压缩段不能太长。但太短又会使泥饼含水率升高。一般螺距的数目为6～10个。

15.5.5 螺旋式压滤机优缺点

1. 优点

可通过改变螺旋转速调整污泥含水率和处理量；转速低，噪声小，无振动，动力小，节能；不易堵塞；所需冲洗水压低、水量小；密闭结构，环境卫生条件好；连续运转，稳定性高。

2. 缺点

脱水过程中，污泥同时受到挤压和输送剪切作用，对药剂及调整后的污泥絮体要求较高，投药量大；处理量较小；不宜对颗粒大、硬度大的无机污泥进行脱水。

15.5.6 设计计算

螺旋式压滤机的设计一般根据污泥性质、污泥量及泥饼含水率，参考厂家提供的单机处理量，经过小试试验，最终确定。表 15-14 为几种螺旋式压滤机技术参数。

螺旋式压滤机参数　　表 15-14

压滤机类型	螺旋式	螺旋式	叠螺式	叠螺式	叠螺式
处理量(m^3/h)	3～5	1.3～1.9	2～30	3～45	6～90
功率(kW)	11	5.5	1.2	1.95	6.0
轴规格(mm)	ϕ450	ϕ300	ϕ310×2	ϕ310×3	ϕ410×3
长(mm)	3350	1840	3455	3605	4420
宽(mm)	830	440	1295	1690	2100
高(mm)	1250	1250	1600	1600	2250
重量(kg)	1220	560	1530	2090	3350

15.6 叠螺浓缩脱水

叠螺式浓缩脱水一体机是一种设计新颖、构造精巧、不用滤布的污泥浓缩脱水一体机，已被业界广泛关注、研制及使用。

15.6.1 叠螺浓缩脱水一体机的构造与浓缩脱水原理

叠螺浓缩脱水一体机构造见图 15-20。

叠螺的主要部件是固定环、游动环及螺旋轴。固定环有 4 个耳孔，用螺杆贯穿，游动环相间排列组装成筒体。浓缩段的环较厚重，脱水段的游动环较轻薄，螺旋轴的叶轮直径与固定环内切，其作用是输送污泥。

螺旋轴缓慢转动，转速为 2～3rpm，游动环在各自特定的位置上，依靠自身重量，伴随着螺旋轴叶片的缓慢转动，作上、下、左、右游动，与固定环之间摩擦、剪切破除液体的表面张力，使滤液排出筒体，达到浓缩与脱水目的。

叠螺筒体倾斜安装，倾角不大于 10°，下端为污泥入口，先经浓缩段，随着螺旋轴缓慢转动，将污泥向上端推动，经脱水段脱水后，从上端出口推出。

污泥在筒体内，受到 3 种推动力的作用，达到浓缩与脱水的目的：

（1）污泥自身挤压作用。在螺旋叶片转动时的推动下，污泥自下向上输送，由于叶片螺距逐渐缩短，空间变小，固定环与游动环的厚度与重量逐渐变小，环隙也逐渐变小，污

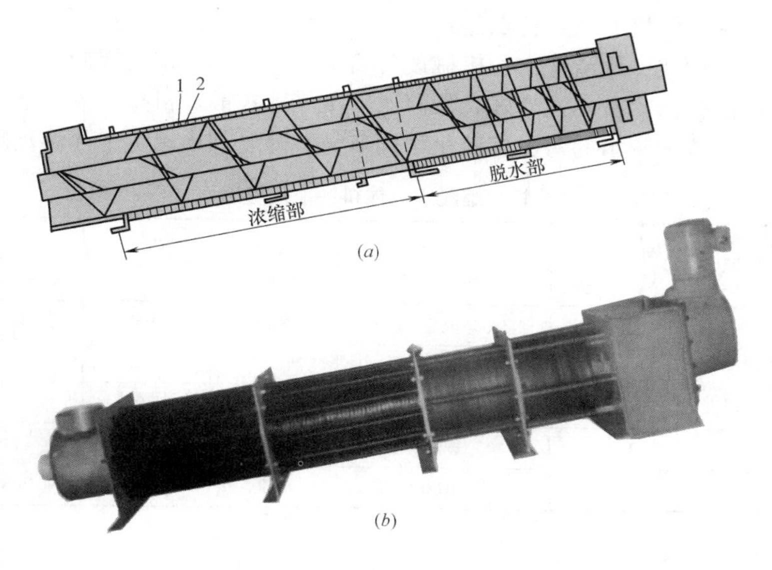

图 15-20 叠螺浓缩脱水一体机

(a) 剖面图；(b) 组装图

1—固定环；2—游动环

泥受到自身的挤压作用持续加强，使水分被挤出。

(2) 游动环的游动，破坏环隙之间水分的表面张力，并把水分推出筒体。

(3) 水分受到的重力作用。由于游动环在固定环之间的相对游动，起到自身摩擦清洗作用，因此可不用或少用冲洗水。

15.6.2 叠螺浓缩脱水的工艺流程

叠螺浓缩脱水的工艺流程见图 15-21。

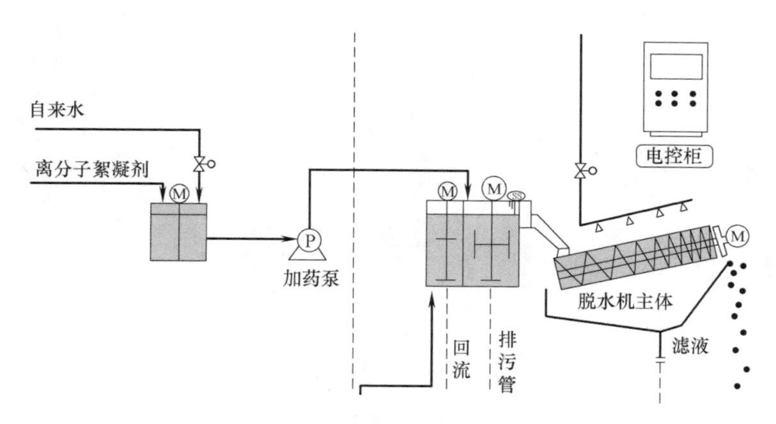

图 15-21 叠螺浓缩脱水工艺流程

15.6.3 叠螺浓缩脱水一体机性能规格

叠螺浓缩脱水一体机适用于初沉污泥、剩余活性污泥、混合污泥及消化污泥，可使含水率 99.2%以上的污泥，经浓缩脱水后，降低到 80%以下。

表 15-15 为国产叠螺浓缩脱水一体机的性能规格，供参考选用。

叠螺浓缩脱水一体机的主要特点是：

不用滤布，不用或少用清洗水，机械设备简单，转动部件仅为螺旋轴，固定环与游动环磨损率很低，能耗低，密闭性能好，噪声低，臭气不扩散，机型紧凑占地空间小，可实现自动化控制。待浓缩脱水的污泥需经化学调节与破碎处理，以免卡住游动环。

叠螺浓缩脱水一体机性能规格表 **表 15-15**

螺旋直径（mm）	叠螺数	处理污泥量（m^3/h）	尺寸 $L\times B\times H$（mm）	整体重（kg）	功率（kW）	清洗水	
						水量（L/h）	水压（MPa）
300	1	10～25	3255×985×1600	820	0.8	40	0.1～0.2
300	2	20～50	3255×1290×1600	1350	1.2	80	
300	3	30～75	3605×1690×1600	1820	1.95	120	
350	2	40～100	4140×1550×2250	2450	3.75	144	
350	3	80～130	4420×2100×2250	3350	6.0	216	

第 16 章　污泥浓缩与机械脱水力学原理

污泥浓缩与机械脱水都是在外力的作用下，压密污泥，脱除污泥中的间隙水。日本川岛普教授等，于 1966～1977 年根据土力学理论，对污泥浓缩与机械脱水的力学原理进行了系统的研究，得出一组收缩率与压密度、浓度与脱水后的污泥含水率之间的关系式，在本书第 12 章卡门基本方程式的基础上对浓缩与机械脱水在理论上拓展并提升了一层，可供研究生参阅。

16.1　自重浓缩力学原理

在污泥的浓缩过程中，当下一层污泥能够承托上一层污泥时，则进入污泥的界面沉降（干涉沉降）阶段。开始进入界面沉降阶段时称为压缩点。压缩点的位置可从污泥的沉降浓缩试验曲线得出。

16.1.1　试验装置

试验装置、自重压密过程及荷重面，见图 16-1。

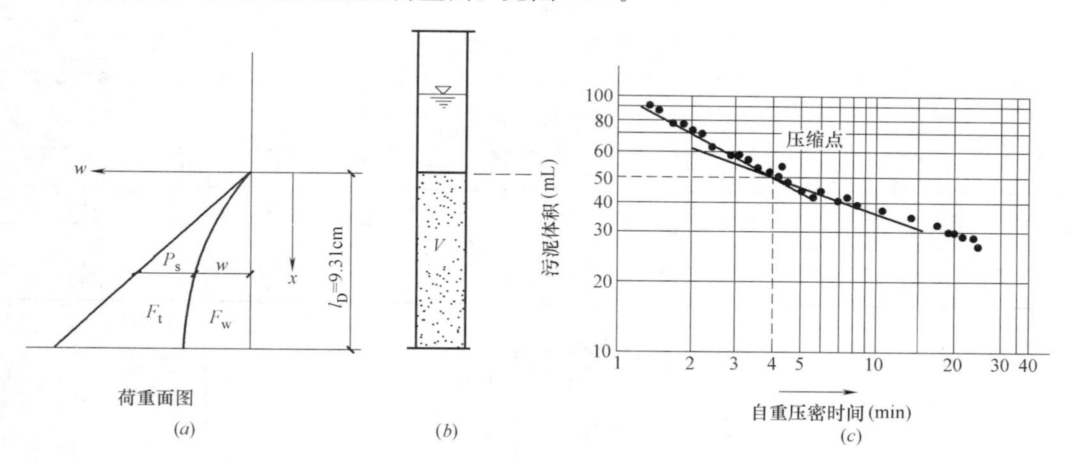

图 16-1　自重压密过程及荷重面

(a) 界面水压 w 与污泥厚度 x 的关系图；(b) 自重压密装置示意图；(c) 压密时间与污泥体积关系曲线

试验所用量筒为 1000mL，直径 8.3cm，将已知固体浓度的污泥装入量筒，进行重力浓缩。当时间 $t'=4$min（即压缩点时间 $t=0$ ）时，污泥层厚度 $l_0=9.31$cm，压缩点的污泥体积为 V_0，压缩点含水率为 P_0（%，P_0取决于污泥的性质；活性污泥约为 96%）。从压缩点开始，每隔一段时间间隔记录污泥层体积 V（mL）及相应的污泥层浓缩率 S_t（cm）。结果见表 16-1。

根据该表的数值，在双对数坐标纸上，以横坐标为时间，纵坐标为污泥体积，点绘时间与污泥体积关系曲线，见图 16-1（c）。图中直线折点即为压缩点。从压缩点开始，污泥在自重压缩下的重力浓缩过程，显示出应力与应变的性质，可用土力学理论进行分析。

16.1.2 试验结果的分析

由于自重的作用，压力分布见图 16-1（a），压密度应为：

$$u=1-\frac{32}{\pi^3}\sum_{m=1}^{\infty}\frac{(-1)^{m+1}}{(2m-1)^3}{}_{\exp}\left[-(2m-1)^2\frac{\pi^2}{4}T\right]$$

$$T=\frac{C_0t}{l_0^2} \tag{16-1}$$

式中 u——压密度（无因次）；

m——任意正整数；

T——时间系数；

t——时间，s，以压缩点作为零计时；

l_0——压缩点时的污泥层厚度，cm；

C_0——渗压系数，cm^2/s。

污泥重力浓缩试验记录　　表 16-1

沉降时间 t'（min）	污泥体积 V（mL）	污泥层收缩率（cm）	沉降时间 t'（min）	污泥体积 V（mL）	污泥层收缩率（cm）
0.0	100		6.0	43	
0.5	97		7.0	41	1.67
1.0	94		8.0	39	
1.5	85		9.0	37.5	2.32
2.0	75		10.0	36.5	2.7
2.5	64		11.0	35.5	3.07
3.0	58		13.0	33.5	
3.5	53		15.0	32	
4.0	50	0	20.0	29	3.91
4.5	48		25.0	26.8	4.32
5.0	46	0.74	30.0	26.1	4.13

$$C_0=\frac{K(1+\varepsilon_0)}{A_0\gamma_w}=\frac{K}{m_V\gamma_w}$$

$$A_0=\frac{\varepsilon_0-\varepsilon_t}{P_s}$$

$$m_v=\frac{1}{E_s}=\frac{A_0}{(1+\varepsilon_0)} \tag{16-2}$$

式中 K——透水系数，cm/s；

A_0——压缩系数，cm^2/kg，等于孔隙率变化值与作用压力值之比；

m_v——体积压缩系数，cm^2/kg，是弹性系数 E_s 的倒数；

E_s——弹性系数，是常数，kg/cm^2；

ε_0——压缩点时的孔隙率，即压缩点时间隙水所占体积与污泥体积之比；

ε_t——压缩过程中，t 时间的孔隙率；

γ_w——间隙土的密度，kg/cm^3；

P_s——作用压力。

浓缩过程中，污泥层的应变，等于污泥层收缩率与压缩点时的污泥层高度之比，即不同时间的体积缩小值与压缩点时的污泥体积的比值；也等于应力与弹性系数的比值。

$$e_t=\frac{S_t}{l_0}=\frac{\Delta V}{V_c}=\frac{\bar{\sigma}_s}{E_s} \tag{16-3}$$

式中 e_t——应变（无因次）；

S_t——t 时间的污泥层收缩率，cm，见表 16-1；

ΔV——对应于 S_t时的污泥体积缩小值，cm^3，可通过表 16-1 计算得到；

V_c——压缩点时的污泥体积，cm^3；

$\bar{\sigma}_s$——平均有效应力，kg/m^2。

由式（16-3）：

$$e_t=\frac{S_t}{l_0}=\left(\frac{\varepsilon_0}{1+\varepsilon_0}\right)u=\varphi_p u \tag{16-4}$$

式中 φ_p——极限收缩率，可由试验结果作图 16-2 得到。

当间隙水被全部脱除后，$e_t=\varphi_p=1$。平均有效应力：

$$\bar{\sigma}_s=\left(\frac{\gamma'_s l_0}{2}\right)u \tag{16-5}$$

式中 γ'_s——水中污泥固体物密度，kg/cm^3。

$$e_t=\left(\frac{\gamma'_s l_0}{2}\right)u/E_s \tag{16-6}$$

在直角坐标纸上，根据式（16-6）点绘出 $\bar{\sigma}_s$ 与 e_t 关系，呈直线，其斜率 $\tan\alpha=\frac{1}{E_s}$，见图 16-2。

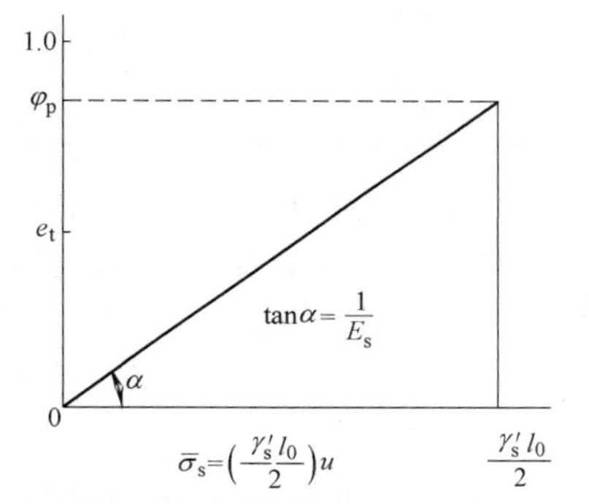

图 16-2　重力浓缩 σ_s与 e_t的关系

式（16-6）对时间 t 微分可得应变速度：

$$\frac{de_t}{dt}=\left(\frac{\gamma'_s l_0}{2E_s}\right)\frac{du}{dt} \tag{16-7}$$

$\frac{du}{dt}$值由式（16-1）对 t 微分求得，并代入式（16-7）：

$$\frac{de_t}{dt}=\frac{4\gamma'_s}{E_s\pi}\frac{Tl_0}{2}\sum_{m=1}^{\infty}\exp\left[-(2m-1)^2\frac{\pi^2 T}{4}\right]=\frac{4\gamma'_s}{E_s\pi}\frac{Tl_0}{t}I \tag{16-8}$$

式中 I——$\sum_{m=1}^{\infty}\exp\left[-(2m-1)^2\frac{\pi^2 T}{4}\right]$。

由式（16-5）对 t 微分的荷重速度：

$$\frac{d\bar{\sigma}_s}{dt}=\frac{d\overline{P}_s}{dt}=\left(\frac{\gamma'_s l_0}{2}\right)\frac{du}{dt}=\left(\frac{4\gamma'_s}{\pi}\right)\left(\frac{Tl_0}{t}\right)I \tag{16-9}$$

$$\therefore \quad \frac{de_t}{dt}=\frac{1}{E_s}\left(\frac{d\overline{P}_s}{dt}\right)\frac{d\overline{P}_s}{dt}=E_s\frac{de_t}{dt} \tag{16-10}$$

I 与 T 的计算值见表 16-2。

I 与 T 计算值　　**表 16-2**

T	0.1	0.2	0.3	0.4	0.5	0.6	0.7	0.8	0.9	1.0
I	0.7456	0.6067	0.4765	0.372	0.2912	0.2276	0.1778	0.1395	0.1085	0.0848

由上述分析，可将表 16-1 的试验数据计算汇集成表 16-3。

从污泥浓缩的压密度关系，可以求出不同浓度条件下的浓缩污泥含水率与压密度之间的关系。

对于平底浓缩池（称 1 轴压密）：

$$\varphi_V = 1-(1-\varphi_p u_1) = \varphi_p u_1 \tag{16-11}$$

式中 φ_V——体积收缩率（无因次）；

u_1——1 轴浓缩压密度（无因次）。

重力浓缩力学计算（$E_s = 0.927\times10^{-4}$ kg/cm²） **表 16-3**

自重压密时间 t(min)	1	3	5	7	9	16	21	26
污泥体积(mL)	46.0	41.0	37.5	35.5	33.5	29.0	26.8	25.1
污泥层收缩厚 S_t(cm)	0.74	1.67	2.32	2.70	3.07	3.91	4.32	4.13
压密度 u	0.093	0.210	0.290	0.338	0.384	0.490	0.541	0.581
时间系数 T	0.048	0.106	0.152	0.180	0.208	0.286	0.328	0.365
应变 $e_t=\frac{s_t}{l_0}$	0.08	0.18	0.25	0.29	0.33	0.42	0.46	0.49
平均有效应$\overline{\sigma_s}$(kg/cm²)	7.45×10^{-6}	1.66×10^{-5}	2.30×10^{-5}	2.67×10^{-5}	3.03×10^{-5}	3.87×10^{-5}	4.28×10^{-5}	4.59×10^{-5}
de_t/dt (1/s)	1.43×10^{-3}	9.03×10^{-4}	6.81×10^{-4}	5.63×10^{-4}	5.01×10^{-4}	3.18×10^{-4}	2.46×10^{-4}	1.98×10^{-4}
dP_s/dt[kg/(cm²·s)]	1.37×10^{-7}	8.72×10^{-8}	6.53×10^{-8}	5.31×10^{-8}	4.81×10^{-8}	2.96×10^{-8}	2.35×10^{-8}	1.90×10^{-8}

对于斜底浓缩池（称 2 轴压密）与圆锥底浓缩池（称 3 轴压密），因有污泥和池的摩擦角的关系，荷重系数必须修正，浓缩效果也较 1 轴压密高，排泥方便。2 轴、3 轴压密时的体积收缩率公式为：

$$2\text{ 轴压密}\quad \varphi_V = 1-(1-\varphi_p u_2)^2 \tag{16-12}$$

$$3\text{ 轴压密}\quad \varphi_V = 1-(1-\varphi_p u_3)^2 \tag{16-13}$$

式中 u_2——2 轴压密度（无因次）；

u_3——3 轴压密度（无因次）。

浓缩污泥的含水率计算式为：

$$p_e = 100-\frac{(100-p_0)\gamma_0}{(1-\varphi_V)\gamma_e} \tag{16-14}$$

式中 p_e——浓缩污泥含水率，%；

γ_0——污泥的初期密度，kg/cm³；

γ_e——浓缩污泥密度，kg/cm³；

p_0——供给污泥含水率，%。

自重压密过程中，应变 e_t 与含水率的关系：

在压密理论适用的范围内，压密度还可以通过污泥含水率与极限收缩率之间的关系来计算。

$$u = \frac{p_0-p_t}{\varphi_p(100-p_t)} \tag{16-15}$$

则：

$$p_t = \frac{p_0 - \varphi_p u \times 100}{1 - \varphi_p u} \tag{16-16}$$

因为 $e_t = \varphi_p u$，所以：

$$p_t = \frac{p_0 - 100 e_t}{1 - e_t} \tag{16-17}$$

式中　p_t——压密过程中 t 时间的含水率，%。

当浓缩池的断面积一定时，污泥的体积收缩率（体积残留率）为：

$$\frac{l_t}{l_0} = 1 - e_t \tag{16-18}$$

式中　l_t——自压缩点开始，不同时间的污泥层厚度，cm。

将式（16-18）代入式（16-17）得：

$$p_t = 100 - (100 - p_0)\frac{l_0}{l_t} \tag{16-19}$$

压缩点污泥含水率可用下式计算：

$$p_0 = \frac{p_e V_e \gamma_s + 100(V_c - V_e)}{V_s \gamma_s + (V_c - V_e)} \tag{16-20}$$

由于式（16-19）可计算出浓缩过程中任一时间的浓缩污泥含水率，即浓缩污泥浓度 C_t，因此，可根据柯依-克里维什法（参见本书第 4 章第 4.1 节）计算浓缩池的面积，以避免大量的试验分析工作。

16.2　真空过滤的力学原理

16.2.1　真空过滤的模式与荷重面

真空过滤式负压过滤，同样可用压密理论进行分析。图 16-3 为真空过滤的模式与荷重面。

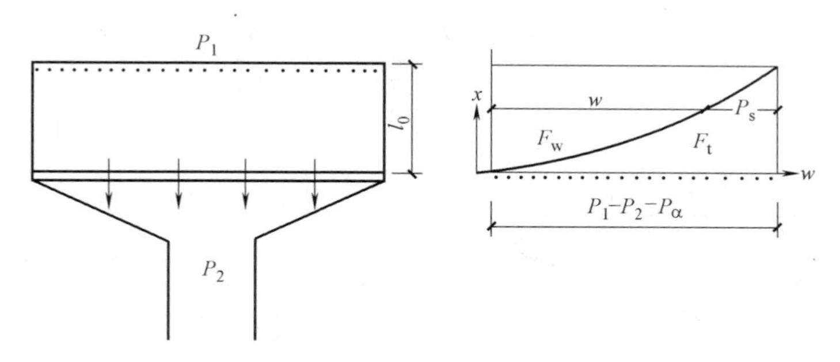

图 16-3　真空过滤模式与荷重面

污泥层的初期厚度为 l_0，P_1 为大气压，滤布下的真空度为 P_2，滤布压力损失为 P_α。因此脱水吸引压力为 $P = P_1 - P_2$，则：

$$荷重系数 = P_1 - P_2 - P_\alpha = P - P_\alpha$$

可见，作用于污泥层的压力为（$P - P_\alpha$），小于 1 大气压。

16.2.2　试验结果分析

如图 16-3 的初期荷重面呈矩形，污泥的上表面不透水，下表面为透水层。基本方程为：

$$\left.\begin{aligned}&\frac{\partial w}{\partial t}=C_V\partial^2 w\partial x^2\\&初期条件(w)_{t=0}=P-P_\alpha=常数\\&边界条件(w)_{x=0},(w)_x=2l_0=0\end{aligned}\right\}\tag{16-21}$$

式中　w——剩余间隙水水压，kg/cm^2。

由式（16-21）解得：

$$w(x,t)=\frac{4(P-P_\alpha)}{\pi}\sum_{m=1,3,\ldots}^{\infty}\frac{1}{m}\sin\frac{m\pi x}{l_0}{}_{\exp}\left[\left(-\frac{m^3\pi^3 C_V t}{l_2^0}\right)\right]\tag{16-22}$$

$$u=1-\frac{8}{\pi^2}\sum_{m=1,3,\ldots}^{\infty}\frac{1}{m^2}{}_{\exp}(-m^2\pi^2 T)\tag{16-23}$$

$$T=\frac{C_V t}{l_0^2}$$

真空过滤的时间系数 T 与压密度 u 的关系见图 16-4。

单位面积产生的应力：

$$\sigma=P_s+w=P-P_s=常数$$

平均有效应力：

$$\overline{\sigma_s}=\overline{P}_s=\frac{F_t}{l_0}=(P-P_\alpha)u$$

应变：

$$e_t=\frac{\overline{\sigma_s}}{E_s}=(P-P_\alpha)u/E_s=\frac{K}{C_V\gamma_w}(P-P_\alpha)u=\varphi_p u=\frac{Q_t}{V_c}\tag{16-24}$$

式中　Q_t——t 时间的滤液量，mL。

$$E_s=\frac{\overline{\sigma_s}}{e_t}=(P-P_\alpha)/\varphi_p=常数\tag{16-25}$$

以$\overline{\sigma_s}$＝（$P-P_\alpha$）u 为横坐标、e_t 为纵坐标，在直角坐标上作图，直线的斜率 $\tan\alpha=\frac{1}{E_s}$，见图 16-5。

如果忽略 P_α，则：

$$\overline{\sigma_s}=Pu$$

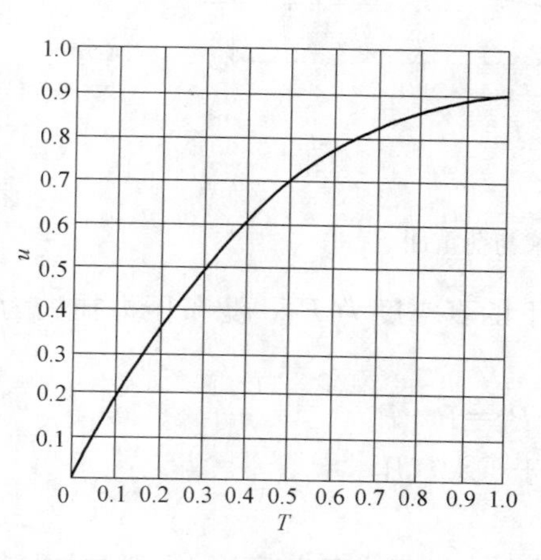

图 16-4　真空过滤 T 与 u 的关系

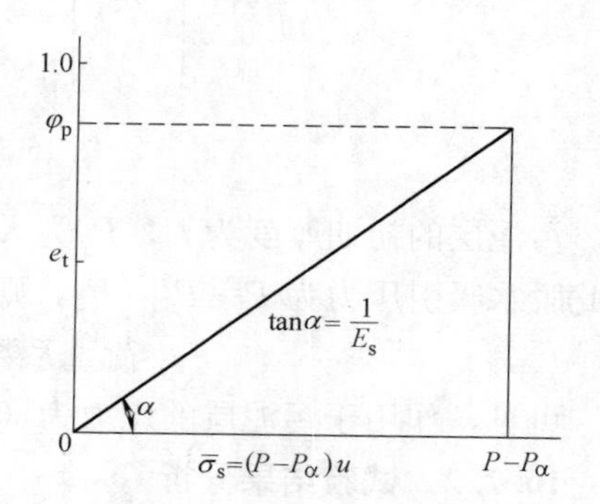

图 16-5　真空过滤$\overline{\sigma_s}$与 e_t 的关系

压缩系数：

$$A_V=\frac{\varepsilon_0-\varepsilon_t}{(P-P_\alpha)u}=\frac{\varepsilon_0}{(P-P_\alpha)}=常数 \quad (16\text{-}26)$$

平均有效应力：

$$\overline{\sigma_s}=\overline{P_s}=\frac{F_t}{l_0}=(P-P_\alpha)u \quad (16\text{-}27)$$

体积压缩系数：

$$m_V=\frac{\varepsilon_0}{(1+\varepsilon_0)(P-P_\alpha)}=\frac{\varphi_p}{(P-P_\alpha)}=常数 \quad (16\text{-}28)$$

弹性系数：

$$E_s=\frac{1}{m_V}=\frac{(P-P_\alpha)}{\varphi_p}=\frac{C_V\gamma_w}{K}=常数 \quad (16\text{-}29)$$

应变速度和荷重速度：

式（16-24）的 e_t 对 t 微分，并以式（16-23）的 u 对 t 微分代入得：

$$\frac{de_t}{dt}=\frac{(P-P_\alpha)}{E_s}\left(\frac{8T}{t}\right)\sum_{m=1,3,\cdots}^{\infty}(-m^2\pi^3T)=\frac{(P-P_\alpha)}{E_s}\left(\frac{8T}{t}\right)I \quad (16\text{-}30)$$

同样：

$$\frac{d\overline{P_s}}{dt}=(P-P_\alpha)\left(\frac{8T}{t}\right)I \quad (16\text{-}31)$$

T 与 I 的计算值见表 16-4。

以消化污泥的定压真空过滤为例，真空度为 500mm 的汞柱（680g/cm^2），试验的结果进行力学分析。

I 与 T 计算值 **表 16-4**

T	0.01	0.1	0.2	0.3	0.4	0.5	0.6	0.7	0.8	0.9	1.0
I	1.3257	0.3782	0.1394	0.0518	0.0192	0.0723	0.00274	0.00101	0.00037	0.00014	0.0005

表 16-5 为未经化学调节的消化污泥，$E_s=0.867$kg/cm^2（8.5N/cm^2），$\varphi_p=0.784$；表 16-6 为经淘洗与化学调节的消化污泥，稀释比为 2.7，加 $FeCl_3$ 5%，$E_s=0.944$kg/cm^2，$\varphi_p=0.82$。

未调节消化污泥力学分析 **表 16-5**

过滤时间 t(min)	0.5	1.0	1.5	2.0	3.0	4.0	5.0
滤液量(mL)	11	19	25	30	40	49	57
压密度 u	0.054	0.092	0.12	0.145	0.194	0.238	0.277
时间系数 T	0.0023	0.0053	0.0108	0.016	0.0313	0.0425	0.058
应变 e_t	0.042	0.073	0.096	0.115	0.153	0.188	0.219
平均有效应力$\bar{\sigma}_s$(kg/cm^2)	36.7	62.5	81.6	98.6	131.9	161.8	188.3
de_t/dt (1/s)	1.41×10^{-3}	1.07×10^{-3}	1.02×10^{-3}	9.26×10^{-4}	8.87×10^{-4}	7.50×10^{-4}	6.87×10^{-4}
dP_s/dt[kg/(cm^2·s)]	1.22×10^{-3}	9.28×10^{-4}	8.85×10^{-4}	8.03×10^{-4}	7.59×10^{-4}	6.51×10^{-4}	5.96×10^{-4}

根据表 16-5、表 16-6，以$\bar{\sigma}_s$ 为横坐标、e_t 为纵坐标，在直角坐标纸上作图，见图 16-6，$\bar{\sigma}_s$ 与 e_t 关系。从图可知未调节的消化污泥 e_t 值很小，而经调节的消化污泥 e_t 很大，脱水性能显著提高。

经调节消化污泥力学分析 **表 16-6**

过滤时间 t(min)	0.25	0.50	0.75	1.00	1.25	1.50
滤液量(mL)	65	100	132	165	190	215
压密度 u	0.37	0.482	0.617	0.763	0.886	1.000
时间系数 T	0.071	0.174	0.285	0.45	0.69	∞
应变 e_t	0.25	0.384	0.507	0.634	0.73	0.825
平均有效应力$\overline{\sigma_s}$(kg/cm^2)	208.7	327.7	419.5	518.8	602.4	680
de_t/dt (1/s)	1.35×10^{-2}	5.97×10^{-3}	2.18×10^{-3}	5.05×10^{-4}	5.81×10^{-5}	0
dP_s/dt[kg/(cm^2·s)]	1.28×10^{-2}	5.64×10^{-3}	2.06×10^{-3}	4.77×10^{-4}	5.49×10^{-5}	0

以 de_t/dt 为纵坐标、以 t 为横坐标；以 $d\overline{P_s}/dt$为纵坐标、以 t 为横坐标，在半对数坐标纸上分别作 t 与 de_t/dt 的关系见图 16-7，t 与 $d\overline{P_s}/dt$ 的关系见图 16-8。可知经调节的消化污泥随过滤时间的延长，de_t/dt 值与 $d\overline{P_s}/dt$值迅速降低，到过滤结束时，de_t/dt，$d\overline{P_s}/dt$ 值都很小；而未调节的消化污泥随时间的延长，de_t/dt 与 $d\overline{P_s}/dt$ 的降低缓慢。

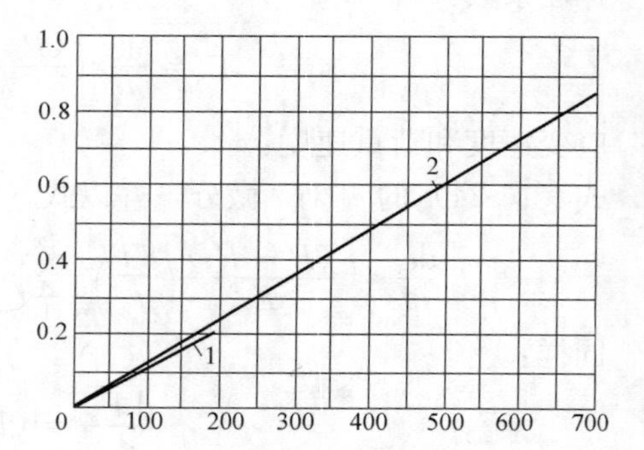

图 16-6 真空过滤$\overline{\sigma_s}$与 e_t的关系

1—未调节消化污泥；2—经调节的消化污泥

不同过滤时间的滤饼含水率可用下式计算：

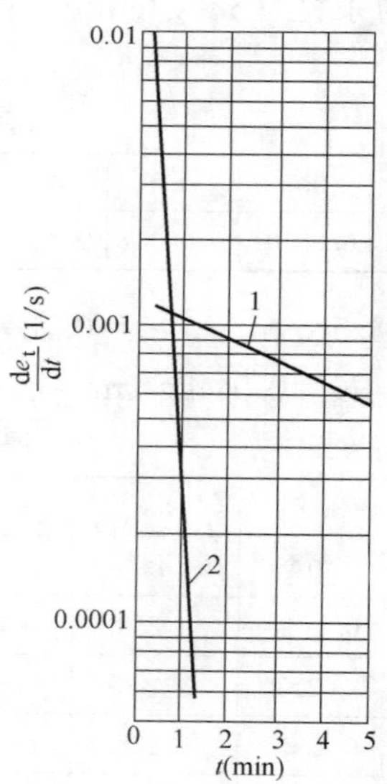

图 16-7 真空过滤 t 与 de_t/dt 的关系

1—未调节消化污泥；2—经调节的消化污泥

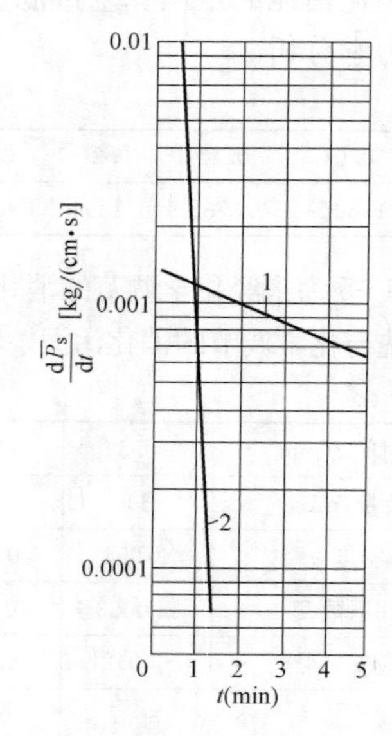

图 16-8 真空过滤 t 与 $d\overline{P_s}/dt$ 的关系

1—未调节消化污泥；2—经调节的消化污泥

$$p_t=\left(\frac{p_0}{100}W_0-Q_t\right)\left(\frac{100}{W_0-Q_t}\right) \tag{16-32}$$

式中 W_0——初期污泥重量，kg；

Q_t——t 时间的滤液量，mL。

压密度：

$$u=\frac{p_0-p_t}{\varphi_p(100-p_t)} \tag{16-33}$$

16.3 压滤脱水力学原理

压滤脱水为正压过滤，推动力大，一般为 2～8kg/cm²，压滤时间 4～6h。压滤脱水有单面过滤与双面过滤两种。双面过滤的荷重面见图 16-9，污泥层的初期厚度为 $2l_0$。

16.3.1 试验模式

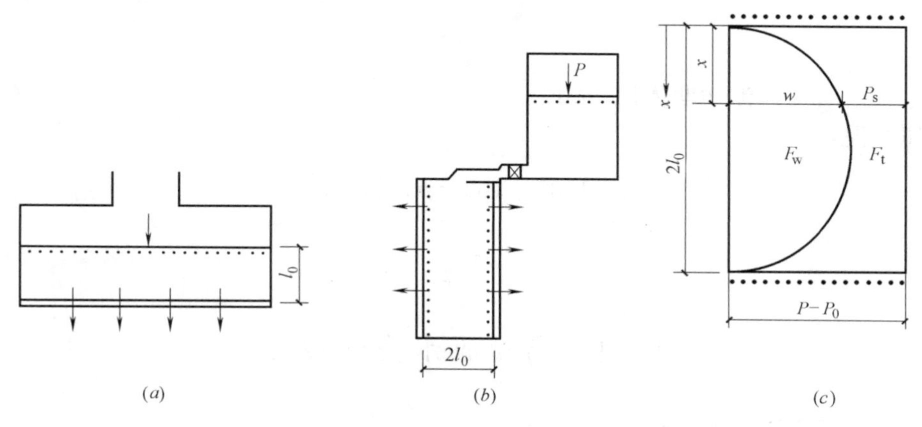

图 16-9 压滤模式和荷重面

(a) 单面过滤；(b) 双面过滤；(c) 双面过滤荷重面

16.3.2 试验结果分析

平均有效应力与应变：

$$\left.\begin{array}{ll}\text{基本方程} & \dfrac{\partial\omega}{\partial \mathrm{t}}=C_V\dfrac{\partial^2\omega}{\partial x^2}\\ \text{初期条件} & (\omega)_{t=0}=P-P_\alpha=\text{常数}\\ \text{边界条件} & (\omega)_{x=0}=0,(\omega)_{x-2l_0}=0\end{array}\right\} \tag{16-34}$$

解得：

$$\omega(x,t)=\frac{4}{\pi}(P-P_\alpha)\sum_{m=1}^{\infty}\frac{1}{m}\sin\frac{m\pi x}{2l_0}{}_{\exp}\left[\frac{-m^2\pi^2C_Vt}{4l_0^2}\right] \tag{16-35}$$

$$u=1-\frac{8}{\pi^2}\sum_{m=1}^{\infty}\frac{1}{m^2}{}_{\exp}(-m^2\pi^2T) \tag{16-36}$$

$$T=\frac{C_Vt}{4l_0^2}$$

式（16-36）和真空过滤式（16-23）同。

平均有效应力：

$$\overline{\sigma_s}=(P-P_\alpha)u \tag{16-37}$$

应变：

$$e_t=\frac{\overline{\sigma_s}}{E_s}=\frac{(P-P_a)u}{E_s}=\frac{Q_t}{V_c+Q_e} \tag{16-38}$$

式中 Q_t——滤液量，mL；

V_c——滤室容积，mL；

Q_e——过滤终了时的滤液量，mL。

弹性系数可用$\overline{\sigma_s}$与 e_t 的关系图求得。

过滤后的滤饼含水率：

定压压缩空气加压：

$$p_t=\left(\frac{p_0}{100}W_0-Q_t\right)\left(\frac{100}{W_0-Q_t}\right) \tag{16-39}$$

$$u=\frac{Q_t}{\varphi_p V_0} \tag{16-40}$$

式中 V_0——污泥初期体积，mL。

定压送泥：

$$p_t=100-(100-p_0)\left(1+\frac{Q_t}{V_c}\right) \tag{16-41}$$

$$u=\frac{e_t}{\varphi_p} \tag{16-42}$$

16.4 离心脱水力学原理

16.4.1 离心浓缩力学原理

图 16-10 为离心管内污泥在离心力作用下的浓缩情况。

$$\left.\begin{aligned}&\text{基本方程}\quad \frac{\partial\omega}{\partial t}=C_V-\frac{\partial^2\omega}{\partial x^2}\\&\text{初期条件}\quad \begin{aligned}(\omega)_{t-o}&=\omega^2L\rho_\omega\left(r+\frac{L}{2}\right)+\omega^2x\rho_s\\&\times\left(r+L+\frac{x}{2}\right)=f(x)\end{aligned}\\&\text{边界条件}\quad (\omega)_{z=V}=\omega^2L\rho_\omega\left(r+\frac{L}{2}\right)\end{aligned}\right\} \tag{16-43}$$

$$(\omega)_{x-V}=\omega^2L\rho_\omega\left(r+\frac{L}{2}\right)+\omega^2L_V\rho_s\left(r+L+\frac{l_0}{2}\right) \tag{16-44}$$

式中 ω——旋转角速度，1/s；

ρ_ω——间隙水密度，kg/cm^3；

ρ_s——污泥中固体物密度，kg/cm^3。

解得：

$$\begin{aligned}\omega(x,t)=&\ \omega^2\rho_s x\left(r+L+\frac{l_0}{2}\right)+\omega^2L\rho_\omega\left(r+\frac{L}{2}\right)\\&-\frac{4\omega^2\rho_s l_0^2}{\pi^3}\sum_{n=1}^{\infty}\frac{l}{(2n-1)^3}\sin\frac{(2n-1)\pi x}{l_0}\\&\times_{\exp}\left[\frac{-C_V(2n-1)^2\pi^2t}{l_0}\right]\end{aligned} \tag{16-45}$$

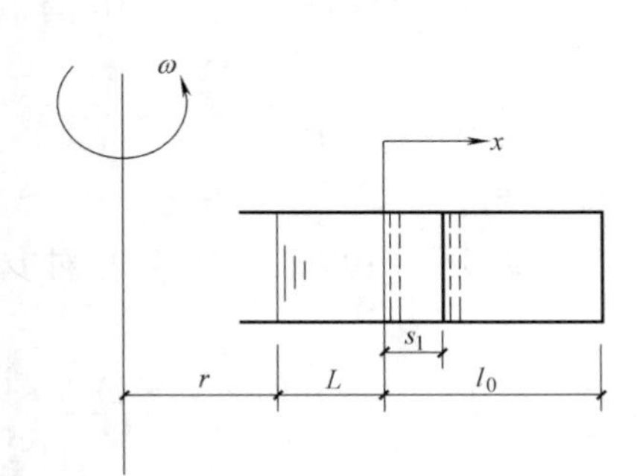

图 16-10　离心管浓缩力学分析

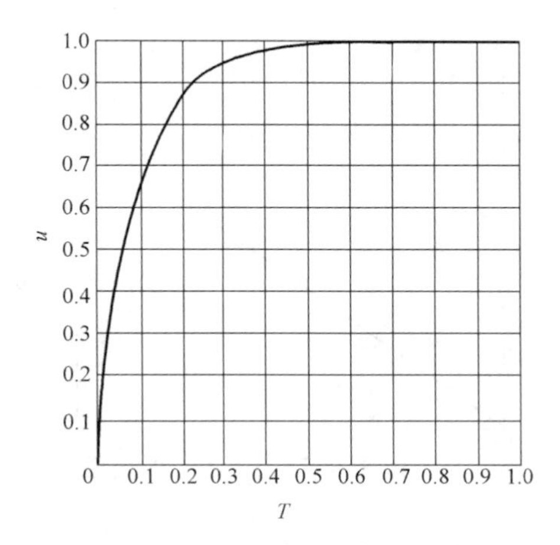

图 16-11　离心脱水 T 与 u 的关系

$$u=1-\frac{96}{\pi^4}\sum_{n=1}^{\infty}\frac{1}{(2n-1)^4_{\exp}}[-(2n-1)^2\pi^3 T] \tag{16-46}$$

$$T=\frac{C_{\mathrm{V}}t}{l_0^2}$$

T 与 u 的关系式（16-46）数值计算见表 16-7 及图 16-11。

T 与 u 计算值表　　　　**表 16-7**

T	0.05	0.10	0.15	0.20	0.30	0.40	0.50	0.60	0.70
U	0.398	0.632	0.775	0.863	0.948	0.980	0.992	0.997	0.999

污泥单位面积产生的应力：

$$\sigma=\frac{\omega^2}{2}\rho_\omega L(2r_0+L)+\frac{\omega^2}{2}\rho_s x[2(r_0+L)+x] \tag{16-47}$$

有效应力：

$$\sigma_s=P_s=\frac{\omega^2}{2}\rho_s(x^2-xl_0)+\frac{4\rho_s\omega^2 l_0^2}{\pi^3}\sum_{n=1}^{\infty}\frac{1}{(2n-1)^3}\times\sin\frac{(2n-1)\pi x}{l_0}\exp\left[-\frac{C_{\mathrm{V}}(2n-1)^3\pi^2 t}{l_0^2}\right] \tag{16-48}$$

平均有效应力：

$$\overline{\sigma_s}=(\omega^2\rho_s l_0^2/12)u \tag{16-49}$$

式中的 $\omega^2\rho_s l_0^2/12$ 为荷重系数。

应变：

$$e_t=\frac{\overline{\sigma_s}}{E_s}=(\omega^2\rho_s l_0^2/12E_s)u \tag{16-50}$$

弹性系数：

$$E_s=\frac{\overline{\sigma_s}}{e_t}=(\omega^2\rho_s l_0^2/12\varphi_p)=常数 \tag{16-51}$$

以横坐标为$\overline{\sigma_s}=(\omega^2\rho_s l_0^2/12)$ u，纵坐标为 e_t，可求得弹性系数 E_s，见图 16-12。

弹性系数 E_s和压密因子的关系：

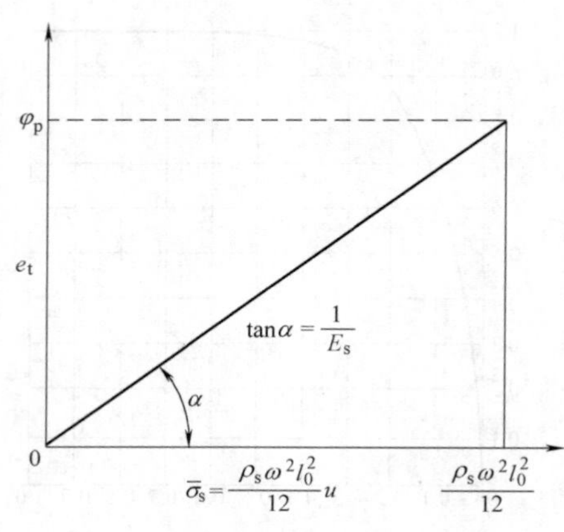

图 16-12　离心脱水$\overline{\sigma_s}$与 e_t 的关系

$$A_v=12\varepsilon_0/\omega^2\rho_s l_0^2=\text{常数} \tag{16-52}$$

$$M_V=12\varphi_p/\omega^2\rho_s l_0^2=\text{常数} \tag{16-53}$$

$$\therefore E_s=\frac{1}{m_V}=\frac{C_V\gamma_\omega}{K}=\text{常数} \tag{16-54}$$

$$e_t=\frac{K}{C_V\gamma_\omega}\left(\frac{\omega^2\rho_s l_0^2}{12}\right)u \tag{16-55}$$

应变速度和荷重速度：

式（16-50）对 t 微分，并以式（16-46）对 t 微分代入得：

$$\frac{de_t}{dt}=\frac{8\omega^2\rho_s}{\pi^2 E_s}\left(\frac{Tl_0^2}{t}\right)\sum_{n=1}^{\infty}\frac{1}{(2n-1)^2}{}_{\exp}\left[-\frac{C_V(2n-1)^2\pi^2 t}{l_0^2}\right]=\frac{8\omega^2\rho_s}{\pi^2 E_s}\left(\frac{Tl_0^2}{t}\right)I \tag{16-56}$$

$$\text{同样：}\frac{d\overline{P_s}}{dt}=\frac{8\omega^2\rho_s}{\pi^2}\left(\frac{Tl_0^2}{t}\right)I \tag{16-57}$$

由式（16-56）与式（16-57）计算得 T 与 I 的关系，见表 16-8。

***T* 与 *I* 计算值表**　　表 16-8

T	0.1	0.2	0.3	0.4	0.5	0.6	0.7	0.8	0.9	1.0
I	0.372	0.139	0.051	0.0192	0.0072	0.0026	0.001	0.00038	0.00014	0.000053

以活性污泥离心脱水为例，转速分别为 1000、1500、2000、3000、4000r/min。当为 4000r/min 的样品 $E_s=1.371\text{kg/cm}^2$，$l_0=8.25\text{cm}$，$\varphi_p=0.784$，$\gamma_s=1.017\text{kg/cm}^3$，力学分析见表 16-9。

在半对数坐标纸上作$\overline{\sigma_s}$与 e_t 的关系直线，由 $\tan\alpha=\frac{1}{E_s}$，可得弹性系数 E_{st} 见图 16-13。

活性污泥离心管脱水力学分析　　表 16-9

离心时间 t(min)	1	3	6
污泥层厚度(cm)	2.2	2.00	1.95
收缩层厚度 S_t(cm)	6.05	6.25	6.30
压密度 u	0.935	0.968	0.976
时间系数 T	0.290	0.361	0.390
应变 e_t	0.735	0.759	0.765
平均有效应力$\overline{\sigma_s}$(kg/cm²)	1.004	1.039	1.048
de/dt(1/s)	2.40×10^{-3}	4.00×10^{-4}	2.00×10^{-4}
$d\overline{P_s}/dt$(cm²/s)	3.29×10^{-3}	5.60×10^{-4}	2.74×10^{-4}

在双对数坐标纸上作 de_t/dt 与 t 的关系图，呈直线，见图 16-14。

16.4.2　离心机脱水力学原理

离心机脱水力学分析见图 16-15。

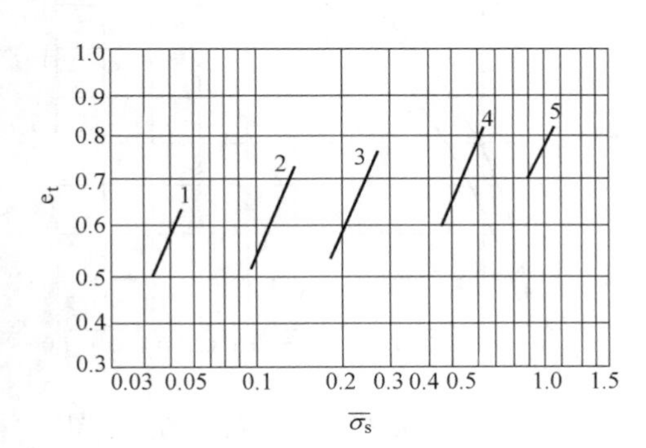

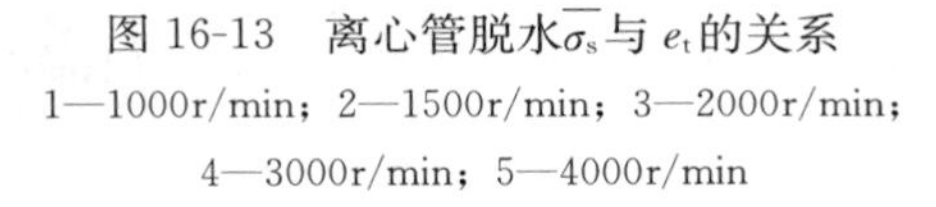

图 16-13　离心管脱水$\overline{\sigma_s}$与 e_t的关系

1—1000r/min；2—1500r/min；3—2000r/min；4—3000r/min；5—4000r/min

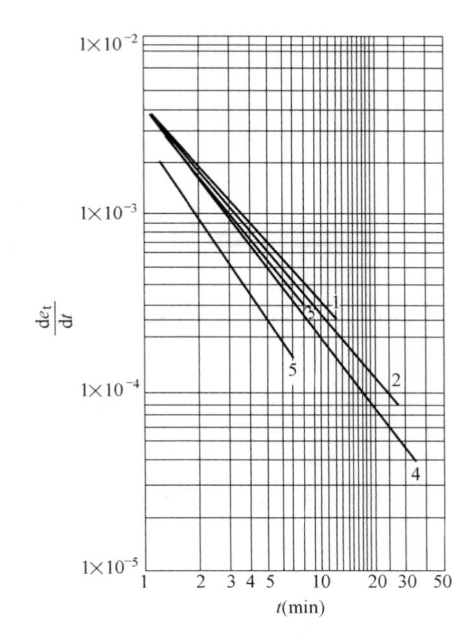

图 16-14　离心脱水 de_t/dt 与 t 的关系

1—1000r/min；2—1500r/min；3—2000r/min；4—3000r/min；5—4000r/min

$$\left.\begin{aligned}&\text{基本方程}\quad \frac{\partial\omega}{\partial t}=\frac{C_V\partial^2\omega}{\partial x^2}\\&\text{初期条件}\quad (\omega)_{t=0}=\left(\frac{\omega^2\rho_s}{2}\right)(2R_a-x^2)=f(x)\\&\text{边界条件}\quad (\omega)_{x=0}=0,\ (\omega)_{x=l_0}=0\end{aligned}\right\}\tag{16-58}$$

解得：

$$\begin{aligned}\omega(x,t)=&\frac{\omega^2\rho_s l_0^2}{\pi}\cdot(2R+l_0)\sum_{n=1}^{\infty}\frac{-(-1)^n}{n}\cdot\sin\frac{n\pi x}{l_0}\\&\times_{\exp}\left(-\frac{C_V n^2\pi^2 t}{l_0^2}\right)-\frac{4\omega^2\rho_s l_0^2}{\pi^3}\sum_{n=1}^{\infty}\frac{1}{(2n-1)^3}\\&\times\sin\frac{(2n-1)\pi x}{l_0}{}_{\exp}\left[-\frac{C_V(2n-1)^2\pi^2 t}{l_0^2}\right]\end{aligned}\tag{16-59}$$

$$\begin{aligned}u=1-&\frac{12}{(3R+l_0)\pi^2}\left[(2R+l_0)\sum_{n=1}^{\infty}\frac{1}{(2n-1)^2}\right.\\&\left.-\frac{4l_0}{\pi^2}\sum_{n=1}^{\infty}\frac{1}{(2n-1)^4}\right]_{\exp}[-(2n-1)^2\pi^2T]\end{aligned}\tag{16-60}$$

$$T=\frac{C_V t}{l_0^2}\tag{16-61}$$

式（16-60）表示压密度 u 与时间系数 T 的关系。如转鼓半径为 $R+l_0=20$cm，$l_0=1\sim20$cm 的范围内，离心机的压密度 u 值见图 16-16 及表 16-10。

从图 16-16 知，u 值与 l_0/R 值有关，l_0/R 值小，在相同的 T 值下，u 值大。

污泥单位面积产生的应力为：

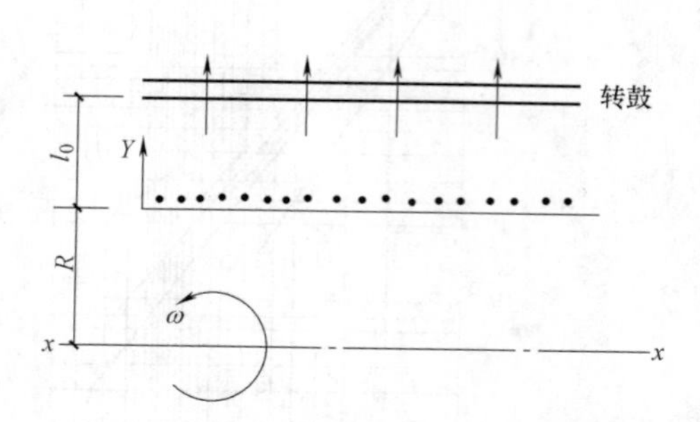

图 16-15　离心机脱水力学分析

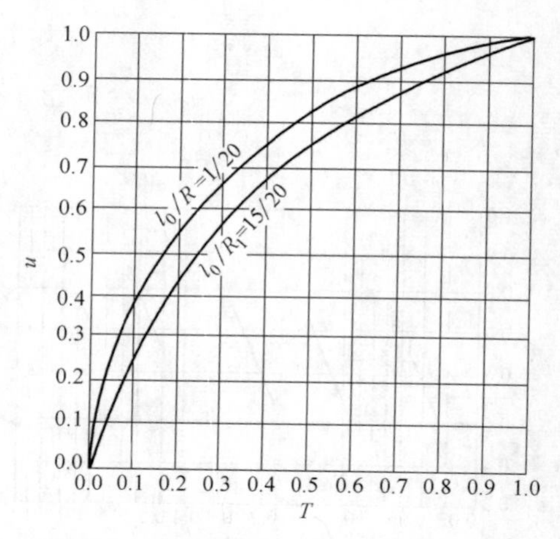

图 16-16　离心机脱水 T 与 u 的关系图

$$\sigma=\left(\frac{\omega^2\rho_s}{2}\right)(2R+x^2) \tag{16-62}$$

有效应力：

$$\sigma_s=P_s=\sigma-\omega \tag{16-63}$$

式中　ω——剩余间隙水水压，kg/cm^2。

平均有效应力：

$$\overline{\sigma_s}=\overline{P_s}=\left[\frac{\omega^2\rho_s l_0(3R+l_0)}{6}\right]u \tag{16-64}$$

应变：

$$e_t=\frac{\overline{\sigma_s}}{E_s}=\left[\frac{\omega^2\rho_s l_0(3R+l_0)}{6E_s}\right]u \tag{16-65}$$

弹性系数：

$$E_s=\frac{\overline{\sigma_s}}{e_t}=\left[\frac{\omega^2\rho_s l_0(3R+l_0)}{6}\right]\left(\frac{1}{\varphi_p}\right)=\text{常数} \tag{16-66}$$

离心机脱水不同 l_0 及 T 值时的 u 值　　**表 16-10**

l_0(cm) \ T	0.1	0.2	0.3	l_0(cm) \ T	0.1	0.2	0.3
1	0.363	0.513	0.630	9	0.336	0.479	0.596
2	0.360	0.510	0.626	10	0.332	0.473	0.593
3	0.357	0.506	0.623	11	0.325	0.465	0.586
4	0.355	0.503	0.620	12	0.319	0.458	0.579
5	0.351	0.499	0.616	13	0.313	0.449	0.571
6	0.348	0.494	0.612	14	0.305	0.439	0.562
7	0.345	0.490	0.608	15	0.297	0.428	0.552
8	0.341	0.485	0.603				

同样作 $\overline{\sigma_s}$ 与 e_t 的关系图，可得 E_s。

$R+l_0=20$cm，离心机转速 $n=1000$、1500、2000、3000、4000r/min，$l_0=1\sim20$cm 时荷重系数的计算值，见表 16-11 及图 16-17。

离心机荷重系数计算值（旋转半径 $R+l_0=20$cm）　　表 16-11

n(r/min) \ l_0(cm)	1	2	3
1000	0.109	0.211	0.313
1500	0.247	0.476	0.704
2000	0.439	0.847	1.252
2500	0.686	1.324	1.957
3000	0.988	1.907	2.818
3500	1.345	2.597	3.837
4000	1.746	3.391	5.011

因荷重系数与 ω^2 成正比，而且各种转速下，在 $l_0=\frac{3}{4}(R+l_0)$ 的位置处，是最大值，这是很令人注目的。

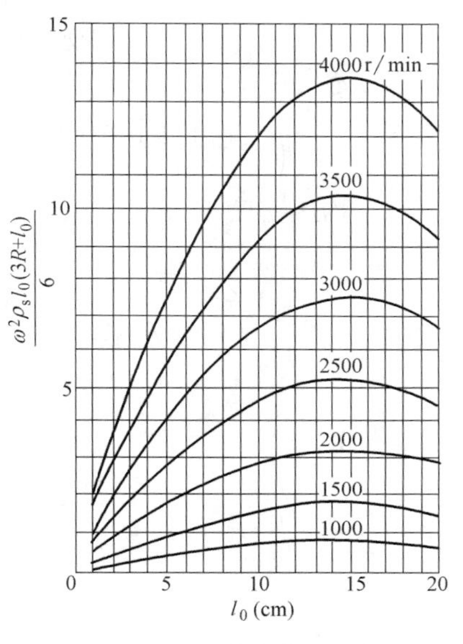

图 16-17　离心机脱水荷重系数与 l_0 的关系图

应变速度和荷重速度：

应变速度

$$\frac{de_t}{dt}=\frac{2\omega^2\rho_s(2R+l_0)}{l_0E_s}\left(\frac{Tl_0^2}{t}\right)\sum_{n=1}^{\infty}\exp\left[-(2n-1)^2\pi^2T\right]$$

$$-\frac{8\omega^2\rho_s(2R+l_0)}{\pi^2E_s}\left(\frac{Tl_0^2}{t}\right)\sum_{n=1}^{\infty}\frac{1}{(2n-1)^2}\exp\left[-(2n-1)^2\pi^2T\right]$$

$$=\frac{2\omega^2\rho_s(2R+l_0)}{l_0E_s}\left(\frac{Tl_0^2}{t}\right)I-\frac{8\omega^2\rho_s}{\pi^2E_s}\left(\frac{Tl_0^2}{t}\right)I' \tag{16-67}$$

I 与 T 的关系计算如前，同时 $I=I'$ 时，代入式(16-67) 得：

$$\frac{de_t}{dt}=\frac{2\omega^2\rho_s(2R+l_0)}{E_s}\left(\frac{Tl_0^3}{t}\right)\left[\frac{(2R+l_0)}{l_0}-\frac{4}{\pi^2}\right]I \tag{16-68}$$

荷重速度：

$$\frac{d\overline{P_s}}{dt}=2\omega^2\rho_s\left(\frac{Tl_0^2}{t}\right)\left[\frac{(2R+l_0)}{l_0}-\frac{4}{\pi^3}\right]I \tag{16-69}$$

离心脱水后滤饼含水率（%）：

$$p_t=\frac{(p_0-100e_t)}{1-e_t} \tag{16-70}$$

压密度：

$$u=\frac{p_0-p_t}{\varphi_p(100-p_t)} \tag{16-71}$$

16.5　滚压脱水力学原理

滚压脱水有滚筒式、带压式等，其脱水的力学原理是相同的，滚压脱水力学分析见图

16-18。

$$荷重系数=\frac{P_r}{\omega t}\{f[\cos(\alpha-\omega t)-\cos\alpha]-[\sin(\alpha-\omega t)-\sin\alpha]\} \quad (16-72)$$

式中 P_r——半径方向的向压力，kg/cm^2；

ω——转筒的旋转角速度，r/min；

f——污泥和转筒弧间的平均摩擦系数；

α——污泥层与转筒的接触角或称咬入角，°。

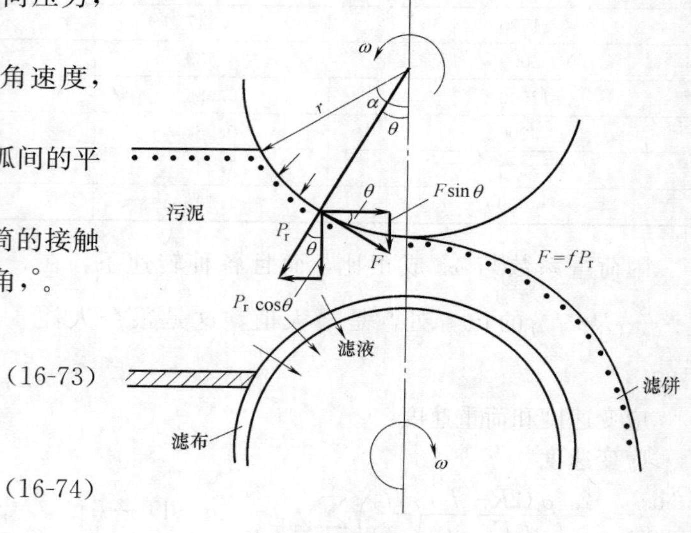

图 16-18 滚压脱水力学分析

应变：

$$e_t=\frac{(荷重系数)u}{E_s} \quad (16-73)$$

平均压密度：

$$u=\frac{p_0-p_t}{\varphi_P(100-p_t)} \quad (16-74)$$

式中 p_t——滤饼含水率，%。

第5篇　污泥深度处理

第17章　污泥自然干化

污泥经过浓缩消化后，尚有约95%～97%含水率，体积仍然很大。为了综合利用和最终处置，需对污泥作干化和脱水处理。二者对脱除污泥的水分具同等效果。

污泥的干化和脱水方法，主要有自然干化、机械脱水等。

17.1　污泥自然干化场分类和构造

污泥自然干化的主要构筑物是干化场。

17.1.1　自然干化场分类

干化场可分为自然滤层干化场与人工滤层干化场两种。前者适用于自然土质渗透性能好，地下水位低的地区。人工滤层干化场的滤层是人工铺设的，又可分为敞开式干化场和有盖式干化场两种。

17.1.2　自然干化场构造

人工滤层干化场的构造示于图17-1，它由不透水底层、排水系统、滤水层、输泥渠道、隔墙及围堤等部分组成。有盖式的，设有可移开（晴天）或盖上（雨天）的顶盖，顶盖一般用弓形复合有机塑料薄膜制成，移、置方便。

滤水层由上层的细矿渣或砂层铺设厚度200～300mm，下层用粗矿砂或砾石层厚度200～300mm组成，滤水容易。

排水管道系统用100～150mm陶土管或盲沟铺成，管子接口不密封，以便排水。管道之间中心距4～8m，纵坡0.002～0.003，排水管起点覆土深（至砂层顶面）为0.6m。

不透水底板由200～400mm厚的黏土层或150～300mm厚三七灰土夯实而成。也可用100～150mm厚的素混凝土铺成。底板有0.01～0.03的坡度坡向排水管。

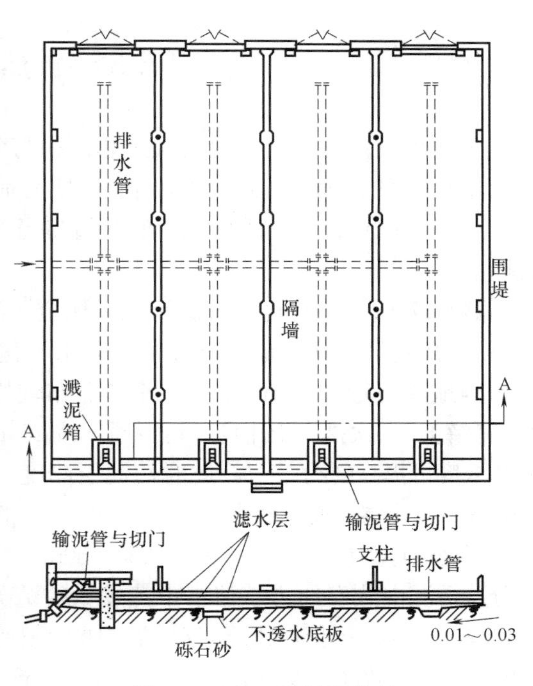

图17-1　人工滤层干化场

隔墙与围堤，把干化场分隔成若干分块，轮流使用，以便提高干化场利用率。

近来在干燥、蒸发量大的地区，采用沥青或混凝土铺成的不透水层而无滤水层的干化场，依靠蒸发脱水。这种干化场的优点是泥饼容易铲除。

17.2 自然干化场脱水特点及影响因素

17.2.1 自然干化场脱水特点

干化场脱水主要依靠渗透、蒸发与撇除。渗透过程约在污泥排入干化场最初的 2～3d 内完成。可使污泥含水率降低至 85%左右。此后水分不能再被渗透，只能依靠蒸发脱水，约经 1 周或数周（取决于当地气候条件）后，含水率可降低至 75%左右。研究表明，水分从污泥中蒸发的数量约等于从清水中直接蒸发量的 75%。降雨量的 57%左右要被污泥所吸收。因此干化场的蒸发量中必须考虑所吸收的降雨量，但有盖式干化场可不考虑。我国幅员广大，上述各数值应视各地天气条件加以调整或通过试验决定。

17.2.2 干化场脱水影响因素

（1）气候条件：当地的降雨量、蒸发量、相对湿度、风速和年冰冻期。

（2）污泥性质：如消化污泥在消化池中承受着高于大气压的压力。污泥中含有很多沼气泡，一旦排到干化场后，压力降低，气体迅速释放，可把污泥颗粒挟带到污泥层的表面，使水的渗透阻力减小，提高了渗透脱水性能；而初次沉淀污泥或经浓缩后的活性污泥，由于比阻较大，水分不易从稠密的污泥层渗透过去，往往会形成沉淀，分离出上清液，故这类污泥主要依靠蒸发脱水，可在围堤或围墙的一定高度上开设撇水窗，撇除上清液，加速脱水过程。

17.3 自然干化场设计

干化场设计的主要内容是确定总面积与分块数。

干化场的总面积取决于面积污泥负荷——单位干化场面积年可接纳的污泥量，$m^3/(m^2 \cdot a)$ 或 m/a。面积负荷的数值与当地气候及污泥性质有关。干化场的设计用例题说明。

【例 17-1】 今有初次沉淀污泥和剩余污泥的混合污泥。固体浓度为 6%（即含水率为 94%），用敞开式人工滤层干化场，要求干化后的污泥固体浓度为 30%。设计干化场。

当地降雨量为 1016mm/a，全年分布较均匀，蒸发量为 1524mm/a。

【解】 每次排入干化场的污泥厚度按 250mm 计算。因最初 2～3d，通过渗透脱水，污泥固体浓度可提高到约 15%，此时污泥层厚度（包括水与固体的厚度）为 $0.06 \div 0.15 \times 250 = 100$mm。由于渗透脱除的水分为 $250 - 100 = 150$mm。此后依靠蒸发脱水至固体浓度约为 30%，此时污泥层厚度应为 $0.06 \div 0.3 \times 250 = 50$mm。可见，由于蒸发脱除水为 $100 - 50 = 50$mm，因水分从污泥中蒸发约为从清水中蒸发量的 75%，所以污泥水分的年蒸发量为 $0.75 \times 1524 = 1143$mm/a。考虑到雨水量的 57%左右被污泥吸收，所以被污泥吸收的雨水量为 $0.57 \times 1016 = 579.1$mm/a。故净蒸发量为：$1143 - 579.1 = 563.9$mm/a。因每次依靠蒸发脱除的水分为 50mm，理论上干化场每年可充满与铲除的污泥的次数约为 $593.9 \div 50 = 12$ 次。所以干化场的面积负荷应为 12×250=3000mm/a=3.0m/a。若年污泥量为 Q（m^3/a），则干化场总面积为 $Q\div3.0$。考虑安全系数 1.2，故干化场总面积 $A=(1.2\times Q\div3)\ m^2$。

干化场的分块数：为了使每次排入干化场的污泥有足够的干化时间，并能均匀地分布在干化场上以及铲除泥饼的方便，干化场的分块数最好大致等于干化天数，如干化天数为 8d，则分块数为 8 块，每次排泥用 1 块。每块干化场的宽度与铲泥饼的机械与方法有关，一般用 6～10m。

17.4 污泥干化其他方法

17.4.1 室内真空抽滤干化床

此种干化床建于室内，构造与自然干化场基本相同，所不同的地方是：当每次排入污泥时，在不透水底板与滤水层底面之间的空隙，用真空泵抽成真空，以便加速过滤脱水，缩短脱水时间，故脱水周期可以大大缩短。脱水后的干化泥饼，用铲泥小车铲除。此种干化床适用于多雨地区及中、小型污水处理厂。

17.4.2 湿污泥池

湿污泥池是用混凝土或砖砌成的污泥池，储存污水处理厂的剩余污泥，池容可接纳 7～14d左右的污泥量，主要依靠蒸发脱水，适用于村镇小型污水处理厂。其剩余污泥一般符合农用的各项指标，可供附近农用。

第 18 章　污 泥 干 燥

污泥经过自然干化或机械脱水后，尚有约 45%～85%的含水率，体积与重量仍很大，可采用干燥或焚烧的方法进一步脱水干化。干燥的脱水对象是间隙水分、表面水分和结合水分。经干燥后，含水率可降低至 10%左右。污泥干燥技术是一项迅速发展的污泥资源化技术，其优点包括：有效去除细菌和病原体，并对最终产物消毒，使其符合污泥处理与利用的相关标准；大幅度减少污泥的体积与质量，同时保持污泥的营养物质；改善污泥产品的运输、储存性能，便于后续处理与利用。

18.1　干燥基本原理

18.1.1　干燥原理

20 世纪 80 年代，Miler、Satoetal 和 Smollen 等人对污泥的干燥特性进行了研究，发现其与晶体物质的干燥特性有很大的差异。他们认为，水在污泥中有 4 种存在形式：自由水分、间隙水分、表面水分以及结合水分，这些存在形式分别反映了水分与污泥固体颗粒结合的情况，如图 18-1 所示。

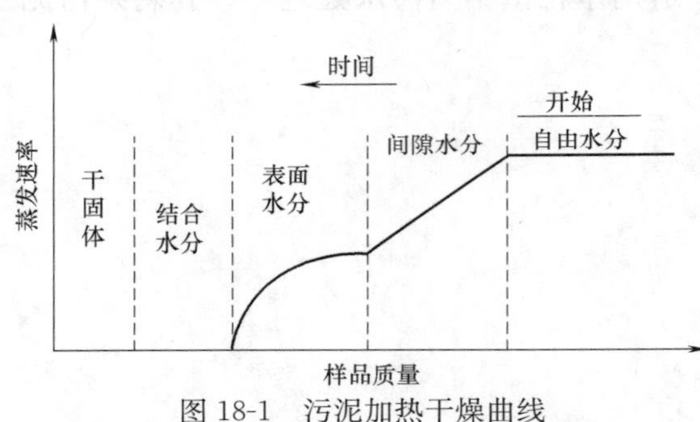

图 18-1　污泥加热干燥曲线

自由水分是蒸发速率恒定时去除的水分；间隙水分是蒸发速率第一次下降时期所去除的水分，通常指存在于泥饼颗粒间的毛细管中的水分；表面水分是蒸发速率第二次下降时期所去除的水分，通常指吸附或粘附于固体表面的水分；结合水分是在干燥过程中不能被去除的水分，这部分水一般通过化学力与固体颗粒相结合。

由于污泥中水分分布状况与晶体不同，化工操作中已经成熟的数学模型和设备直接用于污泥处理不一定有效，需对污泥的热干燥特性加以深入的研究，建立相应的数学模型，开发适用的干燥设备。

在污泥的热干燥特性的试验研究中发现，随着含水率的降低，污泥的热干燥特性越来越好。表 18-1 列出了污泥含水率与污泥流动特性、发热量及植物养分含量之间的关系。从表中可见，经热干燥处理后，污泥性状得到改善，利用价值提高，为后续处理处置过程创造了良好的条件。

污泥含水率与污泥性状变化的关系表　　**表 18-1**

含水率(%)	95	90	75	50	10
热值(MJ/kg)	—	—	1.78	6.06	12.9
植物养分(%)	0.25	0.5	1.25	2.5	4.5
流动特性	黏性流体	浆状	膏体	弹性颗粒	脆性颗粒

18.1.2 干燥过程

污泥干燥过程可分为三阶段：第Ⅰ阶段是物料预热阶段；第Ⅱ阶段是恒速干燥阶段；第Ⅲ阶段是降速阶段，也称物料加热阶段。污泥的干燥过程见图 18-2。

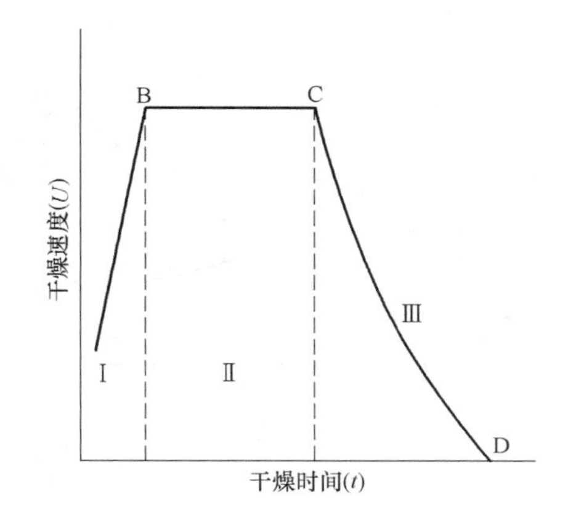

图 18-2　干燥速度曲线

在预热阶段，主要进行湿物料预热，并汽化少量水分。物料温度（这里假定物料初始温度比空气温度低）很快升到某一值，并近似等于湿球温度，此时干燥速度也达到某一定值。

在恒速干燥阶段，空气传给物料的热量全部用来汽化水分，即空气所提供的显热全部消耗在水分汽化所需的潜热上，物料表面温度一直保持不变，水分则按一定速度气化。

在降速干燥阶段，空气所提供的热量，一小部分用来汽化水分，大部分用于加热物料，使物料表面温度升高。干燥速度降低，物料含水量减少得很缓慢，直到平衡含水量为止。

由图 18-2 可知，第Ⅱ阶段为表面汽化控制阶段，第Ⅲ阶段为内部扩散控制阶段。

18.1.3 干燥速度影响因素

物料干燥所需时间的长短，首先取决于干燥速度，即单位时间内，在单位面积上从物料所能取走（汽化）的水分量。经验表明，干燥速度是一个很复杂的量，到目前为止还不能用数学函数关系来表征与干燥速度相关因素的关系。通常要做一些小型试验以确定物料的干燥特性曲线。干燥速度通常考虑的因素是：

（1）物料的性质和形状。包括物料的化学组成、结构、形状、大小和物料层堆积方式以及水分的结合形式等。

（2）物料的含湿量和温度。物料的初始含湿量、终了含湿量及临界含湿量等都影响干燥速度。物料本身的温度也对干燥速度有影响，物料温度越高，干燥速度就越快。

（3）干燥介质的温度和相对湿度。介质的温度越高，干燥速度越快。但干燥介质温度究竟多少为宜，则与被干燥物料的质量有关。干燥介质的相对湿度对干燥速度也有很大影响，相对湿度越小，干燥速度则越快。

（4）干燥介质的流动情况。干燥介质的流动速度越大，介质与物料间的传热就越强，物料的干燥速度就越快。

（5）干燥介质与物料的接触方式。物料在介质中分布得越均匀，物料与介质的接触面积就越大，从而强化了干燥过程的传热和传质，提高了干燥速度。固体流态化技术在污泥干燥中的应用就是一个明显的例子。物料与干燥介质相互之间的运动方向，也对干燥速度有较大影响。

（6）干燥器的结构形式。干燥器的结构形式是多种多样的，但这里主要考虑的是以上各种因素的影响，以便设计出较为有效的干燥装置。

18.2 污泥干燥器设备与分类

18.2.1 根据流动方向分类

根据干燥介质与污泥的相对流动方向，污泥干燥器可分为并流、逆流和错流式 3 种。

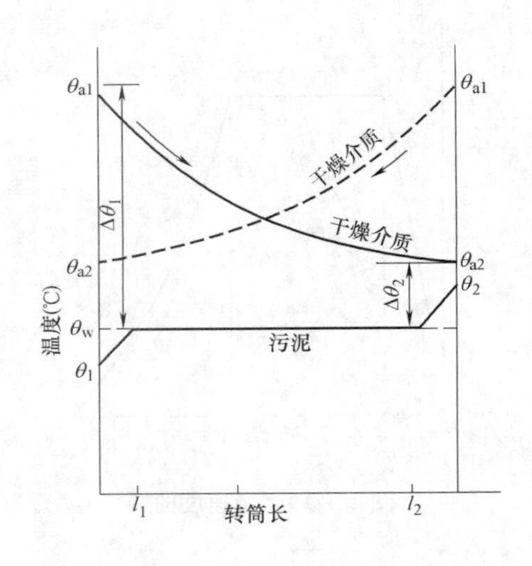

图 18-3 并流、逆流干燥器污泥与干燥介质流向及温度关系图

1. 并流干燥器

干燥介质与污泥在干燥器中的流动方向一致称并流干燥器。优点是含水率高、温度低的污泥与温度高、含湿量低的干燥介质在干燥器进口处接触，干燥推动力大，干燥快速，出口处污泥温度低，热损失少。缺点是推动力沿流动方向逐渐减小，影响干燥器的生产率。

2. 逆流干燥器

干燥介质与污泥在干燥器中的流动方向相反称逆流干燥器。优点是沿程干燥推动力较均匀，干燥速度也较均匀，干燥程度高。缺点是由于含水率高、温度低的污泥与含湿量高且温度已降低的干燥介质接触，介质所含湿量有可能冷凝而反使污泥含水率提高。此外，干燥介质排出时温度较高、热损失较大。

并流、逆流干燥器的干燥过程见图 18-3。

3. 错流干燥器

错流干燥器的干燥筒进口端较大、出口端较小，筒内壁固定有抄板，污泥与干燥介质同端进入后，由于筒体在旋转时，抄板把污泥抄起再掉下与干燥介质流向成为垂直相交，故称“错流”。错流干燥器可克服并流、逆流的缺点，但构造比较复杂，见图 18-4。

18.2.2 根据设备形式分类

根据干燥器形状可分为回转圆筒式（上述并流干燥器、逆流干燥器及错流干燥器均属此类）、急骤干燥器以及带式干燥器等 3 种。

1. 回转圆筒式干燥器

回转圆筒式干燥器的典型干燥流程图见图 18-5。该图所示为并流式，如果污泥与干燥介质逆向流动则成逆流式，如果筒体内壁装抄板即成错流式。脱水污泥经粉碎机 1 与回流的干燥污泥混合预热后进入回转圆筒干燥器2，干燥后的污泥经卸料室3，废气经旋风

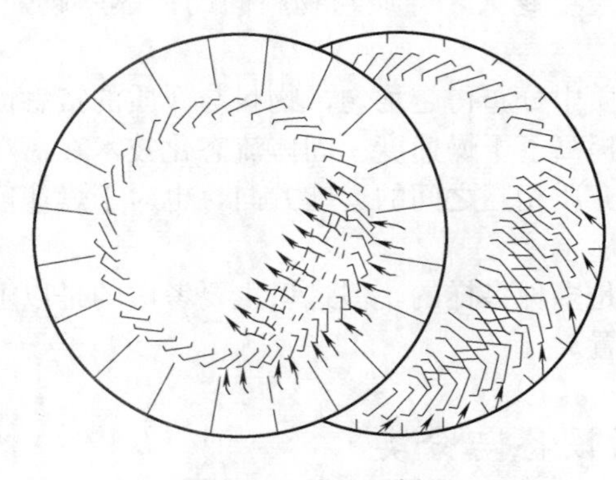

图 18-4 错流干燥器

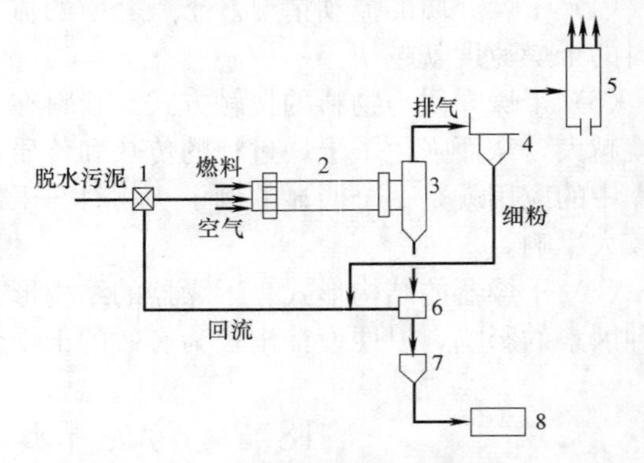

图 18-5 回转圆筒干燥器流程

1—粉碎机；2—回转圆筒；3—卸料室；4—旋风分离器；5—除臭燃烧器；6—分配器；7—贮存池；8—灰池

分离器 4，细粉回流预热，气体经除臭燃烧器 5 除臭后排入大气，干燥污泥经分配器 6，一部分回流，一部分至贮存池 7，并在灰池 8 外运利用。

2. 急骤干燥器

急骤干燥器是属于喷流的一种，常与污泥焚烧设备联合使用。急骤干燥器可将含水率 80%～90%的污泥，干燥到 15%～20%。其构造流程图见图 18-6。湿污泥与干燥后的污泥在混合器 2 内混合而被预热，然后送至灼热气体导管及笼式磨机 3，用焚烧炉 10 的灼热气体（气温达 530℃左右）加温并粉碎后，经急骤干燥管 4 的底部喷流而上，上升流速达 20～29m/s，进行急骤干燥，可将污泥的含水率从 80%～90%干燥至 15%～20%。干燥后的污泥经旋风分离器 5 分离，含有水蒸气的灼热气体用蒸汽风机 16 鼓至焚烧炉 10 脱臭，干燥污泥由分配器 7 分成 3 份：1 份送至焚烧炉 10 焚烧，使含水率降至 0，1 份送至混合器 2 预热湿污泥，1 份送至旋风分离器 12，干燥污泥落入贮仓 13 经滑动闸门 14，到达装料秤盘 15 装料外运，气体由通风机 11 排出。这是一种急骤干燥器焚烧炉联用的装置，优点是热能可充分回收，排气可被焚烧脱臭，占地紧凑，热效率高，干燥强度大。

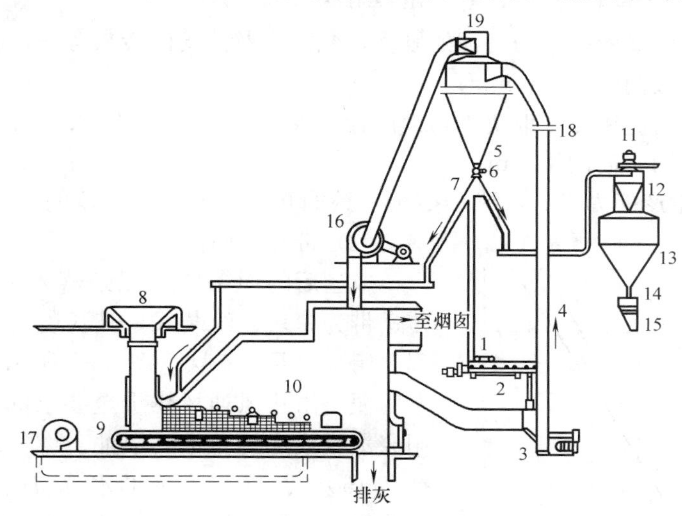

图 18-6　污泥的急骤干燥器

1—进泥斗；2—混合器；3—灼热气体导管及笼式磨机；4—急骤干燥管；5—旋风分离器；6—气闸；7—干泥分配器；8—加泥仓；9—链条炉箅加泥机；10—焚烧炉；11—通风机；12—旋风分离器；13—贮仓；14—滑动闸门；15—装袋秤盘；16—蒸汽鼓风机；17—风机；18—伸缩接头；19—安全阀

3. 带式干燥器

带式干燥器由成型器以及带式干燥器两部分组成，见图 18-7。

（1）成型器

成型器 3 是两个相对转动的空心圆筒。圆筒上有相互吻合的一系列宽 5～10mm、深数毫米的槽沟。圆筒内部通蒸汽（热源）。圆筒旋转时将经过脱水后的污泥压入槽沟成面条形，落入网状传送带 9。

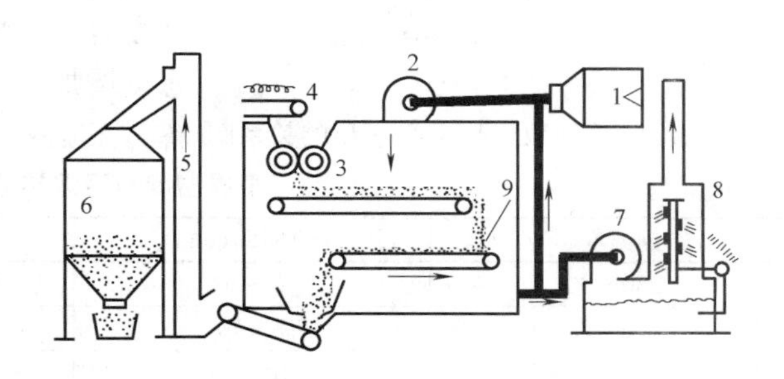

图 18-7　带式干燥器

1—干泥；2—送风机；3—成型器；4—皮带输送器；5—斗式输送机；6—料仓；7—抽风机；8—烟囱；9—网状传送带

成型器的传热系数 $K=600\sim1400\mathrm{kcal/(m^3 \cdot h \cdot ℃)}$，其值取决于污泥的性质和圆筒材料。

水分蒸发强度 A 可由下式计算：

$$A=FK\Delta\theta\frac{1}{r} \tag{18-1}$$

式中 A——水分蒸发强度，kg/h；

F——成型器转筒面积，m^2；

K——传热系数，$\mathrm{kcal/(m^3 \cdot h \cdot ℃)}$；

$\Delta\theta$——转筒与污泥的温差，℃；

r——水分的潜热，kcal。

成型器生产率：

$$L=60nd\gamma\eta \tag{18-2}$$

式中 L——成型器生产率，$\mathrm{kg/(m^2 \cdot h)}$；

η——滚筒效率，与污泥的硬度、黏滞度及滚筒的转数有关；

n——滚筒转数，r/min；

γ——污泥密度，取决于污泥的含水率，约为 1.1～1.4kg/L；

d——两转筒间距，m。

成型器的总生产能力为 $L\times F$（kg/h）。滚筒转数 n 与生产率 L 的关系见图 18-8。

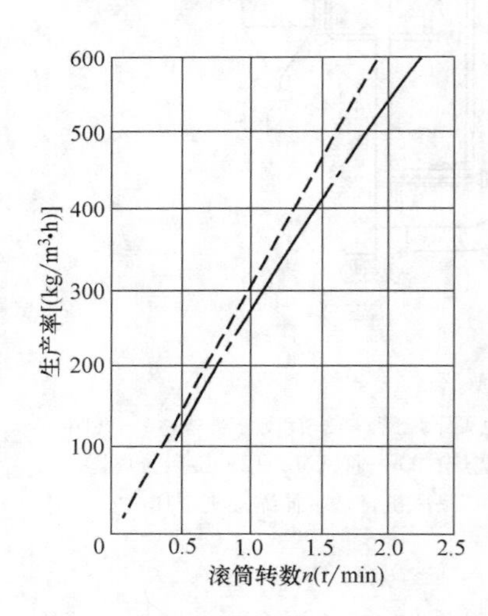

图 18-8 滚筒转数 n 与生产率 L 的关系图

（2）带式干燥器

成型后的面条状污泥条落入网状传送带 9 上，传送带为模块、组装式，其长度与层数可根据干燥程度组成 3 层、4 层，图 18-7 所示为 2 层。传送带上污泥条由热风通风烘干至要求的含水率。热源可用废蒸汽或燃烧重油、煤油、燃气。干燥的温度保持在 160～180℃，蒸发的水分与废气一起排出，一部分作为循环加热用，一部分经水洗脱臭后排放。

其中，干燥的温度保持在 160～180℃的原因是为了使污泥保持表面蒸发控制，即在恒速干燥阶段，如果温度过高，表面蒸发太快，而内部水分扩散速度慢时，干燥表面会产生热分解，使污泥肥分降低，恶臭增加，需增设脱臭装置。干燥温度与污泥热分解关系见表 18-2。

干燥温度与污泥热分解关系 **表 18-2**

干燥温度(℃)	干燥时间(min)	臭气发生情况	热分解程度
250～300	3～6	发生热分解的强烈刺激臭味	有机物发生强烈热分解
200～250	5～10	发生热分解的刺激臭味	有机物发生热分解
180～220	10～20	发生热分解的稍许臭味	有机物发生少量热分解
150～190	25～40	几乎不发生热分解的臭味	
140～170	长时间	不发生热分解臭味	
<140	长时间	不发生热分解臭味	有机物相当稳定

4. 各种干燥处理方法的比较

各种干燥处理方法的比较见表 18-3。

几种干燥处理方法的比较　　表 18-3

	回转圆筒干燥器	急骤干燥器	带式干燥器
设备	有定型产品	无定型产品	无定型产品
灼热气体温度(℃)	120～150	530	160～180
卫生条件	可杀灭致病微生物与寄生虫卵	同左	同左
蒸发强度[kg(水)/(m³·h)]	55～80		
干燥效果(以含水率表示,%)	15～20	约 10	10～15
运行方式	连续	连续	连续
干燥时间(min)	30～32	<1	25～40
热效率	较低	高	较低
传热系数[kJ/(m²·h·℃)]	根据式(18-17)		2500～5860
臭气	低	低	低
排烟中灰分	低	高	低

18.3 设计与计算

18.3.1 干燥静力学

利用热能去除污泥中的水分，是一种污泥与干燥介质（一般为灼热气体）之间的传热与传质的过程。

干燥静力学研究污泥和干燥介质之间最初与最终状态的关系。主要是通过物料平衡计算与热量平衡计算，来确定所需去除的水分和耗热量。下面以一个最简单的空气干燥器为例说明，见图 18-9。

1. 物料平衡计算

(1) 污泥中水分蒸发量的计算

污泥干燥器计算中，含水率常有两种表示方法：其中一种称湿基含水率，即污泥的含水率 p，计算式如式 (18-3)：

$$p=\frac{\text{污泥中水分的重量}}{\text{污泥总重量}}\times 100\% \tag{18-3}$$

另一种称干基含水率 p_d，计算式为：

$$p_d=\frac{\text{污泥中水分的重量}}{\text{污泥中干固体重量}}\times 100\% \tag{18-4}$$

式 (18-3) 分母在干燥过程中是变数，而式 (18-4) 的分母在干燥过程中

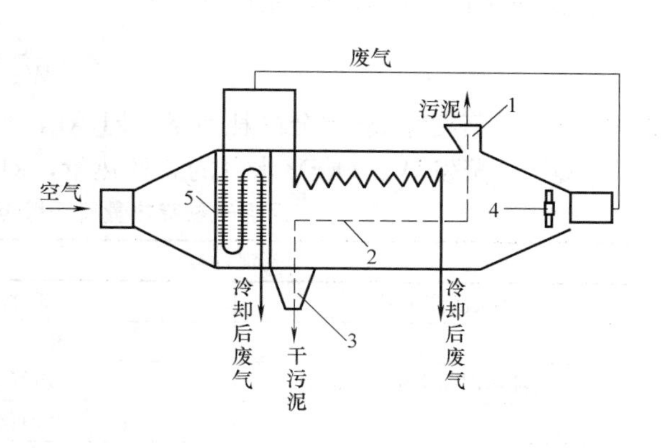

图 18-9　污泥干燥原理图

1—污泥入口；2—干燥室；3—干污泥出口；4—抽风机；5—预热器

是恒定的，因此可以用加减法直接运算。

由于污泥在干燥过程中，干固体重量是恒定的，干燥后的干固体重量为：

$$W=W_1\frac{100-p_1}{100}=W_2\frac{100-p_2}{100} \tag{18-5}$$

即

$$W_1=W_2\frac{100-p_2}{100-p_1} \tag{18-6}$$

式中 W——污泥中干固体重量，kg；

W_1，W_2——干燥前、后污泥湿重，kg；

p_1，p_2——干燥前、后湿基含水率，%。

因此，在干燥器中被蒸发的水分重量等于干燥前、后湿污泥重量之差：

$$W_w=W_1-W_2=W_1\frac{p_1-p_2}{100-p_2}=W_2\frac{p_1-p_2}{100-p_1}=W(C_1-C_2) \tag{18-7}$$

式中 W_w——被蒸发的水分重量，kg；

C_1，C_2——干燥前、后干基含水量，kg（水）/kg（干固体）。

（2）干燥介质（灼热气体）消耗量的计算

通过干燥器的干灼热气体重量是不变的，根据物料平衡：

$$W_a=\frac{W_w}{x_2-x_1} \tag{18-8}$$

式中 W_a——通过干燥器的干灼热气体重量，kg；

x_1，x_2——进入、排出干燥器的空气含湿量，kg（水）/kg（干气体）。

从湿污泥中蒸发每千克水分所需消耗的干灼热气体消耗量，用 l 表示：

$$l=\frac{W_a}{W_w}=\frac{1}{x_2-x_1}=\frac{1}{x_2-x_0} \tag{18-9}$$

式中 l——单位干灼热气体消耗量，kg（干气体）/kg（水）；

x_0——进入预热器时的含湿量，kg（水）/kg（干气体），通过空气预热器（图18-12），气体含湿量保持不变。

2. 热量平衡计算

以蒸发单位重量水分为基准计算：

$$q=\frac{Q}{W_w} \tag{18-10}$$

式中 q——蒸发每 kg 水分的耗热量，kJ/kg，见表 18-4；

Q——蒸发 W_w（kg）水分的总耗热量，kJ。

污泥干燥耗热量（干燥至含水率为 10%） **表 18-4**

污泥种类		耗热量(kJ/kg)
初次沉淀污泥	新鲜的	9299
	经消化的	9546～11639
初次沉淀污泥与腐殖污泥混合	新鲜的	11639
	经消化的	10466～13026
初次沉淀污泥与活性污泥混合	新鲜的	16035
	经消化的	16035
新鲜活性污泥		16380

考虑到干燥器筒体散热量，则：

$$q=\frac{I_2-I_1}{x_2-x_1}+\frac{W_2C_d(\theta_2-\theta_1)}{w_w+q_{损}-\theta_1} \tag{18-11}$$

式中 θ_1，θ_2——干燥器进口、出口污泥温度，℃；

I_1，I_2——进、出干燥器的空气热焓，kJ/kg；

C_d——干污泥比热容，kJ/(kg·℃)；

$q_{损}$——干燥器筒体散热量，kJ/kg（水）。

18.3.2 干燥动力学

干燥动力学研究干燥过程中任一时间的含水率与污泥性质、灼热气体的湿度与温度、流动方向及速度等因素之间的关系。根据干燥动力学，可以确定干燥程度与干燥时间的关系。

污泥干燥过程中，水分被蒸发受两个速度制约：首先是污泥颗粒表面的水分被蒸发的速度，称表面蒸发速度；其次，颗粒内部的水分不断地向表面扩散，称为扩散速度。当扩散速度大于表面蒸发速度时，蒸发速度对干燥起控制作用，这种干燥情况称为表面蒸发控制，颗粒表面的温度等于干燥介质的湿球温度；当扩散速度小于表面蒸发速度时，扩散速度对干燥起控制作用，这种干燥情况称内部扩散控制。

干燥速度与干燥时间的关系可用微分式表示：

$$u=\frac{dW_w}{Fdt} \tag{18-12}$$

式中 u——单位干燥面积上、单位时间蒸发的水量，kg/(m²·h)，称干燥速度；

F——干燥器干燥面积，m²；

t——干燥时间，h。

如 u 已知，根据式（18-7），可求干燥时间：

$$t=\frac{W(C_1-C_2)}{uF} \tag{18-13}$$

经上述分析，可将干燥过程中，污泥含水率、温度、干燥速度与干燥时间的关系用图18-10表示。图18-10（a）曲线1的BC段属表面蒸发控制，污泥温度为湿球温度，保持不变；随着干燥时间的延续，转入内部扩散控制阶段，故污泥温度不断上升，即CD段。C点称临界点；污泥含水率随干燥时间的延续，是不断降低的，见图18-10（a）的曲线2。图18-10（b）为干燥时间与干燥速度关系曲线。在表面蒸发控制阶段，因污泥颗粒表面温度为湿球温度保持恒定，所以干燥速度也是恒定的，见图18-10（b）的BC段。进入内部扩散控制阶段后，因含水率不断降低，干燥速度逐渐减慢，见图18-10（b）的CD段。

干燥器的设计与计算的内容包括：耗热量、干燥器所需容积与尺寸、生产能力及所需功率等。以并流式回转圆筒干燥器的设计计算为例。干燥器的干燥过程见图18-10。

1. 耗热量的计算

污泥与灼热气体并流进入干燥器，灼热气体（即干燥介质）的温度由θ_{a1}降至θ_{a2}。污泥的干燥过程可分为3个阶段：第一阶段，在进口端长度L_1范围内，泥温由θ_1升到湿球温度θ_w；第二阶段，在表面蒸发控制下，保持恒温θ_w与恒速；第三阶段，在L_2内，由内部扩散控制，干燥速度减慢，污泥温度上升至θ_2，接近θ_{a2}，因此干燥器的总耗热量为：

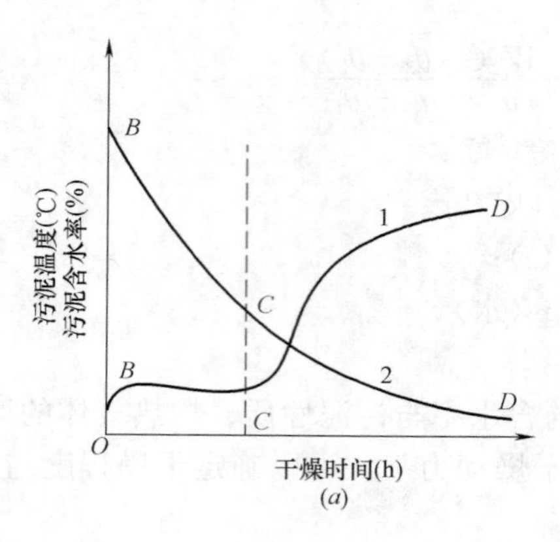

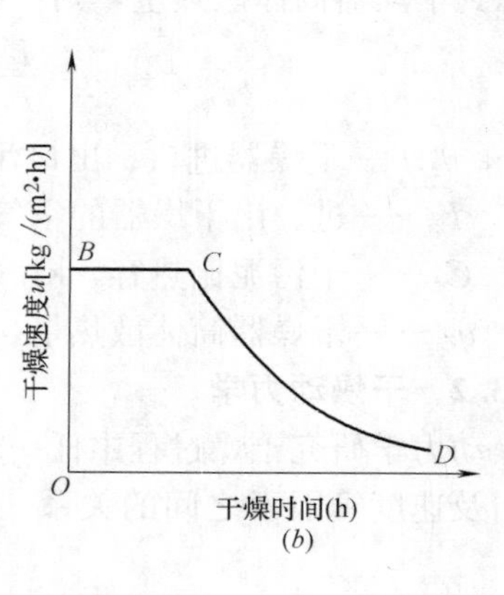

图 18-10　干燥过程线

(*a*) 污泥温度、含水率与干燥时间曲线；(*b*) 干燥速度与干燥时间曲线

1—污泥温度（℃）；2—污泥含水率（%）

$$Q=Q_1+Q_2+Q_3+q_{损}\cdot W_w \tag{18-14}$$

式中　Q——总耗热量，kJ/h；

Q_1——干燥过程第一阶段耗热量，kJ/h；

Q_2——干燥过程第二阶段耗热量，kJ/h；

Q_3——干燥过程第三阶段耗热量，kJ/h；

$q_{损}$——干燥器筒体散热量，kJ/kg（水）；

W_w——被蒸发的水分重量，kg。

2. 干燥器容积及尺寸计算

根据总耗热量计算干燥器容积：

$$V=\frac{Q}{K\cdot\Delta\theta_m} \tag{18-15}$$

$$\Delta\theta_m=\frac{(\theta_{a1}-\theta_1)+(\theta_{a2}-\theta_2)}{2}=\Delta\theta=\frac{\Delta\theta_1+\Delta\theta_2}{2} \tag{18-16}$$

$$K=42.3\frac{v^{0.16}}{D} \tag{18-17}$$

式中　V——干燥器容积，m^3；

Q——总耗热量，kJ/h；

$\Delta\theta_m$——干燥器污泥进口处干燥介质与污泥出口处两者之间的温差的平均值；

K——传热系数，kJ/(m^2·h·℃)，与干燥介质量、干燥器形式及污泥性质有关；

D——干燥器直径，m；

v——干燥介质质量流量，kg/(m^2·h)，一般为 970～49000；

42.3——单位换算系数。

其他符号的意义见图 18-3。

当Q、K、$\Delta\theta_m$已知，可按式（18-15）计算出V值。干燥器的长度l_d与直径D的比值用 4∶1～10∶1，D一般选用 0.3～3.9m。

3. 生产能力及功率计算

干燥器的生产能力按单位时间、单位容积的蒸发强度进行计算：

$$L=\frac{AV}{\left(\frac{p_1-p_2}{100-p_1}\right)}=\frac{AV}{q_w} \tag{18-18}$$

式中 L——按湿污泥含水率 P_1 进行计量的生产能力，kg/h；

A——干燥器单位容积的蒸发强度，kg（水）/(m^3·h)，见表 18-5；

q_w——每千克干污泥被蒸发的水量，kg（水）/kg（干污泥），$q_w=\frac{p_1-p_2}{100-p_1}$。

干燥器单位容积蒸发强度与干燥时间 **表 18-5**

污泥种类	蒸发强度[kg(水)/(m^3·h)]	干燥时间(min)
活性污泥	55	30
消化污泥	80	32

干燥器需要缓慢回转，故应配电动机功率为：

$$N=kDl_d\gamma n \tag{18-19}$$

式中 N——驱动干燥器回转所需要的功率，kW；

γ——干燥器内污泥的平均密度，t/m^3，可根据干燥前、后的含水率 p_1、p_2，用式（1-2）计算。

n——干燥器回转速度，r/min，一般为 0.5～4r/min；

k——修正系数，与干燥器种类及干燥器负荷率有关，见表 18-6；

D、l_d——同前。

正系数值 *k* 表 **表 18-6**

干燥器类型	干燥器负荷率			
	0.10	0.15	0.20	0.25
回转圆筒干燥器	0.049	0.069	0.082	0.092

18.4 其他污泥干燥技术

18.4.1 太阳能干燥技术

目前，采用加热干燥法处理污泥是我国污泥干燥处理的主要方式。与这种方式相比，太阳能干燥技术则具有节能、运行费用低、对环境无污染等优点。太阳能干燥技术很早就已经应用于工农业生产，其原理是通过太阳能利用装置直接或间接吸收太阳辐射热能，使固液物料中的水分气化，从而使物料逐步被浓缩干燥。由于能源环境问题的日益突出，以及各国政府在政策上的鼓励与扶持，太阳能浓缩干燥技术近年来在水处理中的应用有了长足的发展。

按照太阳能干燥装置的结构形式及运行方式进行分类，太阳能干燥装置有温室型和集热器型，在实际应用中还有太阳能与常规能源、太阳能与热泵等各种混合式的太阳能装置。

1. 温室型太阳能干燥装置

温室内的热质传递简要过程如图 18-11 所示，环境空气从温室东、西向下部进入，挟带污泥或温室内的水蒸气，经由屋顶处排出，达到除湿目的。温室内的空气和污泥吸收太阳辐射，在满足污泥中水分蒸发的气化潜热能量同时，还提供除湿废气膨胀向上运动的机械动力。为了能高效地排出污泥中的水分，还需对污泥进行翻动并对温室内气流组织进行设计。

有学者作了相关研究，在北京的辐射条件下，利用温室型太阳能干燥装置，每平方米的土地一年能产生 1t 左右的污泥干燥量。此系统非常适合污泥处理量较小的小型城市，而大中城市每天有上百吨的污泥产生量，采用这个系统需要的占地面积过于巨大，所以单一的温室型太阳能应用有限。

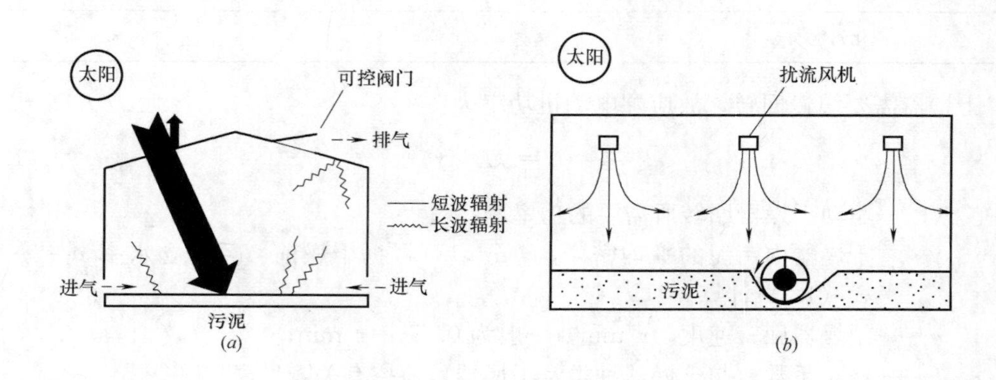

图 18-11 温室内的热质传递过程

(a) 温室南北向剖面示意图；(b) 温室东西向剖面示意图

2. 集热器型太阳能干燥装置

集热器型太阳能干燥装置主要适用于不能被太阳光直接照射的物料。集热器型太阳能干燥装置由太阳能集热器和干燥室组合而成，太阳能集热器根据流动工质的不同，又分为空气型集热器和热水型集热器。前者的热效率比较高，后者的热效率虽然不及前者，但便于利用储热装置储存热量，系统工作也较前者更为稳定。其具体的形式如图 18-12 所示。

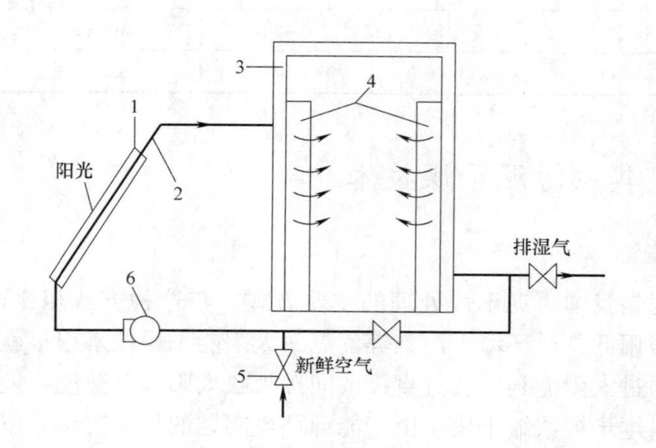

图 18-12 集热器型太阳能干燥示意图

1—空气集热器；2—风管；3—加热器；4—主风管；5—风阀；6—风机

集热器型太阳能干燥装置中布置了太阳能集热器，因此其捕捉太阳能辐射能量的能力强于温室型，即升温比温室型高，干燥效果也比温室型干燥装置好。

3. 太阳能与热泵干燥装置

这种太阳能与热泵组合的污泥干燥装置将太阳能加热装置干燥运行能源费用低和热泵系统在其蒸发温度高时效率高的优点结合起来。这种系统结合方式，能够克服太阳能本身所具有的稀薄性和间歇性，达到节省高位能源和减少环境污染的目的，具有很大的开发应用潜力。

（1）工艺流程

太阳能热泵污泥干燥系统的工艺流程：脱水污泥→皮带输送→储料仓→自动摊铺翻抛系统→温室增温除湿系统→干料收集→回收利用。脱水污泥经皮带输送机输送至温室内的储料仓，再通过下料系统置于场地中，在风机、热泵的除湿、增温和摊铺机耙齿的翻抛下，完成污泥的干燥过程。工艺流程如图 18-13 所示。

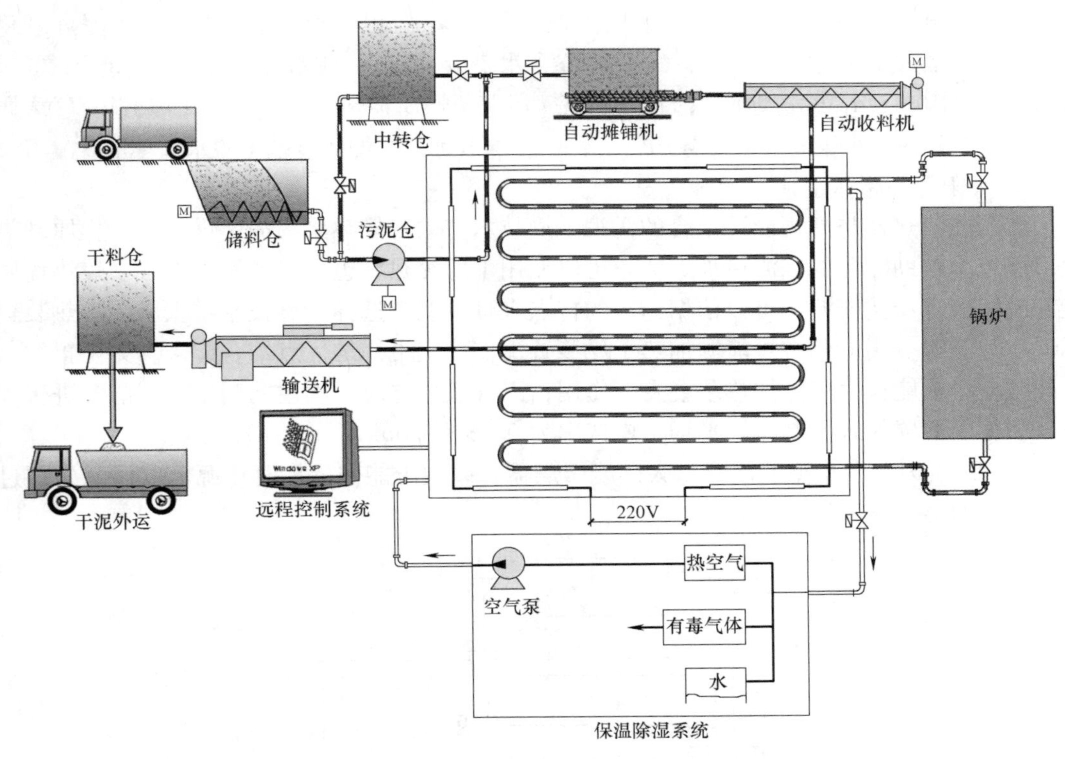

图 18-13　太阳能热泵干燥污泥系统工艺流程图

（2）系统组成

太阳能热泵污泥干燥系统主要包括 5 个子系统：①污泥输送系统 ；②温室系统；③热泵系统；④摊铺收料系统；⑤自动化控制系统。详见图 18-13。

（3）工艺过程

含水率为 75%左右的脱水污泥经皮带输送机输送至温室内的储料仓。污泥首先通过下料系统置于场地一侧，然后在摊铺机刮板的作用下不断向另一侧移动，摊铺机耙齿可以对泥层进行翻抛，使得泥层表面和底部晾晒均匀，并通过风机和热泵进行辅助除湿增温。储料仓、风机和自动摊铺翻抛系统安装于同一桁车上，桁车在沿场地长度方向往返行进过程中可以同时完成放料、摊铺和翻抛三项工作，也可根据工况需要独立运行。在污泥摊铺过程中，随着进入场地时间的不同，污泥含水率呈条形分布，移动至场地另一侧时含水率已满足干化要求，并通过干料收集系统进行收集。整个干燥过程大约需要 2～3d，污泥含水率能降低至 55%以下。

（4）工程应用概况

太阳能—中水热泵干燥系统在济南市某污水处理厂污泥干燥中得到了应用，项目投资为 280 万元，占地为 557m²，污泥处理量为 5.4m³/d，污泥干燥后含水率为 34.5%～45.8%，主要用作周边制肥厂的生产原料。该系统充分利用太阳能作为热源，处理污泥电费仅为 50.3 元/m³。

扬州市区境内的 4 座污水处理厂已安装 4 套太阳能、高温双热源热泵污泥干燥装置，年处理污泥 4 万 t（干燥后为 2 万 t），并将干燥后的污泥送至扬州港口污泥发电厂，用于掺烧燃煤混合发电。其中的江都污水厂太阳能双热源热泵干化污泥示范工程：①污泥处理量 30t/d；②污泥初含水率 $p \leqslant 80\%$；③ 污泥终含水率 $p \leqslant 20\%$；④水分蒸发量 760kg/h；⑤干燥污泥产量 10.1t/d；⑥占地面积 1180m²；⑦ 污泥干燥所需热量 223.44×10^4 kJ/h；⑧太阳能集热器热效率不小于 60%；⑨WPE=5～6（热泵比水率，即每度电可脱水 5～6kg）。

4. 太阳能与常规能源干燥装置

太阳能集热器与常规能源组合的污泥干燥技术与太阳能热泵污泥干燥技术工作原理类似，该技术辅助能源的来源更加灵活，可以使用工厂废热，也可以使用天然气、煤等优质能源或沼气等清洁能源，可以依据当地的特点来具体调整选择。该技术将太阳能加热装置干燥运行能源费用低和常规能源加热干燥装置工作稳定可靠的优点结合起来。太阳辐射条件好时，尽可能让太阳能加热装置发挥作用；天气条件差时，则主要利用常规能源进行干燥。如德国的辐射式干燥器，平均干燥速率为 0.48～0.55kg/(h·m)。

图 18-14 为一台小型的混合型太阳能干燥器，以太阳能作为主要热源，以污水处理过程中产生的沼气作为辅助热源。

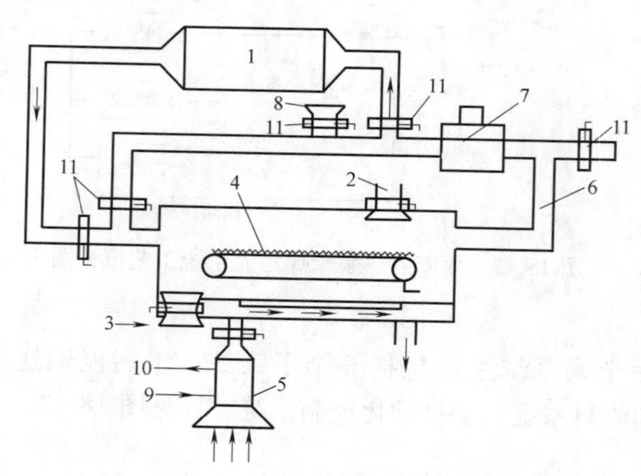

图 18-14 混合型太阳能干燥装置示意图

1—太阳能空气集热器；2—进料口；3—出料口；4—物料；
5—燃气炉；6—风道；7—风机；8—排风口；
9—冷水；10—热水；11—风门

集热器的外形尺寸为1500mm×1010mm×200mm；有效集热面积为1m²；吸热、透光面积为1.512m²；吸热网材料为铝合金吸热网（网孔数为5孔/cm²）；盖板材料为普通平板玻璃（厚度为3mm）；玻璃盖板的太阳能透过率为0.85；太阳能吸收率为0.96。

干燥室内腔尺寸为2000mm×400mm×150mm，底部和侧面边框的保温材料均采用聚苯泡沫塑料（厚度为50mm）；透光面积为0.8m²；集热器采用40°安装角。干燥室内设有1.76m×0.14m的链条传送带传输污泥，湿污泥从进料口进入干燥室后经运输带由排料口排出。运输带下部有上下交错的导轨，污泥在传送带上呈波浪形移动，防止发生板结现象。温室采光面采用单层平板玻璃，使污泥在干燥室内同时进行对流和辐射换热，以加快干燥速度。

装置设有若干风门控制气流，风门全开可实现太阳能温室开式直流通风，关闭风门2、3、5可实现太阳能温室闭式循环式通风，调节风门2、3、5可实现介于开式和闭式之间的多种通风方式，可满足不同的物料、干燥阶段及干燥工艺的要求。干燥室底部设有隔板，将干燥室分为受日光照射的上通道和不受日光照射的下通道两部分，形成了结构紧凑的内循环通路，可实现干燥介质的回流，减少排气热损失，提高干燥效率；为适应不同季节、不同时间连续干燥的要求，干燥室内设有可与沼气锅炉连接的下通道，在不利天气条件下可利用沼气锅炉排出来的高温烟气补热，以保证干燥过程的正常进行，对干燥室的温度和湿度进行实时测量，根据实际情况调节风门来控制干燥室内温度，实现对干燥工艺的优化控制。

18.4.2 低温真空干燥技术

低温真空干燥技术是一种利用环境压强减小使水沸点降低的原理，通过真空系统将腔室内的气压降低，从而使腔室内污泥中水的沸点降低，同时对腔室内污泥进行加热，使污泥干燥的技术。国内有环保公司将此项技术与板框压滤机连用，研发了一套污泥低温真空脱水干化成套设备，可使污泥含水率降低至30%以下。目前，安徽省池州市前江工业园污水处理厂已应用此套工艺设备。

1. 工艺流程

该技术以板框压滤机为主体设备，在此基础上增加了抽真空系统和加热系统。污泥由进料泵送入板框压滤机腔室内，首先完成传统压滤机的进料、挤压等过程，随后进入抽真空和加热过程。热水通入加热板和隔膜板，加热腔室内的污泥，同时开启真空系统，使腔室内形成负压，降低水的沸点，污泥中的水分沸腾气化，气水混合物由真空泵将其抽出，最终完成污泥干燥的过程。

2. 系统组成

低温真空脱水干化成套技术主要包括9大系统，分别为：①主机系统；②污泥调质系统；③进料系统；④压滤系统；⑤空压系统；⑥加热系统；⑦真空系统；⑧冷凝系统；⑨控制系统。低温真空脱水干化成套设备系统组成见图18-15。

3. 低温干燥工艺过程

含水率为97%～98%的浓缩污泥经进料螺杆泵送入污泥低温真空脱水干化成套设备系统的密封腔室内，开始压滤过程。压滤结束后，即刻启动低温真空脱水干化系统中的加热系统和真空系统，即在加热板和隔膜板之间通入热水或蒸汽，加热腔室内的污泥，同时

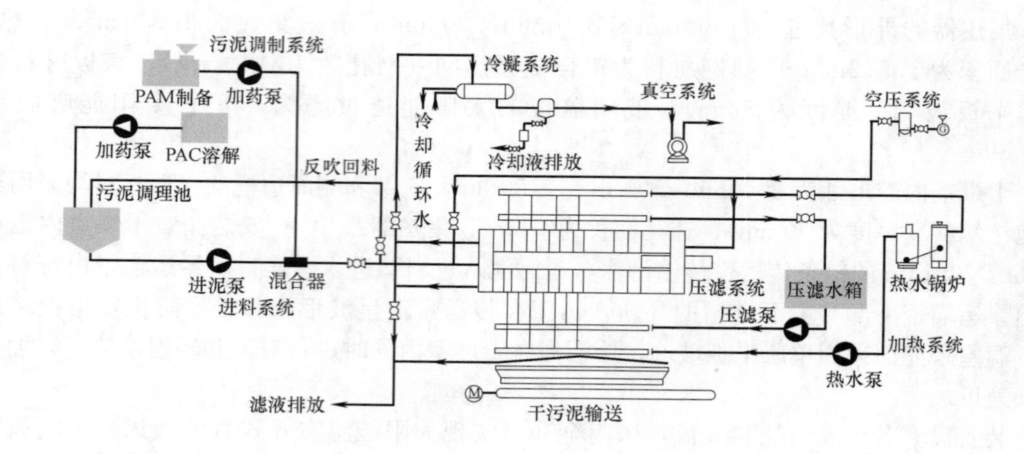

图 18-15　低温真空脱水干化成套设备系统

开启真空泵，对腔室抽真空，使腔室内部形成负压，降低水的沸点。污泥中的水分随之沸腾气化，被真空泵抽出的气水混合物经过冷凝器气水分离后，液态水定期排放，尾气经净化处理后排放。

污泥经过滤、隔膜压滤、强气流吹气穿流以及真空热干化等过程处理以后，污泥中的水分已得到充分脱除，污泥含水率降至 30%以下。整个脱水干化过程历时 4.0～4.5 h。

4. 工程应用概况

池州市前江工业园污水处理厂，总的设计规模为 5 万 m^3/d，其中一期规模 1 万 m^3/d。该厂污水处理工艺采取工业废水与生活污水在预处理段分开处理，处理后混合进入二级生化处理，设计出水水质执行一级 B 标准。该工程中所采用的低温真空脱水干化系统所针对的待处理污泥包括沉淀池排出的化学污泥与二沉池排出的活性污泥。

在该工程项目中，污泥经重力浓缩后的含水率降至 97%～98%，最大湿泥量为 $100m^3/d$，干污泥量为 2000kg/d。浓缩后的污泥采用低温真空脱水干化成套系统处理后，污泥含水率达到 40%以下，干化后的污泥进行外运焚烧处理。系统设备日常运行需要消耗水、电、药剂、天然气资源，按工程处理规模 2000kg [DS]/d 计，每日成本 1734 元，即 867 元/t（干污泥）。

18.4.3　烟气余热污泥低温干燥技术

热电厂或水泥厂排放的烟气量很大，烟气温度一般在 120～200℃，其中蕴藏的巨大潜能，是污泥低温干化理想的热源。利用烟气余热干化污泥是将热电厂或水泥厂排放的烟气，通过引风设备送入特制的污泥干燥装置中，在烟气与污泥直接接触的过程中，烟气余热加热污泥，并将污泥蒸发的水分，随烟气一起经过除尘除气处理后排放。

1. 干燥机结构

干燥机由以下装置和系统组成：机腔、机座、驱动系统、主轴、旋翼、刮壁装置、入料口、热风入口、回风出口、排料装置、外保温等。见图 18-16。

2. 干燥机工作原理

污泥进入干燥机机腔内后，干燥机主轴在驱动系统动力的驱动下，以 280～300r/min 的转速带动旋翼片将机腔内的物料向上抛掷。污泥在旋翼片和引风机引风的作用下，跟随热风向回风出口方向运动，同时，污泥实现质热交换。干燥机机腔内分为 3 个干燥腔。第一干燥腔：腔内平均温度在 200～230℃左右，污泥与高温热风直接接触并迅速升温，一般污泥温度在 40～45℃左右，属于升温干燥段；此外，设置的物料刮壁装置会及时刮掉内壁上的污泥，来确保干燥机系统正常工作。第二干燥腔：腔内温度在 160～180℃左右，此时大量的水分被蒸发，污泥温度在 45～50℃左右，属于恒速干燥段，此腔为主要干燥腔段。第三干燥腔：腔内温度在 85～100℃左右，此时，污泥的水分蒸发速度降低，温度开始逐渐上升，属于降速干燥段，此时，污泥在此腔内上下不断浮动；当污泥温度在 50～55℃左右，污泥含水率降至 20%以下时，完成干化处理。

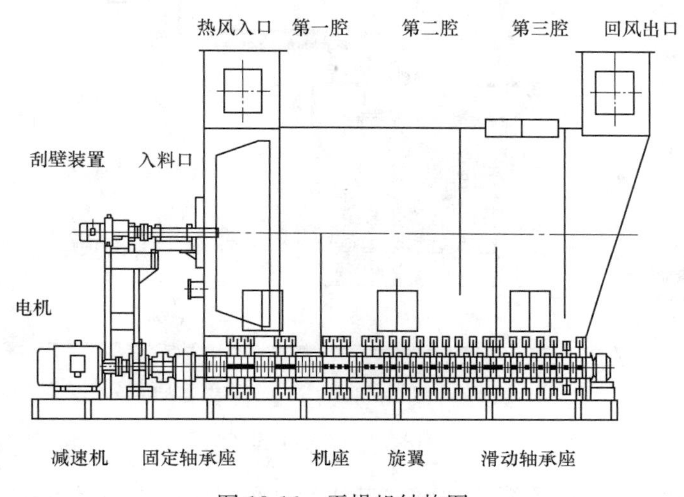

图 18-16　干燥机结构图

3. 工艺流程

首先，将污泥从污水处理厂运到发电厂内的污泥储存仓。在储存仓入料螺杆泵的作用下，将含水率 80%的污泥经过管道输送至干燥机入料口并进入干燥机的机腔内；同时，发电厂锅炉烟道尾气（340℃左右余热）的热风在干燥机系统引风机的作用下，经过烟道至干燥机上方热风入口，进入干燥机的机腔内。该干燥系统主要采用热风直接接触式干燥。在旋翼片旋转的驱动下，污泥将向上反复抛掷，并且被旋翼片破碎并与热风直接接触，各单元进行热风循环交换；系统不断充实热风，排出低温高湿度气体，污泥形成热质交换；同时，污泥在旋翼片和引风机引风的作用下，跟随热风向回风出口方向移动，实现对流干燥；当污泥含水率降至 20%以下，干化后污泥呈 1～10mm 小颗粒状时，从干燥机上方回风出口陆续排入旋风收尘器，如图 18-17。

4. 工程应用概况

滕州市的污泥干燥项目是将干燥机嵌入到电厂发电锅炉尾气处置系统中，利用发电厂锅炉烟道气的余热，对城市污泥进行干化脱水，干化脱水后污泥进入发电厂锅炉混煤焚烧发电，实现了对城市污泥的无害化处理和资源化利用的目的。

该项目总投资 1400 万元。一期处理污泥 100t/d，投资 728 万元，工程占地面积 $210m^2$，

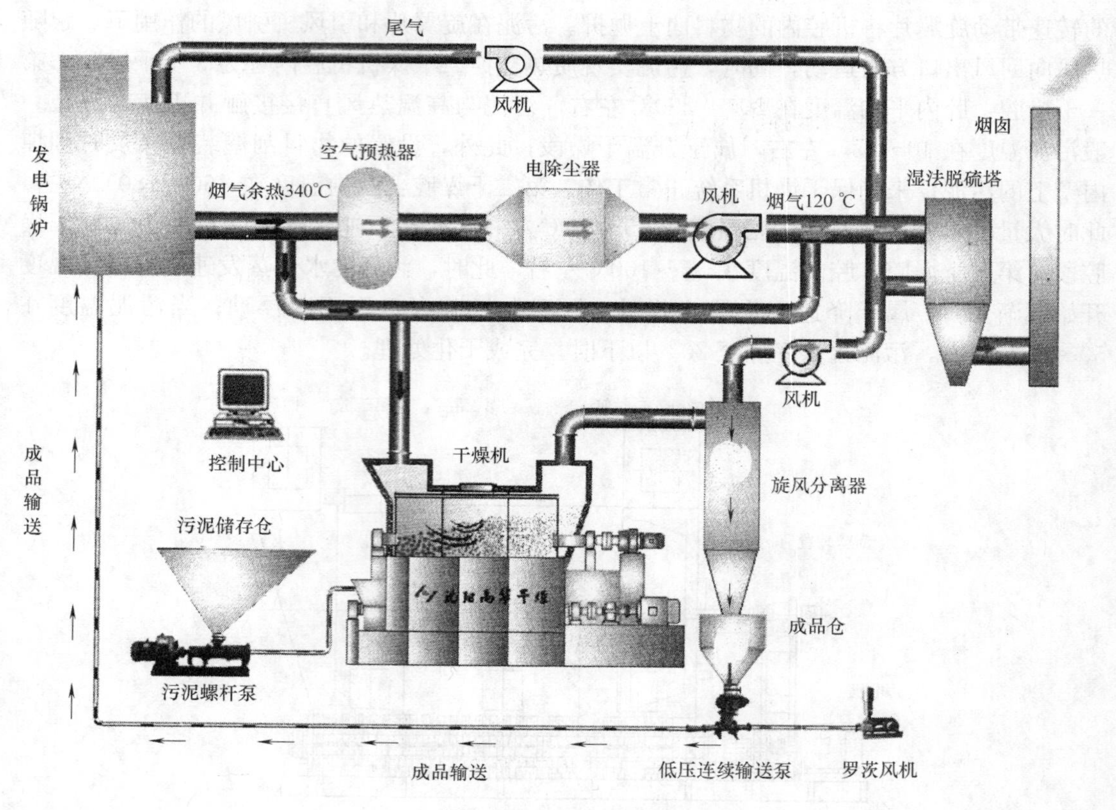

图 18-17　工艺流程图

总装机功率 320kW，实际运行消耗功率 160kW，对污泥无害化处置盈利 94.95 万元/a，投资回收期 2.5a，节能 3780t 标准煤/a。

污泥干燥的其他方法还有微波加热干燥技术、流化搅拌干燥技术、接触吸附干燥技术、电场辅助脱水干燥技术、机械热挤压工艺等。污泥干燥的方法很多，应根据待处理污泥的性质与各地的实际条件进行污泥干燥工艺的选择与应用。

第 19 章　污泥湿式氧化

湿式氧化法是目前世界范围新兴的一种处理城市污泥的方法。污泥中的有机成分，包括溶解的、悬浮的及其他还原性无机物，可以在液态下加温加压，并压入压缩空气，使上述物质利用空气中的氧气进行氧化去除，从而改变污泥的结构与成分，使脱水性能大大提高，这种污泥处理方法叫湿式氧化法或湿式燃烧法。

19.1　基 本 原 理

19.1.1　湿式氧化法技术机理

湿式氧化法是一种物理化学方法，是利用水相有机质的热化学氧化反应进行污泥处理的工艺方法，湿式氧化过程包括水解、裂解和氧化。在 1 个标准大气压下，水的沸点是 100℃，无法氧化有机物，湿式氧化法必须在高温高压下进行。该方法所用的氧化剂可以为空气中的氧气，也可用纯氧或富氧，但成本高。污泥湿式氧化的反应比较复杂，主要包括传质和化学反应两个过程，目前的研究结果普遍认为湿式氧化反应属于自由基反应，通常可分为三个阶段，即：链的引发、链的发展与传递、链的终止。

（1）链的引发：反应物的分子生成自由基的过程。

$RH + O_2 \rightarrow R^{\cdot} + HO_2$（RH 为有机物）

$2RH + O_2 \rightarrow 2R^{\cdot} + H_2O_2$

$H_2O_2 \rightarrow 2^{\cdot}OH$

（2）链的发展与传递：自由基与分子相互作用，交替进行使自由基数量迅速增加的过程。

$RH + {}^{\cdot}OH \rightarrow R^{\cdot} + H_2O$

$R^{\cdot} + O_2 \rightarrow ROO^{\cdot}$

$ROO^{\cdot} + RH \rightarrow ROOH + R^{\cdot}$

（3）链的终止：若自由基之间相互碰撞生成稳定的分子，则链的增长过程停止。

$R^{\cdot} + R^{\cdot} \rightarrow R-R$

$ROO^{\cdot} + R^{\cdot} \rightarrow ROOR$

$ROO^{\cdot} + ROO^{\cdot} \rightarrow ROH + R_1COR_2 + O_2$

反应中生成的$^{\cdot}OH$ 与 $ROO^{\cdot}$ 等自由基能攻击有机物 RH，引发一系列的链式反应，生成其他低分子酸和 CO_2。

19.1.2　湿式氧化技术主要影响因素

湿式氧化法对有机物及还原性无机物的处理效果，一般采用氧化度来表示。氧化度即为污泥中（或高浓度有机污水）COD（重铬酸钾法，下同）的去除百分数。

$$\text{氧化度}=\frac{\text{湿式氧化前、后 COD 的差值}}{\text{湿式氧化前污泥 COD 值}}(\%) \tag{19-1}$$

污泥氧化度的主要影响因素包括以下几个方面：

1. 污泥反应热与进气量

湿式氧化通常依靠有机物被氧化所释放的氧化热来维持反应温度。单位质量被氧化物质在氧化过程产生的发热值即燃烧值。湿式氧化过程中还需要消耗空气，所需空气量可由降解的 COD 值计算获得。单位重量的被氧化物质，根据性质的不同，在氧化过程中产生的热值也不相同。但是它们消耗 1kg 空气时，所能释放出的发热量（以 H 表示）大致相等，一般约为 700～800kcal/kg。例如生活污水初次沉淀污泥为 758kcal，活性污泥为 706kcal，污泥的平均发热量为 754kcal。

完全去除时空气的理论需要量与污泥中 COD 之间的关系为：

$$\begin{aligned} Q&=\frac{\text{COD}}{0.232}\times 10^{-3} \\ &=\text{COD}\times 4.31\times 10^{-3} \end{aligned} \tag{19-2}$$

式中 Q——湿式氧化时所需空气量，kg（空气）/L（污泥）；

0.232——空气中氧的重量比。

实际需氧量由于受氧的利用率的影响，通常比理论计算值高出 20% 左右。

相应的反应热为：

$$A=Q\cdot H \tag{19-3}$$

式中 A——氧化每升污泥的反应热，kcal/L（污泥）；

H——消耗 1kg 空气的发热量，kcal/kg（空气）。

例如，初次沉淀污泥的 $H\approx 758$kcal/kg（空气），则反应热为：

$$q=Q\times 758=\text{COD}\times 4.31\times 10^{-3}\times 758=\text{COD}\times 3.28\text{kcal/L(污泥)}$$

污泥湿式氧化的实际运行结果表明，氧化度一般都低于 100%，常等于 5%～85%，高浓度有机污水的氧化度常为 95%，因此所需的空气量和反应热应该折算。一般情况下，为了保证热量平衡，进行湿式氧化的物料（污泥或高浓度污水）的 COD 值范围应为 15～200g/L，最好为 25～120g/L。

2. 污泥有机物结构

污泥在湿式氧化时，复杂有机物的成分降解为简单成分。这种降解比 COD 的下降要快，其中以淀粉的降解最快，其次是蛋白质和原纤维，脂肪类最难降解。降解的速度随着温度的升高和氧化作用的加剧而加速。在温度高于 200℃时，脂肪类几乎和淀粉一样容易降解。氧化度低时，主要是使大量大分子化合物水解为简单的化合物，淀粉和原糖水解为还原糖，蛋白质水解为氨基酸，脂肪类水解为游离脂肪酸和固醇。氧化度高时，除较稳定的水解氧化产物（如醋酸残留）外，其余均氧化为二氧化碳和水。大量的研究表明，有机物氧化与物质的电荷特征和空间结构有很大的关系，不同的污泥有各自的反应活化能和不同的氧化反应过程，因此湿式氧化的难易程度也不相同。

污泥中的有机物必须被氧化为小分子物质后才能被完全氧化。一般情况下，湿式氧化过程中存在大分子氧化为小分子的快速反应期和继续氧化小分子中间产物的慢反应期两个过程。大量研究发现，中间产物苯甲酸和乙酸对湿式氧化的深度氧化有抑制作用，其原因是乙酸具有较高的氧化值，很难被氧化，因此乙酸是湿式氧化常见的累积的中间产物。故在计算湿式氧化处理污泥的完全氧化效率时很大程度上依赖于乙酸的氧化程度。

3. 反应温度、压力及时间

反应温度是湿式氧化的决定因素。由于污泥中所含的固体性质不同，所以无一定的反应温度。水的临界温度是 374.3℃，临界压力 22.1MPa，常规湿式氧化法一般在 100～374℃之间反应。在 100～374℃的温度范围内，氧化速度与温度成正比，图 19-1 所示，为氧化度与温度的关系。图 19-2、图 19-3 清楚地说明了氧化度、氧化速度和氧化温度之间的关系。温度高时，不但氧化速度快，而且氧化度也高。温度低时，特别在 200℃以下，不但氧化度迅速下降，而且达到氧化平衡（曲线趋于水平时）需要时间也长（数小时之久），氧化速度很慢。可见，温度是起决定性作用的因素，氧化的时间则是次要的。温度低，即使延长氧化时间，氧化度也不会提高。氧化时间的长短，决定湿式氧化反应塔的容积。增加反应压力，将会从两个方面影响氧化速度：①压力增加，反应系统中空气的分压增加，从而提高了氧化速度；②压力增加，不仅限制了液相的蒸汽液化，使反应保持在液相的条件下进行，而且还能提高反应温度，加快氧化速度。否则，如果压力太低，大量的反应热将消耗在水的气化上。图 19-3 表示在反应塔内，达到气液平衡时，温度、压力、水蒸气和空气的相对关系。如果水蒸气和空气的比值一定，则随着压力的上升，反应的温度也上升。如果温度相同，随着压力的上升，水蒸气和空气的比值就会降低。

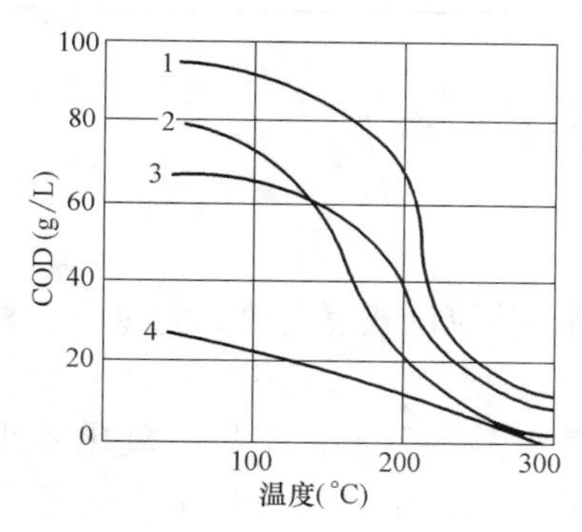

图 19-1　温度与氧化度的关系

1—初次沉淀污泥干固体浓度 8.9%；2—双层沉淀污泥干固体浓度 11.4%；3—活性污泥干固体浓度 6.2%；4—初次沉淀污泥干固体浓度 2%

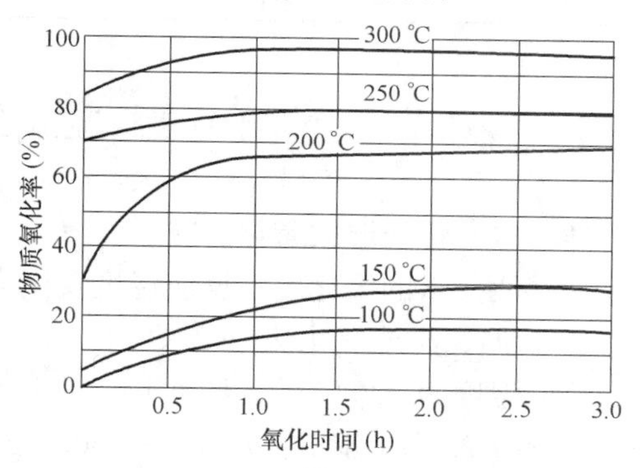

图 19-2　氧化时间与温度关系

对于高 COD 值的污泥或高浓度污水在氧化度高时，发热量大，水蒸气蒸发量也大，造成液相固化（即水分被全部蒸发）的可能性也大，从而使湿式氧化无法进行。防止的方法有三种：

（1）采用升高压力的方法，来提高蒸汽压，减少水蒸气和空气的比值。随着比值的减少，塔内温度就可上升，氧化度也随之增加。

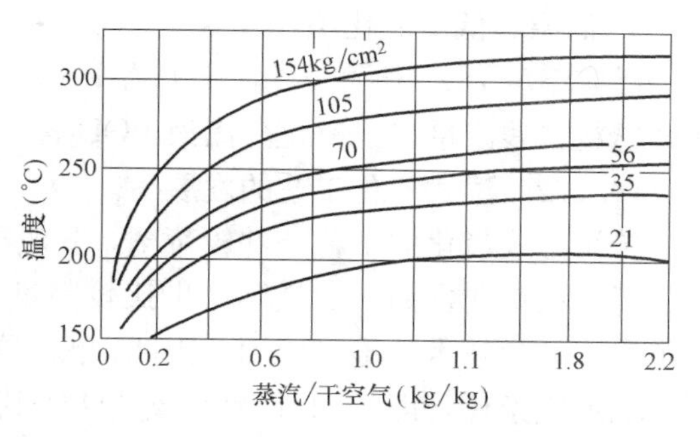

图 19-3　温度、压力机水蒸气和空气的关系

(2) 如果仅用提高压力的方法不能达到减少水蒸气与空气比值的目的时，可采用水稀释处理，增加水分，降低 COD 浓度的方法。

(3) 采用控制空气量的方法：因压入反应器的空气总是要被水蒸气所饱和，所以空气量增加时，反应器内水分的蒸发量也增加。在温度和压力一定的情况下，从图 19-3 中可查出饱和蒸汽和干空气的重量比，以此比值来核算进入反应器污泥的含水量并考察蒸汽和空气的比值是否低于图中的比值。只有低于图中的比值，才可能避免反应器内的水分完全被蒸发。

反应温度与压力之间的关系相当密切，可由蒸发率和系统的热量平衡来决定。反应温度与反应压力的关系参考表 19-1。

反应温度与反应压力 **表 19-1**

反应温度(℃)	反应压力	
	MPa	kg/cm^2
230	4.42～5.88	45～60
250	6.86～8.34	70～85
280	1.03～1.18	105～120
300	1.38～1.57	140～160
320	1.96～2.00	200～210

19.2 湿式氧化方法与分类

19.2.1 传统湿式氧化工艺

根据所要求的氧化度、反应温度及压力的不同，传统湿式氧化可分为以下三种。

1. 高温、高压氧化法

反应温度为 280℃，压力为 10.5～12MPa，氧化度为 70%～80%，氧化后残渣量很少，氧化分离液的 BOD_5 为 4000～5500mg/L，COD 为 8000～9500mg/L，氨氮为 1400～2000mg/L，氧化放热量大，可以由反应器夹套回收热量（蒸汽）发电，但设备费用高。

2. 中温、中压氧化法

反应温度为 230～250℃，压力为 4.5～8.5MPa，氧化度为 30%～40%，不需要辅助燃料，设备费较低，氧化分离液的浓度高，BOD_5 为 7000～8000mg/L。

3. 低温、低压氧化法

反应温度为 200～220℃，压力为 1.5～3MPa，氧化度低于 30%，设备费更低，需要辅助燃料，残渣量多，氧化分离液 BOD_5 高。

19.2.2 湿式氧化工艺的发展

传统湿式氧化的工艺条件较苛刻，一般要求在高温、高压下进行反应，使得设备投资和运行费用都非常高，而且操作也比较困难，且氧化度最高只能达到 80%，这些因素阻碍了湿式氧化技术的推广使用。因此，湿式氧化工艺的发展有两个不同的趋势：其一是应用极端反应条件，即超/亚临界水氧化法；其二是应用催化剂，降低操作温度和压力的情况下，提高污泥的氧化度，即催化湿式氧化法。

1. 超临界水氧化法

在水的临界温度（374.3℃）和临界压力（22.1MPa）之上就是超临界区，该状态的水即为超临界水（Supercritical Water），是一种不同于液态和气态的新状态，水的存在形态如图 19-4 所示。

超临界水氧化法（Supercritical Water Oxidation，简称 SCWO）反应的基本原理是以超临界水为介质，有机物、氧气、二氧化碳等气体完全混合，形成均一相，在很短的反应停留时间内，有机物被迅速氧化成简单的小分子化合物，最终碳氢化合物被氧化成 CO_2 和 H_2O，氮元素被氧化成 N_2 和 N_2O，S 和卤素等则生成酸根离子以无机盐沉淀析出。可基本免除产物的后续处理需要，达到简化技术体系的作用，代价是更高的设备投入与操作技术要求。

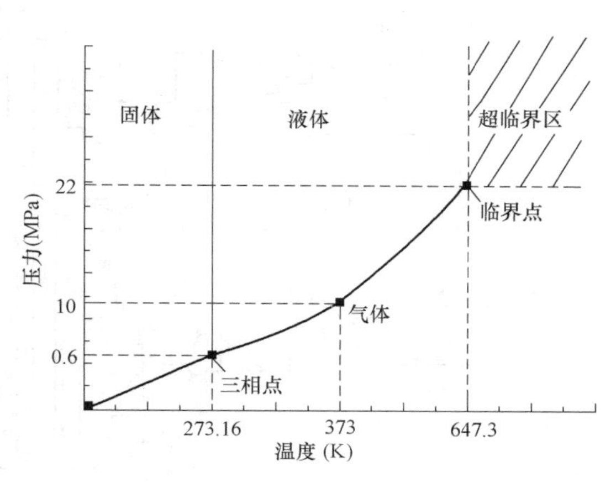

图 19-4 水的存在状态

2. 亚临界湿式氧化法

将水加热至沸点以上，临界点以下，并控制系统压力使水保持为液态，这种状态的水被称为亚临界水。亚临界水具有超溶解、超电离等特性，能够在数分钟内完成对高分子有机物的分解。亚临界湿式氧化法（Subcritical Water Oxidation，简称 SubCWO）处理城市污泥正是利用亚临界水的特性，在数十分钟内对城市生活污泥进行改性、除臭、脱毒、降污，具有极高的转化率，可以氧化分解包括多氯联苯在内的有机质，进一步加工成符合国家标准、适合农业生产应用的商品有机肥料。

3. 催化湿式氧化法

催化湿式氧化法（Catalytic Wet Air Oxidation，简称 CWAO）是利用过渡系金属氧化物和盐对有机物氧化可能存在的催化作用，在一定温度和压力下提高氧化反应速率，降低活化能，从而提高污泥氧化度，达到既简化后续处理要求，又不致过分增加投入的目的。从已有的发展情况看，催化剂的可回收性与耐用性将是其实用化发展中应解决的关键问题。

4. 部分湿式氧化法

部分湿式氧化法（Partial Wet Air Oxidation，简称 PWAO）最早由 Gitchel 在处理污泥时提出，与通常的湿式氧化法不同，其主要作用是稳定蛋白质等易腐化有机物，污泥的 COD 去除率为 5%～45%。其优点是反应的温度、压力较低，相应的反应器造价低。但由于其污泥氧化度较低，不能将有机物彻底分解，因此应用较少。

19.3 湿式氧化工艺装置

湿式氧化法基本上属于化工装置。典型的工艺流程见图 19-5。该套装置为自燃型非回收式高压湿式氧化装置，可连续生产，工作压力为 824Pa，补助燃料用 A 重油（仅在启动时用），适用于处理生活污水的初次沉淀污泥和活性污泥。该装置的污泥处理能力为 500m³/d，污泥含水率为 96%，即处理总固体物为 20m³/d。COD 为 28g/L 的时候，氧化度可达到 50%以上；COD 为 35g/L 的时候，氧化度则超过 60%。

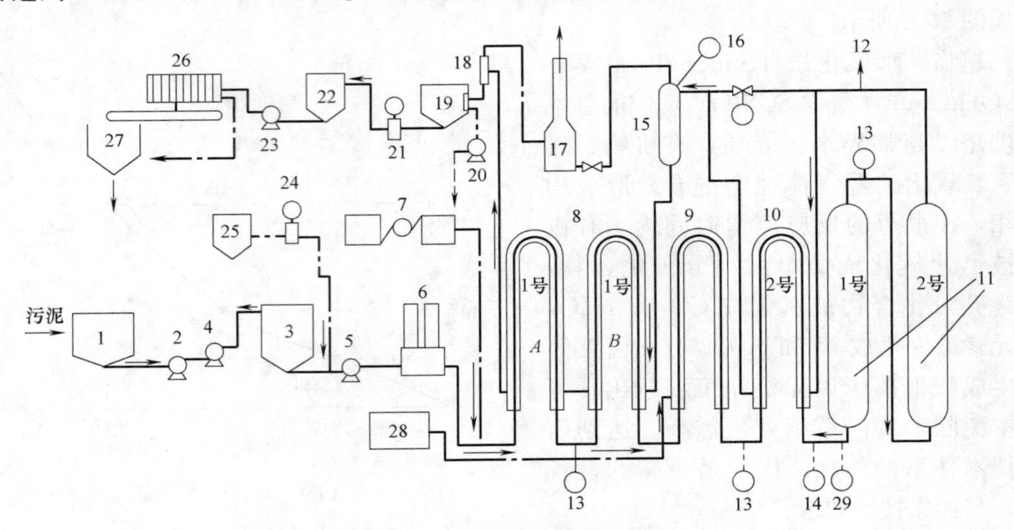

图 19-5　湿式氧化工艺流程图

1—浓缩池；2—破碎机；3—储泥池；4—浓缩污泥泵；5—污泥泵；6—高压泵；7—空压机；8—1 号热交换器；9—蒸汽加热器；10—2 号热交换器；11—1、2 号反应塔；12—安全阀；13—温度报警计；14—温度调节器；15—气液分离器；16—压力调节警报器；17—压力调节阀及铂接触燃烧炉；18—旋流分离池；19—固液分离池；20—回流泵；21—灰渣泵；22—灰渣池；23—泥泵；24—氢氧化钠泵；25—氢氧化钠池；26—压滤机；27—泥饼斗；28—启动锅炉；29—温度指示计

19.3.1　湿式氧化工艺流程

1. 浓缩

初次沉淀污泥（剩余活性污泥回流到初次沉淀池）送到浓缩池浓缩至含水率为 96%。为了避免热交换器阻塞，采用破碎机将污泥杂物破碎至 9mm 以下。

2. 污泥与空气加压混合

浓缩污泥泵将污泥送至储泥池（容积为 84m³），再经污泥泵、高压污泥泵加压 9.33MPa，使两者混合，压入套管式 1 号热交换器（分 *A*、*B* 两座）、蒸汽加热器及 2 号热交换器的内管中。此外，利用氢氧化钠泵投加氢氧化钠溶液降低原污泥硬度，以防止热交换器内管的内壁结垢，投加量为每升污泥 1.0～2.0g。

3. 热交换

污泥与空气的混合液进入热交换器（*A*、*B*）内，与氧化分离液（来自气液分离器）进行逆流热交换，使混合液的温度上升到 130℃。系统开始运行时，因无氧化分离液，所以混合液直接进入蒸汽加热器，用锅炉送蒸汽，加热到氧化反应需要的温度 180～200℃，然后进入 2 号热交换器的内管。交换后的温度可达 200～210℃，入反应塔（分 1 号、2 号两座）反应。

4. 反应

1 号反应塔入口温度控制在 200～210℃，塔内压力维持在 824Pa。污泥中的有机物及还原性无机物依靠空气中的氧气进行氧化，并释放出氧化热，使污泥继续升温，促进反应。由于在塔内设有数道阻流板，使污泥与空气在塔内充分搅拌混合，保持液态反应。2号反应塔出口温度达到235～250℃。

5. 气液分离与固液分离

从2号反应塔流出的氧化混合液进入2号热交换器的套管夹层，再到气液分离器，依靠旋流运动及密度差将气体和固、液分离。气体经水清洗后，经压力调节阀及铂接触燃烧炉燃烧（450℃）脱臭放入大气。固、液体通过热交换器（*B*、*A*）的套管夹层与污泥和空气的混合液进行热交换，使温度降低到40～45℃，经由减压阀降压到大气压后流入旋流分离器，气体也进入铂接触燃烧炉，混合液进入固液分离池，进行固液分离，脱水后的灰渣用灰渣泵抽送到灰渣池，再用泥泵压入压滤机脱水，泥饼经泥饼斗外运。固液分离池的上清液用回流泵送至初次沉淀池处理。

全套工艺装置设备见表19-2。

湿式氧化的工艺设备装置 **表19-2**

设备名称		数量	形式	尺寸	容量	摘要
池塔	储泥池	1	立式	ϕ4.83m×H4.65m	84m^3	空气搅拌
	洗涤器	1	立式	ϕ2.26m×H2.4m		
	固液分离池	1	辐流，密闭	ϕ9.5m×H3m	216m^3	
	氢氧化钠池(投药)	1	立式	ϕ1.91m×H3m	8.6m^3	附电热器
	硝酸池	1	立式	ϕ1.91m×H3m	8.6m^3	
	氢氧化钠池(清洗)	1	立式	ϕ1.91m×H3m	8.6m^3	
	旋流分离器	1	立式	ϕ0.96m×H2.1m		
	泥饼吊斗	1			27m^3	
	灰渣池	1	立式	ϕ2.5m×H2.3m	9.0m^3	附油压开关
	气液分离器	1	立式压力式	ϕ1.0m×H3.0m	2.4m^3	器内温度200℃ 压力825Pa
空压机	空压机	1	往复水冷	36kg/min		压力981Pa 功率450kW
	量气用空压机	1	立式	0.7m^3/min		压力68.6Pa 功率3.7kW
	杂用空压机	1		30m^3/min		压力68.6Pa 功率15kW
热交换器与反应塔	1号热交换器*A*	1	套管式	内ϕ65×外ϕ87.5	31.5m^2	
	1号热交换器*B*	1	套管式	内ϕ65×外ϕ87.5	9.0m^2	
	2号热交换器	1	套管式	内ϕ75×外ϕ125	11m^2	
	蒸汽加热器	1	套管式	内ϕ75×外ϕ125	16m^2	
	热水冷却器	1	水平多管式		13.5m^2	
	反应塔	2	立式	ϕ1.0m×H13.7m		压力825Pa 温度260℃
泵	浓缩污泥泵	2	离心泵	630L/min		压力44.1Pa 功率30kW

续表

设备名称		数量	形式	尺寸	容量	摘要
泵	高压泵	2	油压置换型	350L/min		压力 981Pa 功率 110kW
	氢氧化钠泵	2	耐腐蚀泵	0.1～1L/min		压力 14.7Pa 功率 1.5kW
	清洗泵	1	离心泵	700L/min		压力 49Pa 功率 15kW
	氧化液回流泵	2	立式离心泵	1600L/min		压力 14.7Pa 功率 7.5kW
	灰渣泵	2	耐腐蚀泵	200L/min		压力 14.7Pa 功率 2.2kW
	破碎机	4	水平叶片式	800L/min		压力 14.7Pa 功率 19kW
其他	锅炉	1	水管强制式	蒸发量 3912kg/h		饱和蒸汽压 176.6Pa
	板框压滤	2	全自动		$832m^2$	
	接触燃烧器	1	铂接触		处理量 $4434m^3/h$	

19.3.2 主要设备装置

1. 高压泵

处理杂质较少的高浓度有机污水，可采用柱塞泵或离心泵。对于污泥可用隔膜泵、旋转螺栓泵或油压置换泵。油压置换泵见图 19-6。

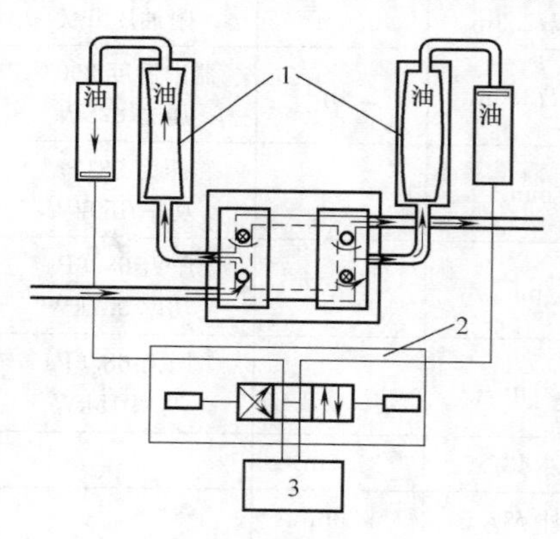

图 19-6 油压置换泵
1—橡胶袋；2—油压交换装置（电磁阀）；3—油压装置

该种泵由两个气缸构成，每个气缸中装入一个耐油、耐磨的橡胶袋，袋内装工作油。由袋与气缸之间的空隙供给污泥，当袋收缩时，气缸吸入污泥，当袋内充入工作油时，可把污泥压出。两只气缸交替工作，定量地将污泥连续送出。因橡胶袋本身不承受压力，因此非常耐用，并且由于无旋转部件，磨损少。把油压入袋内的高压泵可用离心泵、往复泵等。为了保证反应塔内的所需工作压力，油压源的压力必须大于工作压力约 30%。

2. 空压机

湿式燃烧所需要的空气量虽少，但压力要求高。通常用往复式空压机。根据压力要求不同，可选用 3～6 段。往复式空压机有加油水冷式与不加油水冷式两种。

3. 热交换器

热交换器是承压容器，多用钛钢制成。用于处理污泥的热交换器常用套管式，用于处理高浓度有机污水时常用多管式以节省占地面积。传热面积应充分保温。

4. 反应塔

反应塔是承压容器，反应时间约 60min，其直径与高度都比较大，并且要用抗拉强度高，耐高温、高压的厚复合钢板制作。内衬耐腐蚀的材料如不锈钢、镍钢或钛钢，厚度为 3mm。反应塔必须设计人孔及排放口，以便清除塔内积聚物。反应塔的结构见图 19-7。

5. 气液分离器

气液分离器是承压容器，器内液面用压差式液位传送器控制在 50%处左右。分离出的气体排出量与氧化液体量用压力调节计及液面调节计控制。气液分离器构造见图 19-8。

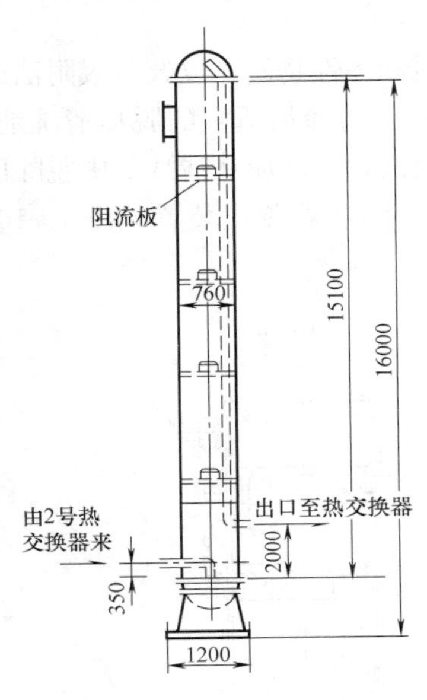

图 19-7　反应塔

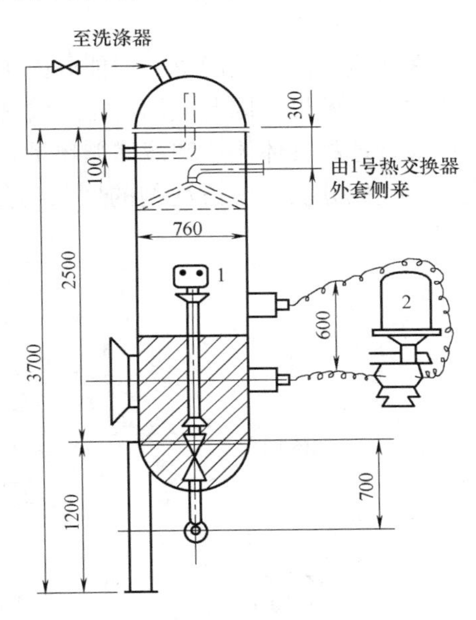

图 19-8　气液分离器

1—浮球；2—压差传送器

6. 固液分离池

固液分离池相当于沉淀池，使氧化液进行固、液分离。在进入固液分离池前，必须经过减压处理，使压力降到大气压。湿式燃烧后的固液极易分离，停留时间 1h，即能达到完全沉淀的目的。池内可设刮泥机，旋转速度用 0.1r/min。沉淀的灰渣用泥泵抽至压滤机压滤脱水。因分离液的温度约为 40～45℃，所以池子材料（金属或混凝土）应有防腐措施，经压滤后的泥饼含水率约为 50%～55%。固液分离池见图 19-9。

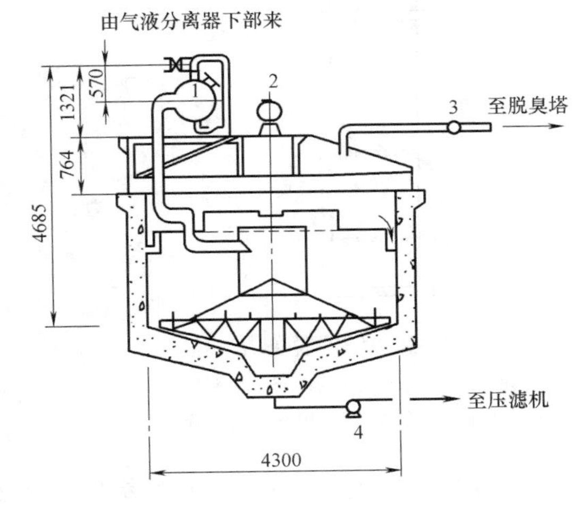

图 19-9　固液分离池

1—减压池；2—电动机；3—风机；4—泥泵

7. 氧化气体的脱臭装置

氧化气体有特殊的臭味，采用的脱臭方法大致有物理脱臭法——包括清洗法、吸附法和燃烧法；化学脱臭法——包括氧化脱臭法、中和法（采用脱臭剂）；微生物脱臭法——包括发酵法、杀菌法。上述三种方法也可混合使用。较常用的方法是物理脱臭法。

清洗法中，清洗剂有水、氢氧化钠和重油等。水的清洗对象主要是氨、丙酮等。氨在水中的溶解度很大，常温（20℃）下，100g 水中氨的溶解量为 55g。但水不能洗掉 H_2S（常温下，100g 水中 H_2S 的溶解量仅 0.5g）。氢氧化钠溶液的清洗对象主要是酸性气体（如 H_2S），使变成硫氢化钠和硫化钠而被吸收在氢氧化钠溶液中。重油兼有水与氢氧化钠的清洗脱臭效果。

清洗法虽不能完全脱臭，但能同时去除一部分固体物质和黏性物质，以改善吸附法或燃烧法的脱臭效果，因此应用广泛。清洗法脱臭时应注意：①选择最适宜的脱臭清洗剂；②设计最合理的气体流速和液体循环量，尽可能地增大气液面积；③应从清洗剂中脱除所吸收的臭气成分及考虑清洗剂的回收与处理方法的经济性。清洗法脱臭装置见图 19-10、图 19-11。

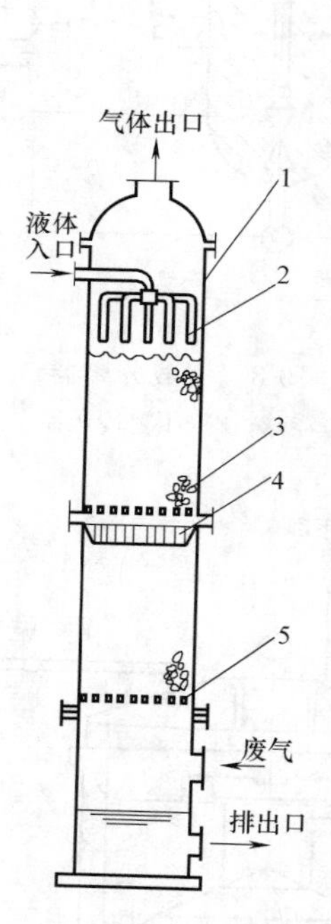

图 19-10 清洗脱臭塔

1—壳体；2—液体分布器；3—填充物；4—液体再分布板；5—填充物支撑板

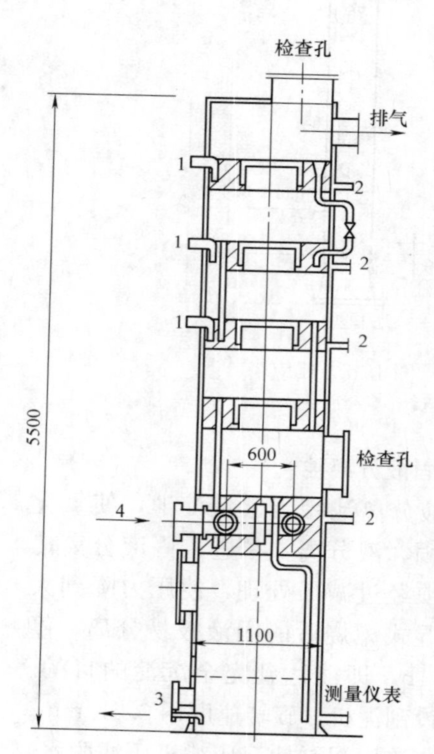

图 19-11 重油脱臭装置

1—重油入口；2—排水口；3—重油出口；4—入气口

为了提高脱臭效果，可增设活性炭吸附或燃烧处理。根据臭气的成分和脱臭处理的不同要求，还可采用不同的组合。清洗法是臭气向液体方向的物质扩散移动，而吸附法是气体向固体方向的物质扩散移动。吸附剂主要有氧化硅胶、酸性白土、活性黏土、活性氧化铝、沸石和活性炭。根据不同的气体成分选用。用于脱臭与脱除有机溶剂时，主要采用活性炭。

吸附法脱臭应注意：①臭气成分较复杂时，可考虑使用两种以上的吸附剂，并应同时考虑吸附饱和后，吸附剂再生及再生过程中分离出来的臭气成分的处理方法；②活性炭的吸附能力与温度有关，在高温时，吸附的保持能力会降低，所以必须充分注意吸附层的温度。因此，以清洗法作为前处理将是有利的。

直接燃烧脱臭装置见图 19-12。

由于臭气成分几乎都是可燃性物质，在空气中根据各种物质的着火点进行燃烧，例如甲苯的着火点为 55.2℃，丙酮为 650℃，氨为 651℃，苯酚为 700℃，庚烷为 225℃，丁醇为 343℃。因此，把含有臭气成分和有害的废气，与从燃烧室出来的火焰接触，在 800℃温度时以 0.3s 的时间通过停留室即可使可燃气体燃烧成无臭的二氧化碳和水。此法的适应性广泛，也可称为复燃室。但由于燃烧温度高，燃烧消费大，还需要有高效率的热交换器，材料要求也高。

由于直接燃烧法存在上述缺点，因此被铂催化剂燃烧法所代替。铂催化剂燃烧的原理与直接燃烧法相同。使用铂催化剂后，臭气成分的着火点大大降低，如甲苯、丙酮与催化剂反应时着火点仅为 135℃，苯酚为 145℃。因此，燃烧温度为 200～350℃时，即可使可燃性物质充分燃烧氧化成二氧化碳和水。催化剂燃烧法的装置见图 19-13。

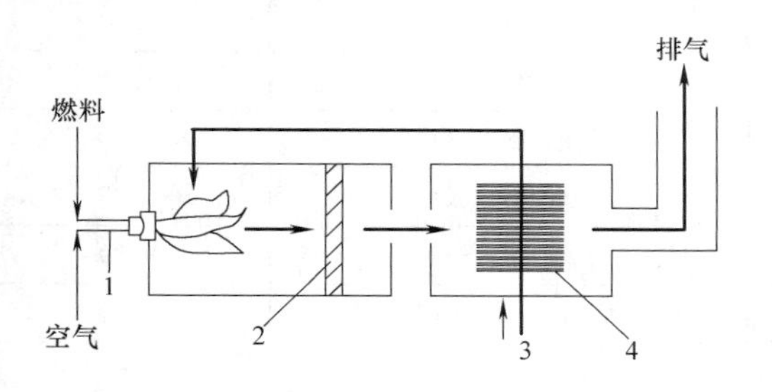

图 19-12　直接燃烧脱臭装置

1—燃烧室；2—停留室；
3—废气入口；4—热交换器

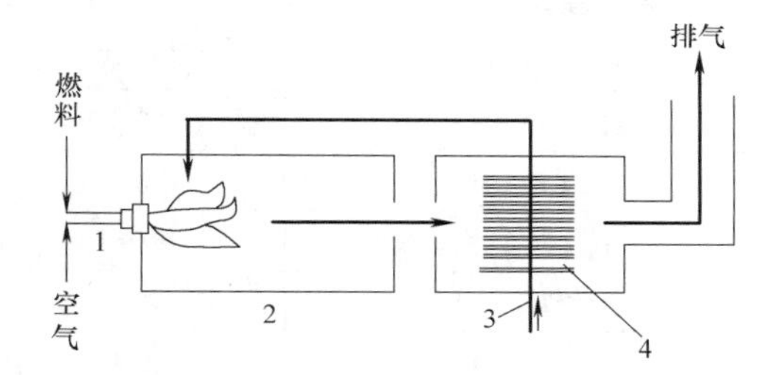

图 19-13　催化剂燃烧脱臭装置

1—燃烧室；2—催化剂反应室；
3—废气入口；4—热交换器

从图 19-13 可知，催化剂燃烧法与直接燃烧法的不同在于用催化剂反应室代替停留室。利用催化剂的活性，最高温度在催化剂层的出口处能控制在 500℃以下，所以反应室和热交换器的材料可使用不锈钢和一般碳钢，热交换器的效率也不必很高，并且也不会生成放热的 NO_x。如果没有水分的影响，废气中氧气浓度只需超过氧化反应理论当量的 1%～2%就能充分燃烧。

催化剂燃烧法应注意：①以氧化铝为载体的钯催化剂活性最高。但考虑到催化剂的耐中毒性，最适合的是以氧化铝为载体的铂催化剂。同是铂催化剂，其载体不同，活性也明显不同。活性低时，随着反应温度的增高，燃料的消费量增加，催化剂的消耗量也增加；活性高的催化剂，必须安装防火和防爆的安全装置。②催化剂的中毒，有暂时性和永久性两种。尘埃、粘附性物质、高沸点物质可使催化剂暂时性中毒，活性降低，可用清洗法恢复活性；汞、铅、锡、锌等重金属和重金属氧化物以及砷，可引起催化剂永久性中毒。臭气中如存在这些物质，必须设有脱除此类物质的预处理装置。③如含有高浓度的硫化物时，燃烧氧化过程产生 SO_x，所以在燃烧后应附设脱硫装置。

用化学法中的臭氧氧化法，可在常温下氧化臭气成分。但仅用臭氧氧化，不能达到完全氧化的目的，臭氧氧化的中间产物也有恶臭。如把臭氧无限制地排向大气还会造成光化学烟雾。所以臭氧氧化法可与活性炭吸附法或与催化剂氧化法联合使用，在常温下接触氧化，以节约大量能量。普通氧化剂氧化法可采用高锰酸钾溶液或15%的次氯酸钠溶液作为氧化剂。

19.3.3 主要装置的维护

热交换器约一个月左右清洗一次。清洗液可用5%浓度的硝酸溶液，用塑料泵打入，每清洗一次约30～70h左右。

反应塔的水垢一般呈茶褐色，每连续运行一次，就结成一层水垢，因此造成水垢分层。水垢的主要成分包括钙、镁盐类（硬度），二氧化硅，腐蚀生成物（铁、铜等的金属氧化物和氢氧化物）及油脂类等，以钙的磷酸盐类及硫酸盐类为主。水垢的组成见表19-3。由于反应塔在高温高压下工作，因此成分多是离子状态存在。反应塔停止运行时，应进行反冲洗，清除塔内的残砂与水垢，每年一次，每次2～3周。

反应塔水垢的组成　　表19-3

组成	含量(%)	组成	含量(%)
磷酸钙 $Ca_3(PO_4)_2$	30.40	氧化钾 K_2O	0.20
碳酸钙 $CaCO_3$	0.45	氧化锌 ZnO	1.51
硫酸钙 $CaSO_4$	20.70	氧化铜 CuO	0.10
氧化钙 CaO	5.20	氧化铬 Cr_2O_3	0.25
氧化镁 MgO	0.61	二氧化硅 SiO_2	8.89
氧化铁 Fe_2O_3	2.30	挥发成分(600℃以下)	3.31
氧化铝 Al_2O_3	2.47	水分	1.05
氧化钠 Na_2O	0.27	其他	22.25

各种承压装置必须定期作安全检查。检查项目包括：用X光测定壁厚，高压管道的焊接缝的破损情况，自动控制装置及计量器性能，气密试验安全阀检查，耐压试验，各种管道压力计、温度以及承压装置的外观检查。

19.4 湿式氧化应用

到目前为止，超过50%的湿式氧化装置都用于污泥的处理，主要为：可以将污泥无菌化，便于填埋和脱水，污泥量大大减少，处理费用明显降低。20世纪80年代，美欧各国纷纷立法规范污泥处理处置标准，最终推动了污泥处理技术的工业化应用。

19.4.1 Zimpro工艺

西门子公司的Zimpro工艺最初是于1954年开发的传统湿式氧化技术，首次投产市政英国的Hockford。根据设计要求，Zimpro在250℃的高温高压环境下，以压缩空气为氧化剂启动湿式氧化反应，反应过程放热可维持所需温度。Zimpro设计处理目标去除污泥所含65%的COD。

19.4.2 The HydroSolids Process 工艺

美国得克萨斯州哈灵根第二污水厂首次大规模采用由 Hydroprosessing 公司开发的 The HydroSolids Process 超临界水氧化法的工艺。该工艺主要包括六个系统：增压系统、污泥预加热系统、加热系统、反应器、冷却/能量回收系统、减压系统，如图 19-14 所示。污泥中的水经加热、加压至超临界水状态，作为反应介质的同时，形成自由基状态，直接参与到污泥的降解反应中。该工艺的操作要求极高：①高温高压条件下启动反应，并需确保反应完成；②需为反应准备高溶解度的氧；③有机物与氧气在超临界水介质中需要高度混合；④保证超临界水中存在大量高活性的自由基。

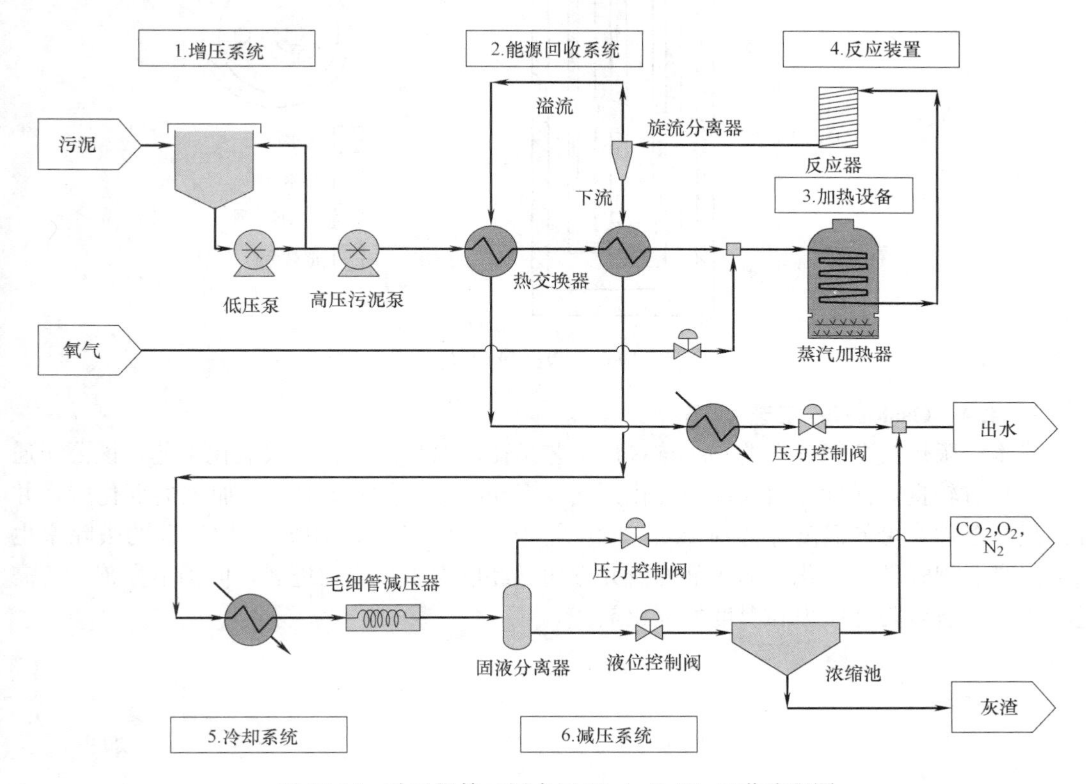

图 19-14 哈灵根第二污水厂 HydroSolids 工艺流程图

有机物于 592℃高温和 23.47MPa 高压与氧气接触被氧化成 CO_2 和水，该工艺对污泥中 COD 的处理效果超过 99%，污泥中的氮化物在反应初期迅速转化为氨氮，最终转化为分子态氮，转化率最高可达 84.6%。重金属一般被氧化成不可浸提的状态或盐，黏土或矿物保持惰性通过旋流分离器流往下游。该处理装置造价 300 万美元，处理费用约为 180 美元/t 干污泥，用于农田和填埋处理污泥的处理费用则为 295 美元/t 干污泥。然而，此处理装置产生的废热和 CO_2 产品可以出售，以每吨干污泥计，可销得 120 美元，使净处理费用减至 60 美元/t。

19.4.3 Vetech 工艺

荷兰阿珀尔多伦市污水厂 1994 年首次采用 Vetech 工艺处理城市污泥，其年处理污泥量 46 万 t，达荷兰当年全国污泥量 10%。该工艺由一个深度一般在 1200～1500m 的反应器及两个管道组成，内管为进水管，外管为出水管。在静水压条件下，反应器底部的压力在 8.5～11MPa，反应器内的温度可达 280℃，停留时间约为 1h，通过深井后污泥 COD 的去除率达 70%，其反应装置如图 19-15 所示。Vetech 工艺的特点是不需要采用高压泵，高压部分由重力转化，节约反应所需能量。但随着工艺的运行，还是暴露出深井腐蚀、固体沉积等问题。

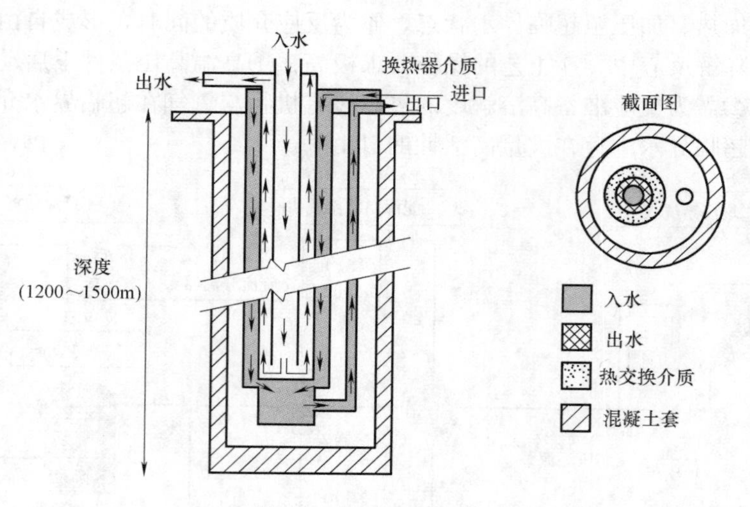

图 19-15　Vetech 工艺

19.4.4　Osaka Gas 工艺

日本大阪煤气公司开发的 Osaka Gas 工艺是比较典型的催化湿式氧化工艺，该公司通过开发具有较良好活性和耐久性的催化剂，在 Zimpro 工艺的基础上投加该类催化剂，并提出反应条件，可使温度降低到 200～300℃，压力为 1.5～10MPa，对 COD 的去除率也大大提高。湿式催化氧化在催化剂的研究方面已经取得了一定的进展，但仍不完善，还需进一步开发有效降低压力和温度的催化剂。

第20章　污泥焚烧

20.1　污泥焚烧原理

焚烧，即燃烧，是包括蒸发、挥发、分解、烧结、熔融和氧化还原反应，以及相应传质、传热的综合物理变化和化学反应的过程。通常可划分为干燥、热分解、燃烧三个阶段，也就是干燥脱水、热化学分解、氧化还原反应的综合作用过程。污泥焚烧是在一定温度、气相充分有氧的条件下，使污泥中的有机质发生燃烧反应，反应结果使有机质转化为CO_2、H_2O、N_2等相应的气相物质，反应过程释放的热量则维持反应的温度条件，使处理过程能够持续进行。

20.1.1　污泥焚烧产物

焚烧处理的产物主要为炉渣、飞灰和烟气。

1. 炉渣

炉渣主要由污泥中不参与燃烧反应的无机矿物质组成，及一些未燃尽的残余有机物（可燃物），炉渣对生物代谢是惰性的，因此无腐败、发臭、含致病菌等产生卫生学危害的因素（即已无害化），污泥中在焚烧时不挥发的重金属是炉渣影响环境的主要因素。

2. 飞灰

飞灰为污泥焚烧的另一部分固相产物，是在燃烧过程中，被气流挟带存在于烟气中，并通过烟气除尘设备（如旋风分离器、静电除尘器或袋式过滤器）被分离的固体颗粒，与一般从焚烧器底部排出的炉渣不同。飞灰中的无机物，除了污泥中的矿物质外，还可能包括烟气处理的药剂（如干式、半干式除酸气净化工艺中使用的石灰粉、石灰乳等），其中的无机污染物以挥发性重金属 Hg、Cd、Zn 为主，这些挥发再沉积的重金属一般比炉渣中的重金属有更强的迁移性，使飞灰成为浸出毒性超标（固体废物浸出毒性鉴别标准）的有毒废物；飞灰中的有机物多为耐热化学降解的毒害性物质，气相再合成产生的二噁英类高毒性物质也可吸附于飞灰之上，因此飞灰安全处置是污泥焚烧环境安全性的重要组成环节。

3. 烟气

烟气主要由对环境无害的N_2、O_2、CO_2、H_2O等组成，所含常规污染物为：悬浮颗粒物（TSP）、NO_x、HCl、SO_2、CO 等。其中 CO 与烟气中CO_2的比值可用于检定污泥焚烧气相可燃物的燃尽率，以燃烧效率（η_g）定义，计算如式（20-1）：

$$\eta_g = ([CO_2]-[CO])/[CO_2] \times 100\% \tag{20-1}$$

式中　η_g——燃烧效率，%；

$[CO_2]$——烟气中二氧化碳的体积分数，%；

$[CO]$——烟气中一氧化碳的体积分数，%。

烟气中的微量毒害性污染物包括：重金属（Hg、Cd、Zn 等及其化合物）和有机物（前述耐热难降解有机物和二噁英等）。因此，焚烧烟气净化是污泥焚烧工艺的必要组成部分。

此外，污泥焚烧还会产生能量流，即高温烟气的显热，因此烟气热回收系统也是污泥焚烧工艺的重要组成部分。

20.1.2　污泥焚烧工艺目标

污泥焚烧处理的工艺目标由三个方面组成：①热量自持；②可燃物的充分分解；③衍生产物（炉渣、飞灰、烟气）的无害化。

污泥焚烧的热量自持（自持燃烧），即焚烧过程无需辅助燃料的加入，污泥能否自持燃烧取决于其低位热值。污泥的低位热值与其可燃分（挥发分）的含量、含水率和可燃分的热值有关，可以用下式表示为：

$$L_{CV}=\left(1-\frac{P}{100}\right)\times\frac{VS}{100}\times CV-2.5\times\frac{P}{100} \tag{20-2}$$

式中　L_{CV}——污泥的低位热值，MJ/kg；

P——污泥的含水率，%；

VS——污泥的干基挥发分含量，%；

CV——污泥挥发分的热值，MJ/kg。

污泥自持燃烧的 L_{CV} 限值约为 3.5MJ/kg，一般污水厂污泥（混合生污泥）的挥发分含量为 70%，挥发分热值为 23MJ/kg。故对于一定的污泥而言，自持燃烧的决定因素是含水率，其自持燃烧最高限含水率为 67.7%，此值超出了一般污泥机械脱水设备的水平，因此直接以脱水污泥为燃烧处理对象的焚烧炉，大多需使用辅助燃料（如含水率 81%的泥饼焚烧的轻柴油耗比为 0.1～0.3L/kg），从而使污泥焚烧的经济性很差。使污泥焚烧更易达到能量自持的方法是采用预干燥焚烧工艺，即利用焚烧烟气热量（直接或间接）对污泥进行干燥预处理，使污泥含水率下降至 50%～60%后再入炉燃烧。由于此工艺避免了相当部分污泥中的水分在燃烧炉内升温的显热损失，因此可使自持燃烧的含水率升高至 80%左右（其他条件同上述），基本能与现有的污泥脱水水平相衔接。

污泥焚烧的可燃物充分分解目标与污泥焚烧衍生物的环境安全性有较大的关系，可燃物分解达到一定的水平，可使大部分耐热难降解的有机物基本分解，控制了二噁英类物质再合成的物质条件（气相未分解有机物），是主动改进污泥烟气排放条件的主要方向；同时，可燃物充分分解意味着污泥的热值得到充分利用，对污泥自持燃烧目标的达成有利。

污泥可燃物充分分解的指标除燃烧效率（η_g）外，也可用燃尽率指标 η_s 来表示。

$$\eta_s=(100-\mathrm{OrgR}) \tag{20-3}$$

式中　η_s——污泥焚烧燃尽率，%；

OrgR——焚烧灰渣中的可燃物含量，%。

20.2　污泥焚烧影响因素

污泥焚烧先进的可燃物分解水平为：燃尽率不小于 98%；燃烧效率不小于 99%。影响污泥可燃物分解水平的因素，有如下几方面。

20.2.1 污泥性质

污泥的性质主要包含污泥的含水率和污泥中挥发物的含量 VS（有机干物质含量）。污泥的含水率直接影响污泥焚烧设备和处理费用，因此，降低污泥的水分，可达到降低污泥焚烧设备及处理费用的目的。通常情况下，污泥含水率与挥发物含量之比小于 3.5，则污泥能够维持自燃，节约燃料。污泥挥发物含量通常能够反映污泥潜在的热量的多少，如热量不足，则需补充热能使维持焚烧。

20.2.2 污泥预处理

污泥在焚烧前必须进行预处理，保证焚烧过程有效进行。如将污泥粉碎，可使投入炉内的污泥分布均匀，保障污泥燃烧充分；将污泥预热，可使其含水率下降，降低污泥焚烧消耗的能源。

20.2.3 污泥焚烧工艺条件

污泥的工艺操作条件是影响污泥废物焚烧效果和反映焚烧炉工况的重要技术指标，主要有污泥焚烧时间、温度以及废物和空气之间的混合程度。

焚烧的温度和时间形成了污泥中特定的有机物能否被分解的化学平衡条件；焚烧炉中的传递条件则决定了焚烧结果与平衡条件的接近程度。这三个因素有着相互依赖的关系，而每个因素又可单独对燃烧产生影响。

1. 时间

燃烧反应所需的时间就是烧掉固体废物的时间。这就要求固体废物在燃烧层内有适当的停留时间。燃料在高温区的停留时间应超过燃料燃烧所需的时间。一般认为，燃烧时间与固体废物粒度的1～2次方成正比，加热时间近似地与粒度的平方成比例。如在某一要求速度时，停留时间将取决于燃烧室的大小和形状。反应速度随温度的升高而加快，所以在较高的温度下燃烧时所需的时间较短。因此，燃烧室越小，在可利用的燃烧时间内氧化一定量的燃料的温度就必须越高。

固体粒度越细，与空气的接触面越大，燃烧速度快，固体在燃烧室内的停留时间就短。因此，确定废物在燃烧室内的停留时间，考虑固体粒度大小很重要。

2. 温度

燃料只有达到着火温度（又称起燃点），才能与氧反应而燃烧。着火温度是在氧存在下可燃物开始燃烧所必须达到的最低温度，因此燃烧室温度必须保持在燃料起燃温度以上。当燃烧过程的放热速率高于向周围的散热速率时，燃烧过程才能继续进行，并且燃烧温度会不断提高。一般来说，温度高则燃烧速度快，废物在炉内停留的时间短。当温度较高时，燃烧速度主要受物质扩散影响，温度对其影响较小，温度上升 40℃，燃烧时间减少约 1%，且增加了炉壁及管道等的损坏概率。当温度较低时，燃烧速度受化学反应控制，此时温度对其影响较大，温度上升 40℃，燃烧时间可减少约 50%。所以，控制合适的温度十分重要。

3. 废物和空气之间的混合程度

为了使固体废物燃烧完全，必须往燃烧室内鼓入过量的空气。氧气是燃烧的最基本条件，且氧浓度越高，燃烧速度越快。对具体的废物燃烧过程，需要根据物料的特性和设备的类型等因素确定过剩气量。但除了空气供应充足，还要注意空气在燃烧室内的分布，燃料和空气中氧的混合如湍流程度。混合不充分，将导致不完全燃烧产物的生成。对于废液的燃烧，混合可以加速液体的蒸发；对于固体废物的燃烧，湍流有助于破坏燃烧产物在颗粒表面形成的边界面，从而提高氧的利用率和传质速率，特别是扩散速率为控制速率时，燃烧时间随传质速率的增大而减少。

20.3 污泥焚烧工艺流程

污泥焚烧处理工艺流程如图 20-1 所示。

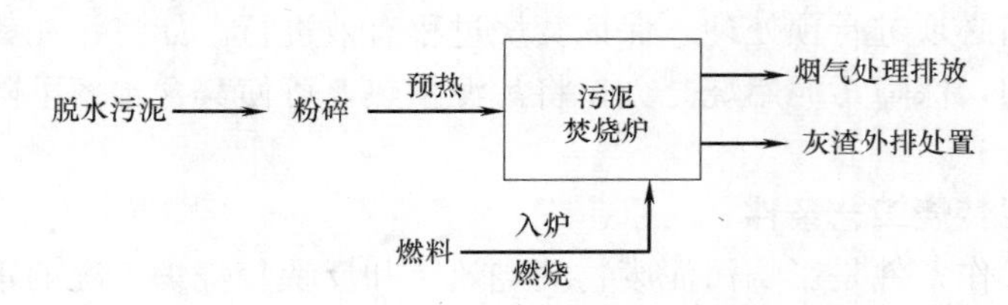

图 20-1 污泥焚烧的工艺流程

污泥焚烧工艺系统由三个子系统组成，分别为：①预处理；②燃烧；③烟气处理与余热利用。

20.3.1 预处理

预处理系统主要包括前置处理过程和预干燥技术。污泥焚烧系统的原料一般以脱水污泥饼为主，前置处理过程包括浓缩、调理、消化和机械脱水等。考虑到焚烧对污泥热值的要求，一般拟焚烧的污泥不应进行消化处理；污泥脱水的调理剂选用既要考虑其对污泥热值的影响，也要考虑其对燃烧设备安全性和燃烧传递条件的影响，因此腐蚀性强的氯化铁类调理剂应慎用，石灰有改善污泥焚烧传递性的作用，适量（量过大会使可燃分太低）使用是有利的。预干燥对污泥焚烧自持燃烧条件的达到有很大的帮助，1990 年以后的新建大型污泥焚烧设施，均已应用了预干燥单元技术。

20.3.2 燃烧

1934 年，美国密歇根州开始采用多膛炉进行污泥焚烧，燃烧的固相传递条件较差，污泥燃尽率通常低于 95%；20 世纪 80 年代开发出流化床焚烧炉，现已基本不用或改造立式多腔炉，仅保留上部 2～3 层干燥炉膛，下层改为沸腾流化床焚烧炉的流化床焚烧＋直接热烟气预干燥设备。

目前应用较多的污泥焚烧炉形式主要是流化床和卧式回转窑两类。

流化床炉型包括沸腾流化床和循环流化床两种，二者的共同特点是气、固相传递条件均良好，气相湍流充分，固相颗粒小，受热均匀，已成为城市污水厂污泥焚烧的主流炉型。流化床炉型的缺点在于流化床内的气流速度较高，为维持床内颗粒物的粒度均匀性，不宜将焚烧温度提升过高（一般为 900℃左右），因此不适用处置有特定的耐热性有机物分解要求的工业污水厂污泥（或工业与城市污水混合处理厂污泥）。因此，对此类污泥的焚烧，卧式回转窑更为适宜。

污泥卧式回转窑焚烧炉，结构上与水平水泥窑十分相似，污泥在窑内因窑体转动和窑壁抄板的作用而翻动、抛落，动态地完成干燥、点燃、燃尽的焚烧过程。回转窑焚烧的污泥固相停留时间长（一般大于 1h），且很少会出现“短流”现象；气相停留时间易于控制，设备在高温下操作的稳定性较好（一般水泥窑烧制最高温度大于 1300℃）。但逆流操作的卧式回转窑，尾气中含臭味物质多，另有部分挥发性的毒害物质，由消耗辅助燃料的二次燃烧室（除臭炉）进行处理；顺流操作回转窑则很难利用窑内烟气热量实现污泥的干燥与点燃，需配置炉头燃烧器（耗用辅助燃料）来使燃烧空气迅速升温，达到污泥干燥与点燃的目的。因此，卧式回转窑焚烧的成本一般较高。

20.3.3 烟气处理与余热利用

1. 烟气处理

污泥焚烧烟气处理子系统的技术单元出现在 20 世纪 90 年代，主要包含酸性气体（SO_2、HCl、HF）和颗粒物净化两个单元。

大型污泥焚烧厂酸性气体净化多采用炉内加石灰共燃（仅适用于流化床焚烧）、烟气中喷入干石灰粉（干式除酸）、喷入石灰乳浊浆（半干式除酸）三种方法。颗粒物净化采用高效电除尘器或布袋式过滤除尘器。

小型焚烧装置则多用碱溶液洗涤和文丘里除尘方式进行酸性气体和颗粒物脱除操作。之后为了达到对重金属蒸气、二噁英类物质和 NO_2 的有效控制的目的，逐步加入了水洗（降温冷凝洗涤重金属）、喷粉末活性炭（吸附二噁英类物质）和尿素还原脱氮等单元环节。这些烟气净化单元技术的联合应用可以在污泥充分燃烧的前提下，使尾气排放达到相应的排放标准。

2. 余热利用

污泥焚烧烟气的余热利用，主要方向是以自身工艺过程（以预干燥污泥或预热燃烧空气）为主，很少有余热发电的实例。关键是与城市生活垃圾相比，当量服务人口的污泥的低位热值量仅为垃圾的 1/30 左右，故余热发电并不经济。

当焚烧烟气余热用于污泥干燥等时，可采用直接换热方式，也可通过余热锅炉转化为蒸汽或热油能量间接利用。

20.4 污泥焚烧工艺设备

污泥焚烧的主要设备有立式多膛焚烧炉、流化床焚烧炉、电动红外焚烧炉和转窑焚烧炉等。

20.4.1 立式多膛焚烧炉

立式多膛炉起源于 19 世纪的矿物的煅烧，1930 年代开始用于焚烧污水厂污泥。立式多膛焚烧炉的横断面图如图 20-2 所示。

1. 立式多膛炉的构造

立式多膛炉是一个内衬耐火材料的钢制圆筒，中间是一个中空的铸铁轴，在铸铁轴的周围是一系列耐火的水平炉膛，一般分 6～12 层。各层都有同轴的旋转齿耙，上层和下层的炉膛设有 4 个齿耙，中间层炉膛设 2 个齿耙。经过脱水的泥饼从顶部炉膛的外侧进入炉内、依靠齿耙翻动向中心运动并通过中心的孔进入下层，进入下层的污泥向外侧运动并通过该层外侧的孔进入下面的一层，从而使得污泥呈螺旋形路线自上向下运动。铸铁轴内设套管，空气由轴心下端鼓入外套管，一方面使轴冷却，另一方面空气被预热，经过预热的

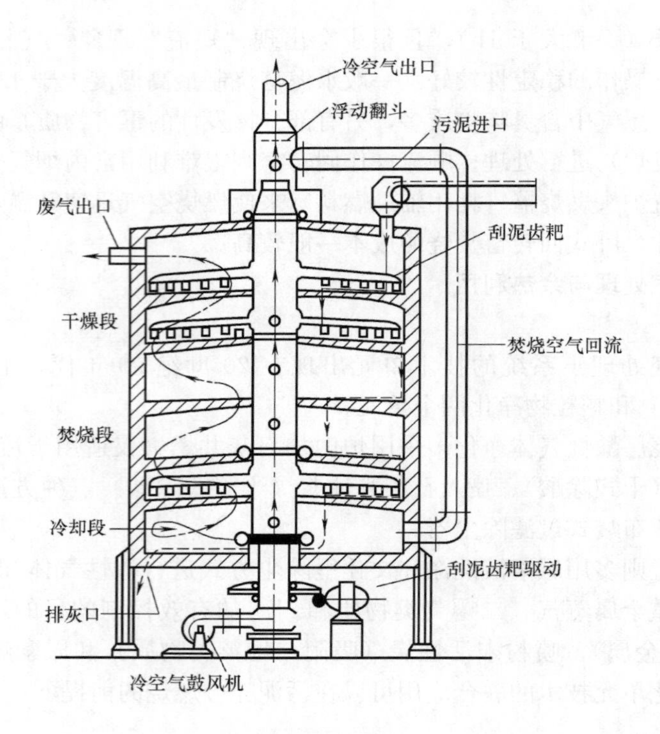

图 20-2　立式多膛焚烧炉的横断面示意图

部分或全部空气从上部回流至内套管进入到最底层炉腔，再作为燃烧空气向上与污泥逆向运动焚烧污泥。从整体上来说，立式多膛炉又可分为三段。顶部几层为干燥段，温度为425～760℃，污泥的大部分水分在这一段被蒸发掉；中部几层为焚烧段，温度升高到约925℃；下部几层为冷却段，温度为260～350℃。

2. 立式多膛炉的运作

该类设备以逆流方式运作，分为三个工作区，热效率很高。气体出口温度约为400℃，而上层的湿污泥仅为70℃（或稍高）。脱水污泥在上部可干燥至含水50%左右，焚烧段的温度为760～870℃，最高可达925℃，污泥可完全着火燃烧。燃烧过程在最下层完成，并与冷空气接触降温，再排入冲水的熄灭水箱。燃烧气含尘量很低，可用单一的湿式洗涤器把尾气含尘量降到2000mg/m^{3}以下。

由于污泥很黏稠，点燃后易结成饼或表面灰化覆盖在燃烧物外表上，使火焰熄灭，在焚烧过程中需不断搅拌，反复更新燃烧表面，使污泥得以充分氧化，应在多段炉内各段均设有搅拌耙，物料在炉内停留时间也很长，方能使污泥完全燃烧。为保障工艺顺利进行，除焚烧炉外还需添置污泥器（带粉碎机）、多点鼓风系统、热量回收装置（当设二次燃烧设备时，尤要注意此点）、辅助热源（启动燃烧器）和除灰设备等辅助设备。

多膛炉后有时会设有后燃室，以降低臭气和未燃烧的碳氢化合物浓度。在后燃室内，多膛炉的废气与外加的燃料和空气充分混合，完全燃烧。有些多膛炉在设计上，将脱水污泥从中间炉膛进入，而将上部的炉膛作为后燃室使用。

为了使污泥充分燃烧，同时由于进料的污泥中有机物含量及污泥的进料量会有变化，因而通常通入多膛炉的空气应比理论气量多50%～100%。若通入的空气量不足，污泥没有被充分燃烧，就会导致排放的废气中含有大量的CO和碳氢化合物；反之，若通入的空气量太多，则会导致部分未燃烧的污泥颗粒被带入到废气中排放掉，同时也需要消耗更多的燃料。

多膛炉排放的废气可以通过文丘里洗涤器、吸收塔、湿式或干式旋风喷射洗涤器进行净化处理。当对排放废气中颗粒物和重金属的浓度限制严格时，可使用湿式静电除尘器对废气进行处理。

3. 立式多膛炉的特点

多膛焚烧炉的加热表面和换热表面大，直径可达到7m，层数可从4层多到12层；在连续运行时，燃料消耗很少，而在启动的头1～2d内消耗燃料较多。多膛焚烧炉存在的问题主要是机械设备较多，需要及时地维修与保养；耗能相对较多，热效率较低，为减少燃烧排放的烟气污染，需要增设二次燃烧设备。

20.4.2 流化床焚烧炉

流化床焚烧污泥的载热材料通常为硅砂，它是与干化污泥一起被床底的进气托起呈悬浮状态（流态化），污泥在床层上部完全燃烧的过程。沸腾式流化床焚烧炉的横断面图如图20-3所示。

1. 流化床焚烧炉工作流程

高压空气（20～30kPa）从装在炉底部的耐火栅格中的鼓风口喷射而上，使耐火栅格上约0.75m厚的硅砂层与加入的污泥呈悬浮状态。干燥破碎的污泥从炉下端加入炉中，与灼热硅砂激烈混合而燃烧，流化床的温度控制在725～950℃。污泥在流化床焚烧炉中的停留时间大约为数秒（循环流化床）至数十秒（沸腾流化床）。焚烧灰与气体一起从炉顶部经旋风分离器进行气固分离，热气体用于预热空气，热焚烧灰用于预热干燥污泥，以便回收热量。流化床中的硅砂也会随着气体流失一部分，因而每运行300h，就应补充流化床中硅砂量的5%，以保证流化床中的硅砂有足够的量。

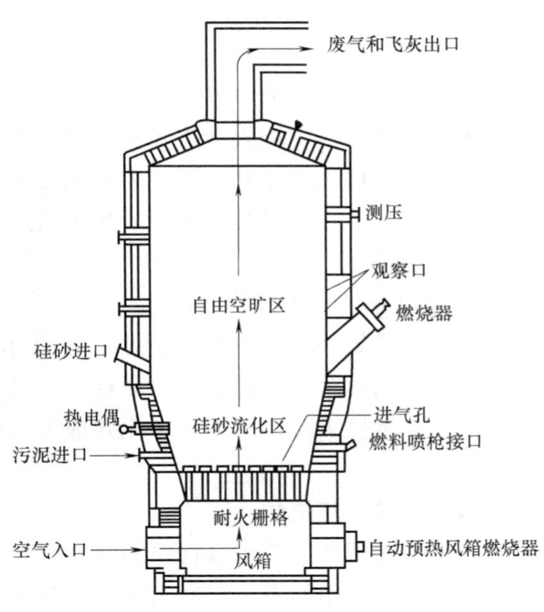

图20-3 沸腾式流化床焚烧炉的横断面示意图

污泥在流化床焚烧炉中的焚烧在两个区完成。第一个区为硅砂流化区，在这一区中，污泥中水分的蒸发和污泥中有机物的分解几乎同时发生；第二区为硅砂层上部的自由空旷区，在这一区，污泥中的碳和可燃气体继续燃烧，相当于一个后燃室。

流化床焚烧炉排放的废气净化处理可以采用文丘里洗涤器和（或）吸收塔进行。

2. 流化床焚烧炉的特点

流化床以硅砂作为载热体，传热效率高，焚烧时间短，炉体小；流化床焚烧炉结构简单，接触高温的金属部件少，故障也少；干燥与焚烧集成在一起，可除臭；由于炉子的热容量大，停止运行后，每小时降温不到5℃，因此在2d内重新运行，可不必预热载热体，故可连续或间歇运行；操作可用自动仪表控制并实现自动化。缺点是操作较复杂；运行效果不及其他焚烧炉稳定；动力消耗较大；飞灰量很大，烟气处理要求高，采用湿式收尘的水要用专门的沉淀池来处理。

20.4.3 电动红外焚烧炉

第一台电动红外焚烧炉于1975年引入到污泥焚烧处理过程，但迄今为止并未得到普遍推广。

电动红外焚烧炉是一种水平放置的隔热的焚烧炉，其横断面示意图如图20-4所示。

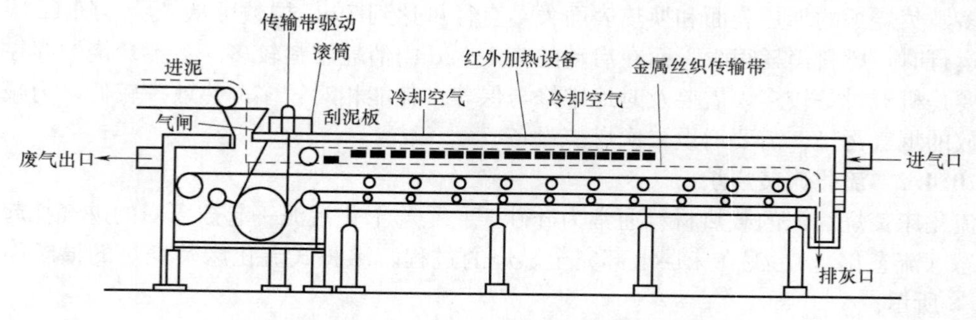

图20-4 电动红外焚烧炉横断面示意图

1. 电动红外焚烧炉的工作流程

脱水污泥饼从一端进入焚烧炉后，被一内置的滚筒压制成厚约0.0254m与传输带等宽的薄层，污泥层先被干化，然后在红外加热段焚烧。焚烧灰排入到设在另一端的灰斗中，空气从灰斗上方经过焚烧灰层的预热后从后端进入焚烧炉，与污泥逆向而行，废气从污泥的进料端排出。电动红外焚烧炉的空气过量率为20%～70%。

2. 电动红外焚烧炉的特点

电动红外焚烧炉的特点是投资小，适合于小型的污泥焚烧系统。缺点是运行耗电量大，能耗高，而且金属传输带的寿命短，每隔3～5年就要更换一次。

电动红外焚烧炉排放的废气净化处理可采用文丘里洗涤器和（或）吸收塔等湿式净化器进行。

20.4.4 转窑焚烧炉

转窑是一种工业上使用最普遍的装置（如水泥、冶金、采矿等），可将干燥和焚烧合并或分开进行。采用的燃烧温度为900～1000℃，空气过剩量为50%。

转窑可作为干燥器，也可作为焚化炉。大部分余灰被空气冷却后在转窑较低的一端回收并卸出，飞灰由除尘器回收，整个系统在负压下工作，可避免烟气外泄。

20.5 污泥送火力发电厂与煤混烧技术

在火力发电厂内焚烧污泥，与单独建设焚烧装置，对污泥处理相关部门和电力部门而言是双赢的。前者焚烧装置及辅助设施都是火力发电厂已有的，因此可以用较小的投资，解决困扰已久的污泥出路问题。后者不仅可以通过排水收费得到利润，获得经济利益，而且由于减少CO_2排放量及解决污泥处置问题，获得了环境效益和社会效益。

20.5.1 污泥与煤混烧常用工艺

目前，国内外污泥与煤混烧的几种主流工艺为：循环流化床工艺、旋风炉工艺和煤粉炉工艺。

1. 循环流化床工艺

循环流化床出现于20世纪60年代，是新一代沸腾炉。循环流化床中加入石灰石等脱硫剂，与煤一起在床内多次循环，利用率高；由于烟气与脱硫剂接触时间长，脱硫效果显著，脱硫率可达到80%以上。氮氧化物的生成主要与燃烧温度有关，燃烧温度低，生成量少。循环流化床炉燃烧温度比煤粉炉低，仅850℃左右，可有效地抑制NO_2的生成。典型的循环流化床焚烧炉如图20-5所示，典型发电厂循环流化床直流锅炉的工作系统见图20-6。

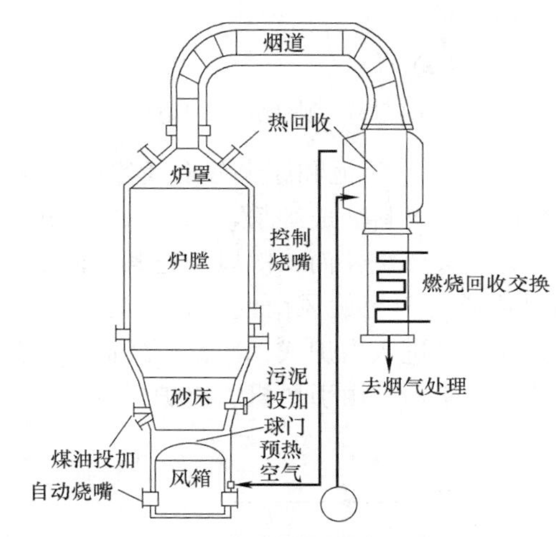

图20-5 典型循环流化床炉型

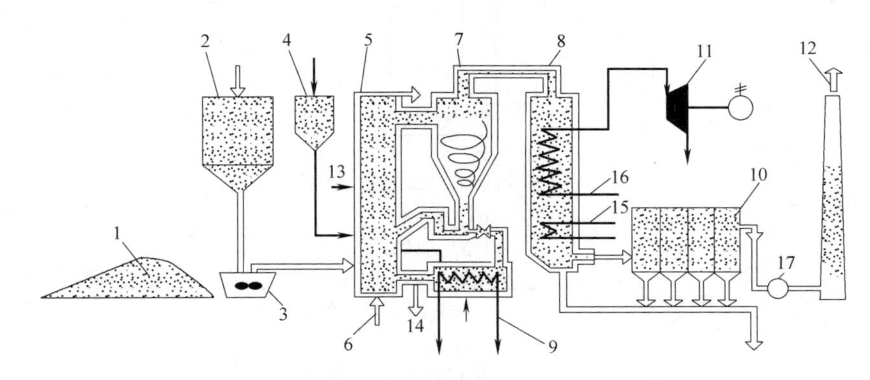

图20-6 典型发电厂循环流化床直流锅炉的工作系统

1—煤场；2—燃料仓；3—燃料破碎机；4—石灰石仓；5—水冷壁；6—布风板底下的空气入口；7—旋风分离器；8—锅炉尾部烟道；9—外置式换热器的被加热工质入口；10—布袋除尘器；11—汽轮发电机组；12—烟囱；13—二次空气入口；14—排渣管；15—省煤器；16—过热器；17—引风机

2. 旋风炉工艺

如图20-7所示，旋风炉是一种室燃锅炉，它的最大优点是熔融灰渣固化了污泥中有害重金属成分，不再污染环境，还能用作建材。

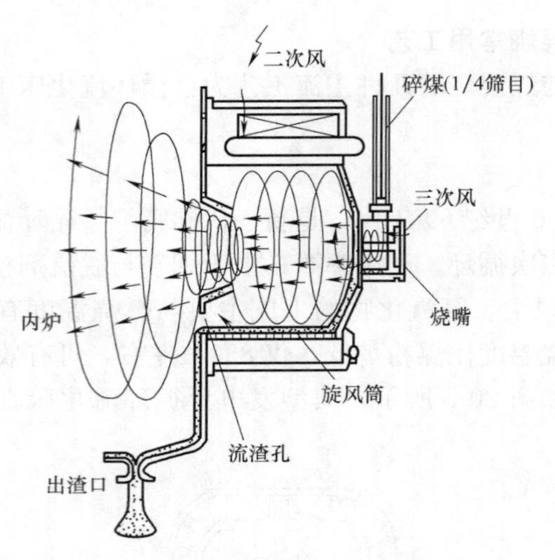

图 20-7　典型旋风炉型

旋风炉工艺流程如图 20-8 所示，污泥和原煤分别经各自的输送和计量系统输送混合，进入碎煤机，并经球磨系统使混合燃料变成细粉，再进入污泥煤粉仓。混合燃料由一次风送至立式旋风炉切向喷环，并点火燃烧，而二次风加速其切向旋转，强化燃烧，迅速升温至 1300℃以上。燃烧残渣被离心力甩至旋风筒壁，熔融流下至熔合渣口落入渣池中急冷成玻璃体骨料。燃烧高温烟气顺流进入内炉或二次室，经高、低过热器，再经高、低温省煤器和空气预热器，最后到电除尘器，由引风机引出炉外。

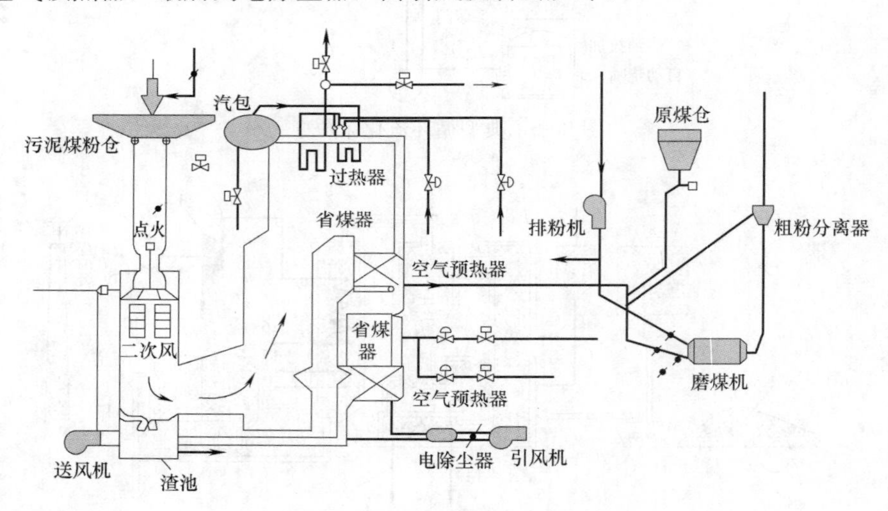

图 20-8　旋风炉的工艺流程

3. 煤粉炉工艺

煤粉燃烧的热惰性较小，燃烧调节方便，适应负荷变化快。因此，它被广泛应用于大中型电厂。图 20-9 为煤粉炉的工艺流程示意图。它是一个基本方形的室燃炉，底部四角有多层喷煤烧嘴，通常为五层。煤粉和气流向着炉中央的虚圆切线喷射，造成由下向上旋转燃烧，增加燃烧强度。约 1500℃高温烟气经上部过热器进入二级省煤器和空气预热器后由引风机引入除尘器并由烟囱排出。

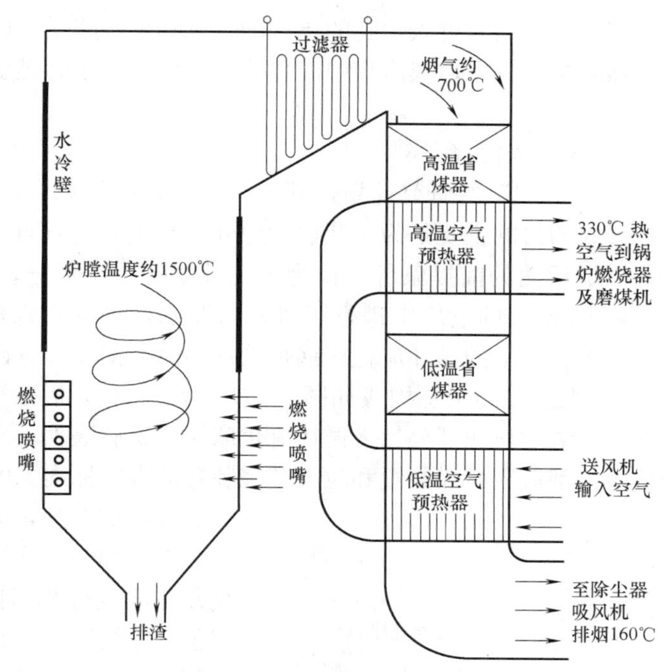

图 20-9 典型发电厂煤粉炉的工艺流程示意图

20.5.2 污泥与煤混烧工程案例

在德国，混烧污泥已有多个成功实例。脱水污泥与干化污泥均可使用，由于少量污泥掺烧，不影响电厂环保指标达标。

1. BASF 污泥与煤混烧案例

德国巴斯夫公司（BASF AG）在其位于路德维希港（Ludwigshafen）附近的一个电站中，将污泥与煤的混合物用于煤粉炉燃烧，其工作流程如图 20-10 所示。

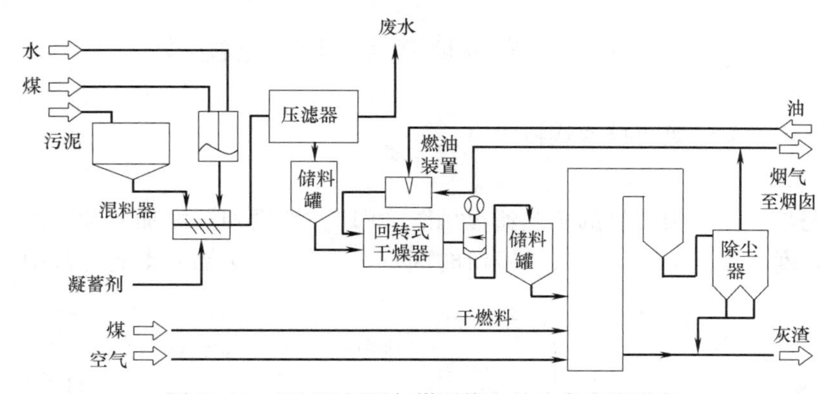

图 20-10 BASF 污泥与煤混烧电站生产流程示意

煤粉和水进入搅拌器中混合成为浆状，与湿污泥和凝聚剂一起进入混料器中混合，经过压滤器除去一部分水分，后进入到回转式干燥器内干燥。系统中有一个专设的燃油装置，产生的热风作为回转式干燥介质，热风经过回转式干燥装置对煤和污泥的混合物进行干燥后，挟带干燥过程中产生的颗粒状物料和热解气体进入旋风分离器中进行气固分离，气体经过循环风机再次进入燃油装置中循环燃烧，而干燥后的污泥与煤的混合物则送入储料罐内贮存，进入炉膛燃烧。同时进入炉膛的还有助燃风和另一路煤。燃烧产生的烟气从烟道中排出后经除尘器除尘后排空，灰渣集中混合外排。该炉每小时燃烧16t干污泥，占燃料输入总量的25%。

2. Rheinbraun污泥与褐煤混烧案例

欧盟进行了题为“Joule II”的研究计划，其中有关于在电站燃煤锅炉中进行污泥与煤混烧的研究内容，研究的目的主要是为了获取污泥处理有关环境方面的数据，用来作为他们的电厂进行混合燃烧污泥的前提条件。作为研究计划的一个部分，德国Rheinbraun公司在其位于Ville-Berrenrath的电厂中进行了将机械脱水污泥同褐煤混烧的试验研究，该工作前后持续了一年多。该厂的循环流化床锅炉设计燃料为褐煤，设计燃料消耗量为每小时燃烧93t。该炉与污泥混烧的系统构成如图20-11所示。30%含固率的污泥同褐煤一起从分离器的下部返料装置的料腿部分加入循环流化床中。试验表明，SO_2、NO、CO和微粒在该体系内的排放值都低于燃煤装置和垃圾焚烧装置的限定标准。因为污泥中的灰分比褐煤中的要高，所以混合燃烧后的灰分会增加。试验结果还表明重金属的总体浓度会相对降低。Hg的含量可能会因为原料中Hg的增加而增加，为使Hg达标排放，对原有位于电除尘器后的烟气Hg吸附装置进行了扩容，可除去烟气中95%的Hg。通过上述改造，1995年11月，当地有关机构批准该厂将污泥与煤进行混烧处理的技术方案，通过与煤混烧，该厂每年可以焚烧65000t污泥。

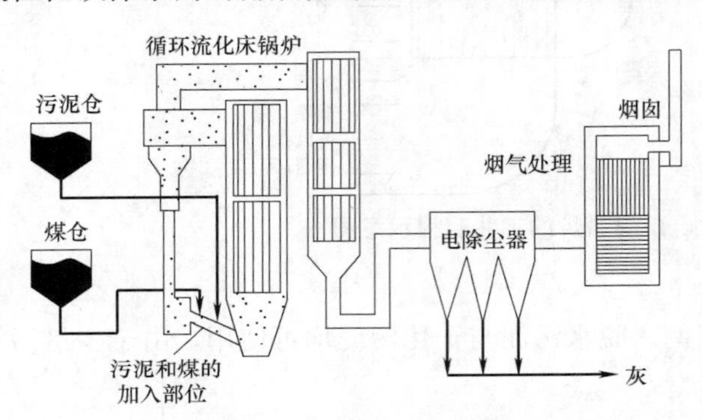

图20-11　污泥与褐煤在循环流化床中的混烧流程图

20.6　污泥与城市垃圾混烧技术

20.6.1　污泥与垃圾直接混烧技术

1. 技术介绍

典型污泥与生活垃圾混烧的工艺流程见图20-12。垃圾和污泥加入焚烧炉，垃圾焚烧炉烟气出口温度不小于850℃，烟气停留时间不小于2s，可控制焚烧过程中二噁英的形

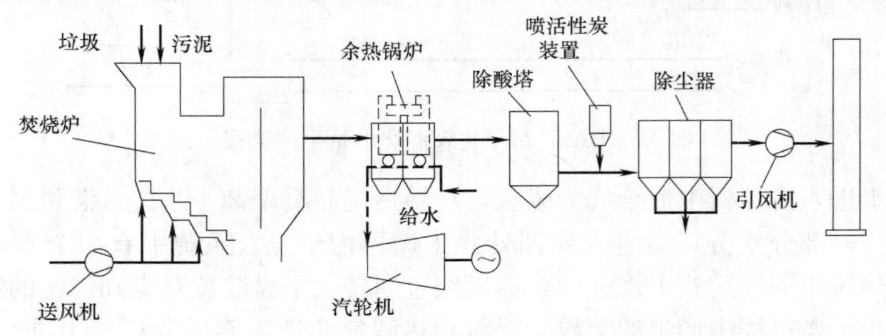

图20-12　垃圾焚烧厂混烧污泥工艺流程

成，高温烟气经余热锅炉吸收热能回收发电，余热锅炉充分考虑了烟气高温和低温腐蚀，从余热锅炉出来的烟气依次经除酸系统、喷活性炭吸附装置、除尘器等烟气净化装置处理后排出。为提供焚烧炉内垃圾、污泥处理所带的热氧化环境，炉内过剩空气系数大，排放的烟气中氧气含量为6％～12％。

垃圾焚烧炉型包括机械炉排炉和流化床炉。我国垃圾焚烧行业经过多年的发展，以机械炉排炉为主的垃圾焚烧工艺相对完善，并具有一定的规模，基本具备混烧污泥的条件。利用垃圾焚烧厂炉排炉混烧污泥，需安装独特的污泥混合和进料装置。含水率为80％污泥与生活垃圾的大致比例为1∶4，污泥（含固率约90％）以粉尘状的形式进入焚烧室或者通过进料喷嘴将脱水污泥（含固率为20％～30％）喷入燃烧室，并使之均匀分布在炉排上。

污泥与生活垃圾直接混烧需考虑以下问题：①污泥和垃圾的着火点均比较滞后，在焚烧炉排前段着火情况不好，可造成物料燃尽率低。②焚烧炉助燃风通透件不好，物料焚烧需氧量不充分，可造成燃烧温度偏低。③市政污泥与生活垃圾在炉排上混合程度不理想时，会引起焚烧波动。④物料燃烧工况的不稳定性。城市生活垃圾成分受区域和季节的影响比较大，垃圾含水率和灰土含量的大小将直接影响污泥处理量。⑤为保证混烧效果，污泥混烧过程中往往需要向炉膛添加煤或喷入油助燃，消耗大量的常规能源，运行成本高。⑥应注意控制焚烧过程中产生的污染物，详见本章第8节和第28章。

2. 应用案例

某市生活垃圾焚烧发电厂污泥处理项目，一期污泥日处理规模120t/d，二期污泥日处理规模达250t/d，其中污泥为市政污泥。

项目主要将含水率80％～90％污泥，先经机械压滤深度脱水至60％左右，其产生的污水并入生活垃圾渗沥液处理管网，随渗沥液一同处理；再通过干化技术使污泥含水率降至30％及以下；最后与生活垃圾一同入炉焚烧，可实现污泥的无害化处理和资源化再利用。其工艺流程见图20-13。

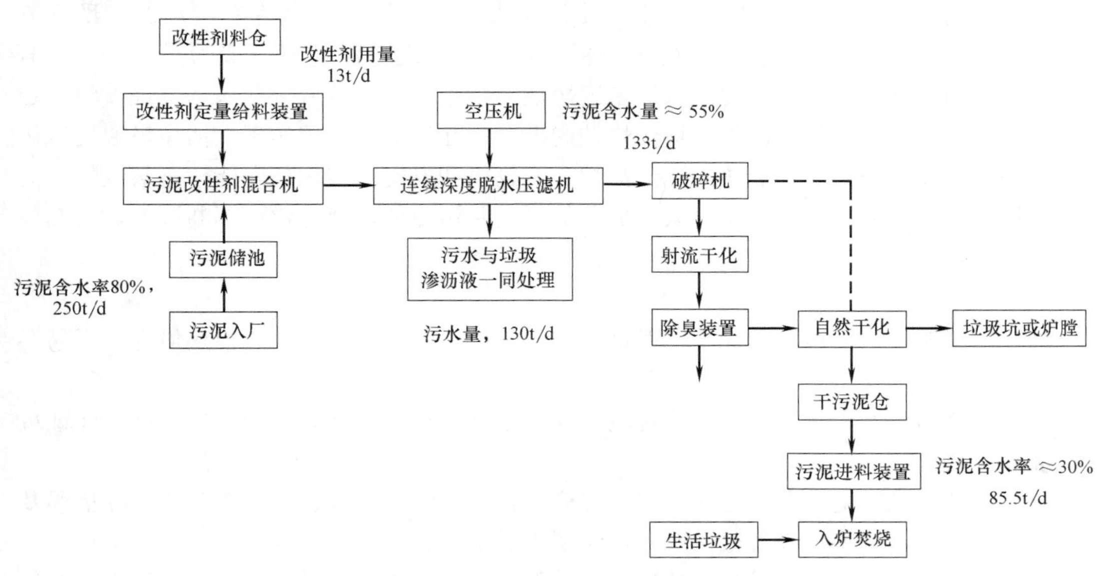

图20-13　污泥与垃圾直接混烧工艺流程

注：①虚线部分表示可将破碎之后的污泥直接输送至干化场，自然干化；

②进入除臭装置与从自然干化室出来的湿空气之和为47.5t/d。

干化后的污泥通过污泥进料装置与生活垃圾按 1∶6 的比例一同入炉焚烧。污泥进料装置设置旋转阀，可通过调节旋转阀来控制污泥的进量，最终来控制生活垃圾与污泥的混合比例。生活垃圾与污泥掉落在推料平台上，通过推料器将生活垃圾和污泥推入炉膛，污泥与垃圾在垃圾炉排炉的作用下，可保证垃圾在进入落渣管前完全燃尽。

焚烧产生的烟气可利用焚烧发电厂中脱酸塔、袋式除尘器等设备，使得烟气达标排放，符合《生活垃圾焚烧污染控制标准》GB 18485—2014，焚烧产生的灰渣可作为制砖的原材料，最终实现污泥的资源化利用。

20.6.2 污泥与垃圾富氧混烧技术

1. 技术概况

我国垃圾和污泥的热值普遍偏低，单纯与垃圾混烧将不利于垃圾焚烧发电系统的正常运行，以天津某环保有限公司开发的污泥掺混垃圾的富氧焚烧发电技术为例，污泥与垃圾富氧混烧技术工艺流程见图 20-14。

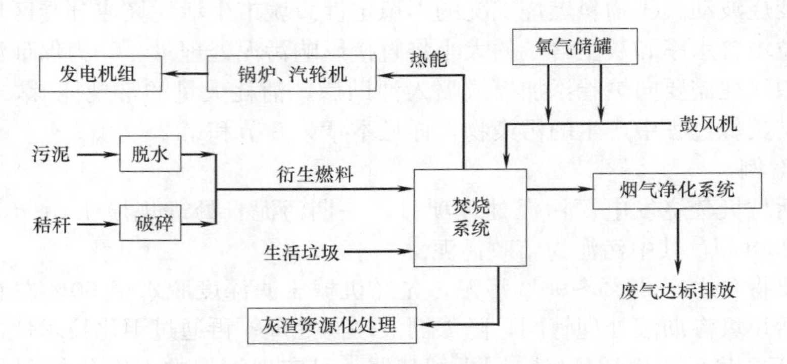

图 20-14 污泥与垃圾富氧混烧发电工艺流程

在湿污泥中加入新型助滤剂后脱水，使污泥含水率降低至 50%左右，污泥实现低成本干化后再与少量的秸秆混合制成衍生燃料，秸秆与污泥掺混比例一般为 1∶5～1∶3，以保证焚烧的经济性并兼顾污泥的入炉稳定燃烧。衍生燃料和垃圾一起入炉焚烧，将一定纯度的氧气通过助燃风管路送到垃圾焚烧炉内助燃，在垃圾焚烧炉实现生活垃圾混烧、污泥混合物的富氧焚烧，产生的热能通过锅炉、汽轮机和发电机转化成电能。富氧焚烧所需氧气量根据城市生活垃圾含水率、灰土成分的不同和污泥的热值变化而不断调整，助燃风含氧量为 21%～25%。

2. 工艺特点

(1) 污泥混烧生活垃圾，提高了燃烧物料的热值，解决了垃圾焚烧中热值低、不易燃烧的问题。

(2) 混合物料着火点提前，改善垃圾着火的条件，提高燃烧效率和燃烧温度，保证垃圾焚烧处理效果。

(3) 提高垃圾燃烧工况稳定性。根据混合物料的热值和水分、灰土含量等实际情况及时调整富氧含量，改善垃圾着火情况，从而解决燃烧工况不稳定的问题。

(4) 增加焚烧炉内助燃风氧气含量，有效降低锅炉整体空气过剩系数，获得更好的传热效果，降低排烟量，从而减少排烟损失，有助于提高锅炉效率，减少环境污染。

(5) 提高烟气排放指标。富氧燃烧能使炉内垃圾剧烈燃烧，从而降低烟气中 CO 和二噁英等有害物质浓度。

(6) 减少灰渣热灼减率。富氧燃烧使助燃风中氧气含量提高，充分满足垃圾焚烧所需助燃氧气，提高垃圾燃烧效率，从而减少炉渣热灼减率。缺点是烟气和飞灰产生量增加，烟气净化系统投资和运行成本增加，并降低生活垃圾发电厂的发电效率和焚烧厂垃圾处理能力。

20.7 污泥与水泥生产掺烧

污泥与水泥生产掺烧技术是利用水泥窑高温处置污泥的一种方式。水泥窑中的高温能将污泥焚烧，并通过一系列物理化学反应使焚烧产物固化在水泥熟料的晶格中，成为水泥熟料的一部分，从而达到污泥安全处置的目的。

利用水泥窑对污泥进行协同处置，具有以下作用：有机物彻底分解，污泥得以彻底的减容、减量和稳定化；燃烧后的残渣成为水泥熟料的一部分，无残渣飞灰产生，不需要对焚烧灰另行处置；回转窑内碱性环境在一定程度内可抑制酸性气体和重金属排放；水泥生产过程余热可用于干化湿污泥；回转窑热容量大，工作状态稳定，污泥处理量大。

20.7.1 水泥窑协同处置的主要方式

城镇污水处理厂污泥可在不同的喂料点进入水泥生产过程。常见的喂料点有：窑尾烟室、上升烟道、分解炉、分解炉的三次风风管进口。污泥焚烧残渣可通过正常的原料喂料系统进入，含有低温挥发成分（例如烃类）的污泥必须喂入窑系统的高温区。

通常，湿污泥经过泵直接送入窑尾烟室；利用水泥窑协同处置干化或半干化后的污泥时，在窑尾分解炉加入；外运来的污泥焚烧灰渣，可通过水泥原料配料系统处置。利用水泥窑废热干化污泥，与通常的污泥热干化系统相同。

20.7.2 利用水泥窑直接协同处置湿污泥

含水率在60%～85%的市政污泥可以利用水泥窑直接进行焚烧处置。

利用水泥窑直接焚烧污泥可在水泥窑窑尾烟室或上升烟道设置喷枪。水泥窑应进行如下改造：①窑尾烟室耐火材料改用抗剥落浇筑材料；②水泥窑窑尾上升烟道增设压缩空气炮，以便清理结皮；③水泥窑窑尾分解炉缩口应做相应调整；④对窑尾工艺收尘器进行改造；⑤窑内通风面积扩大5%～10%。

20.7.3 利用水泥窑焚烧处置干化或半干化的污泥

干化或半干化后的污泥发热量低、着火点低、燃烧过程形成的飞灰多、燃烧时间短，不适合作为原料配料大规模利用，应当尽可能在分解炉、窑尾烟室等高温部位投入，以保证焚烧效果。

来自干污泥储存仓的污泥经皮带秤计量后，经双道锁风阀门进入分解炉，分解炉内部增设污泥撒料盒，在撒料盒下方设置压缩空气进行吹堵和干污泥的抛洒分散。如干污泥仓布置离窑尾较远，也可采用气动输送，利用罗茨风机作为动力，经管道输送进入分解炉，干污泥燃烧采用单通道喷管即可。

20.8 污泥焚烧环境影响与控制

焚烧处理的产物是飞灰、烟气和灰渣。烟气的污染控制及灰渣的安全处置组成了污泥焚烧环境安全性的重要环节，需要相应的标准和规范来对这些方面进行有效的管理，具体介绍见本书第28章。

20.8.1 飞灰控制

在大多数固体废弃物和污泥焚烧工厂中，静电除尘器常用于除去飞灰。静电除尘器的最高操作温度为400℃。有些情况下旋风分离器（如余热锅炉、热交换器、风机等）也有可能安装在静电除尘器的前端，它既可除去粗颗粒以减少除尘器的负荷，也作为保护设备，防止来自烟气中的粗颗粒对机组其他设备形成损害。静电除尘器和洗涤设备联合使用能够使烟气中的灰分颗粒在出口处减少，并满足排放标准。

20.8.2 酸性气体控制

污泥焚烧产生的酸性气体主要包括SO_2、HCl、HF及NO_x。

1. SO_2、HCl和HF的去除

城市固体废物和污泥燃烧后产生的SO_2、HCl和HF通过洗涤的方式可去除，在流化床内添加石灰石来捕获释放出的SO_2，将其制成石膏状，然后进行卫生填埋。对于湿式洗涤法，还要考虑洗涤水的处理。由于污泥的含硫量较一般燃煤要低，尤其是污水污泥，因此，在污泥焚烧过程中，只要加强控制，便能有效抑制SO_2危害。

2. NO_x的去除

NO_x是NO和NO_2的总称。在焚烧炉内，NO的量在NO_x中占优势，NO_2占不到NO_x的5%。在烟道下游温度较低，此时NO被氧化为NO_2，NO和NO_2可相互转化。有研究表明，燃烧温度升高、过剩空气率增加、燃料（煤）含氮物增加，烟气中NO_x的量会增加。如果采用分段式燃烧，同时在炉内引入NH_3或尿素，可以减少NO_x的量。N_2O的产生与流化床的低温操作有一定的关系。大量的试验研究表明，提高燃烧温度、选用低级燃煤、炉内添加石灰石、燃烧时不断降低氧浓度，可以减少N_2O的量。同时，分段燃烧、增加排气温度，对减少N_2O也有一定的效果。

20.8.3 重金属控制

污泥焚烧排放的尾气中所含重金属量的多少，与污泥组成、性质、重金属存在形式、焚烧炉的操作等有密切关系。

污泥中的重金属主要以氧化物、氢氧化物、硅酸盐、不可溶盐和有机络合物的形式存在，其次为硫化物，很少以自由离子的形式存在。污泥中的重金属主要有8种：Cu、Ni、Cd、Cr、Mn、Pb、As、Hg。其中，80%以上的Cu、Pb和60%以上的Cd、Cr是以有机态和硫化物的形式存在。

1. 重金属富集特点分析

一般来说，高温的还原性燃烧气氛使元素更易于气化，在飞灰中的分布较多，而氧化性气氛则使元素更多地留在灰渣中。在这几种元素中，As是典型的亲硫元素，而Cr是典型的亲氧元素。一般来说，氧化物相对较难气化，亲氧元素在灰渣中具有较高的富集程度，而亲硫元素在飞灰中具有较高的富集程度。例如，比较Cd、Pb、Cu三种亲硫元素在飞灰中的富集程度，大小顺序依次为Cd＞Pb＞Cu，而这些元素的沸点顺序为Cd(767℃)＜Pb(1620℃)＜Cu(2595℃)。这就表明亲硫元素在飞灰中的富集程度随元素的沸点升高而逐渐减小，具有明显的负相关性。另外，沸点低、易挥发气化的元素，如Cd、Pb、Hg在残渣及飞灰中的含量较干污泥中的含量均有所下降。这是由于在燃烧过程中，燃料所含的低沸点元素被高温气化。虽然在烟气冷凝时，被气化的部分矿物质由于均相成核作用或异相凝结作用，形成微小颗粒（平均粒径在 1μm 以下的亚微米颗粒）的同时，会吸附冷凝部分已被气化的元素，但仍随烟气进入大气，因为分析所收集的飞灰不包括这一部分，所以检测到的元素含量比焚烧前有很大的减少。仔细分析这种现象，重金属富集可以具体分为以下三种情况：①形成金属盐类的气溶胶，如重金属的硫酸盐类物质；②生成蒸气或微小颗粒，如金属砷；③形成金属盐类的气溶胶及蒸气，如金属铅主要以 PbO 气溶胶及蒸气态的铅存在。

2. 重金属污染物去除机理

（1）重金属降温达到饱和，凝结成粒状物后被除尘设备收集去除。

（2）饱和温度较低的重金属元素无法完全凝结，但飞灰表面的催化作用会使重金属形成饱和温度较高且较易凝结的氧化物或氯化物，从而被除尘设备收集去除。

（3）仍以气态存在的重金属物质，因吸附于飞灰或喷入的活性炭粉末上而被除尘设备一并收集去除。

（4）部分重金属的氯化物为水溶性，即使无法在上述的凝结及吸附作用中去除，也可利用其溶于水的特性，由湿式洗气塔的洗涤液自尾气中吸收下来。

当尾气通过热能回收设备及其他冷却设备后，部分重金属会因凝结或吸附作用而附着于细尘表面，可被除尘设备去除，温度愈低，去除效果愈佳。但挥发性较高的 Pb、Cd 和 Hg 等少数重金属则不易被凝结去除。

3. 重金属污染物控制措施

采用合适的焚烧方式和恰当的焚烧条件，将有助于减少重金属在污泥焚烧过程中向环境中的排放。如果能在污泥焚烧过程中使大部分重金属尽可能多地保留在焚烧灰渣中，而尽可能少地随飞灰排放到环境中，将会十分有利于污泥焚烧技术的应用。

污泥焚烧灰渣中重金属的含量大大超过原污泥中的含量，表明污泥经焚烧处理后，可有效分解污泥中有毒有害物质，使重金属富集于灰渣中，因此污泥焚烧产生的灰渣不能随便堆放，应进行稳定化处理；也可采用卫生填埋的方法予以妥善处置，以免污染土壤和地下水，产生对环境的二次污染。另外，采用高温熔融技术，将污泥制成玻璃和陶瓷块，可使重金属的熔出率几乎为零。

清华大学王伟等对利用重金属螯合剂处理焚烧飞灰的药剂稳定化工艺及处理效果进行了试验研究，该螯合剂投加量为焚烧飞灰干重 6%时，捕集飞灰中重金属的效率高达 97%以上。焚烧温度、升温速度、停留时间和原污泥的含水率等因素的变化均影响灰渣中重金属元素的含量。污泥焚烧灰渣中重金属的含量将取决于污泥燃尽程度和重金属的挥发程度，燃尽程度越高，灰渣中重金属的含量越高，重金属越易挥发，底灰中重金属的含量越低。重金属的最终含量取决于二者的平衡。

通常是采用灰渣再燃装置对其进行高温熔融处理后，再进行填埋，或采用化学方法把超标的重金属滤淋出来，降低到符合国家标准后，再进行利用。一般的药剂处理采用 Na_2S和石灰对灰渣进行稳定化。近年来，利用重金属螯合剂处理灰渣中的重金属技术得到了发展。与 Na_2S 和石灰对灰渣的处理效果比较，在相同投加量的情况下利用重金属螯合剂的优势有：①对主要污染重金属 Cd、Pb、Cr 能更高效地捕集；②处理后的飞灰中 Cd 和 Pb 的最大浸出量大大降低；③可以有效扩宽灰渣主要污染重金属 Cd 和 Pb 达到填埋标准的 pH 的范围，使稳定化产物在环境 pH 改变的情况下能长期稳定存在，大大降低二次污染的潜在威胁。

20.8.4 二噁英控制

在污泥焚烧过程中，影响二噁英形成和排放的主要因素包括：污泥的成分及特性，燃烧条件，烟气成分，烟气中微粒的含量，烟气温度分布，粉尘去除装置的运行温度以及酸性气体的控制方式。

污泥焚烧过程中二噁英的形成有三个可能的途径：(1) 包含二噁英的化合物在燃烧室不完全的裂解；(2) 二噁英也可能通过炉膛中的氯酚和氯苯等氯化物形成；(3) 由无机氯化物与有机物综合反应的结果，通常是在有催化剂存在的条件下发生，如温度范围为250～400℃的余热锅炉及除尘器中的飞灰，所含的一般金属化合物有铜的氯化物、氧化物、硫酸盐以及铁、锌、镍、铝的氧化物。

污泥焚烧过程中要严格控制二噁英的排放，通常的做法是，在燃料中添加化学药剂阻止二噁英的生成；在燃烧过程中提高“3T”(Turbulence，Temperature，Time) 作用效果，使燃烧物与氧充分搅拌混合，造成富氧燃烧状态，减少二噁英前驱物的生成；在废气处理过程中采用袋式除尘器或活性焦炭有效抑制二噁英类物质的重新生成和吸附二噁英类物质。通过改进燃烧和废气处理技术，排入大气中的二噁英类物质的量达到最小，被吸附的二噁英类物质随颗粒一起进入灰渣系统中。对灰渣采用熔融处理技术，将灰渣送入温度1200℃以上的熔化炉内熔化，灰渣中的二噁英类物质在高温下被迅速地分解和燃烧。

第21章　污泥堆肥

21.1　污泥堆肥概述

污泥堆肥是将浓缩污泥、脱水污泥或其他经过预处理后的污泥单独或与秸秆、农林废物、生活垃圾等进行混合发酵，经过腐熟，制成具有有机质与腐殖质及一定肥效的产品。

常用的污泥堆肥方法根据微生物反应原理，有好氧堆肥和厌氧堆肥两类；好氧堆肥因堆肥过程中有机物的分解转化和无害化作用以好氧微生物为主所驱动，伴随的是升温和高温的持续过程，因此又称高温堆肥；厌氧堆肥是我国古老的堆肥方式之一，又称沤肥，有机物的分解和无害化作用是以厌氧微生物为主所驱动。

若从作业方式分类，可以分为机械化堆肥、露天堆肥等。

21.2　好氧污泥堆肥原理

堆肥化的实质是在微生物的作用下，有机物通过生物化学反应实现转化和稳定化的过程。根据处理过程中起作用的微生物对氧气要求的不同，堆肥化分为好氧法和厌氧法两种。好氧法是在通气条件下通过好氧性微生物活动使污泥中有机物得到降解稳定的过程，此过程速度较快，堆肥温度高，故又称为高温堆肥。厌氧堆肥实际上是微生物的固体发酵，对污泥中有机废物进行降解与稳定化，需要通过更复杂的生物化学反应实现。该过程堆肥速度较慢，堆肥时间较长，常为好氧堆肥的3～4倍，甚至更长。

堆肥是在人工控制下，在一定的水分、碳氮比和通风条件下通过微生物的发酵作用，将有机物转变为腐殖质残渣（肥料）的过程。在这种堆肥过程中，污泥中有机物由不稳定状态转化为稳定腐殖质残渣，对环境尤其是对土壤环境不再构成危害。腐熟的堆肥是一种深褐色、质地松散、有泥土味的物质，是具有一定植物养分，一种极好的土壤调理剂和结构改良剂。

21.2.1　好氧堆肥过程

好氧条件下进行污泥堆肥化，其微生物的作用过程可分为以下三个阶段：

1. 发热阶段，或称中温，亦称升温阶段

堆肥初期，堆肥基本呈中温，嗜温性微生物较为活跃，并利用堆肥中可溶性有机物旺盛繁殖。它们在转换和利用化学能的过程中，有一部分变成热能，由于堆料有良好的保温作用，温度不断上升。此阶段微生物以中温、需氧型为主，通常是一些无芽孢细菌。适合于中温阶段的微生物种类极多，其中最主要是细菌、真菌和放线菌。细菌特别适应水溶性单糖类，放线菌和真菌对于分解纤维素和半纤维素物质具有独特的功能。利用堆肥中最容易分解的物质，如淀粉、糖类等而迅速繁殖，释放出热量，使堆肥温度不断升高。此阶段常为主发酵前期，常需 1～3d。

2. 高温阶段

当堆肥温度上升至 50℃以上时，即进入高温阶段。在这阶段时，嗜温性微生物受到抑制，嗜热性微生物逐渐发生替代嗜温性微生物的活动，堆肥中残留的或新形成的可溶性有机物继续分解转化，复杂的有机物开始被强烈分解。通常在 50℃左右进行活动的主要是嗜热性真菌和放射菌。温度升到 70℃时，真菌几乎完全停止活动，仅有嗜热性放线菌与细菌在继续活动，缓慢地分解有机物，温度升到 70℃时，大多数嗜热性微生物已不适宜，微生物大量死亡或进入休眠状态。

高温对堆肥化而言是极其重要的，主要表现在两个方面：①高温对快速腐熟起着重要作用，在此阶段中，堆肥内开始了腐殖质的形成过程，并开始出现能溶于弱碱中的黑色物质；②高温有利于杀死病原性生物。病原性生物的失活取决于温度和接触时间。据研究报道，60～70℃维持 3d，可使脊髓灰质炎病毒、病原细菌和蛔虫卵失活。根据国内经验，一般认为，堆温 50～60℃，持续 6～7d，可达到较好的杀灭虫卵和病原菌的效果。

3. 降温和腐熟保肥阶段

经过高温阶段的主发酵，大部分易于分解或较易分解的有机物（包括纤维素等）已得到分解，剩下的是木质素等较难分解的有机物以及新形成的腐殖质。这时微生物活性减弱，产热量随之减少，温度逐渐下降，中温性微生物又逐渐继续不断地积累，堆肥进入腐熟阶段。腐熟阶段的主要问题是保存腐殖质和氮素等植物养料，充分的腐熟能大大提高堆肥的肥效与质量。为了减弱有机质矿化作用，避免肥效损失，可采用压紧堆肥，造成厌氧状态。

4. 好氧堆肥的有机物氧化与合成

好氧堆肥是在有氧的条件下，借助好氧微生物（主要是好氧菌）的作用而进行的。微生物通过自身的活动——氧化、还原、合成等过程，把一部分被吸收的有机物氧化成简单的无机物，放出生物生长活动所需要的能量，并把另一部分有机物转化为生物体所必需的营养物质，合成新的细胞物质，促使微生物生长繁殖，产生更多的生物体。图 21-1 简述了这个过程。

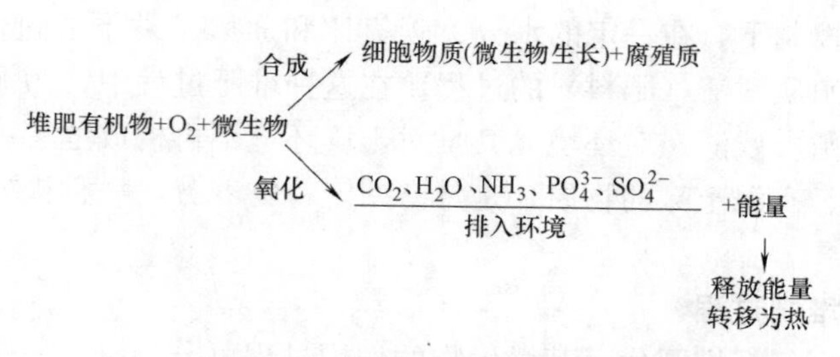

图 21-1 堆肥的好氧发酵过程

一个完整的好氧堆肥过程是由上述发热（或称中温或称升温）阶段、高温阶段、降温阶段和腐熟阶段等四阶段组成的。每一个阶段有不同类型的优势微生物（如细菌、放线菌、真菌和原生动物）。每个阶段，微生物利用污泥和阶段产物作为营养食物和能量的来源，这个过程一直进行和延伸到稳定的腐殖物质形成。

21.2.2 好氧堆肥有机物反应机理

下列反应式表明了好氧堆肥中有机物的氧化与合成原理及反应过程。

1. 有机物的氧化

（1）不含氮的有机物（$C_xH_yO_z$）：

$$C_xH_yO_z+\left(x+\frac{y}{2}-\frac{z}{2}\right)O_2 \rightarrow xCO_2+\frac{y}{2}H_2O+\text{能量} \tag{21-1}$$

（2）含氮的有机物（$C_sH_tN_uO_v \cdot aH_2O$）

$$C_sH_tN_uO_v \cdot aH_2O+bO_2 \rightarrow C_wH_xN_yO_z \cdot cH_2O(\text{堆肥})+ dH_2O(\text{水})+eH_2O(\text{气})+fCO_2+gNH_3+\text{能量} \tag{21-2}$$

2. 细胞物质的合成（包括有机物的氧化，并以 NH_3 为氮源）

$$nC_xH_yO_z+NH_3+\left(nx+\frac{ny}{4}-\frac{nz}{2}-5x\right)O_2 \rightarrow C_5H_7NO_2(\text{细胞质})+ (nx-5)CO_2+1/[2(ny-4)H_2O]+\text{能量} \tag{21-3}$$

3. 细胞质的氧化

$$C_5H_7NO_2(\text{细胞质})+5O_2 \rightarrow 5CO_2+2H_2O+NH_3+\text{能量} \tag{21-4}$$

以纤维素为例，好氧堆肥中纤维素的分解反应如下：

$$(C_6H_{12}O_6)_n \xrightarrow{\text{纤维素酶}} n(C_6H_{12}O_6)(\text{葡萄糖}) \tag{21-5}$$

$$nC_6H_{12}O_6+6nO_2 \xrightarrow{\text{微生物}} 6nCO_2+6nH_2O+\text{能量} \tag{21-6}$$

或

$$(C_6H_{12}O_6)_n+6nO_2 \xrightarrow{\text{微生物}} 6nCO_2+6nH_2O+\text{能量} \tag{21-7}$$

由于堆肥温度较高，部分水以蒸汽排出。堆肥成品 $C_wH_xN_yO_z \cdot cH_2O$ 与堆肥原料 $C_sH_tN_uO_v \cdot aH_2O$之比为 0.3～0.5，这是氧化分解减量化的结果。通常可取如下数值范围：w=5～10，x=7～17，y=1，z=2～8。

21.3 好氧污泥堆肥影响因素

由于堆肥过程是充分利用污泥中好氧微生物菌群的作用，所以凡是能影响这些微生物菌群活动性的因素（如营养、水分、空气、温度和 pH）就是决定污泥堆肥化质量的因素。

21.3.1 含水率

堆料的含水率过低，不利于微生物的生长；含水率过高，则会堵塞堆料中的孔隙，影响通风，降低堆体含氧量，导致厌氧发酵；水分的多少应以保证生化反应有效、稳定进行为准。众多研究表明，污泥堆肥初始含水率应调节至 50%～60%左右。针对不同的系统略有差异，对于条垛系统和反应器系统，堆料含水率不应大于 65%；对于强制通风静态垛系统，含水率不应大于 60%；无论哪种堆肥系统，含水率均需保证不小于 40%。相关研究采用自行设计的卧式螺旋式污泥好氧堆肥装置，探讨了含水率与堆体温度、有机物去除和 pH、TN、有机碳变化的关系，认为该装置堆肥的最佳含水率为 50%～55%。

一般污泥脱水泥饼的含水率高达 75%～85%。污泥的含水率过高则会堵塞堆料中孔隙，影响通风，导致厌氧发酵，温度急剧下降。含水率调整的方法有添加辅料、成品回流、干燥和二次脱水等。

辅料添加法由于前处理装置简单，脱水泥饼的通气性显著得到改善，因此被广泛应用于高含水率的泥饼。通常在1体积的泥饼中加入1体积的辅料后，即可得到含水率60%～65%、通气性能良好的堆料。常用的辅料以木屑、米糠、稻草为主。在选择辅料时需注意，木屑等木质材料与米糠、稻草等植物材料相比难分解成分多，需要进行长时间的二次发酵。

成品回流法不必担心辅料是否能到手，并且在含水率调整的同时也能调整 pH 和进行接种，因此对加消石灰后 pH 高的脱水泥饼经常使用。用这种方法堆料含水率必须调整到50%左右，所以它适用于含水率较低的泥饼。含水率高的泥饼1体积需要加3～5体积的成品，这样会使发酵槽过大。成品回流法的优点，除不需要供给辅料外，堆料中含难分解物质少，可不必进行二次发酵，发酵时间短。

干燥和二次脱水，一般被认为是成品回流方式的辅助手段，目前应用很少，原因是干燥费用高和二次脱水机性能没有解决。

21.3.2 含氧量

堆体的含氧量低于微生物生化活动所需的浓度界限，就会导致厌氧发酵产生恶臭；含氧量过高，在降低堆体温度的同时，导致病源菌的大量存活。一般认为，堆体的含氧量保持在5%～15%的范围比较适宜。有人针对自行设计的卧式螺旋式污泥好氧堆肥装置，进行了通气量对堆肥效果的影响研究，结果表明，装置的最佳通气量为 $6.7\sim8.3m^3/(h \cdot t)$，通气量过大或不足都将减缓堆体的升温速率，降低堆体温度，不利于有机物的去除。

控制含氧量的目的是供给氧气以维持好氧微生物的代谢活动，是通过通风供氧来实现的。污泥堆肥系统目前主要有4种通风方式：自然通风、定期翻堆、被动通风及强制通风。

（1）自然通风：是利用堆料表面与其内部氧的浓度差产生扩散，使氧气与物料接触。仅仅通过表面接触供氧，只能保证离表层22cm距离内有效供氧。显然，采用此法供氧存在氧气分布不均匀、发酵不均匀、堆肥周期拖长等缺点，但其节省能源的优点也是显而易见的。

（2）定期翻堆：条垛系统靠自然通风系统进行供氧，由于受自然通风的限制，在堆肥过程中就需要翻动堆垛，利用固体物料的翻动把空气包裹到固体颗粒的间隙中以达到供氧的目的。定期翻堆包括人工翻堆和机械翻堆两种操作形式。在堆肥的起始阶段，耗氧速率很大，从理论上说，如果仅靠翻堆供氧，则固体颗粒间的氧约30min就被耗尽，也就是说需要每30min左右就翻堆一次，在实际生产中就很难实施。实际上，对于常规条垛系统，在堆肥开始的2～3周内，一般每隔3～4d翻堆一次，然后一周左右翻堆一次即可。此外，翻堆还能使堆料混合均匀，促进水分蒸发，有利于堆肥的干燥。

（3）被动通风：被动通风与自然通风方式近似，只是在堆体中加入穿孔管，空气进入穿孔管后以对流方式经过孔眼，即因热气上升使空气通过堆体，该种方式不需翻堆。被动通风与自然通风相比，可满足堆体对氧气的需求，避免厌氧现象；与强制通风相比，不会因为冷空气的过量鼓入使热量散失而引起堆体温度降低。这种通风方式的不足之处在于：不能有效地控制通风量的变化，以满足不同堆肥阶段的需要。

（4）强制通风：是通过机械通风系统对堆体强制性通风供氧的方式。机械通风系统由风机和通风管道组成，通风管道可采用穿孔管铺设在堆肥池地面下或设活动管道插在堆肥物料中等布设方式。为实现气体在堆体中均匀流通，必须使各路气体通过堆层的路径大致相等，且通风管路的通风孔口要分布均匀，这是通风管路铺设应遵循的一个原则。通风的方式又可选用鼓风或抽风，鼓风有利于保持管道畅通，排除水蒸气，防止堆体边缘温度下降，有利于堆垛温度均衡，一般在堆肥化前期和中期采用鼓风；后期采用抽风，有利于臭气的排除及尽快降低堆垛的温度。通风量的控制方法分为 4 种：时间控制、温度反馈控制、耗氧速率控制和综合控制。

21.3.3 温度

堆肥化过程中，堆体温度应控制在 45～70℃。研究表明，污泥堆肥过程中有机质的分解主要是中温（45℃左右）阶段完成，参与反应的微生物以中温菌群为主，同时包括部分耐热菌群；高温期阶段（55℃以上）可以杀灭绝大部分病原菌，高温菌群的主要作用在于分解纤维素。此外，当堆体温度高于 70℃时，就会对微生物的生长活动产生抑制作用，使发酵变慢，降低堆肥产品质量。静态好氧工艺研究分析了 55℃、60℃、65℃三个温度控制水平下的废物减量化、底物降解、水分去除等的随时间的变化特征。结果表明，60℃控温工艺的废物减量化效果最好，65℃次之，55℃最差；60℃控温工艺的底物降解能力最强；60℃和 65℃控温工艺的水分去除能力最强。

在堆肥过程中，控制温度的目标是尽可能地保证堆肥无害化和稳定化。过程中不同的温度有不同的效果：大于 55℃无害化效果最好；45～55℃生物降解速率最大；35～40℃微生物种类最多。堆体温度影响因素包括外界环境温度和堆肥过程中堆体的放热。强制通风的静态仓工艺研究表明，环境温度对堆体温度的正常升温影响不大，寒冷的气候对堆体中层温度的升温速率有影响，寒冷的冬季（平均气温－5.1℃），升温比较慢，只要操作得当，堆肥能顺利达到高温（60℃以上），并能维持一段高温期（约 9d）。而堆体的温度控制针对不同的堆肥系统可采取不同的方式：

（1）条垛系统：温度控制取决于翻动频率，频率越快，翻动次数越多，堆体温度下降越厉害。这种影响在堆肥化早期并不显著，在堆肥化后期，增加翻动次数，会引起堆体温度下降。

（2）强制通风静态垛系统：温度控制取决于不同的通风方式和通气量，可以有效控制堆体温度，但它不能避免堆体温度分布的不均匀。采用翻堆强制通风方式的堆肥系统可以有效地改善堆体温度的分布，使温度分布更均匀。

（3）反应器系统：温度控制取决于对排气的控制，排气流量和时间是控制中的关键参数。

21.3.4 C/N

C/N 若过高，微生物由于氮不足，生长受到限制，有机物降解速率变缓，从而延长堆肥时间；C/N 若过低，则堆肥过程产生氨，不仅影响环境，而且造成肥分氮的损失，导致堆肥产品质量下降。一般 C/N 控制在 20∶1～30∶1 之间比较适宜。磷也是微生物所必需的营养元素，堆肥化所需 C/P 为 75∶1～150∶1，污泥中含有较多的磷，所以一般不必调整。

C/N 的控制通过添加调理剂来实现，常用的调理剂可以是麦壳、稻壳、木屑、麸皮、玉米芯等。堆料与调理剂的混合比例，需要确定堆肥原料（污泥）的组成，并根据物料衡算，以最佳 C/N 进行适当调整。调理剂的添加不仅可以有效改善堆料的营养特性，而且对堆料的孔隙率和含水率也是一种有效的控制。在选择调理剂时，主要考虑 2 个问题：调理剂的费用和能否大量供应。有人对 4 种调理剂麦壳、木片、稻壳、玉米芯与污泥进行好氧高温堆肥试验，都可使堆肥过程正常进行，堆制出合格的堆肥，并研究确定堆肥变化与初始堆料组成相关。

21.3.5　pH

污泥通常呈中性，pH 一般在 6～9，而微酸性或中性的环境正是微生物适宜的活动条件，因此堆肥化时 pH 一般不需要调整。即使发酵过程中由于产生有机酸，会使 pH 有所降低，但是随着堆肥的进行，有机酸会被进一步分解为 CO_2 和 H_2O，pH 会重新上升，堆肥结束时 pH 达到 7～8。Nakasaki 等研究了控制 pH 对垃圾堆肥的影响，结果表明，在垃圾堆肥的早期，控制 pH 在 8 左右能显著提高堆肥初期的反应速率，可以极大地缩短堆肥达到高温所需的时间，因而可避免由于反应停滞引起的臭味问题；微生物生长速率和蛋白质分解速率的 pH 在 7～8 最佳，葡萄糖分解速率在 pH 为 6～9 时为好。当 pH 控制在 5 时，葡萄糖和蛋白质的降解停止。

一般的脱水污泥不必进行 pH 调整。如果脱水时添加了消石灰，则脱水泥饼的 pH 可达 11～13，不加调整通常不能发酵。脱水泥饼的 pH 调整常用具有 pH 缓冲能力的成品回流来实现，并可与含水率一起调整。调整后的 pH 为 10.0～10.5 即可，对压滤机泥饼 1 体积泥饼加 1 体积回流成品即可达到目的。pH 调整除采用成品回流方式外，把二氧化碳吹入发酵槽内，使含二氧化碳废气在发酵槽内循环，也是一种常用的方法。

21.4　污泥好氧堆肥工艺及设计计算

堆肥的工艺流程主要分为前处理、一次发酵、二次发酵、后处理四个阶段。

21.4.1　前处理阶段

前处理的目的是将污泥中不适宜堆肥的粗大废物，影响机械正常运行的条状、棒状废物及对堆肥产品质量产生影响的金属、玻璃、砖瓦等无机废物通过筛分、破碎、分选等手段除去，并使堆肥原料和含水率达到一定程度的均匀性，使原料的表面积增加，提高发酵速度。

1. 进料系统

进料系统由一台抓斗行车和板式输送机组成。进料系统在物料水平输送段设置人工监控平台，设置输送机控制开头，以保证紧急情况下切断物流实现安全生产。

2. 破碎

破碎的目的是为了让原料的粒径大小能够更好地有利于好氧堆肥。原料破碎的粒径越小，表面积越大，但并不是要求堆肥原料粒径越小越好，在考虑表面积的同时，还要考虑破碎的能量消耗及原料的孔隙率，以保持良好的供养条件。

21.4.2　一次发酵

一次发酵又称主发酵，主发酵可在露天或发酵装置内进行，通过翻堆或强制通风向堆积层或发酵装置内供给氧气，原料和土壤中存在的微生物作用开始发酵，首先是易分解物质分解，产生 CO_2 和 H_2O，同时产生热量，使堆体温度上升。发酵初期物质的分解作用是靠中温菌进行的，随着堆体温度上升，这些微生物被最适宜 45～65℃的高温菌取代，在此温度下，各种非病原菌均会被杀死，随着温度的升高，高温菌也开始死亡，堆体温度开始下降，一般将堆体温度开始升高到开始降低为止的阶段称为主发酵阶段，以生活垃圾为主体的城市垃圾及家畜粪尿好氧堆肥，主发酵期约为 3～10d。

21.4.3 二次发酵

二次发酵又叫后发酵，经过主发酵的半成品被送到后发酵工序，将主发酵工序尚未分解的易分解有机物和较难分解的有机物进一步分解，使之变成腐殖酸、氨基酸等较稳定的有机物，得到完全成熟的堆肥制品。一般把物料堆积到 1～2m 高，并设有防止雨水流入的装置，通常不进行强制通风。发酵时间的长短取决于堆肥的使用情况，后发酵时间通常在 20～30d。

21.4.4 后处理

经过两次发酵后的物料几乎所有的有机物都变细碎和变形，数量减少了。由于污泥中可能存在一些小石块等杂物，还需要经过一道分选工序去除杂物，并根据需要进行造粒或者破碎。

1. 脱臭

由于污泥会产生臭味，因此必须进行脱臭处理。

2. 贮藏

堆肥成品一般在春秋两季使用，所以在其他时间需要将其直接堆放或装袋后堆放到一个干燥而透气的地方。

21.4.5 污泥好氧堆肥的工艺计算

湖北兴山县污水处理工程建设规模为：新建近期日处理污水 1.5 万 t/d、远期 3 万 t/d 的污水处理厂。

1. 设计规模

（1）剩余污泥量

活性污泥法污泥量参数如下：16.5L 污泥/m^3 进水，含水率为 99.4%，密度为 1.006kg/L。

污水厂进水量约为 15000m^3/d，经计算，剩余污泥量为 249t/d。剩余污泥经过脱水机后含水率降为 80%，根据质量守恒公式：

$$\frac{m_1}{m_2}=\frac{100-p_2}{100-p_1} \tag{21-8}$$

式中 m_1，m_2——干污泥质量，kg；

p_1，p_2——污泥含水率，%。

估算出本项目剩余污泥量为 7.5t/d。

剩余污泥组成成分，见表 21-1。

剩余污泥组成成分 **表 21-1**

项目分类	有机物(%)	灰分(%)
剩余污泥	35	65

（2）秸秆投加量为 4.7t/d

最终确定总处理量为 12.2t/d。

（3）每年有机肥产量

按原料的40%产生有机肥料计算，则每年有机肥产量为1800t/a。

2. 工程规模

本工程为湖北兴山县城污水处理厂污泥处理处置项目，日处理剩余污泥7.5t。结合兴山县污水处理厂的实际情况和污泥的特点，拟选取DANO滚筒堆肥技术和筒仓式间歇动态堆肥技术为堆肥候选方案，工艺技术经济特点比较见表21-2。

工艺技术经济特点比较 **表21-2**

项目	DANO滚筒好氧动态堆肥技术	仓式静态好氧堆肥技术	筒仓式间歇动态堆肥技术
特征	封闭式动态好氧堆肥	封闭式半动态好氧堆肥	半封闭式全敞开式好氧堆肥
机械化程度	较高，用间歇机构作业	较高，用连续机构作业	较低，主要用装载机工作
单位处理量投资	较高	高	较高
运行费用	较高	高	较高
占地面积	小	较小	大
一次发酵时间	3～8d	6～8d	10～15d
发酵均匀性	较好	好	一般
对工作环境影响	影响较小	影响较小	有轻微影响
生产过程控制敏感性	高	高	高
抗冲击负荷	强	相对较弱	强
作业可靠性	强	依赖单体设备和整个系统的可靠性	强
设备维护要求	较严格	严格	容易
对操作工人技术要求	较低	较高	较低

三种堆肥都有自己的特点，从工艺的先进性和机械化程度、占地面积及处理效果来看，DANO滚筒好氧动态堆肥有明显的优势。根据以上分析，推荐采用DANO滚筒好氧动态堆肥工艺为首选方案。

3. 污泥好氧堆肥厂工程设计

(1) 处理工艺设计

堆肥原料包括剩余污泥、秸秆两部分，加入秸秆的目的为：

1) 调整水分。微生物只能吸收、利用溶解性养料。在堆肥过程中，堆层中的氧气和粪便中的水分有关。

2) 调整C/N。剩余污泥的C/N较低，必须添加秸秆等C/N高的物质调整其C/N至最佳范围，否则堆肥时产生大量NH_3，影响环境，造成设备腐蚀。

3) 作为堆肥膨松剂，便于好氧通气。秸秆先经过破碎使粒径达到15～40mm。

(2) 剩余污泥处理规模

根据污水处理厂可研报告及本设计中的实际情况，本工程处理剩余污泥量为7.5t/d。

(3) 处理工程工艺流程

堆肥工艺流程见图21-2。

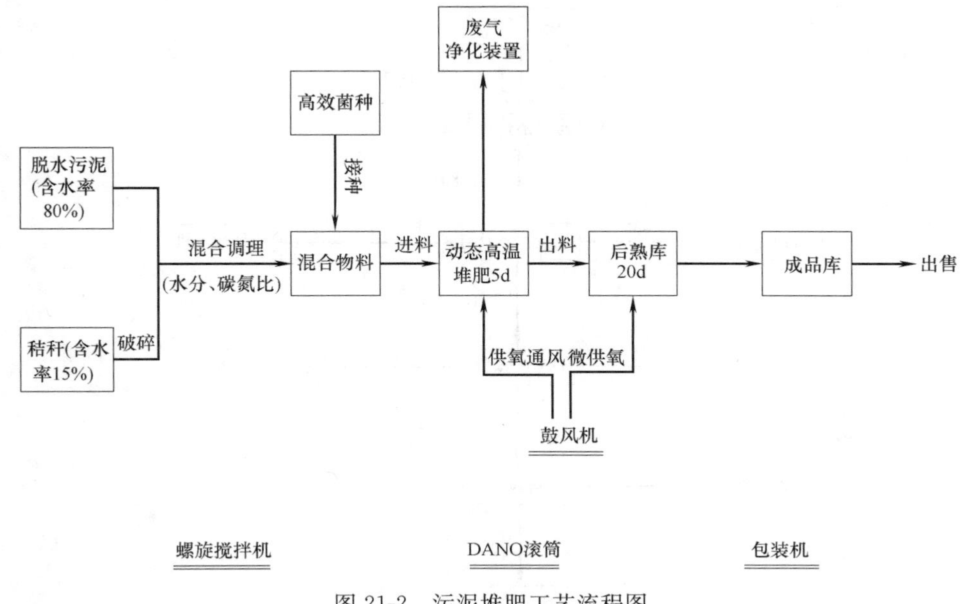

图 21-2　污泥堆肥工艺流程图

剩余污泥堆肥处理工程是将剩余污泥和秸秆混合之后进行动态高温堆肥成为有机肥后回用。

有机生物肥生产工艺过程为：将秸秆（含水率为 15%）破碎后按一定比例加入到脱水污泥中（含水率约为 80%），经螺旋搅拌机搅拌并进行混合调理；再接种高效菌种使其成为混合物料；然后将混合物料送入 DANO 滚筒高温堆肥 5d，再进入后熟库 20d 待其熟化，熟化后成为粗堆肥进入成品库。

(4) 堆肥处理工艺流程及物料平衡

堆肥物料平衡见图 21-3。

(5) 堆肥工艺设计

1) 前处理系统

前处理的主要任务是通过添加秸秆调理剂调整水分、碳氮比和添加菌种。调理剂可以减少单位体积的重量，增加剩余污泥与空气的接触面积，便于微生物繁殖，有利于好氧发酵。

① 进料系统

进料系统由 1 台抓斗行车和板式输送机组成。进料系统在物料水平输送段设置人工监控平台，设置输送机控制开头，以保证紧急情况下切断物流，实现安全生产。

② 破碎系统

设置秸秆破碎机 1 台，使粒径达到 15～40mm。

2) 堆肥发酵工艺设计

本次堆肥工艺采用二级好氧发酵工艺，在初级发酵阶段采用滚筒连续好氧动态堆肥工艺，次级发酵采用静态好氧发酵工艺。

① 一次发酵工艺设计

经前处理破碎后的物料由皮带输送机输送到 DANO 滚筒，滚筒在齿轮驱动装置的带

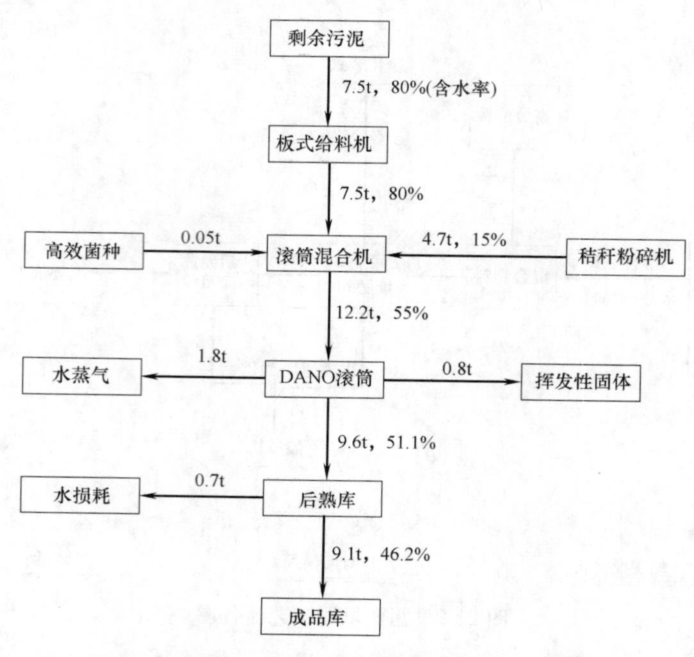

图 21-3　污泥堆肥工艺物料平衡图

动下以一定的速度转动，滚筒内的物料在滚筒转动和筒内抄板的带动下被反复抄起、升高、跌落，使物料的温度、水分均匀化，同时获得氧气，以完成物料的发酵处理。空气由沿转筒轴向装设的两排喷管通入筒内，发酵过程产生的废气通过转筒上端的出口向外排。

设计一次发酵 DANO 滚筒接纳一天的垃圾堆肥处理量。

根据本工程剩余污泥成分、当地气候条件、发酵所需温度、时间、进出料方式以及今后的发展，本设计中 DANO 滚筒发酵周期按 5d 计算，考虑 1 个备用 DANO 滚筒，总共为 3 个 DANO 滚筒。根据物料平衡、进出料方式以及今后堆肥产品使用情况，确定每个滚筒的尺寸为 ϕ2.0m×14m。

DANO 滚筒设计主要工艺参数：

A. 转筒转速 0.2～0.3r/min，采用间歇运行方式。

B. 停留时间 5d。

C. 转筒充满度 0.7，倾斜度 0.01。

D. 供风量 0.1～0.2m^3/(min·m^3) 物料。

E. 进料有机物含量 55%。

F. 进料含水率 55%。水分损耗 15%，挥发性固体损耗 7%。

G. 进料 C/N 为 25∶1～30∶1。

H. 温度：50℃以上，最高温度不超过 65～70℃。

I. 转筒功率：30kW。

一次发酵指标：

发酵周期控制在 5d，发酵过程经历了升温、保温和降温三个阶段。发酵后期达到以下几项指标：

A. 减容大于 20%。

B. 水分去除 10%左右。

C. 蛔虫卵死亡率 95%～100%。

D. 无害化标准达到无恶臭、不招引苍蝇。

E. 大肠菌值 10^{-2}～10^{-1}。

一次发酵系统主要设备：

A. 离心风机 1 台。

B. DANO 滚筒 3 台。

C. 引风机 1 台。

② 二次发酵工艺设计

二次发酵的目的是使物料进一步充分熟化，使其化学性质稳定。一次发酵后的物料由铲车运到二次发酵场内堆卸成条形，条长 4m，宽 3m，堆高 1.5m，然后每天一次用翻堆机进行翻动。二次发酵中通过鼓风机通入少量空气，根据空气对堆体的穿透能力及当地气候条件，确定发酵周期为 20d，每条为一天的处理量，共 20 条。根据物料平衡，考虑操作方便及总图布置，双排布置，整个发酵场共占地约 630m^2。

二次发酵设计主要工艺参数：

A. 堆体高 1.5m。

B. 发酵周期 20d。

C. 二次发酵温度回升小于 40℃。

二次发酵后达到的指标为：

A. 含水率小于 35%。

B. pH6.5～8.0。

C. 发酵的固体废物趋于稳定。

D. C/N 不大于 20∶1。

二级发酵仓设计：

二级发酵仓采用排架结构，场内设有混凝土沟（具有导排渗沥水，同时又具有通风供氧的功能）。

二级发酵工艺主要设备：

A. 铲车 1 辆。

B. 引风机 1 台。

③ 脱臭系统

本次脱臭系统的设计主要是处理在污泥一次发酵过程中产生有害且有异味的气体。去除臭气的方法主要有化学除臭剂除臭，碱水和水溶液过滤，熟堆肥或活性炭、沸石等吸附剂过滤的方法，较多应用的除臭装置是熟堆肥过滤器，当臭气通过该装置时，恶臭成分被熟化后的堆肥吸附，进一步被其中好氧微生物分解从而脱去臭味。本工程设计采用引风机将一次发酵车间的臭气经引风机抽出引至二次发酵车间作为发酵空气，发酵 15d 以后的堆体底部进行除臭。工程实践表明，相比起其他方法可节省投资，且脱臭效果比较好。

21.5 污泥堆肥设备与技术（专用设备）

物料堆肥处理所需设备与堆肥工艺密切相关。如野外堆积方式，垃圾卸入堆料场后只需垛机将其堆成长条状即可，不需装载、起重、输送，也不需发酵仓等。各种工艺所需设备有时相差甚大。此外，就一般而言，垃圾堆肥处理设备系统包括以下几个部分：进料供料设备、预处理设备、一次发酵设备、二次发酵设备、后处理设备和产品加工设备。

21.5.1 预处理设备和后处理设备

预处理设备是将不适宜堆肥的物料如砖瓦、木块、塑料袋、金属材料等分选出去和对堆肥物料进行破碎的设备。后处理设备是将经发酵后的产品中不宜作为堆肥的物品进一步分离的设备。因此，预处理及后处理设备主要是破碎设备。物料进料系统由地磅秤、储料仓、进料斗及装载起重设备组成。

21.5.2 发酵设备

污泥堆肥化处理的主要发酵设备，是指污泥堆肥生产工艺流程中的一级堆肥（或称主发酵）和二级堆肥（或称后发酵）两部分的设备。主要发酵设备可分连续式和分批堆置式两种。连续发酵设备有旋转式、翻覆式、多塔式等发酵槽；分批式发酵设备为通风平台。后发酵设备为腐熟设备。下面简单介绍几种典型的发酵设备。

（1）旋转式发酵设备

该系统中，污泥经漏斗的底部裙板供给器与第一带式输送机到达磁选机除去铁质，接着供给徐徐转动的发酵槽，污泥在该处接受送风及必要的供水、混合、粉碎后，持续发酵数日，成为堆肥放出发酵槽外，由振动筛筛分为粗物或细物。粗物通过滑槽排出进行焚烧或堆埋处理。筛分出的细物经选别机除去玻璃等物即为污泥农肥制品。

旋转式发酵槽为圆筒形，由耐磨性钢铁材料制成。发酵圆筒直径一般为2～4m，长度30m以下，其径长比应为1∶10左右。发酵筒的安装倾斜度以1/100～1.5/100为宜。操作时应注意事项为：

1）停留时间视生污泥的生质与堆肥成品的要求而定，通常为2～4d。

2）发酵罐内充填率以60%～70%为宜，单位发酵槽处理污泥量以50t/(座·d)较为经济。

3）发酵槽转速应在1r/min以下，一般为0.1～0.3r/min。

4）采用机械换气时，应采用耐蚀性材料排风机，其风量应可调节。

5）旋转驱动设备采用电力时，应有30%以上的安全负荷。

（2）翻覆式发酵设备

翻覆式发酵设备是指在发酵槽内安装翻覆机械使发酵原料（污泥）得以混合，加速污泥发酵堆肥。图21-4为钻土机翻覆式发酵槽的结构示意图。

堆肥污泥由输送机运到发酵槽中心上方，由旋转的输送机和桥沿槽壁内侧均匀投入发酵槽内发酵。吊于桥上的多架钻土机旋转翻覆以混合槽内污泥，投入污泥很快以45℃以上环境发酵，即使污泥水分高达70%，也因污泥中的水分转移也能立即发酵。另外，即使原污泥恶臭味强，但因混合迅速易被发酵中的材料包裹，发酵槽不大放散恶臭。钻土机将原料从下带上，在自转的同时随桥旋转（公转）以翻覆材料，并将材料从槽壁内侧徐徐

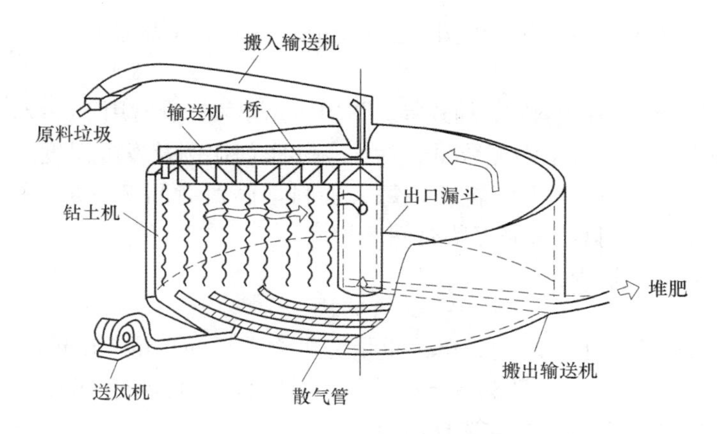

图 21-4 钻土机翻覆式发酵槽

转移到槽中央的出口料斗，排出发酵槽后而成堆肥。污泥移动速度、停留时间均由公转速度调节。

发酵时所需空气由槽底环状气管供给，发酵进行程度，随半径方向存在差异。槽壁附近的通气管因水分蒸发量或氧消耗量较大，故供给较多的空气，中心附近散气管供给较少的空气。这样，随发酵进行的进度，合理、经济供给空气，槽内温度常为 60～75℃，停留时间常为 5d。

（3）多塔式发酵设备

塔的分段格数常为复数以水平式相隔，污泥堆集于各段上发酵，并借重力作用从上段塔板下落下段塔板。空气供给由各段塔板强制供给，也可借排气管的通风效果自然供给。此类设备设计应注意：

1）形状可采用立方体式，塔板最少应在 2 层以上，停留时间可参考旋转式发酵槽。

2）材质可采用钢筋混凝土或钢板。

3）槽内宽长比以 1∶5～1∶20 为宜。

4）发酵槽充填率以 50%～60%为宜。

5）搅拌机的转速、驱动装置、换气设备均应参照旋转式进行设计，且注意搅拌机轴的防护与保养。

（4）分批发酵设备

所谓分批发酵是指每次投入污泥原料后，均对其进行翻堆、通风处理后全部排出的污泥堆肥化方式。这类设备以箱式居多。运转时应注意：

1）停留时间需根据污泥性质、地区性、气候情况而定，一般发酵时间为 20d 左右。

2）为防止污泥水分蒸干并维持发酵温度，堆积高度以 1～2m 为宜。

3）平时每 3d 翻堆一次，但如发现有厌氧发酵，则宜每日翻堆一次，直至达到好氧发酵为止。

4）发酵期间，污泥水分应保持 40%～60%。

5）如发酵效果不佳，说明仅靠翻堆不能满足通气要求，应考虑设置通风设备。

6）槽底应配置与堆积面积相等的散气板，散气板材质应采用耐酸、碱材料；散气板下方应设送气管的混凝土沟，使空气能均匀送入；散气板的通气率，应采用 0.15～0.5m^3/(min·m^2)；

采用自然通风时，应有充足通气孔，并应防止污水由通气孔流出而堵塞通气孔。

(5) 堆肥仓

堆肥仓又称发酵仓，有倾斜式、筒式等。图 21-5 所示堆肥仓常用于一级处理（一级堆肥）。

堆肥仓容积设计，取决于污泥数量、污泥与膨胀剂比例及发酵温度。一般按停留时间为 7～9d 设计。图 21-5（*a*）为倾斜仓，每天加料，停留时间 7～9d；图 21-5（*b*）为筒仓，分 7～9 隔，轮流堆肥，每隔停留时间 7～9d。

一级堆肥所需空气量为：

$$K=0.1\times10^{0.0028t} \tag{21-9}$$

式中 K——耗氧速率，单位时间、单位重量有机物消耗的氧量，$mgO_2/(g\cdot h)$；

t——发酵温度,℃，一般为 55～70℃，计算时取平均温度 60℃。

实际空气量按计算值的 1.2 倍选择风机。

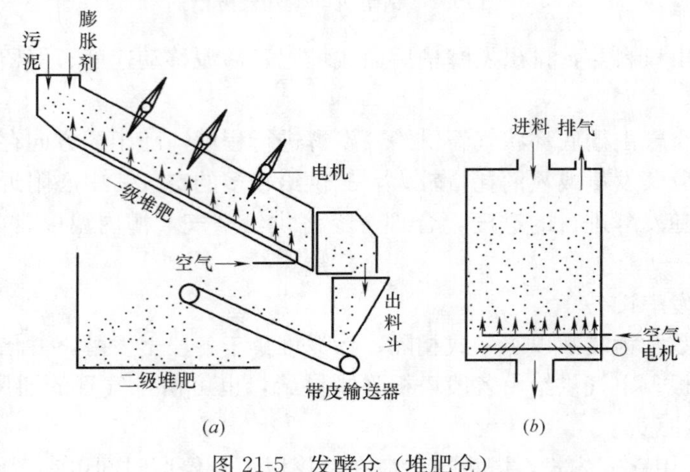

图 21-5　发酵仓（堆肥仓）

（*a*）倾斜仓；（*b*）筒仓

(6) 动态发酵滚筒

动态发酵滚筒见图 21-6。滚筒内壁焊接桨叶，按旋转方向呈“品”字形排列，倾向角度为 2°，起到搅拌物料（污泥）并限制其流动速度的作用。整个滚筒沿轴向倾斜 5°，从高端进料，在滚动中污泥滑落到低端出料口流出滚筒。进料口与出料口还起到空气补给和气体排出的作用。动力部分由交流电动机经双极摆线减速机，采用齿轮齿圈传动方式带动滚筒滚动，转速为 0.03r/min。滚筒总长为 12m，污泥总停留时间为 5d。

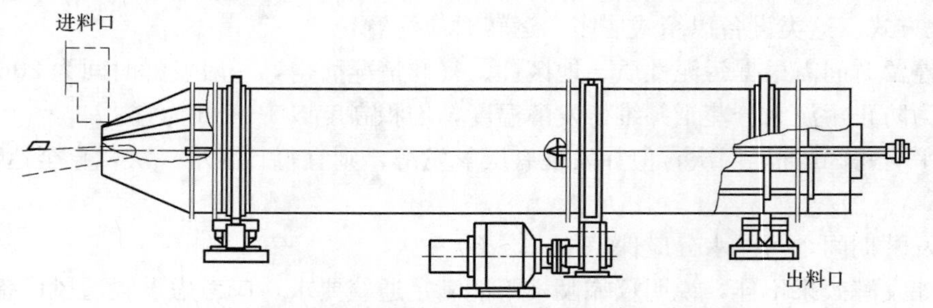

图 21-6　动态滚筒污泥堆肥发酵设备示意图

在发酵过程中的温度变化直接反映了污泥的发酵过程，为此在滚筒上布设了 5 个测温点，见图 21-7。测温点①代表污泥进入当天的发酵温度，其他②、③、④、⑤分别代表各 1 天的发酵温度，其中⑤也代表出口的温度。在每个测温点上安装热电偶，用电子温度计测量温度。图中①～⑤为 5 个测温点，测温点与停留时间对应关系见表 21-3。

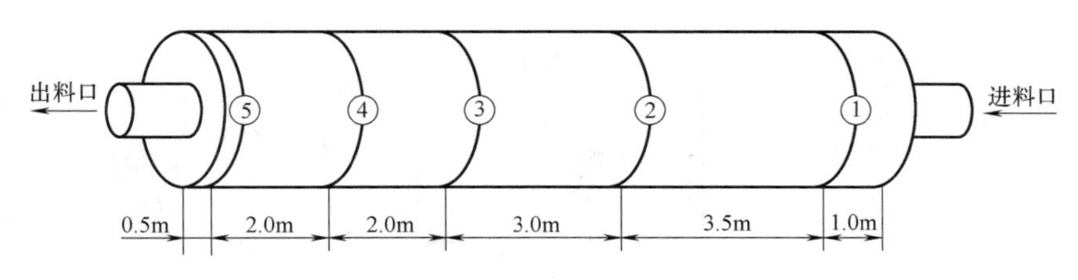

图 21-7　滚筒发酵筒测温示意图

测温点与对应停留时间　　**表 21-3**

测温点	①	②	③	④	⑤
距进口端(m)	1.0	4.5	7.5	9.5	11.5
相应理论计算时间(d)	0.42	1.88	3.3	3.96	4.8
停留时间(d)	1	2	3	4	5

21.5.3　产品加工设备

污泥肥料加工设备包括盘式造粒机、挤压造粒机、喷浆制肥机、压缩造粒机、滚筒造粒机等设备。这类设备在食料加工、垃圾肥料及复合肥加工中具有类似的工作原理和构造，使用方法也大同小异。一般可以选用这类通用设备，按污泥肥料加工特点进行安装调试，即可满足要求。

21.6　污泥厌氧堆肥（沤肥）

厌氧堆肥法与好氧堆肥法的不同之处是堆内不设通气系统，其实质是厌氧微生物在无氧状态下对固体有机物质进行液化、酸性发酵（产乙酸）、碱性发酵（产甲烷）三个阶段后，使有机物质分化并稳定化的过程。实际上是在厌氧发酵两个阶段（酸性发酵、碱性发酵）之前多一个液化阶段。

（1）液化阶段

液化阶段起作用的微生物包括纤维素分解菌、脂肪分解菌、蛋白质分解菌等。在这些微生物的作用下，不溶性有机物质，可以转变成可溶性大分子物质。液化反应的微生物都需要消耗一定的 NH_4^+ 和碱度，当电子供体是含氮有机物质时，还需要消耗一定的 H^+ 离子。

（2）酸性发酵阶段

此阶段主要是以上阶段产生的可溶性物质作为电子供体，在醋酸分解菌和产氢细菌的作用下产生乙酸或产氢气的过程。酸性发酵阶段都需要消耗一定 NH_4^+ 和碱度。

（3）碱性发酵阶段

碱性发酵阶段是产甲烷阶段，是以 H_2 或以乙酸、甲醇等为电子供体进行的厌氧发酵过程。在产甲烷阶段时，如以 H_2 和甲醇为电子供体时，需要消耗一定的 NH_4^+ 和碱度；以乙酸等为电子供体时，将会产生一定量的碱度。

（4）厌氧堆肥有机物厌氧分解反应

厌氧堆肥是在无氧条件下，借厌氧微生物（主要是厌氧菌）的作用进行的，图 21-8 简单说明了有机物的厌氧分解过程。

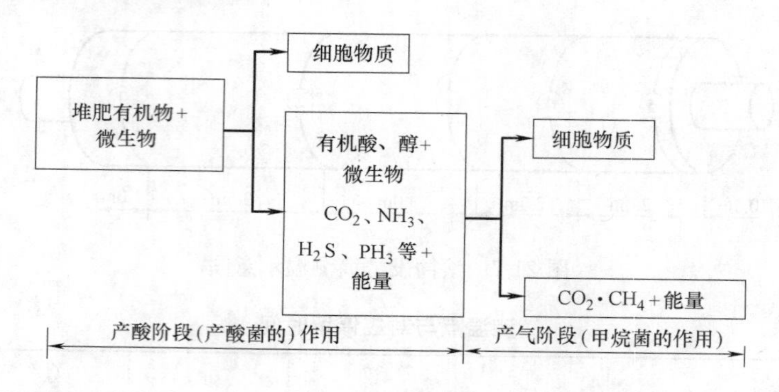

图 21-8　有机物的厌氧堆肥分解

从图 21-8 中可以看出，当有机物厌氧分解时，主要经历了两个阶段：酸性发酵阶段和碱性发酵阶段。分解初期，微生物活动中的分解产物是有机酸、醇、二氧化碳、氨、硫化氢、磷化氢等。在这一阶段，有机酸大量积累，pH 逐渐下降。另一群统称为甲烷细菌的微生物开始分解有机酸和醇，产物主要是甲烷和二氧化碳。随着甲烷细菌的繁殖，有机酸迅速分解，pH 迅速上升，这一阶段的分解叫碱性发酵阶段。以纤维素为例，堆肥的厌氧分解反应为：

$$(C_6H_{12}O_6)_n \xrightarrow{\text{微生物}} n(C_6H_{12}O_6)\text{（葡萄糖）} \tag{21-10}$$

$$nC_6H_{12}O_6 \xrightarrow{\text{微生物}} 2nC_2H_5OH + 2nCO_2 + \text{能量} \tag{21-11}$$

$$2nC_2H_5OH + nCO_2 \xrightarrow{\text{微生物}} 2nCH_3COOH + nCH_4 \tag{21-12}$$

$$2nCH_3COOH \xrightarrow{\text{微生物}} 2nCO_2 + 2nCH_4 \tag{21-13}$$

总反应为：

$$(C_6H_{12}O_6)_n \xrightarrow{\text{微生物}} 3nCO_2 + 3nCH_4 + \text{能量} \tag{21-14}$$

第6篇　污泥最终处置与资源化利用

第22章　污 泥 填 埋

22.1　概　　述

22.1.1　污泥填埋处置方法

污泥填埋是污泥处置方法的一种。我国《城镇污水处理厂污泥处置　分类》GB/T 23484—2009对污泥填埋的定义为：指运用一定工程措施将污泥填埋于天然或人工开挖坑地内的安全处置方式。其中主要的工程措施包括防渗、覆盖、渗滤液处理等一系列操作，避免对地下水和周边环境造成二次污染。污泥填埋是一种工艺简单、投资较少、操作经济、容量大且具有可行性的污泥处置方式，可最大限度地避免污泥对公众健康和环境安全造成影响。

根据我国国情，考虑到污泥的卫生学指标、重金属指标难以满足农用标准，而且限于我国的经济实力，目前还不可能投入大量的资金用于污泥焚烧，因此污泥填埋是一种折中的选择。它投资少、容量大、见效快，通过将污泥与周围环境的隔绝，可以最大限度地避免污泥对公众健康和环境安全造成的威胁，既解决了污泥的出路，又可以增加城市建设用地，是目前比较适合中国国情的处置途径。

但污泥填埋也存在场地不易寻找、污泥运输和填埋场地建设费用较高、填埋容量有限、有害金属成分渗漏可能造成地下水污染、填埋场卫生与臭气易造成二次污染、污泥中营养物质促使病原菌繁殖等问题。因而污泥填埋作为污泥应急处置来说是种性价比较高的方式，从长期发展来看，污泥资源化利用应当得到推广应用。

目前来看，污泥填埋主要是利用附近充裕的空地、荒漠、土坑、洼地、峡谷或是废弃的矿井来填埋处置污泥。如果污水处理厂附近没有适宜的污泥填埋地或不允许在附近填埋，就需要考虑将污泥运到适宜的地方填埋。污泥填埋需要充分考虑填埋场地容量、污泥填埋运输方案、污泥承载力等问题，在运行阶段还需对污泥含水率、承载能力等做定期试验。

22.1.2　污泥填埋处置政策及标准

污泥填埋首先应遵循相关的法律法规。发达国家一般具有比较完整的污泥处置标准体系。美国国家环境保护局公布的EPA part-503，较全面地制定了污泥土地利用、地表处置、焚烧等方面的相关标准。欧盟污泥标准化工作主要是列入CEN/TC308计划，分3个工作组完成，目前完成的文件包括：污泥农用标准（Directive 86/278/EEC）、欧盟填埋指导标准（European Landfill Directive）和废弃物焚烧标准（Directive on Incineration of Waste）。

我国在2007年以前，与污泥处置相关的标准仅有3项，《农用污泥中污染物控制标准》GB 4284—1984、《城镇污水处理厂污染物排放标准》GB 18918—2002、《城市污水处理厂污水污泥排放标准》CJ 3025—1993。2007年之后，为规范管理，提高污泥处置水平，国家相继出台了一系列污泥处置相关标准，主要包括《城镇污水处理厂污泥处置　分类》GB/T 23484—2009、《城镇污水处理厂污泥处置　混合填埋用泥质》GB/T 23485—2009、《城镇污水处理厂污泥处置　园林绿化用泥质》GB/T 23486—2009、《城镇污水处理厂污泥泥质》GB 24188—2009、《城镇污水处理厂污泥处置　土地改良用泥质》GB/T 24600—2009、《城镇污水处理厂污泥处置　单独焚烧用泥质》GB/T 24602—2009、《城镇污水处理厂污泥处置　制砖用泥质》GB/T 25031—2010等。

在污泥填埋处置方面，德国有关废物填埋的标准规定，污泥填埋时必须满足以下要求：十字板抗剪强度不小于25kPa；无侧限抗压强度不小于50kPa。我国《城镇污水处理厂污泥处置　混合填埋用泥质》GB/T 23485—2009中规定了污泥填埋的2种情况：①污泥用于混合填埋，此情况要求污泥混合比例不高于8%，混合填埋用的污泥含水率不高于60%，pH控制在5～10之间；②污泥用作填埋场覆土，此情况要求污泥含水率低于45%，臭气浓度小于2级，横向剪切强度大于25kN/m^2，使用后苍蝇密度小于5只/(笼·d)。另外，该标准对于用于填埋场覆土的污泥还规定了2项卫生学指标，即粪大肠菌群菌值大于0.01，蠕虫卵死亡率大于95%。

22.2　填埋方法分类

22.2.1　污泥填埋发展

污泥的填埋可分为传统填埋、卫生填埋以及安全填埋。传统填埋是利用坑、塘和洼地等，将污泥集中堆置，不加掩盖，其特别容易污染水源和大气。卫生填埋是从环境保护角度出发，经过科学的选址和必要的场地防护处理，具有严格管理制度的科学的工程操作方法。而安全填埋是一种改进的卫生填埋方法，主要用来进行有害污泥的处理与处置。从目前的发展来看，污泥填埋可以按照以下三种思路考虑：①单独建设专用的市政污泥填埋场；②将污泥送至城市生活垃圾填埋场，与垃圾进行混合填埋；③将污泥送至城市生活垃圾填埋场，但不与垃圾混合，而是在填埋库区外另辟专用场地用于污泥填埋。

传统填埋方法由于其对环境造成的巨大二次污染，现已基本明令禁止。下面着重介绍卫生填埋与安全填埋的发展情况。表22-1列举了各国污泥填埋处置量占总处置量的比例。

各国污泥填埋处置量占污泥处置总量的比例　　**表22-1**

国家	希腊	葡萄牙	波兰	卢森堡	荷兰	意大利	斯洛文尼亚
填埋比例(%)	90	89	82	88	50	70	70
国家	德国	比利时	法国	英国	美国	中国	
填埋比例(%)	54	40	28	23	20	30	

污泥卫生填埋又分为污泥单独填埋和生活垃圾卫生填埋场混合填埋，在欧洲脱水污泥

与城市垃圾混合填埋比较多，而在美国多数采用单独填埋。根据有关资料，在欧共体内部，约有40%的污泥通过填埋处置，希腊、卢森堡和意大利各有90%、88%和70%的污泥通过填埋处置。

22.2.2 污泥填埋工艺选择

污泥能否填埋取决于两个因素：①污泥本身的性质，主要是土力学性质；②填埋后对环境可能产生的影响。不满足要求的污泥在填埋前必须经过适当的预处理。

污泥先暂存于污泥存储池中，再由存储池经螺旋泵送入干化车间，根据污泥的不同用途，分别送入搅拌机。当污泥进行干化处理时，依次经过不同转速的搅拌机，同时分别加入不同的污泥干化剂，在预先设定的工艺参数条件下进行干化处理。干化后的污泥含水率降至55%以下，搅拌后经传送带将干化的污泥送到干化成品存储间，或将固化后的污泥送入养护场养护，经过养护后污泥固化体的含水率可以低于35%。其中的干化剂采用MgO、$CaSO_4$、$Fe_2(SO_4)_3$的特定比例混合体，以及高钙矿石热活化改性物，在适当的情况下，也可选用生活垃圾中的植物类物质的干燥加工物。对于能够方便地获得尾矿砂的地区，也可采用铝土选矿尾矿砂（主要化学成分为Fe_2O_3、Al_2O_3、SiO_2），经过高温煅烧、磨碎、筛分预处理，作为污泥干化的添加剂。污泥填埋预处理车间及配套设备见表22-2。

污泥填埋预处理车间及配套设备　　表22-2

<table>
<tr><th>序号</th><th>处理车间</th><th>配套设备</th><th>序号</th><th>处理车间</th><th>配套设备</th></tr>
<tr><td rowspan="4">1</td><td rowspan="4">原料加工车间</td><td>磨粉机</td><td rowspan="2">3</td><td rowspan="2">成品存储间</td><td>筛分机</td></tr>
<tr><td>电阻炉</td><td>皮带输送机</td></tr>
<tr><td>原生污泥罐</td><td rowspan="7">4</td><td rowspan="7">配套工程</td><td>螺旋输送机</td></tr>
<tr><td>改性污泥罐</td><td>皮带输送机</td></tr>
<tr><td rowspan="5">2</td><td rowspan="5">污泥干化车间</td><td>改性机</td><td>特殊输送机</td></tr>
<tr><td>搅拌机</td><td>配电柜</td></tr>
<tr><td>自动加药装置</td><td>HDPE管</td></tr>
<tr><td>药剂储备罐</td><td>通风、除臭设备</td></tr>
<tr><td>特殊提升机</td><td>自控系统</td></tr>
</table>

经过预处理的污泥，就可以实现与生活垃圾的混合填埋，也可以将预处理之后的污泥用作垃圾填埋场的覆盖材料，或用作填埋区的分隔筑路材料。

不同污泥对填埋的适应性是不一样的，它取决于污泥的物理化学性质及对环境的影响，各种污泥对填埋的适应性见表22-3。无论最终采用哪种填埋方式，填埋前都应该经过脱水、石灰调理或者其他措施。

22.2.3 污泥单独填埋

单独填埋（Mono Fill）指污泥在专用填埋场进行填埋处置，又可分为沟填（Trench）、掩埋（Area Fill）和堤坝式填埋（Diked Containment）三种类型。单独填埋使填埋场更加专业化，但是污泥单独填埋存在的一些技术难题应引起重视，污泥的主要土力学性质（如抗剪强度）很差不适于填埋（一般要求不小于80～100kN/m^2）。而有些污泥填埋后会因产生严重的气味而影响环境，因而污泥在填埋前必须经过适当的预处理。此外，污泥单独填埋需要因地制宜地采取填埋工艺，污泥填埋方法的选择取决于填埋场地的特性及污泥含水量等。

污泥填埋的适应性一览表 表 22-3

污泥类型		单独填埋		混合填埋	
		适应性	原因	适应性	原因
重力浓缩生污泥	初沉污泥	不可行	臭气,运行	不可行	臭气,运行
	剩余活性污泥	不可行	臭气,运行	不可行	臭气,运行
	初沉污泥+剩余活性污泥	不可行	臭气,运行	不可行	臭气,运行
重力浓缩消化污泥	初沉污泥	不可行	运行	不可行	运行
	初沉污泥+剩余活性污泥	不可行	运行	不可行	运行
气浮浓缩污泥	初沉污泥+剩余活性污泥(未消化)	不可行	臭气,运行	不可行	臭气,运行
	剩余活性污泥(加混凝剂)	不可行	运行	不可行	臭气,运行
	剩余活性污泥(未加混凝剂)	不可行	臭气,运行	不可行	臭气,运行
处理浓缩污泥	好氧消化初沉污泥	不可行	运行	勉强可行	运行
	好氧消化初沉污泥+剩余活性污泥	不可行	运行	勉强可行	运行
	厌氧消化初沉污泥	不可行	运行	勉强可行	运行
厌氧消化初沉污泥+剩余活性污泥	石灰稳定的初沉污泥	不可行	运行	勉强可行	运行
	石灰稳定的初沉污泥+剩余活性污泥	不可行	运行		
	脱水污泥	勉强可行	运行		
	干化床消化污泥	可行		可行	
	石灰稳定污泥	可行		可行	
真空过滤(加石灰)	初沉污泥	可行		可行	
	消化污泥	可行		可行	
	压滤(加石灰)消化污泥	可行		可行	
	离心脱水消化污泥	可行		可行	
	热干化消化污泥	可行		可行	

注：引自张辰主编．污泥处理处置技术与工程实例．北京：化学工业出版社，2006。

脱水污泥单独填埋的操作困难，应用较少，这主要由污泥本身性质决定，大多数废水污泥既不是牛顿流体，也不是塑性流体，一般认为是半塑性流体。污泥的流变性质、触变性质对于污泥填埋设备的选择、填埋体的压实程度、填埋体的稳定都是非常重要的。污泥单独填埋应用较多的主要在美国。

1. 沟填法

沟填法就是根据填埋场的水文地质条件及填埋压实机械的大小，预先开挖，将污泥挖沟填埋。沟填要求填埋场地具有较厚的土层和较深的地下水位，以保证填埋开挖的深度，并同时保留有足够多的缓冲区。

沟填按照开挖沟槽的宽度可分为两种类型：宽度大于 3m 的为宽沟填埋（Wide-trench)，小于 3m 的为窄沟填埋（Narrow-trench)。

(1) 窄沟填埋

窄沟填埋时的宽度一般不大于3m，适用的污泥含水率不大于85%，挖沟得到的土可以作为最终覆盖层，厚度为0.9～1.2m。窄沟填埋一般适用于地势较陡的地方，由于填埋设备必须在未经扰动的原状土上工作，因此窄沟填埋的土地利用率不高。

(2) 宽沟填埋

宽沟填埋一般为3～12m，该填埋方法适用于含水率低于80%的污泥，尤其是低于75%的污泥。因填埋设备必须在污泥上行走，才能压实污泥，为使设备不陷入污泥中，当含水率较高时，填埋设备必须装垫板。挖沟得到的土可以作为最终覆盖层，厚度为0.9～1.5m。

(3) 沟填工艺注意事项

1) 填埋场选址应注意远离人群聚居地、水源保护点等环境敏感目标，位于城市下风向。

2) 沟填法适用于土层较厚、地下水水位较深的区域，尤其是北方平原地区。

3) 窄沟填埋有效作业面积较小，单位土地面积垃圾处理量较少，因而需要大量土地资源，填埋完后即可覆土，土地可作为农业和绿化用地。

4) 窄沟填埋时，机械设备在地面上作业，污泥含固率要求较低，大约为20%～28%；而宽沟填埋中机械设备既可在地面操作，也可以在沟槽内操作，为防止设备陷入，一般污泥含固率要求在28%以上。

5) 窄沟因为沟槽太小，通常不铺设防渗和排水衬层，而宽沟可铺设防渗和排水衬层。

2. 掩埋法

掩埋法也叫平面填埋法，是指将污泥直接堆置在地面上，操作时把污泥卸铺在平地上，形成厚约1.0m左右的长条再覆盖一层0.3m厚的泥土，用作稳定污泥的处置方法。

掩埋法适用于含水率小于80%的污泥，污泥可被填埋成单个土墩，叫堆放式掩埋；也可分层填埋，叫分层式填埋。这两种填埋方法的中间覆盖层厚度0.3～0.45m，最终覆盖层厚度为0.9～1.2m。

污泥掩埋法适合于地下水水位较高或土层较薄的场地。为使填埋设备能够在污泥上操作，必须将土和污泥进行一定程度的混合，所用土的比例取决于土的类型、污泥的含水率及污泥与土混合物的工作性能。

掩埋工艺注意事项：

1) 掩埋法选址上应选择地势较为平坦的位置，考虑避开地下水补给区和水源点。

2) 由于需要大量的覆盖土层，掩埋场周边需要有稳定的覆土来源。覆土可选用自然土，也可以利用建筑开挖的废弃土石方。

3) 堆放式掩埋要求含固率大于20%，污泥预先与泥土按一定比例混合后再填埋。

4) 分层式掩埋对污泥的含固率要求较低，但也需要将污泥与泥土混合后分层填埋，分层式填埋要求场地必须相对平整。

3. 堤坝式填埋

堤坝式填埋是指在填埋场四周建有堤坝，或者利用天然地形（如山谷）对污泥进行填埋。堤坝式填埋作为掩埋法的改进形式，污泥通常由堤坝或者山顶向下倾卸，在堤坝上需要预留作业设备的运输通道。

堤坝式填埋工艺的注意事项：

1）选址应考虑充分利用天然地形，平地筑坝土石方量较大。

2）坝高度不超过 9m，堆填层数不超过 3 层。堆填高度不宜过高，过高容易导致填埋场沼泽化，形成沼泽区。

3）堤坝式填埋应设置雨水分流系统、渗滤液收集系统和填埋气体导排系统。

4）由于填埋过程需要覆盖土层以减少污泥对环境的影响，所以场址周围需要有足够的覆土来源。

5）堤坝式填埋对物料的含固率要求与宽沟填埋相似，一般规模为宽 15～30m、长 30～60m、深 3～9m。

4. 污泥单独填埋方法对比

表 22-4 是美国污泥单独填埋各种方法的基本情况。表 22-5 是美国各种填埋方式对场地特性的要求。

污泥的各种填埋方式各有优缺点，沟填法不需要外运土，但只适用于地面坡度不大、地下水埋深较深、基岩埋深也较深的情况。其他方式除污泥与垃圾混合填埋外，均需要外运土，但对地下水和基岩埋深、地形坡度的要求较低。从单位面积的填埋量来看，掩埋法、堤坝式填埋、宽沟填埋的填埋量较大，污泥与土混合体的填埋量较小。

美国污泥单独填埋的各种方法　　表 22-4

填埋方法	窄沟填埋		宽沟填埋		堆放式掩埋	分层式掩埋	堤坝式填埋
含水率(%)	80～85	72～80	72～80	72	80	85	72～80
沟槽宽度(m)	0.60～0.90	0.92～3	>3	>3			
是否需要添加剂	不	不	不	不	是	是	是
添加剂种类					土	土	土
添加剂比例					0.5(土/污泥)	0.25(土/污泥)	0.25～0.5(土/污泥)
覆盖层厚度(m) 中间							
覆盖层厚度(m) 最终	0.6～0.9	0.9～1.2	0.9～1.2	1.2～1.5	0.9～1.5	0.6～1.2	0.9～1.2
是否需要外运土	不	不	不	不	是	是	是
单位面积填埋量(m³泥/hm²)	2268～10548		6048～27405		5670～26460	3780～17010	9072～28350
应用设备	反铲装载机，挖土机，挖沟机		履带式装载机，拉铲挖土机，铲运机，推土机		履带式装载机，反铲装载机，铲运机	铲运机，平土机，履带式装载机	挖土机，推土机，铲运机

美国污泥单独填埋方式及所需场地特性　　表 22-5

填埋方式	含水率(%)	污泥特性	水文地质学	地面坡度(%)
窄沟填埋	72～85	稳定或非稳定	适用于地下水较深及基岩埋深较大的场地	<20

续表

填埋方式	含水率(%)	污泥特性	水文地质学	地面坡度(%)
宽沟填埋	<80	稳定或非稳定	适用于地下水较深及基岩埋深较大的场地	<10
堆放式填埋	<80	稳定	适用于地下水较浅及基岩较浅的场地	地形稍陡但要有平坦的地方
分层式填埋	<85	稳定或非稳定	适用于地下水较浅及基岩较浅的场地	地形坡度适中，最好是平坦地区
堤坝式填埋	<80	稳定	适用于地下水较浅及基岩较浅的场地	适用于较陡地形，但是坝内要有平坦区域用于填埋

22.2.4 生活垃圾卫生填埋场混合填埋

污泥混合填埋通常指将污泥同城市生活垃圾处理场中的生活垃圾一起填埋，也是污泥处置中被广泛采用的方法。污泥与生活垃圾的混合填埋不仅要符合卫生填埋的要求，还要兼顾填埋垃圾的土地的最终利用，恢复土地的利用价值。污泥和生活垃圾混合填埋还可以细分为污泥、垃圾混合体填埋和污泥用作覆土盖土进行混合填埋等。

1. 污泥、垃圾混合体填埋

按照《城镇污水处理厂污泥处置　混合填埋用泥质》GB/T 23485—2009 要求，污泥混合比例不高于 8%，且污泥含水率不高于 60%，因而大部分污水厂脱水污泥进一步预处理降低含水率，才能进生活垃圾填埋场混合填埋。

(1) 工艺流程

污泥、垃圾混合体填埋是先将污泥堆积在固体废弃物的上层并尽可能充分地混合，然后将混合物平展、压实，像一般固体废弃物一样进行覆土。如图 22-1 所示。污水厂的污泥经过消化、脱水后，含水率 80%的干污泥运输到垃圾填埋场，然后开采矿化垃圾，将污泥和矿化垃圾按一定比例混合，使污泥的含水率小于 60%，然后采取和垃圾一样的填埋方式，通过挖掘机转驳、小型挖夯机夯击以及平板式振捣机振捣等措施在填埋区内均匀分布，然后覆盖黏土。分层堆积，直到达到设计高度，在整个填埋过程中做好渗滤液收集、沼气导排和环境监测工作。

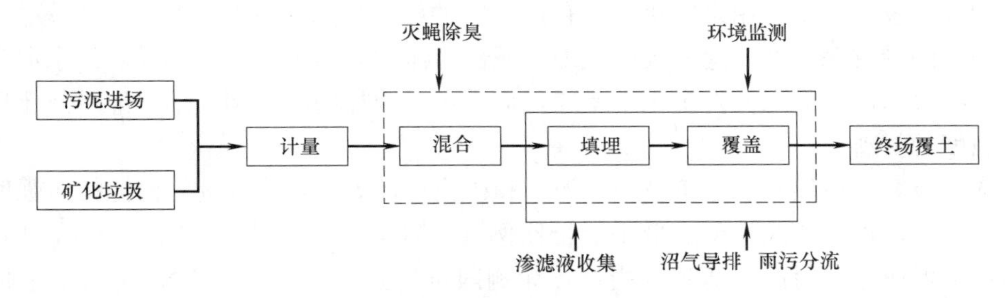

图 22-1　污泥、垃圾混合填埋工艺

(2) 主要技术参数及要求

1) 污泥和垃圾混合填埋时，其理化性质应满足表 22-6 中相关要求。

2) 污泥用于混合填埋时，其污染物浓度限值应满足表 22-7 的要求。

污泥和垃圾混合填埋理化性质 **表 22-6**

控制项目	指标
污泥含水率	≤60%
pH	5～10

污染物浓度限值 **表 22-7**

序号	控制项目	最高允许含量（mg/kg 干污泥）	序号	控制项目	最高允许含量（mg/kg 干污泥）
1	总镉	＜20	7	总锌	＜4000
2	总汞	＜25	8	总铜	＜1500
3	总铅	＜1000	9	石油类	＜3000
4	总铬	＜1000	10	挥发酚	＜40
5	总砷	＜75	11	总氰化物	＜10
6	总镍	＜200			

3）采掘的矿化垃圾的年龄至少在 8 年以上，采掘坑可以直接作为填埋坑。

4）污泥和矿化垃圾混合，矿化垃圾的添加比例为 30%～50%，污泥与泥土混合，混合比例为 1：1，以确保混合后污泥的含水率和抗剪程度达到填埋要求。

5）污泥填埋厚度在 60～80cm，中间覆盖层厚度 15～30cm，最终覆盖层厚度 60cm。

6）污泥和矿化垃圾混合后应放置 1～3d，以提高污泥的承载能力和消除其膨润持水性。

7）污泥处理费用 20～40 元/t 污泥。

8）单位面积污泥处置量 0.1～0.8m^3 污泥/m^2。

2. 污泥与其他改性剂混合填埋

除 GB/T 23485—2009 中所规定的脱水污泥与生活垃圾混合填埋外，还可将污泥与其他改性剂混合填埋，因此寻找合适的污泥改性剂对污泥填埋操作具有重要的意义。

目前，污泥改性剂主要有石灰、水泥、水泥窑灰、焚烧灰、粉煤灰和硅酸盐等。水泥和石灰的成本较高，主要用来固化一些有毒有害的污泥。石灰处理后的污泥呈较强碱性，产生高浓度的带有恶臭的渗滤液较难处理，碱性污泥的利用也受到较多限制。水泥窑灰和硅酸盐等吸收污泥中的水分发生化学反应，促进污泥颗粒的凝聚和粘结，经过熟化后可形成一定强度的材料。

张华等研究了粉煤灰、建筑垃圾、泥土和矿化垃圾等四种改性剂对污泥抗压强度的改善能力，研究发现四种改性剂的最小混合比例（分别为 7：10、7：10、9：10、10：10）都能满足填埋作业时污泥应达到的指标：无侧限抗压强度不小于 50kN/m^2，十字板抗剪强度不小于 25kN/m^2，渗透系数在 10^{-6}～10^{-5}cm/s 数量级，臭气降低到三级以下。

宋玉等选择 MgO 和 $MgCl_2$ 混合药剂作为污泥固化剂，在脱水污泥中掺加固化剂，将脱水污泥和固化剂混合搅拌均匀后养护 1～2d，制备得到污泥固化体含水率低于 52%，抗压强度高于 50kPa。

王宇峰等采用本地土和水泥作污泥固化剂，当污泥、水泥及本地土的掺入量比为110∶12∶30时，最大7d无侧限抗压强度达到215kPa，能够满足填埋和用于建筑填土的要求。

3. 污泥用作垃圾处理场的覆土

污泥用作垃圾处理场的覆土，是先将污泥改性，通过向污泥中添加一些材料来提高污泥的含固率，增强抗剪强度和防渗性能，然后将其代替黏土作为垃圾填埋场的覆土。通过向污泥中掺入一定比例的泥土、粉煤灰、石灰或矿化垃圾来进行改性，提高污泥的承载能力和消除其膨润持水性。

自20世纪70年代开始，国外就对造纸厂污泥用作填埋场覆盖材料进行了研究。徐文龙等以两种固化污泥（碱性固化剂和中性固化剂形成的固化污泥）为研究对象，针对固化污泥土质特性、浸出污染物浓度、恶臭释放程度及可生物降解有机物评价研究，对其作为垃圾填埋场覆土材料的可行性进行了评价。结果表明，中性固化剂形成的固化污泥适合作为垃圾填埋场覆土材料。

有研究表明，采用水泥、黏土或粉质黏土作固化剂（污泥100份、水泥30份、黏土或粉质黏土90份），采用生石灰、四氯化碳或双氧水等作消毒剂对污泥进行固化处理，处理后污泥可作为填埋场覆土，实现资源化利用，采用此工艺污泥固化填埋处置费为每吨400元左右。

污泥入场用作日覆盖材料前必须对其进行监测。含有毒工业制品及其残物的污泥、含生物危险品和医疗垃圾的污泥以及含有毒药品的制药厂污泥及其他严重污染环境的污泥不能进入填埋场作为日覆盖土，未经监测的污泥严禁入场。

（1）工艺流程

污泥作为垃圾填埋场覆土具有较高的要求，需要对污泥进行改性，添加物料，进行加工，使污泥的含水率、承载能力达到要求后运送到填埋场，作为覆盖材料，等垃圾堆填达到要求高度后铺覆盖材料，然后用机械设备进行碾压，使污泥压实，以起到覆盖作用。工艺流程如图22-2所示。

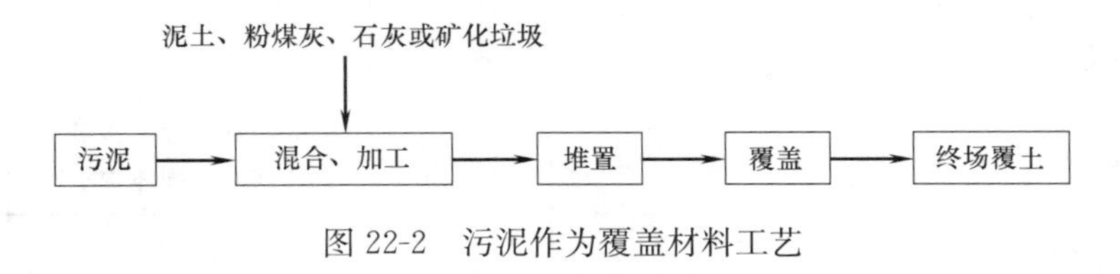

图22-2 污泥作为覆盖材料工艺

（2）主要技术参数及要求

1）污泥用于垃圾填埋覆盖土进入填埋场时，需要满足表22-8的要求。

污泥作为垃圾填埋场覆盖土的准入条件 **表22-8**

项目	条件
含水率	<45%
臭度	<2级（六级臭度）
施用后蝇密度	<5只/（笼·d）

注：含水率指标不适用于封场时的防渗覆盖层。

2）日覆盖应实行单元作业，面积应与垃圾填埋场当日填埋面积相当。

3）改性污泥应进行定点倾卸、摊铺、压实，覆盖层在经过压实后厚度不应小于20cm，压实密度应大于1000kg/m³。

4）在污泥中掺入泥土或者矿化垃圾时应保证混合充分，堆置时间不小于4d，以保证混合材料的承载能力大于50kPa。

5）污泥作为日覆盖土时要求渗透系数小于10^{-4}cm/s，厚度15cm；中间覆盖土层厚度30cm，最终覆盖层渗透系数小于10^{-7}cm/s，厚度大于60cm。

6）污泥作为覆盖层，要求有机质含量小于50%。

7）用石灰改性，所需要的石灰比例高，消化污泥与石灰比为2∶1的混配，污泥的含水率可降在40%之下；用灰渣改性，污泥在混合物中所占比例小于40%能够满足覆盖材料的要求。

8）作为垃圾填埋场覆土填埋容量较小，一般小于0.3m³污泥/m²。

22.3 污泥填埋工艺设计

22.3.1 污泥的土力学指标

和污泥填埋有关的土力学性质指标包括：①抗剪强度（包括内摩擦角、黏聚力）；②固结特性，包括压缩指数、固结系数；③水力学特性，包括渗透系数、内部阻力；④承载力。城市污泥含固率与抗剪强度见表22-9。

城市污泥含固率与抗剪强度　　表22-9

调理/处理工艺	脱水方式			
	离心脱水机		普通压滤机	
	含固率(%)	抗剪强度(kN/m²)	含固率(%)	抗剪强度(kN/m²)
投加电解质	20～30	<10	25～40	18～50
投加电解质，但使用最新技术	28～40	5～18		
投加金属盐和消石灰			25～45(净固体含量) 37～65(净固体含量)	(平均)20～50
高温热调理	40～50	40～55	>50	50～100
聚合物调理并用反应性添加剂(石灰、反应性飞灰、水泥)后处理	30～50	5～100		
聚合物调理并用非反应性添加剂	25～40	0～5		
石灰前处理并用聚合物调理	25～40(净固体含量) 30～50(净固体含量)	0～100		
聚合物调理，并用垃圾后处理	45～65(净固体含量) 50～80(净固体含量)	>30		

由表 22-9 可知，城市污水处理厂脱水后的污泥一般不能满足填埋要求的强度，还必须通过增加添加剂、降低含水率或者其他方式提高其抗剪强度。脱水后的污泥如果不用添加剂就不能大面积用机械操作连续填埋，美国一般采用填沟法填埋这种类型的污泥。

当总固体含量在 13.05%～22.9%时，脱水污泥抗剪强度的变化范围为 0.69～12.96kN/m²。试验表明，总固体含量与抗剪强度之间符合黏土的临界状态理论，具体关系式如式（22-1）：

$$S_u = A \cdot e^{-m/T_s} \tag{22-1}$$

式中 S_u——不排水抗剪强度；

T_s——总固体的质量比；

A——污泥的比常数，kN/m²；

m——$m=0.5$。

22.3.2 污泥填埋设计标准

污水厂脱水污泥的含水率在 80%左右，不能满足填埋作业的机械强度。为避免污泥的进入给填埋场的正常运行造成不良影响，消除安全隐患，必须采取必要的工程措施来降低污泥含水率。

混合填埋的一种形式是通过在含水率为 80%的污泥中添加不同的改性剂来提高机械强度，待混掺物达到相关规定标准后，再采用一定的施工方式进行填埋；另一种形式是通过一定的方式将含水率为 80%的污泥脱水干化至填埋强度后与其他物质（一般是生活垃圾）按一定比例混合填埋。表 22-10 列出了国外污泥填埋设计标准。

国外污泥填埋设计标准 **表 22-10**

项目	污泥固体含量*(%)	改性剂	体积比(改性剂：污泥)	填埋污泥量(m^3/hm^2)
窄沟填埋	15～28	无	—	85～395
宽沟填埋	20～28	无	—	225～1015
筑堤填埋	20～28	土壤	(0.25：1)～(0.5：1)	225～1050
平面填埋	20	土壤	0.5：1	210～1015
污泥与生活垃圾填埋	>3	生活垃圾	(6：1)～(10：1)	35～295
污泥与土壤填埋	>20	土壤	1：1	115
污泥与粉煤灰填埋	脱水	粉煤灰	(1：1)～(3：1)	—
污泥与焚烧灰填埋	>10	生活垃圾焚烧底灰	(5：1)～(10：1)	105～210

注：*表示干质量/总的湿质量。

22.3.3 污泥卫生填埋场工程设计

1. 设计要点

污泥具有高含水率、高黏性、低稳定性、渗透系数小等特性，因此污泥卫生填埋场的设计类似于垃圾卫生填埋场，但各方面的要求又均要高于垃圾卫生填埋场。

设计的关键点包括以下几部分：

（1）填埋气收集导排系统。

（2）渗滤液收排系统。

（3）场底及边坡防渗系统。

2. 填埋气收集导排系统

(1) 导气系统的组成及作用

填埋气收集和导排系统的作用是减少填埋气体向大气的排放量和在地下的横向迁移，并回收利用甲烷气体。

填埋气的导排方式一般有两种，即主动导排和被动导排。主动导排是在填埋场内铺设一些垂直的导气井或水平的盲沟，用管道将这些导气井和盲沟连接至抽气设备，利用抽气设备对导气井和盲沟抽气，将填埋场内的填埋气体抽出来。被动导排就是不用机械抽气设备，填埋气体依靠自身的压力沿导排井和盲沟排向填埋场外，只包括导气石笼井。填埋气收集系统根据设置方向分为竖向收集方式和水平收集方式两种类型。污泥填埋场因其稳定性较差、容易沉陷等特性，一般均采用竖向收集方式。

(2) 填埋气产生量预测模型分析

目前，填埋场产气量的预测方法大体可归为三类，即理论计算法、动力学模型法和实测法。

1) 理论计算法包括化学计量计算法、化学需氧量法、用污泥中的有机物可生物降解的特性进行计算三种。

2) 动力学模型多用来预测填埋气的产气率，比较典型的模型有 Scholl Canyon 模型、Palos Verdes 模型和 Sheldon Arleta 模型。

3) 实测法。上述填埋气体产生量的估算方法在应用方面要充分考虑到填埋场的实际情况，并且产气量也是随时间而变化的，在估算时要实事求是地进行，要根据各填埋场的具体情况具体估算。

(3) 导气石笼井有效收集半径确定

井距与竖井抽力大小的正确与否，直接影响气体控制的安全性、有效性、气体成分和经济性。根据多孔介质流体力学理论，流体在多孔介质中的流动可用达西定律描述。与其有关的参数主要为渗透系数，原生污泥因其渗透系数小而使其有效收集半径小于垃圾。但改性污泥填埋场准入条件规定其渗透系数要达到 $10^{-6}\sim10^{-5}$cm/s，因此其收集半径可适当增大。

(4) 填埋气导排系统设计

在设计填埋场气体收集和导排系统时，应考虑气体收集方式的选择、抽气井的布置、管道分布和路径、冷凝水收集和处理等。

1) 气体收集方式的选择

就我国的情况而言，在现有较为简单的污泥填埋场、堆放场中，气体大多无组织释放，存在爆炸隐患，并造成环境危害，建议采用被动控制的方式对气体进行导排燃烧。在一些容量较大、堆体较深，且操作管理水平较高的填埋场，可以考虑采用主动方式回收利用填埋场气体。对于新建填埋场，可以在填埋初期通过被动方式控制气体释放，当产气量提高到具有回收利用价值之后，开始对气体进行主动回收利用。

2) 抽气井的布置

除了可以根据上面的计算和预测井间距外，还可以通过现场实测数据来检验竖井的影响半径，具体做法是：在试验井周围的一定距离内，按 5m 间隔布置观测孔，通过短期或长期抽气试验观测距抽气井不同距离处的真空度变化。离井最近的观测孔负压最高，随距离增加，负压迅速下降，影响半径即是压力近于零处的半径。

另外，因为污泥低渗透性、高含水率的特性，在施工中应特别注意抽气井和渗滤液收集管的对接问题，确保抽气井内的积水能够及时地通过渗滤液收集系统排出填埋场外。

3）填埋气体输送系统的布置

污泥填埋工程的目的之一是收集利用填埋气，因此需要将填埋气体汇集到总干管进行输送。输气管的设置除必要的控制阀、流量压力监测和取样孔外，还需考虑冷凝液的排放。

4）冷凝水收集和排放

为排出集气管中的冷凝液，避免填埋气体在输送过程中产生的冷凝液聚积在输送管道的较低位置处，截断通向抽气井的真空，减弱系统运行，管道直径需较计算值稍大一点，同时还应将冷凝水收集排放装置安装在气体收集管道的最低处，避免增大压差和产生振动。在寒冷结冰地区还要考虑防止收集到的冷凝水结冰，系统中要有防冻措施，保证冷凝水在结冰情况下也能被收集和储存。

3. 渗滤液收排系统

（1）收排系统作用

污泥填埋场内的渗滤液如不能及时排出场外，可能会引起以下问题：

1）使填埋场内水位升高导致更强烈的浸出，从而使渗滤液的污染物浓度增大。

2）使底部防渗层之上的静水压增加，导致渗滤液更多地泄漏到地下水和土壤之中。

3）使污泥含水率增加，加大污泥流变性，影响填埋场的稳定性，增加污泥卫生填埋场的安全隐患。

4）渗滤液可能扩散到填埋场外。

因此，收排系统是污泥卫生填埋场的重要组成部分之一，其主要作用是能及时、有效地收集污泥渗滤液并将其排至场外的指定地点，避免渗滤液在填埋场底部蓄积。应具有良好的渗水和导水能力，一定的防淤堵能力，且不能对防渗层造成破坏。为了尽量减少对地下水的污染和保证污泥堆体的稳定性，该系统应保证使衬垫或场底以上渗滤液的累积不超过 30cm。

渗滤液收排系统应达到以下基本性能要求：保证渗滤液收集、导排系统畅通，防止堵塞；有效控制渗滤液的流向和流量，有效缩短渗滤液在污泥堆体中的停留时间，根据当地水文气象资料计算渗滤液产生量，并说明计算模型和假定条件，采取措施防止渗滤液排放系统的泄漏；应考虑防止渗滤液导排管堵塞的措施和清理导排管的措施。

（2）收排系统组成

渗滤液收排系统主要包括收集和输送两部分。收集系统由位于填埋场底部防渗层之上的排水层及其内的穿孔管组成，输送系统由导排盲沟、渗滤液输送管道和泵等组成。

1）排水层：场底排水层位于填埋场底部防渗层之上，其作用是及时将被阻隔的渗滤液排出，减轻对防渗层的压力，减少渗滤液的外渗可能性。由砾石、砂或人工排水网格等渗透性好且有一定粒径的粒状介质材料组成，排水层内设有盲沟和穿孔收集管网和为防止孔隙阻塞而铺设在排水层表面及包在穿孔管外的过滤层。排水层必须覆盖整个填埋场底部衬垫，其水平渗透系数应大于 10^{-3}cm/s，坡度不小于 2%，一般主系统排水层应采用 5～10mm 的卵石或砾石，层厚不小于 30cm。考虑到在长期使用过程中渗透系数会降低，设计时选用介质的渗透系数应比理论值大一个数量级，同时应做好粒度搭配，避免颗粒物堵塞排水孔隙。因污泥粒径小，极容易堵塞管道，因此在排水层和污泥堆体之间需设置天然或人工滤层，通称过滤层，其作用是保护排水层，防止污泥在排水层中积聚，造成排水系统堵塞，使排水系统效率降低或失效；同时，在污泥分解放热阶段，还可以降低封底层内的温度。目前推荐使用的是土工布加矿化垃圾或新鲜垃圾层。

2）导排盲沟：是指采用高滤过性能材料，用于导排渗滤液的暗沟，沟内一般铺设导排管道。导排盲沟内的碎石粒径宜在 60～100mm，尽可能选择卵石或棱角光滑的石类。因污泥的特殊性质，一般需采用分级砂滤层来防止污泥中的细粒渗入渗滤液收集管内。

3）管道系统：一般在填埋场内平行铺设，位于衬垫的最低处。管道上半部开有许多小孔，且管间距要合适，以便能及时迅速地收集渗滤液，此外，收集管还应具有一定的纵向坡度，使管道内的流动呈重力流态，便于渗滤液向渗滤液收集池流动。

4）渗滤液收集井、泵、检修设施及监测和控制装置：接纳排水管道内排出的渗滤液，并测量和记录积水坑中的水量。

4. 防渗系统

（1）防渗系统的作用及分类

填埋场防渗系统必须长期、可靠地防止污泥渗滤液渗漏，并防止填埋气体的无序迁移。渗滤液和填埋气体产生期限均比较长，填埋场防渗系统的使用寿命必须与之相匹配，以使渗滤液和填埋气体能得到有效的控制。

填埋场防渗系统的设计，需考虑如下因素：由于防渗系统承受的负荷过大所造成的损害，如污泥堆积过高或填埋气体导排井过重等；由于渗滤液、填埋气体或者其他材料和物质成分接触防渗系统所造成的侵蚀；由于地基沉降对防渗系统造成的危害。

填埋场防渗层应尽可能不让管道等设施穿过。如果需要穿过，或者防渗层需要连接在刚性结构上，该部分的防渗层应视为薄弱点，必须对其进行特殊设计、施工和保护。

防渗系统一般分为水平防渗系统和垂直防渗系统。水平防渗是在填埋场的场底及侧边铺设人工防渗材料或天然防渗材料，防止填埋场渗滤液污染地下水和填埋场气体无控释放，同时也阻止周围地下水进入填埋场内。垂直防渗是对于填埋区地下有不透水层的填埋场而言的，在这种填埋场的填埋区四周建垂直防渗幕墙，幕墙深入至不透水层，使填埋区内的地下水与填埋区外的地下水隔离开，防止场外地下水受到污染。

（2）水平防渗系统的构成

填埋场水平防渗的衬层系统可以分为单层衬层系统、复合衬层系统、双层衬层系统、多层衬层系统等。通常从上至下可依此包括过滤层、排水层（包括渗滤液收集系统）、保护层和防渗层等。其中过滤层和排水层隶属于上面的收排系统。

保护层一般应用土工布，用以防止防渗层受到外界影响而被破坏，如石料或污泥对其上表面的刺穿、应力集中造成膜破损、黏土等矿物质受侵蚀等。

防渗层是水平防渗系统中最重要的一层，其功能是通过在填埋场中铺设低渗透性材料将渗滤液阻隔于填埋场中，防止其迁移到填埋场之外的环境中；防渗层还可以阻隔地表水和地下水进入填埋场。防渗层的主要材料有天然黏土矿物如改性黏土、膨润土，人工合成材料如柔性膜，天然与有机复合材料如聚合物水泥混凝土（PCC）等。该层的结构千差万别，有两层 HDPE 膜中间夹一层膨润土的，也有一层 HDPE 膜上铺一层膨润土的，还有单独使用一层 HDPE 膜的。总的来讲，该层至少应设一层 HDPE 膜。防渗层的层数越多，安全性能越强，但造价也相应提高。在具体工程实践中，应根据污泥性质、场区环境等因素具体分析。

22.3.4 污泥卫生填埋场工程设计案例

1. 上海老港填埋场污泥与矿化垃圾混合填埋工程

上海老港填埋场污泥与矿化垃圾混合填埋工程，利用老港填埋场现有垃圾，处理白龙港污水处理厂的脱水污泥。该项目处理污泥规模为 25 万 t/a。

(1) 围堤工程设计

在过渡填埋单元东侧和南侧，利用已有围隔堤，在西侧和北侧新建围堤，新建围堤长度为 385m。围堤堤身形式均为土堤堤身，考虑现场取土的土质较差，新堤采用外购土方的方式筑堤。

围堤主要标准包括：围堤顶标高，吴淞零点＋8.00m；围堤顶宽，4.5m；围堤边坡，1∶1.5（每隔 3.5m 增加 2m 宽平台）；错车平台，宽度为 5m，长度为 10～16m。

(2) 库底开挖及地基处理工程

库底开挖面标高为－1.1～1.1m。库底整平设计如下：对底部存在的杂草、淤泥加以清除，并用非表层土回填压实，填埋库区底部最终的基础设计层为砂质粉土层。

填埋区的排水方向为双向双坡。纵坡整平坡度为 2%，以单元中间主盲沟末端为控制高程，向南北两侧围堤方向进行整平。横坡整平以主盲沟为主控制线进行整平，坡度也为 2%。

(3) 地下水导排工程

根据本工程地质勘探资料，库区底部地下水位标高在 3.08～3.97m 范围内，填埋区底部将会被开挖到这一标高以下。因此，控制地下水位是十分关键的。地下水收集与导排工程设计主要包括周边围堤设置垂直防渗墙和设置地下水导排盲沟。目前，在一、二、三期库区周边已有垂直防渗墙。

地下水导排盲沟系统包括主（副）盲沟、导排井、集水管与排放管等。主副盲沟以 16～32mm 碎石作为导流层，以 5mm 复合土工排水网作为地下水排水通道。主盲沟断面为 2m×0.3m，副盲沟断面为 1.5m×0.3m。盲沟上覆 $150g/m^2$ 机织土工布。在每个单元地下水导流主盲沟末端设置集水设施，在主盲沟末端设置集水井，井内设置导排泵将地下水导出，共需集水井 2 座（ϕ1500mm×10m）。

地下水导流主盲沟末端汇集到集水井，通过导排泵将地下水排入三、四期库区之间的界河。在围堤内侧设（9.2～19.2）m×5m 平台（与渗滤液导排井共用此平台），上设地下水导排井和渗滤液导排井各一座，阀门井一座，井体为钢筋混凝土结构。井内设导排泵、阀门和管道等设备。

(4) 水平防渗工程

考虑该填埋单元为过渡填埋单元，为节约投资，场底防渗采用厚度为 0.6m、渗透系数小于 10^{-7}cm/s 的黏土，压实度不小于 0.90。

(5) 渗滤液收集与导排工程

渗滤液收集系统由 6.3mm 厚的复合土工网格、30cm 厚的矿化垃圾筛上物、碎石盲沟和导排井构成。过渡期填埋单元设置 2 条主盲沟和 2 座导排井，主盲沟中 D_c＝315mm

的 HDPE 管将收集到的渗滤液排入末端的导排井中。

主盲沟末端设置渗滤液导排井，井内设置导排泵。渗滤液由导排泵提升，泵后阀门井内设置 2 个阀门，分别通向雨水排放管和渗滤液输送管。当单元尚未开始填埋作业时，场内雨水通过雨水排放管排出场外，当单元开始填埋作业后，渗滤液排入渗滤液输送管（在填埋库区围堤内侧铺设 D_c=63mmHDPE 压力管），将渗滤液输送到渗滤液调节池。

（6）地表水导排工程

过渡填埋单元东侧和南侧已有预制混凝土雨水明沟，结合老港垃圾填埋场一、二、三期封场工程投资可以修复，西侧和北侧 385m 长的雨水明沟需要新建，采用 1mmHDPE 膜+150g/m^{2}土工布搭建。排水明沟边坡 1∶1，底宽 300mm，深 300～1100mm，与东侧和南侧已有雨水明沟搭接。

（7）填埋气体导排工程

填埋气体采用垂直导气石笼导排，石笼具体做法如下：石笼内径为 800mm，石笼内碎石粒径为 32～100mm（保证其透气性及防止杂质堵塞孔眼），外围钢筋 ϕ8，钢筋外围采用 150g/m^{2}机织土工布以防污泥淤堵。石笼内管道为 DN160mm 的 PVC 管、表面轴向开孔间距为 100mm，导气石笼和导气管底部与渗滤液导排盲沟底部平齐，分段构筑，每段顶面均高出相应的覆盖层表面 1.0m。在单元内每隔 30～50m 安装导气石笼，共设置 12 个导气石笼。填埋气体采用自然导排方式。

（8）封场工程设计

封场覆盖表面积约为 3.05 万 m^2，封场覆盖工程量为 30cm 厚的压实黏土层 0.92 万 m^3。

2. 上海市白龙港污水处理厂污泥填埋场

上海市白龙港污水处理厂污泥填埋场位于浦东新区合庆乡东侧，东临长江，西至随塘河，北以原南干线排放干渠为界。白龙港污水处理厂在原向阳圩上围堰吹填而成，设计地面标高 4.40m（吴淞高程系），四周由内向外两道堤与其他滩涂相隔，堤顶标高约 8.00m。白龙港污水处理厂留出 27hm^2，污水厂外围 16hm^{2}作为污泥填埋场。

该填埋场处置白龙港污水处理厂、竹园（第一和第二）污水厂的污泥。处理规模为：近期处置白龙港污水处理厂污泥，干污泥 208t/d，脱水污泥含水率 65%，污泥量为 561m^3/d；竹园第一污水厂污泥，干污泥量 255t/d，脱水污泥含水率 65%，污泥量为 687m^3/d；竹园第二污水厂污泥，干污泥量 95t/d，脱水污泥含水率 65%，污泥量为 256m^3/d。总的处理干污泥量为 558t/d，污泥量为 1504m^3/d。

上海市白龙港污水处理厂污泥填埋场采用堤坝式填埋的围堤法进行填埋。自卸汽车装载脱水后的污泥，进入污泥填埋区，将污泥运送至污泥填埋区域指定的卸料平台，在卸料平台上将污泥卸入填埋场内。卸入填埋场内的污泥由履带式推土机推平，单元填埋。污泥填至 7.25m 标高后封场，封场标高为 8.0m。

污水处理厂外 16hm^{2}污泥填埋场分为 6 个作业区域，厂内 27hm^{2}污泥填埋场分为 12 个作业区域。填埋区域由隔堤分开，隔堤上修建行车道。厂外填埋场内修建东西向、南北向隔堤各 2 条，厂内填埋场修建 3 条东西向隔堤及 7 条南北向隔堤。隔堤堤顶标高 8.0m，堤顶宽度 5m，两侧土路肩宽度 500mm。单车道混凝土路面的边坡 1∶1.5，5.50m 标高设一平台，平台宽度 1m。平台以下边坡 1∶2。堤顶路面按照 220mm 水泥混凝土层＋300mm粉煤灰三渣＋200mm 砾石砂垫层。在每一作业区域还设置 1 条围堰坡道，坡道标高由 8.00～3.80m，坡度为 4%。为保证履带式推土机推送污泥的最远距离在 60m 左右，在每一作业区域设置一定数量的卸料平台。卸料平台尺寸 10m×10m，采用袋装砂堆筑，表面铺平。

填埋场采用垂直防渗的工程措施。在每一填埋作业区域设置独立的渗滤液收集系统，然后泵至渗滤液收集总污水管道（DN300mm）中，接入污水处理厂进行处理。在主盲沟末端处设置内径 2.0m 的集水井，采用落底泵井形式，采用 DN2000mm 钢筋混凝土企口管连接，插入场底以下 3.0m，露出场顶以上 2.0m。

填埋场采用自然垂直导排技术满足安全生产的要求。导排管布置在 ϕ800mm 导气石笼内，导排管采用 DN150mmPVC 管，每根管的一头封闭，另一头敞开，密封一头朝下埋入污泥，敞开一头向上，露出场顶 1m，四周覆土压实。

第23章　污泥土地利用

污泥经过处理，特别是经堆肥等处理后，因其具有一定的腐殖质等有机物，通常具备土地利用价值，常用作肥料或土壤改良剂。这类肥料称为污泥肥料。通过覆盖、喷洒、注射等方式，施入土壤表面或土壤中，以达到改善土壤的性质，提高土壤综合肥力的目的。所有将污泥归还于土地的利用方式均可称为污泥的土地利用。污泥土地利用有很多种方式：农田利用、林地利用、园林绿化利用以及退化土地的修复。

23.1　污泥肥料分类

按照污泥肥料的含水率高低可分为浓缩污泥肥料、脱水污泥肥料、堆肥污泥肥料和干化污泥肥料。

1. 浓缩污泥肥料

浓缩污泥肥料是指将排出的消化污泥经浓缩或将已浓缩的生污泥经过低温灭菌后而成的污泥肥料。浓缩污泥肥料近似糊状，可用管道运输，施用方法简单，可直接撒播于土地，其优势在于污泥固体能被均匀撒播，还能充分利用污泥中溶解态的养分。

撒播时的施肥量取决于植物的种类、土壤性质、地下水深度、雨量等因素，全年污泥施用：绿地（公园等）为120～250m^3/hm^2，旱地为200～500m^3/hm^2。此外，还应注意施用消化污泥时由于其中氨的含量较高，对种子的发芽有抑制作用，应在播种前几天施用，使其先暴露在大气中，可避免这种抑制作用。

2. 脱水污泥肥料

脱水污泥肥料是指经过脱水后的污泥肥料，这种污泥肥料在土地利用中应用广泛，其优势在于体积减小至原来的1/10以下。便于运输与利用，同时还具有较好的肥效，如果采用脱水污泥连续施肥，土壤中养分含量的增加速度是使用家畜粪肥的2倍。

3. 堆肥污泥肥料

堆肥污泥肥料是指在一定温度、湿度和pH的条件下，以污水污泥或将其与其他有机垃圾混合利用好氧微生物进行好氧堆沤而成的污泥肥料；或以脱水污泥作为原料，利用其中所含的有机质，再添加化肥和其他营养物，混合制成有机质含量丰富的污泥复合肥。堆肥污泥是一种很好的土壤改良剂和肥料，与未经过处理的污泥相比，具有质地疏松、粒度均匀细致、含水率低（<40%）的特点，具有较好的物理和化学性质，植物可利用形态的养分增加，有助于土壤物理化学性质的改善。此外，堆肥过程有助于灭活污泥中的病原体，使其具有较好的卫生条件，降低了污泥对人畜的危害。

4. 干化污泥肥料

将脱水污泥经过干化处理后制成的污泥肥料称为干化污泥肥料，这种污泥肥料符合污泥处理与利用的相关标准，既保持了适当的粒度，又保持了一定的含水率，可防止撒播时被风吹散，土地利用效果最佳，但成本比前几种污泥肥料都高。具有存储稳定性好，施肥方便，卫生条件较好，便于长距离运输等优点，相对于前几种污泥肥料更具优势。

23.2 污泥土地利用科学使用方法

污泥土地利用能改善土壤的理化性质和生物学性质，增强土壤肥力，促进植物生长，是污泥非常重要的资源化综合利用方式，被广泛应用于农田、林地、园林绿化和退化土地的修复等，但必须科学使用。

1. 污泥肥料的施用方法

污泥肥料的施用是以机械或自然方式将其与土壤混合，施用方法分为地表施用和地面下施用两种，污泥肥料物态不同，施用的具体方法也不同。

液态污泥施用相对简单，可选择灌溉、地表施用和地面下施用的方法。

灌溉包括喷灌和自流灌溉，灌溉较适用于开阔地带及林地施用，污泥由泵加压后经管道输送至喷洒器喷灌，可实现均匀地施用，但存在投资大、喷嘴易阻塞等局限性，还存在引起气溶胶污染的风险，因此使用该方式要控制喷灌设施与居民住宅或道路的距离；自流灌溉则依靠重力作用自流到土地上，但由于该方法很难保证施用量的均匀分布，且易发臭而导致施用环境差等，因此较少使用。

地表施用和地面下施用的施用方法、施用机械与施用要求、优缺点及适宜施用情况等见表 23-1。

液态污泥的地表施用和地面下施用方法 **表 23-1**

施用方法	施用机械与施用要求	优缺点及适宜施用情况
地表施用		
罐车	容积常为 2～8m^3，最好配有气浮轮胎，可与灌溉设备相连，若同时配有泵可保证施用均匀	可明显减少地表雨水径流引起的营养物和土壤的损失 适用于可耕土地，潮湿土壤禁用
农用罐车	容积常为 2～12m^3，最好配有气浮轮胎，可与灌溉设备相连，若同时配有泵可保证施用均匀	
地面下施用		
犁地施用	犁地后使用管道或罐车加压施用	可有效减少氨气的挥发量，阻止蚊蝇滋生，污泥中的水分被土壤迅速吸收，减少了污泥的生物不稳定性；但该方法难以保证污泥施用的均匀性，且增加了运行成本 适用于可耕土地，潮湿或冰冻土壤禁用
罐车施用	犁地后罐车施用（容积为 2m^3）	
农用罐车施用	可犁地后用农用罐车施用[施用量（以湿污泥计）为 170～225t/英亩]或地表施用后立即犁入土壤[施用量（以湿污泥计）为 50～120t/英亩]	
地面下注入	污泥注入由罐车上备有的凿子凿开的沟渠中，施用量（以湿污泥计）为 25～50t/英亩，使用后数天内不得负载	

注：1 英亩＝4046.9m^2。

施用脱水污泥可减少运输费用，施用机械的选择面较大，但其操作和维修费用比浓缩（液态）污泥高，通常的施用方法有撒播和堆置两种。撒播常用的机械有带斗推土机、撒播机、卡车、平地机等，撒播后可由拖拉机或推土机牵引的圆盘推土机、圆盘耕土机和圆盘犁使污泥与土壤混合；堆置的方法是用卡车将污泥卸至施用土地边缘上，利用推土机将污泥在土地上摊平，再犁地混合。

堆肥化污泥、干燥污泥的可施用性好，施肥方便，单位土地面积的污泥肥料体积用量小，一般无需采用专门的土地撒播机械；污泥肥料撒播后，可根据作物生长的要求选择是否进行翻耕。

施用的污泥尽量与土壤充分混合；在施用脱水污泥和干燥污泥时，为了避免对发芽或幼苗生长产生不良影响，在施用与播种或移栽之间要有适当的间隔时期；为避免污泥中污染物所造成的危害，必须遵循污泥的施用的准则，选择合适的施用方法，限定污泥的施用量，对污泥的施用进行科学的管理。

2. 控制污泥的施用量

污泥施用过程中应该根据各种营养元素的平衡和农作物的需肥特点来确定每年污泥的施用量，不要过量施用，否则会带来不良后果。

(1) 确定污泥的施用率

污泥施用不当有可能造成二次污染，因此，确定合适的污泥施用率是污泥安全使用的关键。我国学者郝得文根据多年研究成果并结合国内外经验，提出了计算污泥施用率的工作程序与计算模式，用以确定污泥的最佳施用率，如图 23-1 所示。

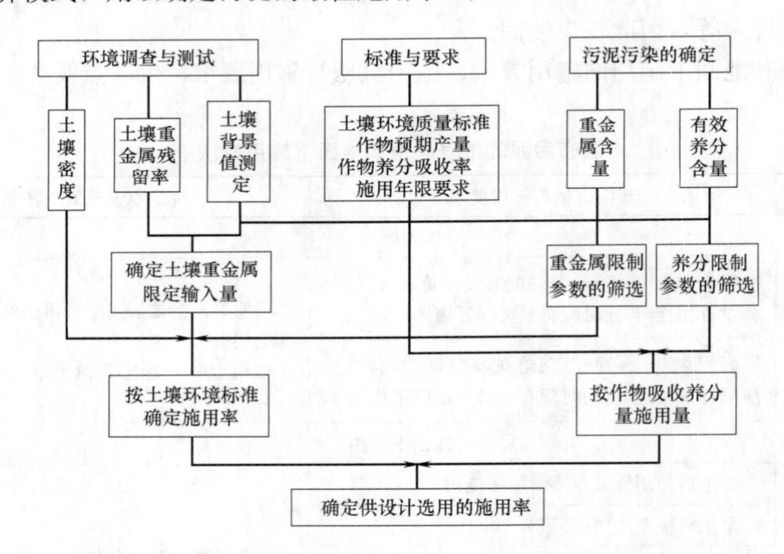

图 23-1 污泥施用率计算程序

设计、选用污泥施用率的基本原则是，在保证污泥中的养分和重金属不污染环境的前提下，充分利用污泥中的营养成分，其实质是限定污泥中养分和重金属的输入量。按照给定的土壤环境质量标准、土壤中重金属的背景含量、重金属年残留率以及污泥限制性重金属含量，可以确定污泥在该土壤中的施用率。从利用污泥营养成分的角度，可将污泥施用率划分为以下三种类型。

一次性最大污泥施用率 (S_1)：把污泥作为土壤改良剂，改良有机质和养分含量低的土壤或复垦被破坏了的土地时，通常选用一次性最大污泥施用率 (S_1)，以便尽快达到改良的目的。按作物需磷量确定的只施一次的污泥施用率为 S_p [以干污泥计，t/(亩·

年)]；按土壤重金属环境质量标准确定的一次最大施用率为 S_g [以干污泥，t/(亩·年)]。从不污染环境的要求出发，S_1 值选用 S_p 和 S_g 的最低值。

安全污泥施用率（S_2）：把污泥作为固定肥源或复合肥料添加剂，长期施于农田，通常选用 S_2。按作物需要氮量确定的污泥长期施用率为 S_{NL}，安全污泥施用率为 S_a，一般选用 S_a 作为 S_2 值。

强制性安全污泥施用率（S_3）：根据土地要求，场地使用年限为 20 年，在给定年限内每年施用污泥。在这种情况下，S_3 采用 S_{NL} 和控制性安全污泥施用率（S_K）中的低值作为 S_3。

上述 3 种污泥施用率的计算公式见表 23-2。

污泥施用率的计算公式 **表 23-2**

污泥施用率类型	代号	施用率计算式
一次性最大污泥施用率	S_1	$S_g=(W_h-B)\cdot T_s/C$
安全污泥施用率	S_2	$S_a=W_h(1-K)\cdot T_s/C$
控制性安全污泥施用率	S_3	$S_K=(KW_h-BK^j)(1-K^j)\cdot T_s/C$

注：表中 W_h——给定的土壤环境质量标准，mg/kg；
B——该土壤重金属的背景含量，mg/kg；
K——该土壤重金属的年残留率，%；
T_s——耕作层土壤干重，t/(亩·年)；
C——污泥限制性重金属含量，mg/kg；
j——给定的年限，年。

(2) 限制污泥使用年限

长期不合理的施用污泥，很可能导致土壤中重金属元素的积累，进而影响作物可食部分中的有害物质超标，因此在污泥土地时一定要严格控制污泥的施用量和施用年限。若不考虑土壤中重金属元素的输出，把土壤中重金属的积累量控制在允许浓度范围内，那么污泥施用年限就可根据下式计算。

$$n=\frac{C\times W}{Q\times P} \tag{23-1}$$

式中 n——污泥施用年限，年；
C——土壤安全控制浓度，mg/kg；
W——每公顷耕作层土重，kg/hm²；
Q——每公顷污泥用量，kg/hm²；
P——污泥中重金属元素含量，mg/kg。

污泥土地利用应该遵循上述模型来确定污泥施用年限和施用率，但由于不同的土壤条件对污泥污染物具有不同的承受能力，不同的植物种类对污泥的适宜施用量也不同，因此应该根据情况来确定具体的施用率和施用年限。

3. 选择合适的施用场地

选择合适的施用场地和土质，是保证污泥安全施用，防止污泥中污染物对地下水污染的又一关键措施。

(1) 慎重选择施用场地

施用土地的坡度宜在 0～3%，否则有可能被地表径流侵蚀，林地因为植被的保水性较好，不易形成径流，最高坡度限制可放宽至30%；地下水位以上的土层厚度不得少于1m；施用污泥的地点要远离水源等敏感区域，并对施用地点进行现场勘测。

（2）选择合适的土质

选择渗透系数适中的土壤，不得施于砂性土壤或渗透性强的土壤；对于酸性土壤和碱性土壤，污泥中重金属离子允许施用量有很大的区别，酸性土壤上施用污泥除了必须遵循在酸性土壤上污泥的控制标准外，还应该每年施用石灰以中和土壤酸性。

4. 定期监测施用土壤

污泥的有害成分进入土壤后，一般不会立刻表现出不利影响。如一次施用污泥后重金属的含量一般不会增加很多，但若长期施用重金属含量高的污泥会使土壤环境恶化，使土壤中重金属含量增加，并使作物中重金属含量增加；污泥中的氮短期内在土壤剖面上迁移量较小，一般不会立刻表现出其不利影响，但在长时期内，将会有大量氮进入水体而造成水体污染，故判断污泥中氮是否随水流失而污染地下水，应该监测地下水中 NO_3^- 的含量，以其不超过评价标准来确定林地污泥施用氮的负荷。因此，污泥施入土壤后，应对其中的有害成分和营养成分在土壤中的行为及迁移等进行长期定位的监测，为污泥的长期安全使用提供科学依据。

（1）监测对象及项目

污泥土地利用监测的对象为污泥、施用后的土壤、地下水、土壤中的作物和植被。主要监测项目有：污泥和土壤中的重金属、病原体、营养物、有机污染物以及土壤作物中的重金属含量等，监测其对地下水的影响和在土壤中的积累等。

以重金属离子为例，对于施用污泥肥料的地域和作物进行连续的跟踪研究，观察重金属离子是否会在土壤和作物中产生富集，富集的程度如何；在土壤中是否会产生淋溶运动；对土壤的结构、土壤的性质造成什么样的影响等，根据所监测的数据，对污泥的施用进行限制。如日本的土壤污染防治法中，指定 Cu 为特定有害物质，当含量超过125mg/kg时，说明受到污染，应做紧急处理；糙米中含 Cd 超过 0.4mg/kg，饮水中含镉量超过 0.01mg/L 的地区，指定为施行监察地区，规定应对居民进行健康检查，同时还指定糙米中含 Cd 量在 1mg/kg 以上为 Cd 污染米，不能食用。

（2）监测频率

我国《农用污泥中污染物控制标准》GB 4284—1984 中规定农业和环保部门必须对污泥和施用污泥的土壤作物进行长期定点监测，但对监测频率未做具体的规定，有待进一步完善，可以参照表 23-3。

土地利用监测频率 **表 23-3**

污水污泥数量 x(t/a)	$0<x<290$	$290\leqslant x<1500$	$1500\leqslant x<15000$	$x\geqslant1500$
监测频率	1次/年	1次/季度	1次/60天	1次/月

在按照表 23-3 中规定的频率监测 2 年后，可减少监测的频率次数，但是一年中监测的次数不能少于一次。

在污泥土地利用的过程中，若发现因施用污泥而影响周围环境和人体健康（如农作物的生长、发育、农产品超过卫生标准）时，应该停止施用污泥并立即向有关部门报告，并采取积极措施加以解决。

5. 完善技术规范

就我国污泥农用的现状看，大多数施用者对污泥的施用方法存在盲目性和任意性，造成了局部土地的污染。北京东南郊污泥施用历史较长，1977 年和 1992 年的调查都发现，部分农田土壤和农作物已受 Cd、Hg 等重金属不同程度的污染；天津对 3 万亩施用过污泥的园田所进行的调查，由于长期不规范地施用污泥，园田土壤中 Cu、Zn、Pb 含量高于当地土壤背景值 3～4 倍，Cr、Ni、As 高于背景值 1/2～1 倍多，Cd 高于背景值 10 倍，而 Hg 高达背景值的 125 倍。

我国最早的污泥处理处置及农用标准是 1984 年的《农用污泥中污染物控制标准》GB 4284—1984，其中重点对重金属含量及施用管理进行了限定。由于该标准制订时间较早，距今已有 30 多年，其中所规定的重金属指标已经不能符合污泥安全施用的要求，有机污染物也仅对矿物油和苯并（a）芘的最高含量做了规定，病原体指标更是空白，指标明显不足，需要重新修订。其后所制定的《城镇污水处理厂污染物排放标准》GB 18918—2002、《城市污水处理厂污水污泥排放标准》CJ 3025—1993 和《城镇垃圾农用控制标准》GB 8172—1987 等新污染物控制标准，大多是在 GB 4284—1984 的基础上修订的，且多数是原则性说明，对许多污染物没有准确完整的指标要求。按照目前的农用污泥标准实施，按每年每公顷施用 30t，连续施用 20 年计算，污泥施用带入土壤污染物的很多项目，都将超过土壤二级标准的要求，会引起土壤环境质量的显著下降。因此，现有技术标准已经不能满足目前污泥土地利用的要求，起不到控制污染的作用。

为确保农用污泥的安全使用，推进我国污泥土地利用的科学管理，实现污泥资源化循环利用的目标，迫切需要制订一套较为完善的污泥农用技术规范和相应的环境管理标准体系。

23.3 农业利用

我国是一个发展中的农业大国，长期以来，由于大量施用化肥，有机肥料施用不足导致我国部分农田土壤有机质匮乏，土壤板结，肥力下降等。据有关资料显示，我国当今有机肥严重不足，以北京市为例，根据我国农业种植的特点和需要，北京几个近郊农田有机肥料的需求按 $45t/hm^2$ 计算，共需有机肥 2.7×10^6 t，农民自己仅能够供给 7×10^5 t，尚缺 2×10^6 t。

城市污水污泥是一种有效的生物质，含有丰富的植物所需营养成分，相当于优质农家肥。污泥肥料施入农田后可改善土壤的结构，使土壤的密度下降，孔隙增多，增加田间持水量和通气性能，提高土壤阳离子交换量（CEC），改善土壤对酸碱的缓冲能力，并使土壤中氮、磷、钾和 TOC 等含量显著增加，提高了土壤肥力，为作物供应充足的养料并促进作物对养分的吸收，增产效果明显，是非常有价值的有机肥资源，对于改变我国目前土壤有机肥缺乏的现状意义重大。因此污泥作为肥料农业利用，不仅为农业开辟了新的有机肥源，还缓解了污泥对环境所造成的巨大压力，无论从环境因素还是从肥效利用因素考虑，都是一种积极有效的措施。

近年来，国内外广大学者对污泥的农业利用进行了大量的研究工作，包括污泥对农作物的增产效果的影响、对作物品质的影响、对土壤生态系统的影响以及污泥土地利用的风险控制等。随着研究的逐步深入，污泥的农用技术日趋成熟，应用也日渐广泛。

23.3.1 污泥农田利用主要作用

(1) 增加土壤肥力施用污泥肥料可提高土壤的氮、磷和TOC的含量，使土壤肥力增加。国外长期定位试验的结果表明，在连续施用污泥20年后，土壤的TOC含量从119%增至418%。我国学者的研究结果表明，每公顷土地施用60t新鲜城市污水污泥，土壤中的全氮和有效磷含量比空白对照和化肥对照增加20.3%～54.3%和7.4%～54.4%；但是有效钾的含量却比对空白和化肥对照减少5.7mg/kg和10mg/kg。这是因为城市污水污泥中钾含量低，施污泥后使作物产量提高，作物吸收利用的养分多，造成了土壤中有效钾减少，因此，施用城市污水污泥时应根据其所含钾的量适当补充钾肥。

(2) 使作物增产并提高作物品质研究表明，施用城市污水污泥后，使生菜增产61%，而且叶片数增多，菜茎缩短；使小麦产量比化肥对照增产11%～17%，对当季玉米籽粒增产11%～27%，同时还具有显著的后效，使第二季小麦增产289%～308%；水稻糙米蛋白质含量提高6%～10%，小麦籽粒蛋白质提高9.7%，玉米籽粒蛋白质提高14.5%～23.7%，与农家肥相比较，施用等量污泥，番茄各部位氮、磷、钾含量高于农家堆肥。

(3) 降低农业生产的成本，减少因施用化肥而造成的土质恶化和二次污染，污泥可替代70%的化学肥料，从而减少化肥的施用量，降低农业生产的成本。研究表明，污泥肥的施用不仅可使当茬作物增产，还可在施用2～3年内表现增产的潜力。而化肥只能使当茬作物增产，长期施用还会导致土壤有机质含量降低，肥力下降等，甚至会因为作物吸收不完全而导致的环境污染。以氮肥为例，氮肥在使用的过程中氮的利用率低，约30%残留在土壤中，氮的残留造成了土壤中硝酸盐含量超标，对地下水造成严重的威胁。而施用污泥肥料只要对土壤中的氮进行有效监测，控制其施用量，就能避免氮所造成的环境污染。

在污泥农用的过程中，一定要了解污泥的性质及成分，严把污泥质量关，尽可能减少污泥中污染物所带来的危害，避免引发新的环境问题。为保证污泥农田利用时的安全性，必须采用科学的方法合理施用。

23.3.2 污泥农田利用注意事项

农用污泥要满足卫生学要求，传染病流行期间不得施用。农田中一般生长的是人类的食用植物，因此农用污泥不得含有病原体，污泥在大田、果园、菜园中施用时，施用前应该对污泥进行无害化和稳定化处理，尽量以干燥污泥或高温堆肥化污泥形态应用，并注意在蔬菜地和当年放牧的草地上不宜施用。

(1) 控制总氮和重金属离子含量。在污泥肥料农用的过程中，重金属和主要营养元素是一个需要长期监测的问题。氮是作物的主要肥分，但浓度太高会使作物的枝叶疯长而倒伏减产，并可能在造成环境污染，因此对施入污泥中的氮应该加以控制。重金属会对作物造成不良影响，如Cd、Hg、Pb、Zn与Mn等易被植物摄取，并在根、茎、叶与果实内积累，故污泥农用应监测污泥和土壤中重金属的含量，严格遵守农用污泥标准，不得超标使用。如果污泥中重金属含量过高，可采用重金属去除技术对其进行预处理，以降低污泥中重金属的含量。

(2) 控制污泥的施用率与施用年限。污泥的施用率、施用年限、具体的污泥施用量，应在调查研究的基础上，根据气候条件、地理环境、作物种类及土壤同化能力制定适合本地区特点的污泥施用额定负荷量，以确保污泥的农田施用安全。我国《农用污泥中污染物控制标准》GB 4284—1984规定农用污泥一般每年每亩用量不超过2000kg（以干污泥计），污泥中任何一项无机化合物含量接近于本标准时，连续在同一块土壤上施用不得超过20年；含无机化合物较少的石油化工污泥，连续施用可超过20年；对于同时含有多种有害物质而含量都接近该标准值的污泥，施用时应酌情减少用量。

总之，要做好污泥的安全农田利用，除了对污泥进行稳定化和无害化处理外，还必须从控制污泥中重金属含量、污泥施用量及污泥施用时间上着手。污泥肥料的控制指标是：农田施用污泥干重一般为2～70t/(hm^2·a)。灌溉水果与蔬菜为：Cd＜15mg/kg干泥，PCBs＜10mg/kg干泥，Pb＜1000mg/kg干泥。

23.4 园林绿化

随看经济的飞速发展，人们生活水平的不断提高，城市绿化的要求也越来越高。但是，由于城市土壤普遍存在着肥力低、结构差、容重大、通气孔隙少等问题，致使园林植物的长势和绿地生态景观的效果受到不利影响，因此，在城市绿化的过程中往往施用一定量的化肥或有机肥等。污泥可改善园林土壤的性质，增加土壤肥力，在控制用量前提下，污泥应用于园林绿化，既可使其得到资源化利用，又可减少化肥和腐殖土的使用量，具有良好的经济效益和环境效益。

污泥园林绿化应用具有以下优势：污泥中丰富的营养成分，可改善土壤的成分与结构，对于苗木、花卉及草坪的生长具有重要的促进作用，可作为城市绿化有效的肥力资源；污泥中有毒有害物质不进入食物链，对人类健康所造成的潜在威胁小；园林花卉草地对污泥中有毒有害物质有一定的吸收净化功能，能减少污染物的负面效应；同时还可减少污泥输送费用以及节约化肥和其他肥料的施用等。

污泥在园林绿化中的应用主要有以下几个方面。

23.4.1 作为花卉肥料

城市污水污泥是一种搭配合理、养分齐全、肥效均衡、效力持久的园林花卉肥料，可提高花卉的观赏品质，使花卉花径增长，开花时间提前，花期延长。近年来的研究表明，花卉施用污泥后，可使小菊和日本橙的花朵数、株高均比对照花朵多、株高粗壮挺拔；盆栽试验结果显示污泥可促进月季、菊花、杜鹃等花卉生长，使花期变长；华南农业大学与广州市园林研究所合作，把污泥与木屑（绿化公司修剪下来的树枝粉碎）混合堆肥，作为育苗和花卉基质，效果不亚于用泥煤土开发的花卉基质。而在经济上，由于不需再购高价的泥煤土，代之以污泥为原料，变废为宝，经济效益更佳。

23.4.2 用作草皮基质

草坪在城市绿化和生态平衡中起着重要的作用，而草皮的供应是草坪建设的主要组成部分。在草皮生产中，为保证质量，生产草皮的土壤必须达到理化状态良好的要求，污泥可为草皮生产提供所需的营养成分。采用城市污水污泥作为草皮基质，不仅可以明显提高栽培基质的有效氮、磷含量，有利于改善草坪的土壤肥力，而且可以增强栽培基质的保水性能和植物的抗旱能力。研究表明，污泥可明显促进黑麦草对养分的吸收，使其分蘖率得以提高，叶片中叶绿素和氮的含量增高；施用 14～70t/hm^{2}的污泥堆肥，能促进黑麦草根系生长，提高其生物量，黑麦草的草坪密度和盖度明显提高，长势良好，绿色期延长，品质达到一级水平。这说明污泥作为草皮基质降低了草皮生产的成本，与其他肥料具有同等的肥效，甚至优于等量化肥。

23.4.3 替代绿地营建基土

在新建城市绿地时，绿地营建的基土往往需要从城市外购买，利用适宜形态的城市污水污泥，可替代绿地建设时的基土。这种污泥土地利用形式的特点是单位面积用量较大，污水厂脱水污泥（以湿泥计）可达 1000～2000t/hm^2。但污泥绿地使用宜在污泥层上另覆盖约 0.3m 厚的耕土，以保证植被生长的短期稳定性，同时还需考虑污泥中污染物对浅层地下水水质的影响。

污泥应用于城市园林绿化，只要控制污泥中的污染物含量，保证污泥的质量，科学合理地施用，一般不会对环境造成危害。污泥园林绿化主要需考虑重金属安全问题，控制因素为：Cd＜5kg 干/(km^2·a)，As＜10kg 干/(km^2·a)，Cr＜1000kg 干/(km^2·a)，Cu＜560kg 干/(km^2·a)。当 pH＜7 时，Cu＜280kg 干/(km^2·a)；当 pH＞7 时，Hg＜2kg 干/(km^2·a)，Pb＜1000kg 干/(km^2·a)。

23.4.4 案例

上海生活污水处理厂利用其生产的污泥堆肥产品对园林绿地植物进行施用，植物生长情况如下：

（1）在虹桥绿地对龙爪槐施用污泥，每株施用干污泥 4.00kg，10 个月后再追肥一次，4 个月后，污泥明显地促进龙爪槐生长，施用污泥前后对照比较，叶绿素总量增加了 25.13%，叶片绿色更加葱翠，长势也明显良好，景观效果显著提高。

（2）在浦东东外滩试种月季、红花酢浆草以及高羊茅。①月季植株高度增加，花朵数增多，花径变大，花朵源源不断地开出来，盛花期变长，景观效果明显提高；而没有施污泥的月季相对植株矮小，枝条发不出，花朵少，花径小。②红花酢浆草施用污泥后，红花酢浆草的蓬径和高度分别增加了 36.85%和 51.62%。现场不施污泥的红花酢浆草已经花落叶枯，而施污泥后红花酢浆草花期明显延长，叶色葱绿的时间也保持得久。施用污泥明显提高红花酢浆草的观赏效果。③高羊茅是城市绿地中应用很普遍的一种草类，在上海由于肥水跟不上，冬天容易出现枯黄现象。在 2003 年 12 月 27 日浦东东外滩绿地施用污泥前，高羊茅已经出现明显的枯黄，施用污泥两星期后发现高羊茅叶色明显返绿，叶绿素含量达到 2.28mg/g 鲜重，并且在整个冬季一直保持绿色；两者相比较，没有施污泥的高羊茅还是叶色比较枯黄，叶绿素含量只有 1.17mg/g 鲜重；施用污泥后高羊茅的长势也变好，和对照相比，到初春时施污泥的高羊茅明显提早返青，不但叶色葱翠，而且草坪也明显长高了 5～8cm。④美人蕉是城市绿地中应用比较多的一种观赏植物，每平方米施用污泥 1.0kg，约半年后观察发现施用污泥明显地促进美人蕉生长，高度和叶宽分别增加了 125.8%和 46.66%。与未施用污泥的美人蕉生长情况相比较，存在极显著差异，施用污泥后美人蕉的高度是未施用的 2 倍以上。从现场还看出美人蕉开花情况也明显好于对照，花朵增大，花朵数增多，盛花期延长。

宁波市污水处理厂利用其产生的污泥种植草坪，采用高羊茅草种。宁波市污水处理厂的处理工艺为无初沉池的普曝工艺，沉淀池的剩余污泥排入贮泥池，后经浓缩脱水一体机进行机械脱水，产生的泥饼含水率低于 75%。利用厂区的水泥地做试验田，用污泥铺设 8 块 3.5m×1.5m、厚约 4cm 的基肥，进行了草皮无土化培植试验，在其上面播上高羊茅草种，播种密度为 35g/m^2（高羊茅草种的现播密度一般为 25～40g/m^2），再撒上细砂，用于保暖和防风吹鸟食（夜间气温低于 10℃）。其间，每天中午浇水一次，浇水时，以污泥湿透至水泥地面上有少量水渗出为宜，浇过多的水会造成污泥的淤化，而过少则会因土层薄，失水造成污泥干裂。养护 7d 后，种子开始发芽；20d 后，远看已成绿色的草坪；到 2 个月时，草皮已成坪，长势良好，底部的根系紧密相连，已能如地毯般卷起。该草坪与同类草坪相比，有着起坪方便、起卷面积大和长势良好的优点，而且 1～2a 内无需施肥。这些草皮后来移植到其他园林绿地种植。

利用上海市程桥生活污水污泥和竹园污泥进行了绿化土盆栽试验，试验了黑麦草、金盏菊、狗牙根等植物，获得较好的效果。下面是黑麦草的试验情况：黑麦草施用污泥后明显促进植株生长和叶绿素含量的增加。其中，施用程桥污泥和化肥比较，只有施 2.5%污泥的黑麦草的生物量和化肥差异不显著，其余施用比例污泥的生物量、叶绿素含量和对照均差异显著。但程桥污泥含量为 30%时，生物量反而降低。在栽培试验时也发现，污泥为 30%含量时，黑麦草发芽率低，出现中毒现象。在幼苗期后黑麦草长势较好，其中叶绿素的含量还大于施污泥 20%的。绿化土施用竹园污泥后生物量和叶绿素含量也明显增加，和对照存在显著差异。和施化肥比较，施污泥的叶绿素含量存在显著差异；而生物量除 2.5%和 5%污泥与化肥差异不显著外，其余和施化肥处理的生物量差异显著；而且竹园污泥对植物毒害的危险比较小，当施用量达到 45%时，黑麦草未出现毒害，生物量最高。

有研究表明，城市污泥堆肥作为草皮基质，经过 6 个月的栽培，黑麦草的长势始终很好，比化肥处理生物量大，且有明显的后效。无论是城市污泥用作堆肥基质还是城市污泥复合肥，均明显促进黑麦草的生长，叶绿素和黑麦草对养分的吸收，均高于空白及化肥对照。对几种草坪草的试验也证明，施用城市污泥堆肥的处理，黑麦草分蘖率提高，较空白及化肥对照分别提高 28%和 15%，生物量也以城市污泥堆肥处理最高。这说明对园林绿地植物而言，城市污泥与其他肥料具有同等的肥效，甚至优于等量化肥。

23.5 林地利用

污泥的林地利用包括在森林、道路绿化、高速公路的隔离带、苗圃树木的栽培等非食物链植物生长的土地施用。对于低肥力的森林土壤，通过施用堆肥化污泥，可提高林地土壤有机质和有效养分的含量促进土壤微生物的活性，改善土壤结构。有效地促进树木的生长发育，增加株高和地径，提高木材产量，促进林中灌木和草本植被的生长。

污泥非常适合于林地施用，主要表现在以下几个方面：

（1）林地土壤具有较高的渗透率，可减少由于径流和雨水冲刷引起的污泥流失。

（2）树叶腐烂使林地土壤含有高浓度腐殖质，这些腐殖质对重金属有较强的吸附和螯合能力，对于来自污泥中的重金属有较好的固定效果，限制了重金属元素在土壤中的迁移能力。据美国EPA的调查文件显示，尽管森林土壤通常呈酸性，但在施用污泥后没有发现重金属滤去现象。

（3）林地中的长期植物根部系统使污泥的施用时间比较灵活，在温和的气候下，整年都可以施用污泥。

（4）污泥可以作为一种长效有机肥，为土壤缓慢、持续地释放有机质，可提高土壤中氮、磷的含量，增加土壤的湿度和保肥能力，改善林地土壤的结构。

23.5.1 林地施用污泥可增加土壤的肥力，促进树木的生长发育

林业发达国家如瑞典、芬兰、美国、新西兰等，对人工林进行施肥，提高了木材生长量，缩短了轮伐期，已成为一种常用的经营措施，取得了显著的经济效益。研究表明，在林地施用污泥1年后，土壤全磷含量增幅达0.18g/kg，有效氮增加了73mg/kg；杨树、泡桐和小油松的树高和地径比对照增长了9.2%～41.2%和5.6%～20.8%；污泥堆肥对榆树树高生长有一定的促进作用，使树高增加11%～25%，地径粗增加19%～50%，加速了树木生长，缩短了木材的生长循环，增加了木材产量；使国槐和刺槐的株高及地径增加34.1%～51.3%和8.3%～20.8%，并使叶片的叶绿素含量提高了9.9%～26.7%；新西兰林地污泥试验结果表明，施用污泥后，森林地表枯枝落叶中氮的积累量增加，土壤中可利用的氮含量有较大的提高。

污泥林地利用是一种很有前途的利用方式，其最大的优势在于不易构成食物链污染的风险，因此，对某些污染物的含量可适当放宽，但仍应注意其对生态环境和公众健康所造成的危害，因此要加强其中病原体的污染控制和施用量的控制。

23.5.2 病原体控制

污泥中的病原体随污泥的施入而进入林地土壤，受土壤条件（如pH值等）和气候条件（包括温度、湿度等）的影响，其中绝大部分病原体存活期很短。但在污泥林用时，如果是将液体污泥施用在林地上，由于风的传播可能会导致病原体的污染。通过一定的预防措施可减少这种危害，如在污泥施用期间以及施用后的几个小时内，禁止公众在下风方向滞留等。

23.5.3 污泥施用量控制

污泥林地施用的主要控制因素是防止地面径流所含NO_3^-的污染。对于污泥中氮所造成的潜在威胁可通过多次少量施用的方式解决。施泥量以树木的需氮量控制，一般3～5

年施用 10～220t 干/hm^2，常用 40t 干/hm^2。施用时，可把林场划分为若下区，每 3～5 年一个区轮流施用。同时还应注意污泥的施用量与土壤和污泥的性质及成分密切关系，不同的土壤条件对污泥污染物具有不同的环境容量，不同的树种对污泥的适宜施用量也不同，因此应该根据土地的承载能力、树本的敏感程度、树木需肥量等因素综合考虑，科学地确定污泥林地施用的土壤类型、季节和施用量。

23.6 退化土地修复

我国人口众多，土地资源短缺。近代来，由于不利的自然条件与人类不合理的活动而导致原有自然生态系统遭到破坏，土地资源不断减少，人多地少的矛盾日益突出。据有关统计资料显示，2013 年全国水土流失面积仍达 295 万 km^2，占国土面积的 30.7%。因此，改良土地、使其退化生态系统得以恢复与重建，是提高区域生产力、改善生态环境、持续利用资源的关键。

城市污水污泥施入退化土地能迅速改良土壤特性，促进土壤熟化，增加土壤养分，提高其有机质含量，为植物迅速、持久供肥，并有利于提高土壤微生物的数量和活性，从而有利于地表植物的生长，迅速有效地恢复植被，保护土壤免受侵蚀，达到改良土壤性质，防治水土流失的目的。该利用方式避开了食物链的影响，对人类危害较小，减少了环境污染，充分发挥了污泥的积极作用，使生态环境得以恢复，是一种较好的污泥利用途径。

近年来，世界各国对城市污水污泥应用于退化土地的修复研究进行大量工作。Kardos 等利用费城污水处理厂污泥修复被 SO_2 破坏的土地，污泥施用量为表施 2.5～5cm，使 100%的土地被修复可再生植被。用污泥改良土地遍及美国各州，改良的对象包括金属和非金属采矿区、取土区、城市垃圾填埋场以及退化土壤等，取得了令人满意的效果。我国学者李祯等的研究结果表明，施用粉煤灰和城市污水污泥后的土壤饱和含水率是对照荒漠土壤的 1.95 倍，持水时间提高 7 天左右。

相关研究表明，随污泥施用的增加，废弃地有机质含量提高、土壤理化性质改善、水土流失减少。植物体内的氮、磷含量随堆肥用量增大而增高。NO_3^- 淋溶仅达 40～60cm，未影响地下水，且因供试土壤为石灰性土壤，重金属的生物有效性很低，未在植物体内积累。

城市污水污泥应用于退化土地的修复，可快速改善土壤结构，促进土壤熟化，为尽快恢复植被奠定较好的物质基础，具有工艺简单、成本低廉等特点。施用方法可采用表施或耕层施肥的方式，施用后，播种牧草，待 2～3 年牧草生长后再植树造林，以达到恢复与重建其退化生态系统的目的。但由于我国目前需要改良的土地往往离污泥产地远，运输不便，污泥用于改良土地的法规也不健全，相关科学研究还有待系统展开，所以实际应用还很少。我国《中华人民共和国国民经济和社会发展第十一个五年规划纲要》提出要“节约土地，推进废弃土地复垦”，随着污泥的大量产生和退化土地修复的迫切要求，这种土地利用方式是一种污泥循环利用和控制水土流失的有效措施，必将具有广阔的应用前景。

23.7 污泥土地利用风险与控制

污泥土地利用是消除二次污染，实现其“资源化”利用的重要途径之一。由于污泥成分及来源复杂，在富含氮、磷、微量元素和有机质等植物可利用成分的同时，也不可避免地含有一些有毒有害物质，如果不合理施用，就会引发一系列新的环境问题。

污泥中所含铅、铜、铝、锌、铬、砷、汞等重金属元素，会影响土壤的性质，对土壤生态系统造成不良影响；由于其中含有多种病原体，施入后会增加土壤中病原体的含量，加速植物病害的传播；污泥中还含有致癌、致突变性的多氯联苯、二噁英等有机污染物，这些物质在土壤中往往具有生物放大效应，可能被作物吸收而进入食物链，对人畜产生不利影响。因此，如果不加以控制，这些有害成分就会在污泥的土地利用的过程中重新进入生态环境，残留在土壤中，破坏土壤生态系统，污染环境，对人畜产生长期的危害。此外，在土地利用的过程中，污泥中过量的氮、磷等营养元素，会因施用不当而造成水体富营养化和进入地下水引起硝酸盐污染；部分含有过高盐分的污泥还会抑制植物对养分的吸收等，影响植物的生长。在污泥土地利用时，应注意盐分、病原体、重金属、氮磷养分、有机污染物等引起的风险。

因此，必须加强污泥土地利用的管理，在污泥土地利用的过程中遵循“施用污泥中的有害成分不超过受施土壤的环境容量”的原则；施用前对污泥进行必要的稳定化、无害化处理，以灭活其中病原体，减低其有机污染物和重金属含量等，降低土地利用的不良影响，并减小污泥的体积以便于运输和施用；根据污泥的组成、性质，采取科学、合理、有效的土地施用方法，避免对周围环境和人类健康形成负面影响，确保公众的安全。

23.7.1 重金属污染危害及控制

在污水处理过程中，污水中70%～90%的重金属通过吸附和沉淀被转移到污泥中，因此污泥中富集有各种重金属元素。我国城市污水污泥中重金属含量见表23-4，从表中的数据可知，不同污水处理厂污泥中重金属的种类、含量变化范围很大，无一定的规律性，与其接纳工业废水所占比例及工业性质有关。

我国城市污水污泥中重金属含量范围（mg/kg 干重） **表 23-4**

名称	Cd	Co	Cr	Cu	Mo	Ni	Pb	Zn	Mn
含重	1～1500	2～260	20～40615	52～11700	2～1000	10～5300	15～26000	72～49000	60～3861

1. 重金属的危害

重金属在土壤中的迁移与转化等环境化学行为的复杂性，决定了其危害的复杂性和多样性。土壤的重金属污染与许多其他污染物不同，重金属不能被土壤微生物所降解，且土壤颗粒对重金属具有较强的吸附和螯合能力，限制了重金属元素在土壤中的迁移能力，重金属的土壤中污染具有累积放大效应；一些重金属化合物还能被微生物转化为毒性更大的有机化合物，造成更大的毒性。

（1）重金属污染影响土壤的物理化学性质，降低土壤肥力，抑制土壤微生物的生长繁殖。

重金属污染不仅对植物生长造成不利影响，而且还会在植物各部位富集进入食物链，对生态系统造成不良影响；同时重金属还可能随雨水或自行迁移到土壤深层，或者被雨水冲刷造成地下水或地表水污染，对人畜造成潜在的威胁。

（2）重金属污染影响土壤微生物活性

微生物首先通过其细胞结构和代谢产物将积累在土壤中的重金属固定，然后运输进入细胞内，取代细胞内的蛋白质、氨基酸和核酸等生物大分子活性点位上原有的金属位点或直接结合在其他位置，形成金属络合物或螯合物，破坏生物大分子的结构，干扰氧化磷酸化和渗透压平衡，从而影响微生物的生长代谢，使微生物活性降低甚至死亡。

研究表明，重金属污染会导致土壤微生物种群结构发生变化，并使其呼吸速率降低，影响土壤微生物的活性，如影响土壤微生物的生物固氮能力等。由于微生物生长代谢受到抑制，故而土壤中磷酸酶、脲酶、蛋白酶和脱氢酶等土壤酶的合成减少、活性降低，破坏土壤中原有有机物或无机物所固有的平衡和转化，最终对土壤生态系统造成不良影响。

（3）重金属污染危害植物生长，影响作物品质。

重金属的土壤污染会改变土壤的物理化学性质，使土壤板结，肥力下降。重金属元素可能通过以下毒性机理影响植物的生长发育，损伤细胞膜，破坏营养物质的运输；破坏植物细胞生命物质的结构和活性，造成DNA的损伤，影响植物中叶绿素等代谢物质的合成，改变其正常代谢功能，使植物中许多酶的合成减少，活性降低等。最终危害植物的生长代谢，污染严重时甚至会造成植物的死亡。

据2012年数据统计，中国超10%耕地受重金属污染，每年粮食减产100亿kg。许多研究表明，长期大量施用污泥可导致土壤及植物中Zn、Cu、Pb、Cd等重金属含量不同程度的增加，不同植物还可能因为经过长期的适应过程而对重金属产生超积累。超积累植物对重金属的吸收量能够超过一般植物100倍以上，例如，日本发现小犬蕨对重金属有很强的耐受性，其叶片可富集1000mg/kg的Cd，200mg/kg的Zn，且生长良好；在污泥施用量很高时，大豆种子中的Cu、Zn、Mn、Pb等的浓度有所提高；长期施用污泥的蔬菜其维生素C含量较对照有所下降；意大利葡萄园在长期施用污泥堆肥后能显著增加土壤、植株及果汁中Ni、Pb、Cd和Cr的含量。

（4）重金属污染危害人类健康。

土壤中的重金属元素不易在生物物质和能量循环中分解，却可为生物所富集。污泥中重金属的对人类健康造成危害的主要途径是：直接暴露在重金属污染的环境中，通过接触和经呼吸道进入体内，产生危害；随雨水或自行迁移到土壤深层，或者被雨水冲刷造成地下水污染或地表水污染；通过植物或动物吸收进入食物链而危害人类健康。

历史上著名的八大公害事件之一——日本富山骨痛病事件，就是因为当时人们在采矿过程所产生的含Cd等重金属污染当地的土壤、河流，水稻生长的过程中将Cd吸收进入稻米，人类通过食用被Cd污染的稻米和饮用含Cd的水而造成的污染事件。另有研究表明，动物通过食用受污染的牧草或在放牧过程中直接将受污染土壤摄入体内，造成重金属对动物的毒害。在施用含Cd污泥的草地上放牧的羊体内重金属浓度增加，肝脏和肾脏内Cd含量显著增加。重金属污染会危害动物，影响其生长发育，并增加了通过食物链方式对人类健康危害的可能性。因此，对于重金属污染所造成的危害应当予以高度重视。

2. 影响重金属污染程度的因素

重金属污染程度的大小与重金属的种类、化学性质、重金属间的复合效应以及环境因素等密切相关。

（1）重金属的种类与化学性质

重金属的种类与化学性质决定了其在土壤中的迁移性和其生态毒性。重金属的污染程度与其种类关系密切，种类不同，毒性也不同。研究结果表明，Hg的化学性质非常活泼，生物可利用性高，富集性强，在较低浓度时就有较高的毒性；Zn的有效性和迁移性特别强，容易被植物吸收，毒性很大；Pb从进入植株就在根部受阻，最难输送到籽粒中，表现为潜在迁移性。重金属的溶解性决定了其毒性大小，同一种重金属的可溶性盐易为微生物所吸收，因而毒性比其不溶性盐大，如浓度为1×10^4mg/kg可溶性Cu对土壤氨化作用有明显的抑制，相同浓度的不溶态Cu则对氨化作用无任何影响。不同价态的重金属离子的毒性不同，如Cr^{3+}的毒较小，而Cr^{6+}却有较强的毒性和致突变性，会引起细菌DNA码组错位突变和碱基对替换；Fe^{3+}对大肠杆菌链霉素依赖型菌株的致突变性强，而Fe^{2+}则较弱。

（2）重金属间的复合效应

重金属的毒性程度和物理化学行为受其共存重金属的影响较大，它们之间的叠加、协同与拮抗作用，可大大改变某些重金属元素的生物活性和毒性。研究表明，Pb、Cu、Cd与Zn之间具有协同作用，可促进小麦幼苗对Zn的吸收和积累；Pb与Cu之间有拮抗作用，随Pb投加量的增加Cu在麦苗中的累积减小。

（3）环境因素

pH和阳离子交换量（CEC）等因素对重金属毒性影响很大。pH能影响重金属毒性和有效性的许多方面，如影响重金属的化学特性，影响土壤微生物的代谢状况等。土壤对重金属元素吸附力越强，重金属的生物可利用性就越低，因而毒性也越小，CEC的大小与土壤对重金属的吸附能力关系密切，直接影响重金属的污染程度，CEC越高对重金属的吸附能力越强，反之吸附能力越弱。

3. 重金属污染的控制

重金属的溶解度小，性质稳定，难以除去。如果污泥中重金属含量过高而没有对其进行有效控制，在土地利用的过程中进入土壤就会造成长期的危害，一旦造成了土壤的重金属污染，要得到完全治理非常困难，可谓是得不偿失。因此，污泥的土地利用要严格控制其中重金属的含量，防止重金属对生态环境产生的不良影响，降低重金属污染可采用以下措施。

（1）源头控制方法对于污泥中的重金属污染，最有效的措施是从源头做起，即加强对各工业企业污水排放的监控，实现有害工业废水的局部除害处理，将生活污水和工业废水严格分开处理，防止含有大量重金属的工业废水进入城市排水管网中。只有将其进行单独处理，采用源头控制方法，才能真正解决重金属污染，降低污泥土地利用的环境风险。

（2）对污泥作预处理可降低污泥中重金属含量，预处理方法主要有化学法、电化学法和生物法。

1）化学法常用去除污泥中重金属的化学方法主要有利用酸化法提取重金属和加入改良剂使重金属稳定化两种。酸化法去除重金属是通过向污泥中投加H_2SO_4、HCl、HNO_3等酸性化学物质，降低污泥的pH，使污泥中大部分重金属转化为离子形态溶出，然后经过浓缩、脱水后得到的泥饼中重金属含量可以达到相应的标准规定。但此法存在成本高、操作困难等问题，推广应用受到一定的限制；在污泥堆肥中加入改良剂（如石灰等），可使重金属钝化，降低重金属的迁移性及生物有效性。

2）电化学法电化学法主要是利用外加电场作用于被处理对象，使其内部的矿物颗粒、重金属离子及其化合物、有机物等物质在通电的条件下发生一系列复杂的电化学反应，通过电激发、电化学溶解、电迁移作用使重金属以沉淀或金属形式析出，加以回收。污泥中以离子态形式存在的重金属可以采用电动力修复技术去除，以化合态形式存在的重金属则可采用隔膜电解法、结合化学法或生物方法使用电化学法。

3）生物法生物法是利用微生物，将污泥中难溶解的重金属离子释放并转移到液相中，从而实现重金属的生物脱毒的方法。同化学法比，该方法具有提取率较高（可达 90%），投资费用低，易于操作等优点。路庆斌等以水稻为实验材料，研究了制革污泥在生物脱毒前后对旱作水稻生长和土壤环境的影响，结果表明，原始制革污泥对水稻的生长有明显的抑制作用，产量比对照下降了 27.0%；而经脱毒后的污泥对水稻的生长和分蘖有明显的促进作用，并使水稻苗期叶绿素含量、生物量（鲜重）和产量分别增加了 17.30%、17.96%和 16.95%；同时，脱毒后污泥的施用使土壤肥力增强，其中有机质含量增加到 29.79%，全氮含量提高 20.0%。

（3）种植对重金属不敏感的作物，不同种类的作物对重金属元素的耐受能力不同，蔬菜的耐受力最差，谷类较高，草类最高。同种作物的不同部位积聚重金属的量也不相同，一般来说，大多数作物各部位对重金属的富集量通常存在如下规律：多积累于根部，其次是茎（叶）部，而种子、果实中的积累量最少，甜菜等根部的积累低于叶部而高于种子及果实。重金属含量过高的污泥施用于种植叶类的菜地时需要严格控制，以防止重金属进入食物链。

（4）选择对植物生长最优的污泥使用量，避免造成土壤中重金属的积累。许多实验结果表明，过度超量、超标施用污泥将导致重金属在土壤中高出平均值的积累。

23.7.2 病原体污染及控制

1. 污泥中常见病原体

城市污水污泥中病原体主要来自人畜的粪便和食品加工厂，其含量与当地人群的生活方式、健康状况和年龄结构和污水处理工艺等密切相关。这些病原体在污水处理的过程中，约有 90%以上被浓缩富集在污泥里，因此，污泥中病原体种类和数量繁多。据有关研究结果及统计数据表明，污泥中存在的病原体至少含有 24 种细菌、7 种病毒、5 种原生动物和 6 种寄生虫卵，且以肠道细菌、病毒及寄生虫卵最多，污泥中常见的病原微生物及寄生虫卵见表 23-5。

污泥中常见的病原微生物及寄生虫卵　　表 23-5

致病菌	病毒	寄生虫卵
沙门菌(伤寒、副伤寒)	脊髓灰质炎病毒(1、2 型)	圆线虫型
志贺菌	艾柯病毒(7、17 型) 柯萨奇病毒(B_1～B_5型)	蛔虫 鞭毛虫、毛细线虫属
致病性大肠杆菌	呼肠弧病毒	弓蛔虫属
埃希杆菌	腺病毒(1、2 型)	弓蛔线虫属
耶尔森菌	轮状病毒	膜壳绦虫属
梭状芽孢杆菌	甲肝病毒	绦虫属

表 23-5 所列病原体在生污泥、消化污泥、剩余活性污泥及混合污泥等污泥中均可存在，当其土地利用时，病原体可随污泥一起进入土壤环境，增加土壤中病原体的含量，对人畜健康产生长期潜在的危害。病原体对人畜健康产生危害的主要途径有：体表直接接

触，当体表皮肤破损，污染物可通过伤口直接进入人畜体内；通过食物链，食用生长在污染土壤中的作物（特别是生吃蔬菜水果）而进入人畜体内；饮用水，雨水将污泥中的污染物冲刷进入水体，当人畜饮用污染水时，损伤人畜健康；空气传播，污泥中污染物进入土壤后可能吸附于空气中的微粒上，人畜通过呼吸道而进入人畜体，危害健康。

2. 病原体污染的控制

防止病原体传播的根本措施在于源头控制，即采用有效的措施对污泥进行稳定化预处理，以提高污泥土地利用的卫生条件。病原体对外界环境敏感，对其进行稳定化处理一般能使病原体灭活，不再具有污染外界环境和威胁人类健康的能力。常用稳定化的方法主要有消化处理、堆肥化处理、干燥处理、石灰稳定法、热处理和辐射消毒法等。

（1）消化处理。污泥中温消化 25～30d 能杀灭多数病原微生物，但对寄生虫卵杀灭效果较差，不到 40%；高温消化不仅对病原微生物杀灭效果较好，而且对寄生虫卵的杀灭率达 95%～100%，因此，高温消化后的污泥，卫生条件比较好，符合污泥土地利用的标准。

（2）堆肥化处理。堆肥处理因有高温期（55～70℃），且持续时间长，因此对污泥中病原微生物和寄生虫卵的灭活效果明显，根据国内经验，堆温 50～60℃持续 6～7d，可达到较好地杀灭病原体的效果。堆肥化处理后的污泥，在制造有机—无机复合肥的过程中，还可进一步杀灭残余的病原体，这样的污泥肥料在土地利用时，一般不会再存在卫生学问题。

（3）加热干燥处理。干燥处理能有效地灭活去除城市污水污泥中的致病菌及寄生虫卵，极大地提高污泥的品质，处理后的污泥完全符合污泥处理与利用的相关标准，是一种较好的病原体消毒灭菌的方法。

（4）石灰稳定法。致病微生物与寄生虫卵对酸碱度极为敏感，因此利用石灰对污泥进行稳定化处理不仅可以调理污泥以利于脱水、降低恶臭、钝化有毒重金属，还能杀灭致病微生物与寄生虫卵，改善污泥的卫生条件。有数据显示，当污泥 pH＞9 时，脊髓灰质炎病毒能明显失活，pH 为 11.5 时，2h 后能杀灭病原菌，当 pH 提高到 12.5 时，伤寒及沙门菌可在 2h 之内全部杀灭，该法还对蛔虫卵和绦虫卵也有一定的杀灭效果。

（5）辐射消毒法。辐射处理法对污泥进行消毒，通常采用足够剂量的 X 射线、γ 射线等破坏微生物或病毒细胞中的核酸或核蛋白，从而达到病原体灭活目的。该方法具有以下优势：由于射线具有高度的穿透力，极短时间内即可达到消毒的目的；该法可改变污泥的胶体性质，提高污泥的沉降与脱水性能；可使有害的有机物的毒性降低或变成易降解的物质；与其他消毒方法比较，除需控制处理时间外，不需考虑温度、压力、真空、湿度等其他因素。因此辐射法是一种颇有前途的污泥消毒方法，但处理成本高是其推广应用受限的一个重要因素。

（6）热处理消毒法。热处理灭活微生物常采用巴氏消毒法，即在消化污泥中通入蒸汽，使温度保持在 70℃，持续 30～60min，对病原微生物及寄生虫卵均有很好的杀灭效果，可达到卫生无害化要求。

目前，我国关于污泥农业回用的有关卫生学控制指标还很不全面，我国《农用污泥中污染物控制标准值》GB 4284—1984 中没有将病原微生物和寄生虫卵纳入限制范围，以后所制定相关标准如《农田灌溉水水质标准》GB 5084—2005、《城市生活垃圾堆肥处理厂技术评价指标》CJ/T 3059—1996仅对大肠杆菌和蛔虫卵的死亡率做了规定，其他病原体的相关限制尚未涉及，因此相关控制标准还有待进一步完善。

对于污泥中病原体的控制，国外的经验和管理措施主要有：控制污泥施用区的公共通道2个月时间；控制家畜放牧时间为施用1个月以后；控制果蔬种植，施用过污泥（堆肥）的土壤不宜种植生吃果蔬，宜在3年以后再种植；控制喷施过程，施用时不要与污泥直接接触，若采用喷施方式，则喷灌设施应远离居民住宅或道路至少50～100m。

23.7.3 有机污染物控制

污泥中含有一些有毒有害的有机污染物，如多氯联苯（PCBs）、多环芳烃（PAHs）、多氯代二苯并二噁英/呋喃（PCDD/Fs）和有机磷农药（OCPs），这些有机污染物往往具有长期的残留性、生物蓄积性和“三致”的特性，成为环境污染的重大隐患和人类生存安全的严重威胁。因此，要高度重视控制污泥中这些有机污染物的污染，避免因为施入土壤后造成的不利影响。污泥中如果含有这些有机污染物，在施入的过程中这些有机污染物就会残留在土壤中，被植物吸收而进入食物链，或者通过各种途径迁移入大气和水体环境中，通过人和动物的呼吸道、皮肤等进入体内，导致人畜各大系统的功能紊乱，引发一些器官和组织的病变甚至引起中毒等。20世纪六七十年代，日本所发生的震惊世界的米糠油事件就是因为误食被PCBs污染的米糠油而引起的。

有关研究结果显示，污泥中所含的PAHs可被土壤吸附，土壤中PAHs含量明显提高，大多数植物器官中都能检测到PAHs，通常范围在1～100μg/kg，个别值高达1～10mg/kg甚至更高；PCBs蓄积在土壤中可对生物及人类造成潜在危害，植物可经根部与土壤中的PCBs发生吸附作用而对其进行富集；部分学者还在植物根系中检测到其他高浓度有机污染物。

对于有机污染物的限量与控制，目前尚无理想的办法，也缺乏相应的控制标准。不同来源的污泥中有机污染物的含量和种类不同，许多污泥中有机污染物的含量比当地土壤背景值高出数倍甚至上千倍。因此污泥中有机污染物的控制最经济，最可靠的策略是源头控制，即将生活污水与工业废水严格分开，对其进行单独处理将是最为行之有效的措施。

目前，我国对污泥中有机污染物在农业环境中的行为研究较少，从已有的报道看，也主要集中在污泥中有机污染物种类及含量分析，对我国污泥中有机污染物的特征以及施入土壤后的毒性、转化、去向、生态效应和调控措施等方面，尚缺乏研究，需要进行更系统和更深入的研究，为污泥的安全利用提供科学依据。

23.7.4 高浓度氮、磷和盐分控制

氮、磷过剩污泥在土质疏松、降水量较大地区的土地上大量施用，就可能造成环境污染。研究表明，磷在土壤中的迁移性较小，污泥施用后会提高污泥施用层以下的土壤的磷含量。污泥中氮以有机或无机状态存在，它们与土壤胶体间发生着各种物理、化学及生物等反应，一部分氮素形成N_2和NO_2而逸散到大气中，另一部分氮则经过生化反应而矿化为硝态氮（NO_3^-），随着灌溉水、雨水成为地面径流造成地表水的富营养化；或由于淋溶流失而导致地下水污染。饮水中NO_3^-含量过高会导致婴儿的“蓝婴症”、心血管疾病以及癌症等疾病的发生，因此，要高度重视氮所造成的环境污染。

污泥中氮、磷的有效性、植物吸收和淋溶与污泥的性质关系密切，污泥施用时间、单次施用量和所施用的土壤条件对污泥施用后氮、磷的迁移有重要影响。故可采用少量多次

的施用方式，选择适宜的施用条件，使污泥分解矿化时间与作物吸收一致以提高养分利用率，降低对其环境二次污染的风险。

盐分会明显提高土壤的电导率，适量的盐分有利于植物对营养成分的吸收，但过高的盐分会破坏养分之间的平衡。部分含有很高盐分的污泥施入土地中，会抑制植物对养分的吸收，甚至会对植物根系造成直接的伤害，加速有效养分如 K^+、NO_3^-、NH_4^+ 等的淋失，造成不良影响。对于含有很高盐分的污泥通常采用堆肥的方法降低其中的盐分，以提高污泥的适用性。

第24章　污泥建材利用

污泥的建材利用是指通过技术手段将污泥无害化后加工成为可应用的建筑材料，如砖、水泥等。这些建筑材料对黏土有大量的需求，如果能用污泥代替黏土生产建筑材料，不仅能变废为宝，解决污泥消纳用地和填埋带来二次污染的问题，还能缓解建筑材料工业与农业争土的矛盾，减少自然资源消耗。可以预见，将城市污泥作为建材生产的原料进行加工，是污泥处理比较理想的一种途径。

污泥的建材利用大致可分为以下几种：污泥制砖、制水泥、制生化纤维板、制陶粒、做混凝土混料的细填料。

24.1　污泥制砖

在污泥建材利用的各种方式中，污泥制砖由于成本较低、技术成熟度高，而获得了较为广泛的应用。利用污泥制砖充分利用了污泥中有用成分，实现变废为宝，符合可持续发展的战略方针，有利于建立循环型经济，以消除污泥对环境潜在的危害，降低污水处理厂的运行成本，同时减少黏土开采，缓解砖瓦工业与农业争土的矛盾，因此具有很大的实际操作意义。

24.1.1　基本原理

制砖的主要原料为黏土，根据对生活污泥、污泥灰和黏土的化学成分的比较（表24-1，表24-2），污泥灰和黏土的主要成分均为 SiO_2，只是污泥灰中 SiO_2 含量要低一些。另外，污泥灰中除了 Fe_2O_3 与 P_2O_5 的含量比黏土中高以及重金属含量明显高于黏土，其他的含量基本接近，这说明用污泥制砖一般是可行的。

污泥化学组分　　表24-1

化学组成	质量分数(%)	化学组成	质量分数(%)	化学组成	质量分数(%)
有机碳	6.51	Ca	2.00	Mn	26.2
N	0.98	Mg	0.024	Na	0.84
NH_4^+	0.42	S	1.33	Cr	0.81
NO_3+NO_2	0.682	Cu	1.90	Cd	0.0138
P	0.20	Zn	11.2	Ni	1.50
K	0.01	Fe	0.632	Pb	1.50

注：污泥样品在105℃下干燥直至质量恒定为止。

污泥灰与制砖黏土的成分比较（质量分数，%）　　表24-2

项目	SiO_2	Al_2O_3	Fe_2O_3	CaO	MgO
污泥灰	17～30	8～14	8～20	4.6～38	1.3～3.2
制砖黏土	57～89	4.0～20.6	2.0～6.6	0.3～13.1	0.1～0.6

24.1.2 工艺过程

常规烧结砖生产工艺从黏土到砖块主要有四个步骤：将黏土研磨后搅拌成泥料、将合格的泥料成型制成泥坯、将泥坯干燥好后送入砖窑内烧结、将泥坯烧成后冷却成砖块。而利用城市污泥烧结材料的方法和生产工艺与常规烧结砖生产工艺基本一致，只需在原材料的制备和成型工艺上稍加改进即可实现。利用城市污泥制砖，首先需要对原材料进行一些预处理工作，除去污泥中的有害物质、臭味以及对制砖有影响的物质。经过处理的污泥可以与粉煤灰等压制成地砖或墙砖，也可与页岩混合制成轻质的节能砖。制成的地砖或节能砖经抽样检测，均可达到国家环保指标和建材质量标准。污泥制砖的方法主要有三种：一是用污泥焚烧灰渣制砖；二是使用干化污泥直接制砖；第三种是利用湿污泥与其他原料混合制砖。

1. 用污泥焚烧灰制砖

污泥焚烧灰制砖是将污泥干化处理后进行焚烧（焚烧炉高温处理或热解炉低温处理），收集灰渣，与其他原料混合（如黏土），加压成型，焙烧后制污泥砖。其工艺流程如图24-1所示。当烧制非建筑承重的地砖时，也可采用污泥灰作为单一原料而不添加掺合料。

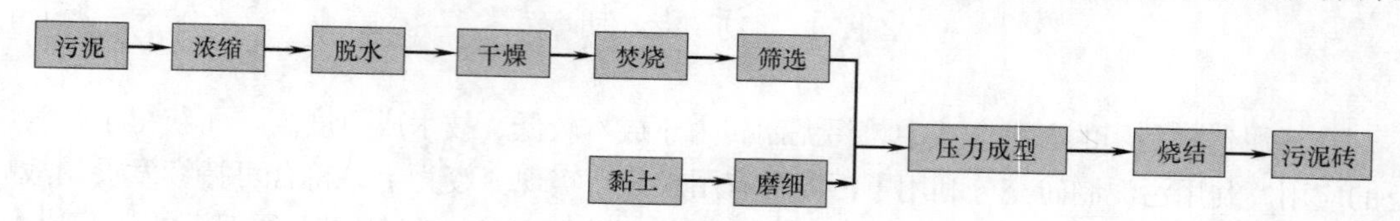

图 24-1 污泥焚烧灰制砖工艺流程

由于经过焚烧处理后，污泥焚烧灰含有的有机物极少，其化学成分与制砖黏土的化学成分几乎相同，所以很适合作为烧结砖原料。相比较制造砖的黏土成分要求，污泥焚烧灰中 SiO_2 含量较低，因此在制坯时，需添加适量黏土与硅砂，提高 SiO_2 含量。混合制砖时，焚烧灰一般合适的配比为焚烧灰：黏土：硅砂＝1：1：(0.3～0.4)（质量比），烧结砖的综合性能好。但是污泥焚烧灰制砖所需压力极大，采用100％的污泥焚烧灰制砖，成型压力一般要在90MPa以上，在1020℃左右烧成。焚烧灰制作的砖还存在一些缺陷，如因为表面的湿气，会产生泛霜或长苔藓等现象。为了解决这些问题，可以对砖进行表面化学处理或提高烧结温度，这必然会增加制砖成本，并且污泥焚烧灰制砖不能利用污泥的热值，还要消耗一部分能源。

2. 使用干化污泥直接制砖

干化污泥制砖是将压滤脱水的污泥干燥后，经过磨细处理，与掺合料混合，加压成型，焙烧后制成污泥砖。其工艺流程如图24-2所示。

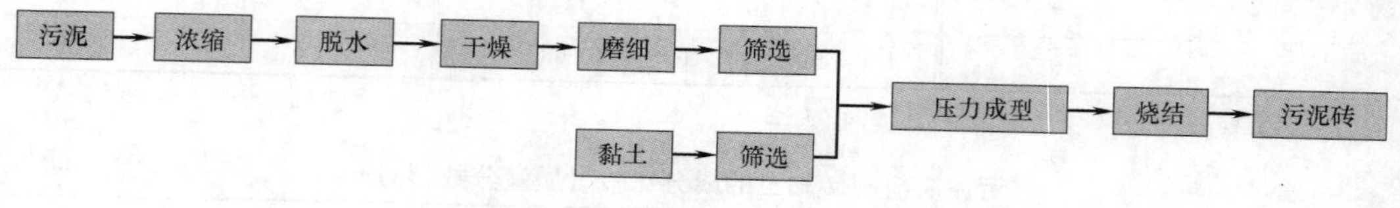

图 24-2 干化污泥制砖工艺图

用干污泥制砖相对于污泥焚烧灰制砖成本要低，只需将污泥干燥粉碎即可直接混入制砖原料进行生产。制砖过程中，污泥在焙烧阶段实现焚烧处理，可以将有机物彻底氧化分解、形成稳定金属的氧化物，从根本上防止污泥焚烧灰造成二次污染，达到污泥处置减量化、无害化和资源化的目的。由于污泥中含有大量的有机物，热值接近10MJ/kg，干污泥制砖可以充分利用污泥中潜在热值，节约能源，节约制砖成本。用干化污泥直接制砖时，应对污泥的化学成分作适当调整，使其与制砖黏土的化学成分相当。当污泥与黏土按质量比1∶10配料时，污泥砖可达到普通红砖的强度。但是随着污泥掺量升高，污泥砖性能又会下降，污泥掺和比很低。适宜的干污泥质量含量为5%～10%，烧成温度为960～1000℃。该方法在烧制污泥砖时，有机物会转化为气体，致使污泥砖表面不平整，在达到一定限度时会导致烧结开裂，影响砖块质量。

3. 利用湿污泥与其他原材料混合制砖

给水厂湿污泥在已经去除体积较大固体杂质的情况下可以直接与其他原料（如黏土）混合，加压成型，焙烧后制成污泥砖。湿污泥制砖不仅利用了污泥中原有的水分，而且不需要对污泥进行复杂的预处理，节约能源。其掺入量按体积比一般在40%以上。但是湿污泥含水率较高，所以污泥掺入量不会太高，当污泥体积掺入量达到50%以上时，砖坯烘干后容易开裂。因此从黏土砖限制要求来看，不适合直接用湿污泥来制砖，实际生产一般采用前两种生产工艺。

24.1.3 产品性能

反映污泥砖性能的主要指标有砖的吸水率、烧成尺寸收缩率、烧成质量减少分数、烧成密度以及砖的强度。

污泥砖与黏土砖的质量指标比较如表24-3所示。

污泥砖与黏土砖的质量指标　　表24-3

项　　目	污泥砖	黏土砖
抗压强度(N/mm²)	15～40	4～17
吸水率(质量分数)(%)	0.1～10	16
磨耗(g)	0.01～0.1	0.05～0.1
抗折强度(N/mm²)	80～200	35～120

从表24-3中可以看出，在某些情况下污泥砖的质量指标甚至会全面优于传统的黏土砖，完全可以达到相应的质量要求。

24.1.4 应用案例

日本大阪府大野污水污泥处理厂以城市污水排水系统中的沙和陶管屑以及污泥焚烧炉中产生的焚烧灰为主要原料，并以污泥消化池中产生的消化气为燃料，通过洗沙预处理、煅烧、分级、造粒等工序加工生产出透水性砖。根据相关产品的物性实验要求，该透水性砖的弯曲性、透水性、翘度、磨耗、硬度、抗滑性、耐冻害性、压缩性及耐用性均符合标准，且具有较显著的经济效益。在日本，制成的污泥砖被用于公园、广场、城市人行道等场所的建设。

24.2 污泥制水泥

传统的水泥产业是一个原料消耗大、能耗高、污染大的产业，面对越来越严峻的环境污染和资源紧缺问题，水泥产业也力求向环保型产业过渡，其中利用水泥窑处置和利用污泥等可燃物制成生态水泥有很大的优势。

24.2.1 基本原理

硅酸盐水泥是以石灰石、黏土为主要原料，与石英砂、铁粉等少量辅料，按一定数量配合并磨细混合均匀，制成生料。生料入窑经高温煅烧，冷却后制得的颗粒状物质，称为熟料。熟料与石膏共同磨细并混合均匀，制成纯熟料水泥，即硅酸盐水泥。

由表24-4可以看出，除了CaO含量较低，Fe_2O_3、SO_3含量较高外，污泥焚烧灰的其他成分均与硅酸盐水泥的组成成分相当。因此，将污泥焚烧灰与一定量的石灰石一起煅烧可制成硅酸盐水泥，制成的水泥满足相应的质量要求。

污泥焚烧灰及其水泥与硅酸盐水泥的矿物组成质量分数（%） 表24-4

组分	SiO_2	CaO	Al_2O_3	Fe_2O_3	K_2O	MgO	Na_2O	SO_3	热灼损失量
污泥焚烧灰	20.8	1.8	14.6	20.6	1.8	2.1	0.5	7.8	10.4
污泥水泥	24.6	52.1	6.6	6.3	1.0	2.1	0.2	4.9	0.3
硅酸盐水泥	20.9	63.3	5.7	4.1	1.2	1.0	0.2	2.1	1.9
质量要求	18～24	60～69	4～8	1～8	<2.0	<5.0	<2.0	<3.0	<4.0

24.2.2 工艺过程

生态水泥的生产工艺与普通水泥基本相同，包括生料制备、熟料煅烧和水泥粉磨等工序。其基本工艺流程如图24-3所示。

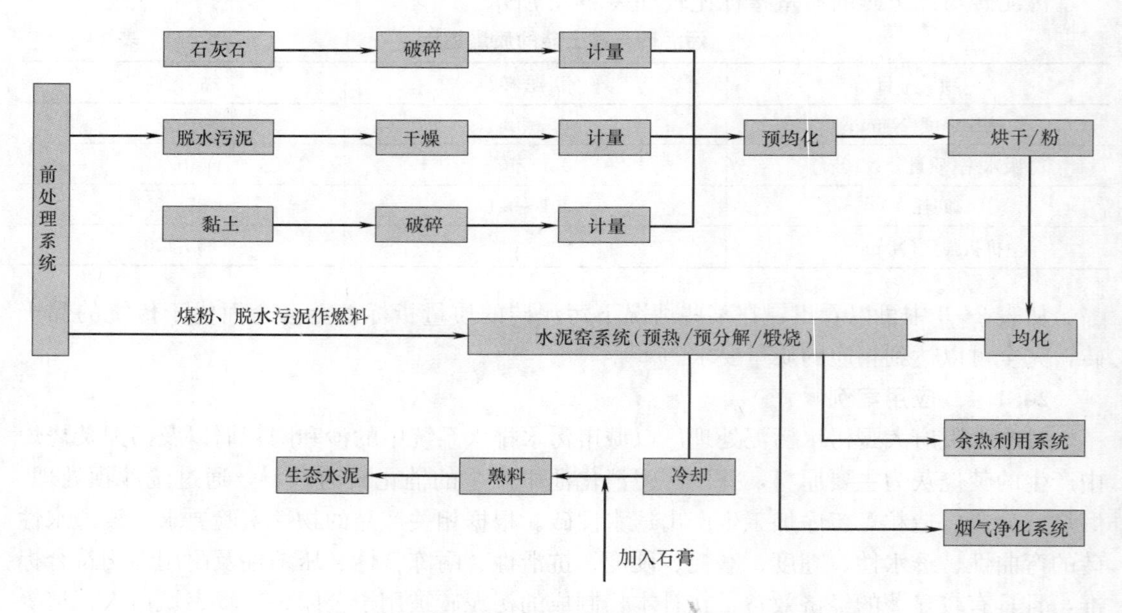

图24-3 生态水泥的生产工艺流程

1. 污泥预处理

在利用污泥作为原料生产水泥时，要先对污泥采取相应的预处理。

（1）硅酸盐水泥加工可以直接利用污泥焚烧灰。

（2）硅酸盐水泥可以利用脱水污泥泥饼，直接放入水泥窑烧结制造熟料。

（3）干化的污泥可作为水泥厂的原料，并替代一部分燃料。可采用“深度烤制”的工艺降低污泥水分，制成干化污泥饼，作为原料和燃料。

（4）脱水污泥与石灰混合，利用石灰与水反应释放的热量来使污泥充分干化，此过程只需少量的加热，混合后的产物为干化粉体，可直接送入水泥厂，无需污泥焚烧。

（5）可以采用污泥造粒的工艺作为脱水污泥制硅酸盐水泥的预处理方法，干化颗粒污泥可输送至水泥窑预热或直接入窑，既可作为原料也可作为燃料，污泥中的重金属也能有效地固定在水泥构件中。

2. 生料制备

将石灰石通过一级破碎和二级破碎后获得的碎石，经黏土破碎机破碎后的黏土以及经过浓缩脱水干燥后的城市污泥，经计算按照一定比例进入预均化堆场。经过均化和粗配的原料再经计量秤和铁质校正，原料按一定的比例配合，进而烘干、磨粉加工成生料粉。生料用气力提升泵送至连续性空气搅拌库均化。

3. 熟料煅烧

经过均化的生料送入水泥窑系统内，相应经过预热、预煅烧（包括预分解），最后烧制成熟料的全过程，统称为水泥熟料煅烧过程。

水泥回转窑由筒体、轮带、托轮、挡轮、密封装置、传动装置及附属装置等部分组成，主体部分是筒体。窑体倾斜放置，冷端高，热端低，斜度约为3%～5%。生料由圆筒的高端（一般称为窑尾）加入，由于圆筒具有一定的斜度而且不断旋转，物料由高端向低端（一般称为窑头）逐渐运动。燃料磨成粉状后用鼓风机经喷煤管由窑头喷入窑内，形成了物料和高温气体的反向运动，在运动过程中进行热量交换。经过一系列物理化学变化后，物料被煅烧成熟料。根据生料含水率的不同，水泥回转窑主要分为干法和湿法两种。

因为污泥中细菌和有机物的含量较高，容易产生臭味，也容易在较低温度（400～600℃）下裂解挥发造成污染排放，污泥中还含有苯、氯酚等氯的有机化合物，焚烧过程中会产生二噁英。因此，污泥不能从低温处加到窑系统中，以免造成二次污染。

以窑外分解炉干法生产的流程为例，经均化的生料再用气力提升泵送至窑尾悬浮预热器和窑外分解炉，经预热和分解的物料进入回转窑高温煅烧生成硅酸盐熟料，产生的粉尘可以经过收集输送到均化库再次喂入预热器，杜绝可能存在的扬尘和二次污染。回转窑和焚烧炉用的燃料是由原煤经过烘干和粉磨后制成的煤灰，也可用脱水干燥的污泥替代部分煤灰作为燃料。生料和燃料烘干所需的热气体来自窑尾，冷却熟料的部分热风送至分解炉帮助燃料燃烧，整个系统实现了物质和能量的充分利用。

4. 水泥粉磨

在水泥回转窑中制成的熟料经过冷却机冷却后，送至熟料库。熟料经计量秤配入一定数量的石膏在圈流球磨机中粉磨成一定细度的水泥，再送至水泥库储存。

24.2.3 产品性能

水泥的主要性能指标包括细度、凝结时间、体积安定性、强度及其某些化学成分，由污泥和黏土作为原料生产的普通水泥的产品生产与质量管理适用于国家标准《通用硅酸盐水泥》GB 175—2007。污泥水泥的性质与污泥的比例、煅烧温度、煅烧时间和养护条件有关。污泥水泥的物理性质的测定结果见表24-5。

污泥水泥物理性质　　表 24-5

性质		污泥水泥	硅酸盐水泥
水泥细度($m^2 \cdot kg^{-1}$)		110	120
水泥体积固定性(mm)		1.9	0.9
容积密度($kg \cdot m^{-3}$)		690	870
相对密度		3.3	3.2
紧密度(%)		82	27
硬凝活性指数(%)		67	100
凝结时间(min)	初始	40	180
	终止	80	270

根据污泥水泥特性，可将污泥水泥用于制造水泥制品、预制构件、预应力混凝土、装配式建筑的结合砂浆等需要在较短的时间内达到较高强度的工程。适用于地上工程和无侵蚀、不受水压作用的地下工程和水中工程，可在冬季施工，利用其本身的放热提高温度，防止混合物受冻并维持水分适宜的温度。不适用于大体积混凝土，因为其放热量大而且不易挥发，容易造成混凝土的破坏，也不适用于易受流水和化学物质侵蚀的工程。

24.2.4　应用案例

案例 1：华新水泥（阳新）将武汉市城区各污水处理厂的污泥进行深度脱水处理，外运至黄石市阳新县华新水泥厂进行焚烧处置。干化后的污泥（含水率 50%），按照一定比例和水泥生产原料一起进入回转窑，作为替代燃料和建材原料使用制成水泥。生产出来的水泥产品符合国家相关标准的要求。公司不仅实现正常盈利，在传统水泥生产企业向绿色环保企业转型的路上迈进了一大步，还解决了武汉主城区各污水处理厂的污泥处置问题，防止二次污染的发生。

案例 2：北京市市政工程设计研究总院和北京金隅水泥厂经过 3 年的研究、设计和实施，建成了处理量为 500t/d（含水率为 80%）的污泥干化/水泥窑焚烧项目，利用水泥厂水泥窑中的高温烟气作为热源对脱水泥饼进行干化，将干化后的污泥替代燃煤投入水泥窑中作为水泥骨料，干化中产生的臭气进入水泥窑烧掉，利用水泥窑自身的设备处理尾气。该项目成功地使清洁生产和资源、废弃物利用融为一体，使传统水泥工业与城市固体废弃物处理结合在一起，实现了可持续发展和循环经济，为国内市政污泥利用建材行业的窑炉协同处理创出了一条新的思路，真正实现了社会效益、环保效益和经济效益的统一。

24.3　制生化纤维板

纤维板又名密度板，是以木质纤维或其他植物素纤维为原料，施加脲醛树脂或其他适用的胶粘剂制成的人造板。纤维板具有材质均匀、纵横强度差小、不易开裂等优点，用途广泛。人们发现城市污水处理厂的污泥在碱处理后可以作为胶凝原料来制备纤维板，由于采用的是生化处理后的污泥，所以也称为生化纤维板。

24.3.1 基本原理

污水污泥中含有大量的有机成分，利用其中的粗蛋白（质量分数约为30%～40%）与球蛋白（酶）能溶解于水及稀酸、稀碱、中性盐的水溶液这一性质，在碱性条件下加热、干燥、加压，使产生蛋白质产生变性与凝胶作用，蛋白质分子逐渐交联增大，形成网络结构；同时污泥中的一些多糖类物质也起到了一定的胶合作用，最终转变成蛋白胶的状态，称为污泥树脂（又称蛋白胶），污泥树脂再与经过漂白、脱脂处理的废纤维压制成板材，即为污泥生化纤维板，其品质优于国家三级硬质纤维板的标准。

24.3.2 工艺过程

生化纤维板的制造工艺可分为脱水、树脂调制、填料（纤维）处理、搅拌、预压成型、热压、裁边等7道工序。流程图如图24-4所示。

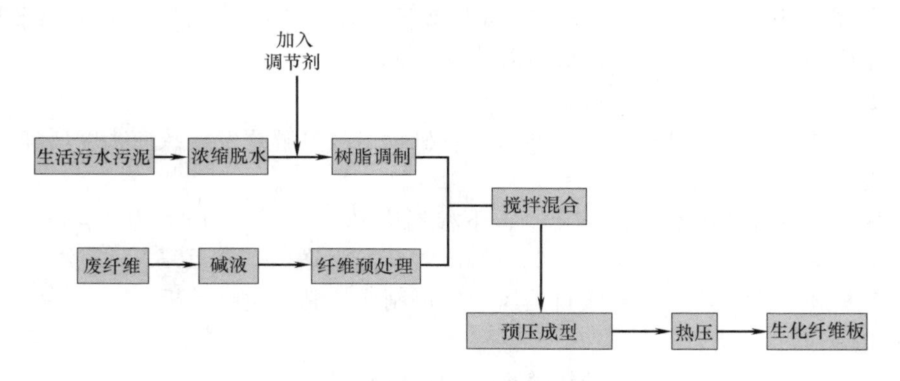

图24-4 污泥制生化纤维板工艺过程

1. 脱水

经过浓缩脱水将污水污泥的含水率降至85%～90%，因为要在碱液中处理，对污泥不需要干燥。

2. 树脂调制

新鲜的活性污泥调制成的活性污泥树脂，为使其凝胶性能好，经久耐用，没有臭味，预压成型时容易脱水，可在调制中投加碱液、甲醛及混凝剂（如三氯化铁、硫酸亚铁、硫酸铝或聚合氯化铝），必要时还可加一些硫酸铜以提高除臭效果，加水玻璃以增加树脂的黏滞度与耐水性。各种药品的适宜配方见表24-6。

活性污泥树脂配方（质量比） **表24-6**

配方	污泥干重	碳酸钠（工业级）	石灰（CaO 70%～80%）	混凝剂			水玻璃35°波美度（30%）	甲醛（40%）
				$FeCl_3$（工业级）	聚合氯化铝	$FeSO_4$（工业级）		
1	100	8	26			4	10.8	5.2
2	100	8	26	15	43	4	10.8	5.2
3	100	8	26			23	10.8	5.2

按表24-6任意一种配方（先不加石灰）配成后，装入反应器搅拌均匀，然后通入蒸汽加热至90℃，反应20min后，再加入石灰保持90℃条件下反应40min即成为活性污泥树脂。技术指标为：干物质含量22%左右；蛋白质含量19%～24%；pH=11。

3. 填料（纤维）处理

填料可采用麻纺厂、印染厂、纺织厂的废纤维（下脚料），为了提高产品质量一般应对上述废纤维进行预处理。

印染厂、纺织厂的下脚料长短一致，比较清洁，可以不做预处理。麻纺厂预处理的方法是将废纤维加碱蒸煮去油、去色，使之柔软，蒸煮时间为4h，然后粉碎以使纤维长短一致。预处理的投料质量比为麻：石灰：碳酸钠=1：0.15：0.05。

4. 搅拌

将污泥树脂（干重）与纤维按质量比2.2：1混合，搅拌均匀，其含水率为75%～80%。

5. 预压成型

搅拌料要求及时预压成型，不应停放过久，以免停放时间过久而使脱水性能降低。预压时，要求在1min内，压力自1.372MPa提高至2.058MPa，并稳定4min后预压成型，湿板胚的厚度为8.5～9.0mm，含水率为60%～65%。

6. 热压

湿板胚经热压后，水分被蒸发，残留的有机物也被分解挥发，致使密度增加，机械强度提高，吸水率下降，颜色变浅。

热压的方法是采用电热升温，使上、下板温度升至160℃、压力为3.43～3.92MPa、稳定时间为3～4min，然后逐渐降至0.49MPa，让蒸汽逸出，并反复2～3次。

如果湿板胚不进行热压而直接自然风干，可制成软制生化纤维板。

7. 裁边

对制成后的生化纤维板实施裁边整理，即可得到成品。

24.3.3 产品性能

污泥制备的生化纤维板的力学性能与硬质纤维板的比较见表24-7，由表可见，生化纤维板可达到国家三级纤维板的标准，污泥树脂的放射性强度低于水泥，符合卫生标准。

生化纤维板与硬质纤维板比较 **表24-7**

板名	密度(kg/m³)	抗折强度(MPa)	吸水率(%①)	成本(元/张)②
三级硬质纤维板	≥800	≥19.6	≤35	
生化纤维板	1250	17.64～21.56	30	1.00
软质纤维板	<350	>1.96	50	0.74
软制生化纤维板	600	3.92	70	

注：① 在水中浸泡24h。

② 每张尺寸为1800mm×900mm×5mm。

24.3.4 应用案例

上海市房地局住宅建筑研究室于1976年初到1977年9月开展了活性污泥（重点是石油化工企业的活性污泥）试制纤维板的研究工作。利用活性污泥中的大量可溶蛋白质调制树脂，使污泥产生自身胶凝作用，又以可溶蛋白质以外的泥渣为填料，掺入废纤维，经预压成型和热压固化，即成生化纤维板，可用作建筑墙体、平顶、门板及家具。生化纤维板所掺和的废纤维属纺织、化纤、印染、再生橡胶等企业的短纤维絮尘，将其回收利用，有助于工厂的除尘和防止水质的污染。此外，在生化纤维板预压成型中，排出的废水经浓缩回收，得到的副产品，符合胶合板四类胶的性能，我们称之为“生化胶”。生化胶与水溶性酚醛树脂等量对掺混合胶仍保持一类胶的性能，可节约代用一半酚醛树脂。因此，利用活性污泥制成生化纤维板，是一条较合理又经济的工艺路线。

24.4 制陶粒

陶粒又名黏土陶粒，是以粉煤灰或其他固体废物为主要原料，加入一定量的黏土等胶粘剂，用水调和后，经造粒成球，利用烧结机或其他焙烧设备焙烧而制成的人造轻集料。陶粒及其制品具有综合性能优（密度小、强度高、隔热、保温、耐火、抗震性能好）、节能效果显著、用途广泛等特性，自20世纪初问世以来，在各国大量使用，并快速稳定发展。目前已大量应用于预制墙板（干墙）、间墙、轻质混凝土、屋面保温、混凝土预制件、小型轻质砌块、陶粒砖等，亦可用于园艺、花卉、市政及无土栽培等市场。

当前我国陶粒主要以黏土和页岩陶粒为主，但黏土陶粒原料大部分取自于耕地，页岩陶粒原料需要大量开采页岩矿山，破坏生态环境，均不符合可持续发展战略。污泥陶粒是以城市污泥为主要原料，掺和适量黏结材料和助熔材料，经过加工成球、焙烧而成的。与传统污泥处置技术相比，具有以下显著优点：

（1）不仅利用了污泥中有机质作为陶粒融烧过程中的发泡物质，而且污泥中的无机成分也得到了利用。

（2）二次污染小。污泥中含有的难降解有机物、病原体及重金属等有害物质，如果处置不当可能造成二次污染，而烧制陶粒时融烧的高温环境可以完全将有机物和病原体分解，并把重金属固结在陶粒中，具有一定的经济效益和环境效益。

（3）污泥烧制陶粒可充分利用现有陶粒生产设备和水泥窑等，设备技术和生产成本较低。

（4）用途广泛，市场前景好，具有一定的经济效益。

（5）可代替传统陶粒制造工艺中的黏土和页岩，节约了土地和矿物资源。

因此，污泥陶粒利用，具有广泛的应用前景。

24.4.1 基本原理

陶粒主要是以硅、铝质原料烧制而成，SiO_2和Al_2O_3是陶粒形成强度和结构的主要物质基础。SiO_2和Al_2O_3在高温下产生熔融，经一系列化学变化，然后形成陶质、瓷质、玻璃质，形成陶粒的技术特征。污泥的无机组分与黏土某些组分接近，主要为SiO_2、Al_2O_3、Fe_2O_3等，可以作为原料烧制陶粒。因为污泥中含有大量的有机质，性质不稳定，在烧制过程中会燃烧，导致大量孔洞产生，导致严重变形、强度降低，所以需要掺入黏土等原料共同烧制，原理与水泥生产中污泥烧结处理基本一致。

污泥制陶粒的方法按原料不同分为两种：一是用生污泥或厌氧发酵污泥的焚烧灰制粒后烧结，但该技术需要单独建设焚烧炉，投资大，且污泥中的有机成分没有得到有效利用，造成陶粒烧胀性不足，因此，在国内没有得到推广。二是直接从脱水污泥制陶粒的新技术，含水率50%的污泥与黏土、粉煤灰、页岩等主材料及添加剂混合，在回转窑焙烧生成陶粒。现有陶粒烧制工艺可分为烧胀型及烧结型两种。烧结型主要是粉煤灰陶粒，用此法烧出的陶粒容重偏大。要生产出轻质、超轻陶粒，一般都要用烧胀法。

1. 烧结法生产陶粒

烧结法生产陶粒以粉煤灰作为提供SiO_2和Al_2O_3的主体组分，以黏土作为胶粘剂，可选用城市污泥代替，既不影响陶粒成本，又可以实现废弃物的再利用。原料中还需助熔剂和燃料组分。助熔剂的加量根据SiO_2和Al_2O_3的总含量确定，硅铝含量高，助熔剂就多加，反之则少加。燃料组分通常采用燃烧煤灰，使污泥能顺利燃烧，陶粒烧结的时候还可以利用污泥的热值。陶粒的原料配方为：粉煤灰60%～70%，污泥20%～30%，助熔剂适量，煤粉适量。制成的污泥陶粒的产品强度、密度和吸水率均能达到相关国标的要求。

2. 烧胀法生产陶粒

烧胀法的原理是基于某些原料本身无固定的熔点，只存在“软化温度范围”，物料在该温度范围内呈黏流状态，在外力作用下可以塑变变形。另一方面，焙烧过程中坯体内又会有气体产生，气体被有黏度的液相密封住无法逸出，形成一定的膨胀气压使该体系膨胀变形。坯体的膨胀过程就是这二者共同作用的结果，产生理想的膨胀，最终形成多孔的陶粒。

研究表明，陶粒原料的膨胀性能直接决定陶粒膨胀系数大小。原料应当满足以下两个条件才能使陶粒产生合适的膨胀：

(1) 原料中各氧化物组成应满足一定的要求，并具有一定数量的对SiO_2、Al_2O_3起助熔作用的熔剂。当原料被加热到高温时，必须生成足够黏稠的熔融物，能密封住由原料内部释放出的气体。

(2) 原料中要含有在坯体达到熔融温度时能释放出气体的物质。

24.4.2 工艺过程

污泥制取陶粒的基本工艺流程包括原材料预处理、配料、混碾搅拌、造粒、焙烧、冷却、分选等，如图24-5所示。

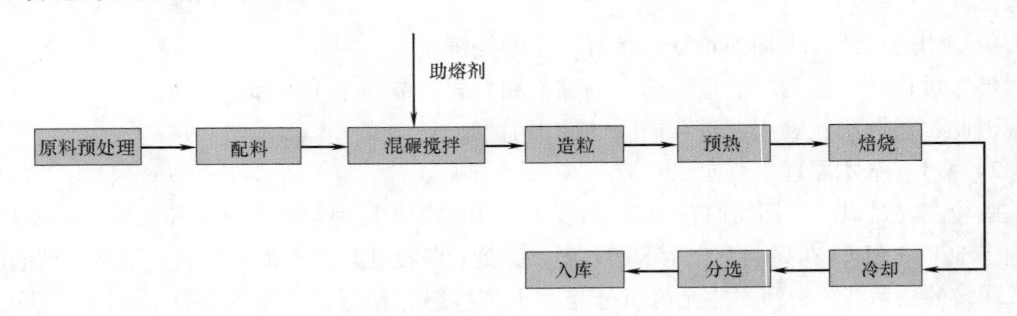

图24-5 污泥制陶粒基本工艺流程

1. 原料预处理

制坯前要对原料进行预处理，使之达到一定要求。主要指标有粒度、可塑性、耐火度等。物料颗粒越细对膨胀越有利，一般要求泥级颗粒占主要部分，含砂量越少越好；原料的可塑性与陶粒的容重程反比关系，一般要求原料的塑性指数不低于8；原料的耐火度一般以1050～1200℃为宜，这样软化温度范围大，对膨胀有利，也便于热工操作。

2. 配料

原料中各物质的组分应满足一定的要求，才能使陶粒产生合适的膨胀。需要对加入的各物质按照配方进行称量，使之达到配比要求。生产陶粒的原料的化学成分一般范围如下：SiO_2 48%～70%、Al_2O_3 8 %～25%、Fe_2O_3 3%～12%，CaO＋MgO 1%～12%，K_2O＋Na_2O 0.5%～7.0%，烧失量3%～5%。

3. 混碾搅拌

配比后加入的各种物质在强制式搅拌机中进行混合搅拌，调制成一定含水率的混合物料。

4. 造粒

原料磨细后调配成混合物料，送入造粒机造粒，制备成生料球。料球的粒径与级配对烧胀性很重要。粒径过大时，或是烧胀不透，或是膨胀过大超过标准要求，料球粒径小于3mm过多时，易结窑或结块。一般级配为3～5mm占不到15%，5～10mm占40%～60%，10～15mm占不到30%。造粒时间一般需要10min左右。造粒的技术有搅拌造粒、沸腾造粒、压力造粒、喷雾干燥造粒等。

5. 焙烧

焙烧阶段的主要工艺步骤包括干燥、预热、烧胀。干燥的目的在于使坯体去除自由水，防止坯体在预热阶段烧裂。干燥的温度与时间控制在能够保证坯体的完整性和大多数自由水的去除。预热能减少料球由于温度急剧变化所引起的炸裂，同时也为多余气体的排出和生料球表层的软化做准备。预热温度过高或预热时间过长都会导致膨胀气体在物料未达到最佳黏度时就已经逸出，使陶粒膨胀不佳。预热不足，易造成高温焙烧时料球的炸裂。烧胀是使陶粒产生适宜黏度的液相与适宜膨胀气压，并使两者在焙烧时间上很好地匹配起来，可以使陶粒具有较高的强度和较小的吸水度。

6. 冷却

坯体的冷却速度对其结构和质量有明显的影响。一般认为，冷却初期应采用急速冷却，陶粒出炉时的液相来不及析晶，就在表面形成致密的玻璃相，内部则为多孔结构。这样的结构密度小，且具有一定的强度。等急速冷却到750～550℃时宜采用慢速冷却，以避免玻璃相形态转变所产生的应力对坯体产生影响。

7. 分选

陶粒出窑后，先经过破碎机破碎，然后经回转筛筛分处理，分选出5mm以上颗粒就是陶粒成品，5mm以下粒径为陶砂。

24.4.3　产品性能

采用城市污泥为主要原料制备的陶粒的技术性能指标可达到国家标准《轻集料及其试验方法　第1部分：轻集料》GB/T 17431.1—2010。其与黏土陶粒的性能指标比较见表24-8。

黏土陶粒与污泥陶粒的性能指标　　表24-8

性能指标	堆积密度(kg/m^3)	筒压强度(MPa)	1h吸水率(%)
黏土陶粒	≤500	≥1.5	10～25
	600～1000	4.0～6.8	≤16
污泥陶粒	≤500	≥1	20左右
	600～1000	3.0～4.5	16～18
国家标准	≤500	0.2～1.5	30～15
	600～1000	2.0～5.0	20

由表 24-8 可见，污泥陶粒在某些性能方面虽然不及黏土陶粒，但在一定程度上可以替代黏土作为生产陶粒的原料，生产出来的陶粒其技术指标可以达到国家标准要求。

24.4.4 应用案例

惠州污泥处理厂以惠城区和仲恺区的城市污水厂污泥作为原料生产陶粒。进厂污泥先经改性和调理再进入压滤车间，脱水后的泥饼含水率一般为 55%，再通过运输带进入生物干化车间。后集中输往陶粒生产区，生产区配备 3 条双筒回转窑，选用塑性法造粒、双筒回转窑高温焙烧生产。

该项目生产的生物陶粒符合国标（300 级）的技术标准，既满足污泥处理工艺应用需求，又能用作轻集料新型建材。参考目前优质陶粒的市场价格且近年供不应求的销售前景，陶粒生产有可能凭借其更加经济、市场和环保可控的优势取代污泥制肥，成为国内污泥资源化、效益化处置方法的首选之一。

第 25 章　污泥能源及化工利用

25.1　污泥气成分及性质

污泥气（sludge gas，marsh gas），又称沼气，其成分与性质在第 7 章污泥的厌氧消化已有叙述，本章对此仅作简单复述以利衔接。污泥气主要成分为甲烷和二氧化碳，并有少量的氢气、氮气和硫化氢等。其中甲烷的含量为 60%～70%，决定了沼气的热值；CO_2 含量为 30%～40%；H_2S 含量一般为 0.1～10g/Nm^3，会产生腐蚀及恶臭，以粪便为原料产生的污泥气，所含硫化氢较高，约占总体积的 0.5%～1.0%。以城市污水污泥为原料的污泥气，硫化氢的含量极微。

在常温下污泥气为无色无味气体，其热值一般为 21000～25000 kJ/(N·m^3)，约 5000～6000kcal/m^3 及 6.0～7.0kWh/(N·m^3)，经净化处理后可作为优质的清洁能源，容重 1.1～1.3kg/m^2，微溶于水。污泥气呈酸性，其 pH 值一般介于 1～4 之间，具有腐蚀性。污泥气与空气以（5～14）∶1（体积比）混合时，如遇明火可引起爆炸。

25.2　污泥能源利用

污泥的能源化利用是指通过生物、物理或者热化学的方法把污泥转变成为较高品质的能源产品，同时可杀灭细菌、去除臭气。目前，常见的能源化方法包括污泥制氢、制沼气、制油、制合成燃料等。

25.2.1　污泥制氢

污泥中含有大量的有机质，可以作为获取氢能的来源。氢能是最理想的清洁能源，具有资源丰富、燃烧热值高、清洁无污染、适用范围广等特点。从未来能源的角度看，氢是高能值、零排放的洁净燃料，特别是以氢为燃料的燃料电池、具有高效性和环境友好性，将成为未来理想的能源利用形式。利用污泥来制取氢，不仅可以解决污泥的环境污染问题，还可以缓解能源危机。

污泥制氢包括污泥生物制氢、高温气化制氢、超临界水制氢等技术。

1. 污泥微生物制氢

微生物制氢是利用某些微生物的代谢过程生产氢气的一项生物工程技术。微生物制氢包括光合生物制氢、厌氧微生物制氢两种方法。光合生物制氢是利用光合细菌（Photosynthetic Bacteria，简称 PSB）、绿藻或者蓝细菌直接把太阳能转化为氢能。厌氧微生物发酵制氢是利用异氧型的厌氧菌或固氮菌分解小分子的有机物制氢。污泥制氢主要利用厌氧微生物进行发酵制氢。

（1）发酵产氢微生物的分类

根据氧气的存在对产氢微生物的影响，将发酵制氢微生物分为严格厌氧发酵菌、兼性厌氧发酵产氢菌、好氧发酵产氢菌。

1）严格厌氧发酵产氢菌

严格厌氧发酵产氢菌主要包括产氢羧菌、嗜热产氢菌、产甲烷菌等。这类细菌对于氧气的存在十分敏感，因发酵过程为其能量来源的关键，如果在短时间内接触氧气，其发酵过程就会中断，无法为其提供能量，从而使得氢气的产生受到严重的影响，后续的产氢过程即停止。

这类产氢微生物的分解能力很强，它们能够分解利用多种有机质产氢，也能利用纤维素等大分子糖类产氢。但对于不同的菌株，其产生氢气的能力也不尽相同，表 25-1 列出了不同菌种转化不同底物的产氢量。

转化不同底物产氢的梭菌 **表 25-1**

菌种	底物	转化率
Clostridium sp. strain no. 2	纤维素、半纤维素、木聚糖和木糖	2.06mol H_2/mol 木糖， 2.36mol H_2/mol 葡萄糖
C. paraputrificum M-21	几丁质类	1.9mol H_2/mol 乙酰葡萄糖胺
C. butyricum	蔗糖	2.78mol H_2/mol 蔗糖
C. Saccharoperbutylacetonicum ATCC 27021	粗乳酪乳清 (ca. 41.4g 乳糖/L)	2.7mol H_2/mol 乳糖
C. populeti	纤维素	1.6mol H_2/mol 己糖
C. cellulolyticum	纤维素	1.7mol H_2/mol 己糖
C. beijerinckii	餐厨垃圾	1.79mol H_2/mol 己糖

2）兼性厌氧发酵产氢菌

兼性厌氧产氢菌主要包括埃希氏菌属（*Escherichia*）和肠杆菌属（*Enterobacter*）。与严格厌氧发酵产氢菌和好氧发酵产氢菌不同的是，这类微生物既可以在有氧的条件下进行发酵产氢，还可以在无氧的条件下进行发酵产氢，但是在有氧的条件下进行发酵产氢的效果要比厌氧条件下产氢的效果好得多。具有产氢能力的兼性厌氧发酵菌在厌氧条件下可以分解利用多种有机物产生氢气和二氧化碳，产氢能力不受高浓度氢气的抑制，但缺点是产氢量比较低。

3）好氧发酵产氢菌

好氧发酵产氢菌主要包括芽孢杆菌、脱硫弧菌和粪产碱菌等。这类微生物只能在有氧的条件下很好地生长，具有十分完整的呼吸链，以 O_2 为最终的氢受体。

(2) 厌氧发酵产氢机理

厌氧发酵生物制氢过程有四种基本途径：丁酸型发酵产氢途径、丙酸型发酵产氢途径、乙醇型发酵产氢途径、混合酸产氢发酵途径。

1）丁酸型发酵产氢途径

以丁酸型发酵产氢的典型微生物有梭状芽孢杆菌属、丁酸弧菌属等，其末端产物有丁酸、乙酸、CO_2、H_2 和少量的丙酸。很多可溶性碳水化合物的发酵类型主要是丁酸型发酵。

丁酸型发酵产氢的反应方程式可以表示为：

$$C_6H_{12}O_6+2H_2O \longrightarrow 2CH_3COOH+2CO_2+4H_2 \quad (25\text{-}1)$$

$$C_6H_{12}O_6 \longrightarrow CH_3CH_2CH_2COOH+2CO_2+2H_2 \quad (25\text{-}2)$$

很多的可溶性碳水化合物的发酵类型主要是丁酸型发酵。在整个过程中碳水化合物首先必须经过三羧酸循环使得碳水化合物形成丙酮酸（EMP过程），然后丙酮酸脱羧后形成羟乙基与硫胺素焦磷酸酶的复合物，该复合物将电子转移给铁氧还蛋白Fd，然后还原的铁氧还蛋白被铁氧还蛋白氢化酶重新氧化，产生分子氢。如图25-1所示，为丁酸型发酵产氢过程。

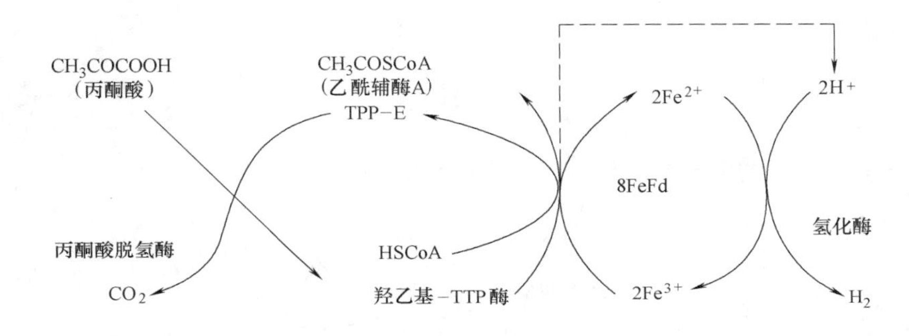

图25-1 丁酸型发酵产氢

2）丙酸型发酵产氢途径

以丙酸型发酵产氢的典型微生物主要有短棒菌苗属（*Propionibacterium*）等。主要末端产物有乳酸、乙酸、CO_2、H_2和甲酸等。含氮有机化合物的酸性发酵、难降解碳水化合物，在厌氧发酵过程中常呈现出丙酸型发酵。

首先碳水化合物进行分解以得到葡萄糖，然后葡萄糖经过EMP途径转化为丙酮酸，然后一部分丙酮酸经过甲基丙二酸单酰辅酶A途径产生丙酸；另一部分先转化为乳酸然后再转化为丙酸。产丙酸途径与过量的NADH（还原型烟酰胺腺嘌呤二核苷酸）$+H^+$相耦联产生氢气。

3）乙醇型发酵产氢途径

以乙醇型发酵产氢的典型微生物主要有Biohydrogenbacterium genus sp. 等。

而乙醇型发酵产氢过程利用丙酮酸在乙酰辅酶A的作用，通过其旁路，产生一定量的H_2、CO_2、乙醇、乙酸（或乙醇）、丁酸等物质。其发酵途径如图25-2所示。

4）混合酸发酵产氢途径

以混合酸发酵途径产氢的典型微生物主要有埃希氏菌属、志贺氏菌属等。主要末端产物有乳酸、乙酸（或乙醇）、CO_2、H_2和甲酸等。总的反应方程式可表示为：

$$C_6H_{12}O_6+H_2O \longrightarrow CH_3COOH+C_2H_5OH+2CO_2+2H_2 \quad (25\text{-}3)$$

在混合酸发酵产氢过程中，由EMP途径产生的丙酮酸脱梭后形成甲酸和乙酰基，然后甲酸裂解生成CO_2和H_2，如图25-3所示。

（3）发酵法生物制氢的影响因素

影响厌氧发酵产氢的主要因素是温度、pH、HRT′（水力停留时间）、有机物负荷、

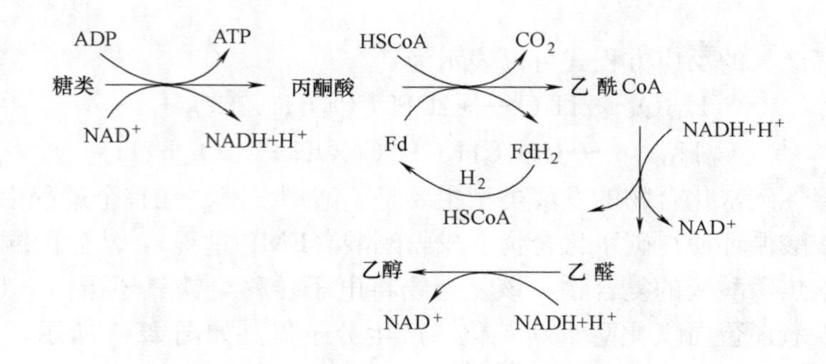

图 25-2　乙醇型产氢发酵途径

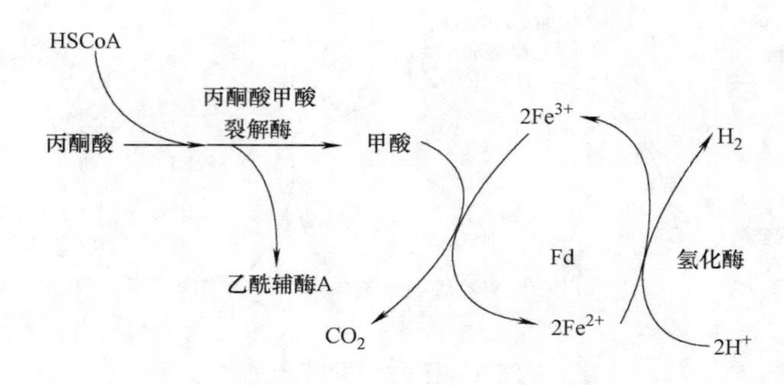

图 25-3　混合酸产氢发酵途径

反应器类型等。

1）温度

温度过高或过低，厌氧产氢过程均受到抑制。现有的多数研究结果表明，35～37℃为最佳产氢温度。

2）pH

产氢发酵细菌对 pH 的波动十分敏感，pH 的改变会造成生长速率和代谢途径的改变。乙醇型发酵产氢的最佳 pH 一般在 4.0～5.5。

3）有机物负荷

每种微生物能够利用的底物以及在特定条件下微生物所适合的最佳底物浓度都有一个固定的范围。在一定体积的续批式反应器中，当底物浓度发生骤增，即体系中的有机物负荷发生骤变时，微生物自身的平衡条件体系难以承受有机负荷的变化，大量代谢产物不断积累，由此造成对细胞的毒害作用，导致微生物的繁殖、代谢速率显著降低，从而影响了体系的产氢能力。

4）反应器类型

反应器的类型或者构造情况对生物产氢的影响很大，设计科学合理的厌氧发酵产氢反应器对提高产气量有很大的帮助。

2. 高温气化制氢

污泥高温气化制氢是在不完全燃烧条件下，将污泥加热，使较高分子量的有机碳氢化合物链裂解，变成较低分子量的 CO、H_2、CH_4 等可燃性气体，然后再分离出氢气。

污泥气化制氢以污泥为原料，在气化炉（固定床、流化床、气化床等）内，高温下通过气化介质（空气、氧气、水蒸气等）与污泥内的生物质反应，使其转化成富氢燃气。如图 25-4 所示，为一般生物质制氢的工艺流程图。

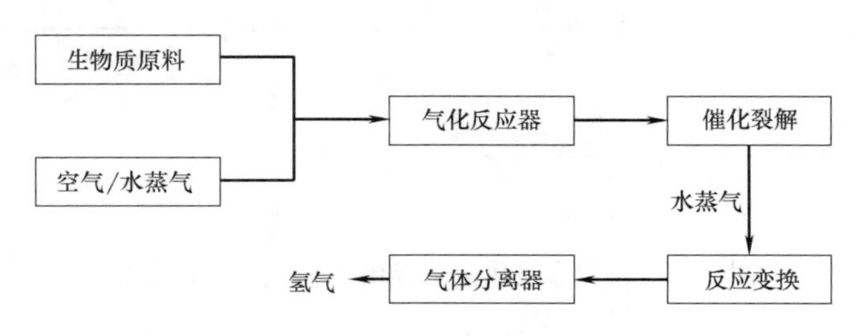

图 25-4　生物质气化制氢的工艺流程

3. 超临界水气化制氢

污泥超临界水气化制氢是在水的温度和压力均高于其临界温度（374.3℃）和临界压力（22.05MPa）时，以超临界水作为反应介质与溶解于其中的有机物反生强烈的化学反应，使污泥在超临界水反应气氛中发生催化裂解制取富氢燃气的过程。

25.2.2　污泥制沼气

污泥制沼气主要是通过厌氧消化作用，由厌氧菌和兼性菌的联合作用降解有机物，产生以甲烷为主的混合气的过程。主要原理见第 7 章污泥厌氧消化技术部分。

25.2.3　污泥制油

污泥制油技术是通过低温热化学反应，将污泥中的脂肪族化合物和蛋白质转化成油、炭、气和水。污泥油化技术可以分为低温热解法和污泥直接热化学液化法。

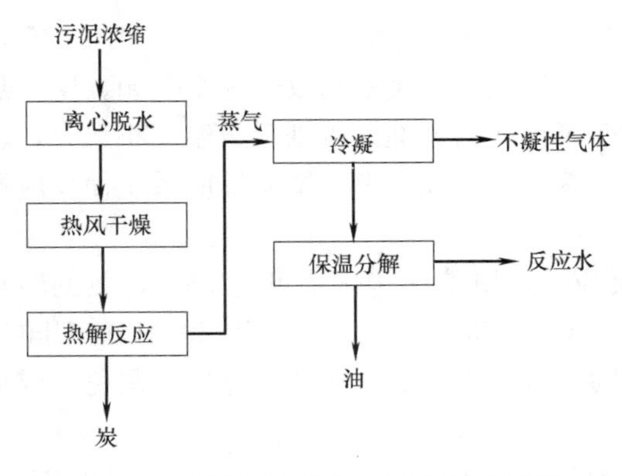

图 25-5　低温热解制油反应过程示意图

1. 低温热解制油

低温热解制油是通过在无氧的条件下加热污泥，干燥至一定温度（<500℃），由于干馏和热分解作用使污泥转化为油、反应水、不凝性气体和炭四种可燃性产物。反应过程如图 25-5 所示。

2. 污泥直接热化学液化法制油

污泥直接热化学液化法制油是在 N_2 环境下，将经过机械脱水的污泥（含水率约 70%～80%），在 250～340℃ 加压热水中，以碳酸钠作为催化剂，使近 50% 的有机物分解、缩合、脱氢、环化等一系列反应转化为低分子油状物，得到的重油产物用萃取剂进行分离收集。反应过程如图 25-6 所示。

25.2.4　污泥制合成燃料

污泥制合成燃料技术，根据状态的不同可分为污泥合成固态燃料技术及合成浆状燃料技术。城镇污泥发热量低、挥发分比例较少、灰粉含量较高、难以着火，需掺入各种添加剂，以使合成燃料满足低位热值、燃烧速率以及燃烧臭气释放等方面的评价指标。

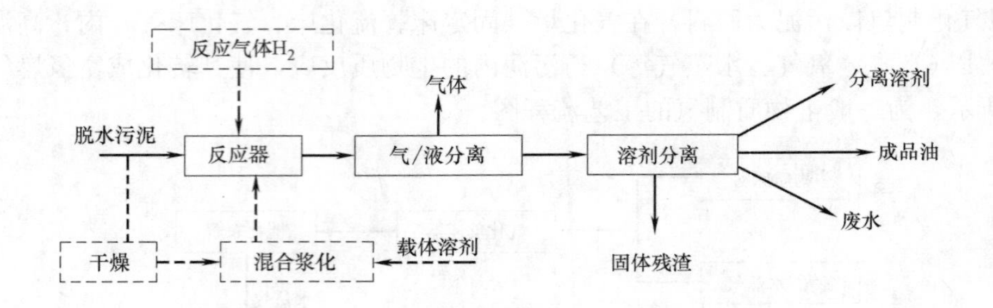

图 25-6　污泥直接热化学液化法反应过程示意图

25.3　污泥气的化工利用

利用污泥气制造四氯化碳，在国内已有多年。四氯化碳是无色液体，是生产灭火剂、冷冻剂、纤维脱脂剂、溶剂及粮食杀虫剂等的重要化工原料。此外，污泥气还可制造有机玻璃树脂、甲醛、二硫化碳、炭黑，利用污泥气中CO_2还可以制纯碱。

25.3.1　制造四氯化碳

1. 基本原理

用污泥气制四氯化碳的原理是热氯化法，反应式如下：

$$CH_4+Cl_2 \longrightarrow CH_3Cl+HCl+24090\text{卡/克分子} \quad (25\text{-}4)$$

$$CH_4+2Cl_2 \longrightarrow CH_2Cl_2+2HCl+47750\text{卡/克分子} \quad (25\text{-}5)$$

$$CH_4+3Cl_2 \longrightarrow CHCl_3+3HCl+71810\text{卡/克分子} \quad (25\text{-}6)$$

$$CH_4+4Cl_2 \longrightarrow CCl_4+4HCl+95740\text{卡/克分子} \quad (25\text{-}7)$$

甲烷热氯化法是一连串的不可逆的放热反应。每克分子氯平均放热为24kcal。反应热用回流管冷却的方法移走，移走反应热是合成四氯化碳的关键，否则反应温度将上升，一般反应温度为350～370℃，当高于450℃后，甲烷裂解生成炭黑，堵塞反应系统使反应不能进行。

甲烷与氯的摩尔比为1.7∶1.0的条件下反应时，甲烷的转化率可达75%，氯的转化率可达95%，各种甲烷氯代物的产率分别为CH_3Cl58.7%、CH_2Cl_2 29.3%、$CHCl_3$ 9.7%、$CCl_4$2.3%。在所有的情况下，都应特别注意防止局部氯浓度的过量，避免生成大量的炭黑，如下式：

$$CH_4+2Cl_2 \longrightarrow C+4HCl \quad (25\text{-}8)$$

2. 生产工艺流程

生产的工艺流程如图25-7所示。

25.3.2　制造有机玻璃树脂

利用污泥气中的甲烷，加氨与氧气，以安氏法合成氢氰酸，然后经醇化与酯化合成有机玻璃树脂。

反应方程式：

$$NH_3+CH_4+\frac{3}{2}O_2 \longrightarrow HCN+3H_2O+113.5\text{kcal} \quad (25\text{-}9)$$

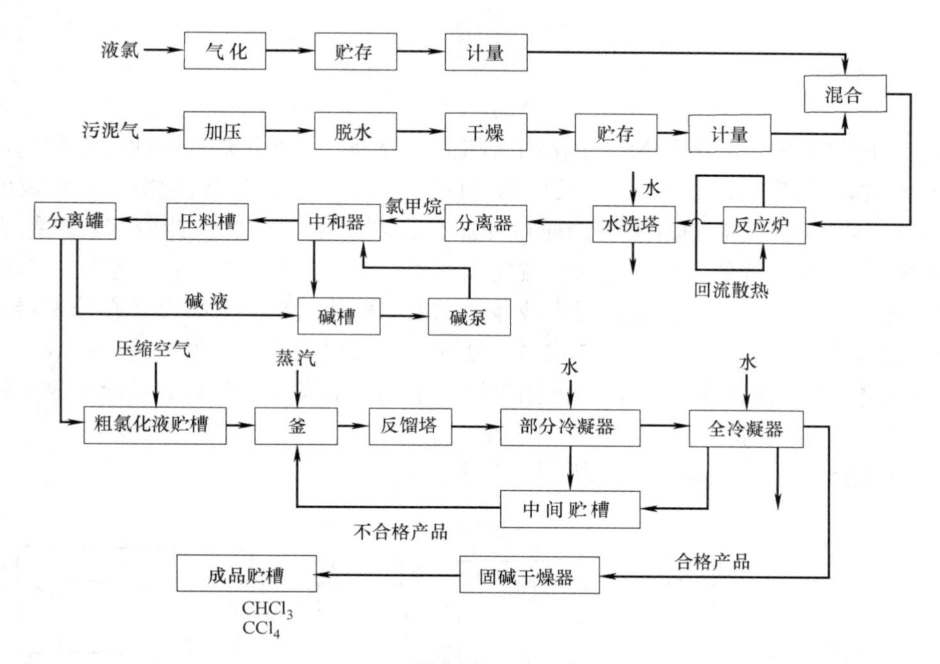

图 25-7 四氯化碳生产工艺流程

此反应为放热反应，反应温度为 1100～1200℃，以铂丝网作为催化剂，直接用空气中的氧。原料配比为氨：甲烷：空气＝1：(1.0～1.2)：(6.4～6.8)。

原料消耗定额（以生产每吨氢氰酸 HCN 计）：

铂 0.2236g；氨 1.046t；甲烷 1588m^3；烧碱 1.745t；硫酸 0.774t。

每生产 1t 有机玻璃树脂需 0.5t 氢氰酸，即 794m^3 甲烷。

25.3.3 制造甲醛

利用污泥气中的甲烷直接氧化制取甲醛。反应方程式如下：

$$CH_4+O_2\xrightarrow[620℃]{N_2催化}HCHO+H_2O \tag{25-10}$$

工艺参数：

空气：甲烷＝2：1；反应温度 625～632℃；反应压力 2.94～3.43N/cm^3（0.3～0.35kg/cm^3）；甲烷转化率 9.1%～11.2%。

原材料消耗定额（以生产 1t 甲醛计）：

甲烷 4704m^3，氨 35kg，电 2800kWh，水 40t。

25.3.4 制造纯碱

因污泥气中含有 20%～30%的二氧化碳，可制取纯碱。污泥气通过氢氧化钠可制成碳酸钠。反应方程式为：

$$2NaOH+CO_2\longrightarrow Na_2CO_3+H_2O \tag{25-11}$$

二氧化碳深度冷冻，还可以制造干冰。

25.3.5 制造二硫化碳

以甲烷和硫为原料生产二硫化碳。一般采用两步工艺过程，第一步反应是甲烷与硫作用生成二硫化碳和硫化氢。第二步反应是采用克劳斯（Claus）法从副产物中的硫化氢中回收硫。

第一步反应按下式：

$$CH_4+2S+O_2 \longrightarrow CS_2+2H_2O \quad (25\text{-}12)$$

制造二硫化碳的工艺流程为：净化的硫和沼气分别送入加热炉的气化过热管内，加热至600℃左右，使硫气化过热，进入反应器，反应生成二硫化碳和硫化氢。在生成的气体中，还有较多的未曾反应的过量硫，通过加压分凝器出来，经换热器冷却，凝结为液态硫，再经硫分离器进行分离。未凝的二硫化碳和硫化氢气体经冷却器降温后，送至硫化氢加压分凝器分凝，使气体二硫化碳凝为液体，送入二硫化碳精品库贮存。在分凝器中分离出的硫化氢气体经冷却器后送尾气回收系统处理。尾气提高燃烧炉燃烧后，送入克劳斯炉催化转化成硫，流入硫贮槽，供循环使用。尾气中剩下的微量二硫化碳及硫化氢气体，送焚烧炉焚烧后，由烟囱排出。

甲烷法生产二硫化碳的工艺流程如图25-8所示。

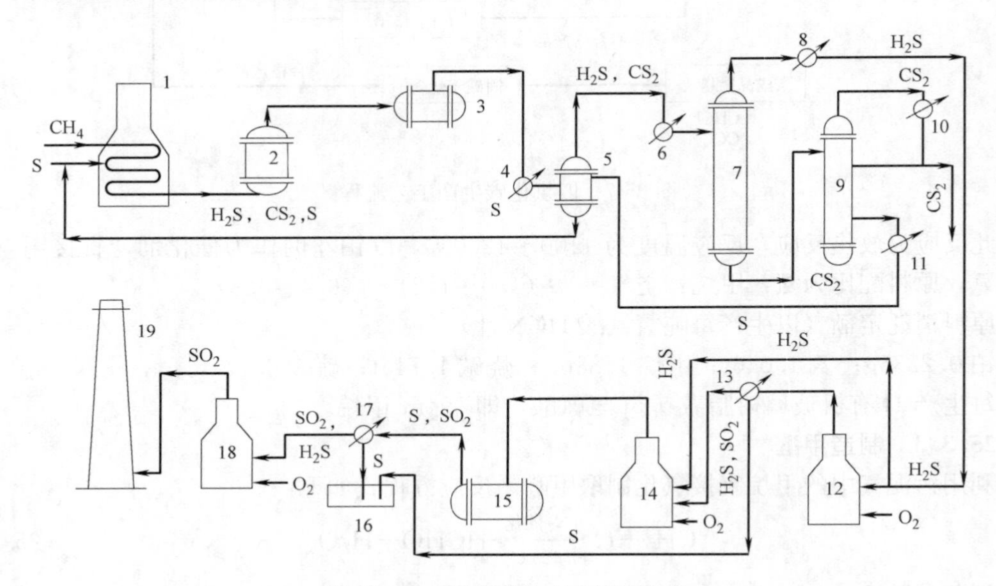

图25-8　二硫化碳生产工艺流程图

1—加热炉；2—反应器；3—硫黄加压分凝器；4,13,17—换热器；5—硫黄分离器；6,8,10—冷凝器；7—硫化氢加压分凝器；9—精馏塔；11—加热器；12—燃烧炉；14,15—克劳斯燃烧炉；16—硫黄贮槽；18—焚烧炉；19—烟囱

25.3.6　制造硝基甲烷

甲烷与硝酸或二氧化氮、四氧化二氮等反应，得到硝基甲烷。反应一般是在过热水蒸气存在下，在常压、高温气相进行，反应式如下：

$$CH_4+HNO_3 \xrightarrow{300\sim550℃} CH_3NO_2+H_2O \quad (25\text{-}13)$$

反应为放热反应，主要的副反应为甲烷的氧化反应和硝酸及生成的硝基甲烷的分解反应。甲烷硝化反应的工艺流程是：经过预热的甲烷和过热水蒸气进入硝酸蒸发器，在300℃下与硝酸蒸汽混合进入反应器，在常压、反应温度为300～550℃的条件下，完成硝化反应，接触时间一般不超过2s。反应后的气体在速冷器中冷却至200℃以下，再经水冷却器冷至室温，在分离器中分出冷凝液后，气相产物送至硝基甲烷水吸收塔，吸收液与冷凝液混合送至初分塔，水吸收塔顶部流出的气体进入氧化塔，所得氧化产物在水吸收塔中被吸收，回收的硝酸返回硝酸蒸发器循环使用，尾气一部分作燃料，一部分和进料甲烷混合后循环使用。冷凝液与吸收液的混合溶液含硝基甲烷 30～40g/L，以硝酸计硝基甲烷产率约为 16%～19%，初分塔在常压下操作，釜温 10～103℃，顶温为 88～95℃，在塔顶分相器中水相全部回流，油相为粗硝基甲烷，蒸馏收率可达 98%以上。粗硝基甲烷用 30～60g/L 的碳酸钠和亚硫酸氢钠水溶液洗涤，经搅拌、静置、分离后，水相送回初分塔，油相在精馏塔中除去轻组分，得到纯硝基甲烷，纯度可达 95%以上。

25.3.7 制造炭黑

利用甲烷制造炭黑的过程中，控制一定空气量，保持一定的生产条件（温度、空气和烃类的比例、反应时间）使碳氢化合物部分燃烧供给热量，另一部分则在高温下裂解生成炭黑。

甲烷制取炭黑的方法主要有三种，即槽法、炉法和热解法。槽法制炭黑效率低（5%～6%），但质量较高，耐磨性能好，为轮胎工业所必需。炉法炭黑的效率较高（25%～30%），但质量不如槽法制炭黑，只可制成半补强炭黑等，用于轮胎工业及填料。热解法效率最高（40%～60%），质量也好，但技术要求高。

1. 槽法制炭黑

甲烷生产槽法炭黑的工艺流程如图 25-9 所示，天然气经减压后均匀分布至燃烧室内的分配气管，由安装在气管上的火嘴喷出燃烧，产生蝙蝠翅形火焰。当槽钢切断火焰，炭黑则附积在槽钢面上，槽钢缓慢地作往复运动，经过固定的刮刀将炭黑刮下落入炭黑斗内，经风送或螺旋输送器将炭黑汇总送至加工间，经杂质分离器除去硬炭，再经造粒机形成粒状炭黑然后进行包装。根据工艺参数（火嘴缝口宽度，火嘴与槽钢距离，槽架运行周期，进入空气量及原料成分等）可以制得不同种类的炭黑。

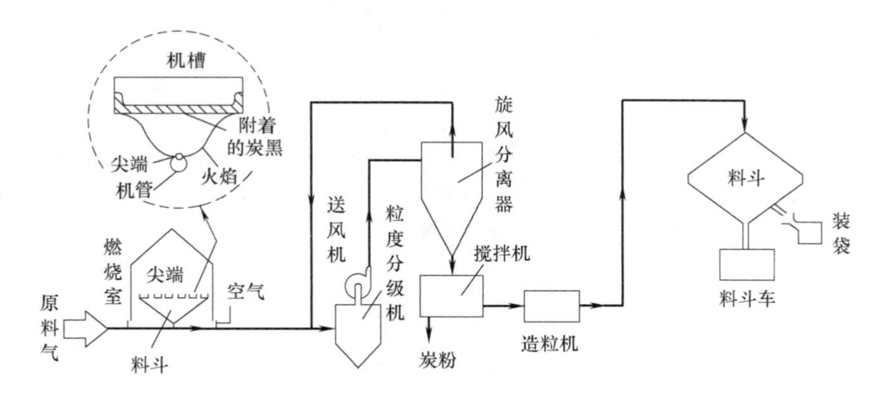

图 25-9 槽法炭黑生产工艺流程

2. 炉法制炭黑

炉法制炭黑的工艺流程如图 25-10 所示，甲烷与空气按 1∶(4～5) 比例经特别的火嘴箱喷入炉内，在炉内形成旋转燃焰，炉内温度控制在 1250～1350℃，其所生成的炭黑悬浮在含有一氧化碳、二氧化碳、氢气、水蒸气和氮的燃余气中，燃余气在高温下停留 4～6s 后进入冷却塔中用喷雾水冷却，使燃余气冷却至 350～380℃，然后进入过滤箱上的玻璃纤维滤袋，悬浮在气流中的炭黑附着于滤袋上，燃余气则透过滤袋排于大气中，利用反吸风自动振抖装置使滤袋产生吸胀作用，将炭黑从滤袋上抖下，送至加工间进行造粒。根据生产炭黑的品种和粒径要求，控制不同风气比，增加空气将使炉温提高，收率降低，粒径减小，空气的混合和紊流好坏也是影响收率和炭黑质量的重要条件。

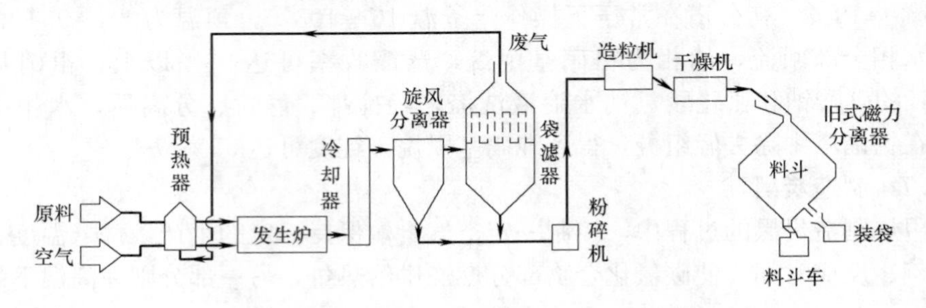

图 25-10　炉法炭黑的生产工艺流程

3. 热解法制炭黑

热解法是一个循环交替过程，其原料主要是甲烷，在大约 1300℃温度下分解成碳和氢。此过程是在两台圆柱形发生炉中进行的，炉内衬以开口的方格子硅砖，其工艺流程如图 25-11 所示。当第一个发生炉以化学计量的气态燃料和空气加热时，第二个已加热的发生炉则输入甲烷。此时，甲烷发生热解，生成的炭黑约有一半被气流吹扫出去，其余的炭黑仍留在砖上。4～5min 之后，切断天然气，输入空气和燃料再进行加热，开始烧掉前一周期中所留下的炭黑，以此往复循环用旋风分离器串联袋滤器从氢气中间收炭黑。氢气经冷却、去湿和压缩后用作再加热周期的燃料。收集的炭黑经磁选机，然后通过微粉粉碎机。炭黑可以粉状包装或用普通方法造粒。

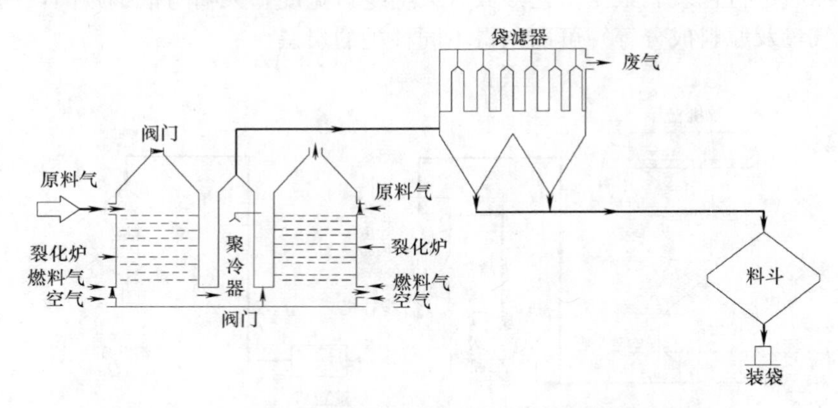

图 25-11　热解法制炭黑工艺流程图

第 26 章　污泥其他利用

除了上述几章介绍的在建材、化工中的利用外，污泥还有其他形式的资源化利用，将在本章节中进行详细的介绍。

26.1　制生物营养剂

大量细菌是活性污泥的主要组成部分，并且以菌胶团的形式存在。污泥中细菌的细胞壁由脂类、蛋白质、多糖的聚合物组成，其内还有一层主要由蛋白质和磷脂组成的细胞膜。在这些物质的包围下是细胞质，包括核糖体、细胞核以及颗粒状内含物等，主要成分是蛋白质。可见，剩余污泥中蛋白质的含量主要取决于细菌。研究表明，生活污水厂中产生的剩余污泥蛋白质含量高达 28.7%～41%。因此，从剩余污泥中提取蛋白质并利用是可行的，并且对污泥蛋白质加以有效地回收利用将开辟污泥资源化新途径。

26.1.1　污泥蛋白提取

污泥蛋白质主要存在于微生物的细胞壁及其内部物质中，要提取污泥蛋白质，必须进行微生物细胞分解。目前，国内外污泥细胞壁破解技术主要有：热水解、酸碱化学水解、超声波物理分解、冻融法以及酶催化水解等。由于技术与设备条件等原因，大部分研究采用的是酸碱与热水解结合的方式对污泥进行蛋白提取。

1. 酸＋热水解技术

热酸水解法，即取消化和脱水之后的剩余污泥（含水率约 70%）并用去离子水制成污泥混合液，加入盐酸（1mol/L）调节 pH 至适宜条件，以一定温度在所需时间下进行水解反应。反应终结后，离心，取上层清液即为蛋白提取液。污泥中多数蛋白质存在于微生物细胞内，而细胞壁属于生物难降解惰性物质。所以，水解过程中从细胞中释放出更多蛋白质的关键是细胞破碎程度。影响细胞破碎的主要因素有体系 pH、反应温度和时间等。一些学者通过对青岛市李村河污水处理厂剩余污泥提取蛋白工艺进行优化，得到最优工艺条件为水解温度 121℃，水解时间为 5h，反应体系 pH 为 1.25，固液比为 1∶3，此时剩余污泥蛋白提取率可达 62.71%。

2. 碱＋热水解技术

由于酸法获得蛋白质品质较差，肽链较短，限制了所获蛋白质的进一步应用，另外，酸法对设备要求较高且过滤缓慢。而且，剩余污泥主要是由革兰氏阴性菌构成，其细胞壁中脂肪含量较大，而脂肪可以在碱性溶液中水解致使细胞壁破裂。因而，部分研究更致力于碱法水解。学者们对热碱水解提取污泥蛋白质进行研究，发现在温度 140℃，pH 为 13 时，含水率 91%的污泥水解 3h，蛋白质回收率达 61.37%。这为热碱水解法在工业上的应用奠定了基础。

3. 高质量蛋白提取技术

活性污泥中含有腐殖质以及其他复杂的有机物质，因此常规的提取方法均难以获得高质量的蛋白质，为研究污水处理与污泥之间的关系，提取更为高质量的蛋白质是必须的。部分学者以总蛋白得率和质量为指标，通过对SDS-酚-TCA法、SDS-酚法、柠檬酸钠-酚法、SDS提取法和SDS震荡提取法等五种方法的比较，得出结论：SDS-酚法抽提活性污泥总蛋白效果最好，蛋白质得率最高并且蛋白条带最多。

26.1.2 蛋白滤液制取蛋白饲料

由剩余污泥提取的蛋白滤液，存在许多资源化利用。如液肥、发泡剂、营养液、蛋白饲料和灭火剂等。本节中讨论关于污泥制取蛋白动物饲料。Jiyeon等认为提取后的污泥蛋白具有很高的营养价值，并通过大白鼠毒性实验以及尸体解剖发现污泥蛋白对大白鼠的死亡率以及临床发病率等没有影响，可以安全地作为动物饲料使用。

蛋白质饲料是指干物质中含粗蛋白20%以上、粗纤维18%以下的饲料。其种类主要有植物性蛋白饲料，其来源比较广泛，例如菜籽饼、豆饼、芝麻饼等；动物性蛋白饲料，蛋白质含量高，有鱼粉、血粉、羽毛粉、昆虫及其他动物性蛋白源等；单细胞蛋白饲料，也称微生物饲料，主要包括一些单细胞藻类、酵母、微型菌、真菌等。发展蛋白质饲料工业，可以有效解决畜牧养殖业过程中的饲料短缺问题。

一般污泥中含有28.7%～40.9%的粗蛋白，26.4%～46.0%灰分，26.6%～44.0%纤维素和0～3.7%脂肪酸，其中70%的粗蛋白以氨基酸（蛋氨酸、胱氨酸、苏氨酸和缬氨酸为主）形式存在，各种氨基酸之间相对平衡，是一种非常好的饲料蛋白。将其开发制成蛋白质、氨基酸、维生素等的专用饲料添加剂，可有效缓解蛋白质饲料的紧缺状况。有研究者对污泥蛋白的营养性和安全性进行分析，除色氨酸外，七种人体和动物生长必需的氨基酸含量都很高，另外还检出八种非必需氨基酸，且蛋白质中重金属满足饲料相关安全标准。此外，沉淀物中重金属含量较少，符合《饲料卫生标准》GB 13078—2001和农业行业《饲料中锌的允许量》NY929—2005标准的相关规定。

从营养性和安全性两方面考虑，污水处理厂剩余污泥蛋白质提取分离后可作为动物饲料添加剂。但是，长期利用污泥蛋白饲料，污泥中可能存在的痕量有毒物质在动物体内的累积，所造成的潜在危害和长远影响有待进一步研究。

26.1.3 培养微藻

污泥中含有丰富的碳、氮、磷等营养物质，用离心的方法抽提剩余污泥并将上清液作为微藻培养的替代培养基质是可行的，这将大大降低藻类的培养成本；其次，污泥中含有多种矿物质，如钾、钙、钠、镁、铁、铜、锰等，是微藻生长必须的微量元素。

微藻种类繁多，其代谢产物非常丰富，如布朗葡萄藻（Botryococcus braunii）富含烃类物质，最高比例可占干重75%，小球藻（Chlorella）含有30%～50%的脂类物质，有的甚至高达85%。这些微藻的次生代谢产物可通过生物转化或后加工形成各种形式的生物能源和有用物质。藻类繁殖快，生长周期短，并能直接将太阳能高效转化为化学能。

利用剩余污泥来培养微藻，既能降低微藻的养殖成本，又能将污泥资源化利用。采用国标法测定了剩余污泥抽提液和SE（selenite enrichment）培养基的水质指标（表26-1），剩余污泥抽提液在COD、总氮和硝态氮含量上占据优势。有研究以污泥抽提液部分或全部替代SE培养基来培养蛋白核小球藻，当SE培养基与污泥抽提液比例为2∶8时，蛋白核小球藻的叶绿素、β-胡萝卜素和蛋白质含量最高。

剩余污泥抽提液与 SE 培养基营养成分对比（$mg \cdot L^{-1}$） 表 26-1

项目	SE 培养基	污泥抽提液
COD	47.87	175.99
总磷	53.08	17.44
总氮	48.33	2.84
氨氮	1.18	2.68
硝态氮	47.82	0.59
亚硝态氮	0.27	0.43

因此，剩余污泥抽提液完全可以作为培养蛋白核小球藻的良好基质，并且其培养效果明显优于标准基质。微藻的光合作用需要从外界环境吸收营养物质来生产有机物，根据水质指标的测定结果，污泥抽提液中含有丰富的氮、磷等营养元素，而且 COD 远高于 SE 培养基，可为微藻生长代谢提供充足的营养。然而，完全以抽提液为基质培养的蛋白核小球藻，其生长情况和次生代谢产物的含量均受到了抑制，这说明并不是污泥抽提液在混合培养基中的比例越高越好。所以，在利用污泥抽提液培养微藻时应该合理确定其与准培养基的比例，既要保证污泥抽提液中的营养成分被充分利用，又要避免污泥抽提液中的有毒有害物质对微藻的抑制作用。

26.2 重金属回收

污泥中含有大量的重金属，尤其是电镀厂废水中的污泥含大量的 Cu、Pb、Zn、Cr、Ni，如果任意排放不加处理，不仅会对环境造成二次污染，同时也会对资源造成严重的浪费。为降低污泥中重金属的含量，专家学者纷纷进行了从污泥中浸提和回收重金属的研究。

26.2.1 污泥中重金属含量与分布

污泥中的重金属种类繁多，主要有 Cu、Pb、Zn、Cr、Ni 等，是污泥资源化利用的最主要障碍。以处理生活污水为主所产生的污泥，重金属含量通常较低；而以处理工业污水为主所产生的污泥，重金属含量往往较高。由于重金属具有难迁移、易富集和危害大等特点，已成为限制污泥农业利用的最主要因素。对国内城市污泥中重金属的资料进行统计分析表明，我国城市污泥中重金属 Ni、Pb、Cr、Cu 和 Zn 的含量具有很大的变化幅度，Zn 元素含量最高，平均值大约在 1450mg/kg 左右，重金属含量见表 26-2。Hg、Cd、As 等毒性较大的元素含量相对较低，一般在几个到十几个 mg/kg 范围之间。

可以看出，我国城市污泥重金属污染主要是 Cu 和 Zn 为主，其他重金属含量相对较低，而城市大量使用镀锌管道是生活污水污泥 Zn 含量较高的主要原因之一。大多数污水处理厂每千克污泥中 Cu、Zn 等重金属含量高达数百至数千毫克，接近或超过我国《农用污泥中污染物控制标准》GB 4284—1984，已成为污泥土地利用等资源化利用的主要限制因素。污泥中重金属的无害化技术以提高污泥土地利用及其他资源化利用安全性，从而有效解决污泥出路，具有十分重要的意义。污泥土地利用作为污泥资源化利用最有发展前景的途径之一，世界各国对用于土地利用的污泥重金属含量也有各自不同的控制标准，见表 26-3。

中国城市污泥中主要重金属含量 **表 26-2**

重金属	样本数	变化范围（mg/kg）	平均值（mg/kg）	统计样本的超标率（%）		
				《农用污泥中污染物控制标准》GB 4284—1984 pH≥6.5	《城镇污水处理厂污染物排放标准》GB 18918—2002	USEPA标准
Hg	33	0～9.3	2.84	0	0	0
Cd	54	0.05～16.8	2.97	0	0	0
As	26	0.29～47.00	16.1	0	0	0
Ni	35	10.40～374.0	77.5	11	11	0
Pb	55	0.6～669.0	131	0	0	0
Cr	37	0.4～728	185	0	0	—
Cu	59	28.4～3068.0	486	30	12	0
Zn	57	16.8～7348.0	1450	55	9	0

各国污泥土地利用重金属控制标准（mg/L） **表 26-3**

		Cu	Zn	Pb	Cd	Cr	Ni	As
中国	pH>6.5	500	1000	1000	20	1000	200	75
	pH<6.5	250	500	300	5	600	100	75
美国	清洁污泥	1500	2800	1200	39	300	420	41
	最高标准	4300	7500	3000	85	840	420	75
欧盟		1750	4000	1200	40	1000	400	—
德国		1000	3000	800	15	1000	200	—
法国		800	2500	900	10	900	200	—
瑞典		600	800	100	2	100	50	—
加拿大		500	2000	1000	20	1000	100	10

26.2.2 污泥中重金属提取方法

目前，国内外专家学者对于如何去除污泥中重金属的技术方法，进行了大量的研究。归纳起来主要有以下几个方面：通过化学方法去除污泥中的重金属；利用微生物方法降低污泥中的重金属含量；采用电化学方法降低剩余污泥中的重金属含量。

1. 化学法

化学方法是一种易于掌握、操作相对简单的污泥重金属去除技术，主要是通过向污泥中投加化学药剂，比如一些有机酸或无机酸等，来提高污泥的氧化还原电位或降低污泥pH，从而使污泥中重金属由不可溶态的化合物向可溶的离子态或络合离子态转化。常用的酸有无机酸（盐酸、硝酸、硫酸）和有机酸（柠檬酸、草酸、乳酸、EDTA和DT-PA）。采用无机酸进行淋滤（通过溶解将物质从固体中分离）时速度快、效率高，但是对受纳土壤和水体常常带来负面影响，并不适于实际应用。有机酸通常也是络合剂，可以通过酸化和络合两种作用去除污泥中重金属，在化学淋滤方面具有一定优势。采用EDTA（螯合剂）淋滤重金属时，对Cd、Pb和Cu的去除效率较高，对Fe、Ni和Cr的去除效率相应较低。

在有机酸的对比试验中发现：

(1) 柠檬酸淋滤效果最好。与一般的无机酸、螯合剂相比，柠檬酸具有价格便宜、易于控制、对重金属的亲和性低等优点。

(2) 重金属淋滤一部分由于柠檬酸的酸化作用，更主要的是由于柠檬酸盐阴离子的络合作用，因此，淋滤可在较温和的酸性条件下进行。

(3) 在厌氧、好氧条件下，柠檬酸易生物降解。

(4) 重金属可从柠檬酸溶液中提取，使柠檬酸得以循环利用从而降低运行费用。

(5) 与无机酸和强配位剂一样，有机酸没有选择性，不属于重金属范畴的其他金属也同时从污泥中淋滤了出来。缺点是有机酸酸性较弱，仅能去除部分络合性较强的重金属，对于络合性较差的重金属则难以去除。

在不同 pH 值、污泥固体浓度、酸化时间等条件下测定污泥重金属的去除效果，试验得到在 pH 为 1.5 左右，污泥固体浓度为 10g/kg 时，除对 Cr 元素的去除率低于 60%以外，其他元素（Cd、Pb、Cu、Zn、Ni）的去除率均高于 90%，有的甚至达 100%。也有利用磷酸、磷酸和双氧水混合液对生化剩余污泥进行脱除重金属的试验研究，试验结果显示当用 2%的双氧水和 42%的磷酸处理后的污泥中的重金属 Hg、Cd、Cr、Pb、Zn、Ni 等，去除率均在 90%以上。

目前利用化学方法，在一定条件下确实能快速有效地去除污泥中大量的重金属元素，但这种方法需要投加大量的酸降低污泥 pH，在处理后期又要投加碱液中和淋出液的酸和酸化污泥，所以这种方法存在着处理成本相对较高的缺点，且投入的药剂会有一部分残留在污泥中。对污泥的副作用较大，影响污泥农用的肥效。另外，酸化处理在一定程度上会溶解污泥中的氮、磷和有机质，降低污泥的肥料价值。同时，如何妥善处理高浓度重金属的淋滤液是很棘手的问题，因此，该方法需要进一步的完善。

2. 微生物淋滤法

生物淋滤是利用微生物产酸而将结合在固体上的金属溶出的技术。该技术最早应用于利用细菌处理低品位、分散、难处理的矿，称为生物浸矿或生物湿法冶金。该法设备简单，操作方便，投资少，既节约资源又减少环境污染，近 20 年来被广泛应用于提取贫矿、废矿、尾矿中的金属。随着研究的不断拓宽，在煤的脱硫、废气脱硫、雨水沉积物重金属去除，粉煤灰重金属去除、底泥和工业污泥重金属去除与土壤修复方面逐渐得到应用。20 世纪 80 年代研究者开始将生物淋滤技术用于去除污泥中的重金属。其开发应用前景广阔，具有以下优点：与化学淋滤相比，可节约 80%耗酸量，不需加大量酸对污泥进行预酸化，可与好氧污泥消化相结合，充分利用已有的运行设施，降低操作成本和基建费；启动迅速、淋滤效率高、时间短，适于处理任何类型污泥；操作简单，运行过程无需特殊控制，在 10～37℃范围内均能淋滤重金属，最佳运行温度为 25～30℃；污泥经生物淋滤后，脱水性能大幅提高，脱水时不需要添加絮凝剂，有效节省污泥脱水成本；生物淋滤既能有效去除重金属又能杀灭病原菌，并使污泥 VSS 下降。

(1) 生物淋滤的机理

应用于污泥中重金属生物淋滤较多的是氧化亚铁硫杆菌和氧化硫硫杆菌，其作用机理有所不同，但均具有较高的重金属去除效率。氧化亚铁硫杆菌在 pH≥4.0 条件下不能生存，进行重金属的生物淋滤时，需投加无机酸进行预酸化，并加入 $FeSO_4$ 作为基质。其生物淋滤机制可分为直接机制和间接机制。以二价重金属为例，直接机制是氧化亚铁硫杆菌在有氧的条件下直接将硫化物氧化成为硫酸盐，从而达到将重金属沥出的目的，见式（26-1）。间接机制涉及四步反应，Fe^{2+} 首先被氧化亚铁硫杆菌氧化成为 Fe^{3+}，见式（26-2）；Fe^{3+} 进一步将重金属硫化物氧化为重金属硫酸盐而淋出并产生硫酸，见式（26-3）；硫酸进一步与重金属硫化物反应生成重金属硫化物和单质硫，见式（26-4）；单质硫被氧化亚铁硫杆菌氧化成为硫酸，见式（26-5）；进一步降低 pH，使重金属沥出，见式（26-6）、式（26-7）。如此循环进行。

$$MS + 2O_2 \longrightarrow MSO_4 \tag{26-1}$$

$$2FeSO_4 + 0.5O_2 + H_2SO_4 \longrightarrow Fe_2(SO_4)_3 + H_2O \tag{26-2}$$

$$4Fe_2(SO_4)_3 + 2MS + 4H_2O + 2O_2 \longrightarrow 2MSO_4 + 8FeSO_4 + 4H_2SO_4 \tag{26-3}$$

$$MS + 0.5O_2 + H_2SO_4 \longrightarrow MSO_4 + S + H_2O \tag{26-4}$$

氧化硫硫杆菌对重金属的生物淋滤也包括直接和间接两种机制。以二价金属为例，直接机制即氧化硫硫杆菌直接利用氧气将硫化物氧化成硫酸盐而将重金属淋出，见式（26-5）；间接机制即氧化硫硫杆菌首先在有氧的条件下将单质硫氧化成硫酸，然后在硫酸的作用下，将吸附在污泥上的重金属溶出，见式（26-6）和式（26-7）。

$$MS + 2O_2 \longrightarrow M^{2+} + SO_4^{2-} \tag{26-5}$$

$$S + H_2O + 1.5O_2 \longrightarrow H_2SO_4 \tag{26-6}$$

$$H_2SO_4 + \text{sludge-M} \longrightarrow \text{sludge} - 2H + M + SO_4^{2-} \tag{26-7}$$

（2）影响生物淋滤因素

1）起始 pH

微生物活动对污泥中重金属的溶解不是取决于其产酸量，而是取决于 pH 的高低，pH 只有下降到一定值时，重金属才能被溶解出来，而且 pH 越低越有利于重金属溶解效率的提高（莫测辉等）。pH 的降低主要是由于在嗜酸性硫杆菌的催化氧化作用下将能源物质氧化成硫酸。随着 pH 的下降以及同时出现的氧化还原电位的升高可以作为生物淋滤过程启动的标志，体系 pH 降低的越多，说明生物淋滤作用越强。

2）抑制因子

① 金属阳离子抑制

以 Ag^{+} 和 Hg(一价和二价）的毒害最强，0.1～1mg/kgAg^{+} 几乎完全抑制了细菌的生长，也抑制氧化亚铁硫杆菌对亚铁的生物氧化，这种抑制作用比 Cd^{2+} 和 Pb^{2+} 强 5000～200000 倍。重金属阳离子的毒害主要在于使蛋白质变性，有报道 EDTA 可缓解重金属阳离子毒害。

② 阴离子抑制

以硫氰酸盐的抑制作用最强，5mg/kg 几乎完全抑制了细菌的生长与氧化亚铁硫杆菌对亚铁的生物氧化，而 50mg/kg 的 MoO_4^{2-} 也可达到相同的抑制程度。

另外，价态也影响抑制作用的大小，如砷酸盐达到 40g/kg 才开始抑制细菌生长，而亚砷酸盐只需 5g/kg。

③ 水溶性有机物的毒害作用

水溶性有机物特别是小分子有机酸对化能无机营养菌有毒害作用。Flournier 等（1998 年）发现氧化亚铁硫杆菌在高温灭菌的污泥（高温灭菌有利于小分子有机物生成）中几乎不能氧化 Fe^{2+} 与酸化污泥。而添加从氧化塘分离到的深色红酵母可显著提高污泥酸化速率，因而也显著提高重金属的去除效率。另外，细菌代谢产物与可溶性盐分总量也对细菌的生长有一定影响。

目前消除这些抑制因子的方法有：

A. 筛选对重金属等抑制因子耐受性更强的菌株或利用基因工程技术构建抗重金属的基因工程菌。

B. 滤出液回流之前进行预处理，具体方法有石灰调理法、离子交换法、电沉积法、反渗透技术或这些方法的联合运用。

3）重金属种类、温度与底物种类和浓度

在相同的条件下，污泥中不同重金属元素的溶解效果是不同，总体上看，Zn、Ni、Cu、Cd 等元素较易被溶解和淋滤出来，而 Pb、Cr 等则较难被溶解和淋滤出来，温度对重金属去除效率的影响主要是通过影响细菌的生长与增殖，进而影响淋滤过程中污泥的酸化速率来达到的。

细菌对不同底物（亚铁或还原态硫）进行生物氧化获得能量时，其世代时间是不同的，如氧化亚铁硫杆菌以 Fe^{2+} 为底物时，世代时间为 6.5～15h。以硫为底物时，世代时间则长达 10～25h，而且需要一个很长的适应期。因此，以 Fe^{2+} 为底物比还原态硫更有利于氧化亚铁硫杆菌的增殖。硫酸亚铁、单质硫、硫代硫酸盐等常用的微生物底物中，对污泥中重金属的淋溶效果依次是硫酸亚铁大于单质硫大于硫代硫酸盐。目前研究发现污泥生物淋滤添加 20g/L$FeSO_4 \cdot 7H_2O$ 作为底物，淋滤 8d 后 Cu、Zn 的去除率为 93%和 85%，是不添加对照组的 6 倍和 3.2 倍。

4）其他因素

影响生物淋滤的因素还有异养微生物与 CO_2、氧气浓度和处理时间。如硫细菌生存的酸性环境里，常常伴有异养菌，会对硫细菌活性和生物淋滤产生影响。在液体培养基中加入深色红酵母菌，可促进氧化亚铁硫杆菌的生长，加快酸化和铁的氧化过程，而且由于生物淋滤过程中起主要作用的细菌都是专性好氧的化能无机营养菌，氧气的供应量与细菌的生长繁殖息息相关。目前，研究学者们对生物淋滤法的影响因素还在做进行进一步的实验研究。

（3）污泥中重金属生物淋滤法研究与应用中存在的问题

生物淋滤法耗酸少，运行成本低、实用性强，是经济有效、具有潜力的重金属去除方法，它具有化学浸提法或有机络合剂不可替代的优越性。然而，生物淋滤法采用的主要细菌如硫杆菌增殖慢、生物淋滤滞留时间长是限制其大规模应用的主要障碍。而且，许多研究者采用的细菌是由金属矿山酸性废水分离出来或商品化的菌株，驯化其适应污泥的环境并加富培养往往需要 10～30d 较长的时间，并且效果不太稳定。因此，直接从污泥分离并培养大量适合淋滤用的细菌，并使淋滤过程高效、持续地运行是亟待解决的关键问题。另外，淋滤后污泥的后续处置，特别是如何使其作为一种新型的、高附加值的资源在土地利用中发挥更大的效益，尚有待探索。

3. 电化学法

电动技术在环境领域的应用首先开始于土壤中的重金属修复。电动修复可以部分地改变重金属形态使其活化，从而达到去除的效果，在电场作用下污泥中的微生物也会发生迁移，影响细胞内重金属的去除率。

(1) 电化学原理

电化学方法的基本原理是将电极对插入剩余污泥中，在电极对上施加直流电后电极对之间形成直流电场，由于污泥颗粒表面具有双电层，并且污泥孔隙水中离子或颗粒物带有电荷，电场条件下污泥孔隙中水产生电渗流和带电离子的电迁移，多种迁移运动的叠加载着污染物离开处理区而富集于电极区。到达电极区的污染物一般通过电沉积或者离子交换萃取被提取出来，从而达到回收重金属目的。

电迁移、电渗流以及电泳是污染物在电场作用下的主要运动机制。电迁移，指带电离子在土壤溶液中朝向带反向电荷的电极方向运动；电渗流，指污泥微孔中的液体在电场作用下由于其带电双电层与电场作用而作相对于带电污泥表层的移动；电泳，指带电粒子相对于稳定液体的运动。电化学方法中还包括一些化学物质的迁移机制，如自由扩散、水平对流和化学吸附等。自由扩散是指物质从高浓度的一边通过有孔介质到达低浓度的一边。水溶液中离子的扩散量与该离子的浓度梯度和其在溶液中的扩散系数成正相关。水平对流是由溶液的流动而引起物质的对流运动。化学吸附是指剩余污泥中的化学物质与其他物质或污泥黏粒产生化学作用而使该化学物质吸附于其他物质表面或黏粒表面的现象。伴随着以上几种迁移，在电化学过程中还有一些其他方面的变化，主要是 pH、化学物质的形态以及电流大小的变化等。而在剩余污泥中的这些变化将引起多种化学反应发生，包括溶解、沉淀、氧化还原等。

(2) 增强电化学作用的方式与发展前景

电化学法可以结合其他技术形成复合技术以加快污染物的去除与重金属的提取。实验表明氧化硫硫细菌与电渗技术结合可以提高污染污泥中的去除率。硫氧化细菌在电化学作用下活性增强，增强了污泥的酸化，而污泥酸化有助于重金属释放、降低能耗和减少花费等，主要的增强技术有酸碱中和法、阳离子选择膜法、电渗析法、络合剂法，以及氧化还原法等。

电化学技术是一种新型高效提取重金属的技术。目前，该技术主要集中在修复被重金属污染的土壤以及去除污水中重金属的研究，用于降低并提取污泥中重金属含量的研究目前还是一个崭新的课题，国内仅有少数学者进行过该方面的研究，因此，电化学技术处理并回收城市污水污泥中重金属的应用，其研究前景广阔，亟待各位学者的研究。

26.3 磷的回收

在城市污水处理过程中，尤其是生物二级处理过程中会产生大量富含磷的污泥。通过有效的方法，使磷从城市污泥中释放出来并以一定形式加以回收，这不仅为城市污水处理厂污泥处理处置和资源化开辟了一个新的方向，而且对保证污水厂的正常运行，减轻水体富营养化程度，改善城市水环境质量，促进磷资源的可持续利用具有重要意义。

磷是重要的难以再生的非金属矿资源，是生命活动最重要的元素之一。但目前我国的磷矿含量折标后，仅够维持我国再使用 70 年左右，其中还包含 90%以上的非富磷矿。如果仅以富磷矿的磷储量计算，则仅能维持我国使用 10～15 年，磷矿已被列为我国 2010 年后不能满足国民经济发展需要的 20 种矿产之一。目前，磷肥 90%均来源于磷矿。因此，将剩余污泥中的磷富集并回收是非常必要的，这对减轻磷资源匮乏具有重要的战略性意义。

26.3.1 污泥中磷的释放

磷释放的途径有以下几种：微生物消化法，臭氧氧化法，热处理法及酸、碱溶胞法。

1. 微生物消化法

微生物消化法主要分为厌氧消化和好氧消化，厌氧消化过程三个阶段中，前两个阶段特别是第二阶段所产生的挥发性脂肪酸（VFAs）能够大大促进厌氧条件下磷的大量释放。主要原因是诸如乙酸等的挥发性脂肪酸（VFAs）能够与聚磷菌（PAOs）细胞内糖原蓄积生成聚-β羟基丁酸（PHB），同时为提供能量而将聚磷（poly-P）释放出来。部分学者在中温条件下保持 4%～5%的污泥投配率进行消化试验研究，取得了很好的效果，污泥中磷的平均含量达到了 3324.4mg/kg，同时其中的重金属等毒害物质含量均低于《农用污泥中污染物控制标准》GB 4284—1984，可用作农肥。

在污泥的好氧消化过程中，有实验研究表明，普通工艺中二沉污泥的释磷浓度为20～80mg/L，BNR 工艺中二沉污泥的释磷浓度为 60～130mg/L。完全好氧（DO 在 3～4 mg/L）条件下比低 DO 及交替曝气方式下更能引起较大的释磷量。将污泥好氧消化与厌氧消化相结合也取得了不错的结果。

2. 臭氧氧化法

在传统 A/O 除磷工艺流程的污泥回流线上增加相关处理装置，通过臭氧溶解细胞（简称“溶胞”）作用强化细菌的自身氧化，破坏不容易被生物降解的细胞膜等，从而使细胞内物质能较快地溶于液相中。结合后续处理，达到磷回收的目的。

3. 热处理法

热处理法的方式主要为微波加热法和恒温水浴加热。微波加热法在加快释放污泥中的磷酸盐中表现出快速、高效的特点。该法主要是利用振荡电场引起偶极子重排使得微波场中产生大量能量并用于加热被加热物的表面和内部的一种方法，它的主要优点就是实现加热快与精确控制加热温度的统一。有研究表明，在 5min 的时间内，该法能使污泥中 76%的磷酸盐释放到消化液中，而不需要额外添加任何化学物质。

国外研究人员将富含聚磷的活性污泥在水浴加热到 70℃时维持 1h，能够使得总磷含量的约 70%～85%被释放到液相中。同时，该预处理后的污泥经消化后发现能有效降低 MLSS 含量。在国内，研究人员将 SBR 反应器排出的剩余污泥在恒温水浴中密封加热处理 1h，然后测定离心后的上清液中正磷酸盐、TP 等的含量。结果表明，热处理过程中释放的磷以正磷酸盐为主。热处理的温度对其具有重要影响，不可过高，也不可过低。温度过高会导致释放的TP中正磷酸盐比例降低；温度过低则不足以使磷大量释放出来。研究结果表明，50℃的热处理温度和1h的热处理时间是最佳的条件组合，此时的净释磷浓度高达81.8mg/L，是生物释磷的3.7倍。

4. 酸、碱溶胞法

试验研究表明，向污泥中添加强酸、强碱和柠檬酸等，都能够起到使磷酸盐释放的作用。而乙酸盐是实现磷酸盐最大程度释放的添加物，添加乙酸盐后伴随着磷酸盐的释放，镁、钾也大量得到增溶。这些阳离子对于后续工艺中磷的回收有着重要的作用。

26.3.2 污泥中磷的回收

目前，大量研究和报道的均是以磷酸盐结晶形式和沉淀法回收磷。如磷酸铵镁(MAP)、磷酸镁钾、磷酸钠钾镁及磷酸钙盐。由于污泥消化液中含有丰富的磷酸根、铵根离子及一定量的镁，在一定条件下能够自发形成磷酸铵镁结晶体，因此人们开始使用磷酸铵镁（MAP）结晶法来回收污泥中的磷。磷酸铵镁结晶反应为：

$$Mg^{2+}+NH_4{}^{+}+PO_4^{3-}+6H_2O \rightarrow MgNH_4PO_4 \cdot 6H_2O \tag{26-8}$$

该反应一般在pH为8.5～9.0时易于进行，25℃时的溶解度系数PKs为12.6。MAP结晶的最佳pH值是9.0，但该值会随着N/P的增加而略微上升。并且消化液中的钙离子有一定的竞争干扰性作用，需要消除。国内外，现在已有关于利用磷酸铵镁晶体形式成功回收了磷和氮的相关报道。而控制不同的反应条件可得到不同的结晶产物。如加入合适的镁源和其加入量，调pH为9.1，磷酸盐的去除率就增加到了95%，并形成磷酸镁钾结晶。

而磷酸钙盐类化合物沉淀法则是利用化学反应的自发条件，形成沉淀。在合适的化学环境下，不同种类的磷酸钙盐类化合物会从溶液中沉淀出来，它们主要包括以下几种：$CaHPO_4 \cdot 2H_2O$，$Ca_4H(PO_4)_3 \cdot 2.5H_2O$，$Ca_3(PO_4)_2$和$Ca_5(PO_4)_3OH$。其中以$Ca_5(PO_4)_3OH$(即羟磷灰石，HAP）最为稳定。其化学反应式如下：

$$5Ca^{2+}+3PO_4^{3-}+OH^{-} \rightarrow Ca_5(PO_4)_3OH \tag{26-9}$$

有研究表明，将EBPR工艺中的污泥在70℃时加热1h后，向消化液中添加氯化钙，使得其中的Ca/P比等于2∶1，结果有约85%释放的磷酸盐能够以磷酸钙的形式被回收。

至今，污泥中磷的释放与回收总体上处于实验室研究阶段，实际应用的例子较少，但随着科学技术的发展，相信磷的回收作为污泥资源化利用的前景还是不可忽视的，并且在工业上的应用也指日可待。

26.4 制金属吸附剂

污泥碳化之后的生物炭产物，有多种多样的用途，如作土壤改良剂、污水重金属吸附剂或燃料等，本小节讨论关于重金属吸附剂的制取。目前，已经有许多关于污泥热解制备含碳吸附剂的研究。最初由Pazouk（1960年）、Beeckmans等和Park（1971年）提出，如果控制一定的热解条件和经过化学处理，可以把污泥转化为有用的吸附剂。

近年来，研究的重点转为污泥制备吸附剂的中间过程和方法改进。如活化药剂的选择，如 $ZnCl_2$，H_2SO_4 和 KOH 等。以及对污泥热解的条件上也存在着探索与不同的认识。但具体的工艺过程还是确定的。工艺流程图如图 26-1 所示。

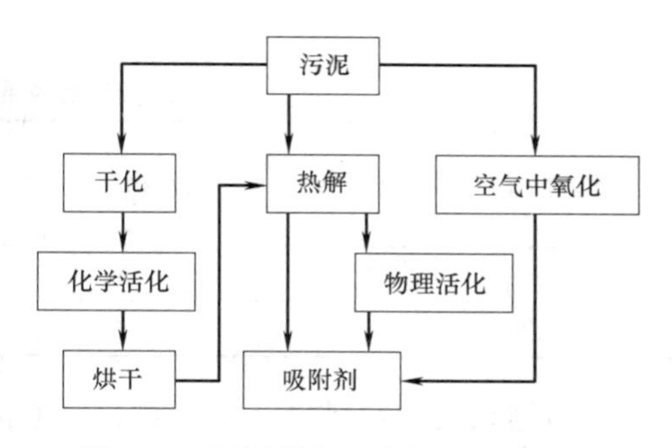

图 26-1　污泥制备吸附剂工艺流程图

由工艺流程可知，活性吸附剂的制备过程概括为热解和活化两个主要步骤。污泥在500℃的高温下热解碳化，再加入活化药剂通过物理方法进行活化，形成多孔结构物质。大量实验表明，通过物理活化制成的新材料对于废水中 COD、TP、重金属等有较好的去除效果。

26.5　制灭火剂

26.5.1　蛋白质泡沫灭火剂灭火原理

蛋白泡沫灭火剂主要成分是水和水解蛋白，平时储存在原包装桶或储罐内，灭火时，通过负压比例混合器或压力比例混合器把蛋白泡沫液吸入或压入带有压力的水流中，使泡沫液与水按一定的比例混合，形成混合液。混合液经过泡沫管枪或泡沫产生器时吸入空气，在泡沫管枪或泡沫产生器中经机械混合后产生泡沫，并喷射到着火区，通过隔绝空气的方式灭火。

26.5.2　蛋白类泡沫灭火剂市场与前景

目前，国内石油、化工、油库、飞机场等场所的灭火主要是用 $NaHCO_3$、NaCl 干粉灭火剂、植物蛋白灭火剂。而动物蛋白灭火剂的蛋白质则是用动物毛发、蹄、角等物，用碱、HCl 水解而成，在水解过程中对环境污染较重，且在灭火过程中会产生大量毛发烧焦味和难闻的臭味。对于植物蛋白质，由于国内饲料蛋白源匮乏导致价格较高。利用活性污泥制备蛋白质泡沫灭火剂，既避免了化学灭火剂对环境的污染及灭火场地相关物件的腐蚀；同时还克服了植物蛋白质成本高、动物蛋白质气味重、污染空气等一系列的缺点。

蛋白类泡沫灭火剂以其优良的性能一直占领着泡沫灭火剂市场的主导地位，这些优良性能是其他类型的泡沫灭火剂所不能替代的。一方面，蛋白质泡沫灭火剂灭火的可靠性大、安全系数高，在灭火过程中以及在灭火之后，对火场的保护性能较佳；另一方面，它有优良的生物降解性，目前为止，它是唯一可以 100％被生物降解的纯天然环保型泡沫灭火剂。事实上，现在国内外还没有一种合成泡沫灭火剂可以被生物 100％降解。关于剩余活性污泥水解制备蛋白质泡沫灭火剂，目前还少见应用，但关于植物蛋白质原料、动物蛋白质原料、工业发酵菌体水解制备蛋白质泡沫灭火剂研究报道较多。在水解方法上主要以石灰水解相关蛋白质原料，其理由是 Ca^{2+} 可增加发泡倍数。

26.5.3　剩余污泥制灭火剂

将剩余活性污泥进行水解，过滤后将水解蛋白液浓缩至蛋白质含量 30％，由武汉市科威消防材料厂进行配制（灭火剂的蛋白质含量为 3％～6％）并进行了灭火特性测定，结果如表 26-4。

剩余污泥中蛋白质灭火特性测试 **表 26-4**

测定指标	黏度(Pa·S)	沉淀物(%)	发泡倍数	90%火焰控制时间(s)	灭火时间(s)	抗烧时间(min)
测定结果	0.025	0.90	7.1	68	120	13
国家标准	0.025	0.10	7.0	70	120	12

实验结果表明：黏度、沉淀物、发泡倍数、90%火焰控制时间、灭火时间、抗烧时间等基本达到中华人民共和国公共安全行业标准。

26.6 合成可生物降解塑料

聚羟基脂肪酸酯（Polyhydroxyalkanoates，简称 PHAs）是许多原核微生物在不平衡生长条件下合成的细胞内能量和碳源贮藏性物质。另一方面，PHAs 是具有类似于化学合成塑料理化性质的一种可生物降解的新型热塑性聚酯塑料，研究开发降解塑料已成为全世界关注的热点，而 PHAs 被认为是替代化学合成塑料、减少白色污染最具潜力的一种新产品。

PHAs 的积累菌普遍存在于生物污泥里，并不限于厌氧—好氧过程所产生的污泥。目前，国内外最有可能成为 PHAs 工程化合成工艺的是在 Feast—Famine 机制下发展起来的，分别为：

（1）两段式活性污泥法，即将活性污泥废水处理工艺［通常为序列间歇式活性污泥（SBR）工艺］和批次反应器分别用作第一段和第二段（工艺流程如图 26-3 所示）。

1）第一段，活性污泥废水处理工艺在处理废水的同时，富集产 PHAs 微生物；

2）第二段，将活性污泥工艺排出的剩余污泥作为批次反应器的接种污泥，和底物（通常为含高浓度挥发性脂肪酸（VFAs）的废水）一起进入批次反应器，在合适条件下培养污泥并积累 PHAs，最后提取 PHAs。

（2）三段式活性污泥法，在两段式活性污泥法基础上提出了三段活性污泥法合成 PHAs 工艺，即将厌氧反应池（发酵罐）、活性污泥废水处理工艺和批次反应器（图 26-2）分别作为第一、二和三段。

1）第一段将有机物经产酸发酵转化为 VFAs。

2）第二段选择和富集产 PHAs 微生物。

3）第三段利用前两段的出水和剩余污泥积累 PHAs，最后提取 PHAs。

PHAs 合成工艺，其最大特点是集废水处理与回收于一体，并可实现 PHAs 的量产。当前，工业生产 PHAs 的方法是细菌发酵法。然而，难以实现大规模生产，其最主要原因是生产成本过高，这主要表现在高品质底物的需求、灭菌操作条件、纯细菌菌株的培养条件和发酵工艺运行操作条件的苛刻等方面。而活性污泥法合成 PHAs 的技术优势在于，除了高效的环境效益之外，该工艺还具有投资小和运行控制要求低等特点，并且克服了诸多限制因素。

虽然目前大多数活性污泥法的 PHAs 积累水平都还较细菌发酵法低，但少数研究在

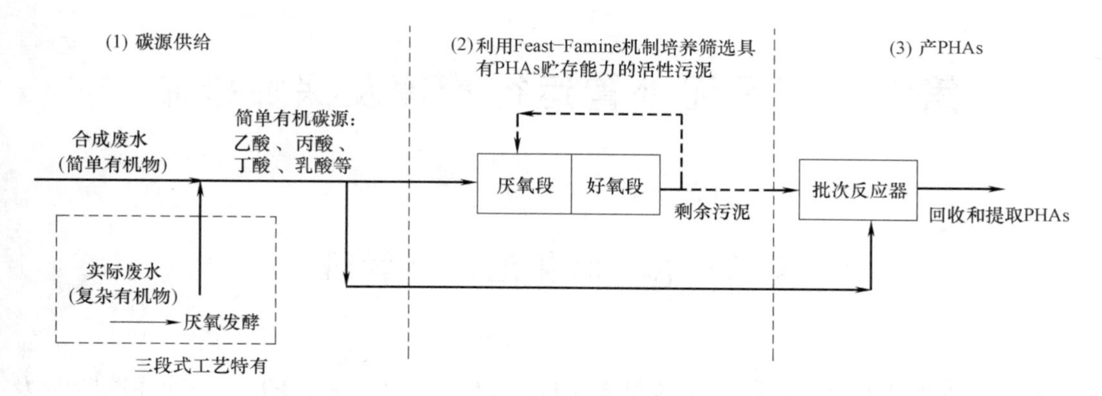

图 26-2　二段式和三段式活性污泥法合成 PHAs 的工艺流程图

人工配水条件下已实现 PHAs 积累水平的突破，并实现了更好的有机物利用率（产率）和 PHAs 比储存速率。

第7篇　污泥处置运行管理及保障措施

第27章　消化池运行管理

欲使消化池发挥功效，除有正确和适合的设计外，尚需要良好的施工、严格的验收及科学的管理，否则很难达到预期的效果。消化池的运行管理包括：消化池的验收、启动和维护与管理等工作。

27.1　消化池验收

消化池的施工除严格执行设计外，为了验证工程施工是否满足设计及后续运行要求，在竣工后需进行如下的针对性的验收工作：

（1）工艺符合性验核，按图纸校对各部尺寸及管线布置，应与设计相符。

（2）气密性试验，消化池必须在满水试验合格后做气密性试验，检验方法和要求按现行国家标准《给水排水构筑物工程施工及验收规范》GB 50141—2008的规定执行。

（3）对消化池的各种管道、搅拌装置、冷凝水罐、防爆罐以及其他附属设备进行验收。

（4）对各种仪表，包括温度计、pH计、液面计、污泥及污泥气流量计等分别进行校正。

（5）对隐蔽工程进行验收。

经过上述各项验收合格后，消化池才能交付使用。

27.1.1　满水试验

1. 充水

（1）消化池内充水宜分三次进行：第一次充水为设计水深的1/3；第二次充水为设计水深的2/3；第三次充水至设计水深。对大、中型消化池，可先充水至池壁底部的施工缝以上，检查底板的抗渗质量，当无明显渗漏时，再继续充水至第一次充水深度。

（2）充水时的水位上升速度不宜超过2m/d。相邻两次充水的间隔时间，不应小于24h。

（3）每次充水宜测读24h的水位下降值，计算渗水量，在充水过程中和充水以后，应对水池作外观检查。当发现渗水量过大时，应停止充水。待作出处理后方可继续充水。

（4）当设计单位有特殊要求时，应按设计要求执行。

2. 水位观测

（1）充水时的水位可用水位标尺测定。

（2）充水至设计水深进行渗水量测定时，应采用水位测针测定水位。水位测针的读数精度应达 1/10mm。

（3）充水至设计水深后与开始进行渗水量测定的间隔时间，应不小于 24h。

（4）测读水位的初读数与末读数之间的间隔时间，应为 24h，即测定 24h 水位降。

（5）连续测定的时间可依实际情况而定，如第一天测定的渗水量符合标准，应再测定一次；如第一天测定的渗水量超过允许标准，而以后的渗水量逐渐减少，可继续延长观测。

27.1.2 气密性试验

1. 主要试验设备

（1）压力计：可采用 U 形管水压计或其他类型的压力计，刻度精确至毫米水柱，用于测量消化池内的气压。

（2）温度计：用以测量消化池内的气温，刻度精确至 0.5℃。

（3）大气压力计：用以测量大气压力，刻度精确至 daPa(10Pa)。

（4）空气压缩机：1 台。

2. 测读气压

池内充气至试验压力并稳定后，测读池内气压值，即初读数，间隔 24h，测读末读数，即测定 24h 气压降。

在测读池内气压的同时，测读池内气温和大气压力，并将大气压力换算为与池内气压相同的单位。

池内气压降可按下式计算：

$$\Delta P = (P_{d1} + P_{a1}) - (P_{d2} + P_{a2}) \frac{273 + t_1}{273 + t_2} \tag{27-1}$$

式中 ΔP——池内气压降，daPa；

P_{d1}——池内气压初读数，daPa；

P_{d2}——池内气压末读数，daPa；

P_{a1}——测量 P_{d1} 时的相应大气压力，daPa；

P_{a2}——测量 P_{d2} 时的相应大气压力，daPa；

t_1——测量 P_{d1} 时的相应池内气温，℃；

t_2——测量 P_{d2} 时的相应池内气温，℃。

27.2 消化池启动

消化池启动可分为直接启动和添加接种污泥启动两种方式。通过添加接种污泥可缩短消化系统的启动时间，一般接种污泥量为消化池体积的 10%，此时甲烷菌的培养方法分为逐步培养法和一次培养法两种。通常厌氧消化系统启动需 2～3 个月时间。

在启动阶段需要加强监测与测试，分析各参数以及参数关系的变化趋势，及时采取相应措施。

1. 直接接种法

从已运行的消化池直接投入消化后的熟活性污泥及上清液混合液进行接种，接种量可达池的有效容积的90%～95%以上，然后即直接运行。如无成熟消化池或熟活性污泥数量不足，则可用下列两种方法。

2. 逐步培养法

将每日排放的初次沉淀污泥或浓缩后的剩余活性污泥或一定量的熟活泥投入消化池。然后升温，升温速度控制在每小时1℃。当升高到消化温度时，采用保温操作，维持温度不下降。然后逐日加入待消化污泥，直至达到设计液面时，停止加泥，维持消化温度。污泥中的有机物经液化酸化到气化阶段约需30～40日，待污泥成熟后，方可继续投配待消化污泥。

3. 一次培养法

将池塘污泥投入消化池内，同时也可投加部分熟活性污泥，投加量约占消化池有效容积的1/10。以后逐日将待消化污泥加入消化池直至设计液面。然后升温，控制升温速度为每小时1℃，最后达到消化温度。如污泥呈酸性，可人工加碱（如石灰水）调整pH值，使之为6.5～7.5，稳定3～5日。当污泥成熟后，再投配待消化污泥。此法对小型消化池或试验池较为合适，但对大型池组每小时升温1℃，需热量较大，会导致供热困难。

新鲜待消化污泥培养甲烷细菌达到成熟的标志，可参考本章27.3中的污泥正常运行各项指标。

对于工业废水污泥消化，甲烷细菌种最好引自同种污泥。若无同种污泥，必须经一定驯化后方可使用。

高温消化的甲烷细菌，不能由中温消化的熟污泥直接接种，但可驯化。驯化时的升温速度需保持1℃/h，最后达到约53℃。用人工加碱的方法控制pH为6.5～7.5。原因在于当温度超过38℃后，中温甲烷细菌受到抑制，并大量死亡，污泥极易变酸。如继续保持1℃/h的温升，仅需12h左右即可达到53℃，使污泥中的高温甲烷细菌由休眠转发育，没有死亡的中温菌株也可发育。如果升温速度太慢，则升温到53℃所需时间太长，有机酸过量积累，高温甲烷细菌休眠体不易发育，即使温度达到53℃，也难以进行正常的高温消化。

27.3 维护与管理

27.3.1 消化池正常运行的化验指标及控制指标

各类消化池的运行参数应符合设计要求，可按表27-1中的规定确定。

27.3.2 消化池正常运行的控制指标

1. 进料

污泥厌氧消化池运行的关键是使消化池内物料处于均匀一致状态。进料污泥体积、浓度、温度、组分或排料速率的突然变化都会影响消化池性能，并可能导致泡沫。最理想的进料方式是将不同类型污泥（初沉污泥和剩余活性污泥）混合，每天连续24h进料。由于连续进料一般不太可能实现，通常采用5～10min/h的进料周期。8h工作制运营的小型污水处理厂可以采用至少3次的进料计划，即初期、中期和末期。

污泥厌氧消化池的运行参数 **表 27-1**

序号	项目	厌氧中温消化池	高温消化池
1	温度(℃)	33～35	52～55
2	日温度变化范围小于(℃)	±1	
3	投配率(%)	5～8	5～12
4	消化池(一级)污泥含水率(%)	进泥	96～97
		出泥	97～98
	消化池(二级)污泥含水率(%)	出泥	95～96
5	pH	6.4～7.8	
6	沼气中主要气体成分(%)	$CH_4>50$	
		$CO_2<40$	
		$CO<10$	
		$H_2S<1$	
		$O_2<2$	
7	产气率(m^3气/m^3泥)	>5	
8	有机物分解率(%)	>40	

合理确定污泥厌氧消化池处理能力的两个参数分别是 *SRT* 和挥发性固体负荷率，二者决定了微生物必须去除的有机物量和去除这些有机物的时间。通常，进料浓度小于 3%时，处理能力受 *SRT* 限制；进料浓度大于 3%时，处理能力受挥发性固体负荷率的影响。

对于充分混合的高负荷污泥厌氧消化池，*SRT* 一般为 15～20d。若总停留时间远小于 15d，产甲烷菌的增殖速率缓慢，易被排除。短停留时间使消化池的缓冲能力（中和挥发酸的能力）降低。泵入稀释的污泥和消化池内泥砂和浮渣的过度积累都将减少停留时间。尽可能向消化池加入高浓度污泥（在设计挥发性固体负荷允许范围内）能增加有效停留时间，还能减少供热需求。

对于搅拌良好和供热充足的消化池，有机负荷率控制着厌氧消化过程。通常，有机负荷率范围控制在 1.0～3.2kgVSS/(m^3 · d)。通常，把挥发性固体负荷超出日常限值的 10%作为有机负荷过高的参考值。消化池有机负荷过高的原因如下：

(1) 消化池启动太快。

(2) 进料不稳定或进料组分变化导致挥发性固体负荷过大。

(3) 进料挥发性固体负荷过高。

(4) 由于砂石积累导致消化池有效容积减少。

(5) 搅拌不充分。

2. 温度控制

厌氧消化工艺温度应根据原料温度、热源形式等因素确定，应符合下列规定：

(1) 采用中温厌氧消化时，中温厌氧消化工艺温度宜为 33～35℃

(2) 当原料温度高于 50℃，且对原料有消毒要求时，应选用高温厌氧消化工艺，高温厌氧消化工艺温度宜为 53～55℃，不宜超过 60℃

(3) 稳定后温度日波动范围不宜超过±1℃

以产沼气为目的的工程，推荐使用中温发酵的厌氧消化工艺。

3. 搅拌系统

CSTR 中设置搅拌器是为了使厌氧发酵原料与厌氧消化污泥能够充分混合，使得温度均衡，有利于有机物充分分解并产生沼气。所以，有必要在 CSTR 内进行搅拌，常用的搅拌方式有机械搅拌、循环消化液搅拌和沼气搅拌。

机械搅拌一般指螺旋桨式搅拌，根据工艺要求可以在厌氧消化池顶部安装一台或者数台机械搅拌器。此种搅拌特别适合蛋形或者带漏斗底的圆形反应器。循环消化液反应器只适合于较小的、带漏斗形底或锥形顶盖的厌氧消化器，而对于较大的厌氧消化池效果较差。沼气搅拌时，通过收集在厌氧消化过程中所产生的沼气，经过增压机加压后再注入厌氧消化池，从而起到对厌氧消化池内的污泥进行有效混合搅拌的作用。沼气的注射通常可以通过悬挂喷嘴及混流管方式实现。搅拌功率一般按照单位池容计算确定，单位池容所需一般取 5～8W/m^3。

浮渣控制：浮渣的厌氧消化池的积累很常见。浮渣是未被消化的油脂和油类物质的混合物，还常常含有漂浮物，如前处理中未去除的塑料。浮渣在消化液表面漂浮并积累，形成厚厚的一层。设计和运行良好的搅拌系统通常能使浮渣与消化池物料混合。如果消化池连续运行 8h 而不进行搅拌操作，那么浮渣就有可能上升并漂浮在液面上。一旦开启搅拌系统，浮渣又重新分散在消化液中。浮渣控制的主要方法就是保持消化池运行期间搅拌系统的良好运行。

排泥：消化池有排除上清液装置时，应先排上清液后排泥。否则应采用中、低位管混合排泥，或搅拌均匀后排泥，以保持消化污泥浓度不小于 30g/L，否则消化很难进行。

污泥气气压：消化池正常工作所产生的污泥气气压在 40～100mm 水柱。过高或过低都说明池组工作不正常，或输气管网中有故障。应从污泥气管道、池本体及污泥成分来找原因。

27.3.3 消化池的维护管理

污泥厌氧消化池运行管理、维护保养、安全操作等应符合下列规定：

(1) 应按一定投配率均匀投加新鲜污泥，并应定时排放消化污泥。

(2) 新鲜污泥投加到消化池，应充分搅拌，保证池内污泥浓度混合均匀，并应保持消化温度稳定。

(3) 对池外加温且为循环搅拌的消化池，投泥和循环搅拌宜同时进行。

(4) 对采用沼气搅拌的消化池，在产气量不足或消化池启动期间，应采取辅助措施进行搅拌。

(5) 对采用机械搅拌的消化池，在运行期间，应监控搅拌器电机的电流变化。

(6) 应定期检测池内污泥的 pH、脂肪酸、总碱度，进行沼气成分的测定，并应根据监测数据调整消化池运行工况。

(7) 应保持消化池单池的进、排泥的泥量平衡。

(8) 应定期检查静压排泥管的通畅情况。

(9) 宜定期排放二级消化池的上清液。

(10) 应定期检查二级消化池上清液管的通畅情况。

(11) 应每日巡视并记录池内温度、压力和液位。

(12) 应定期检查沼气管线冷凝水排放情况。

(13) 应定期检查消化池及其附属沼气管线的气体密闭情况，并应及时处理发现的问题。

(14) 应定期检查消化池污泥的安全溢流装置。

(15) 应定期校核消化池内监测温度、压力和液位等的各种仪表。

(16) 应定期检查和校验沼气系统中的压力安全阀。

(17) 当消化池热交换器长期停止使用时，应关闭通往消化池的相关闸阀，并应将热交换器中的污泥放空、清洗。螺旋板式热交换器宜每六个月清洗一次，套管式热交换器宜每年清洗一次。

(18) 连续运行的消化池，宜 3～5 年彻底清池、检修一次。

(19) 投泥泵房、阀室应设置可燃气体报警仪，并应定期维修和校验。

(20) 池顶部应设置避雷针，并应定期检查遥测。

(21) 空池投泥前，应进行氮气置换。

(22) 定期清除低位槽（集泥井）的沉砂，可以大大减少消化池中的沉砂，以提高消化池容积利用率（单位池容产气量）。

(23) 每隔 3～5 年应清除一次浮渣与消化池底部的沉砂。

(24) 当采用蒸汽竖管直接加热，在清炉时气压下降，消化池内污泥往往充满灼热的蒸汽竖管，并很快结成污泥壳，可能堵死蒸汽管道。应采用人工疏通或用大于 39.24N/cm^2 蒸汽冲刷。

(25) 污泥气、污泥、蒸汽管道都应采取保温措施。溢流管，防爆装置的水封在冬季应加入食盐以降低冰点，避免因结冰而失灵。

(26) 污泥气为易燃易爆气体，甲烷在空气中含量达到 5%～16%，遇明火即可爆炸，故在消化池及控制室周围应严禁明火、电气火花。检修消化池时，应排除池内污泥气，以免中毒或爆炸。

27.3.4 消化池调试

引起消化池失稳的主要原因有 4 个，水力负荷过高、有机负荷过高、温度应力和有毒物质超负荷。水力或有机负荷每天超出设计值 10%以上，即发生水力负荷和有机负荷过高。控制负荷过高的方法有：控制消化池进料和保证消化池容积不因砂石积累或搅拌不良而减少。控制消化池进料应注意进料前的前处理、沉淀和浓缩，以确保进料污泥浓度在合适范围内。

如果发生消化池失稳，可以通过这些方法进行有效控制：停止或减少进料；寻找失稳原因；消除失稳因素；控制 pH 直到消化池恢复正常。

如果只有一个消化池失稳，可适度增加其余消化池的负荷，使失稳消化池恢复正常。如果几个消化池同时超负荷，要求有其他方法来处理这些过剩污泥，可以考虑将这部分过剩污泥转移到其他设施中临时贮存，或经化学稳定处理后再进行处置。

1. 温度

消化池温度在一天内的变化超过 1～2℃就会引发温度问题，抑制微生物，降低产甲烷菌的生物活性。如果产甲烷菌活性不能尽快恢复，而不受温度变化影响的产酸菌又继续产生挥发酸，最终会消耗大量可用的碱度，导致系统 pH 下降。

温度问题最常见的起因是消化池负荷过高，超过了加热系统的瞬时功率。大部分加热系统最终可以加热消化池物料到运行温度，但经受不起温度变动。

另一个原因是消化池在最适温度范围外运行，例如，中温消化的最适温度范围33～35℃，温度低于33℃生物过程进行缓慢，温度高于35℃消化效率得不到提高且造成系统能源浪费。

2. 毒性控制

厌氧过程对某些化合物很敏感，如硫化物、挥发酸、重金属、钙、钠、钾、溶解氧、氨和有机氯化合物。一种物质的抑制浓度取决于许多参数，包括pH值、有机负荷、温度、水力负荷、其他物质的存在，以及有毒物质浓度与生物质浓度的比值。几种化合物抑制水平见表27-2～表27-4。

氨氮对厌氧消化过程的影响（U. S. EPA，1979年） **表27-2**

氨氮浓度(以N计)(mg/L)	影响
50～200	有利
200～1000	无不利影响
1500～3000	pH值为7.4～7.6时受抑制
＞3000	有毒性

严重抑制厌氧消化的个别金属总浓度（U. S. EPA，1979年） **表27-3**

<table>
<tr><th colspan="5">消化池物料中的浓度</th></tr>
<tr><th colspan="2">金属</th><th>干污泥(%)</th><th>mol金属/kg干污泥</th><th>溶解性金属(mg/L)</th></tr>
<tr><td colspan="2">铜</td><td>0.93</td><td>150</td><td>0.5</td></tr>
<tr><td colspan="2">镉</td><td>1.08</td><td>100</td><td>—</td></tr>
<tr><td colspan="2">锌</td><td>0.97</td><td>150</td><td>1.0</td></tr>
<tr><td colspan="2">铁</td><td>9.56</td><td>1710</td><td>—</td></tr>
<tr><td rowspan="2">铬</td><td>六价</td><td>2.20</td><td>420</td><td>3.0</td></tr>
<tr><td>三价</td><td>2.60</td><td>500</td><td>—</td></tr>
<tr><td colspan="2">镍</td><td>—</td><td>—</td><td>2.0</td></tr>
</table>

轻金属阳离子刺激和抑制浓度（U. S. EPA，1979年） **表27-4**

<table>
<tr><th rowspan="2">阳离子</th><th colspan="3">浓度(mg/L)</th></tr>
<tr><th>起刺激作用</th><th>一般抑制</th><th>强烈抑制</th></tr>
<tr><td>钙</td><td>100～200</td><td>2500～4500</td><td>8000</td></tr>
<tr><td>镁</td><td>75～150</td><td>1000～1500</td><td>3000</td></tr>
<tr><td>钾</td><td>200～400</td><td>2500～4500</td><td>12000</td></tr>
<tr><td>钠</td><td>100～200</td><td>3500～5500</td><td>8000</td></tr>
</table>

可以通过添加硫化钠、硫酸铁或硫酸亚铁缓解重金属的毒性。由于有毒重金属硫化物溶解度比硫化铁低，有毒重金属会形成硫化物沉淀析出，可用氯化铁形成硫化铁沉淀来控制硫化物的浓度。这些化学物质的过度使用可能会导致pH降低。

3. pH 控制

甲烷菌生长的适宜 pH 为 6～8，最适 6.8～7。产酸菌的适宜 pH 为 4.5～8。为维持产酸与产甲烷平衡，必须维持酸碱平衡，控制构筑物 pH 为 6.5～7.5。

实际应用时为控制有机物量（即挥发酸），以醋酸计为 200～800mg/L，如果超过 2000mg/L，则产气停止。一般投加石灰，投加量用碱度表示。

池中碱度是否充足可按下式计算：

$$A = T - 0.833C \tag{27-2}$$

式中 C——总有机酸，以醋酸计（CH_3COOH），mg/L；

T——总碱度以 $CaCO_3$ 计，mg/L；

0.833——$CaCO_3$ 当量/CH_3COOH 当量。

A——缺少或者过剩的碱度，以 $CaCO_3$ mg/L 计，正值表示碱度充足，负值表示碱度不足，其绝对值表示游离酸数量，即中和这部分酸所需碱度。

投加的石灰、无水氨、碳酸铵的量按下式计算：

$$N = 0.00098AEV \tag{27-3}$$

式中 N——所需投加的碱量，kg；

E——所用碱的当量与 $CaCO_3$ 的当量之比值；

V——消化池有效容积，m^3；

0.00098——单位换算系数。

控制消化池 pH 的关键在于，投加碳酸氢盐碱度与酸反应，缓冲系统 pH 至 7.0 左右。用于调节 pH 的化学药品包括石灰、碳酸氢钠、碳酸钠、氢氧化钠、氨水和气态氨。投加石灰使卫生条件变差，且会生成碳酸钙。虽然氮化合物也可用于调节 pH，但可能造成微生物氨中毒并增加回流处理工艺的氨负荷，因此不推荐使用氨化合物调节 pH。

4. 消化时间控制

消化时间取决于消化反应速度（包括 T 等），有机负荷和处理程度，一般为 30d，要求上清液 BOD<2500mg/L。同一条件的消化，时间延长，BOD 去除率增加。

5. 有机物负荷控制

有机负荷可用 BOD 或 VS（挥发性固体适用于化粪池污泥）表示。投配率指平均每日向单位有效池容投加的料液体积，用 p 表示。

表示方法：每日投加料液占总有效容积的百分数，这时投配率 P 为消化时间 t 的倒数，按下式计算。

$$t = \frac{1}{p} \tag{27-4}$$

式中 p——投配率；

t——消化时间，d。

负荷值/投配率越高，产酸菌越活跃，此时酸性发酵强于甲烷发酵，pH 降低，产气量下降；反之，消化完全，则所需池容需要增大，池体利用率下降，基建费增加。

27.3.5 运转时主要故障及排除方法

1. 消化池产气量低或者不产气

使消化池的产气量低甚至不产气的因素很多，如漏气、污泥过热、新鲜污泥含水率高、有毒物质含量高、消化温度降低或突然降低（这种情况一般发生在冬季），投配率太高而加热量供应不上时，等等，都可使产气量降低。具体来说，如中温消化温度超过38℃，甲烷细菌大量死亡，产气量可降低到正常时的1/3～1/4；蒸汽竖管直接加热，若搅拌配合不上，造成局部过热（温度最高处可达60～70℃），破坏蛋白质及脂肪，使甲烷细菌养料不足，产气量也会降低；当新鲜污泥含水率超过98%时，产气量仅为含水率95%时的40%。

视具体情况，一般可采用停止投配、加温、加碱调节pH、提高缓冲能力等办法解决。

2. 消化池内出现负压

池内正常气压为40～100mm水柱。若排泥量大于产气量；搅拌时排泥管闸门未关严；污泥从溢流管中溢出；消化池或污泥管道破裂；污泥气综合利用时，由于鼓风机或压缩机抽送造成排气量大于产气量等，都可造成负压，使池内真空度达到100～200mm水柱。从而使空气大量涌入池内，破坏消化工况，造成污泥气不纯，为避免出现负压，操作应特别认真，在排泥时可由贮气罐回供污泥气或缓慢排泥。

3. 污泥气燃烧不着或经常熄火

污泥气中甲烷含量低于30%时，不易燃烧。此外，污泥气气压低于40mm水柱时，燃烧不稳定。出现以上情况，可采用改善消化进程办法解决。

第 28 章　污泥焚烧运行管理

用于焚烧的污泥泥质以及焚烧过程中污染物的监控均应满足国家现行的标准规定，污泥焚烧厂在日常运行中也应遵循相应的运行管理要求。本章主要对我国污泥焚烧的相关规范、标准，污泥焚烧厂一般运行管理要求以及焚烧厂的环境监控等方面进行介绍。

28.1　相关规范、标准

污泥焚烧作为一种较为彻底的污泥处理处置方式，已经被许多国家所采用，并制定了相应的技术要求和污染物的控制标准。其中，日本是世界上使用焚烧技术比例最高的国家，日本对于废弃物焚烧炉的排放限制标准（2007 年）包括两部分：《大气污染防治法施行规则》和《二噁英类对策特别措施法施行规则》。除日本外，其他国家也制定了相应标准，如美国标准 40CFR 503、欧盟标准 PD CEN/TR 13768—2004 以及德国标准 CEN/TR 13768—2005 等。国内主要有以下规范、标准。

28.1.1 《城镇污水处理厂污泥处置　单独焚烧用泥质》GB/T 24602—2009

该标准对污水处理厂污泥单独焚烧利用的泥质指标及限值、取样和监测等进行了规定，适用于城镇污水处理厂污泥的处置和污泥单独焚烧利用，具体内容如下：

（1）外观：污泥单独焚烧利用时，其外观呈泥饼状。

（2）理化指标：污泥单独焚烧利用时，其理化指标及限值应满足如表 28-1 要求，在选择焚烧炉的炉型时要充分考虑污泥的含砂量。

理化指标及限值　　　　**表 28-1**

序号	类别	控制项目			
		pH	含水率(%)	低位热值(kJ/kg)	有机物含量(%)
1	自持焚烧	5～10	<50	>5000	>50
2	助燃焚烧	5～10	<80	>3500	>50
3	干化焚烧	5～10	<80	>3500	>50

注：干化焚烧含水率（<80%）是指污泥进入干化系统的含水率。

（3）污染物指标：污泥单独焚烧利用时，按照《固体废物　浸出毒性浸出方法　硫酸硝酸法》HJ/T 299—2007 制备的固体废物浸出液最高允许浓度指标应满足表 28-2 要求。

（4）城镇污水处理厂污泥采用焚烧时，考虑到燃烧设备的安全性和燃烧传递条件的影响，腐蚀性强的氯化铁类污泥调理剂应慎用。

（5）污泥焚烧的烟气排放控制要求，应满足《大气污染物综合排放标准》GB 16297—1996 的要求。二噁英控制应达到《生活垃圾焚烧污染控制标准》GB 18485—2014 的要求。

浸出液最高允许浓度指标　　表 28-2

序　号	控制项目	限值
1	烷基汞	不得检出
2	汞(以总汞计)	≤0.1mg/L
3	铅(以总铅计)	≤5mg/L
4	镉(以总镉计)	≤1mg/L
5	总铬	≤15mg/L
6	六价铬	≤5mg/L
7	铜(以总铜计)	≤100mg/L
8	锌(以总锌计)	≤100mg/L
9	铍(以总铍计)	≤0.02mg/L
10	钡(以总钡计)	≤100mg/L
11	镍(以总镍计)	≤5mg/L
12	砷(以总砷计)	≤5mg/L
13	无机氟化物(不包括氟化钙)	≤100mg/L
14	氰化物(以 CN－计)	≤5mg/L

注："不得检出"指甲基汞＜10mg/L，乙基汞＜20mg/L。

(6) 污泥焚烧炉大气污染物排放标准应符合表 28-3 的规定。

焚烧炉大气污染物排放标准　　表 28-3

序号	控制项目	单位	数值含义	限值
1	烟尘	mg/m^3	测定均值	80
2	烟气黑度	格林曼黑度、级	测定值	Ⅰ
3	一氧化碳	mg/m^3	小时均值	150
4	氮氧化物	mg/m^3	小时均值	400
5	二氧化硫	mg/m^3	小时均值	260
6	氯化氢	mg/m^3	小时均值	75
7	汞	mg/m^3	测定均值	0.2
8	镉	mg/m^3	测定均值	0.1
9	铅	mg/m^3	测定均值	1.6
10	二噁英类	$TEQng/m^3$	测定均值	1.0

注：1. 本表规定的各项标准限值，均以标准状态下含 11% O_2的干烟气作为参考值换算。
2. 烟气最高黑度时间，在任何 1h 内累计不超过 5min。

(7) 污泥焚烧厂恶臭厂界排放限值：氨、硫化氢、甲硫醇和臭气浓度厂界排放限值根据污泥焚烧厂所在区域，分别按照《恶臭污染物排放标准》GB 14554—1993 相应级别的指标值执行。

(8) 污泥焚烧厂工艺废水排放限值：污泥焚烧厂工艺废水必须经过废水处理系统处

理，处理后的水应优先考虑循环再利用。必须排放时，废水中污染物最高允许排放浓度按《污水综合排放标准》GB 8978—1996 执行。

（9）焚烧残余物的处置要求：焚烧炉渣必须与除尘设备收集的焚烧飞灰分别收集、贮存和运输。焚烧炉渣按一般固体废物处理，焚烧飞灰应按危险废物处理。其他尾气净化装置排放的固体废物应按《危险废物鉴别标准》GB 5085—1996 判断是否属于危险废物；当属危险废物时，则按危险废物处理。

（10）污泥焚烧厂噪声控制限制：按现行国家标准《工业企业厂界环境噪声排放标准》GB 12348—2008 执行。

28.1.2 《城镇污水处理厂污泥焚烧处理工程技术规范》JB/T 11826—2014

该标准对城镇污水处理厂污泥处理处置中所涉及的污泥产生、堆置、运输、贮存、处理、处置和综合利用等环节的技术要求进行了规定。适用于城镇污水处理厂污泥处理处置规划、设计、运行和管理。污泥焚烧部分规定如下。

（1）一般规定。污泥焚烧厂的选址应符合当地城市建设总体规划和环境保护规划的规定，污泥焚烧厂应通过环境影响评价和环境风险评价，并符合当地大气污染防治、水资源保护和环境保护政策的要求。同时应综合考虑焚烧厂周边的能源、交通、土地利用及公众意见等因素。

（2）单独焚烧。焚烧炉内应处于负压燃烧状态，烟气的焚烧炉燃烧室内温度大于850℃时的停留时间应≥2s，焚烧灰渣和飞灰中的 TOC 含量应＜3％或热灼减率应＜5％，必要情况下，可考虑设置二燃室；焚烧厂的氨、硫化氢、甲硫醇和臭气浓度厂界排放限值应符合 GB 14554—1993 的相关要求；焚烧厂收集的污泥贮存渗沥液、工艺废水、冷凝水和烟气处理废水必须经过废水处理系统处理，处理后的水优先考虑循环利用，或达标排放。

（3）与生活垃圾混合焚烧。宜采取高效脱水技术或干化技术将污泥含水率降至与生活垃圾相似的水平，不宜将脱水污泥与生活垃圾直接掺混焚烧，混烧污泥平均低位热值应不小于 5MJ/kg，优先考虑采用生活垃圾焚烧余热干化污泥；最终排入大气的烟气中污染物最高排放浓度不得超过 GB 18485—2014 中的相关要求。

（4）利用水泥生产线掺烧。直接将脱水污泥与水泥生料混合后进料时，应设置专门的物料混合设施，入窑混合物料应控制其含水率小于 35％，流动度大于 75mm；最终排入大气的烟气中污染物最高排放浓度不得超过《水泥工业大气污染物排放标准》GB 4915—2013 中的相关限值要求；水泥产品应进行浸出毒性实验，产品中重金属和其他有毒有害成分的含量不应超过国家相关水泥质量要求的限值。

（5）利用燃煤热电厂掺烧。脱水污泥直接进入燃煤锅炉混合焚烧时，应设置专门的进料装置，进料装置宜采用喷嘴；循环流化床锅炉的脱水污泥进料喷嘴宜设置在稀相区底部，并应设置吹扫系统定期清理喷嘴；吹扫系统可利用燃煤电厂饱和蒸汽；大气污染物最高允许排放浓度不应超过《水电厂大气污染物排放标准》GB 13223—2011 中相关限值要求。

（6）干化焚烧。每台污泥焚烧炉应安装一台自动辅助燃烧器，危险废弃物不能用作辅助燃料；最终排入大气的污染物最高允许排放浓度需满足 GB 18485—2014 的相关限值要求；污泥干化焚烧厂噪声控制限值按 GB 12348—2008 执行。

28.2 日常运行管理

28.2.1 运行人员要求

污泥焚烧厂的运行人员应遵循以下要求：

（1）运行人员应保证焚烧炉及其附属设备安全运行，完成各项技术经济指标。

（2）运行人员必须认真执行巡回检查制度，发现设备缺陷要及时上报。

（3）运行人员必须认真开展岗位运行分析，在认真监控、操作准确、记录完整的基础上，对仪表活动、参数变化、设备异常、操作异常等情况进行认真分析，并做好记录，严禁弄虚作假，隐瞒事故真相。

（4）新进运行人员在独立工作前，必须经过现场培训并在考试合格；当班后，还应继续学习，并在实际中锻炼、熟悉、不断提高业务技术水平和实际操作能力。

28.2.2 焚烧炉运行管理

为保证焚烧炉安全高效运行，操作人员应注意以下几点要求：

（1）操作人员必须经过培训考核合格后，持有特种设备操作证，且充分了解设备和熟悉系统后才可上岗工作。

（2）改造或检修后的焚烧系统需经检验合格后方可进行启动工作，启动前应对所属设备进行全面检查。

（3）在各项准备工作充分检查后可以依次启动焚烧系统。

（4）系统启动后按规定对各系统设备进行全面巡回检查。

（5）运行中必须监视控制参数变化并进行相关数据分析，做到及时发现、及时调整，使污泥焚烧系统在最佳工况下运行。

（6）操作员必须按时做好运行记录，并做到准确无误。

（7）操作员发现运行不正常时应及时处理，将处理结果上报。

（8）各种设备应保持清洁，无泄漏。

（9）运转设备定期添加润滑油。

（10）停炉时应先停止燃料，然后停止风机运行，关闭所有进出口风挡板，缓慢冷却后方可进行其他操作。

（11）流化床焚烧炉日常维护中，必须保持进料器整洁，并定期检查风箱。

（12）多炉膛焚烧炉日常维护中，必须对焚烧炉进行定期彻底清洗。

（13）热辐射焚烧炉和其他焚烧炉日常维护中，须保持污泥滤饼传送带整洁，并每日对皮带以及带下区域进行清理。

（14）定期检查洗涤系统。

28.2.3 电气运行管理

为保障污泥焚烧厂设备用电安全，工作人员应遵循以下要求：

（1）工作人员应认真做好辖区内高低压配电室、电气设备及线路的监护、检查、保养、维修、安装、管理等工作，确保辖区内电气设备的正常运行，保证焚烧及其附属设备连续、稳定的运行。

（2）工作人员工作时要有必要的安全用具，要根据工作的内容，选用合适的工具。

（3）定期巡查辖区内的电气设备，及时掌握电气设备的工作情况，及时发现缺陷和异常情况，采取对策消除隐患。

（4）定期做好高低配电室的清洁卫生工作，保持室内环境整洁。

28.2.4 主要故障及排除方法

污泥焚烧中常见的流化床焚烧炉装置在运行过程中可能的故障有以下几种：

（1）二次风系统堵塞

由于该焚烧炉的取风口在运行过程中清扫较为困难，取风口容易发生堵塞，致使焚烧炉二次风量不足以及二次风喷口风压较低。

为预防上述问题，应对焚烧炉的二次风系统进行彻底清理，包括二次风取风口滤网、二次风空预器以及二次风环形箱体。

（2）返料量过大

返料量的大小一般与炉膛差压值有关，焚烧炉二次风量和射流刚度不足，炉内严重缺氧燃烧会导致炉膛出口灰飞量增多，分离器捕捉的大颗粒飞灰就会相应增多，进而使炉膛差压偏离设计值，导致返料量过大。

出现以上问题时，操作人员应提高二次风机的变频开度、二次风压以及射流刚度。

（3）过热器磨损

二次风不足会导致炉膛出口飞灰异常增多，当旋风分离器效率一定时，烟气中颗粒浓度增大，造成焚烧炉过热器部位磨损。

为缓解过热器磨损，应定期对二次风系统进行清理。

28.3 环境监控

28.3.1 环境监测

污泥焚烧会产生大量的污染物质，包括烟气、废水以及固体残留物。

根据《城镇污水处理厂污泥焚烧处理工程技术规范》JB/T 11826—2014 中的要求，应对污泥焚烧厂的进厂污泥进行监测、取样和化验，并应在每套焚烧装置上安装自动监测装置以便对焚烧炉的运行状况和气体排放污染物状况进行监测。

1. 烟气

污泥焚烧中产生的烟气中主要成分为颗粒物质、重金属、含碳化合物、酸性气体、二噁英以及臭气等。

根据《城镇污水处理厂污泥处置单独焚烧用泥质》GB/T 24602—2009 中大气污染物排放标准规定，污泥焚烧厂排放气体中烟尘的浓度限值为 80mg/m^3，汞和镉的浓度限值分别为 0.2mg/m^3 和 0.1mg/m^3，一氧化碳的浓度限值为 150mg/m^3，二噁英的浓度限值为 1.0TEQng/m^3（日本标准二噁英控制限值为 0.1ng-TEQ/Nm^3）。根据《恶臭污染物排放标准》GB 14554—1993 中恶臭污染物厂界标准值一级标准规定，污泥焚烧厂排放的臭气中氨、硫化氢和甲硫醇的浓度限值分别为 1.0mg/m^3、0.03mg/m^3 和 0.004mg/m^3。

2. 废水

污泥焚烧厂在生产过程中的废水包括运行湿式或半湿式烟气净化装置和湿式冷却装置产生的废水、锅炉部分的排水、转运区及贮存进厂脱水污泥产生的污泥水和渗滤液以及处理灰渣和贮存产生的各种废水。

根据《污水综合排放标准》GB 8978—1996 中二级标准的规定，污泥焚烧厂排放的废水中 SS、BOD 和 COD 浓度限值分别为 100mg/L、30mg/L 和 30mg/L。

3. 固体残留物

污泥焚烧厂产生的固体残留物包括由焚烧炉直接产生的飞灰和灰渣、运行烟气处理设备产生的固体残留物以及在废水处理中产生的污泥等。

根据《城镇污水处理厂污泥处置单独焚烧用泥质》中的规定："焚烧炉渣必须与除尘设备收集的焚烧飞灰分别收集、贮存和运输。焚烧炉渣按一般固体废物处理，焚烧飞灰应按危险废物处理。其他尾气净化装置排放的固体废物应按 GB 5085 判断是否属于危险废物；当属危险废物时，则按危险废物处理"。

4. 噪声

除上述污染物之外，在焚烧厂中还会产生噪声污染，具体包括运输和卸载污泥噪声，机械预处理噪声，运行抽风机、冷却设备、涡轮、恶臭和烟气处理设备及其他处理设备产生的噪声。

根据《工业企业厂界环境噪声排放标准》GB 12348—2008 中工业企业厂界环境噪声排放限值，厂界外声环境功能区类别为 0 类的区域昼间噪声不能超过 50dB，夜间噪声不能超过 40dB。

28.3.2 污染控制

1. 颗粒物控制

对于颗粒物的去除可根据去除机理分为湿法（洗涤器）和干法（静电滤尘器、布袋过滤器、旋风滤尘器）。在污泥焚烧厂中常见的系统是文丘里洗涤器。

2. 酸性气体控制

污泥燃烧后形成的酸性气体主要有 SO_2、HCl 及 HF，目前控制酸性气体的方法主要有湿式洗气法、干式洗气法和半干式洗气法三种。

3. 重金属控制

烟气中除汞以外的大部分重金属在烟气处理系统和净化系统中得到良好的去除，目前对金属汞的去除方法有活性炭吸附法和化学药剂法。

4. 气味控制

烟气中带气味的有机物是由于进料污泥中有机物分子不完全燃烧产生的，其控制方法有化学氧化法、活性炭吸附法、稀释法、掩蔽法以及燃烧法。

5. 噪声控制

厂内的噪声控制主要是通过设备选择、使用吸音设备以及在噪声源周围设置减音或吸音材料经等方法来实现。

第 29 章　污泥堆肥运行管理

污泥堆肥作为实现污泥资源化的重要措施，对改善土壤性能和提高土壤肥性，促进农作物与植物生长都是有益的，是农业、园林和绿化的需要。此外，随着社会不断发展，人民生活水平的提高，居民对生活环境卫生质量的要求也逐渐严格，从资源化和环境改善的角度出发，污泥堆肥都是实现污泥无害化处理、处置的有效手段。本章主要对我国污泥堆肥的相关规范、标准，堆肥场的一般运行管理要求以及堆肥场的环境监控等方面进行介绍。

29.1　相关规范、标准

污泥的成分很复杂，是由多种微生物形成的菌胶团与其吸附的有机物和无机物组成的集合体，除含有大量的水分外，还含有难降解的有机物、重金属和盐类，以及少量的病原微生物和寄生虫卵等。因此，为减少污泥在堆肥过程中对环境产生较大的影响，建立相应的规范、标准和管理制度是十分必要的。国内相关规范、标准如下：

(1)《城镇污水处理厂污染物排放标准》GB 18918—2002；

(2)《城镇污水处理厂污泥处理技术规程》CJJ 131—2009；

(3)《粪便无害化卫生要求》GB 7959—2012；

(4)《农用污泥中污染物控制标准》GB 4284—1984；

(5)《城镇污水处理厂污泥处置　农用泥质》CJ/T 309—2009；

(6)《城镇污水处理厂污泥处置　园林绿化用泥质》GB/T 23486—2009；

(7)《城镇污水处理厂污泥处置　土地改良用泥质》GB/T 24600—2009；

(8)《环境空气质量标准》GB 3095—2012；

(9)《恶臭污染物排放标准》GB 14554—1993；

(10)《工业企业设计卫生标准》GBZ 1—2010；

(11)《工业企业噪声控制设计规范》GB/T 50087—2013。

29.1.1　进场原料技术要求

堆肥场进场原料的技术要求应注意以下几点：

(1) 含水率。一级发酵原料含水率宜为 40%～60%。当含水率过高时，应对原料进行通风散热或添加物料，过低时应对原料进行污水回喷。

(2) 有机物含量。一级发酵原料挥发性有机物含量最低限值为 20%，一般来说堆肥原料适宜的有机质含量为 20%～80%，但当挥发性有机物含量大于 30%时更有利于提高堆肥产品质量。城镇污水处理厂污泥的有机物含量约 50%～60%，通常情况下可满足该要求。

(3) 碳氮比。堆肥过程中适宜的碳氮比应为（20～30）∶1。城镇污水厂污泥的 C/N

一般在（10～20）：1，因此需采用其他物料对其进行调节。

（4）温度。堆肥温度低于 20℃时，堆肥进程较为缓慢。随堆肥进行，温度升高，55%～60%为杀死微生物及病原菌的适宜温度。温度高于 60℃，微生物开始受到抑制。

29.1.2 一次发酵技术指标

一次发酵过程中控制性的技术指标要求见表 29-1。

一次发酵技术指标 **表 29-1**

序号	项目		指标参数
1	堆肥温度	静态工艺	>55℃持续 5d 以上
		间歇动态工艺	>(至少 1d60℃)持续 3d 以上
2	蛔虫卵死亡率		95%～100%
3	粪大肠杆菌群		10～100 个/mL
4	含水率		下降 10%以上

29.1.3 堆肥产品质量要求

堆肥产品质量应符合下列要求：

（1）含水率。含水率应为 35～45%。

（2）卫生指标应满足表 29-2 规定。

好氧发酵（高温堆肥）的卫生要求 **表 29-2**

编号	项目		卫生要求
1	温度与持续时间	人工	堆温≥50℃,至少持续 10d
			对稳≥60℃,至少持续 5d
		机械	堆温≥50℃,至少持续 2d
2	蛔虫卵死亡率		>95%
3	粪大肠杆菌值		$\geqslant 10^{-2}$
4	沙门氏菌		不得检出

（3）腐熟度必须通过表 29-3 中的任何一项测试。

堆肥腐熟度测试标准 **表 29-3**

序号	测试项目
1	氨氮浓度≤700mg/kg dw
2	耗氧速率≤0.4g O_2/kg TS/hr
3	种子发芽率≥80%

29.2 堆肥场运行管理

29.2.1 一般管理规定

堆肥场的一般管理应遵循以下几点要求：

（1）制定详细的工艺运行管理手册，并按手册完成污泥堆肥化处理。

（2）制定各岗位操作规程，并严格按操作规程作业。

（3）各岗位操作人员和维修人员应经过岗位培训，并考核合格后方可上岗。

（4）具备完备的建设资料、设备操作手册、设备维护修理手册和日常运行记录资料。

（5）制定防火、防爆防突发事故等措施及应急预案以备特殊情况下的污泥处理。

29.2.2 工艺运行管理

堆肥场工艺在运行时应注意以下几点：

（1）进厂污泥质量应符合相关规范要求。

（2）采用发酵仓堆肥系统进行一次发酵时，布料应保证物料均匀。静态发酵自然通风物料堆置高度宜控制在 1.2～1.5m，当设有强制通风装置时，物料堆置高度可控制在 2.6～3.0m。

（3）一次发酵时，静态发酵强制通风，每 m^3 物料通风量可控制在 0.05～0.2Nm^3/min，通常进行非连续通风；堆层每升高 1.0m，风压宜增加 1000～1500Pa。间歇动态发酵可参考静态工艺并依生产试验确定通风量，保证发酵在最适宜条件下进行。

（4）一次发酵技术指标应符合相关规定。

（5）二次发酵宜将混合物料的含水率控制在 40%～50%之间，并严禁再次向物料中添加新鲜可堆肥原料。二次发酵的发酵时间应大于 10d。

29.2.3 设备运行管理

堆肥场生产设备较多，为保证设备能安全、高效运行，在管理中应注意以下几点要求：

（1）污泥堆肥厂设备运行按照设计的工艺要求使用，并应满足下列要求：

1）建立设备台账，主要内容包括：设备、主要部件、备件、易损件的名称、规格、型号、数量、开始使用时间、购置费用、维修时间、维修费用、更换时间、更换费用、报废时间、报废残值等。

2）实行运行记录制度，主要内容包括：能耗、开启时间、停止时间、中途停止时间。中途停止时间应备注原因，因设备故障造成的停机，应区别单机故障、功能组故障、处理线故障并分别记录；全厂停产应区别工艺调整、设备故障、例行检修、意外事件并分别记录。

3）实行设备使用率和完好率考核指标，使用率和完好率应达到设施运行管理手册的要求。

4）安全装置应灵敏有效，符合国家标准并及时通过有关法定检测。

（2）污泥堆肥场设备故障主要为机械故障，其维护保养制度应满足下列要求：

1）制定设备维修保养制度，内容应包括：维修保养周期、内容和标准。

2）及时排除设备故障，恢复工艺设备性能。

3）有备件和易损件储备，及时更换残旧设备和部件。

4）作业车辆及设备每班作业后应及时进行清洁。

29.2.4 安全运行管理

为保障堆肥场运行安全，管理人员应遵循以下要求：

（1）生产过程安全卫生管理应符合现行国家标准《生产过程安全卫生要求总则》GB/T 12801—2008 的有关规定。

（2）应具有完备的生产安全管理规章制度和生产安全操作规程，岗位操作人员应严格执行本岗位安全操作规程。

（3）应为职工提供劳动安全卫生条件和劳动防护用品；操作人员应按规定使用安全防护及劳保用品。

（4）应在车间门窗设置纱门纱窗，车间内设置虫蝇捕集器及定时喷洒药水。

（5）应对厂区进行蚊、蝇、鼠密度的长期调查，以提高消杀效率。

（6）如有外来人员参观应由专业人员陪同并进行安全教育后方可进入作业区。

（7）具有粉尘、异味及有害、有毒气体的场所，应采取通风措施，并保证通风设备完好；应对生产控制室、污水及渗沥液、发酵设施、地下建筑物内及地下管线等沼气聚集的场所进行定期监测，并做好记录；空气中沼气浓度大于1.25%时应进行强制通风。

（8）厂内及车间运输管理，应符合《工业企业厂内铁路、道路运输安全规程》GB 4387—2008的有关规定。

（9）为了避免火灾、爆炸和其他重大伤害事故的发生，厂区内各明显位置都应配有禁烟、防火和限速的标志。

（10）应建立发生火灾、爆炸、沼气泄漏等重大事故时的应急预案。

（11）应定期对全厂进行安全检查，并记录检查结果。

29.3 环境监控

29.3.1 环境监测

污水厂脱水污泥在贮存和堆肥过程中，会产生氨气、硫化氢、甲硫醇等恶臭污染物，根据《恶臭污染物排放标准》GB 14554—1993的规定，其恶臭污染物厂界标准值应满足表29-4中的规定。

恶臭污染物厂界标准值 **表29-4**

序号	控制项目	单位	一级标准	二级标准		三级标准	
				新扩改建	现有	新扩改建	现有
1	氨	mg/m^3	1.0	1.5	2.0	4.0	5.0
2	硫化氢	mg/m^3	0.03	0.06	0.10	0.32	0.60
3	甲醇硫	mg/m^3	0.004	0.007	0.010	0.020	0.035

污泥堆肥过程中产生的粉尘主要是源于物料装卸阶段，根据《工业企业设计卫生标准》GBZ 1—2010的规定属于其他粉尘类，粉尘的最高允许浓度应小于$10mg/m^3$。

生产性噪声主要源于振动筛分机、风机等设备，应按《工业企业噪声测量规范》GBJ 122—1988对其进行测量。根据《工业企业噪声控制设计规范》GB/T 50087—2013的规定，堆肥场车间噪声不得大于85dB（A）。堆肥场噪声昼间不大于60dB（A），夜间不大于50dB（A）。

29.3.2 污染控制

对于污泥在堆肥过程中产生的恶臭气体，可采用喷洒除臭剂、化学洗涤塔以及除臭生物滤池等方法和措施进行控制。

堆肥场污泥中重金属的控制主要是通过限制进场污泥中重金属含量来实现的。

原料装卸和混合阶段产生的粉尘可采用喷雾增湿或加强通风的方法进行控制。

为控制厂区噪声，在设备选型上应优先选用低噪声设备。对噪声源强度较大的声源，如振动筛等，应安装减震底座。厂房建设选用密闭隔声材料。

此外，污泥在贮存和堆肥过程中势必会产生渗滤液，且渗滤液中污染物浓度较高。因此，为防止渗滤液渗到地面水或地下水中，堆肥场所有操作阶段必须在防渗漏的表面上进行，或在堆肥场周围设立水沟，将渗滤液集中收集并送至废水处理厂。同时，从节能减排和循环经济的角度考虑可将渗滤液用作物料调节水。多余渗滤液排放时，必须经计净化处理，达标后排放。

第30章 污泥填埋运行管理

30.1 相关规范、标准

根据我国国情，考虑到污泥的卫生学指标、重金属指标难以满足农用标准，而其他处理处置方式如焚烧等，受限于投资与运行费用，因此污泥填埋是一种折中的选择。它投资少、容量大、见效快，通过将污泥与周围环境隔绝，可以最大限度地避免污泥对公众健康和环境安全造成威胁，既解决了污泥的出路问题，又可以增加城市建设用地。在未来一个时期内，填埋仍然是我国主要的污泥处置方式。目前，我国有如下标准法规与污泥填埋相关：

《城镇污水处理厂污泥处置 混合填埋用泥质》GB/T 23485—2009

《城镇污水处理厂污染物排放标准》GB 18918—2002

《城镇污水处理厂污泥处理处置技术指南（试行）》2011

《粪便无害化卫生要求》GB 7959—2012

《土工试验方法标准》[2007 版] GB/T 50123—1999

《城市污水处理厂污泥检验方法》CJ/T 221—2005

《生活垃圾卫生填埋场运行维护技术规程》CJJ 93—2011

《生活垃圾填埋场污染控制标准》GB 16889—2008

《工业企业厂界环境噪声排放标准》GB 12348—2008

《恶臭污染物排放标准》GB 14554—1993

30.1.1 污泥填埋指标

污泥填埋有单独填埋、与垃圾混合填埋两种方式。

国外有污泥单独填埋场的案例。国内由于进场填埋的污泥，主要是由带式浓缩脱水一体机脱水后产生的泥饼，含水率过高，管理困难，因此主要是与生活垃圾混合填埋。国内建成的少数几座污泥单独填埋场，也都因难于管理，而需要对填埋场污泥进行重新处理后回填。例如，宜兴市原有的污泥填埋场，现已经重新挖出已填埋污泥，进行进一步浓缩脱水后回填。

另外，污泥经处理后还可作为垃圾填埋场覆盖土。

1. 基本指标

污泥用于混合填埋时，其基本指标及限值应满足表 30-1 的要求。

2. 污染指标

污泥用于混合填埋时，其污染物指标及限值应满足表 30-2 的要求。

30.1.2 用作覆土的污泥泥质

（1）污泥用作垃圾填埋场覆盖土添加料时，其污染物指标及限值应满足表 30-2 的要求，基本指标及限值应满足表 30-3 的要求。

污泥用于混合填埋时的基本指标和限值 **表 30-1**

序号	基本指标	限值
1	污泥含水率(%)	<60
2	pH	5～10
3	混合比例(%)	≤8

注：表中 pH 指标不限定采用亲水性材料（如石灰等）与污泥混合以降低其含水率措施。

用作垃圾填埋场覆盖土添加料的污泥污染物指标及限值 **表 30-2**

序号	污染物指标	限值
1	总镉(mg/kg 干污泥)	<20
2	总汞(mg/kg 干污泥)	<25
3	总铅(mg/kg 干污泥)	<1000
4	总铬(mg/kg 干污泥)	<1000
5	总砷(mg/kg 干污泥)	<75
6	总镍(mg/kg 干污泥)	<200
7	总锌(mg/kg 干污泥)	<4000
8	总铜(mg/kg 干污泥)	<1500
9	矿物油(mg/kg 干污泥)	<3000
10	挥发酚(mg/kg 干污泥)	<40
11	总氰化物(mg/kg 干污泥)	<10

用作垃圾填埋场覆盖土添加料的污泥基本指标及限值 **表 30-3**

序号	基本指标	限值
1	含水率(%)	<45
2	臭气浓度	<2 级(六级臭度)
3	横向剪切强度(kN/m^2)	>25

(2) 污泥用作垃圾填埋场覆盖土添加料时，其生物学指标还需满足 GB 18918—2002 中的要求，见表 30-4，同时不得检测出传染性病原菌。

用作垃圾填埋场覆盖土添加料的污泥生物学指标及限值 **表 30-4**

序号	生物学指标	限值
1	粪大肠菌值	>0.01
2	蠕虫卵死亡率(%)	>95

30.2 现场运行管理

依据国家法律法规，根据填埋场的工况条件、环境因素，要对填埋场的日常运行进行科学管理。污泥与生活垃圾混合填埋是污泥填埋的主要方式，因此污泥填埋的运行管理与生活垃圾卫生填埋场运行管理类似。参考生活垃圾卫生填埋场的运行管理方式，流程分为工艺管理、设备管理以及安全管理三大部分，如图 30-1 所示。

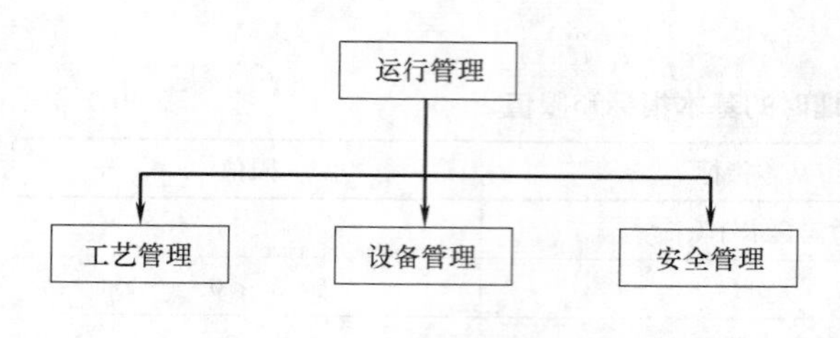

图 30-1　污泥填埋运行管理流程图

30.2.1　填埋场工艺管理

1. 污泥计量

(1) 进场污泥应登记污泥运输车车牌号、运输单位、进场日期及时间、离场时间、污泥来源、污泥性质及重量等情况。

(2) 污泥计量系统应保持完好，设施内各种设备应保持正常使用。

(3) 操作人员应定期检查地磅计量误差。

(4) 操作人员应做好每日进场污泥资料备份和每月统计报表工作。

(5) 操作人员应做好当班工作记录和交换班记录。

(6) 电脑、地磅等设备出现故障时，应立即启动备用设备保证计量工作正常进行；当全部计量系统均发生故障时，应采用手工记录，系统修复后应及时将人工记录数据输入电脑，保持记录完整准确。

(7) 操作人员应随机抽查进场污泥成分，发现污泥中混有违禁物料时，严禁其进场。

2. 填埋作业及封场

(1) 填埋污泥前应制定填埋作业计划和年、月、周填埋作业方案，应实行分区域单元逐层填埋作业。

(2) 污泥作业平台应在每日作业前准备，修筑材料可用渣土、石料和特制钢板，应根据实际情况控制平台面积。

(3) 污泥填埋区作业单元应控制在较小面积范围；雨季等季节应备应急作业单元。

(4) 填埋作业现场应有专人负责指挥调度车辆。

(5) 操作人员应及时摊铺污泥，每层污泥摊铺厚度应控制在 1m 以内；单元厚度宜为 2～3m，最厚不得超过 6m。

(6) 填埋场应采用专用压实机分层连续数遍碾压污泥，压实后污泥压实密度应大于 $1000kg/m^3$。平面排水坡度应控制在 2%左右，边坡坡度应小于 1∶3。

(7) 填埋作业区应设置固定或移动式屏护网。

(8) 每日填埋作业完毕后应及时覆盖，覆盖材料应是低渗透性的。日覆盖层的厚度不应小于 15cm；中间覆盖层厚度不应小于 20cm；终场覆盖层厚度按封场要求。覆盖层应压实平整。斜面日覆盖可用塑料防雨薄膜等材料临时覆盖，作业完成后如逢大雨，应在覆盖面上铺设防雨薄膜。

(9) 大型填埋场，根据填埋作业计划，对暂不填埋污泥的覆盖面应及时进行植被恢复。

(10) 污泥填埋场封场后应按设计要求对场区内排水、导气、交通、渗沥液处理等设施进行运行管理。

3. 填埋气体收集系统

(1) 填埋场应按照设计要求设置运行、保养气体收集系统。

(2) 在填埋气体收集并不断加高过程中，应保障井内管道连接顺畅，填埋作业过程应注意保护气体收集系统。

(3) 填埋气体的处理应立足于综合利用；不具备利用条件的，应集中燃烧处理后排放。

(4) 对填埋气体收集系统的气体压力、流量等基础数据应定期进行监测。对各个填埋分区及填埋气总管应分别监测。

(5) 所有填埋气体监测数据应录入计算机管理系统。

4. 地表水和地下水收集系统

(1) 填埋区外地表水不得流入填埋区。

(2) 填埋区内地表水应及时通过排水系统排走，不得滞留填埋区。

(3) 覆盖区域雨水应通过填埋场区内排水沟收集，经沉淀截除泥沙、杂物后汇入地表水系统排走。排水沟应保持3%～5%的坡度，大小依据汇水面积和降雨量确定。

(4) 对地表水应定期进行监测，有污染的地表水不得排入自然水体，应经相应处理后排走。

(5) 填埋区地下水收集系统应保持完好，地下水应顺畅排出场外。

(6) 对地下水应定期进行监测。

30.2.2 填埋场设备管理

1. 设备管理的任务和职责

设备管理的根本任务是对设备的有效养护和对设备操作人员进行的培训，以保证设备经常处于良好的工作状态，确保安全和生产任务的完成。

以"预防为主，维护保养与计划检修并重"为原则，建立高效的设备管理体系，充分发挥设备管理的组织作用。

填埋场的设备管理机构，必须建立在构建以场长为首的设备管理指挥系统的基础之上，在场长的统一领导下，各生产部门有领导专门分管设备管理工作，实行分级管理。

2. 设备管理的流程

设备管理分为前期管理和后期管理两部分，总称设备全过程管理。设备的前期管理是指设备转入固定资产前的规划、设计、制造、购置、安装、调试等过程的管理。设备的后期管理是指设备投入生产后的使用、维护、改造、更新、租赁、出售、报废处置的管理。

前期管理应围绕填埋场的发展目标，制定填埋场的短期和中长期设备规划。

设备进场后，由设备科组织有关部门开展设备的验收与安装工作，并办理相应手续。设备在使用初期，应仔细观察记录其运转情况、加工精度和生产效率，做好早期故障管理，并将原始记录整理归档。

当污泥与生活垃圾按一定比例进行混合填埋时，填埋场设备应按照生活垃圾卫生填埋场的标准进行配置，表30-5列出了卫生填埋场需配置的主要大型机械设备。

一般垃圾卫生填埋场主要大型机械设备的配置要求 **表30-5**

规模(t/d)	推土机	压实机	挖掘机	铲运机	备注
≤200	1台	1台	1台	1台	实际数量
200～500	2台	1台	1台	1台	
500～1200	2～4台	1～2台	1台	1～2台	
≥1200	5台	2台	2台	3台	

注：按2～2.5t/ps（ps代表台班）配置推土机，按2.8t/ps配置压实机，按8.8t/ps配置挖掘机，按11t/ps配置铲运机，以上机械不足1台的配1台。

当污泥单独填埋时，填埋场应该采用污泥填埋的专用设备。不同的填埋方式，应配置不同的机械设备。表 30-6 列出了污泥单独填埋应配置的设备。

美国污泥填埋的各种方法与设备 **表 30-6**

填埋方法	窄沟填埋	宽沟填埋	堆放式掩埋	分层式掩埋	堤坝式掩埋
应用设备	反铲装载机，挖土机，挖沟机	履带式装载机，拉铲挖土机，铲运机，推土机	履带式装载机，反铲装载机，铲运机	铲运机，平土机，履带式装载机	挖土机，推土机，铲运机

3. 设备的使用与管理

设备使用和管理的好坏，对设备的技术状态和使用寿命有极大的影响。填埋场管理部门除了要强调设备管理，同时应对职工加强“正确使用、精心保养、爱护设备”的思想教育和培训，使操作人员自觉养成爱护设备的习惯和风气，具备较高的操作技术和保养水平。在现场设备管理、使用、外借、封存、报废等过程中应做到规范管理，达到以下要求：

（1）坚持岗位责任制

实行定人、定机、凭操作证使用设备，严格贯彻执行有关的设备岗位责任制，是做到合理使用、正确操作、及时维护保养设备的有效措施。

（2）文明生产

应该保持设备工作环境的整洁和正常的工作秩序，根据设备的不同要求和地区的差异，采取必要的防护、保安、防潮、防腐、保暖、降温、防尘、防晒、防振等措施，配合必要的测量、控制和保险用的仪器、仪表等。

（3）设备现场管理

设备现场管理是设备管理的一项重要工作。应抓好设备现场管理工作，定期有计划地对设备保养和使用工作进行监督，做好监督执行记录，对不符合制度规定的行为和现象及时制止，同时每周应作设备运行情况的书面报告或口头汇报。

（4）设备的分类管理

根据填埋场作业性质和要求，确定设备在作业中的作用，按各类设备的重要性，对作业的成本、质量、安全维修诸方面的影响程度与造成损坏的大小，进行分类管理。

（5）设备的技术管理

技术管理是设备管理的重要内容，包括主要作业设备的操作、使用、维护、检修规程，主要作业设备验收、完好、保养、检修的技术标准，主要作业设备的检修工时、资金、能源消耗定额。

（6）设备的报废

固定资产生产设备，符合下列情况之一的，可申请报废。

1）磨损严重，基础件已损坏，进行大修已不能达到使用和安全规定要求的。

2）大修虽能恢复精度和原技术性能，但修理费用要超过同类型号设备现价 50%以上的。

3）技术性能落后、能耗高、效率低、无改造价值的。

4）属淘汰机型或非标准产品，无配件供应来源，无法修理使用的。

5）国家规定的淘汰产品。

6）无法或不可预料的设备损坏情况的。

设备报废应由使用部门提出申请，设备管理部门根据设备的履历情况进行经济分析和技术鉴定，确定符合报废条件后，填写报废单，审批后执行。在设备报废手续未办妥之前，不可擅自乱拆，应该保持机件的完整。报废设备处理或支援外系统单位时，应经设备管理部门审批同意后才能处理。

（7）设备对外调拨

由设备部门会同财务部门对设备进行议价，经审批后，根据签发的固定资产调拨单，财务部门办理调拨付款后，方能调出单位。设备调拨时，应保持技术状态良好，附件及单机档案应移交给调入单位。

（8）本单位的主要生产设备搬迁

使用部门向设备管理部门提出申请，经审批并经设备管理部门备案后，方能搬迁设备。搬迁时应有专人负责，防止发生事故或损坏机件，并做好安装、调试、验收工作，经调试、验收合格后方能使用。

（9）设备封存

使用班组必须对闲置设备（一个月以上）提出封存申请，由设备管理部门办理封存手续。封存前，应该做好清洁、润滑、防腐蚀工作；封存期间，应由专人负责管理；启封时，应经设备管理部门批准，并办理移交手续。对较长时间封存的设备，启封必须经过检查、调试、验收合格后，才能移交使用。

（10）设备外借

设备外借由客户凭介绍信向设备管理部门提出申请，由设备管理部门办理手续，经批准并向财务部门预交押金后，方能借出；归还时，由设备管理部门验收借用单，对设备进行技术鉴定，财务部门根据设备管理部门意见结算租用费和非正常损坏费用后才能接收。向外单位租借设备，必须经有关人员批准，由设备管理部门办理租借手续。

4. 设备维修、保养及安全

设备在正常使用中，有些零件或部件要相互摩擦和咬合，必然要产生磨损和疲劳，应充分重视和做好日常维护保养和计划修理两项工作。

必须贯彻“预防为主，养为基础，养修结合”的方针。“预防为主”就是加强设备的日常维护和保养工作；“养为基础”是贯穿预防为主的重要措施之一，把检查工作认真抓好，及早发现问题；“养修结合”是合理地将分级生产与维修统一起来，操作工人与专业维修人员联系起来，使维修与生产成为统一体。

严格执行“预防为主”的强制保养制度，根据各种机械复杂程度不同，将保养工作合理地分级进行，可以保证机械设备经常处于良好的技术状态，预防事故的发生。

每一位工作人员都应该注意设备安全工作，防止重大事故和特大事故的发生，控制一般事故发生的频率。事故发生后，为了使有关部门及时了解设备事故情况，当事人应立即报告现场负责人，负责人应亲自到事故现场观察和检查。事故处理必须严肃、认真、及时，并填写有关设备事故报告。

30.2.3 填埋场安全管理

1. 安全事故的控制与管理

填埋场可能发生的安全事故主要包括气体爆炸、火灾、洪水等导致的设施损毁和人员伤亡等。安全事故的控制必须以“安全第一，预防为主”为原则，遵照国家有关劳动保护、安全生产的法律、法规，结合在安全生产中的实际需要，制定安全生产管理标准和各项安全生产管理制度，进行标准化管理，并严格执行，树立和加强安全意识。

2. 职业病的防治措施

制定安全生产防护措施，创造良好的作业环境，预防及控制职工职业病的发生，把安全工作纳入单位主要议程，确保职工身体健康。

3. 安全教育和培训

安全教育对提高职工群众的安全生产思想认识和安全生产自觉性、掌握劳动保护科学知识和提高安全操作技术水平起着重要作用。必须经常对职责管辖内的职工进行安全生产的宣传教育，宣讲有关安全生产的方针、政策以及规章制度，做到人人皆知、个个重视。

4. 安全管理办法

(1) 建立安全生产网络管理制度

图 30-2 为填埋场安全生产管理四级网络。

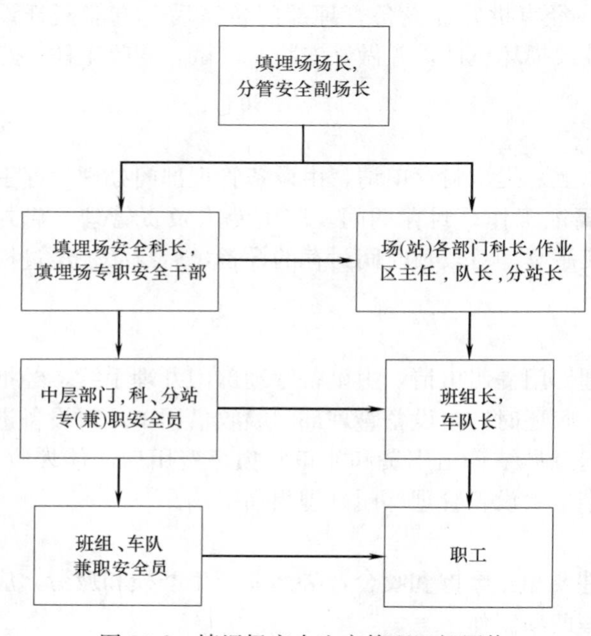

图 30-2　填埋场安全生产管理四级网络

(2) 建立安全生产现场管理制度

安全生产现场管理是确保国家财产和人身安全的重要环节，应做到以下几点：

1) 填埋场（站）安全科必须经常深入一线，做好现场检查和现场指挥工作。

2) 定期分月、周、日开展安全活动。

3) 在港池、码头、道路交叉口和弯道口、上下坡道、停车场、填埋场、填埋作业区，设立各类安全标志与岗亭，并派专人值勤。

4) 场区道路设置交通标识，明确单行道、双行道以及停车场。

5) 码头、港池应由质量管理员和生产调度员进行统一指挥，统一管理。

(3) 建立安全台账制度

建立健全各类台账是安全管理的一项重要工作，能保证安全生产管理工作顺利开展，并做到有章可循，有条不紊。台账基础资料工作必须按照下列内容进行操作：

1) 安全管理一览表（各级责任人、管理干部）。

2) 特种作业人员一览表。

3) 管理制度与标准。

4) 各工种安全操作规程。

5) 各种记录：包括会议学习、大事记。

6) 安全检查和整改资料。

7）奖励、处罚材料。

8）常见事故因果分析控制图与对策表。

9）职工个人劳动保护卡与安全教育记录。

10）事故材料。

（4）建立事故隐患整改制度

事故隐患潜伏着发生事故的危险，在各种安全检查中，必须检查事故隐患、把事故苗子消灭在萌芽状态，防患于未然。对检查出的隐患必须按整改通知单的内容要求，按质按期整改完成。

（5）建立安全生产检查制度

定期进行群众性安全生产大检查：查组织、查思想、查隐患、查措施、查落实。各场、站每月应定期设置场、站安全活动日，布置、检查、交流安全生产工作。安全部门要履行巡回检查制度，深入现场，督促、检查、制止违章指挥和违章作业。

30.2.4 填埋场环境保护工程与措施

填埋场对周围环境不应产生二次污染，并且应达到国家与地方的大气保护、水资源保护、环境生态保护及生态平衡控制要求。

填埋场地在填埋前应进行水、大气、噪声、蝇类滋生等的本底测定，填埋后应进行相应的定期污染监测。在污水调节池下游约 30m、50m 处设污染监测井，并在填埋场两侧设污染扩散井，同时在填埋场上游设本底井。

1. 水环境的保护措施

填埋场在填埋开始以后，由于地面水和地下水的流入、雨水的渗入以及污泥和生活垃圾本身的分解，会产生大量的渗滤液，这些渗滤液污染物浓度高、成分复杂、数量大，如果不加以妥善处理，将直接或间接对邻近地面水系或地下水系造成污染。为最大限度地控制渗滤液对环境的影响，应采用设置防渗工程、雨污分流工程、渗滤液收集和处理等措施。

（1）防渗工程措施

为确保垃圾填埋场产生的渗滤液不污染地表水及地下水，填埋场的防渗工程应采用水平防渗和垂直防渗相结合的工艺，防渗层的渗透系数 K 取 10^{-7}cm/s。填埋场基底应为抗压的平稳层，不应因污泥和生活垃圾的分解沉陷而使场底变形。

（2）雨污分流工程措施

填埋作业时应合理控制工作面，采用分区填埋和作业单元与非作业单元的清污分流，减少污泥与生活垃圾接受的降雨量，从而大大减少渗滤液产量，并且保护地表水和地下水。为尽可能减少流进污泥与生活垃圾库库区的雨水量，从而达到渗滤液的减量化，建议采取如下的雨污分流措施。

1）在填埋场边界线外围设置截洪沟。

2）划分成若干个填埋作业区域，作业区域之间通过修建土堤分隔，将作业区域产生的渗滤液和非作业区域的雨水分开收集。

3）正在填埋作业的区域内修建 1m 高的矮土堤，将作业区与非作业区分隔开来，以进一步减少渗滤液量。

4）填埋过程中，将较长时间不进行填埋作业的区域用厚约 35cm 的土或塑料薄膜覆盖起来，将其表面产生的雨水收集起来单独排放掉。

5）填埋场达到使用年限后，进行终场覆盖，顶面设置为斜坡式，以增大径流系数，在污泥与垃圾填埋平台上设置表面排水沟；排水沟以上汇水面多种草木，以防水土流失淤塞排水沟。同时，场地内种植绿化，以减少雨水转化为渗滤液的量。或设导流坝和顺水沟，将自然降水排出场外或使其进入蓄水池。

(3) 渗滤液收集和处理措施

填埋场底最低处应设有集水井，其内应设有总管通向地面，并高出地面100cm，以便抽提渗滤液。

填埋场应设置污水调节池，以均衡填埋场产生的渗滤液水量和水质。为使污水调节池能够调蓄暴雨时产生的渗滤液水量，调节池的有效容积应按二十年一遇降雨量时污泥填埋场产生的渗滤液量设计。

污泥填埋场渗滤液排放控制应满足《生活垃圾填埋场污染控制标准》GB 16889—2008 中规定。

2. 大气环境的保护措施

填埋场主要大气污染物有粉尘、NH_3、H_2S、RSH、CH_4 等，将会对大气造成一定的不良影响，尤其是 CH_4 为易燃、易爆气体，必须予以严格控制。

填埋场应设有气体输导、收集和排放处理系统。气体输导系统应设置横竖相通的排气管，排气总管应高出地面100cm，以采气和处理气体用。对填埋场产生的可燃气体达到燃烧值的要收集利用；对不能收集利用的可燃气体要烧掉排空，防止火灾及爆炸。

恶臭气体是有机质腐败降解的产物，亦是填埋场的主要污染物，其主要成分是 NH_3、H_2S、RSH 等。为减少恶臭气体对场区环境以及周围居民点产生的影响，应采取以下措施对恶臭气体的扩散加以防范与控制：

(1) 填埋工艺要求一层污泥一层土，每天填埋的污泥必须当天覆盖完毕，尽量减少裸露面积和裸露时间，防止尘土飞扬及臭气四溢。

(2) 填埋场区四周种植绿化隔离带，防止臭气扩散。

(3) 填埋场封场后，最终覆土不小于0.8m，并在其上覆15cm以上的营养土，以便种植对甲烷抗性较强的树种，如枸杞、苦楝、紫穗槐、白蜡树、女贞、金银木、臭椿等，以恢复场区原有生态环境。

填埋场大气污染物排放限值是对无组织排放源的控制，应满足《生活垃圾填埋场污染控制标准》GB 16889—2008 中规定。填埋场周围环境敏感点方位的场界恶臭污染物浓度应符合《恶臭污染物排放标准》GB 14554—1993 的规定。

3. 声环境的保护措施

填埋场噪声控制限值应根据生活垃圾填埋场所在区域，按照《工业企业厂界环境噪声排放标准》GB 12348—2008 相应级别的指标值执行。

填埋场大部分机械设备的工作噪声在85dB以下，对噪声较大的设备应采用消声、隔声和减振措施。另外，种植绿化隔离带也可起到屏障作用，减少噪声对居民生活的影响。

4. 对蚊蝇害虫的防治措施

蝇类滋生严重影响填埋场职工和邻近居民的生活，是公众对填埋场环境污染反映最强烈的问题之一。所以，防止苍蝇、蚊子的滋生应是填埋场环境保护的一个重要方面，其控制标准为苍蝇密度控制在10只/(笼·d)以下。具体灭蝇措施如下：

(1) 运输沿程严格控制灭蝇，可以采用压缩式密封车减少苍蝇的滋生。

(2) 保证填埋工艺的执行。即每天填埋的污泥必须当天覆盖完毕，这能有效控制苍蝇的滋生。

(3) 对场外带进或场内产生的蚊、蝇、鼠类带菌体，一方面组织人员定期喷药杀灭，另一方面加强填埋工序管理，及时清扫。及时清除场区内积水坑洼，减少蚊蝇的滋生地。

(4) 对垃圾暴露面上的苍蝇，一般采用药物喷雾或烟雾灭杀，但要注意药物对环境产生的副作用。还可使用苍蝇诱杀药物。在填埋场种植驱蝇植物，也是一种有效控制苍蝇密度的方法，且可防止药物造成的环境污染，是今后非药物灭蝇的发展方向。在填埋场的生活区，室外可采用低毒、低残留药物喷雾和诱杀剂杀灭，还可用捕蝇笼诱捕；室内可采用粘蝇纸，悬挂毒蝇绳，或在玻璃窗上涂抹灭蝇药物等。

5. 粉尘与漂浮物的影响及控制措施

粉尘和漂浮物的控制可采取下面几项措施：

(1) 配备保洁车辆，对场内道路及作业区采取定时保洁措施。

(2) 填埋场内作业表面及时覆盖。

(3) 种植绿化隔离带控制粉尘扩散。

(4) 正在进行作业的区域四周设置2.5～3m高的拦网，控制轻质杂物飞扬。

30.3 环境监控

填埋场环境监测的主要项目是与渗滤液、地表水、地下水、填埋气、大气、垃圾、土壤等有关的参数。这些参数的测定对于填埋场的正确运行起到了“眼睛”的作用，也是环境评价的依据。

30.3.1 大气监测

填埋场大气监测每月1次，监测点不应少于4点，采样方法应按现行国家标准《生活垃圾卫生填埋场环境监测技术要求》GB/T 18772—2008执行。监测项目应包括：总悬浮颗粒物、可吸入颗粒物、二氧化氮、氨、一氧化碳、二氧化碳、二氧化硫、恶臭、硫化氢、甲硫醇、甲硫醚、二甲二硫。

30.3.2 水质监测

填埋场水质监测包括渗滤液、地表水和地下水的水质监测。其主要监测项目应该包括：悬浮物、色度、pH、BOD、化学需氧量、硫化物、硫酸盐、硝酸盐、亚硝酸盐、氮、总氮、总砷、总磷、铅、镉、总汞、六价铬、总铬、挥发酚、大肠菌群数。

30.3.3 土壤监测

填埋场土壤监测的目的在于掌握填埋场对周围土壤的污染程度。土壤样品的监测项目应该包括：总砷、氯化物、游离氯、总氯、总磷、钒、硒、钡、铅、镉、总汞、铜、锌、镍、总铬、六价铬、锰、铁、氟化物、腐蚀性、六六六、滴滴涕、有机磷农药、大肠菌值。

30.3.4 噪声监测

填埋场界噪声监测按《环境噪声监测技术规范　城市声环境常规监测》HJ 640-2012

执行。

30.3.5 蚊蝇监测

通过监测填埋场苍蝇滋生密度，可有效了解监测区域的苍蝇滋生密度和种类，以此掌握填埋场苍蝇繁殖速率、药物杀灭效果对场外周边地区的影响，也是考核灭蝇工作好坏的有力证据。

苍蝇滋生密度监测，在国内尚无统一标准，一般采用卫生防疫部门推荐的方法，即捕蝇笼法。对于不宜采用捕蝇笼法的地方，可采用粘蝇纸法和目测法。

(1) 捕蝇笼法。在苍蝇密度监测区域，设置捕蝇笼，通过蝇笼下诱饵的引诱，将外界的苍蝇引诱聚集在笼内，将其杀灭后分类、测定，测出监测区域苍蝇的各种类数量。

(2) 粘蝇纸法。在苍蝇密度监测区域，将粘蝇纸展开固定好，经过一定时间后，清点停留在粘蝇纸上的苍蝇数量，据此推断监测区域内的相对苍蝇滋生密度。

(3) 目测法。监测人员在监测区域用眼观察一定面积内的苍蝇活动数量，然后判断出监测区域内的苍蝇滋生密度。

捕蝇笼法和粘蝇纸法，测出的苍蝇滋生密度为相对数，易受外界影响，非监测区域内的蝇类真实密度。目测法简便、快速，但准确度易受监测人员的判断、经验等因素影响，数据说服力不强。

第 31 章　污泥土地利用运行管理

污泥土地利用是实现污泥资源化的主要方式之一，各国标准和规范均对污泥中的重金属浓度和卫生学指标进行严格的控制。为满足规范、标准的要求，污泥在土地利用之前应先对其进行稳定化、无害化处理。本章主要对我国污泥土地利用的相关规范、标准，土地利用的现场运行管理要求以及污泥土地利用过程中的环境监控等方面进行介绍。

31.1　相关规范、标准

在国际上，已经有许多国家采用污泥土地利用作为污泥处理处置的主要方式，并先后出台了较为严格的污染物控制标准和相应的规范要求，如法国标准 9-01-08、美国标准 40 CFR 503 和欧盟标准 86-278-EEC 等。本节主要对我国现行污泥土地利用的相关规范和标准进行介绍。包括《城镇污水处理厂污泥处置　农用泥质》CJ/T 309—2009、《城镇污水处理厂污泥处置　园林绿化用泥质》GB/T 23486—2009、《城镇污水处理厂污泥处置　土地改良用泥质》GB/T 24600—2009 及《农用污泥中污染物控制标准》GB 4284—1984，其中，《农用污泥中污染物控制标准》参见本书第 23 章相关内容。

31.1.1　《城镇污水处理厂污泥处置　农用泥质》CJ/T 309—2009

该标准对城镇污水处理厂污泥农用泥质指标、取样与监测等方面进行了规定，具体内容如下：

（1）污泥农用时必须满足重金属、有机污染物、物理性质、卫生学指标、养分和有机质等指标控制要求。本标准中污泥施用量、物理和化学分析指标等均以干基计。

（2）污染物安全指标：污泥农用时，根据污泥中污染物的浓度将污泥分为 A 级和 B 级，其污染物浓度限值应满足表 31-1 的要求。

污染物浓度限值　　表 31-1

序　号	控制项目	限值(mg/kg)	
		A 级污泥	B 级污泥
1	总砷	<30	<75
2	总镉	<3	<15
3	总铬	<500	<1000
4	总铜	<500	<1500
5	总汞	<3	<15
6	总镍	<100	<200
7	总铅	<300	<1000
8	总锌	<1500	<3000
9	苯并(a)芘	<2	<3
10	矿物油	<500	<3000
11	多环芳烃(PAHs)	<5	<6

（3）物理指标：污泥农用时，其物理指标应满足表 31-2 的要求。

物理指标 **表 31-2**

序　号	控制项目	限值
1	含水率(%)	≤60
2	粒径(mm)	≤10
3	杂物	无粒度＞5mm 的金属、玻璃、陶瓷、塑料、瓦片等有害物质，杂物质量≤3%

（4）卫生学指标：污泥农用时，其卫生学指标应满足表 31-3 的要求。

卫生学指标 **表 31-3**

序　号	控制项目	指　标
1	蛔虫卵死亡率	≥95%
2	粪大肠菌群值	≥0.01

（5）营养学指标：污泥农用时，其营养学指标应满足表 31-4 的要求。

营养学指标 **表 31-4**

序　号	控制项目	指　标
1	有机质含量(g/kg，干基)	≥200
2	氮磷钾($N+P_2O_5+K_2O$)含量(g/kg，干基)	≥30
3	酸碱度 pH	5.5～9

（6）农田年使用污泥量累计不应超过 7.5t/hm^2，农田连续施用不应超过 10 年。

（7）湖泊周围 1000m 范围内和洪水泛滥区禁止施用污泥。

31.1.2 《城镇污水处理厂污泥处置　园林绿化用泥质》GB/T 23486—2009

该标准对城镇污水处理厂污泥园林绿化利用的泥质指标及限值、取样和监测等方面进行了规定，具体内容如下。

（1）外观和臭味：比较疏松，无明显臭味。

（2）稳定化要求：污泥园林绿化利用前，应满足 GB/T 18919—2002 中的稳定化控制指标。

（3）理化指标和养分指标：污泥园林绿化利用时，应控制污泥中的盐分，避免对园林植物造成损害，污泥施用到绿地后，要求对盐分敏感的植物根系周围土壤的 *EC* 值（含盐浓度）宜小于 1.0ms/cm，对某些耐盐的园林植物可以适当放宽到小于 2.0ms/cm；污泥园林绿化利用时，其他理化指标应满足表 31-5 的要求。

表其他理化指标及限值 **表 31-5**

序　号	其他理化指标	限　值	
1	pH	酸性土壤(pH＜6.5)	中性和碱性土壤(pH≥6.5)
		5.5～6.5	6.5～8.5
2	含水率(%)	＜40	

（4）污泥园林绿化利用时，其养分指标及限值应满足表 31-6 的要求。

养分指标及限值 **表 31-6**

序　号	养分指标	限　值
1	总养分[总氮(以 N 计)+总磷(以 P_2O_5)+总钾(以 K_2O 计)](%)	≥3
2	有机物含量(%)	≥25

（5）生物学指标和污染物指标：污泥园林绿化利用与人群接触场合时，其生物学指标及限值应满足表 31-7 的要求。同时，不得检测出传染性病原菌。

生物学指标及限值 **表 31-7**

序　号	生物学指标	限　值
1	粪大肠菌群菌值	>0.01
2	蠕虫卵死亡率(%)	>95

（6）污泥园林绿化利用时，其污染物指标及限值应满足表 31-8 的要求。

污染物指标及限值 **表 31-8**

序号	污染物指标	限值	
		酸性土壤(pH<6.5)	中性和碱性土壤(pH≥6.5)
1	总镉(mg/kg 干污泥)	<5	<20
2	总汞(mg/kg 干污泥)	<5	<15
3	总铅(mg/kg 干污泥)	<300	<1000
4	总铬(mg/kg 干污泥)	<600	<1000
5	总砷(mg/kg 干污泥)	<75	<75
6	总镍(mg/kg 干污泥)	<100	<200
7	总锌(mg/kg 干污泥)	<2000	<4000
8	总铜(mg/kg 干污泥)	<800	<1500
9	硼(mg/kg 干污泥)	<150	<150
10	矿物油(mg/kg 干污泥)	<3000	<3000
11	苯并(a)芘(mg/kg 干污泥)	<3	<3
12	可吸附有机卤化物(AOX)(以 Cl 计)(mg/kg 干污泥)	<500	<500

（7）种子发芽指数要求：污泥园林绿化利用时，种子发芽指数应大于 70%。

（8）污泥园林绿化利用时，宜根据污泥使用地点的面积、土壤污染物本底值和植物的需氮量，确定合理的污泥使用量。

（9）污泥施用后，有关部门应进行跟踪监测，污泥施用的地下水和土壤的相关指标需满足《地下水质量标准》GB/T 14848—1993 和《土壤环境质量标准》GB 15618—1995 的规定。

（10）为了防止对地表和地下水的污染，在坡度较大或地下水位较高的地点不应施用污泥，在饮用水水源保护地带严禁施用污泥。

31.1.3 《城镇污水处理厂污泥处置 土地改良用泥质》GB/T 24600—2009

该标准对城镇污水处理厂污泥土地改良利用的泥质指标及限值、取样和监测等进行了规定，适用于城镇污水处理厂污泥的处置和污泥土地改良利用，具体内容如下：

(1) 污泥土地改良利用前，应满足《城市污水处理厂污染物排放标准》GB 18918—2002 中的稳定化控制指标。

(2) 外观和嗅觉：有泥饼型感观，无明显臭味。

(3) 理化指标：污泥土地改良利用时，其理化指标应满足表 31-9 的要求。

理化指标 **表 31-9**

序　号	控制项目	限　值
1	pH	5.5～10
2	含水率	＜65％

(4) 养分指标：污泥土地改良利用时，其养分指标及限值应满足表 31-10 的要求。

营养指标 **表 31-10**

序　号	控制项目	限　值
1	总养分[总氮(以 N 计)＋总磷(以 P_2O_5 计)＋总钾(以 K_2O 计)](％)	≥1
2	有机物含量(％)	≥10

(5) 生物学指标：污泥土地改良利用时，其微生物学指标及限值应满足表 31-11 的要求。

生物学指标及限值 **表 31-11**

序　号	微生物学指标	限　值
1	粪大肠菌群值	＞0.01
2	细菌总数(MPN/kg 干污泥)	＜10^8 MPN/kg 干污泥
3	蛔虫卵死亡率(％)	＞95％

(6) 污染物指标：污泥土地改良利用时，其污染物指标及限值应满足表 31-12 的要求。

污染物浓度限值 **表 31-12**

序号	控 制 项 目	限值(mg/kg 干污泥)	
		酸性土壤(pH＜6.5)	碱性土壤(pH≥6.5)
1	总镉	5	20
2	总汞	5	15
3	总铅	300	1000
4	总铬	600	1000
5	总砷	75	75
6	总硼	100	150

续表

序号	控　制　项　目	限值(mg/kg 干污泥)	
		酸性土壤(pH<6.5)	碱性土壤(pH≥6.5)
7	总铜	800	1500
8	总锌	2000	4000
9	总镍	100	200
10	矿物油	3000	3000
11	可吸附有机卤化物(AOX)(以 Cl^- 计)	500	500
12	多氯联苯	0.2	0.2
13	挥发酚	40	40
14	总氰化物	10	10

(7) 排入城镇污水处理厂的工业废水应符合《污水综合排放标准》GB 8978—1996 的相关规定。

(8) 在饮水水源保护区和地下水位较高处不宜将污泥用于土地改良。

(9) 在污泥用于土地改良后，其施用地的土壤和地下水相关指标应符合 GB 15618 和 GB/T 14848 中的相关规定。

(10) 污泥施用频率：每年每公顷土地施用干污泥量不大于 30t。

31.2 现场管理

31.2.1 一般规定

为确保污泥土地利用安全、有效的进行，在施用污泥时应遵循以下几点规定：

(1) 用于土地利用的污泥根据用途不同应分别符合《农用污泥中污染物控制标准》GB 4284—1984、《城镇污水处理厂污泥处置 农用泥质》CJ/T 309—2009、《城镇污水处理厂污泥处置 园林绿化用泥质》GB/T 23486—2009 和《城镇污水处理厂污泥处置 土地改良用泥质》GB/T 24600—2009 中相关限值和指标规定，并对污泥的来源及质量进行详细记录。主管部门应对污泥产品土地利用的全过程进行严格的监管，以防止造成二次污染或危害。

(2) 污泥进行土地利用时，须注意对水源的保护。饮用水水源一、二级保护区禁止任何形式的施用污泥。若在准保护区内施用污泥，需在施用前上报相关主管部门审批。

(3) 污泥土地利场所应设有具有防渗漏、防溢流及防雨措施的贮存设备或设施。施用场地可选择渗透性低或适中，土壤厚度不小于 0.6m，土壤为中性或偏碱性 (pH>6.5)，且应保证施用场地排水通畅。不宜在地下水位较高 (≤3m) 和渗透性较好的场地上施用污泥。

(4) 污泥施用宜选择坡度小于 3%的场地，场地坡度大于 6%时，不宜进行污泥施用。对于坡度为 3%～6%的场地，应采取一定防护措施防止雨水冲刷、径流对附近水体和环境产生污染。

(5) 当污泥施用场地大于 150 亩，施用量大于 2t (干污泥)/亩时，污泥进行土地利用的场地、施用时间及施用量等须先进行环境影响评价，然后经环境保护主管部门及相关部门批准同意后方可实施。

（6）污泥土地利用责任主体必须在施用污泥前委托具有资质的单位监测施用场地土壤和地下水环境的背景值；在污泥施用后对施用场地的土壤、地下水及植物进行长期定点监测，并将污泥质量、施用量及每年的监测结果上报有关环保部门备案。

31.2.2 农田利用

污泥用于农田利用时，除须遵循上述一般规定外，还应注意以下几点要求：

（1）污泥原则上只能用作基肥，在耕作前施用，尤其当农作物为蔬菜作物、薯类作物以及茶叶等作物时，污泥只作为农用基肥施用，禁止作为追肥施用。

（2）农作物生长期可选择质量合格的污泥产品作为追肥。污泥施用宜在秋天进行，梅雨季节和夏季不应进行施用。

（3）污泥用作农田利用时，若发现施用污泥对农作物生长、发育产生影响或农产品不符合卫生标准时，应立即停止施用污泥并向有关部门报告。为解决上述问题，可采用施用石灰、过磷酸钙、有机肥等控制农作物对有害物质的吸收。

31.2.3 园林绿化利用

污泥用于园林绿化利用时，除须遵循上述一般规定外，还应注意以下几点要求：

（1）污泥用于园林绿化的时间可根据当地气候条件、植物类型进行施用，施用时间一般选在绿化种植前，且须避开集中降水期和夏季炎热气候下施用。

（2）合理安排施用现场，有条件时，用于园林绿化的污泥须采用袋装包装并及时施用。没条件时，应对污泥产品加盖棚布。污泥产品不得随意堆放和贮存。

（3）应优先选用质量合格的污泥产品用于草坪、花卉、树木肥料和基质，避免采用黏土作为园林绿化的基质土。达到稳定化要求的污泥可部分或全部作为属盆栽花卉和草坪绿化的基质。施用前可将污泥或污泥、土壤混合物堆置一段时间（一般大于 5d）。

（4）绿地直接施用时，应先在土壤上方均匀撒上污泥，再将污泥翻入土壤内，使污泥和土壤充分混合，有条件时可洒上少量水以降低污泥可能存在的盐害。

（5）污泥进行林地利用时，可选择在树木砍伐后的林地施用或树苗期、成树期施用。施用时间应综合气候状况和树龄考虑，禁止在雨季和冰冻期进行污泥施用。污泥林地利用的施用方式可采用灌溉（喷灌和自流灌溉）、翻土作垄和犁沟。

31.2.4 土壤改良利用

污泥用于土壤改良利用时，除须遵循上述一般规定外，还应注意以下几点要求：

（1）污泥堆肥后可用于严重扰动土地的改良。在施用液体污泥时，现场须做好围挡，防止污泥溢流对环境产生影响。污染物控制指标按酸性土壤执行，施用的污泥应稳定并无明显恶臭，施用量可根据土壤受损情况确定。

（2）施用污泥修复和改良后的土壤应采取覆盖、深翻或客土法等措施，以避免污泥过度积累而影响土壤的修复和改良。

31.3 环境监控

31.3.1 环境监测

污泥中含有植物生长所需的营养元素，可以为植物提供良好的生长环境，但在污泥土地利用时由于污泥中重金属、有害有机物、病原体、寄生虫以及N、P等物质会对周围公共卫生、环境和地下水产生较大的影响，因此在土地利用过程中监测和控制这些物质的浓度是十分必要的。

污泥用于农田、园林绿化以及土地改良时，土壤中重金属及卫生学指标限值如表31-13所示。

污泥土地利用时土壤中重金属及卫生学指标限值 表31-13

序号	污泥用途	重金属				卫生学指标	
		污泥级别或土壤性质	总镉(mg/kg干污泥)	总汞(mg/kg干污泥)	总砷(mg/kg干污泥)	粪大肠菌群菌值	蠕虫卵死亡率(%)
1	农田利用	A级污泥	3	3	30	0.01	95
		B级污泥	15	15	75		
2	园林绿化利用	酸性土壤	5	5	75	0.01	95
		中性和碱性土壤	20	15	75		
3	土地改良利用	酸性土壤	5	5	75	0.01	95
		中性和碱性土壤	20	15	75		

31.3.2 污染控制

1. 重金属的控制

污泥中的重金属在施用后会进入土壤，由于重金属在土壤中的迁移性较差，因此大部分重金属会积累在土壤表面。汞、镉、铅等重金属会对植物的生长产生影响，而铜、锌等重金属在较高浓度下也会影响植物的生长。此外，还有极少量的重金属会随着雨水或自行迁移到土壤深层，对表面地下水产生影响。因此，应严格控制污泥的施用量和施用年限以便控制重金属污染。

2. 病原体和寄生虫的控制

污泥中含有病原体和寄生虫，当污泥用于土地利用时，其中的病原体可能会对土壤、空气、水源造成污染，并通过皮肤接触、呼吸和食物链对人体健康产生影响。因此，污泥在进入环境以前有必要对其进行灭菌处理，常用的方法有好氧堆制法、厌氧法、空气干燥分解法、石灰消毒法、加热干燥法和巴氏灭菌法等。

3. 有害有机物和N、P的控制

污泥中存在有害有机物和N、P等物质，其中有害有机物无法做到完全消除，对环境可能会产生污染。而N和P虽然是营养元素，但是这些过量的元素不能被植物及时吸收，会随着雨水进入附近水体，造成水体的富营养化。不论是农业利用还是林业利用，氮元素的浓度都是重要的限制性参数，因此可以通过氮负荷来确定污泥的负荷量以便对污泥的施用量进行控制。

第32章 建材利用管理

32.1 相关规范、标准

污泥中除了有机物外往往还含有20%～30%的硅、铝、铁、钙等无机物，与许多建筑材料常用的原料成分及化学特性特征接近，可以分别利用污泥中的无机成分和有机成分制造建筑材料，污泥制作建筑材料是资源化利用的良好途径，也是循环经济理念的很好范例。若要使其为建材市场所接受，就必须保证建材本身的产品质量，这样才能有稳定的消纳量。因此，建立相应的管理法律法规制度、生产标准规范是非常必要的。

近十年来污泥建材利用的处置方式得到国内充分肯定，制订了污泥处置的制砖和水泥熟料生产用泥质，标准如下：

(1)《城镇污水处理厂污泥处置　制砖用泥质》GB/T 25031—2010；

(2)《城镇污水处理厂污泥处置　水泥熟料生产用泥质》CJ/T 314—2009。

建材行业的烧结普通砖、普通硅酸盐水泥、建材放射性和环境指标均有相应标准：

(1)《烧结普通砖》GB 5101—2003；

(2)《建筑材料放射性核素限量》GB 6566—2010；

(3)《烧结多孔砖》GB 13544—2011；

(4)《通用硅酸盐水泥》GB 175—2007；

(5)《水泥工业大气污染物排放标准》GB 4915—2013；

(6)《危险废物鉴别标准》GB 5085.7—2007；

(7)《工业企业厂界噪声排放标准》GB 12348—2008；

(8)《恶臭污染物排放标准》GB 14554—1993；

(9)《轻集料及其试验方法》GB/T 17431—2010。

32.1.1 理化指标

污泥用于水泥熟料生产和烧结制砖时，其理化指标应满足表32-1的要求。

理化指标 **表32-1**

序　号	控制项目	限　值	
		烧结制砖	水泥熟料生产
1	pH	5.0～10.0	5.0～13.0
2	含水率	≤40%	≤80%

污泥用于水泥熟料生产和制砖时，污泥添加比例应符合表32-2的规定，在泥质较好或技术水平较高的前提下可以适当调高。

污泥推荐用量 **表 32-2**

生产目标	生产工艺	熟料产量	污泥含水率(%)	污泥添加比例(%)
水泥熟料生产	干法水泥生产工艺①	1000～3000t②	35～80	<10
			5～35	10～20
		3000t 以上	35～80	<15
			5～35	15～25
	湿法水泥生产工艺	无限制	≤80	<30
烧结制砖			≤40	≤10

注：① 立窑、立波尔窑等不宜采用城镇污水处理厂污泥生产水泥熟料。
② 日产 1000t 熟料以下的干法水泥生产线，不宜采用城镇污水处理厂污泥生产水泥熟料。

以污泥为原料制作建材，除应对污泥泥质有一定的标准控制外，还需按建材方面的有关规范和标准进行衡量。在砖块制作上，可遵循《烧结普通砖》GB 5101—2003，其主要衡量指标有抗压强度、抗折强度、吸水率、抗风化性能、干质量损失率等，而对原料并无化学组分上的要求；在陶粒的制作上，可遵循的标准是《轻集料及其试验方法》GB/T 17431—2010，该标准对密度级别、质量等级、最大粒径做出了要求；如果用污泥替代混凝土中的砂，则应遵循《硅酸盐建筑制品用砂》JC/T 622—2009 标准；在水泥制作上，可供参考《通用硅酸盐水泥》GB 175—2007。

在国外，污泥建材利用已经制定了一些规范和标准。欧盟作为一个政治和经济共同体，已经共同制定了一项有关污泥及垃圾焚烧灰渣制作建材的标准（表 32-3）。在美国，到目前为止，还未制定适用于全国的有关污泥建材利用方面的法律，但在佛罗里达州，已经针对城市垃圾等焚烧灰渣进行建材利用时做了规范说明（表 32-4）。在日本，污泥建材利用目前执行相关行业标准，对污泥制砖的性能进行了规范（表 32-5）。

欧盟利用污泥灰渣制作混凝土和水泥时，对其中化学组分以及颗粒度（PSD）的要求

表 32-3

项目		混凝土(GSC)	混凝土(EN450)	水泥(DIN1164)	水泥(EN197-1)
反应性 SiO_2(%)		—	≥25	≥25	≥25
MgO		≤5	—	—	—
反应性 CaO		—	≤5	≤5(自由 CaO≤1.5 时,≤10)	≤10
自由 CaO		≤1.5	≤1.0	—	≤11.0
亚硫酸盐(SO_3^{2-})(%)		≤3.0	3.0	—	≤3.5～4②
总碱度(Na_2O)(%)		≤4①	—	—	—
Cl^-		≤0.1	≤0.1	—	—
LOI③(%)		≤5	≤5	≤5	≤5
PSD	小于	5%>0.2mm	0%>0.045mm		
	至少	50%<0.04mm			
	至少	30%<0.02mm			

注：① 这一限制仅在考虑灰渣用于低碱度混凝土上。
② SO_3^{2-}可以高些，但在制作水泥时，就要适当降低添加剂中 $CaSO_4$ 的含量以进行平衡。
③ LOI 烧失量，表示在 105～110℃烘干的原料在 1000～1100℃灼烧后失去的质量比。

美国佛罗里达州灰渣资源化利用需满足的条件 表 32-4

利用方式	粒径范围	含水率	LOI(质量分数)(%)	膨胀	产 H_2
沥青铺面骨料	(<60μm) <10%	≤15%	≤3%	在16%含水率下老化三个月以防止膨胀	除黑色及有色金属以防止 H_2 产生
混凝土骨料	(<60μm) <10%	≤15%	≤3%		
建筑填料	(<60μm) <10%	≤16%~17%	≤3%		

日本污泥制砖物理性能评价标准 表 32-5

实验项目	检体数	实验方法	判定标准	备注
弯曲实验	3	根据 JIS A5209	3.0MPa 以上	◎
透水实验	3	根据 JIS A1218	1.0×10^{-2}cm/s 以上	◎
尺寸测定(长度)	5	根据 JIS A5209	(198±3)mm(每片)	○
尺寸测定(幅度)	5	根据 JIS A5209	(98±2.5)mm,—0.5mm(每片)	○
尺寸测定(厚度)	5	根据 JIS A5209	(60±2.0)mm	○
翘度实验	3	根据 JIS A5209	(0±2)mm	□
磨耗实验	3	根据 JIS A5209	0.1g 以下	□
硬度实验	3	根据 BS 6431part6①	莫尔斯硬度 6~7 以上	□
抗滑性	3	根据 ASTM E-303②	BNP40 以上③	□
孔隙率测定	3	根据大阪市下水道技术协会要领	参考值④	□
耐冻害性实验	3	根据 JIS A5209	无异常物	□
白华实验	3	根据 ASTM C67-90	无白华现象	□
压缩实验	3	根据 JIS R1250	17MPa	□
耐用性	3	根据 JIS A5209	无断裂等异常物	□

注：① BS 是英国规格协会。
② ASTM 是美国材料实验协会。
③ BNP 是英式振子型抗震实验器。
④ 孔隙率是透水性砌砖内吸收水的量，和透水性砌砖的体积比值算出的。通常在 20%左右。60mm 的透水性砌砖，保水量约 200mL，80mm 的约 260mL。
◎表示内部+外部实验；○表示内部实验；□表示外部实验。

32.1.2 污染物指标

污泥污染物含量是限制污泥处置的重要因素，在污泥用于建材的污染物控制上，2008、2009 年我国出台的污泥处置制砖泥质和水泥熟料生产泥质中都对污染物的浓度做出了限制，见表 32-6。

在水泥产品浸出液的最高允许浓度亦给出了规定，见表 32-7。

美国、日本及欧盟等对污泥的建材利用进行了大量深入的研究，他们都参照有关建材规范和标准，制定了相应的污泥建材利用时重金属含量与浸滤的要求标准。欧盟标准（表 32-8）以及日本标准（表 32-9），建材中浸出液最高允许浓度标准的执行应优先于灰渣中允许的最高含量限值。

污染物浓度限值 **表 32-6**

序号	控制项目	限值(mg/kg 干污泥)	
		烧结制砖	水泥熟料生产
1	总镉	<20	<20
2	总汞	<5	<25
3	总铅	<300	<1000
4	总铬	<1000	<1000
5	总砷	<75	<75
6	总镍	<200	<200
7	总锌	<4000	<4000
8	总铜	<1500	<1500
9	矿物油	<3000	未限制
10	挥发酚	<40	未限制
11	总氰化物	<10	未限制

水泥产品浸出液污染物浓度限值 **表 32-7**

序号	控制项目	限值(μg/L 干污泥)
1	总镉	<1
2	总汞	<0.05
3	总铅	<10
4	总铬	<10
5	总砷	<10
6	总镍	<50
7	总锌	<500
8	总铜	<50

欧盟污泥制作建材中重金属浸出量及灰渣中的含量的限制 **表 32-8**

项目	浸出量(μg/L)				灰渣中含量(mg/kg)	
	Z0	Z1.1	Z1.2	Z2	Z0	Z1
As	10	10	40	40～100①③④	20	30
Hg	0.2	0.2	1.0	2.0③	0.3	1.0
Cd	2.0	2.0		10①②③	0.6	1.0
Cr	15	30		300～350①③	50	100
Pb	20	40			100	200
Ni	4	50			40	100
Cu	50	50			40	100
Zn	100	100			120	300
pH	10～12	10～12	10～12	8①(10②③④)～13		

注：① 排炉焚烧炉飞灰。
② 流化床飞灰。
③ 熔渣炉飞灰。
④ 灰渣。

Z0——建材可应用于各种场合；Z1——建材应用于特殊场合，如公园（Z1.1）、工业区（Z1.2）；Z2——建材应用于具有严格环境条件的场合，如地下水防护的场合，如地下水防护等。

日本关于污泥制砖重金属浸出量标准　　表 32-9

项目		环境基准值（环境厅告第 46 号）	再生材料评价法溶出基准	项目		环境基准值（环境厅告第 46 号）	再生材料评价法溶出基准
1	有机汞	不检出	—	7	氰	不检出	—
	汞及无机汞化合物	≤0.0005mg/L	≤0.0005mg/L				
2	镉、镉化合物	≤0.01mg/L	≤0.01mg/L	8	PCB	不检出	—
3	铅、铅化合物	≤0.01mg/L	≤0.01mg/L	9	三氯乙烯	≤0.03mg/L	—
4	有机磷化合物	不检出	—	10	四氯乙烯	≤0.01mg/L	—
5	六价铬化合物	≤0.05mg/L	≤0.05mg/L	11	二氯乙烯	≤0.02mg/L	—
6	砷、砷化合物	≤0.01mg/L	≤0.01mg/L	12	硒、硒化合物	≤0.01mg/L	≤0.01mg/L

32.1.3　大气污染物排放指标

污泥在运输和储存时，大气污染物排放最高允许浓度应满足表 32-10 的要求，标准分级、取样与监测需满足《城镇污水处理厂污染物排放标准》GB 18918—2002 要求。

大气污染物排放最高允许浓度　　表 32-10

序　号	控制项目	一级标准	二级标准	三级标准
1	氨（mg/m³）	1.0	1.5	4.0
2	硫化氢	0.03	0.06	0.32
3	臭气浓度（无量纲）	10	20	60
4	甲烷（厂区最高体积浓度）	0.5	1	1

32.1.4　其他指标

污泥建材利用中还应考虑其他污染物如放射性污染物、有机污染物等。污泥烧结制砖时需要考虑烧失量和放射性核素指标见表 32-11，制砖时污泥若与人群发生接触，需要考虑卫生学指标，见表 32-12，同时不能检测出传染性病原菌。

烧失量和放射性核素指标　　表 32-11

序　号	控 制 项 目	限　值	
1	烧失量	≤40%	
2	放射性核素	$I_{RA}\leqslant1.0$	$I_r\leqslant1.0$

卫生学指标　　表 32-12

序　号	控 制 项 目	限　值
1	粪大肠菌群菌值	＞0.01
2	蠕虫卵死亡率	＞95%

32.2　现场运行管理

1. 进厂原料质量管理

进厂污泥要有标识和记录，避免混杂。做到先检验、后使用。污泥质量必须符合相关泥质要求，企业初次使用时，必须经过试验，确认能保证产品质量方可使用。日常原料应按批次进行质量检验与控制。

厂内污泥应保持合理的贮存量，应由厂内产品订单合理控制进厂量，同时控制贮存处的环境卫生和除臭工作。

进厂原材料经取样检验达不到生产质量要求的为不合格品，必须隔离存放另处理，在存放地点按指令做醒目标识。同时做好相关记录，记录中要包括堆放地点和处理结果。

2. 工艺运行参数

污泥烧结制砖、水泥熟料生产和污泥制陶等生产工艺必须严格控制基本工艺指标，保证产品质量。下列为水泥窑在正常操作时工艺参数控制。

(1) 控制生料喂料量为目标值±10%，窑速控制在 3.9r/min 左右。

(2) 窑内燃料要完全燃烧，电收尘器入口一氧化碳含量在 2000×10^{-6} 以下，烧成筒体表面温度控制在 380℃以下，最高不超过 395℃。

(3) 入窑生料中有害成分含量一般控制在：碱含量±1.5%。

(4) 熟料率值按以下要求控制。

1) 石灰石饱和比的控制范围：目标值±0.02，合格率不小于 85%；

2) N 和 P 控制范围：目标值±0.03，合格率不小于 85%。

3. 设备正常运行

污泥建材利用时，现场设备一方面要做好调试工作，另一方面要做到定时检修维护。为了减少设备事故，延长设备的寿命，提高设备的完好运转率，做好设备的定期检修。正确处理生产与维修的关系，坚持实行定期检修，设备定期检修是企业生产计划的组成部分，必须予以认真执行，切实保正定期检修的落实。

检修计划制定之后，要根据计划要求切实做好检修的准备工作。检修工作应包括技术准备、物资准备、人员和组织准备等，准备工作要有计划、有检查、要落实到人。检修结束时，要严格按检修质量标准组织验收，确实合格后方可正式投入运转。

32.3 现场安全管理

32.3.1 安全生产管理

建材生产一般都是在高温焚烧作业下，需要对安全生产工作更加重视，生产企业既要制定安全管理制度，也要加强安全意识的教育，同时还得定期开展安全生产检查。

安全检查为定期的、日常的、专业性的、季节性的检查，各种检查应实行“安全检查表”的表现方法。生产期间，定期进行一次全厂安全大检查；根据安全生产情况，分管安全的总工程师随时组织进行安全生产专项检查；生产区各车间负责人每天在开工前和收工前进行两次现场安全检查；建立安全检查隐患和整改档案，将检查出问题记录在册，事故隐患整改情况登记在案。

1. 危险源管理

加强水泥厂、制砖厂安全生产管理，必须有效实施对厂区重大危险源的监控，加强事故的预警、预防、预控工作，才能有效减少事故的发生。

定期组织对重大危险源进行辨识和安全评估工作，及时重新确定重大危险源，同时报上级主管部门审批，按照厂内制定的安全检查制度，定期对重大危险源进行检查监控。建立重大危险源所用设备（包括安全附件）的使用、检验的档案和台账，并制定相应设备管理制度。按照厂安全检查制度，定期对重大危险源的设备设施检查监控，并委托有资质部门对特种设备进行定期检测。

重大危险源所在岗位，应配备必要的防毒、消防设施及器具；重大危险源所在岗位的所有设备的安全附件应齐全、完整，灵敏好用；重大危险源岗位禁止携带易燃、易爆、有毒等与危险源物质性质相抵触的物品进入岗位；在重大危险源岗位施工、检修时，必须制定施工检修的安全方案，厂内监管部门批准，并设立专人监护，方能施工、检修。施工、检修单位应做好相应的记录。

2. 事故应急管理

发生生产安全事故时，需要及时上报，抓紧救援工作，做好事后处理。

情况紧急时，事故现场有关人员可以直接向当地安全生产监督管理局和有关部门报告。报告事故应当包括：

（1）事故发生单位概况。

（2）事故发生的时间、地点以及事故现场情况。

（3）事故的简要经过。

（4）事故已经造成或者可能造成的伤亡人数（包括下落不明的人数）和初步估计的直接经济损失。

（5）已经采取的措施。

（6）其他应当报告的情况。

接到事故报告，在进行事故逐级上报的同时，应采取有效措施，或立即启动事故相应的应急预案，组织抢险救援，防止事故扩大和财产损失。发生人身伤害事故，现场人员应立即采取有效措施，杜绝继发事故，防止事故扩大，并立即将受伤或中毒人员用适当的方法和器具搬运出危险地带，并根据具体情况施行急救措施。在医务人员未赶到现场前，现场人员不得停止对伤害人员的抢救和护理。

事故发生后，要妥善保护事故现场和相关证据，因抢救人员、防止事故扩大以及疏散交通等原因，需要移动事故现场物件的，要做出标志、绘制简图并做出书面记录。查明事故经过、原因、人员伤害情况、直接经济损失，认定事故性质和事故责任，提出对责任者的处理意见，总结教训，提出防范和整改措施等。

32.3.2 环境监控

污泥建材利用对环境可能带来一定的影响。但是，从日本、美国污泥等废料利用情况来看，由于污泥利用过程中通常经过超过 1000℃的高温处理，可使废气中的二噁英、挥发和半挥发有机物等得到较好的控制，而 TSP、颗粒态只要采用适当的尾气治理措施，也不会对大气造成污染。

污泥中含有的重金属在建材利用过程中，一部分会随灰渣进入建材而被固化其中，重金属失去游离性，通常不会随浸出液渗透到环境中，不会对环境造成较大的危害。但值得注意的是污泥制成的建材，要视其重金属含量以及浸出效果，注意选择适当的应用场合。

1. 重金属污染物控制

污泥与黏土混合高温焙烧制成砖块后，其中的绝大部分重金属已与硅酸盐玻璃相融合，形成稳定的固溶体，不会溢出污染环境。另一方面，在污泥脱水前进行单独处理，投入特制的添加剂。在污泥中加入含硫、钡和氢氧根的专用添加剂，使重金属转化成新的不溶于水的金属化合物，到达稳定污泥中有毒重金属的效果。

在污泥建材利用中，应注意遵循一定的规范。由于高温环境，污泥中的一些沸点较低的重金属，如Zn、Cu、Hg等，容易游离到气相中，因此在制成的建材中，重金属含量会有较大程度的降低。但是，因挥发而游离到气相中的重金属容易附着在烟气的尘粒上，因而收集的飞灰应该作为危险废物进行慎重处理。

控制污泥焚烧重金属排放的主要方法有：通过余热利用系统使烟气降温，烟气中的重金属自然凝聚成核或冷凝成粒状物质，将尾气通过湿式洗涤塔，除去其中水溶性的重金属化合物；通过布袋除尘器可吸附部分重金属颗粒，另一部分重金属可喷射活性炭等粉末，吸附重金属形成较大颗粒后，被除尘设备捕集。

2. 大气污染物控制

污泥建材利用时，焚烧产生的炉渣与飞灰应分别收集、贮存、运输，并妥善处置。飞灰应按《危险废物鉴别标准》GB 5085.1—2007的规定进行鉴定后，妥善处置；属于危险废物的，应按危险废物处置；不属于危险废物的，可按一般固体废物处理。

污泥焚烧后的烟气成分与污泥成分密切相关。常规污染物主要有NOx、SO_2和烟尘等。污泥中的氯含量较生活垃圾更低，污泥焚烧所产生的二噁英通常低于生活垃圾。污泥焚烧后重金属大多数都富集在飞灰中。

用于烟尘控制的除尘设备主要有旋风除尘器、静电除尘器和布袋除尘器。污泥焚烧尾气除尘推荐使用布袋除尘器。

控制污泥焚烧烟气中二噁英排放的主要方法有：在燃料中添加化学药剂阻止二噁英的生成；在燃烧过程中提高“3T”（湍流Turbulence、温度Temperature、时间Time），通过旋转二次风等布置方式使污泥与空气充分搅拌混合，维持足够的燃烧温度和3s以上的停留时间，减少二噁英前驱物的生成；在尾气处理过程中喷射活性炭粉末等吸附二噁英类物质而被除尘设备捕集；布袋除尘器对二噁英也有一定的吸附作用。

应严格控制焚烧工艺过程，并对烟气必须采取综合处理措施，其烟气排放浓度必须满足《生活垃圾焚烧污染控制标准》GB 18485—2014和《水泥厂大气污染物排放标准》GB 4915—2013的规定，其中水泥厂外粉尘排放标准见表32-13。

水泥厂粉尘无组织排放限值 **表32-13**

类　别	二　级	三　级
厂界外20m处空气中粉尘最高允许浓度(mg/m^3)	1.0	1.5

3. 噪声控制

焚烧厂的噪声应符合《声环境质量标准》GB 3096—2008和《工业企业厂界环境噪声标准》GB 12348—2008的规定，见表32-14。对建筑物内直接噪声源控制应符合《工业企业噪声控制设计规范》GB/T 50087—2013的规定。焚烧厂噪声控制应优先采取噪声源控制措施。厂区内各类地点的噪声控制宜采取以隔声为主，辅以消声、隔振、吸声的综合治理措施。

工业企业厂界环境噪声排放标准　　表 32-14

厂界外声环境功能区类别	噪声排放限值(dB)	
	昼间	夜间
0	50	40
1	55	45
2	60	50
3	65	55
4	70	55

注：0 类标准适用于疗养院。
1 类标准适用于以居住、文教机关为主的区域。
2 类标准适用于居住、商业、工业混杂区及商业中心区。
3 类标准适用于工业区。
4 类标准适用于交通干线道路两侧区域。

4. 臭味控制

污泥中含有大量硫化物、胺类等引起臭味的物质，在其贮存和干燥过程也会散发出大量恶臭气体，需要对这些有害气体进行处理，以减轻臭味对环境的污染。

污泥臭气的去除方法主要有：化学除臭法、物化除臭法和生物除臭法。考虑到处理成本和工艺的可行性，在污泥贮存池上方加装抽气罩，把污泥臭气抽入水（或石灰水）中，使臭味物质得到消除，可实现对污泥臭味处理控制。同理，在污泥干燥过程中产生的臭气也采用同样方法处理，最后将除臭产生的污水排入厂内排水管道，最终进入污水处理厂集中处理，可消除臭味物质对环境的危害。

焚烧生产线运行期间，应采取有效控制和治理恶臭物质的措施。焚烧生产线停止运行期间，应采取相应措施防止恶臭扩散到周围环境中。恶臭污染物控制与防治应符合《恶臭污染物排放标准》GB 14554—1993 的规定，具体污染物厂界标准值见表 32-15。

恶臭污染物厂界标准值　　表 32-15

序号	控制项目	一级	二级	三级
1	氮(mg/m^3)	1.0	1.5	4.0
2	三甲胺(mg/m^3)	0.05	0.08	0.45
3	硫化氢(mg/m^3)	0.03	0.06	0.32
4	甲硫醇(mg/m^3)	0.004	0.007	0.020
5	甲硫醚(mg/m^3)	0.03	0.07	0.55
6	二甲二硫(mg/m^3)	0.03	0.06	0.42
7	二硫化碳(mg/m^3)	2.0	3.0	8.0
8	苯乙醚(mg/m^3)	3.0	5.0	14
9	臭气浓度(无量纲)	10	20	60

第 8 篇　污泥及污泥气组分分析

第 33 章　污泥及污泥气组分分析

33.1　污泥泥样预处理

由于污泥中含有多种有机物和离子，不能直接进行某些项目的定量分析，因此在分析前需要进行预处理。污泥的预处理方法与土壤预处理方法类似，主要包括加热酸消解法和高压消解法等。

33.1.1　加热酸消解法

1. 王水＋盐酸＋高氯酸法

准确称取 0.5g 风干污泥样于 100mL 烧杯中，加入 15mL 王水，加盖，低温加热至微沸。蒸至近干时取下，加入 1.5mL 的高氯酸，继续加热，至冒烟时取下停止加热，用适量的去离子水冲洗表面皿及烧杯壁后，取下表面皿继续加热至冒烟，使高氯酸的残留量保持在 0.5～1.0mL 时取下，加 10mL 1mol/L 盐酸，煮沸，趁热过滤于 50mL 的容量瓶，用热的 0.1mol/L 盐酸洗涤数次，最后用 0.1mol/L 的盐酸稀释至刻度，摇匀待测。

2. 王水＋盐酸法

准确称取 0.5g 风干污泥样于 100mL 烧杯中，加入 30mL 王水，加盖，低温加热至微沸并保持 1h；蒸干之后，加入 10mL 1mol/L 盐酸，继续加热蒸至近干，再加入 30mL 1mol/L 盐酸趁热溶解过滤于 50mL 的容量瓶，用去离子水洗涤数次，最后定容至刻度，摇匀待测。

3. 王水＋高氯酸法

准确称取 0.5g 风干污泥样于 100mL 烧杯中，加入 10mL 王水，加盖，低温加热至微沸，有机物剧烈反应时，加入 2mL 的高氯酸，继续加热，至冒烟时取下停止加热，冷却后用适量的去离子水冲洗表面皿及烧杯壁，取下小漏斗，小火加热除去高氯酸，用 1%的硝酸温热溶解盐类后，过滤于 50mL 的容量瓶，并用 1%的硝酸定容，摇匀待测。

33.1.2　高压消解法

准确称取 1.0g 风干污泥样于内套聚四氟乙烯坩埚中，润湿试样，再加入硝酸、高氯酸各 5mL，摇匀后放入不锈钢套筒中拧紧，放在 180℃的烘箱中消解 2h。取出冷却至室温后，取出坩埚，用水冲洗坩埚盖的内壁，加入 3mL 氢氟酸，置于电热板上，在 100～120℃下除硅，直至坩埚内剩下 2～3mL 溶液时，调高温度至 150℃，缓缓蒸至近干，然后用稀盐酸溶液冲洗内壁及坩埚盖，温热溶解残渣，冷却后，定容至 100mL 或 50mL，摇匀待测。

33.2 污泥理化特性测定

主要的几种污泥理化特性的测定方法如表 33-1 所示。

污泥的理化特性测定方法 **表 33-1**

序号	项目	测定方法	最低检出限	方法标准
1	污泥含水率	重量法	—	CJ/T 221—2005
2	有机物含量	重量法	—	CJ/T 221—2005
3	污泥浓度	重量法	—	CJ/T 221—2005
4	pH	电极法	—	CJ/T 221—2005
5	总碱度	指示剂滴定法	—	CJ/T 221—2005
		电位滴定法		
6	总氮	碱性过硫酸钾消解紫外分光光度法	0.04mg/L	CJ/T 221—2005
		凯氏法	48mg/kg	HJ 717—2014
7	总磷	氢氧化钠熔融后钼锑抗分光光度法	0.020mg/L	CJ/T 221—2005
8	总钾	微波高压消解后电感耦合等离子体发射光谱法	0.010mg/L	CJ/T 221—2005
		常压消解后电感耦合等离子体发射光谱法	0.018mg/L	
		微波高压消解后原子吸收分光光度法	0.05mg/L	
		常压消解后火焰原子吸收分光光度法	0.05mg/L	

33.3 污泥的重金属测定

主要的几种重金属测定方法如表 33-2 所示。

污泥的重金属测定方法 **表 33-2**

序号	项目	测定方法	最低检出限	方法标准
1	总镉	石墨炉原子吸收分光光度法	0.01mg/kg	GB/T 17141—1997
		KI-MIBK 萃取火焰原子吸收分光光度法	0.05mg/kg	GB/T 17140—1997
		微波高压消解后电感耦合等离子体发射光谱法	0.005mg/L	CJ/T 221—2005
		常压消解后电感耦合等离子体发射光谱法	0.009mg/L	
		微波高压消解后原子吸收分光光度法	0.05mg/L	
		常压消解后原子吸收分光光度法	0.05mg/L	
2	总铬	火焰原子吸收分光光度法	5mg/kg	HJ 491—2009
		微波高压消解后电感耦合等离子体发射光谱法	0.008mg/L	CJ/T 221—2005
		常压消解后电感耦合等离子体发射光谱法	0.009mg/L	
		微波高压消解后二苯碳酰二肼分光光度法	0.02mg/L	
		常压消解后二苯碳酰二肼分光光度法	0.02mg/L	

续表

序　号	项　　目	测　定　方　法	最低检出限	方法标准
3	总汞	常压消解后原子荧光法	0.005μg/L	CJ/T 221—2005
		冷原子吸收分光光度法	0.005mg/kg	GB/T 17136—1997
4	总铜	火焰原子吸收分光光度法	1mg/kg	GB/T 17138—1997
		微波高压消解后电感耦合等离子体发射光谱法	0.004mg/L	CJ/T 221—2005
		常压消解后电感耦合等离子体发射光谱法	0.005mg/L	
		微波高压消解后原子吸收分光光度法	0.05mg/L	
		常压消解后原子吸收分光光度法	0.05mg/L	
5	总铅	石墨炉原子吸收分光光度法	0.1mg/kg	GB/T 17141—1997
		KI-MIBK 萃取火焰原子吸收分光光度法	0.2mg/kg	GB/T 17140—1997
		常压消解后原子荧光法	0.05 μg/L	CJ/T 221—2005
		微波高压消解后电感耦合等离子体发射光谱法	0.009mg/L	
		常压消解后电感耦合等离子体发射光谱法	0.015mg/L	
		微波高压消解后原子吸收分光光度法	0.20mg/L	
		常压消解后原子吸收分光光度法	0.20mg/L	
6	总锌	火焰原子吸收分光光度法	0.5mg/kg	GB/T 17138—1997
		微波高压消解后电感耦合等离子体发射光谱法	0.006mg/L	CJ/T 221—2005
		常压消解后电感耦合等离子体发射光谱法	0.008mg/L	
		微波高压消解后原子吸收分光光度法	0.05mg/L	
		常压消解后原子吸收分光光度法	0.06mg/L	
7	总砷	硼氢化钾-硝酸银分光光度法	0.2mg/kg	GB/T 17135—1997
		二乙基二硫代氨基甲酸银分光光度法	0.5mg/kg	GB/T 17134—1997
		常压消解后原子荧光法	0.04μg/L	CJ/T 221—2005
		微波高压消解后电感耦合等离子体发射光谱法	0.012mg/L	
		常压消解后电感耦合等离子体发射光谱法	0.015mg/L	

33.4　污泥气体测定

消化池产生的污泥气含有甲烷、二氧化碳、不饱和烃、氢气、氮气和一氧化碳等，针对污泥气的分析方法常用化学吸收法、气相色谱法和光谱法，其中化学吸收法主要采用气体分析仪进行测定，优点是简便易行和方便携带；而气相色谱法快速、灵敏、准确、并可连续进样，更适于大批样品的测定和痕量分析，多用于实验室分析；光谱法常做成便携式分析仪用于现场分析。

33.4.1　气体分析仪法

常用的气体分析仪有奥式 QF1901 型、QF1902（491）型、QF1903（532）型、QF1904 型和 QF1906（671）型气体分析仪，适合对混合气体中的二氧化碳、不饱和烃、氧气、一氧化碳、甲烷、氢气及氮气等成分快速分析。

原理：

二氧化碳和氢氧化钾的反应按下式：

$$CO_2 + 2KOH \rightarrow K_2CO_3 + H_2O \tag{33-1}$$

不饱和氢碳化合物和溴水的反应按下式：

$$C_2H_2 + Br_2 \rightarrow BrCH_3—CH_2Br \tag{33-2}$$

$$C_2H_4 + 2Br_2 \rightarrow Br_2CH—CHBr_2 \tag{33-3}$$

焦性没食子酸和氢氧化钾的反应按下式：

$$C_6H_3(OH)_3 + 3KOH \rightarrow C_6H_3(OK)_3 + 3H_2O \tag{33-4}$$

焦性没食子酸和氧的反应（反应温度不低于150℃）按下式：

$$2C_6H_3(OK)_3 + \frac{1}{2}O_2 \rightarrow (OK)_3C_6H_2—C_6H_2(OK)_2 + H_2O \tag{33-5}$$

酸性氯化亚铜和一氧化碳的反应按下式：

$$Cu_2Cl_2 + 2CO \rightarrow Cu_2Cl_2 \cdot 2CO \tag{33-6}$$

吸收液中放入铜丝的作用按下式：

$$CuCl_2 + Cu \rightarrow Cu_2Cl_2 \tag{33-7}$$

33.4.2 气相色谱法

气相色谱法主要是利用污泥气中不同成分的沸点、极性或吸附性质的差异来实现混合气体的分离，检测器采用热导池。

在进行污泥气组分分析时通常先配制与污泥气组分相同、含量大体上接近的已知含量的标准混合气注入色谱柱，得到标准色谱图。然后在相同条件下，再注入待测污泥气样品，得到其色谱图。将样品色谱图与标准色谱图进行比较，由于同一种气体在色谱图中出峰时间相同，故可以通过下式计算得出：

$$\rho_x = \frac{\rho_s}{A_s} A_x \tag{33-8}$$

式中 ρ_x——待测样品中气体组分 x 的百分数，%；

ρ_s——标准气体中 x 的百分数，%；

A_s——测样品中的峰面积，mV·s；

A_x——标准气中 x 的峰面积，mV·s。

33.4.3 光谱法

光谱法通过检测气体样品透射光强或反射光强的变化来测定气体浓度，每种气体分子都有自己的吸收（或辐射）谱特征，光源的发射谱只有在与气体吸收谱重叠的部分才产生吸收，吸收后的光强将发生变化，气体分子除了吸收谱外，还有其反射谱。最常用的红外气体分析法就是基于气体对红外光吸收的朗伯—比尔吸收定律，采用非分散红外线技术（NDIR）技术，通过红外传感器、放大电路等组件，实现不同浓度、不同气体的高精度连续检测，主要用于二氧化硫、二氧化氮、一氧化氮、二氧化碳、一氧化碳和甲烷等气体的检测，其各组分浓度可以通过下式计算得出：

$$I = I_0 \exp(-k_\lambda c l) \tag{33-9}$$

式中 I——被介质吸收的辐射强度；

I_0——红外线通过介质前的辐射强度；

k_λ——待分析组分对波长为 λ 的辐射波段的吸收系数；

c——待分析组分的气体浓度；

l——红外线通过介质的长度。

红外气体分析仪又分为分光型和非分光型两种。分光型是借助分光系统分出单色光，其分析能力强，多用于实验室，非分光型是光源的连续光辐射全部投射到样品上，相对功能单一，但简单可靠，更适合现场检测。

33.5 有毒物质测定

主要的几种有毒物质测定方法如表 33-3 所示。

有毒物质的测定方法 **表 33-3**

序号	项目	测定方法	最低检出限	方法标准
1	酚类化合物	4-氨基安替比林分光光度法	0.002mg/kg	CJ/T 221—2005
		气相色谱法	0.02～0.08mg/kg	HJ 703—2014
2	氰化物	异烟酸-巴比妥酸分光光度法	0.01mg/kg	HJ 745—2015
		异烟酸-吡唑啉酮分光光度法	0.004mg/L	CJ/T 221—2005
		吡啶-巴比妥酸光度法	0.02mg/L	
3	多氯联苯	气相色谱-质谱法	0.4～0.6μg/kg	HJ 743—2015
4	挥发性芳香烃	顶空/气相色谱法	3.0～4.7μg/kg	HJ 742—2015
5	挥发性有机物	顶空/气相色谱法	0.005～0.03mg/kg	HJ 741—2015
6	矿物油	红外分光光度法	—	CJ/T 221—2005
		紫外分光光度法	—	

33.6 生物学指标测定

主要的几种生物类指标的测定方法如表 33-4 所示。

生物类的测定方法 **表 33-4**

序号	项目	测定方法	方法标准
1	细菌总数	平皿计数法	CJ/T 221—2005
2	大肠菌群	多管发酵法	
		滤膜法	
3	蛔虫卵	集卵法	

主要参考文献

[1] 金儒霖，刘永龄. 污泥处置 [M]. 北京：中国建筑工业出版社，1982.

[2] 张自杰，林荣忱，金儒霖. 排水工程：下册 [M]. 中国建筑工业出版社，2015.

[3] 张辰等. 污泥处理处置技术与工程实例 [M]. 北京：化学工业出版社，2006.

[4] 谷晋川等. 城市污水处理厂污泥处理与资源化 [M] 北京：化学工业出版社，2008.

[5] 赵庆祥. 污泥资源化技术 [M]. 北京：化学工业出版社，2002.

[6] 任南琪，王爱杰等. 厌氧生物技术原理与应用 [M]. 北京：化学工业出版社，2004.

[7] 王凯军. 厌氧生物技术（Ⅰ）——理论与应用 [M]. 北京：化学工业出版社，2014.

[8] 陈世和，陈建华等. 微生物生理学原理 [M]. 上海：同济大学出版社，1992.

[9] Mata-Alvarez J，Mace S. Llabres，Anaerobic digestion of organic solid wastes. An overview of research achievement and perspectives [J]. Bioresour TechnoLogy.，2000，74：3-16.

[10] Pressley，R L (Crown Point，IN) Jeffrey W D (New Berlin，WI)，Process and apparatus for treating biosolids from wastewater treatment：United States Patent 6719903 [P]. 2004-04-13.

[11] Layden N M . An evaluation of Autothermal thermophilic aerobic digestion (ATAD) of municial sludge in Ireland [J]. Journal of Environmental Engineering and Science. 2007，6 (1)：19-29.

[12] Neyens E，Baeyens J，Dewill R et al. Advanced sludge treatment affects extra cellular polymeric substances to improve activated sludge dewatering [J]. Journal of Hazardous Materials，2004，106 (223)：83-92.

[13] Neyens E，Baeyens J. A review of thermal sludge pre-treatment process to improve dewater ability [J]. Journal of Hazardous Materials，2003，98 (123)：51-67

[14] Xin F，Jinchuan D，Hengyi L. Dewaterability of waste activated sludge with ultrasound conditioning [J]. Bioresource Technology，2009，100 (3)：1074-1081.

[15] Bennamoun L. Solar drying of wastewater sludge：A review [J]. Renewable and Sustainable Energy Reviews，2012，16 (1)：1061-1073.

[16] US EPA. C F R. Standards for the use or disposal of sewage sludge [S]. 1993.

[17] Mishra V S，Mahajani V V，Joshi J B. Wet air oxidation [J]. Industrial & Engineering Chemistry Research，1995，34 (1)：2-48.

[18] Werther J，Ogada T. Sewage sludge combustion [J]. Progress in Energy and Combustion Science，1999，25 (1)：55-116.

[19] Malliou O，Katsioti M，Georgiadis A，et al. Properties of stabilized/solidified admixtures of cement and sewage sludge [J]. Cement and Concrete Composites，2007，29 (1)：55-61.

[20] Jack A Borchardt，Willam J Redman. Sludge and its ultimate disposal [M]. Woburn：Ann Arbor Science Publishers Inc，1998.

[21] Moo-Young H K，Zimmie T F. Geotechnical properties of paper mill sludges for use in landfill covers [J]. Journal of Geotechnical Engineering，1996，122 (9)：768-775.

[22] Benoit，Eighmy T T，Crannell B S. Landfill ash/sludge mixtures [J]. Journal of Geotechnical and Geoenviornmental Engineering，1999，125 (10)：877-888.

[23] Tania Basegio，Felipe Berutti，Andre Bernardes ，Carlos Pergmann . Environmental and technical aspects of the utilization of tannery sludge as a raw material for clay products [J]. Journal of the European Ceramic Society . 2002，(22)：2251-2259.

[24] Wiebusch B, Seyfried C F. Utilization of sewage sludge ashes in the brick and tile industry [J]. Water Science and Technology, 1997, 36 (11): 251-258.
[25] Tay J H, Show K Y. Resource recovery of sludge as a building and construction material-a future trend in sludge management [J]. Water Science and Technology, 1997, 36 (11): 259-266.
[26] Sludge into biosolids: processing, disposal, utilization [M]. IWA publishing, 2001.
[27] Hwang J, Zhang L, Seo S, et al. Protein recovery from excess sludge for its use as animal feed [J]. Bioresource Technology, 2008, 99 (18): 8949-8954.
[28] Zhou W, Li Y, Min M, et al. Local bio-prospecting for high-lipid producing micro-algal strains to be grown on concentrated-municipal wastewater for bio-fuel production [J]. Bio-resource Technology, 2011, 102 (13) : 6909-6919.
[29] Liu J, Ma X Q. The analysis on energy and environmental impacts of microalgae-based fuel methanol in China [J]. Energy Policy, 2009, 37 (4) : 1479-1488.
[30] Irena D, Frantiek K, Ywette M, et al. Utilization of distillery stillage for energy generation and concurrent production of valuable micro-algal biomass in the sequence: Biogas-cogeneration-microalgae-products [J]. Energy Conversion and Management, 2010, 51 (3) : 606-611.
[31] Anderson A J, Dawes E A. Occurrence, metabolism, metabolic role, and industrial uses of bacterial polyhydroxyalkanoates [J]. Microbiological Reviews, 1990, 54 (4): 450-472.
[32] Libra J A, Ro K S, Kammann C, et al. Hydrothermal carbonization of biomass residuals: a comparative review of the chemistry processes and applications of wet and dry pyrolysis [J]. Biofuels , 2011, 2 (1): 89-124.
[33] Caputo A C, Pelagagge P M. Waste-to-energy plant for paper industry sludges disposal: technical-economic study [J]. Journal of Hazardous Materials, 2001, 81 (3): 265-283.
[34] Mantovi P, Baldoni G, Toderi G. Reuse of liquid, dewatered, and composted sewage sludge on agricultural land: effects of long-term application on soil and crop [J]. Water research, 2005, 39 (2): 289-296.
[35] 程洁红. 自热式高温（微）好氧消化对城市污水污泥处理研究 [D]. 同济大学, 2006.
[36] 杜艳. 剩余污泥好氧消化的研究 [D]. 大连工业大学, 2011.
[37] 丁晶. 污泥石灰干化机理研究及稳定性分析 [D]. 东南大学, 2014.
[38] 肖本益, 阎鸿, 魏源送. 污泥热处理及其强化污泥厌氧消化的研究进展 [J]. 环境科学学报, 2009. 29 (4): 673-682.
[39] 徐龙. 超声波辐射促进污泥需氧消化工艺研究 [D]. 重庆大学, 2004.
[40] 潘艳萍. 臭氧化污泥减量及碳源回用研究 [D]. 哈尔滨工业大学, 2012.
[41] 王治军, 王伟. 剩余污泥的热水解试验 [J]. 中国环境科学, 2005, 25 (s): 56-60.
[42] 刘亮. 调理剂与臭氧联用对污泥脱水性能影响的研究 [D]. 青岛理工大学, 2014.
[43] 张昊, 杨家宽, 虞文波等. Fenton 试剂与骨架构建体复合调理剂对污泥脱水性能的影响 [J]. 环境科学学报, 2013, 33 (10): 2742-2749.
[44] 杨洁, 季民, 韩育宏等. 碱解预处理对污泥固体的破解及减量化效果 [J]. 中国给水排水, 2007, 23 (23): 93-96, 100.
[45] 谢敏, 施周, 刘小波等. 微波辐射对净水厂污泥脱水性能及分形结构的影响 [J]. 环境化学, 2009, 28 (3): 418-421.
[46] 北京市市政工程设计研究总院, 给水排水设计手册: 城镇排水. 第 5 册 [M]. 中国建筑工业出版社, 2004.
[47] 中华人民共和国住房与城乡建设部, 城镇污水处理厂污泥处理技术规程 CJJ 131—2009

[S]. 2009.
[48] 刘敏，张旭，顾国维等. 太阳能干燥污泥的中试研究 [J]. 环境工程，2010，28 (4)：79-82.
[49] 丘锦荣，吴启堂，卫泽斌等. 城市污泥干燥研究进展 [J]. 生态环境，2007，16 (2)：667-671.
[50] 张璧光等. 太阳能干燥技术 [M]. 化学工业出版社，2007.
[51] 高颖，黄志强. 德国太阳能污泥干化处理系统 [J]. 太阳能，2012，7：21-26.
[52] 陶明涛，张华，王艳艳. 基于部分湿式氧化法的污泥资源化研究 [J]. 环境工程，2011，29 (1)：402-404.
[53] 劳志雄，陈陨贤. 水处理催化湿式氧化技术的研究进展 [J]. 能源及环境，2008 (11)：20-21.
[54] 王罗春等. 污泥干化与焚烧技术 [M]. 北京：冶金工业出版社，2010.
[55] 中华人民共和国住房和城乡建设部，中华人民共和国国家发展和改革委员会. 城镇污水处理厂污泥处理处置技术指南（试行）[S]. 2012.
[56] 刘亮等. 污泥燃烧热解特性及其焚烧技术 [M]. 长沙：中南大学出版社，2006.
[57] 张光明等. 城市污泥资源化技术进展 [M]. 北京：化学工业出版社，2006.
[58] 吴长淋，邹庐泉，姚诚纯等. 污水处理厂脱水污泥填埋处置的研究进展 [J]. 能源与环境，2011 (04)：100-102.
[59] 周少奇. 城市污泥处理处置与资源化 [M]. 广州：华南理工大学出版社，2002.
[60] 欧洲环境署，欧洲水污染控制协会编著. 沈玉梅译. 城市污水管理指南 [M]. 北京：中国环境科学出版社，2000.
[61] 宋玉，马建立，王海峰等. 一种生活污水处理厂脱水污泥的处理方法：中国，CN 101254996A. 2008-09-03.
[62] 陈柏林，戴道国，何英品. 一种污泥固化填埋处置方法：中国，CN101007696A. 2007-08-01.
[63] 曹楠楠. 改性污泥稳定化过程及其卫生填埋技术研究 [D]. 太原理工大学，2010.
[64] 张智，罗金华，马明初等. 卧式螺旋式污泥好氧动态堆肥装置的试验研究--含水率对污水厂消化污泥一次发酵的影响 [J]. 环境工程，2004，22 (2)：66-69.
[65] 丁文川，郝以琼. 污泥堆肥温度对微生物降解有机质的影响 [J]. 重庆建筑大学学报，1999，21 (6)：20-23.
[66] 魏源送，李承强，樊耀等. 环境温度对污泥堆肥过程的影响 [J]. 环境污染治理技术与设备，2000，12 (6)：45-52.
[67] 张增强，薛澄泽. 污泥堆肥对几种木本植物生长响应的研究 [J]. 西北农业大学学报，1995，16：11-15.
[68] 王绍文，秦华等. 城市污水厂污泥处理与资源化 [M]. 北京：中国建筑工业出版社，2007.
[69] 何品晶，顾国维，李笃中等. 城市污泥处理与利用 [M]. 北京：科学出版社，2003.
[70] 下水道資源活用透水性レンガ製造技術の性能評价研究 [M]. 大阪：財団法人，2003.
[71] 史骏. 污泥干化与水泥窑焚烧协同处置工艺分析与案例 [J]. 中国给水排水，2010，26 (14)：50-55.
[72] 上海市房地局住宅建筑研究室. 用活性污泥做纤维板 [J]. China Academic Journal Electronic Publishing House，1978，5：37-38.
[73] 王乐乐. 污泥陶粒的研制与生产研究 [D]. 扬州：扬州大学，2014.
[74] 李宇翔，王德汉，周振鹏等. 污泥生物干化与烧制陶粒工艺在惠州污泥厂的应用 [J]. 中国给水排水，2013，29 (14)：73-76.
[75] 陈东东. 微波法制备污泥灰微晶玻璃的工艺及重金属固化效果研究 [D]. 哈尔滨：哈尔滨工业大学，2011.
[76] 贺黎明，沈召军. 甲烷的转化和利用 [M]. 北京：化工出版社，2005.

[77] 郑国香，刘瑞娜，李永峰. 能源微生物学 [M]. 哈尔滨：哈尔滨工业大学出版社，2013.
[78] 张钦明，王树众，沈林华等. 制氢技术研究进展 [J]. 现代化工，2005，11：34-37.
[79] 赵顺顺，孟范平. 酸水解法提取剩余污泥蛋白质的条件优化 [J]. 环境科学研究，2008，21 (3)：180-184.
[80] 汪常青，梁浩，李亚东等. 利用剩余污泥制备泡沫灭火剂的试验研究 [J]. 中国给水排水，2006，22 (9)：38-42.
[81] 陈琦，黄和容，易祖华. 微生物合成生物降解塑料研究现状与展望 [J]. 微生物学通报，1994，21 (5)：297-303.
[82] 赵丹，任南琪，陈坚等. 生物除磷技术新工艺及其微生物学原理 [J]. 哈尔滨工业大学学报，2004，36 (11)：1460-1462.
[83] 中华人民共和国住房和城乡建设部，给水排水构筑物工程施工及验收规范 GB 50141—2008 [S]. 2008.
[84] 中华人民共和国建设部、中华人民共和国国家质量监督检验检疫总局，城市污水处理厂工程质量验收规范 GB 50334—2002 [S]. 2003.
[85] 中华人民共和国住房和城乡建设部，城镇污水处理厂运行、维护及安全技术规程 CJJ 60—2011 [S]. 2011.
[86] 中华人民共和国国家质量监督检验检疫总局 中国国家标准化管理委员会，城镇污水处理厂污泥处置 单独焚烧用泥质 GB/T 24602—2009 [S]. 2009.
[87] 中华人民共和国工业和信息化部，城镇污水处理厂污泥焚烧处理工程技术规范 JB/T 11826—2014 [S]. 2014.
[88] 国家环境保护局 国家技术监督局，恶臭污染物排放标准 GB 14554—1993 [S]. 1994.
[89] 环境保护部，工业企业厂界环境噪声排放标准 GB 12348—2008 [S]. 2008.
[90] 方平，岑超平，唐子君等. 污泥焚烧大气污染物排放及其控制研究进展 [J]. 环境科学与技术，2012，35 (10)：71-80.
[91] 中华人民共和国国家质量监督检验检疫总局 中国国家标准化管理委员会，城镇污水处理厂污泥处置 园林绿化用泥质 GB/T 23486—2009 [S]. 2009.
[92] 中华人民共和国国家质量监督检验检疫总局 中国国家标准化管理委员会，城镇污水处理厂污泥处置 土地改良用泥质 GB/ T24600—2009 [S]. 2009.
[93] 中华人民共和国国家质量监督检验检疫总局 中国国家标准化管理委员会，城镇污水处理厂污泥处置 农用泥质 CJ/T 309—2009 [S]. 2009.
[94] 中华人民共和国城乡建设环境保护部，农用污泥中污染物控制标准 GB 4284—1984 [S]. 1984.
[95] 中华人民共和国国家质量监督检验检疫总局 中国国家标准化管理委员会，生产过程安全卫生要求总则 GB/T 12801—2008 [S]. 1991.
[96] 赵由才. 实用环境工程手册——固体废物污染控制与资源化 [M]. 北京：化学出版社，2002.
[97] 莫测辉，蔡全英. 城市污泥中有机污染物的研究进展 [J]. 农业环境保护，2001，20 (4)：273-276.
[98] 中华人民共和国建设部，城市污水处理厂污泥检验方法 CJ/T 221—2005 [S]. 2005.
[99] 环境保护部，土壤 总铬的测定 火焰原子吸收分光光度法 HJ491—2009 [S]. 2009.
[100] 国家环境保护总局，土壤质量 总砷的测定 二乙基二硫代氨基甲酸银分光光度法 GB/T 17134—1997 [S]. 1997.
[101] 国家环境保护总局，土壤质量 总砷的测定 硼氢化钾-硝酸银分光光度法 GB/T 17135—1997 [S]. 1997.
[102] 国家环境保护总局，土壤质量 总汞的测定 冷原子吸收分光光度法 GB/T 17136—1997

[S]. 1997.
[103] 国家环境保护总局，土壤质量　铜、锌的测定　火焰原子吸收分光光度法 GB/T 17138—1997 [S]. 1997.
[104] 国家环境保护总局，土壤质量　铅、镉的测定 KI-MIBK 萃取火焰原子吸收分光光度法 GB/T 17140—1997 [S]. 1997.
[105] 国家环境保护总局，土壤质量　铅、镉的测定　石墨炉原子吸收分光光度法 GB/T 17141—1997 [S]. 1997.
[106] 中华人民共和国环境保护部，土壤　氰化物和总氰化物的测定　分光光度法 HJ 745—2015 [S]. 2015.
[107] 中华人民共和国环境保护部，土壤和沉积物　酚类化合物的测定　气相色谱法 HJ 703—2014 [S]. 2014.
[108] 中华人民共和国环境保护部，土壤和沉积物　多氯联苯的测定　气相色谱-质谱法 HJ 743—2015 [S]. 2015.
[109] 中华人民共和国环境保护部，土壤和沉积物　挥发性芳香烃的测定　顶空/气相色谱法 HJ 742—2015 [S]. 2015.
[111] 中华人民共和国环境保护部，土壤和沉积物　挥发性有机物的测定　顶空/气相色谱法 HJ 741—2015 [S]. 2015.
[112] 中华人民共和国环境保护部，土壤和沉积物　土壤质量　全氮的测定　凯氏法 HJ 717—2014 [S]. 2015.